KB046703

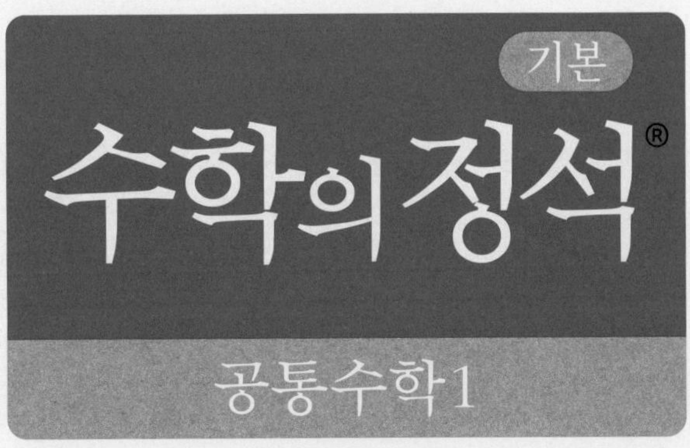

홍성대 지음

동영상 강의
www.sungji.com

성지출판(주)

머 리 말

고등학교에서 다루는 대부분의 과목은 기억력과 사고력의 조화를 통하여 학습이 이루어진다. 그중에서도 수학 과목의 학습은 논리적인 사고력이 중요시되기 때문에 진지하게 생각하고 따지는 학습 태도가 아니고서는 소기의 목적을 달성할 수가 없다. 그렇기 때문에 학생들이 수학을 딱딱하게 여기는 것은 당연한 일이다. 더욱이 수학은 계단적인 학문이기 때문에 그 기초를 확고히 하지 않고서는 막중한 부담감만 주는 귀찮은 과목이 되기 쉽다.

그래서 이 책은 논리적인 사고력을 기르는 데 힘쓰는 한편, 기초가 없어 수학 과목의 부담을 느끼는 학생들에게 수학의 기본을 튼튼히 해 줌으로써 쉽고도 재미있게, 그러면서도 소기의 목적을 달성할 수 있도록, 내가 할 수 있는 온갖 노력을 다 기울인 책이다.

진지한 마음으로 처음부터 차근차근 읽어 나간다면 수학 과목에 대한 부담감은 단연코 사라질 것이며, 수학 실력을 향상시키는 데 있어서 필요충분한 벗이 되리라 확신한다.

끝으로 이 책을 내는 데 있어서 아낌없는 조언을 해주신 서울대학교 윤옥경 교수님을 비롯한 수학계의 여러분들께 감사드린다.

1966. 8. 31.

지은이 홍 성 대

개정판을 내면서

2022 개정 교육과정에 따른 고등학교 수학 과정(2025학년도 고등학교 입학생부터 적용)은

공통 과목 : 공통수학1, 공통수학2, 기본수학1, 기본수학2,

일반 선택 과목 : 대수, 미적분Ⅰ, 확률과 통계,

진로 선택 과목 : 미적분Ⅱ, 기하, 경제 수학, 인공지능 수학, 직무 수학,

융합 선택 과목 : 수학과 문화, 실용 통계, 수학과제 탐구

로 나뉘게 된다. 이 책은 그러한 새 교육과정에 맞추어 꾸며진 것이다.

특히, 이번 개정판이 마련되기까지는 우선 남진영 선생님, 박재희 선생님, 박지영 선생님의 도움이 무척 컸음을 여기에 밝혀 둔다. 믿음직스럽고 훌륭한 세 분 선생님이 개편 작업에 적극 참여하여 꼼꼼하게 도와준 덕분에 더욱 좋은 책이 되었다고 믿어져 무엇보다도 뿌듯하다. 아울러 편집부 김소희, 오명희 님께도 그동안의 노고에 대하여 감사한 마음을 전한다.

「수학의 정석」은 1966년에 처음으로 세상에 나왔으니 올해로 발행 58주년을 맞이하는 셈이다. 거기다가 이 책은 이제 세대를 뛰어넘은 책이 되었다. 할아버지와 할머니가 고교 시절에 펼쳐 보던 이 책이 아버지와 어머니에게 이어졌다가 지금은 손자와 손녀의 책상 위에 놓여 있다.

이처럼 지난 반세기를 거치는 동안 이 책은 한결같이 학생들의 뜨거운 사랑과 성원을 받아 왔고, 이러한 관심과 격려는 이 책을 더욱 좋은 책으로 다듬는 데 큰 힘이 되었다.

이 책이 학생들에게 두고두고 사랑받는 좋은 벗이요 길잡이가 되기를 간절히 바라마지 않는다.

2024. 1. 15.

지은이 홍 성 대

차 례

1. 다항식의 연산

다항식의 정리／다항식의 덧셈·뺄셈
／다항식의 곱셈·나눗셈／곱셈 공식

§1. 다항식의 정리

1 다항식에 관한 용어

수학은 정의로부터 시작하는 학문

이라고 할 수 있다. 따라서 용어나 기호의 의미를 정확하게 아는 것은 수학 공부를 시작하는 기본이다.

이런 뜻에서 새로운 내용을 공부하기 전에 이미 중학교에서 공부한 몇 가지 용어의 정의를 복습하고 정리하자.

여기에서 정의는 용어의 뜻을 분명하게 정한 문장을 의미한다.

▶ 단항식, 다항식, 항, 계수, 동류항 : 이를테면

① $\dfrac{2}{3}x^2y\left(=\dfrac{2}{3}\times x\times x\times y\right)$ ② $2x^2y+\sqrt{3}x^2y+\left(-\dfrac{1}{4}x^3\right)$

과 같은 두 식을 생각해 보자.

①과 같이 수 또는 문자의 곱으로 이루어진 식을 단항식이라고 한다.

또, ②와 같이 몇 개의 단항식의 합으로 이루어진 식과 ①과 같은 단항식을 총칭해서 다항식이라고 한다.

그리고 다항식에서 각 단항식을 그 다항식의 항이라고 한다.

다항식	단항식 이항식 삼항식 …

그러나 이를테면

③ $\dfrac{3y^2}{x}(=3\times y\times y\div x)$ ④ $\dfrac{1}{2}xy^2-3\sqrt{x}$

와 같은 식은 다항식이 아니다.

곧, ③과 같이 문자끼리의 나눗셈이 있는(또는 분모에 문자가 있는) 식이나 ④의 $-3\sqrt{x}$와 같이 근호 안에 문자가 있는 항을 포함한 식은 모두 다항식이 아니다.

한편 ①에서 $\dfrac{2}{3}$와 같이 문자 이외의 부분을 그 단항식의 계수라 하고, ②에서 $2x^2y$, $\sqrt{3}x^2y$와 같이 계수는 다르지만 문자의 부분이 같은 항을 동류항이라고 한다.

**Note* 1° 1, 3과 같이 문자를 포함하지 않은 수만으로 된 것도 단항식으로 생각하고, 이런 단항식을 상수항이라고 한다.

2° ①에서 계수 $\dfrac{2}{3}$는 유리수이고, ②에서 항 $\sqrt{3}x^2y$의 계수 $\sqrt{3}$은 무리수이다.
이와 같이 다항식에서 계수는 유리수일 수도 있고 무리수일 수도 있다.

이상에서 예를 든 식은

x, y를 모두 문자로 볼 때

이다. x가 문자이지만

x를 상수, y를 문자로 볼 때

③은 계수가 $\dfrac{3}{x}$인 단항식이다. 또, ④는 다항식으로 항 $\dfrac{1}{2}xy^2$의 계수는 $\dfrac{1}{2}x$이고 $-3\sqrt{x}$는 상수항이다.

일반적으로 다항식에서 다음과 같이 말한다.

x만을 문자로 볼 때에는 $\Longrightarrow$ x에 관한 다항식
y만을 문자로 볼 때에는 $\Longrightarrow$ y에 관한 다항식
x, y를 문자로 볼 때에는 $\Longrightarrow$ x, y에 관한 다항식

▶ 다항식의 차수, 동차식 : 단항식을 만들고 있는 문자가 n개 곱해져 있을 때 그 단항식을 **n차 단항식**이라고 한다.

이를테면 $2ax^2y^4$은 a가 1개, x가 2개, y가 4개 곱해져 있으므로 a에 관하여 일차, x에 관하여 이차, y에 관하여 사차, x, y에 관하여 육차, a, x, y에 관하여는 칠차 단항식이다.

다항식에서 차수가 가장 큰(또는 높은) 항을 최고차항이라 하고, 최고차항의 차수를 그 다항식의 차수라고 한다. 또, 각 항의 차수가 모두 같은 다항식을 동차식이라고 한다.

이를테면 다항식 $x^4-5x^2y^3+y^2$은 x에 관하여 사차, y에 관하여 삼차, x, y에 관하여 오차 다항식이고, 다항식 $x^3-3x^2y+3xy^2-y^3$은 x, y에 관하여 동차식이다.

**Note* 상수항은 영(0)차의 단항식으로 생각한다.

2 다항식의 정리

이를테면 다항식 $P=2x^2+3xy+3y^2-2x+4y-3$에서

x^2의 항 …… $2x^2$

x의 항 …… $3xy-2x=(3y-2)x$

x를 포함하지 않은 항 …… $3y^2+4y-3$

이므로 P를 x에 관하여 차수가 큰 항부터 나열하면

$$\boldsymbol{P=2x^2+(3y-2)x+3y^2+4y-3} \quad \cdots\cdots ①$$

P를 x에 관하여 차수가 작은 항부터 나열하면

$$\boldsymbol{P=3y^2+4y-3+(3y-2)x+2x^2} \quad \cdots\cdots ②$$

이다. 이때,

①과 같이 정리하는 것을 $\boldsymbol{x}$에 관하여 **내림차순으로 정리한다**고 말하고,

②와 같이 정리하는 것을 $\boldsymbol{x}$에 관하여 **오름차순으로 정리한다**고 말한다.

이상을 정리하면 다음과 같다.

기본정석 — 다항식의 정리

내림차순 : 한 문자에 관하여 차수가 큰 항부터 나열하는 것

x에 관한 일차식 $ax+b\ (a\neq0)$

x에 관한 이차식 $ax^2+bx+c\ (a\neq0)$

x에 관한 삼차식 $ax^3+bx^2+cx+d\ (a\neq0)$

……

오름차순 : 한 문자에 관하여 차수가 작은 항부터 나열하는 것

보기 1 다항식 $P=4x^3+2x^2y^2+5x^2y^3+3xy^2+y^3-4x+2y+6$이 있다.

(1) P를 x에 관하여 내림차순으로 정리하시오.

(2) P를 y에 관하여 오름차순으로 정리하시오.

연구 (1) x에 관한 삼차 다항식이므로 x^3의 항부터 정리해 본다.

x^3의 항 …… $4x^3$

x^2의 항 …… $2x^2y^2+5x^2y^3=(5y^3+2y^2)x^2$

x의 항 …… $3xy^2-4x=(3y^2-4)x$

x를 포함하지 않은 항 …… y^3+2y+6

$$\therefore\ \boldsymbol{P=4x^3+(5y^3+2y^2)x^2+(3y^2-4)x+y^3+2y+6}$$

(2) 위와 같은 방법으로 하여 y를 포함하지 않은 항, y의 항, y^2의 항, y^3의 항의 순으로 정리하면

$$\boldsymbol{P=(4x^3-4x+6)+2y+(2x^2+3x)y^2+(5x^2+1)y^3}$$

기본 문제 **1**-1 다항식 A, B, C가

$$A=x^2y+3y^3+2x^3, \qquad B=2x^3-y^3+3xy^2,$$
$$C=-xy^2-x^2y-x^3+2y^3$$

일 때, 다음 식을 계산하시오.

(1) $A+B+C$ (2) $A-B-2C$

정석연구 다항식끼리 더하거나 빼는 것은 동류항을 정리하는 것과 같다. 식이 복잡한 경우 한 문자에 관하여 정리하면 동류항을 쉽게 찾을 수 있다.

정 석 다항식의 덧셈과 뺄셈 $\Longrightarrow$ (i) 한 문자에 관하여 정리한다.
(ii) 동류항끼리 계산한다.

또, 괄호를 없앨 때에는 괄호의 규칙에 주의한다.

모범답안 A, B, C를 각각 x에 관하여 내림차순으로 정리하면

$$A=2x^3+x^2y+3y^3, \quad B=2x^3+3xy^2-y^3, \quad C=-x^3-x^2y-xy^2+2y^3$$

(1)
$$\begin{array}{rrl} & A= & 2x^3+x^2y+\square+3y^3 \\ & B= & 2x^3+\square+3xy^2-y^3 \\ +) & C= & -x^3-x^2y-xy^2+2y^3 \\ \hline & A+B+C= & 3x^3+\square+2xy^2+4y^3 \end{array}$$

답 $\boldsymbol{3x^3+2xy^2+4y^3}$

(2) $-B=-(2x^3+3xy^2-y^3)=-2x^3-3xy^2+y^3$

$-2C=-2(-x^3-x^2y-xy^2+2y^3)=2x^3+2x^2y+2xy^2-4y^3$

$$\begin{array}{rrl} & A= & 2x^3+x^2y+\square+3y^3 \\ & -B= & -2x^3+\square-3xy^2+y^3 \\ +) & -2C= & 2x^3+2x^2y+2xy^2-4y^3 \\ \hline & A-B-2C= & 2x^3+3x^2y-xy^2+\square \end{array}$$

답 $\boldsymbol{2x^3+3x^2y-xy^2}$

유 제 **1**-1. 다항식 A, B, C가

$$A=-x+3x^2-2x^4, \quad B=-3x^2+x^3-2, \quad C=x^4+2x^3-1+4x$$

일 때, 다음 식을 계산하시오.

(1) $A+2B$ (2) $C-2B$

(3) $A+B+2C$ (4) $2A-B+3C$

답 (1) $\boldsymbol{-2x^4+2x^3-3x^2-x-4}$ (2) $\boldsymbol{x^4+6x^2+4x+3}$
(3) $\boldsymbol{5x^3+7x-4}$ (4) $\boldsymbol{-x^4+5x^3+9x^2+10x-1}$

§3. 다항식의 곱셈·나눗셈

1 간단한 지수법칙

지수법칙은 다항식의 곱셈과 나눗셈의 기본이다. 중학교에서 공부한 내용이지만, 여기에서 다시 정리해 보자.

기본정석 — 간단한 지수법칙

m, n이 양의 정수일 때, 다음이 성립한다.

① $a^m \times a^n = a^{m+n}$

② $a^m \div a^n = \dfrac{a^m}{a^n} = \begin{cases} a^{m-n} & (m>n) \\ 1 & (m=n) \\ \dfrac{1}{a^{n-m}} & (m<n) \end{cases}$

③ $(a^m)^n = a^{mn}$

④ $(ab)^n = a^n b^n$

⑤ $\left(\dfrac{b}{a}\right)^n = \dfrac{b^n}{a^n}$

단, ②, ⑤에서는 $a \neq 0$이다.

Advice 1° 지수법칙에서는 특히 다음에 주의해야 한다.

$$a^6 \times a^2 \neq a^{6\times2}, \quad a^6 \div a^2 \neq a^{6\div2}, \quad (a^6)^2 \neq a^{6^2}, \quad (3a)^2 \neq 3a^2$$

2° 지수가 0 또는 음의 정수일 때는

정석 $a^0=1, \quad a^{-m}=\dfrac{1}{a^m} \; (a\neq0)$

로 정의한다. 이와 같이 정의하면 m, n의 대소에 관계없이

$$a^m \div a^n = a^{m-n}$$

이 성립한다. 이에 관해서는 대수에서 자세히 공부한다.

보기 1 다음 식을 간단히 하시오.

(1) $(-a)^3\times(-a)^5$ (2) $(6a^4b^5c^3)^2\times(-2ab^2)^3$ (3) $\{(a^3)^4\}^5$

(4) $(-x^2y^3z^4)^5\div(-xy^2z^3)^4$ (5) $\left(\dfrac{q^2}{p^3}\right)^4\div\left(\dfrac{q^4}{p^2}\right)^3$

연구 (1) $(-a)^3\times(-a)^5=(-a)^8=(-1)^8\times a^8=\boldsymbol{a^8}$

(2) $(6a^4b^5c^3)^2\times(-2ab^2)^3=6^2a^{4\times2}b^{5\times2}c^{3\times2}\times(-2)^3a^3b^{2\times3}$

$=36\times(-8)\times a^{8+3}b^{10+6}c^6=\boldsymbol{-288a^{11}b^{16}c^6}$

(3) $\{(a^3)^4\}^5=(a^{3\times4})^5=(a^{12})^5=a^{12\times5}=\boldsymbol{a^{60}}$

(4) $(-x^2y^3z^4)^5\div(-xy^2z^3)^4=(-x^{2\times5}y^{3\times5}z^{4\times5})\div(x^4y^{2\times4}z^{3\times4})$

$=(-x^{10}y^{15}z^{20})\div(x^4y^8z^{12})=-x^{10-4}y^{15-8}z^{20-12}=\boldsymbol{-x^6y^7z^8}$

(5) $\left(\dfrac{q^2}{p^3}\right)^4\div\left(\dfrac{q^4}{p^2}\right)^3=\dfrac{q^{2\times4}}{p^{3\times4}}\div\dfrac{q^{4\times3}}{p^{2\times3}}=\dfrac{q^8}{p^{12}}\times\dfrac{p^6}{q^{12}}=\dfrac{1}{p^{12-6}q^{12-8}}=\boldsymbol{\dfrac{1}{p^6q^4}}$

2 다항식의 곱셈

단항식과 단항식의 곱은 앞의 지수법칙을 이용하여 계산하면 된다. 그리고 단항식의 곱과 분배법칙을 이용하면

(단항식)×(다항식), (다항식)×(다항식)

꼴의 곱셈도 할 수 있다.

위의 곱셈을 하나의 다항식으로 나타내는 것을 전개한다고 한다.

▶ (단항식)×(다항식) : a, b, m이 단항식일 때,

$$m(a+b)=ma+mb \text{ (분배법칙)}$$

이다. (단항식)×(다항식)은 이 분배법칙을 이용하여 식을 전개한다.

보기 2 다음 식을 전개하시오.

(1) $2x(3x^3+4x+2)$ (2) $-2y(3x^2-y)+7y(-x+2y)$

연구 (1) $2x(3x^3+4x+2)=2x\times3x^3+2x\times4x+2x\times2$

$=\mathbf{6x^4+8x^2+4x}$

(2) $-2y(3x^2-y)+7y(-x+2y)$

$=-2y\times3x^2-2y\times(-y)+7y\times(-x)+7y\times2y$

$=-6x^2y+2y^2-7xy+14y^2=\mathbf{-6x^2y-7xy+16y^2}$

▶ (다항식)×(다항식) : a, b, c, d가 단항식일 때, 기본 꼴은

$$(a+b)(c+d)$$

이다.

여기에서 $c+d=m$으로 놓으면

$(a+b)(c+d)=(a+b)m=am+bm$

이 식에 $m=c+d$를 대입하고 다시 분배법칙을 이용하면

$(a + b)(c + d)$ ①②③④

$= ac + ad + bc + bd$
① ② ③ ④

$$(a+b)(c+d)=a(c+d)+b(c+d)=ac+ad+bc+bd$$

이다. 이 과정을 오른쪽 위의 그림과 같이 정리할 수 있다. 보통은 이와 같이 계산한다.

보기 3 다음 식을 전개하시오.

(1) $(x^2-3)(2x^2-5x+4)$ (2) $(x+2y-3z)(x-2y-3z)$

연구 (1) 분배법칙을 이용하여 전개하면

$(x^2-3)(2x^2-5x+4)=x^2(2x^2-5x+4)-3(2x^2-5x+4)$

$=2x^4-5x^3+4x^2-6x^2+15x-12$

$=\mathbf{2x^4-5x^3-2x^2+15x-12}$

(2) 분배법칙을 이용하여 전개하면

$$\begin{aligned}(\text{준 식}) &= x(x-2y-3z)+2y(x-2y-3z)-3z(x-2y-3z)\\ &= x^2-2xy-3xz+2xy-4y^2-6yz-3xz+6yz+9z^2\\ &= \boldsymbol{x^2-4y^2+9z^2-6xz}\end{aligned}$$

* *Note* (1)과 같은

(이항식)×(삼항식)

의 전개는 오른쪽과 같이 하면 간단하다.
분배법칙에서 $c+d+e$를 하나의 문자로 보고, a와 곱하는 과정이 ①, ②, ③이고, b와 곱하는 과정이 ④, ⑤, ⑥이다.

(2)도 마찬가지 방법으로 계산할 수 있다.

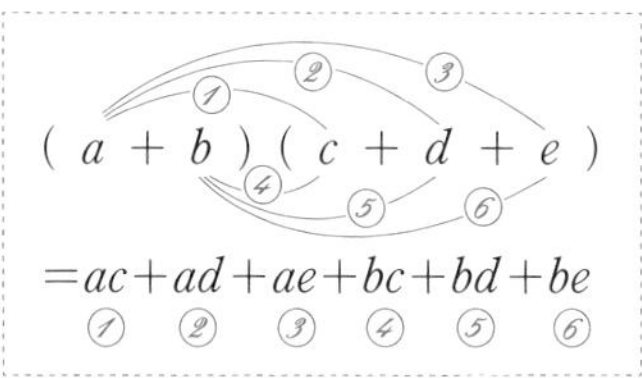

Advice | 덧셈과 마찬가지로 곱셈도 세로로 계산할 수 있다.

이를테면 (1)은

첫째 — 아래와 같이 내림차순으로 정리한다. 이때,

계수가 **0**인 항은 비워 둔다.

둘째 — 수의 곱셈과 같은 방법으로 한다.

$$\begin{array}{rrrrr} & & 2x^2 & -5x & +4\\ \times) & & x^2 & + \square & -3\\ \hline & & -6x^2 & +15x & -12\\ 2x^4 & -5x^3 & +4x^2 & & \\ \hline 2x^4 & -5x^3 & -2x^2 & +15x & -12\end{array} \qquad \begin{array}{rrrrr} & & 2 & -5 & 4\\ \times) & & 1 & 0 & -3\\ \hline & & -6 & 15 & -12\\ 2 & -5 & 4 & & \\ \hline 2 & -5 & -2 & 15 & -12\end{array}$$

3 다항식의 나눗셈

(다항식)÷(단항식), (다항식)÷(다항식)의 경우로 나누어 공부해 보자.

▶ (다항식)÷(단항식) : a, b, $m(m\neq 0)$이 단항식일 때,

$$\boldsymbol{(a+b)\div m=(a+b)\times\frac{1}{m}=\frac{a}{m}+\frac{b}{m}}$$

를 이용하여 계산한다.

보기 4 다음 식을 계산하시오.

(1) $(2x^3-4x^2+6x)\div 2x$ (2) $(3a^4b^3+2a^3b^2-4a^2b^4)\div(2ab)^2$

연구 (1) (준 식)$=\dfrac{2x^3}{2x}-\dfrac{4x^2}{2x}+\dfrac{6x}{2x}=\boldsymbol{x^2-2x+3}$

(2) (준 식)$=\dfrac{3a^4b^3}{4a^2b^2}+\dfrac{2a^3b^2}{4a^2b^2}-\dfrac{4a^2b^4}{4a^2b^2}=\boldsymbol{\dfrac{3}{4}a^2b+\dfrac{1}{2}a-b^2}$

▶ (다항식)÷(다항식) : 다항식끼리 나눗셈을 할 때에는

첫째 — 내림차순으로 정리하고, 계수가 0인 항은 비워 둔다.

둘째 — 아래와 같이 수를 나눌 때와 같은 방법으로 계산한다.

수의 나눗셈

$$\begin{array}{r} 5 \\ 6\overline{)34} \\ \underline{30} \\ 4 \end{array}$$

$34=6\times5+4$

34를 6으로 나누면 몫이 5, 나머지가 4

이때, 나머지 4는 6보다 작다.

다항식의 나눗셈

$$\begin{array}{r} Q \\ B\overline{)A} \\ \underline{BQ} \\ R \end{array}$$

$A=BQ+R$

A를 B로 나누면 몫이 Q, 나머지가 R

이때, R의 차수는 B의 차수보다 작다.

기본정석 — **나눗셈의 관계식**

다항식 A를 다항식 $B(B\neq0)$로 나눌 때의 몫을 Q, 나머지를 R이라고 하면

$$A=BQ+R \text{ (단, } R \text{의 차수는 } B \text{의 차수보다 작다.)}$$

이 성립한다. 특히 $R=0$일 때, A는 B로 나누어떨어진다고 한다.

보기 5 $(20+3x^3-2x)\div(2-3x+x^2)$을 계산하여 몫과 나머지를 구하시오.

연구 두 다항식을 각각 내림차순으로 정리하면

$$20+3x^3-2x=3x^3+\boxed{}-2x+20,\quad 2-3x+x^2=x^2-3x+2$$

이므로 다음과 같이 ①, ②, ③, ⋯, ⑦의 순서로 계산하면 된다.

$$\begin{array}{rrl} & \overset{②\ \ ⑤}{3x+9} & \\ x^2-3x+2\,\big) & 3x^3+\boxed{}-\ \ 2x+20 & \cdots\cdots ① \\ & 3x^3-\ 9x^2+\ \ 6x\quad\ \ & \cdots\cdots ③ \\ \hline & 9x^2-\ \ 8x+20 & \cdots\cdots ④ \\ & 9x^2-27x+18 & \cdots\cdots ⑥ \\ \hline & 19x+\ \ 2 & \cdots\cdots ⑦ \end{array}$$

$3x^3$을 x^2으로 나눈 몫이 ②이고, ③은 ②$\times(x^2-3x+2)$이며, ①−③=④이다.
또, $9x^2$을 x^2으로 나눈 몫이 ⑤이고, ⑥은 ⑤$\times(x^2-3x+2)$이며, ④−⑥=⑦이다.

일차식 $19x+2$는 이차식 x^2-3x+2로 더 이상 나눌 수 없으므로 나머지이다.

$$\begin{array}{rrrrr} & 3 & 9 & & \\ 1\ -3\ 2\,\big) & 3 & 0 & -2 & 20 \\ & 3 & -9 & 6 & \\ \hline & & 9 & -8 & 20 \\ & & 9 & -27 & 18 \\ \hline & & & 19 & 2 \end{array}$$

답 몫 : $\boldsymbol{3x+9}$, 나머지 : $\boldsymbol{19x+2}$

보기 6 다항식 $f(x)$를 x^2+1로 나눈 몫이 $x+1$, 나머지가 $2x+1$일 때, $f(x)$를 구하시오.

$$\begin{array}{r} x+1 \\ x^2+1 \overline{) f(x)} \\ \cdots\cdots \\ \hline 2x+1 \end{array}$$

연구 $A=BQ+R$에서

$f(x)=(x^2+1)(x+1)+2x+1=\boldsymbol{x^3+x^2+3x+2}$

4 조립제법

이를테면 다항식 $2x^3-3x+5$를 일차식 $x-3$으로 나누어 보자.

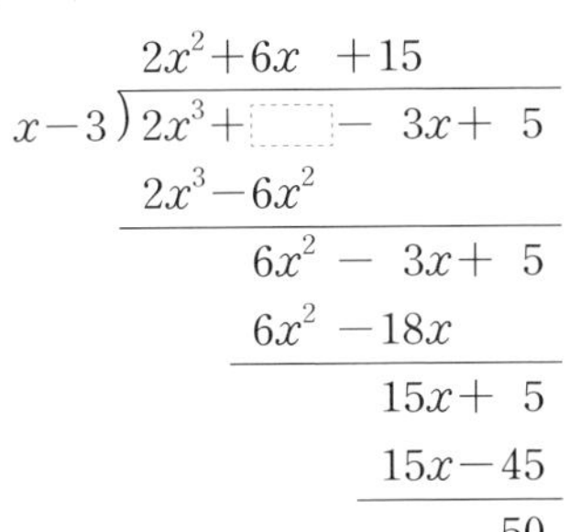

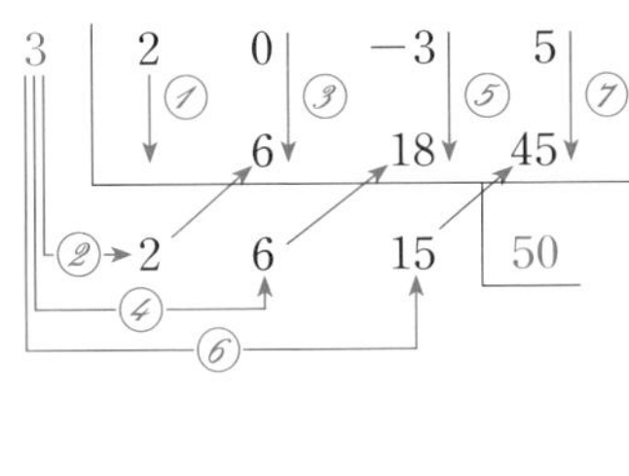

위의 왼쪽에서 몫이 $2x^2+6x+15$, 나머지가 50이다. 이때의

몫의 계수 : **2, 6, 15,** 나머지 : **50**

을 위의 오른쪽과 같이 하면 간단히 구할 수 있다.

곧, $2x^3-3x+5$에서 계수 2, 0, -3, 5와 $x-3$에서 3($x-3$을 0으로 하는 x의 값)을 위와 같이 쓴 다음, ①은 그대로 내리고, ③, ⑤, ⑦은 화살표 방향으로 더하며, ②, ④, ⑥은 화살표 방향으로 곱한다.

이와 같이 ①, ②, ③, ⋯, ⑦의 순서로 계산하면 맨 아래 줄의 2, 6, 15가 몫의 계수이고, 맨 아래 줄 끝수 50이 나머지이다.

이와 같은 계산법을 조립제법이라고 한다. 조립제법은 다항식을 일차식으로 나눌 때 주로 이용한다.

보기 7 조립제법을 이용하여 다음 나눗셈을 하시오.

(1) $(3x^3-2x^2-3x-5)\div(x-2)$

(2) $(4x^3+7x^2-12x+3)\div(x+3)$

연구 (1)

2	3	-2	-3	-5
		6	8	10
	3	4	5	5

답 몫 : $\boldsymbol{3x^2+4x+5}$, 나머지 : **5**

(2)

-3	4	7	-12	3
		-12	15	-9
	4	-5	3	-6

답 몫 : $\boldsymbol{4x^2-5x+3}$, 나머지 : $\boldsymbol{-6}$

기본 문제 **1**-2 다음 식을 간단히 하시오.

$$\frac{1}{8}x^2y^3 \div \left(\frac{1}{4}x^3y\right)^2 \times (-3x^2y^3)^3$$

정석연구 1° 실수에서 0이 아닌 수로 나눈다는 것은 그 수의 역수를 곱하는 것과 같다. 이는 다항식에서도 성립한다.

정석 $A \div B = A \times \frac{1}{B}$

따라서 단항식의 곱셈과 나눗셈이 섞여 있는 경우 나눗셈을 곱셈으로 고쳐 계산하면 된다.

2° $A \div B \times C$와 같이 나눗셈에 이어 곱셈이 있는 경우는

$$(A \div B) \times C = A \times \frac{1}{B} \times C = \frac{AC}{B}, \quad A \div (B \times C) = A \times \frac{1}{B \times C} = \frac{A}{BC}$$

에서 알 수 있듯이 어느 것을 먼저 계산하느냐에 따라 그 결과가 달라진다.

그래서

곱셈과 나눗셈만 있는 경우 앞에서부터 차례로 계산

하기로 약속한다. 곧,

정석 $A \div B \times C = (A \div B) \times C \neq A \div (B \times C)$

3° 이를테면 두 단항식 $3x^2y$와 $4xy$의 곱은

$$\begin{aligned} 3x^2y \times 4xy &= (3 \times x^2y) \times (4 \times xy) \\ &= (3 \times 4) \times (x^2y \times xy) = 12x^3y^2 \end{aligned}$$

과 같이 수끼리 모으고 문자끼리 모아 계산하면 간편하다.

정석 단항식의 곱 ⟹ 수끼리, 문자끼리 모은다.

모범답안 (준 식)$=\frac{1}{8}x^2y^3 \div \frac{1}{16}x^6y^2 \times (-27x^6y^9) = \frac{1}{8}x^2y^3 \times \frac{16}{x^6y^2} \times (-27x^6y^9)$

$$= \left\{\frac{1}{8} \times 16 \times (-27)\right\} \times \left(x^2y^3 \times \frac{1}{x^6y^2} \times x^6y^9\right)$$

$$= -54x^{2-6+6}y^{3-2+9} = \mathbf{-54x^2y^{10}} \longleftarrow \text{답}$$

유제 **1**-2. 다음 식을 간단히 하시오.

(1) $\frac{2}{3}a^2 \times 6ax \times \left(-\frac{1}{2}ax^3\right)^2$ (2) $8x^3 \times (-2y^2z)^2 \div (x^2y^2)$

(3) $\left(\frac{1}{2}ab^2\right)^3 \div (ab^3)^2 \times \left(-\frac{2}{3}b^2\right)^3$

답 (1) $\mathbf{a^5x^7}$ (2) $\mathbf{32xy^2z^2}$ (3) $\mathbf{-\frac{1}{27}ab^6}$

기본 문제 **1**-3 두 다항식 A, B에 대하여 $A\ominus B$와 $A\otimes B$를

$$A\ominus B=A-3B, \qquad A\otimes B=(A+B)B$$

와 같이 정의하자.

$$P=2x^3+2x^2y+3xy^2-y^3, \qquad Q=x^3+x^2y+xy^2$$

이라고 할 때, $(P\ominus Q)\otimes Q$를 x, y에 관한 다항식으로 나타내시오.

정석연구 필요에 따라 두 수나 두 다항식을 계산하는 방법을 새로 정의할 수 있다. 그리고 새로운 정의는 이 문제의 $\ominus$, $\otimes$ 등과 같이 $+$, $-$, $\times$, $\div$가 아닌 기호를 써서 나타내면 된다.

정 석 새로운 연산이 주어지면 $\Longrightarrow$ 연산의 정의를 충실히 따른다.

정의에 따라 $P\ominus Q$를 계산하면

$$\begin{aligned}P\ominus Q&=P-3Q\\&=(2x^3+2x^2y+3xy^2-y^3)-3(x^3+x^2y+xy^2)=-x^3-x^2y-y^3\end{aligned}$$

이다. 따라서

$$\begin{aligned}(P\ominus Q)\otimes Q&=(-x^3-x^2y-y^3)\otimes(x^3+x^2y+xy^2)\\&=\{(-x^3-x^2y-y^3)+(x^3+x^2y+xy^2)\}(x^3+x^2y+xy^2)\\&=(xy^2-y^3)(x^3+x^2y+xy^2)=x^4y^2-xy^5\end{aligned}$$

과 같이 계산하면 된다.

또는 아래 **모범답안**과 같이 먼저 $(P\ominus Q)\otimes Q$를 P와 Q에 관한 식으로 나타내고, P와 Q에 주어진 다항식을 대입하면 더 편하게 계산할 수 있다.

모범답안 $(P\ominus Q)\otimes Q=(P-3Q)\otimes Q=\{(P-3Q)+Q\}Q=(P-2Q)Q$

이때,

$$P-2Q=(2x^3+2x^2y+3xy^2-y^3)-2(x^3+x^2y+xy^2)=xy^2-y^3$$

이므로

$$\begin{aligned}(P\ominus Q)\otimes Q&=(xy^2-y^3)(x^3+x^2y+xy^2)\\&=x^4y^2+x^3y^3+x^2y^4-x^3y^3-x^2y^4-xy^5\\&=\boldsymbol{x^4y^2-xy^5} \longleftarrow \boxed{답}\end{aligned}$$

유제 **1**-3. 두 다항식 A, B에 대하여 $A\otimes B$를 $A\otimes B=AB-(A+B)$와 같이 정의하자.

$$P=2x, \qquad Q=-x^2+3x+2$$

라고 할 때, $\{(P+Q)\otimes P\}-\{(P-2Q)\otimes P\}$를 x에 관한 다항식으로 나타내시오.

답 $\boldsymbol{-6x^3+21x^2+3x-6}$

기본 문제 1-4 다항식 $2x^3-12x^2+20x-1$을 일차식 $2x-6$으로 나눈 몫과 나머지를 조립제법을 이용하여 구하시오.

정석연구 다항식을 일차식으로 나눌 때 다음 두 가지 방법을 생각할 수 있다.

(방법 1) 직접 나눈다.

곧, 오른쪽과 같이 계산하면

몫 : x^2-3x+1, 나머지 : 5

$$
\begin{array}{r}
x^2-3x\quad+1 \\
2x-6\,\overline{)\,2x^3-12x^2+20x-1} \\
\underline{2x^3-6x^2} \\
-6x^2+20x-1 \\
\underline{-6x^2+18x} \\
2x-1 \\
\underline{2x-6} \\
5
\end{array}
$$

(방법 2) 조립제법을 이용한다.

조립제법을 이용할 때에는 우선 다항식 A를 $x-3$으로 나눌 때와 $2x-6$, 곧 $2(x-3)$으로 나눌 때, 그 몫과 나머지에 어떤 차이가 있는지 알아야 한다.

다항식 A를 $x-3$으로 나눈 몫을 Q, 나머지를 R이라고 하면

$$\boldsymbol{A=(x-3)Q+R} \qquad \Leftarrow \text{몫 : } Q,\ \text{나머지 : } R$$

$$\boldsymbol{=2(x-3)\frac{Q}{2}+R} \qquad \Leftarrow \text{몫 : } \frac{Q}{2},\ \text{나머지 : } R$$

따라서 A를 $2(x-3)$으로 나눌 때의 나머지는 $x-3$으로 나눌 때의 나머지와 같지만, A를 $2(x-3)$으로 나눌 때의 몫은 $x-3$으로 나눌 때의 몫의 $\frac{1}{2}$임을 알 수 있다.

모범답안 먼저 $2x^3-12x^2+20x-1$을 $x-3$으로 나눈 몫과 나머지를 오른쪽과 같이 조립제법을 이용하여 구하면

3	2	−12	20	−1
		6	−18	6
	2	−6	2	5

몫 : $2x^2-6x+2$, 나머지 : 5

이므로 $2x-6$으로 나눈 몫과 나머지는

몫 : $\frac{1}{2}(2x^2-6x+2)=\boldsymbol{x^2-3x+1}$, 나머지 : **5**

Note $2x^3-12x^2+20x-1$을 $x-3$으로 나눈 몫은 $2x^2-6x+2$이고 나머지는 5이므로

$$2x^3-12x^2+20x-1=(x-3)(2x^2-6x+2)+5=2(x-3)(x^2-3x+1)+5$$

따라서 $2x-6$으로 나눈 몫은 x^2-3x+1이고 나머지는 5이다.

유제 **1**-4. 다음 나눗셈의 몫과 나머지를 조립제법을 이용하여 구하시오.

(1) $(6x^3-11x^2+6x+2)\div(2x-1)$

(2) $(3x^4+4x^3+7x^2+5x-2)\div(3x+1)$

답 (1) $\boldsymbol{3x^2-4x+1,\ 3}$ (2) $\boldsymbol{x^3+x^2+2x+1,\ -3}$

기본 문제 **1**-5 다항식 $N=2x^3+x^2-4x+5$가 있다.

(1) $N=a(x-2)^3+b(x-2)^2+c(x-2)+d$의 꼴로 변형했을 때, 상수 a, b, c, d의 값을 구하시오.

(2) $x=2.01$일 때, N의 값을 구하시오.

정석연구 (1) N을 $N=a(x-2)^3+b(x-2)^2+c(x-2)+d$의 꼴로 변형하는 것을

$x-2$의 다항식으로 변형한다, $x-2$의 내림차순으로 정리한다

고 한다.

$N=(x-2)\{a(x-2)^2+b(x-2)+c\}+d$로 나타내면 N을 $x-2$로 나눈 몫과 나머지는 각각 $a(x-2)^2+b(x-2)+c$와 d임을 알 수 있다. 이를 활용하면 a, b, c, d의 값을 구할 수 있다.

모범답안 (1) $N=a(x-2)^3+b(x-2)^2+c(x-2)+d$에서

① $N=(x-2)\{\underbrace{a(x-2)^2+b(x-2)+c}_{P}\}+d$

② $P=(x-2)\{\underbrace{a(x-2)+b}_{Q}\}+c$

③ $Q=a(x-2)+b$

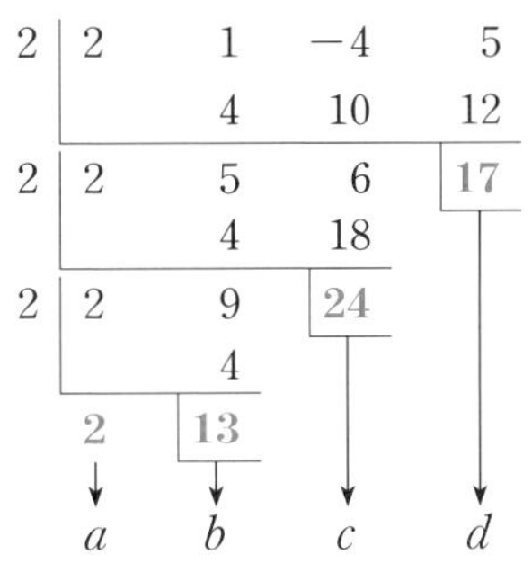

①에서 d는 N을 $x-2$로 나눈 나머지이고, P는 몫이다.

②에서 c는 P를 $x-2$로 나눈 나머지이고, Q는 몫이다.

③에서 b는 Q를 $x-2$로 나눈 나머지이고, a는 몫이다.

따라서 오른쪽과 같이 조립제법을 반복해서 이용하면 a, b, c, d의 값을 구할 수 있다. 답 $\boldsymbol{a=2,\ b=13,\ c=24,\ d=17}$

(2) $N=2(x-2)^3+13(x-2)^2+24(x-2)+17$이므로 $x=2.01$일 때,

$$N=2(2.01-2)^3+13(2.01-2)^2+24(2.01-2)+17$$
$$=2\times0.01^3+13\times0.01^2+24\times0.01+17=\mathbf{17.241302} \longleftarrow \text{답}$$

*Note (1) 계수비교법이나 수치대입법(p. 47)을 이용하여 구할 수도 있다.

유제 **1**-5. 다항식 $P=x^4-8x^3+25x^2-30x+8$이 있다.

(1) P를 $x-2$의 내림차순으로 정리하시오.

(2) $x=1.9$일 때, P의 값을 구하시오.

답 (1) $\boldsymbol{P=(x-2)^4+(x-2)^2+6(x-2)}$ (2) $\boldsymbol{-0.5899}$

§4. 곱셈 공식

1 곱셈 공식

이를테면 $(a+b)(a-b)$는

$$(a+b)(a-b)=a^2-ab+ba-b^2=a^2-b^2$$

과 같이 분배법칙을 이용하여 전개한 다음 교환법칙, 결합법칙 등을 이용하여 간단히 할 수 있다.

이때, 전개한 결과

$$(a+b)(a-b)=a^2-b^2$$

은 자주 나오는 꼴이므로 공식으로 기억하고 있으면 많은 도움이 된다.

이와 같이 다항식을 전개할 때 자주 나오는 꼴을 모아 곱셈 공식이라고 하며, 아래와 같다.

기본정석 — **곱셈 공식**

① $(a+b)^2=a^2+2ab+b^2$, $(a-b)^2=a^2-2ab+b^2$
② $(a+b)(a-b)=a^2-b^2$
③ $(x+a)(x+b)=x^2+(a+b)x+ab$
④ $(ax+b)(cx+d)=acx^2+(ad+bc)x+bd$
⑤ $(x+a)(x+b)(x+c)=x^3+(a+b+c)x^2+(ab+bc+ca)x+abc$
⑥ $(a+b+c)^2=a^2+b^2+c^2+2ab+2bc+2ca$
⑦ $(a+b)^3=a^3+3a^2b+3ab^2+b^3$, $(a-b)^3=a^3-3a^2b+3ab^2-b^3$
⑧ $(a+b)(a^2-ab+b^2)=a^3+b^3$, $(a-b)(a^2+ab+b^2)=a^3-b^3$
⑨ $(a+b+c)(a^2+b^2+c^2-ab-bc-ca)=a^3+b^3+c^3-3abc$
⑩ $(a^2+ab+b^2)(a^2-ab+b^2)=a^4+a^2b^2+b^4$

Advice | 곱셈 공식의 좌변을

분배법칙, 교환법칙, 결합법칙

을 이용하여 전개하여 정리하면 우변이 된다.

공식 ①에서 ④까지를 전개하는 과정은 중학교에서 공부했으므로 생략하고, 나머지 공식을 전개하는 과정은 다음 면에 정리하였다. 그냥 눈으로 읽는 것보다 직접 전개해 보는 것이 공식을 기억하는 데 도움이 될 뿐만 아니라 공식을 기억하지 못할 경우 전개하여 필요한 식을 구하는 데에도 도움이 된다.

⑤ $(x+a)(x+b)(x+c)=\{x^2+(a+b)x+ab\}(x+c)$
$=x^3+cx^2+(a+b)x^2+(a+b)cx+abx+abc$
$=x^3+(a+b+c)x^2+(ab+bc+ca)x+abc$

⑥ $(a+b+c)^2=\{(a+b)+c\}^2=(a+b)^2+2(a+b)c+c^2$
$=a^2+2ab+b^2+2ac+2bc+c^2$
$=a^2+b^2+c^2+2ab+2bc+2ca$

⑦ $(a+b)^3=(a+b)^2(a+b)=(a^2+2ab+b^2)(a+b)$
$=a^3+a^2b+2a^2b+2ab^2+ab^2+b^3=a^3+3a^2b+3ab^2+b^3$
$(a-b)^3=\{a+(-b)\}^3=a^3+3a^2(-b)+3a(-b)^2+(-b)^3$
$=a^3-3a^2b+3ab^2-b^3$

⑧ $(a+b)(a^2-ab+b^2)=a^3-a^2b+ab^2+a^2b-ab^2+b^3=a^3+b^3$
$(a-b)(a^2+ab+b^2)=a^3+a^2b+ab^2-a^2b-ab^2-b^3=a^3-b^3$

⑨ $(a+b+c)(a^2+b^2+c^2-ab-bc-ca)$
$=a^3+ab^2+ac^2-a^2b-abc-a^2c+a^2b+b^3+bc^2-ab^2-b^2c$
$-abc+a^2c+b^2c+c^3-abc-bc^2-ac^2$
$=a^3+b^3+c^3-3abc$

⑩ $(a^2+ab+b^2)(a^2-ab+b^2)=\{(a^2+b^2)+ab\}\{(a^2+b^2)-ab\}$
$=(a^2+b^2)^2-(ab)^2=a^4+2a^2b^2+b^4-a^2b^2=a^4+a^2b^2+b^4$

다양한 문제를 많이 풀어 보면 필요한 공식들을 잘 기억할 수 있을 뿐만 아니라 계산에서 생기는 사소한 실수들도 줄일 수 있다. **보기**와 **기본 문제**, **연습 문제**를 통해 빠르고 정확하게 계산할 수 있도록 충분히 연습하기를 바란다.

보기 1 곱셈 공식을 이용하여 다음 식을 전개하시오.

(1) $(2x+3y)^2$　(2) $(3x-4y)^2$　(3) $(5x+2)(2-5x)$

(4) $(x^2-3)(x^2+1)$　(5) $(7x-3y)(4x+2y)$

연구 이 문제는 공식 ①에서 ④까지를 이용하는 형태이다. 먼저

어떤 공식을 이용해야 하는 꼴

인지부터 생각해 보자.

(1) (준 식)$=(2x)^2+2\times 2x\times 3y+(3y)^2=\boldsymbol{4x^2+12xy+9y^2}$ ⇦ 공식 ①

(2) (준 식)$=(3x)^2-2\times 3x\times 4y+(4y)^2=\boldsymbol{9x^2-24xy+16y^2}$ ⇦ 공식 ①

(3) (준 식)$=(2+5x)(2-5x)=2^2-(5x)^2=\boldsymbol{-25x^2+4}$ ⇦ 공식 ②

(4) (준 식)$=(x^2)^2+(-3+1)x^2+(-3)\times 1=\boldsymbol{x^4-2x^2-3}$ ⇦ 공식 ③

(5) (준 식)$=7\times 4x^2+\{7\times 2+(-3)\times 4\}xy+(-3)\times 2y^2$
$=\boldsymbol{28x^2+2xy-6y^2}$ ⇦ 공식 ④

2 곱셈 공식의 변형

곱셈 공식 $(a+b)^2=a^2+2ab+b^2$에서 $2ab$를 이항하면

$$a^2+b^2=(a+b)^2-2ab$$

곱셈 공식 $(a-b)^2=a^2-2ab+b^2$에서 $-2ab$를 이항하면

$$a^2+b^2=(a-b)^2+2ab$$

또, 곱셈 공식 $(a+b)^3=a^3+3a^2b+3ab^2+b^3$에서 $3a^2b+3ab^2$을 이항하면

$$a^3+b^3=(a+b)^3-3ab(a+b)$$

곱셈 공식 $(a-b)^3=a^3-3a^2b+3ab^2-b^3$에서 $-3a^2b+3ab^2$을 이항하면

$$a^3-b^3=(a-b)^3+3ab(a-b)$$

이 네 식은 앞으로 자주 나오는 형태이므로 꼭 기억해 두자.

기본정석 — **곱셈 공식의 변형식**

(1) $\boldsymbol{a^2+b^2=(a+b)^2-2ab}$, $\quad\boldsymbol{a^2+b^2=(a-b)^2+2ab}$

(2) $\boldsymbol{a^3+b^3=(a+b)^3-3ab(a+b)}$,

$\boldsymbol{a^3-b^3=(a-b)^3+3ab(a-b)}$

Advice | 수학에서 이용하는 공식은

첫째 — 유도 과정을 알아야 한다. 공식을 유도하는 과정은 공식을 이해하는 데 도움이 된다. 또, 공식을 잊어버린 경우 필요한 식을 만들어 문제를 해결할 수 있다.

둘째 — 기억해야 한다. 공식을 이용하면 공식을 유도하는 많은 과정을 절약할 수 있어 보다 빠르고 정확하게 계산할 수 있다. 공식을 기억할 때에는 공식을 이용하는 문제를 많이 풀어 봄으로써 저절로 기억되도록 한다.

보기 2 $x+y=5$, $xy=3$일 때, x^2+y^2의 값을 구하시오.

연구 $x^2+y^2=(x+y)^2-2xy=5^2-2\times3=\mathbf{19}$

보기 3 $x-y=6$, $xy=8$일 때, x^2-xy+y^2의 값을 구하시오.

연구 $x^2-xy+y^2=(x^2+y^2)-xy=(x-y)^2+2xy-xy$

$=(x-y)^2+xy=6^2+8=\mathbf{44}$

보기 4 $x+y=4$, $xy=2$일 때, x^3+y^3의 값을 구하시오.

연구 $x^3+y^3=(x+y)^3-3xy(x+y)=4^3-3\times2\times4=\mathbf{40}$

보기 5 $x-y=-4$, $xy=-1$일 때, x^3-y^3의 값을 구하시오.

연구 $x^3-y^3=(x-y)^3+3xy(x-y)=(-4)^3+3\times(-1)\times(-4)=\mathbf{-52}$

기본 문제 **1**-6 다음 식을 전개하시오.

(1) $(x+1)(x-2)(x+3)$ (2) $(x-2)(x-3)(x-4)$

(3) $(a-2b-c)^2$ (4) $(2x+3y)^3$

(5) $(2x-3y)^3$ (6) $(2a-b)(4a^2+2ab+b^2)$

정석연구 이 문제는 모두 다음 곱셈 공식을 이용하여 해결할 수 있다.

정석 $(x+a)(x+b)(x+c)$
$=x^3+(a+b+c)x^2+(ab+bc+ca)x+abc$
$(x-a)(x-b)(x-c)$
$=x^3-(a+b+c)x^2+(ab+bc+ca)x-abc$
$(a+b+c)^2=a^2+b^2+c^2+2ab+2bc+2ca$
$(a+b)^3=a^3+3a^2b+3ab^2+b^3$, $(a-b)^3=a^3-3a^2b+3ab^2-b^3$
$(a+b)(a^2-ab+b^2)=a^3+b^3$, $(a-b)(a^2+ab+b^2)=a^3-b^3$

곱셈 공식의 꼴로 변형하기가 쉽지 않을 때에는 굳이 공식을 이용하지 않고 분배법칙을 이용하여 전개하는 것이 더 편할 수도 있다. 그러나 위의 공식을 익히기 위해서라도 공식을 활용해 보자.

모범답안 (1) (준 식)$=x^3+(1-2+3)x^2+\{1\times(-2)+(-2)\times3+3\times1\}x+1\times(-2)\times3$
$=\boldsymbol{x^3+2x^2-5x-6}$ ← 답 ⇦ 공식 ⑤

(2) (준 식)$=x^3-(2+3+4)x^2+(2\times3+3\times4+4\times2)x-2\times3\times4$
$=\boldsymbol{x^3-9x^2+26x-24}$ ← 답 ⇦ 공식 ⑤

(3) (준 식)$=a^2+(-2b)^2+(-c)^2+2a(-2b)+2(-2b)(-c)+2(-c)a$
$=\boldsymbol{a^2+4b^2+c^2-4ab+4bc-2ca}$ ← 답 ⇦ 공식 ⑥

(4) (준 식)$=(2x)^3+3(2x)^2(3y)+3(2x)(3y)^2+(3y)^3$
$=\boldsymbol{8x^3+36x^2y+54xy^2+27y^3}$ ← 답 ⇦ 공식 ⑦

(5) (준 식)$=(2x)^3-3(2x)^2(3y)+3(2x)(3y)^2-(3y)^3$
$=\boldsymbol{8x^3-36x^2y+54xy^2-27y^3}$ ← 답 ⇦ 공식 ⑦

(6) (준 식)$=(2a-b)\{(2a)^2+(2a)b+b^2\}$
$=(2a)^3-b^3=\boldsymbol{8a^3-b^3}$ ← 답 ⇦ 공식 ⑧

유제 **1**-6. 다음 식을 전개하시오.

(1) $(a+4)(a-2)(a+1)$ (2) $(3x-y+2z)^2$

(3) $(a+b^2)^3$ (4) $(x-2)(x^2+2x+4)$

답 (1) $\boldsymbol{a^3+3a^2-6a-8}$ (2) $\boldsymbol{9x^2+y^2+4z^2-6xy-4yz+12zx}$
(3) $\boldsymbol{a^3+3a^2b^2+3ab^4+b^6}$ (4) $\boldsymbol{x^3-8}$

기본 문제 **1**-7 다음 식을 전개하시오.

(1) $(x+y-1)(x^2+y^2-xy+x+y+1)$

(2) $(4x^2+6xy+9y^2)(4x^2-6xy+9y^2)$

(3) $(x-1)(x+2)(x-2)(x+3)$

정석연구 (1) 이 문제는 다음 공식을 이용하는 꼴이다.

정석 $(a+b+c)(a^2+b^2+c^2-ab-bc-ca)=a^3+b^3+c^3-3abc$

공식은 복잡하지만, 이 식을 이용하는 형태는 다양하지 않으므로 몇 번만 연습하면 쉽게 적용할 수 있다.

(2) 곱하는 두 식에서 한 항의 부호만 다르고 다른 것은 모두 같으므로 다음 공식을 생각할 수 있다.

정석 $(a^2+ab+b^2)(a^2-ab+b^2)=a^4+a^2b^2+b^4$

(3) 앞의 두 식과 뒤의 두 식의 곱이 x^2+x-2, x^2+x-6이므로 x^2+x를 한 문자로 생각하고 계산하면 편하다.

정석 같은 부분은 한 문자로 생각하고 계산한다.

모범답안 (1) (준 식)$=\{x+y+(-1)\}\{x^2+y^2+(-1)^2-xy-y(-1)-(-1)x\}$

$=x^3+y^3+(-1)^3-3xy(-1)$

$=\boldsymbol{x^3+y^3+3xy-1}$ ⇦ 공식 ⑨

(2) (준 식)$=\{(2x)^2+(2x)(3y)+(3y)^2\}\{(2x)^2-(2x)(3y)+(3y)^2\}$

$=(2x)^4+(2x)^2(3y)^2+(3y)^4=\boldsymbol{16x^4+36x^2y^2+81y^4}$ ⇦ 공식 ⑩

(3) (준 식)$=\{(x^2+x)-2\}\{(x^2+x)-6\}=(x^2+x)^2-8(x^2+x)+12$

$=x^4+2x^3+x^2-8x^2-8x+12=\boldsymbol{x^4+2x^3-7x^2-8x+12}$

Advice | (2)는 곱셈 공식 ②를 이용하여 다음과 같이 전개할 수도 있다.

(준 식)$=\{(4x^2+9y^2)+6xy\}\{(4x^2+9y^2)-6xy\}$

$=(4x^2+9y^2)^2-(6xy)^2=16x^4+72x^2y^2+81y^4-36x^2y^2$

$=\boldsymbol{16x^4+36x^2y^2+81y^4}$

유제 **1**-7. 다음 식을 전개하시오.

(1) $(a-2b+3)(a^2+4b^2+2ab-3a+6b+9)$

(2) $(x^2-x+1)(x^2+x+1)$ (3) $(x^2+x+2)(x^2+x-4)$

(4) $(x+1)(x-3)(x+2)(x-4)$

답 (1) $\boldsymbol{a^3-8b^3+18ab+27}$ (2) $\boldsymbol{x^4+x^2+1}$

(3) $\boldsymbol{x^4+2x^3-x^2-2x-8}$ (4) $\boldsymbol{x^4-4x^3-7x^2+22x+24}$

기본 문제 1-8 다음 물음에 답하시오.

(1) $x+y=4$, $x^2+y^2=8$일 때, x^3+y^3, $x-y$의 값을 구하시오.

(2) $x+y+z=5$, $xy+yz+zx=7$일 때, $x^2+y^2+z^2$의 값을 구하시오.

정석연구 (1) $x+y$, $x-y$, xy, x^2+y^2, x^3+y^3, x^3-y^3 중에서 몇 개의 값을 알고 나머지 값을 구하는 문제는 다음 **정석**을 이용하면 된다.

정석 $\boldsymbol{x^2+y^2=(x+y)^2-2xy=(x-y)^2+2xy}$
$\boldsymbol{x^3+y^3=(x+y)^3-3xy(x+y)}$
$\boldsymbol{x^3-y^3=(x-y)^3+3xy(x-y)}$

이 식을 외우고 있지 않더라도 $(x+y)^2$, $(x-y)^2$, $(x+y)^3$, $(x-y)^3$을 전개한 다음 필요한 꼴로 정리할 수 있어야 한다.

(2) $x+y+z$, $xy+yz+zx$, $x^2+y^2+z^2$ 중에서 어느 두 개의 값을 알고 나머지 값을 구하는 문제는 다음 **정석**을 이용하면 된다.

정석 $\boldsymbol{(x+y+z)^2=x^2+y^2+z^2+2(xy+yz+zx)}$

모범답안 (1) $x^2+y^2=8$에서 $(x+y)^2-2xy=8$

여기에 $x+y=4$를 대입하면 $4^2-2xy=8$ $\quad\therefore xy=4$

$\therefore x^3+y^3=(x+y)^3-3xy(x+y)=4^3-3\times4\times4=\mathbf{16}$ ← 답

또, $(x-y)^2=x^2+y^2-2xy=8-2\times4=0$이므로 $x-y=\mathbf{0}$ ← 답

(2) $(x+y+z)^2=x^2+y^2+z^2+2(xy+yz+zx)$에 문제의 조건 $x+y+z=5$, $xy+yz+zx=7$을 대입하면

$5^2=x^2+y^2+z^2+2\times7$ $\quad\therefore x^2+y^2+z^2=\mathbf{11}$ ← 답

유제 **1**-8. $x+y=a$, $xy=b$일 때, 다음 식을 a, b로 나타내시오.

(1) $\dfrac{y}{x}+\dfrac{x}{y}$ (2) $\dfrac{y^2}{x}+\dfrac{x^2}{y}$

답 (1) $\boldsymbol{\dfrac{a^2-2b}{b}}$ (2) $\boldsymbol{\dfrac{a^3-3ab}{b}}$

유제 **1**-9. $xy=5$, $x^2y+xy^2+2(x+y)=35$일 때, 다음 식의 값을 구하시오.

(1) x^2+y^2 (2) x^3+y^3 (3) $(x-y)^2$

답 (1) **15** (2) **50** (3) **5**

유제 **1**-10. 다음 물음에 답하시오.

(1) $a+b+c=10$, $a^2+b^2+c^2=64$일 때, $ab+bc+ca$의 값을 구하시오.

(2) $a^2+b^2+c^2=8$, $ab+bc+ca=-4$일 때, $a+b+c$의 값을 구하시오.

답 (1) **18** (2) **0**

연습문제 1

1-1 두 다항식 A, B가 다음을 만족시킬 때, A, B를 구하시오.

(1) $A+B=x^3-4x^2$, $A-B=2x^3+6x$

(2) $3A-B=-7xy+7y^2$, $A+2B=7x^2$

1-2 다음 나눗셈을 하시오.

(1) $(2x^3+x^2+3x)\div(x^2+1)$ (2) $(2x^3+5x^2y-y^3)\div(2x+y)$

1-3 다항식 $6x^4-x^3-16x^2+5x$를 다항식 $P(x)$로 나누었더니 몫이 $3x^2-2x-4$이고 나머지가 $5x-8$이었다. 다항식 $P(x)$를 구하시오.

1-4 다항식 x^3+ax^2-x-a가 x^2-x+a로 나누어떨어지도록 하는 상수 a의 값을 구하시오.

1-5 다항식 $f(x)$를 다항식 $g(x)$로 나눈 나머지를 $r(x)$라고 할 때, $f(x)+g(x)+r(x)$를 $g(x)$로 나눈 나머지는?

① $-2r(x)$ ② $-r(x)$ ③ 1 ④ $r(x)$ ⑤ $2r(x)$

1-6 다항식 $f(x)$를 $x-1$로 나눈 몫을 $Q(x)$, 나머지를 R이라고 할 때, $xf(x)+5$를 $x-1$로 나눈 몫과 나머지는?

① $xQ(x)$, $R+5$ ② $xQ(x)$, $R-5$ ③ $xQ(x)$, $R+10$

④ $xQ(x)+R$, $R+5$ ⑤ $xQ(x)+R$, $R-5$

1-7 3 이상의 자연수 n에 대하여 자연수 n^3-2n^2+3n-2가 $(n-2)^2$의 배수가 되도록 하는 모든 n의 값의 합은?

① 3 ② 6 ③ 9 ④ 12 ⑤ 15

1-8 $x^2+x-1=0$일 때, 다음 식의 값을 구하시오.

(1) $(x+2)(x-1)(x+4)(x-3)+5$ (2) x^5-5x

1-9 다음 식을 전개하시오.

(1) $(x-y)(x+y)(x^2+y^2)(x^4+y^4)$

(2) $(a+b+c-d)(a+b-c+d)$

(3) $(x^2-xy+y^2)(x^2+xy+y^2)(x^4-x^2y^2+y^4)$

(4) $(x-3)^2(x+3)^2(x^2+9)^2$

(5) $(x-2y)^3(x+2y)^3$

1-10 다음을 만족시키는 n의 값은?

$$(2^2+1)(2^4+1)(2^8+1)(2^{16}+1)(2^{32}+1)=\frac{1}{3}(2^n-1)$$

① 31 ② 32 ③ 63 ④ 64 ⑤ 127

1-11 다음 식을 전개하시오.

(1) $(xy+8)(xy-9)$
(2) $(x-1)(x-2)(x+3)(x+4)$
(3) $(2x-5y)(x+4y)$
(4) $(x-2y-3z)^2$
(5) $(a+b+c+d)^2$
(6) $(a+b)^3+(a-b)^3$
(7) $(x+1)(x-2)(x^2-x+1)(x^2+2x+4)$
(8) $(a-b)(a^2+ab+b^2)(a^6+a^3b^3+b^6)$

1-12 $(1-2x+3x^2-4x^3)^2$의 전개식에서 x^4의 계수는?

① -25 ② -12 ③ 0 ④ 12 ⑤ 25

1-13 다음 다항식의 전개식에서 모든 계수의 합은?

$$1+(1+x)+(1+x+x^2)^2+(1+x+x^2+x^3)^3+(1+x+x^2+x^3+x^4)^4$$

① 15 ② 55 ③ 76 ④ 375 ⑤ 701

1-14 $a+b=4$, $ab=2$일 때, 다음 식의 값을 구하시오. 단, $a\geq b$이다.

(1) $a-b$ (2) a^2-b^2 (3) a^3-b^3

1-15 $x+y=1$, $x^3+y^3=19$일 때, 다음 식의 값을 구하시오.

(1) xy (2) x^2+y^2 (3) x^4+y^4 (4) x^5+y^5

1-16 $a+b=4$, $ab=3$, $x+y=-3$, $xy=1$이다. $m=ax+by$, $n=bx+ay$일 때, m^3+n^3의 값을 구하시오.

1-17 다음 물음에 답하시오.

(1) $ab=4$, $(2a-1)(2b-1)=5$일 때, a^2+ab+b^2의 값을 구하시오.
(2) $2x+y=7$, $xy=3$일 때, $2x-y$의 값을 구하시오.

1-18 오른쪽 그림과 같이 반지름의 길이가 8 cm인 사분원 OAB의 둘레 및 내부에 넓이가 18 cm^2인 직사각형 OCDE가 있다. 이때, 세 선분 AC, CE, EB의 길이의 합을 구하시오.

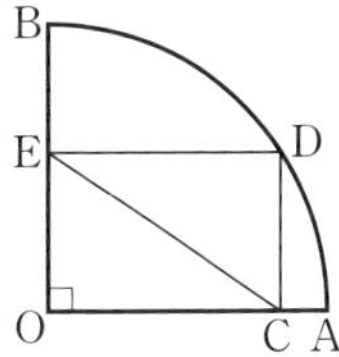

1-19 대각선의 길이가 14 cm이고 모든 모서리의 길이의 합이 88 cm인 직육면체의 겉넓이를 구하시오.

2. 인수분해

인수분해의 기본 공식／기본 공식의 활용

§1. 인수분해의 기본 공식

1 인수분해, 인수

인수분해는 이미 중학교에서 공부하였다. 이를 간단히 복습하면서 보다 높은 수준의 문제를 다루어 보자.

이를테면 $(x-2)(x-3)$을 전개하면

$$(x-2)(x-3)=x^2-5x+6$$

이다.

이 식의 좌변과 우변을 서로 바꾸면

$$x^2-5x+6=(x-2)(x-3)$$

이다.

이와 같이 하나의 다항식을 두 개 이상의 다항식의 곱의 꼴로 나타내는 것을 이 식을 인수분해한다고 하며, 다항식 $x-2$와 $x-3$을 x^2-5x+6의 인수라고 한다.

$$(x-2)(x-3) \xrightarrow{\text{전 개}} x^2-5x+6$$

$$(x-2)(x-3) \xleftarrow{\text{인수분해}} x^2-5x+6$$

여기에서 다항식 x^2-5x+6은

$$x^2-5x+6=(x-1)(x-4)+2$$

와 같이 나타낼 수도 있으나, 이와 같이 나타내어진 식은 인수분해가 되었다고 말하지 않는다는 것에 주의해야 한다. 왜냐하면 앞부분의 $(x-1)(x-4)$는 다항식의 곱의 꼴이지만, 뒷부분에 $+2$가 있어 우변 전체로 보아서는 다항식의 곱의 꼴이라고 할 수 없기 때문이다.

2 인수분해의 기본 공식

이를테면 자연수 756을 소수 2, 3, 5, …로 차례로 나누어 약수가 되는지 확인하면 다음과 같이 소인수분해를 할 수 있다.

$$756=2^2\times3^3\times7$$

그러나 다항식의 경우 이를테면 x^2-16을 $x-1$, $x+1$, $x-2$, …로 나누어 보는 방법으로는 인수분해를 하기 힘들다. 고려할 다항식이 너무 많고, 일일이 나누는 과정 자체가 힘들기 때문이다.

그런데 곱셈 공식에서

$$(x+4)(x-4)=x^2-16 \qquad \Leftarrow (a+b)(a-b)=a^2-b^2$$

을 생각할 수 있다면

$$x^2-16=(x+4)(x-4)$$

와 같이 쉽게 인수분해를 할 수 있을 것이다. 따라서 곱셈 공식의 좌변과 우변을 서로 바꾼

$$a^2-b^2=(a+b)(a-b)$$

를 공식으로 기억하고 있으면 인수분해를 보다 쉽게 할 수 있다.

다음 인수분해 공식 ②~⑩은 앞서 공부한 곱셈 공식의 좌변과 우변을 서로 바꾼 것이다.

기본정석 — **인수분해의 기본 공식**

① $ma-mb+mc=m(a-b+c)$

② $a^2+2ab+b^2=(a+b)^2$, $\quad a^2-2ab+b^2=(a-b)^2$

③ $a^2-b^2=(a+b)(a-b)$

④ $x^2+(a+b)x+ab=(x+a)(x+b)$

⑤ $acx^2+(ad+bc)x+bd=(ax+b)(cx+d)$

⑥ $a^3+b^3=(a+b)(a^2-ab+b^2)$, $\quad a^3-b^3=(a-b)(a^2+ab+b^2)$

⑦ $a^3+3a^2b+3ab^2+b^3=(a+b)^3$, $\quad a^3-3a^2b+3ab^2-b^3=(a-b)^3$

⑧ $a^2+b^2+c^2+2ab+2bc+2ca=(a+b+c)^2$

⑨ $a^4+a^2b^2+b^4=(a^2+ab+b^2)(a^2-ab+b^2)$

⑩ $a^3+b^3+c^3-3abc=(a+b+c)(a^2+b^2+c^2-ab-bc-ca)$

Advice | 다항식의 전개는 공식을 잊어버린 경우에 분배법칙을 이용하여 계산할 수 있지만, 인수분해는 공식을 유도하는 과정이 간단하지 않은 경우가 대부분이므로 기본 공식을 잘 기억해 두기 바란다.

기본 문제 **2**-1 다음 식을 인수분해하시오.

(1) $8x^3y^2-4x^2y^2+12x^2y^3$ (2) $(a-b)x+(b-a)y$

(3) $2x^2-x^3+2-x$ (4) $ab-cd+ac-bd$

(5) $bc^3-ab^2c-b^2c^2+abc^2$

정석연구 이를테면 x^2y와 xy^2은 xy라는 인수를 공통으로 가진다. 이 xy를 x^2y와 xy^2의 공통인수라고 한다.

x^2y-xy^2을 인수분해할 때에는 공통인수 xy로 묶어서

$$x^2y-xy^2=xy(x-y)$$

와 같이 하면 된다.

이와 같이 분배법칙은 식의 전개뿐만 아니라 인수분해에도 기본이 된다.

정석 $\boldsymbol{ma-mb+mc=m(a-b+c)}$

겉으로 보기에 공통인수가 없는 것처럼 보이는 항이 4개 이상인 식에 대해서도 몇 항씩 묶어 공통인수를 찾을 수 있는지 확인해야 한다.

인수분해의 정석 1

먼저 공통인수로 묶어 낼 수 있는가를 생각한다.

모범답안 (1) $8x^3y^2-4x^2y^2+12x^2y^3=4x^2y^2(2x-1+3y)$

$=\boldsymbol{4x^2y^2(2x+3y-1)}$ ← 답

(2) $(a-b)x+(b-a)y=(a-b)x-(a-b)y=\boldsymbol{(a-b)(x-y)}$ ← 답

(3) $2x^2-x^3+2-x=x^2(2-x)+(2-x)=\boldsymbol{(2-x)(x^2+1)}$ ← 답

(4) $ab-cd+ac-bd=ab+ac-bd-cd=a(b+c)-d(b+c)$

$=\boldsymbol{(b+c)(a-d)}$ ← 답

(5) $bc^3-ab^2c-b^2c^2+abc^2=bc(c^2-ab-bc+ac)$

$=bc(c^2+ac-ab-bc)$

$=bc\{c(c+a)-b(a+c)\}$

$=\boldsymbol{bc(a+c)(c-b)}$ ← 답

유제 **2**-1. 다음 식을 인수분해하시오.

(1) $4a^2b^3c-6a^3b^2c^2$ (2) $4a^2b^3-6ab^2+12a^3b$

(3) $(a+b)x^2y-(a+b)xy^2$ (4) $(a-b)x^2+(b-a)xy$

답 (1) $\boldsymbol{2a^2b^2c(2b-3ac)}$ (2) $\boldsymbol{2ab(6a^2+2ab^2-3b)}$
(3) $\boldsymbol{(a+b)xy(x-y)}$ (4) $\boldsymbol{(a-b)x(x-y)}$

기본 문제 **2**-2 다음 식을 인수분해하시오.

(1) x^2+6x+9 (2) $9x^2-12xy+4y^2$

(3) $\frac{1}{4}x^2+x+1$ (4) $\frac{1}{9}x^2-x+\frac{9}{4}$

(5) $27a^2x^2+72abx^2+48b^2x^2$ (6) $ab-ac-b^2+2bc-c^2$

정석연구 이차 다항식

$a^2+2ab+b^2$

의 꼴은 완전제곱식

$(a+b)^2$

의 꼴로 인수분해된다.

$$\boldsymbol{a^2 + 2ab + b^2 = (a+b)^2}$$

$$\boldsymbol{a^2 \quad 2\times a \times b \quad b^2}$$

정석 $a^2\pm2ab+b^2=(a\pm b)^2$ (복부호동순)

특히 (6)은 항이 5개이므로 바로 공식을 적용할 수 없지만 뒤의 삼항식 $-b^2+2bc-c^2$은 이 공식을 이용하여 완전제곱식으로 고칠 수 있다. 이와 같은 부분이 눈에 쉽게 들어올 정도로 많은 연습을 해 두기 바란다.

모범답안 (1) $x^2+6x+9=x^2+2\times x\times3+3^2=\boldsymbol{(x+3)^2}$ ← 답

(2) $9x^2-12xy+4y^2=(3x)^2-2\times3x\times2y+(2y)^2=\boldsymbol{(3x-2y)^2}$ ← 답

(3) $\frac{1}{4}x^2+x+1=\left(\frac{1}{2}x\right)^2+2\times\frac{1}{2}x\times1+1^2=\boldsymbol{\left(\frac{1}{2}x+1\right)^2}$ ← 답

(4) $\frac{1}{9}x^2-x+\frac{9}{4}=\left(\frac{1}{3}x\right)^2-2\times\frac{1}{3}x\times\frac{3}{2}+\left(\frac{3}{2}\right)^2=\boldsymbol{\left(\frac{1}{3}x-\frac{3}{2}\right)^2}$ ← 답

(5) $27a^2x^2+72abx^2+48b^2x^2=3x^2(9a^2+24ab+16b^2)$

$=3x^2\{(3a)^2+2\times3a\times4b+(4b)^2\}$

$=\boldsymbol{3x^2(3a+4b)^2}$ ← 답

(6) $ab-ac-b^2+2bc-c^2=a(b-c)-(b^2-2bc+c^2)$

$=a(b-c)-(b-c)^2$

$=\boldsymbol{(b-c)(a-b+c)}$ ← 답

유제 **2**-2. 다음 식을 인수분해하시오.

(1) $x^2-8x+16$ (2) $4x^2+4xy+y^2$

(3) $\frac{1}{9}x^2-\frac{1}{3}x+\frac{1}{4}$ (4) $a^2x-4abx+4b^2x$

(5) $xy^3+2x^2y^2+x^3y$ (6) $x^2+2xy+y^2-x-y$

답 (1) $\boldsymbol{(x-4)^2}$ (2) $\boldsymbol{(2x+y)^2}$ (3) $\boldsymbol{\left(\frac{1}{3}x-\frac{1}{2}\right)^2}$

(4) $\boldsymbol{(a-2b)^2x}$ (5) $\boldsymbol{xy(x+y)^2}$ (6) $\boldsymbol{(x+y)(x+y-1)}$

기본 문제 **2**-3 다음 식을 인수분해하시오.

(1) a^3b-ab^3 (2) a^4-b^4

(3) $(a-b)^2-(c-d)^2$ (4) $x^2-a^2+2ab-b^2$

정석연구 제곱의 차의 꼴은

정석 $\boldsymbol{a^2-b^2=(a+b)(a-b)}$

를 이용한다.

(1) 두 항에서 공통인수를 찾을 수 있어야 한다.

(2) $a^4=(a^2)^2$, $b^4=(b^2)^2$이므로 위의 **정석**을 이용하면

$$(a^2)^2-(b^2)^2=(a^2+b^2)(a^2-b^2)$$

여기서 a^2+b^2은 더 이상 인수분해할 수 없지만, a^2-b^2은 다시 인수분해할 수 있다는 것에 주의하자.

(3) $a-b$와 $c-d$를 각각 한 문자로 보고 인수분해를 한다.

(4) 항이 네 개이므로 공식을 바로 적용할 수 없다. 먼저 몇 개 항만 묶어 인수분해를 할 수 있는지 확인해 보자.

모범답안 (1) $a^3b-ab^3=ab(a^2-b^2)=\boldsymbol{ab(a+b)(a-b)}$ ← 답

(2) $a^4-b^4=(a^2)^2-(b^2)^2=(a^2+b^2)(a^2-b^2)$
$=\boldsymbol{(a^2+b^2)(a+b)(a-b)}$ ← 답

(3) $(a-b)^2-(c-d)^2=\{(a-b)+(c-d)\}\{(a-b)-(c-d)\}$
$=\boldsymbol{(a-b+c-d)(a-b-c+d)}$ ← 답

(4) $x^2-a^2+2ab-b^2=x^2-(a^2-2ab+b^2)=x^2-(a-b)^2$
$=\{x+(a-b)\}\{x-(a-b)\}$
$=\boldsymbol{(x+a-b)(x-a+b)}$ ← 답

*Note (4) 앞의 두 항과 뒤의 두 항을 묶어 각각 인수분해하면

$$(x^2-a^2)+(2ab-b^2)=(x+a)(x-a)+b(2a-b)$$

이므로 이 방법으로는 더 이상 인수분해를 할 수 없다. 이런 시행착오는 누구나 겪기 마련이며, 이런 과정을 통해서 실력이 향상된다.

유제 **2**-3. 다음 식을 인수분해하시오.

(1) x^8-y^8 (2) x^2-y^2-x+y

(3) $x^2-4xy+4y^2-z^2$ (4) $4xy+1-4x^2-y^2$

답 (1) $\boldsymbol{(x-y)(x+y)(x^2+y^2)(x^4+y^4)}$ (2) $\boldsymbol{(x-y)(x+y-1)}$
(3) $\boldsymbol{(x-2y+z)(x-2y-z)}$ (4) $\boldsymbol{(1+2x-y)(1-2x+y)}$

기본 문제 **2**-4 다음 식을 인수분해하시오.

(1) x^2+4x+3 (2) $x^2-10x+16$

(3) x^2-2x-8 (4) $x^2+2xy-15y^2$

정석연구 x^2의 계수가 1인 이차 다항식 x^2+mx+n 꼴의 인수분해는

$$\textbf{정석}\quad x^2+(a+b)x+ab=(x+a)(x+b)$$

를 이용한다.

이를테면 x^2+4x+3에서 합이 4, 곱이 3인 두 수 a, b를 찾아서

$$x^2+4x+3=(x+a)(x+b)$$

와 같이 인수분해한다.

$$x^2+\underset{\uparrow\atop a+b}{4}x+\underset{\uparrow\atop ab}{3}=(x+a)(x+b)$$

이 경우 먼저 곱이 3인 정수 a, b를 찾은 다음, 그중에서 합이 4인 경우를 찾는 것이 쉽다.

(4)는 문자가 두 개 있는 이차 다항식이다. 이와 같은 꼴도 위의 인수분해 공식을 적용할 수 있는지 확인해 본다. 곧, 문자 y를 상수처럼 생각하고

$$a+b=2y,\quad ab=-15y^2$$

인 a, b를 찾아보자.

모범답안 (1) 합이 4, 곱이 3인 두 수는 1, 3이므로

$$x^2+4x+3=\boldsymbol{(x+1)(x+3)} \longleftarrow \boxed{\text{답}}$$

(2) 합이 -10, 곱이 16인 두 수는 -2, -8이므로

$$x^2-10x+16=\boldsymbol{(x-2)(x-8)} \longleftarrow \boxed{\text{답}}$$

(3) 합이 -2, 곱이 -8인 두 수는 2, -4이므로

$$x^2-2x-8=\boldsymbol{(x+2)(x-4)} \longleftarrow \boxed{\text{답}}$$

(4) $x^2+2xy-15y^2=x^2+(2y)x-15y^2$

합이 $2y$, 곱이 $-15y^2$인 두 식은 $-3y$, $5y$이므로

$$x^2+2xy-15y^2=\boldsymbol{(x-3y)(x+5y)} \longleftarrow \boxed{\text{답}}$$

유제 **2**-4. 다음 식을 인수분해하시오.

(1) $x^2+8x+15$ (2) $x^2-5x-24$

(3) $x^2-xy-12y^2$ (4) $x^2+16xy+15y^2$

답 (1) $\boldsymbol{(x+3)(x+5)}$ (2) $\boldsymbol{(x+3)(x-8)}$

(3) $\boldsymbol{(x+3y)(x-4y)}$ (4) $\boldsymbol{(x+y)(x+15y)}$

기본 문제 **2**-5 다음 식을 인수분해하시오.

(1) $3x^2+11x+6$ (2) $2x^2-11x-6$

(3) $2x^2+7xy+3y^2$ (4) $6x^2-xy-2y^2$

정석연구 x^2의 계수가 1이 아닌 이차 다항식 px^2+qx+r 꼴의 인수분해는

정 석 $acx^2+(ad+bc)x+bd=(ax+b)(cx+d)$

를 이용한다.

이를테면 $3x^2+14x+8$에서 3과 8은

$$3=1\times3,\quad 8=1\times8=2\times4$$

로 분해되므로 이것을 아래와 같이 가능한 여러 조로 나누어 a, b, c, d를 찾는다.

$$\begin{array}{ccc} a & b \to & bc \\ c & d \to & ad \\ \hline & & ad+bc \end{array}$$

$$\begin{array}{ccc} 1 & 1 \to & 3 \\ 3 & 8 \to & 8 \\ \hline & & 11 \end{array}\quad \begin{array}{ccc} 1 & 8 \to & 24 \\ 3 & 1 \to & 1 \\ \hline & & 25 \end{array}\quad \begin{array}{ccc} 1 & 2 \to & 6 \\ 3 & 4 \to & 4 \\ \hline & & 10 \end{array}\quad \begin{array}{ccc} 1 & 4 \to & 12 \\ 3 & 2 \to & 2 \\ \hline & & 14 \end{array}$$

O.K.

여기서 네 번째의 경우가 x의 계수 14와 같으므로

$$3x^2+14x+8=(x+4)(3x+2)$$

모범답안 다음과 같이 인수를 찾는다.

(1)
$$\begin{array}{ccc} x & 3 \to & 9x \\ 3x & 2 \to & 2x \\ \hline & & 11x \end{array}$$

$3x^2+11x+6=\boldsymbol{(x+3)(3x+2)}$

(2)
$$\begin{array}{ccc} 2x & 1 \to & x \\ x & -6 \to & -12x \\ \hline & & -11x \end{array}$$

$2x^2-11x-6=\boldsymbol{(2x+1)(x-6)}$

(3)
$$\begin{array}{ccc} 2x & y \to & xy \\ x & 3y \to & 6xy \\ \hline & & 7xy \end{array}$$

$2x^2+7xy+3y^2$
$=\boldsymbol{(2x+y)(x+3y)}$

(4)
$$\begin{array}{ccc} 2x & y \to & 3xy \\ 3x & -2y \to & -4xy \\ \hline & & -xy \end{array}$$

$6x^2-xy-2y^2$
$=\boldsymbol{(2x+y)(3x-2y)}$

유제 **2**-5. 다음 식을 인수분해하시오.

(1) $2x^2+3x-2$ (2) $3x^2-17x+10$

(3) $2x^2-11xy+12y^2$ (4) $6x^2-7xy-5y^2$

답 (1) $\boldsymbol{(x+2)(2x-1)}$ (2) $\boldsymbol{(x-5)(3x-2)}$
(3) $\boldsymbol{(x-4y)(2x-3y)}$ (4) $\boldsymbol{(2x+y)(3x-5y)}$

기본 문제 **2**-6 다음 식을 인수분해하시오.

(1) $8x^3+27y^3$ (2) x^6-y^6

(3) $x^3+6x^2y+12xy^2+8y^3$ (4) $x^4+y^4+z^4+2x^2y^2+2y^2z^2+2z^2x^2$

정석연구 (1)은 $(2x)^3+(3y)^3$으로, (2)는 $(x^3)^2-(y^3)^2$으로 변형하여

정석 $a^3+b^3=(a+b)(a^2-ab+b^2)$
$a^3-b^3=(a-b)(a^2+ab+b^2)$

을 이용한다.

(3)은 $x^3+3\times x^2\times 2y+3\times x\times(2y)^2+(2y)^3$이므로

정석 $a^3+3a^2b+3ab^2+b^3=(a+b)^3$

을 이용한다.

(4)는 $x^4=(x^2)^2$, $y^4=(y^2)^2$, $z^4=(z^2)^2$으로 생각하여

정석 $a^2+b^2+c^2+2ab+2bc+2ca=(a+b+c)^2$

을 이용한다.

모범답안 (1) $8x^3+27y^3=(2x)^3+(3y)^3$
$=(2x+3y)\{(2x)^2-2x\times 3y+(3y)^2\}$
$=\boldsymbol{(2x+3y)(4x^2-6xy+9y^2)}$ ← 답

(2) $x^6-y^6=(x^3)^2-(y^3)^2$
$=(x^3+y^3)(x^3-y^3)$
$=(x+y)(x^2-xy+y^2)(x-y)(x^2+xy+y^2)$
$=\boldsymbol{(x+y)(x-y)(x^2+xy+y^2)(x^2-xy+y^2)}$ ← 답

(3) $x^3+6x^2y+12xy^2+8y^3=x^3+3\times x^2\times 2y+3\times x\times(2y)^2+(2y)^3$
$=\boldsymbol{(x+2y)^3}$ ← 답

(4) $x^4+y^4+z^4+2x^2y^2+2y^2z^2+2z^2x^2$
$=(x^2)^2+(y^2)^2+(z^2)^2+2x^2y^2+2y^2z^2+2z^2x^2$
$=\boldsymbol{(x^2+y^2+z^2)^2}$ ← 답

유제 **2**-6. 다음 식을 인수분해하시오.

(1) x^3+8 (2) $x^4y+xy^4+x^2y+xy^2$

(3) $x^3-9x^2y+27xy^2-27y^3$ (4) $x^2+4y^2+z^2+4xy-4yz-2zx$

답 (1) $\boldsymbol{(x+2)(x^2-2x+4)}$ (2) $\boldsymbol{xy(x+y)(x^2-xy+y^2+1)}$
(3) $\boldsymbol{(x-3y)^3}$ (4) $\boldsymbol{(x+2y-z)^2}$

§2. 기본 공식의 활용

기본 문제 2-7 다음 식을 인수분해하시오.

(1) $(x^2-3x)^2-2x^2+6x-8$

(2) $(x-1)(x-3)(x+2)(x+4)+24$

정석연구 (1) 주어진 식을 변형하면

$$(x^2-3x)^2-2x^2+6x-8=(x^2-3x)^2-2(x^2-3x)-8$$

과 같이 $\boldsymbol{x^2-3x}$가 공통인 식이 된다.

$x^2-3x=X$로 치환하면 (준 식)$=X^2-2X-8=(X+2)(X-4)$

이므로 여기서 다시 X를 x^2-3x로 바꾸어 놓으면 된다.

인수분해의 정석 2

- 공통부분을 X로 치환한다.
- 외형상 공통부분이 없을 때에는 공통부분이 나오도록 변형할 수 있는 식인가를 조사해서 공통부분이 나오면 X로 치환한다.

공통부분이 복잡하지 않을 때에는 X로 치환하는 번거로운 과정을 택할 것이 아니라

공통부분을 (머릿속으로만) 한 문자로 생각하고 해결한다.

(2) "이미 인수분해가 되어 있지 않은가!"라고 생각해서는 안 된다. 이 식은 $A+24$의 꼴이므로 인수분해가 되어 있지 않다. A 부분을 전개할 때에는 공통부분이 나오도록 두 개씩 묶어 계산한다.

모범답안 (1) (준 식)$=(x^2-3x)^2-2(x^2-3x)-8=(x^2-3x+2)(x^2-3x-4)$

$=\boldsymbol{(x-1)(x-2)(x+1)(x-4)}$ ← 답

(2) (준 식)$=\{(x-1)(x+2)\}\{(x-3)(x+4)\}+24$

$=\{(x^2+x)-2\}\{(x^2+x)-12\}+24$

$=(x^2+x)^2-14(x^2+x)+48=(x^2+x-6)(x^2+x-8)$

$=\boldsymbol{(x+3)(x-2)(x^2+x-8)}$ ← 답

유제 **2**-7. 다음 식을 인수분해하시오.

(1) $(x^2+4x)^2+2x^2+8x-35$ (2) $(x+1)(x+2)(x-3)(x-4)+6$

답 (1) $\boldsymbol{(x-1)(x+5)(x^2+4x+7)}$ (2) $\boldsymbol{(x^2-2x-5)(x^2-2x-6)}$

기본 문제 **2**-8 다음 식을 인수분해하시오.

(1) x^4-3x^2+2　　(2) x^4+x^2+1　　(3) $x^4-6x^2y^2+y^4$

정석연구 일반적으로 $ax^4+bx^2+c(a\neq0)$는 x에 관한 사차식이지만

$x^2=X$로 치환하면　$\boldsymbol{ax^4+bx^2+c=aX^2+bX+c}$

와 같이 X에 관한 이차식이다. 이와 같은 사차식을 복이차식이라고 한다.

복이차식으로서 인수분해가 되는 꼴은 다음 두 가지가 있다.

(i) $x^2=X$로 치환하여 인수분해의 기본 공식을 적용할 수 있는 꼴

(ii) 더하고 빼거나 쪼개어서 제곱의 차의 꼴로 변형되는 꼴

인수분해의 정석 3

복이차식을 인수분해할 때에는

- $x^2=X$로 치환하여 기본 공식을 적용할 수 있는가를 검토한다.
- 더하고 빼거나 쪼개어서 $\boldsymbol{A^2-B^2}$의 꼴로 변형해 본다.

모범답안 (1) $x^4-3x^2+2=(x^2)^2-3x^2+2=(x^2-1)(x^2-2)$　⇦ $x^2=X$로 생각!

$=\boldsymbol{(x+1)(x-1)(x^2-2)}$ ← 답

(2) $x^4+x^2+1=x^4+2x^2+1-x^2=(x^2+1)^2-x^2$

$=(x^2+1+x)(x^2+1-x)=\boldsymbol{(x^2+x+1)(x^2-x+1)}$ ← 답

(3) $x^4-6x^2y^2+y^4=x^4-2x^2y^2+y^4-4x^2y^2=(x^2-y^2)^2-(2xy)^2$

$=(x^2-y^2+2xy)(x^2-y^2-2xy)$

$=\boldsymbol{(x^2+2xy-y^2)(x^2-2xy-y^2)}$ ← 답

Advice 1° (1)에서 x^2-2를 계수가 실수인 범위에서 인수분해하면

$$x^2-2=x^2-(\sqrt{2})^2=(x+\sqrt{2})(x-\sqrt{2})$$

이다. 그러나 별다른 언급이 없으면 인수분해는 계수가 유리수인 범위에서 한다.

2° (2)의 경우 일반적인 꼴은 다음과 같다.

$$a^4+a^2b^2+b^4=a^4+2a^2b^2+b^4-a^2b^2=(a^2+b^2)^2-(ab)^2$$
$$=(a^2+b^2+ab)(a^2+b^2-ab)=(a^2+ab+b^2)(a^2-ab+b^2)$$

유제 **2**-8. 다음 식을 인수분해하시오.

(1) x^4-3x^2-4　　(2) x^4-13x^2+4　　(3) x^4+4

답 (1) $\boldsymbol{(x+2)(x-2)(x^2+1)}$　(2) $\boldsymbol{(x^2+3x-2)(x^2-3x-2)}$
(3) $\boldsymbol{(x^2+2x+2)(x^2-2x+2)}$

기본 문제 **2**-9 다음 식을 인수분해하시오.

(1) $x^3+2x^2y-x-2y$ (2) $x^3+x^2z+xz^2-y^3-y^2z-yz^2$

정석연구 (1)의 식에서 앞의 두 항과 뒤의 두 항을 묶으면

$$(x^3+2x^2y)+(-x-2y)=x^2(x+2y)-(x+2y)$$

이므로 공통인수 $x+2y$로 묶어 인수분해를 할 수 있다. 그러나 (2)의 식은 문자와 항이 많아 어떻게 묶어야 할 것인지를 생각하는 것 자체가 쉽지 않다.

따라서 문자가 두 개 이상인 식은 무작정 몇 항씩 묶어 공통인수를 찾는 데만 매달리지 말고 다음과 같은 방법으로 인수분해를 할 수 있는지 확인한다.

인수분해의 정석 4

여러 문자를 포함한 식의 인수분해는

- 차수가 작은 문자에 관하여 내림차순으로 정리해 본다.
- 차수가 같을 때에는 어느 한 문자에 관하여 정리해 본다.

이와 같이 정리하면 항의 개수가 적어지고 다른 문자를 상수처럼 생각할 수 있어 공식을 적용하거나 몇 항씩 묶어 공통인수를 찾기가 쉬워진다.

주어진 식을 인수분해하기 위해서는

(1)에서 사용된 문자는 x, y이고, 이 중에서 차수가 작은 문자는 y이므로 y에 관하여 정리한다.

(2)에서 사용된 문자는 x, y, z이고, 이 중에서 차수가 가장 작은 문자는 z이므로 z에 관하여 정리한다.

모범답안 (1) (준 식)$=(2x^2-2)y+x^3-x=2(x^2-1)y+x(x^2-1)$

$=(x^2-1)(2y+x)=\boldsymbol{(x+1)(x-1)(x+2y)}$ ← 답

(2) (준 식)$=(x-y)z^2+(x^2-y^2)z+x^3-y^3$

$=(x-y)z^2+(x+y)(x-y)z+(x-y)(x^2+xy+y^2)$

$=(x-y)\{z^2+(x+y)z+x^2+xy+y^2\}$

$=\boldsymbol{(x-y)(x^2+y^2+z^2+xy+yz+zx)}$ ← 답

유제 **2**-9. 다음 식을 인수분해하시오.

(1) x^3+x^2y-x-y (2) $x^2y+y^2z-y^3-x^2z$

(3) $a^3-a^2b-ac^2+bc^2+ab^2-b^3$ (4) $x^3+3px^2+(3p^2-q^2)x+p^3-pq^2$

답 (1) $\boldsymbol{(x+1)(x-1)(x+y)}$ (2) $\boldsymbol{(x+y)(x-y)(y-z)}$

(3) $\boldsymbol{(a-b)(a^2+b^2-c^2)}$ (4) $\boldsymbol{(x+p)(x+p+q)(x+p-q)}$

기본 문제 **2**-10 다음 식을 인수분해하시오.

(1) $P=x^2+3xy+2y^2+x+3y-2$

(2) $Q=a^2(b-c)+b^2(c-a)+c^2(a-b)$

정석연구 (1) P는 x에 관하여도 이차식이고, y에 관하여도 이차식이다. 이런 경우에는 x에 관하여 정리해도 되고, y에 관하여 정리해도 된다.

P를 x에 관하여 정리하면 $P=x^2+(3y+1)x+2y^2+3y-2$ ……①

P를 y에 관하여 정리하면 $P=2y^2+3(x+1)y+x^2+x-2$ ……②

이때, ①, ②는 각각 다음 공식을 이용하여 인수분해할 수 있다.

정석 $\boldsymbol{x^2+(a+b)x+ab=(x+a)(x+b)}$

$\boldsymbol{acx^2+(ad+bc)x+bd=(ax+b)(cx+d)}$

(2) Q를 a에 관하여 정리하면

$$Q=(b-c)a^2-(b^2-c^2)a+bc(b-c)$$

와 같이 되어 각 항에 $b-c$라는 공통인수를 가지는 꼴이 된다. 이와 같이 식에 문자가 많고 복잡할수록 한 문자에 관하여 정리하는 것이 중요하다.

정석 여러 문자가 있는 식의 인수분해

⟹ 한 문자에 관하여 정리해 본다.

모범답안 (1) $P=x^2+(3y+1)x+2y^2+3y-2$

$=x^2+(3y+1)x+(2y-1)(y+2)$ ⇦ 합이 $3y+1$, 곱이 $(2y-1)(y+2)$인 두 식은 $2y-1$, $y+2$

$=\boldsymbol{(x+2y-1)(x+y+2)}$ ← 답

(2) $Q=(b-c)a^2+b^2c-b^2a+c^2a-c^2b$

$=(b-c)a^2-(b^2-c^2)a+bc(b-c)$

$=(b-c)\{a^2-(b+c)a+bc\}$

$=(b-c)(a-b)(a-c)$

$=\boldsymbol{-(a-b)(b-c)(c-a)}$ ← 답

*Note 이런 경우 오른쪽과 같이

$a \to b \to c \to a$

의 순서로 답을 정리하는 것이 보통이다.

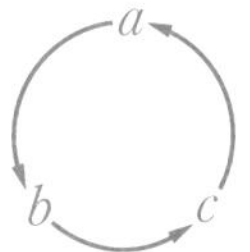

유제 **2**-10. 다음 식을 인수분해하시오.

(1) $x^2-y^2+3x+y+2$ (2) $a^2+b^2+c^2-2ab-2bc+2ca$

(3) $ab(a-b)+bc(b-c)+ca(c-a)$

답 (1) $\boldsymbol{(x+y+1)(x-y+2)}$ (2) $\boldsymbol{(a-b+c)^2}$ (3) $\boldsymbol{-(a-b)(b-c)(c-a)}$

기본 문제 **2**-11 $[x, y, z]=x^2+yz$라고 하자.

$$y+z=2a, \quad z+x=2b, \quad x+y=2c$$

일 때, 다음 식을 a, b, c로 나타내시오.

(1) $P=[x, 2y, z]+[y, 2z, x]+[z, 2x, y]$

(2) $Q=[x, y, z]+[y, z, x]+[z, x, y]$

정석연구 새롭게 약속된 기호가 있는 문제를 풀 때에는

약속의 규칙을 잘 파악한 다음, 그 약속을 충실히 따르도록 한다.

(2)의 경우 Q를 사칙연산으로 나타내면

$$Q=(x^2+yz)+(y^2+zx)+(z^2+xy)=x^2+y^2+z^2+xy+yz+zx$$

이다. 이 식은 다음과 같이 변형할 수 있다.

$$\begin{aligned}Q&=x^2+y^2+z^2+xy+yz+zx\\&=\frac{1}{2}(2x^2+2y^2+2z^2+2xy+2yz+2zx)\\&=\frac{1}{2}\{(x^2+2xy+y^2)+(y^2+2yz+z^2)+(z^2+2zx+x^2)\}\\&=\frac{1}{2}\{(x+y)^2+(y+z)^2+(z+x)^2\}\end{aligned}$$

정석 $\boldsymbol{x^2+y^2+z^2\pm xy\pm yz\pm zx=\frac{1}{2}\{(x\pm y)^2+(y\pm z)^2+(z\pm x)^2\}}$

(복부호동순)

모범답안 (1) $P=(x^2+2yz)+(y^2+2zx)+(z^2+2xy)$

$$=x^2+y^2+z^2+2xy+2yz+2zx=(x+y+z)^2$$

조건에서 $(y+z)+(z+x)+(x+y)=2a+2b+2c$이므로

$$2(x+y+z)=2(a+b+c) \qquad \therefore\ x+y+z=a+b+c$$

$$\therefore\ P=(x+y+z)^2=\boldsymbol{(a+b+c)^2} \longleftarrow \boxed{답}$$

(2) $Q=(x^2+yz)+(y^2+zx)+(z^2+xy)$

$$=x^2+y^2+z^2+xy+yz+zx=\frac{1}{2}\{(x+y)^2+(y+z)^2+(z+x)^2\}$$

$$=\frac{1}{2}\{(2c)^2+(2a)^2+(2b)^2\}=\boldsymbol{2(a^2+b^2+c^2)} \longleftarrow \boxed{답}$$

유제 **2**-11. $x=-a+b+c,\ y=a-b+c,\ z=a+b-c$일 때, $x^2+y^2+z^2+xy+yz+zx$를 a, b, c로 나타내시오. 답 $\boldsymbol{2(a^2+b^2+c^2)}$

유제 **2**-12. $[x, y, z]=(x-y)(x-z)$일 때, 다음 등식이 성립함을 보이시오.

$$[x, y, z]+[y, z, x]=[x, y, y]$$

기본 문제 **2**-12 다음 물음에 답하시오.

(1) $a^3+b^3=(a+b)^3-3ab(a+b)$를 이용하여 다음 공식을 유도하시오.

$$a^3+b^3+c^3-3abc=(a+b+c)(a^2+b^2+c^2-ab-bc-ca)$$

(2) 위의 공식을 이용하여 $x^3+y^3-1+3xy$를 인수분해하시오.

(3) $a+b+c=2$, $ab+bc+ca=-5$, $abc=-6$일 때, $a^3+b^3+c^3$의 값을 구하시오.

정석연구 $a^3+b^3+c^3-3abc$를 인수분해할 때에는 다음 식을 이용한다.

정석 $\boldsymbol{a^3+b^3=(a+b)^3-3ab(a+b)}$

모범답안 (1) $a^3+b^3=(a+b)^3-3ab(a+b)$이므로

$$\begin{aligned}a^3+b^3+c^3-3abc&=(a+b)^3-3ab(a+b)+c^3-3abc\\&=(a+b)^3+c^3-3ab(a+b+c)\\&=(a+b+c)^3-3(a+b)c(a+b+c)-3ab(a+b+c)\\&=(a+b+c)\{(a+b+c)^2-3(a+b)c-3ab\}\\&=(a+b+c)(a^2+b^2+c^2-ab-bc-ca)\end{aligned}$$

(2) $$\begin{aligned}x^3+y^3-1+3xy&=x^3+y^3+(-1)^3-3\times x\times y\times(-1)\\&=(x+y-1)\{x^2+y^2+(-1)^2-x\times y-y\times(-1)-(-1)\times x\}\\&=\boldsymbol{(x+y-1)(x^2+y^2-xy+x+y+1)}\end{aligned}$$ ← 답

(3) $(a+b+c)^2=a^2+b^2+c^2+2(ab+bc+ca)$에 문제의 조건을 대입하면

$$2^2=a^2+b^2+c^2+2\times(-5) \qquad \therefore\ a^2+b^2+c^2=14$$

$$\begin{aligned}\therefore\ a^3+b^3+c^3&=(a+b+c)(a^2+b^2+c^2-ab-bc-ca)+3abc\\&=2\times\{14-(-5)\}+3\times(-6)=\boldsymbol{20}\end{aligned}$$ ← 답

Advice | $a^3+b^3+c^3-3abc$의 변형을 기억해 두고서 활용하기를 바란다.

정석 $$\boldsymbol{\begin{aligned}a^3+b^3+c^3-3abc&=(a+b+c)(a^2+b^2+c^2-ab-bc-ca)\\&=\frac{1}{2}(a+b+c)\{(a-b)^2+(b-c)^2+(c-a)^2\}\end{aligned}}$$

유제 **2**-13. 다음 식을 인수분해하시오.

(1) $x^3-y^3+3xy+1$ (2) $8x^3-y^3-18xy-27$

답 (1) $\boldsymbol{(x-y+1)(x^2+y^2+xy-x+y+1)}$
(2) $\boldsymbol{(2x-y-3)(4x^2+y^2+2xy+6x-3y+9)}$

유제 **2**-14. $a+b+c=1$, $a^2+b^2+c^2=9$, $a^3+b^3+c^3=1$일 때, abc의 값을 구하시오.

답 $\boldsymbol{-4}$

연습문제 2

2-1 다음 식을 인수분해하시오.

(1) $2x^3-3x^2+6x-9$

(2) $x^3y-x^2y^2+x-y$

(3) $(x^2-1)(y^2-1)-4xy$

(4) $(a^2+b^2-c^2)^2-4a^2b^2$

(5) $(x+2y)^2-(x+2y)-12$

(6) $5x^2+2x(y+1)-3(y+1)^2$

(7) $(2x+y)^3+(2x-y)^3$

(8) x^6-7x^3-8

(9) $27x^3+27x^2y+9xy^2+y^3$

(10) $(x^2-8x+12)(x^2-7x+12)-6x^2$

2-2 다음 식을 인수분해하시오.

(1) $a^2bc+ac^2+acd-abd-cd-d^2$

(2) $a^2(b+c)+b^2(c+a)+c^2(a+b)+2abc$

(3) $a^2+b^2-3c^2+2bc+2ca+2ab$

2-3 다항식 $P(x)=x^4-2x^3-x^2+2x+1$에 대하여 다음 중 다항식 $P(x-1)-1$의 인수가 아닌 것은?

① $x-3$ ② $x-2$ ③ $x-1$ ④ x ⑤ $x+1$

2-4 0이 아닌 세 실수 a, b, c에 대하여 $ax^8+bx^4+cx^2-(a+b+c)$를 x^2-1로 나눈 몫과 나머지를 각각 $Q(x)$, $R(x)$라고 할 때, $Q(0)+R(0)$을 a, b, c로 나타내시오.

2-5 연속한 네 자연수의 곱에 1을 더한 수를 N이라고 하면 N은 어떤 홀수의 제곱이 됨을 보이시오.

2-6 $2^{12}-1$의 소인수를 모두 구하시오.

2-7 $19^3+6\times19^2+12\times19+8$의 양의 약수의 개수는?

① 12 ② 16 ③ 20 ④ 24 ⑤ 28

2-8 $a-b=5$, $b-c=4$일 때, $a^2+b^2+c^2-ab-bc-ca$의 값은?

① 58 ② 61 ③ 71 ④ 75 ⑤ 78

2-9 $a^2+b^2=1$, $c^2+d^2=1$, $ac+bd=1$일 때, $ad-bc$의 값을 구하시오.

2-10 $x+y+z=3$, $xyz=3(xy+yz+zx)$일 때, $x^3+y^3+z^3$의 값은?

① 3 ② 9 ③ 15 ④ 27 ⑤ 81

2-11 삼각형의 세 변의 길이 a, b, c가 $a^3+b^3+c^3=3abc$를 만족시킬 때, 이 삼각형은 어떤 삼각형인가?

3. 항등식과 미정계수법

항등식의 성질과 미정계수법
／다항식의 나눗셈과 항등식

§1. 항등식의 성질과 미정계수법

1 항등식의 성질

이를테면

$3x+2x=5x$ ……①　　　　$3x+2x=5$ ……②

와 같이 등호로 두 수나 식이 같음을 나타낸 식을 등식이라고 한다.

등식 ①은 x에 1, 2, 3, …과 같이 어떠한 수를 대입해도 항상 성립한다. 왜냐하면 우변은 좌변의 동류항을 정리한 결과이므로 x의 값에 관계없이 항상 성립하기 때문이다. 이와 같이 x의 값에 관계없이 항상 성립하는 등식을 **x에 관한 항등식**이라고 한다.

한편 등식 ②는 x에 1을 대입하면 성립하고, x에 다른 값을 대입하면 성립하지 않는다. 이와 같이 특정한 x의 값에 대해서만 성립하는 등식을 **x에 관한 방정식**이라고 한다.

따라서 미지수가 x인 등식

$$ax+b=0$$

은 a, b의 값에 따라 항등식일 수도 있고 방정식일 수도 있다.

$a=0$이고 $b=0$이면 위의 식은 $0\times x+0=0$이 되어 x의 값에 관계없이 항상 성립하는 등식, 곧 항등식이다.

$a\neq0$이면 $2x=0$, $3x-4=0$, …과 같이 특정한 x의 값에 대해서만 성립하는 등식, 곧 방정식이다.

*Note 1° 앞에서 공부한 곱셈 공식, 인수분해 공식은 모두 항등식이다.

2° 등식 $ax+b=0$이 'x에 관한 항등식' 또는 'x에 관한 방정식'이라는 것은 x만 미지수로 생각하고 a, b는 상수로 생각한다는 의미이다.

보기 1 등식 $ax+b=0$이 x에 관한 항등식이 되기 위한 조건을 구하시오.

연구 (i) 이 등식이 x에 관한 항등식이면 x의 값에 관계없이 항상 성립한다.
특히 $x=0$, $x=1$을 대입해도 이 등식은 성립하므로

$$b=0,\ a+b=0 \qquad \therefore\ a=0,\ b=0$$

(ii) 역으로 $a=0$, $b=0$이면 이 등식은 $0\times x+0=0$이 되므로 x의 값에 관계없이 항상 성립한다.

(i), (ii)로부터 등식 $ax+b=0$이 x에 관한 항등식일 조건은

$$\boldsymbol{a=0,\ b=0}$$

Advice 1° 위의 **보기**와 같이 「조건을 구하시오」라고 하면 위와 같이 (i), (ii)를 모두 보여야 한다.

2° 위의 (i), (ii)를 정리하면 다음이 성립함을 알 수 있다.

「 $ax+b=0$이 x에 관한 항등식이면 $a=0$, $b=0$이고,
역으로 $a=0$, $b=0$이면 $ax+b=0$이 x에 관한 항등식이다. 」

이러한 경우, 앞으로 이 책에서는 기호 $\Longleftrightarrow$를 써서

등식 $\boldsymbol{ax+b=0}$이 x에 관한 항등식 $\Longleftrightarrow$ $\boldsymbol{a=0,\ b=0}$

과 같이 간단히 나타내기로 한다.

보기 2 등식 $ax+b=a'x+b'$이 x에 관한 항등식이 되기 위한 조건을 구하시오.

연구 이 등식이 x에 관한 항등식이면 특히 $x=0$, $x=1$을 대입해도 이 등식은 성립하므로

$$b=b',\ a+b=a'+b' \qquad \therefore\ a=a',\ b=b'$$

역으로 $a=a'$, $b=b'$이면 주어진 등식은 $ax+b=ax+b$와 같이 좌변과 우변이 같게 되므로 x의 값에 관계없이 항상 성립한다.

따라서 구하는 조건은 $\boldsymbol{a=a',\ b=b'}$

이상의 결과를 다음과 같이 일반화하여 기억해 두길 바란다.

기본정석 — 항등식의 성질

① $\boldsymbol{ax+b=0}$이 x에 관한 항등식 $\Longleftrightarrow$ $\boldsymbol{a=0,\ b=0}$

② $\boldsymbol{ax^2+bx+c=0}$이 x에 관한 항등식 $\Longleftrightarrow$ $\boldsymbol{a=0,\ b=0,\ c=0}$

③ $\boldsymbol{ax+b=a'x+b'}$이 x에 관한 항등식 $\Longleftrightarrow$ $\boldsymbol{a=a',\ b=b'}$

④ $\boldsymbol{ax^2+bx+c=a'x^2+b'x+c'}$이 x에 관한 항등식
$\Longleftrightarrow$ $\boldsymbol{a=a',\ b=b',\ c=c'}$

Advice 1° 앞의 성질은 일차, 이차의 등식뿐만 아니라 삼차, 사차, ⋯, n차, ⋯의 등식에 대해서도 성립한다.

2° 앞의 성질 ③, ④는 다음과 같이 기억해 두어도 된다.

항등식에서 양변의 동류항의 계수는 같다.

2 미정계수의 결정

x에 관한 등식 $\quad \boldsymbol{a(x-1)+b(x-2)=2x-3}$ ⋯⋯㉮

이 항등식이 되도록 상수 a, b의 값을 정하는 방법을 알아보자.

(방법 1) 항등식에서 양변의 동류항의 계수는 같다

는 성질을 이용하는 방법이다.

㉮의 좌변을 x에 관하여 정리하면 $\quad (a+b)x-(a+2b)=2x-3$

양변의 동류항의 계수를 비교하면, 좌변과 우변에서

x의 계수가 같아야 하므로 $\quad a+b=2$
상수항이 같아야 하므로 $\quad a+2b=3$
$\quad \therefore \boldsymbol{a=1,\ b=1}$

(방법 2) 항등식은 x에 어떤 값을 대입해도 성립한다

는 항등식의 정의를 이용하는 방법이다. ㉮에서

양변에 $x=1$을 대입하면 $\quad a(1-1)+b(1-2)=2-3 \quad \therefore \boldsymbol{b=1}$

양변에 $x=2$를 대입하면 $\quad a(2-1)+b(2-2)=4-3 \quad \therefore \boldsymbol{a=1}$

역으로 $a=1, b=1$을 ㉮의 좌변에 대입하고 정리하면 $2x-3$이 되며, 이것은 ㉮의 우변과 같은 식이므로 ㉮은 항등식임을 알 수 있다.

이와 같이 항등식이 되도록 미정계수를 정하는 방법, 곧 미정계수법 중에서 (방법 **1**)을 계수비교법, (방법 **2**)를 수치대입법이라고 한다.

정석 미정계수의 결정 ⟹ 계수비교법, 수치대입법

위에서 수치대입법을 이용할 때 $x=1$, $x=2$를 대입했지만 이 값 이외에도 이를테면 $x=2$, $x=3$을 대입해도 된다. 물론 이때에도 $a=1, b=1$을 얻는다.

㉮이 항등식이므로 x에 어떠한 값이든 대입해도 되지만, 되도록 계산이 간단한 식을 얻을 수 있는 값을 대입하는 것이 좋다.

보기 3 $ax+2=2(x-b)$가 x에 관한 항등식이 되도록 상수 a, b의 값을 정하시오.

연구 계수비교법 : 우변을 정리하면 $\quad ax+2=2x-2b$

양변의 동류항의 계수를 비교하면 $\quad a=2,\ 2=-2b \quad \therefore \boldsymbol{a=2,\ b=-1}$

수치대입법 : $x=0$을 대입하면 $\quad 2=2(-b)$
$x=1$을 대입하면 $\quad a+2=2(1-b)$
$\quad \therefore \boldsymbol{a=2,\ b=-1}$

기본 문제 **3**-1 다음 물음에 답하시오.

(1) 등식 $ax^3-bx^2+x+3=(x^2-x-1)(cx-d)$가 x에 관한 항등식이 되도록 상수 a, b, c, d의 값을 정하시오.

(2) 등식 $(x-1)(x^2-3)f(x)=x^4+ax^2+b$가 x에 관한 항등식이 되도록 상수 a, b의 값과 다항식 $f(x)$를 정하시오.

정석연구 (1) 우변을 전개한 다음 양변의 동류항의 계수를 비교한다. 또는 x에 적당한 값, 이를테면 0, 1, 2, …를 대입하여 풀 수도 있다. 이때에는 구해야 하는 미지수가 네 개이므로 x에 적어도 네 개의 값을 대입해야 한다.

(2) x에 적당한 값을 대입하여 a, b의 값부터 구한다. 이때, $f(x)$가 남지 않도록 하기 위하여 $(x-1)(x^2-3)=0$을 만족시키는 x의 값을 대입한다.

정석 미정계수의 결정 — 계수비교법이 간편한가? / 수치대입법이 간편한가?

모범답안 (1) 우변을 전개하여 정리하면

$$ax^3-bx^2+x+3=cx^3-(c+d)x^2+(d-c)x+d$$

이 등식이 x에 관한 항등식이려면 양변의 동류항의 계수가 같아야 하므로

$$a=c,\ b=c+d,\ 1=d-c,\ 3=d$$

연립하여 풀면 $\boldsymbol{a=2,\ b=5,\ c=2,\ d=3}$ ← 답

(2) $(x-1)(x^2-3)f(x)=x^4+ax^2+b$의 양변에 $x=1, \sqrt{3}$을 대입하면

$$0=1+a+b,\ 0=(\sqrt{3})^4+(\sqrt{3})^2a+b$$

⇦ $x^2=3$을 대입해도 된다.

연립하여 풀면 $\boldsymbol{a=-4,\ b=3}$ ← 답

이때, $(x-1)(x^2-3)f(x)=x^4-4x^2+3$이므로

$$(x-1)(x^2-3)f(x)=(x+1)(x-1)(x^2-3)$$

x에 관한 항등식이므로 $\boldsymbol{f(x)=x+1}$ ← 답

Advice 1° (1)에서 주어진 식의 상수항을 비교하면 $d=3$이다. 이와 같이 d의 값을 먼저 결정한 다음 우변을 전개하는 것도 좋다.

2° (2)에서 양변의 차수를 비교하면 $f(x)$는 일차식이다. 따라서 $f(x)=px+q(p\neq0)$로 놓고 좌변을 전개한 다음 계수를 비교해도 된다.

유제 **3**-1. 등식 $x^2-x-6=a(x-1)^2+b(x-1)+c$가 x에 관한 항등식이 되도록 상수 a, b, c의 값을 정하시오. 답 $\boldsymbol{a=1,\ b=1,\ c=-6}$

유제 **3**-2. 다항식 $f(x)$에 대하여 $x^6+ax^3+b=(x+1)(x-1)f(x)+x+3$이 x에 관한 항등식일 때, 상수 a, b의 값을 구하시오. 답 $\boldsymbol{a=1,\ b=2}$

기본 문제 **3**-2 모든 실수 x에 대하여

$$\{P(x)+1\}^2=P(x^2)+1, \quad P(0)=-1$$

을 만족시키는 이차 이하의 다항식 $P(x)$를 구하시오.

정석연구 이를테면 x^2+2x+5, $2x+3$, 4와 같은 다항식은 모두 이차 이하의 다항식이다. 따라서 $P(x)=ax^2+bx+c$로 놓고 주어진 조건을 만족시키는 a, b, c의 값을 구하면 된다.

정 석 이차 이하의 다항식 $\Longrightarrow$ $\boldsymbol{ax^2+bx+c}$로 놓는다.

그리고 주어진 조건식은 모든 실수 x에 대하여 성립하므로

정 석 모든 실수 x에 대하여

$$\boldsymbol{ax^4+bx^3+cx^2+dx+e=a'x^4+b'x^3+c'x^2+d'x+e'}$$
$$\boldsymbol{\Longleftrightarrow a=a',\ b=b',\ c=c',\ d=d',\ e=e'}$$

임을 이용한다.

모범답안 $P(x)=ax^2+bx+c$로 놓으면 $P(0)=-1$이므로 $c=-1$

$$\therefore\ P(x)=ax^2+bx-1$$

조건식 $\{P(x)+1\}^2=P(x^2)+1$에서

$$\{(ax^2+bx-1)+1\}^2=(ax^4+bx^2-1)+1$$

곧, $(ax^2+bx)^2=ax^4+bx^2$

좌변을 전개하면 $a^2x^4+2abx^3+b^2x^2=ax^4+bx^2$

x에 관한 항등식이므로 양변의 동류항의 계수를 비교하면

$a^2=a$ ……① $2ab=0$ ……② $b^2=b$ ……③

①에서 $a=0$ 또는 $a=1$, ③에서 $b=0$ 또는 $b=1$

또, ②에서 $ab=0$이므로

$a=0,\ b=0$ 또는 $a=0,\ b=1$ 또는 $a=1,\ b=0$

$$\therefore\ \boldsymbol{P(x)=-1,\ x-1,\ x^2-1} \longleftarrow \text{답}$$

Advice | 다음은 모두 같은 표현이다.

x에 관한 항등식이다.

x의 값에 관계없이 성립하는 등식이다.

모든 실수 x에 대하여 성립하는 등식이다.

유제 **3**-3. $f(x)=ax^2+bx+c$가 모든 실수 x에 대하여 $2f(x+1)-f(x)=x^2$을 만족시킬 때, 상수 a, b, c의 값을 구하시오. 답 $\boldsymbol{a=1,\ b=-4,\ c=6}$

기본 문제 **3**-3 다음 물음에 답하시오.

(1) 모든 실수 x, y에 대하여 $ax-3y+c=b(x+y)+2$가 성립하도록 상수 a, b, c의 값을 정하시오.

(2) $x-y=2$를 만족시키는 모든 실수 x, y에 대하여 $ax^2+bxy+cy+4=0$이 성립하도록 상수 a, b, c의 값을 정하시오.

정석연구 (1) 모든 실수 x, y에 대하여 성립하므로 주어진 등식은 두 미지수 x, y에 관한 항등식이다. 따라서 주어진 등식을 x, y에 관하여 정리한 다음

정 석 $\boldsymbol{ax+by+c=0}$이 x, $\boldsymbol{y}$에 관한 항등식
$\iff \boldsymbol{a=0,\ b=0,\ c=0}$

을 이용하면 된다.

(2) $x-y=2$에서 $y=x-2$이므로 이 식을 $ax^2+bxy+cy+4=0$에 대입한 다음 x에 관한 항등식 문제로 생각하면 된다.

정 석 조건식이 주어진 경우 $\Longrightarrow$ 조건식을 써서 미지수를 줄인다.

모범답안 (1) 우변을 이항하고 x, y에 관하여 정리하면

$$(a-b)x-(b+3)y+c-2=0$$

모든 실수 x, y에 대하여 성립하므로 $a-b=0,\ b+3=0,\ c-2=0$

연립하여 풀면 $\boldsymbol{a=-3,\ b=-3,\ c=2}$ ← 답

(2) $x-y=2$에서 $y=x-2$를 $ax^2+bxy+cy+4=0$의 y에 대입하면

$$ax^2+bx(x-2)+c(x-2)+4=0$$

x에 관하여 정리하면 $(a+b)x^2-(2b-c)x-2c+4=0$

모든 실수 x에 대하여 성립하므로 $a+b=0,\ 2b-c=0,\ -2c+4=0$

연립하여 풀면 $\boldsymbol{a=-1,\ b=1,\ c=2}$ ← 답

Advice 1° (1) 양변의 동류항의 계수를 비교하여 다음과 같이 풀 수도 있다.

우변을 정리하면 $ax-3y+c=bx+by+2$

계수를 비교하면 $a=b,\ -3=b,\ c=2$ $\therefore$ $\boldsymbol{a=-3,\ b=-3,\ c=2}$

2° (2) $x=y+2$를 대입하여 y에 관한 항등식을 풀어도 된다.

유제 **3**-4. 모든 실수 x, y에 대하여 $a(x+y)-b(x-y)+2y=0$이 성립하도록 상수 a, b의 값을 정하시오. 답 $\boldsymbol{a=-1,\ b=-1}$

유제 **3**-5. $2x+y-3=0$을 만족시키는 모든 실수 x, y에 대하여 $4x^2+axy+by+c=0$이 성립하도록 상수 a, b, c의 값을 정하시오.

답 $\boldsymbol{a=2,\ b=3,\ c=-9}$

§2. 다항식의 나눗셈과 항등식

1 다항식의 나눗셈과 항등식

이를테면 x^3+2x^2-4x+3을 x^2-2x+3으로 나누면 몫이 $x+4$이고 나머지가 $x-9$이다. 따라서

$$x^3+2x^2-4x+3=(x^2-2x+3)(x+4)+x-9$$

와 같이 나타낼 수 있다. 또, 직접 이 식의 우변을 전개하면 좌변이 된다. 곧, 이 식은 x에 관한 항등식이다.

기본정석 — 다항식의 나눗셈과 항등식

x에 관한 다항식 A를 x에 관한 다항식 $B(B\neq0)$로 나눈 몫을 Q, 나머지를 R이라고 하면

$A=BQ+R$ (R의 차수$<B$의 차수)

과 같이 나타낼 수 있다. 이때,

$A=BQ+R$은 x에 관한 항등식이다.

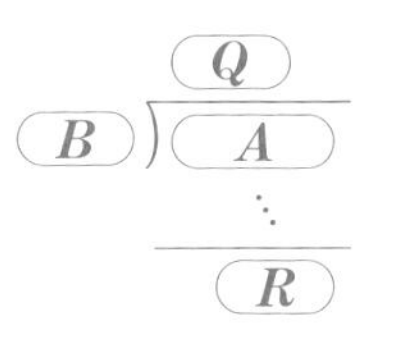

보기 1 x에 관한 다항식 x^3+px+q를 $(x-1)(x-2)$로 나눌 때,

(1) 나머지가 $3x-4$가 되도록 상수 p, q의 값을 정하시오.

(2) 나누어떨어지도록 상수 p, q의 값을 정하시오.

연구 1° x^3+px+q를 $(x-1)(x-2)$로 직접 나누면 나머지가 $(p+7)x+(q-6)$이므로

(1) $(p+7)x+(q-6)=3x-4$ ⇦ 이 식은 x에 관한 항등식

$\therefore\ p+7=3,\ q-6=-4 \quad \therefore\ \boldsymbol{p=-4,\ q=2}$

(2) $(p+7)x+(q-6)=0 \quad \therefore\ p+7=0,\ q-6=0 \quad \therefore\ \boldsymbol{p=-7,\ q=6}$

연구 2° 삼차식을 이차식으로 나눈 몫은 일차식이므로 x^3+px+q를 $(x-1)(x-2)$로 나눈 몫을 $ax+b(a\neq0)$라고 하면

(1) $x^3+px+q=(x-1)(x-2)(ax+b)+3x-4$

이 식이 x에 관한 항등식이므로 $x=1,\ 2$를 대입하면

$1+p+q=3\times1-4,\ 8+2p+q=3\times2-4 \quad \therefore\ \boldsymbol{p=-4,\ q=2}$

(2) $x^3+px+q=(x-1)(x-2)(ax+b)$

이 식이 x에 관한 항등식이므로 $x=1,\ 2$를 대입하면

$1+p+q=0,\ 8+2p+q=0 \quad \therefore\ \boldsymbol{p=-7,\ q=6}$

기본 문제 **3**-4 다음 물음에 답하시오.

(1) x에 관한 다항식 x^3+px-8이 x^2+4x+q로 나누어떨어질 때, 상수 p, q의 값을 구하시오.

(2) x에 관한 다항식 x^3+px^2+2x-1을 x^2+p로 나눈 몫이 $x+1$일 때, 나머지를 구하시오. 단, p는 상수이다.

정석연구 다항식의 나눗셈에 관한 문제는 직접 나누거나 항등식을 이용한다.

정석 A를 B로 나눈 몫을 Q, 나머지를 R이라고 하면
$\Longrightarrow$ $A=BQ+R$ (R의 차수$<B$의 차수)

(1) 삼차식을 이차식으로 나누었으므로 몫은 일차식이다. 따라서 몫을 $ax+b$ $(a\neq0)$로 놓을 수 있다.

(2) 삼차식을 이차식으로 나누었으므로 나머지는 일차 이하의 식이다. 따라서 나머지를 $ax+b$로 놓을 수 있다. 여기서 $a=0$이면 나머지가 상수인 경우이므로 $ax+b$는 일차 이하인 모든 식을 표현할 수 있다.

정석 일차식으로 나눈 나머지는 $\Longrightarrow$ a
이차식으로 나눈 나머지는 $\Longrightarrow$ $ax+b$

모범답안 (1) 몫을 $ax+b$로 놓으면 $x^3+px-8=(x^2+4x+q)(ax+b)$

최고차항을 비교하면 $a=1$이므로 이 값을 대입하고 정리하면

$$x^3+px-8=x^3+(b+4)x^2+(4b+q)x+bq$$

이 식이 x에 관한 항등식이므로 양변의 동류항의 계수를 비교하면

$$0=b+4,\ p=4b+q,\ -8=bq$$

연립하여 풀면 $b=-4$, $\boldsymbol{p=-14,\ q=2}$ ← 답

(2) 나머지를 $ax+b$라고 하면

$$x^3+px^2+2x-1=(x^2+p)(x+1)+ax+b$$

곧, $x^3+px^2+2x-1=x^3+x^2+(p+a)x+p+b$

이 식이 x에 관한 항등식이므로 양변의 동류항의 계수를 비교하면

$p=1,\ 2=p+a,\ -1=p+b$ $\therefore$ $a=1,\ b=-2$ 답 $\boldsymbol{x-2}$

유제 **3**-6. x에 관한 다항식 x^3+ax+b를 x^2-x+1로 나눈 나머지가 $2x+3$일 때, 상수 a, b의 값을 구하시오. 답 $\boldsymbol{a=2,\ b=4}$

유제 **3**-7. x에 관한 다항식 x^4+ax^3+4x를 x^2-x+b로 나눈 몫이 x^2+x-1일 때, 상수 a, b의 값과 나머지를 구하시오.

답 $\boldsymbol{a=0,\ b=2}$, 나머지 : $\boldsymbol{x+2}$

기본 문제 3-5 다음 물음에 답하시오.

(1) 다항식 $x^4+2x^3-2x^2+3x-3$을 $(x-1)(x-2)(x+2)$로 나눈 나머지를 구하시오.

(2) 다항식 x^4+2를 $(x-2)^2$으로 나눈 나머지를 구하시오.

정석연구 (1) 삼차식으로 나누었으므로 나머지는 이차 이하의 식이다.

따라서 나머지를 ax^2+bx+c로 놓고, 몫을 $Q(x)$라고 하면

$$x^4+2x^3-2x^2+3x-3=(x-1)(x-2)(x+2)Q(x)+ax^2+bx+c$$

이 항등식의 x에 1, 2, -2를 대입하면 a, b, c의 값을 구할 수 있다.

(2) 몫을 $Q(x)$, 나머지를 $ax+b$라고 하면 $x^4+2=(x-2)^2Q(x)+ax+b$

그런데 이 항등식은 (1)과 달리 x에 대입하여 간단히 할 수 있는 수가 2뿐이다. 따라서 $x=2$를 대입한 결과를 이용할 수 있어야 한다.

정석 이차식으로 나눈 나머지는 $\Longrightarrow$ $\boldsymbol{ax+b}$

삼차식으로 나눈 나머지는 $\Longrightarrow$ $\boldsymbol{ax^2+bx+c}$

모범답안 (1) 몫을 $Q(x)$, 나머지를 ax^2+bx+c라고 하면

$$x^4+2x^3-2x^2+3x-3=(x-1)(x-2)(x+2)Q(x)+ax^2+bx+c$$

이 식이 x에 관한 항등식이므로 $x=1, 2, -2$를 대입하면

$$1=a+b+c,\ 27=4a+2b+c,\ -17=4a-2b+c$$

연립하여 풀면 $a=5,\ b=11,\ c=-15$ 답 $\boldsymbol{5x^2+11x-15}$

(2) 몫을 $Q(x)$, 나머지를 $ax+b$라고 하면

$$x^4+2=(x-2)^2Q(x)+ax+b \qquad \cdots\cdots①$$

$x=2$를 대입하면 $2^4+2=2a+b$ $\quad\therefore\ b=-2a+18$ ……②

이 식을 ①에 대입하면 $x^4+2=(x-2)^2Q(x)+ax-2a+18$

$$\therefore\ x^4-16=(x-2)^2Q(x)+a(x-2)$$

$$\therefore\ (x^2+4)(x+2)(x-2)=(x-2)^2Q(x)+a(x-2)$$

이 식이 x에 관한 항등식이므로

$$(x^2+4)(x+2)=(x-2)Q(x)+a \qquad \cdots\cdots③$$

도 x에 관한 항등식이다. ③에 $x=2$를 대입하면 $a=32$

②에서 $b=-2\times32+18=-46$ 답 $\boldsymbol{32x-46}$

유제 **3**-8. $x^{100}+x^{50}+x^{25}+x$를 x^3-x로 나눈 나머지를 구하시오.

답 $\boldsymbol{2x^2+2x}$

유제 **3**-9. x^6+1을 $(x-1)^2$으로 나눈 나머지를 구하시오. 답 $\boldsymbol{6x-4}$

연습문제 3

3-1 다음 등식이 x에 관한 항등식이 되도록 상수 a, b, c, d의 값을 정하시오.

(1) $(x^2+1)(ax+b)+(x+1)(cx+d)=x^3+1$

(2) $a(x-1)(x-2)(x-3)+b(x-1)(x-2)+c(x-1)+d=x^3$

3-2 등식 $(k^2+k)x-(k^2-k)y-(k-1)z=2$가 k의 값에 관계없이 성립할 때, 상수 x, y, z의 값을 구하시오.

3-3 등식 $(1-x+x^2)^{10}=a_0+a_1x+a_2x^2+\cdots+a_{20}x^{20}$이 x의 값에 관계없이 성립할 때, 다음 값을 구하시오. 단, $a_0, a_1, a_2, \cdots, a_{20}$은 상수이다.

(1) $a_0+a_1+a_2+\cdots+a_{20}$　　(2) $a_1+a_3+a_5+\cdots+a_{19}$

3-4 모든 실수 x에 대하여 $f(x^2)=xf(x+1)-3$을 만족시키는 다항식 $f(x)$를 구하시오.

3-5 두 자연수 $a, b(a<b)$와 모든 실수 x에 대하여 등식

$$(x-1)(x+2)(x-3)(x+4)+kx(x+1)+12=(x^2+x+a)(x^2+x+b)$$

를 만족시키는 상수 k의 개수는?

① 1　② 2　③ 3　④ 4　⑤ 5

3-6 다음 등식이 x, y에 관한 항등식일 때, 상수 a, b, c의 값을 구하시오.

$$(a+b)x+(b-2c)y=(c-2)(x-1)$$

3-7 모든 실수 x, y, z에 대하여

$$(x-y)^3+(y-z)^3+(z-x)^3=k(x-y)(y-z)(z-x)$$

가 성립하도록 하는 상수 k의 값은?

① 1　② 2　③ 3　④ 4　⑤ 5

3-8 x에 관한 다항식 $3x^3-6x^2+3x+a$를 $x-b$로 나눈 몫이 $3x^2+3$이고 나머지가 13일 때, 상수 a, b의 값을 구하시오.

3-9 다항식 $f(x)$를 x^2+1로 나눈 나머지가 $x+a$이고, $(x+b)f(x)$를 x^2+1로 나눈 나머지가 $3x$일 때, a^3+b^3의 값은? 단, a, b는 상수이다.

① 12　② 14　③ 16　④ 18　⑤ 20

3-10 x에 관한 다항식 $x^n(x^2-ax+b)$를 $(x-3)^2$으로 나눈 나머지가 $3^n(x-3)$일 때, 상수 a, b의 값을 구하시오. 단, n은 자연수이다.

3-11 x^3의 계수가 1인 삼차 다항식 $f(x)$가 $(x-1)^2$으로 나누어떨어지고, $f(x^2-1)$을 $f(x)$로 나눈 나머지가 $-6x+8$일 때, $f(x)$를 구하시오.

4. 나머지 정리

나머지 정리／인수 정리와 고차식의 인수분해

§1. 나머지 정리

1 나머지 정리

이를테면 x^3-2x^2+x-3을 $x-2$로 나눈 나머지를 구하는 데는 다음 세 가지 방법을 생각할 수 있다.

(i) 나눗셈

오른쪽과 같이 직접 나누면

나머지 : $\mathbf{-1}$

$$\begin{array}{r|l} & x^2 \qquad\quad +1 \\ \hline x-2 & x^3-2x^2+x-3 \\ & x^3-2x^2 \\ \hline & \qquad\qquad\quad x-3 \\ & \qquad\qquad\quad x-2 \\ \hline & \qquad\qquad\quad\;\; -1 \end{array}$$

(ii) 조립제법

앞에서 공부한 조립제법을 이용하면

$$\begin{array}{c|cccc} 2 & 1 & -2 & 1 & -3 \\ & & 2 & 0 & 2 \\ \hline & 1 & 0 & 1 & \boxed{-1} \end{array}$$

나머지 : $\mathbf{-1}$

(iii) 항등식의 성질

x^3-2x^2+x-3을 $x-2$로 나눈 몫을 $Q(x)$, 나머지를 R이라고 하면

$$x^3-2x^2+x-3=(x-2)Q(x)+R$$

이 식은 x에 관한 항등식이므로 양변에 $x=2$를 대입하면

$$2^3-2\times2^2+2-3=(2-2)Q(2)+R \qquad \therefore\ R=\mathbf{-1}$$

다시 말하면, 나머지 R은 $x=2$($x-2=0$으로 놓고 얻은 x의 값)를 x^3-2x^2+x-3에 대입한 결과와 같다.

이 마지막 방법을 일반화하면 다음과 같다.

다항식 $f(x)$를 $x-\alpha$로 나눈 몫을 $Q(x)$, 나머지를 R이라고 하면

$$f(x)=(x-\alpha)Q(x)+R$$

이 식은 x에 관한 항등식이므로 양변에 $x=\alpha$를 대입하면

$$f(\alpha)=0\times Q(\alpha)+R \qquad \therefore\ \boldsymbol{R=f(\alpha)}$$

기본정석 — **나머지 정리**

(1) 다항식 $f(x)$를 x에 관한 일차식 $x-\alpha$로 나누었을 때의 나머지는 $f(\alpha)$이다.

(2) 일반적으로 다항식 $f(x)$를 x에 관한 일차식 $ax+b$로 나누었을 때의 나머지는 $f\left(-\dfrac{b}{a}\right)$이다.

보기 1 다항식 $f(x)=4x^3-2x^2-4x+5$를 다음 일차식으로 나눈 나머지를 구하시오.

(1) $x-1$ (2) $x+1$ (3) $2x-1$

연구 첫째 — 나누는 각 식을 0이 되게 하는 x의 값을 구한다.

곧, $x-1=0,\ x+1=0,\ 2x-1=0$에서 $x=1,\ x=-1,\ x=\dfrac{1}{2}$

둘째 — 이 x의 값들을 주어진 식 $f(x)$의 x에 대입한다.

(1) $f(1)=4\times1^3-2\times1^2-4\times1+5=\mathbf{3}$

(2) $f(-1)=4\times(-1)^3-2\times(-1)^2-4\times(-1)+5=\mathbf{3}$

(3) $f\left(\dfrac{1}{2}\right)=4\times\left(\dfrac{1}{2}\right)^3-2\times\left(\dfrac{1}{2}\right)^2-4\times\dfrac{1}{2}+5=\mathbf{3}$

Advice | 지금까지 다항식의 나눗셈에서 나머지를 구하는 방법으로서

나눗셈, 조립제법, 항등식의 성질, 나머지 정리

를 공부하였다. 특히 일차식으로 나눈 나머지를 구할 때에는 나머지 정리를 이용하거나 조립제법을 이용하는 것이 간편하다.

그러나 나머지 정리를 이용하는 방법으로는 몫을 구할 수 없으므로 몫도 구해야 할 때에는 조립제법을 이용하거나 직접 나눗셈을 해야 한다.

또한 일차식을 인수로 가지지 않는 이차식이나 삼차식 등으로 다항식을 나눌 때에는 나머지 정리나 조립제법을 이용하기 어렵다. 이때에는 직접 나누거나 항등식의 성질을 이용하여 나머지를 구해야 한다.

정석 일차식으로 나눈 나머지 $\Longrightarrow$ 나머지 정리

일차식으로 나눈 몫과 나머지 $\Longrightarrow$ 조립제법, 나눗셈

이차 이상의 식으로 나눈 몫과 나머지 $\Longrightarrow$ 나눗셈, 항등식의 성질

기본 문제 **4**-1 x에 관한 다항식 $ax^3+bx^2-4x+12$는 $x+2$로 나누어떨어지고, $x-3$으로 나누면 나머지가 45이다.
(1) 상수 a, b의 값을 구하시오.
(2) 이 다항식을 $x-1$로 나눈 나머지를 구하시오.
(3) 이 다항식을 $x-p$로 나눈 나머지가 $2p^3+12$일 때, 상수 p의 값을 구하시오.

정석연구 일차식으로 나눈 나머지만을 생각하는 문제이므로

나머지 정리를 이용

하는 것이 간편하다.

곧, $f(x)=ax^3+bx^2-4x+12$로 놓고서 다음 **정석**을 이용한다.

정 석 다항식 $f(x)$를 $x-\alpha$로 나눈 나머지는 $\Longrightarrow$ $f(\alpha)$

모범답안 $f(x)=ax^3+bx^2-4x+12$로 놓자.

(1) $f(x)$가 $x+2$로 나누어떨어지므로

$$f(-2)=a\times(-2)^3+b\times(-2)^2-4\times(-2)+12=0$$

$$\therefore\ 2a-b=5 \qquad \cdots\cdots①$$

$f(x)$를 $x-3$으로 나눈 나머지가 45이므로

$$f(3)=a\times3^3+b\times3^2-4\times3+12=45 \qquad \therefore\ 3a+b=5 \qquad \cdots\cdots②$$

①, ②를 연립하여 풀면 $\boldsymbol{a=2,\ b=-1}$ ← 답

(2) $f(x)=2x^3-x^2-4x+12$이므로 $f(x)$를 $x-1$로 나눈 나머지는

$$f(1)=2\times1^3-1^2-4\times1+12=\mathbf{9} \leftarrow \text{답}$$

(3) $f(p)=2p^3-p^2-4p+12=2p^3+12$에서 $p^2+4p=0$

$$\therefore\ p(p+4)=0 \qquad \therefore\ \boldsymbol{p=0,\ -4} \leftarrow \text{답}$$

유제 **4**-1. x에 관한 다항식 $x^4+ax^3+4x^2+ax+3$이 있다.
(1) 이 다항식이 $x-1$로 나누어떨어질 때, 상수 a의 값을 구하시오.
(2) 이 다항식을 $x+1$로 나눈 나머지가 2일 때, 상수 a의 값을 구하시오.

답 (1) $\boldsymbol{a=-4}$ (2) $\boldsymbol{a=3}$

유제 **4**-2. x에 관한 다항식 x^3+ax^2+bx+1을 $x+1$, $x-1$로 나눈 나머지가 각각 -3, 3일 때, 상수 a, b의 값을 구하시오.

답 $\boldsymbol{a=-1,\ b=2}$

유제 **4**-3. x에 관한 다항식 x^4-ax^2+bx+3은 $x-1$로 나누어떨어지고, x에 관한 다항식 ax^2-bx+6은 $x-3$으로 나누어떨어질 때, 상수 a, b의 값을 구하시오.

답 $\boldsymbol{a=-3,\ b=-7}$

기본 문제 **4**-2 x에 관한 다항식 x^3+ax^2-x+b가 x^2-3x+2로 나누어 떨어질 때, 다음 물음에 답하시오.

(1) 상수 a, b의 값을 구하시오.

(2) 이 다항식을 $x+1$로 나눈 나머지를 구하시오.

정석연구 a, b의 값을 구하는 데는 여러 가지 방법을 생각할 수 있다.

(i) 직접 나누어 나머지를 구하면 $(3a+6)x-2a+b-6$

이고, 이것이 모든 x에 대하여 0이므로

$$3a+6=0,\ -2a+b-6=0 \quad \therefore\ \boldsymbol{a=-2,\ b=2}$$

(ii) 몫을 $px+q$라고 하면 $x^3+ax^2-x+b=(x^2-3x+2)(px+q)$ $\cdots$㉠

$$\therefore\ x^3+ax^2-x+b=(x-1)(x-2)(px+q)$$

이 식이 x에 관한 항등식이므로 $x=1, 2$를 대입하면

$$1+a-1+b=0,\ 8+4a-2+b=0 \quad \therefore\ \boldsymbol{a=-2,\ b=2}$$

㉠에서 우변을 전개하여 정리하고, 계수비교법을 이용해도 된다.

(iii) 아래 **모범답안**처럼 나머지 정리를 이용할 수 있다. 그러자면 일반적으로 다음 성질을 알고 있어야 한다.

$f(x)$가 $(x-\alpha)(x-\beta)$로 나누어떨어지면

$$f(x)=(x-\alpha)(x-\beta)Q(x)\ \ (Q(x)\text{는 몫})$$

이므로 $f(x)$는 $x-\alpha$로도, $x-\beta$로도 나누어떨어진다. 곧,

정석 다항식 $\boldsymbol{f(x)}$가 $\boldsymbol{(x-\alpha)(x-\beta)}$로 나누어떨어지면
$\boldsymbol{f(x)}$는 $\boldsymbol{x-\alpha}$와 $\boldsymbol{x-\beta}$로 나누어떨어진다.

모범답안 $f(x)=x^3+ax^2-x+b$로 놓자.

(1) $f(x)$가 x^2-3x+2, 곧 $(x-1)(x-2)$로 나누어떨어지므로 $f(x)$는 $x-1$과 $x-2$로 나누어떨어진다.

$$\therefore\ f(1)=1+a-1+b=0,\quad f(2)=8+4a-2+b=0$$

연립하여 풀면 $\boldsymbol{a=-2,\ b=2}$ ← 답

(2) $f(x)=x^3-2x^2-x+2$이므로 $f(x)$를 $x+1$로 나눈 나머지는

$$f(-1)=(-1)^3-2\times(-1)^2-(-1)+2=\boldsymbol{0} \leftarrow \text{답}$$

*Note $f(x)$는 $x^2-3x+2=(x-1)(x-2)$, $x+1$로 각각 나누어떨어지므로 $f(x)=(x-1)(x-2)(x+1)$이다.

유제 **4**-4. x에 관한 다항식 $x^4+2x^3-x^2+ax+b$가 x^2+x-2로 나누어떨어질 때, 상수 a, b의 값을 구하시오. 답 $\boldsymbol{a=-2,\ b=0}$

기본 문제 **4**-3 다항식 $f(x)$를 $x+1$로 나눈 나머지는 2이고, $x-2$로 나눈 나머지는 5이다.

이때, $f(x)$를 x^2-x-2로 나눈 나머지를 구하시오.

정석연구 목표는 $f(x)$를 이차식 x^2-x-2로 나눈 나머지를 구하는 것이다.

여기에서 반드시 알아야 할 것은 나머지 정리는 일차식으로 나눌 때의 나머지를 구하는 정리이므로 위와 같이 이차식으로 나눈 나머지는 구할 수 없다는 것이다.

따라서 이런 경우에는 앞서 공부한 나눗셈에 관한 항등식을 이용한다.

나눗셈에 관한 항등식 $A=BQ+R$

곧, $f(x)$를 이차식 x^2-x-2로 나눈 나머지는 일차 이하의 식이므로 나머지를 $ax+b$, 몫을 $Q(x)$라고 하면

$$f(x)=(x^2-x-2)Q(x)+ax+b$$

이다. 한편

정 석 다항식 $f(x)$를 $x-a$로 나눈 나머지는 $\Longrightarrow f(a)$

이므로 문제의 조건은 $f(-1)=2$, $f(2)=5$로 바꾸어 놓을 수 있고, 이를 이용하면 a, b의 값을 구할 수 있다.

나누는 식이 이차 이상의 식이고, 일차식의 곱으로 인수분해되면 이와 같은 방법으로 나머지를 구하면 된다.

모범답안 $f(x)$를 x^2-x-2로 나눈 몫을 $Q(x)$, 나머지를 $ax+b$라고 하면

$$f(x)=(x^2-x-2)Q(x)+ax+b$$

곧, $f(x)=(x+1)(x-2)Q(x)+ax+b$

문제의 조건으로부터 $f(-1)=2$, $f(2)=5$이므로

$$-a+b=2,\quad 2a+b=5$$

연립하여 풀면 $a=1,\ b=3$

따라서 구하는 나머지는 $\boldsymbol{x+3}$ ← 답

유제 **4**-5. 다항식 $f(x)$를 $x+1$, $x+2$로 나눈 나머지가 각각 5, 8이다. 이때, $f(x)$를 x^2+3x+2로 나눈 나머지를 구하시오. 답 $\boldsymbol{-3x+2}$

유제 **4**-6. 다항식 $f(x)$를 $x-1$, $x-2$로 나눈 나머지는 각각 1, 2이고, $(x-1)(x-2)$로 나눈 몫은 x^2+1이다. 이때, $xf(x)$를 $x-3$으로 나눈 나머지를 구하시오. 답 **69**

기본 문제 **4**-4 다항식 $f(x)=2x^3+ax^2+bx+c$를 $x-1$로 나눈 나머지는 2이고, 그 몫을 $x-2$로 나눈 나머지는 3이다. 단, a, b, c는 상수이다.

(1) $f(x)$를 $x-2$로 나눈 나머지를 구하시오.

(2) $f(x)$를 x^2-3x+2로 나눈 나머지를 구하시오.

(3) $f(0)=3$일 때, $f(x)$를 구하시오.

정석연구 $f(x)$를 $x-1$로 나눈 몫을 $g(x)$라고 하면

$$f(x)=(x-1)g(x)+2 \qquad \cdots\cdots ①$$

이때의 몫 $g(x)$를 $x-2$로 나눈 몫을 $h(x)$라고 하면

$$g(x)=(x-2)h(x)+3 \qquad \cdots\cdots ②$$

따라서 ②를 ①에 대입하고 정리하면

$$f(x)=(x-1)\{(x-2)h(x)+3\}+2$$
$$=(x-1)(x-2)h(x)+3x-1=(x^2-3x+2)h(x)+3x-1$$

이 식을 이용해 보자.

정 석 다항식 $\boldsymbol{f(x)}$를 $\boldsymbol{x-\alpha}$로 나눈 나머지는 $\Longrightarrow$ $\boldsymbol{f(\alpha)}$

모범답안 $f(x)$를 $x-1$로 나눈 몫을 $g(x)$라 하고, $g(x)$를 $x-2$로 나눈 몫을 $h(x)$라고 하면 문제의 조건에서

$$f(x)=(x-1)g(x)+2, \quad g(x)=(x-2)h(x)+3$$
$$\therefore f(x)=(x-1)\{(x-2)h(x)+3\}+2$$
$$=(x-1)(x-2)h(x)+3x-1 \qquad \cdots\cdots ③$$

(1) $f(2)=3\times2-1=\mathbf{5}$ ← 답

(2) $f(x)=(x^2-3x+2)h(x)+3x-1$이므로 나머지는 $\mathbf{3x-1}$ ← 답

(3) ③에서 $h(x)$는 일차식이고 x의 계수가 2이므로 $h(x)=2x+p$로 놓을 수 있다. 곧, $f(x)=(x-1)(x-2)(2x+p)+3x-1$

양변에 $x=0$을 대입하면 $f(0)=3$이므로

$$3=(0-1)(0-2)(2\times0+p)+3\times0-1 \qquad \therefore p=2$$

$\therefore f(x)=(x-1)(x-2)(2x+2)+3x-1=\mathbf{2x^3-4x^2+x+3}$ ← 답

***Note** (3) 문제의 조건에서 $f(1)=2$, $f(0)=3$이고 (1)에서 $f(2)=5$이므로 $f(x)=2x^3+ax^2+bx+c$에 $x=1, 0, 2$를 대입하여 a, b, c의 값을 구할 수도 있다.

유제 **4**-7. 다항식 $f(x)$를 $x+1$로 나눈 몫은 $g(x)$, 나머지는 3이고, $g(x)$를 $x-1$로 나눈 나머지는 5이다. $f(x)$를 $x-1$로 나눈 나머지와 x^2-1로 나눈 나머지를 구하시오.

답 **13, $\mathbf{5x+8}$**

기본 문제 4-5 다항식 $f(x)$를 $(x-1)^2$으로 나눈 나머지는 $2x-1$이고, $x-3$으로 나눈 나머지는 1이다.

이때, $f(x)$를 $(x-1)^2(x-3)$으로 나눈 나머지를 구하시오.

정석연구 $f(x)$를 $(x-1)^2(x-3)$으로 나눈 몫을 $Q(x)$라고 하면, 나머지는 이차 이하의 식이므로

$$f(x)=(x-1)^2(x-3)Q(x)+ax^2+bx+c$$

로 놓을 수 있다.

여기에서 앞부분 $(x-1)^2(x-3)Q(x)$가 $(x-1)^2$으로 나누어떨어지므로, $f(x)$를 $(x-1)^2$으로 나눈 나머지는 뒷부분 ax^2+bx+c를 $(x-1)^2$으로 나눈 나머지와 같다.

여기에 착안할 수만 있다면 이 문제는 쉽게 풀 수 있다.

정석 다항식 A를 다항식 B로 나눈 나머지 R은
B가 일차식일 때 $\Longrightarrow$ 나머지 정리를 이용
B가 이차 이상의 식일 때 $\Longrightarrow$ $A=BQ+R$을 이용

모범답안 $f(x)$를 $(x-1)^2(x-3)$으로 나눈 몫을 $Q(x)$라 하고, 나머지를 ax^2+bx+c라고 하면

$$f(x)=(x-1)^2(x-3)Q(x)+ax^2+bx+c$$

여기에서 $(x-1)^2(x-3)Q(x)$는 $(x-1)^2$으로 나누어떨어지므로 $f(x)$를 $(x-1)^2$으로 나눈 나머지는 ax^2+bx+c를 $(x-1)^2$으로 나눈 나머지와 같다.

따라서

$$ax^2+bx+c=a(x-1)^2+2x-1$$

이므로

$$f(x)=(x-1)^2(x-3)Q(x)+a(x-1)^2+2x-1$$

또, 문제의 조건에서 $f(3)=1$이므로

$$f(3)=a\times 2^2+2\times 3-1=1 \qquad \therefore\ a=-1$$

$$\therefore\ ax^2+bx+c=a(x-1)^2+2x-1=-(x-1)^2+2x-1$$
$$=\boldsymbol{-x^2+4x-2} \longleftarrow \boxed{답}$$

유제 **4**-8. 다항식 $f(x)$를 $x+1$로 나눈 나머지는 8이고, x^2-x+3으로 나눈 나머지는 $3x+1$이다.

이때, $f(x)$를 $(x+1)(x^2-x+3)$으로 나눈 나머지를 구하시오.

답 $\boldsymbol{2x^2+x+7}$

§2. 인수 정리와 고차식의 인수분해

1 인수 정리

다항식 $f(x)$가 $x-\alpha$로 나누어떨어지면 $f(\alpha)=0$이다. 역으로 $f(\alpha)=0$이면 다항식 $f(x)$는 $x-\alpha$로 나누어떨어진다. 이로부터 다음 인수 정리가 성립함을 알 수 있다.

기본정석 — 인수 정리

다항식 $f(x)$에 대하여

$$f(\alpha)=0 \iff f(x)\text{는 } x-\alpha\text{로 나누어떨어진다}$$
$$\iff f(x)=(x-\alpha)Q(x) \quad (Q(x)\text{는 다항식})$$

Advice | 이를테면 $f(x)=x^3-1$에서 $f(1)=0$이므로

$$f(1)=0 \iff f(x)=(x-1)Q(x)$$

로 나타낼 수 있다.

2 인수 정리를 이용한 고차식의 인수분해

이를테면 $f(x)=x^3-2x^2-x+2$는 다음과 같이 인수분해한다.

첫째 — $f(\alpha)=0$인 α의 값이 있으면 이를 구한다.

이때의 α의 값은 상수항 2의 약수인 ±1, ±2 중의 어느 것이 된다. 왜냐하면 $f(x)$가

$$f(x)=x^3-2x^2-x+2=(x-a)(x-b)(x-c) \quad (a,\ b,\ c\text{는 정수})$$

의 꼴로 인수분해되었다고 가정할 때, 양변의 상수항을 비교해 보면 $2=-abc$이므로 a, b, c는 각각 2의 약수인 1, -1, 2, -2 중 하나이기 때문이다. 이들 값을 $f(x)$에 차례로 대입해 보면

$$f(1)=0, \quad f(-1)=0, \quad f(2)=0, \quad f(-2)\neq0$$

둘째 — $f(\alpha)=0$이면 $f(x)=(x-\alpha)Q(x)$임을 이용한다.

$f(1)=0$, $f(-1)=0$, $f(2)=0$이고, $f(x)$는 삼차식이므로

$$f(x)=x^3-2x^2-x+2=(x-1)(x+1)(x-2)$$

Advice | $f(\alpha)=0$인 α의 값을 한 개만 찾아 인수분해할 수도 있다.

곧, $f(1)=0$이므로 $f(x)=(x-1)Q(x)$이다. 이때, $Q(x)$는 $f(x)=x^3-2x^2-x+2$를 $x-1$로 나눈 몫인 x^2-x-2이므로

$$f(x)=x^3-2x^2-x+2=(x-1)(x^2-x-2)=(x-1)(x+1)(x-2)$$

기본 문제 4-6 다음 식을 인수분해하시오.

(1) x^3+x^2+2x-4 (2) x^3-7x-6

(3) x^4-4x^2+x+2

정석연구 일반적으로 삼차 이상의 다항식의 인수분해는 인수 정리

정석 $f(\alpha)=0 \iff f(x)$는 $x-\alpha$로 나누어떨어진다

$\iff f(x)=(x-\alpha)Q(x)$ ($Q(x)$는 다항식)

를 이용한다. 이때, $f(\alpha)=0$이 되는 α는 $\pm$(상수항의 양의 약수)이다.

(1) 상수항이 -4이므로 $1,\ -1,\ 2,\ -2,\ 4,\ -4$를 대입해 본다.

(2) 상수항이 -6이므로 $1,\ -1,\ 2,\ -2,\ 3,\ -3,\ 6,\ -6$을 대입해 본다.

(3) 상수항이 2이므로 $1,\ -1,\ 2,\ -2$를 대입해 본다.

모범답안 (1) $f(x)=x^3+x^2+2x-4$로 놓으면

$f(1)=0$이므로 $f(x)=(x-1)Q(x)$

그런데 $f(x)$를 $x-1$로 나눈 몫은 x^2+2x+4 이므로

$f(x)=\boldsymbol{(x-1)(x^2+2x+4)}$ ← 답

1	1	1	2	−4
		1	2	4
	1	2	4	0

(2) $f(x)=x^3-7x-6$으로 놓으면

$f(-1)=0$이므로 $f(x)=(x+1)Q(x)$

$f(x)$를 $x+1$로 나눈 몫은 x^2-x-6이므로

$f(x)=(x+1)(x^2-x-6)$

$=\boldsymbol{(x+1)(x+2)(x-3)}$ ← 답

−1	1	0	−7	−6
		−1	1	6
	1	−1	−6	0

(3) $f(x)=x^4-4x^2+x+2$로 놓으면

$f(1)=0,\ f(-2)=0$이므로

$f(x)=(x-1)(x+2)Q(x)$

그런데 $f(x)$를 $(x-1)(x+2)$로 나눈 몫은 x^2-x-1이므로

$f(x)=\boldsymbol{(x-1)(x+2)(x^2-x-1)}$ ← 답

1	1	0	−4	1	2
		1	1	−3	−2
−2	1	1	−3	−2	0
		−2	2	2	
	1	−1	−1	0	

유제 **4**-9. 다음 식을 인수분해하시오.

(1) x^3+2x^2+3x+6 (2) x^3-7x+6

(3) $x^4-2x^3-7x^2+8x+12$ (4) $x^4+4x^3-4x^2-16x+15$

답 (1) $\boldsymbol{(x+2)(x^2+3)}$ (2) $\boldsymbol{(x-1)(x-2)(x+3)}$

(3) $\boldsymbol{(x+1)(x+2)(x-2)(x-3)}$ (4) $\boldsymbol{(x-1)(x+3)(x^2+2x-5)}$

기본 문제 4-7 다음 식을 인수분해하시오.

(1) $2x^3-3x^2+3x-1$ (2) $2x^3+5x^2+x-3$

정석연구 앞의 문제와 같이 다음 인수 정리를 이용한다.

정석 $f(\alpha)=0 \iff f(x)$는 $x-\alpha$로 나누어떨어진다
$\iff f(x)=(x-\alpha)Q(x)$ ($Q(x)$는 다항식)

이 문제와 같이 최고차항의 계수가 1이 아닌 경우 상수항의 약수 중에는 $f(\alpha)=0$인 정수 α가 존재하지 않을 수도 있다. 이때에는

$$\pm\frac{(\text{상수항의 양의 약수})}{(\text{최고차항의 계수의 양의 약수})}$$

인 수 중에서 찾아야 한다. 따라서

(1) ±1, $\pm\frac{1}{2}$을 대입해 본다. (2) ±1, ±3, $\pm\frac{1}{2}$, $\pm\frac{3}{2}$을 대입해 본다.

정석 계수가 정수인 다항식 $f(x)=ax^n+\cdots+b\,(a\neq0)$의 인수는

$\Longrightarrow f(x)$에 $x=\pm\dfrac{(b\text{의 양의 약수})}{(a\text{의 양의 약수})}$를 대입하여 찾는다.

모범답안 (1) $f(x)=2x^3-3x^2+3x-1$로 놓으면

$\frac{1}{2}$	2	−3	3	−1
		1	−1	1
	2	−2	2	0

$f\left(\frac{1}{2}\right)=0$이므로 $f(x)=\left(x-\frac{1}{2}\right)Q(x)$

그런데 $f(x)$를 $x-\frac{1}{2}$로 나눈 몫은 $2x^2-2x+2$이므로

$$f(x)=\left(x-\frac{1}{2}\right)(2x^2-2x+2)=\boldsymbol{(2x-1)(x^2-x+1)} \longleftarrow \text{답}$$

(2) $f(x)=2x^3+5x^2+x-3$으로 놓으면

$-\frac{3}{2}$	2	5	1	−3
		−3	−3	3
	2	2	−2	0

$f\left(-\frac{3}{2}\right)=0$이므로 $f(x)=\left(x+\frac{3}{2}\right)Q(x)$

그런데 $f(x)$를 $x+\frac{3}{2}$으로 나눈 몫은 $2x^2+2x-2$이므로

$$f(x)=\left(x+\frac{3}{2}\right)(2x^2+2x-2)=\boldsymbol{(2x+3)(x^2+x-1)} \longleftarrow \text{답}$$

유제 **4**-10. 다음 식을 인수분해하시오.

(1) $3x^3+7x^2-4$ (2) $2x^3-11x^2+10x+8$

(3) $3x^3+2x^2+2x-1$ (4) $2x^4+x^3+4x^2+4x+1$

답 (1) $\boldsymbol{(x+1)(x+2)(3x-2)}$ (2) $\boldsymbol{(x-2)(x-4)(2x+1)}$
(3) $\boldsymbol{(3x-1)(x^2+x+1)}$ (4) $\boldsymbol{(2x+1)(x^3+2x+1)}$

연습문제 4

4-1 다항식 $f(x)$를 $x+2$로 나눈 몫이 x^2+1이고 나머지가 2일 때, $f(x)$를 $x-2$로 나눈 나머지는?

① 7 ② 12 ③ 17 ④ 22 ⑤ 27

4-2 다항식 $f(x)$를 다항식 $g(x)$로 나누었을 때, 몫은 x^2-4x+3이고 나머지는 $x+a$이다. $f(x)$가 $x-1$로 나누어떨어질 때, 상수 a의 값은?

① -2 ② -1 ③ 0 ④ 1 ⑤ 2

4-3 다항식 $f(x)$를 $x+2$, $x-2$로 나눈 나머지가 각각 3, 7일 때, $f(x)$를 x^2-4로 나눈 나머지를 구하시오.

4-4 다항식 $f(x)$를 $x-1$, $x-2$로 나눈 나머지는 각각 3, -1이다. $f(x)$를 $x-1$로 나누었을 때의 몫을 $x-2$로 나눈 나머지는?

① -4 ② -2 ③ 0 ④ 2 ⑤ 4

4-5 다항식 $f(x)=x^3+x^2+2x+1$에 대하여 $f(x)$를 $x-a$로 나눈 나머지를 R_1, $f(x)$를 $x+a$로 나눈 나머지를 R_2라고 하자. $R_1+R_2=6$일 때, $f(x)$를 $x-a^2$으로 나눈 나머지를 구하시오. 단, a는 상수이다.

4-6 x에 관한 다항식 $x^3+ax^2+2x+b-3$을 다항식 $f(x)$로 나눈 몫은 $x-1$, 나머지는 $x-2$이다. $f(x)$를 $x-2$로 나눈 나머지가 5일 때, $2a+b$의 값은? 단, a, b는 상수이다.

① -2 ② -1 ③ 0 ④ 1 ⑤ 2

4-7 다항식 $f(x)$를 x^2-3x+2로 나눈 나머지는 $x+5$이고, 다항식 $g(x)$를 x^2+2x-8로 나눈 나머지는 2이다. 다음 물음에 답하시오.

(1) $f(x)+g(x)$를 $x-2$로 나눈 나머지를 구하시오.

(2) $f(-4)=3$일 때, $xf(x)+g(x)$를 $x+4$로 나눈 나머지를 구하시오.

4-8 다항식 $f(x)$를 $(x-1)(x-2)$로 나눈 나머지가 $4x+3$일 때,

(1) $f(2x)$를 $x-1$로 나눈 나머지를 구하시오.

(2) $f(x+2)$를 $x+1$로 나눈 나머지를 구하시오.

4-9 x, y에 관한 다항식 $x^3-3x^2y+axy^2-3y^3$이 $x-y$로 나누어떨어질 때, 상수 a의 값과 이때의 몫을 구하시오.

4-10 천의 자리, 백의 자리, 십의 자리, 일의 자리의 숫자가 각각 a, b, c, d인 네 자리 자연수 N이 있다. $a-b=d-c$일 때, N은 11의 배수임을 보이시오.

4-11 다항식 $f(x)$는 x^2-x-12와 $x^2+8x+15$로 각각 나누어떨어지고, $f(x)$를 $x-1$로 나누면 나머지가 -72이다.

이와 같은 $f(x)$ 중에서 차수가 가장 작은 것을 구하시오.

4-12 최고차항의 계수가 2인 삼차식 $P(x)$가 다음 두 조건을 만족시킨다.

(가) $P(0)=2$

(나) $P(x)$를 $(2x+1)^2$으로 나눈 몫과 나머지가 같다.

이때, $P(x)$를 $(x+2)^2$으로 나눈 나머지를 구하시오.

4-13 최고차항의 계수가 1인 삼차식 $f(x)$가 다음 두 조건을 만족시킨다.

(가) $f(x)$는 $(x+1)^2$으로 나누어떨어진다.

(나) $f(x)$를 $x-1$로 나눈 나머지와 $x+2$로 나눈 나머지가 같다.

(1) $f(x)$를 구하시오.

(2) $f(x)$를 $(x-1)^2$으로 나눈 몫과 나머지를 구하시오.

(3) $\{f(x)\}^2$을 $(x-1)^2$으로 나눈 나머지를 구하시오.

4-14 x^{30}을 $x-3$으로 나눈 몫을 $Q(x)$, 나머지를 R이라고 할 때, $Q(x)$의 모든 계수의 합과 R의 차는?

① 0 ② 1 ③ $\frac{1}{2}(3^{30}-1)$ ④ $\frac{1}{2}(3^{30}+1)$ ⑤ 3^{30}

4-15 삼차식 $P(x)$가 모든 실수 x에 대하여

$$(x-2)P(x)=(x+1)P(x-1)$$

을 만족시키고, $P(3)=32$일 때, $P(x)$를 구하시오.

4-16 삼차식 $f(x)$가 $f(0)=0$, $f(1)=\frac{1}{2}$, $f(2)=\frac{2}{3}$, $f(3)=\frac{3}{4}$을 만족시킨다.

$g(x)=(x+1)f(x)-x$라고 할 때, 다음 물음에 답하시오.

(1) $g(x)$를 x, $x-1$, $x-2$, $x-3$으로 나눈 나머지를 각각 구하시오.

(2) $g(-1)$의 값과 $g(x)$를 구하시오.

(3) $f(x)$를 $x-4$로 나눈 나머지를 구하시오.

4-17 다음 식을 인수분해하시오.

(1) x^3+x^2-5x+3

(2) $x^4+2x^3-31x^2-32x+60$

(3) $4x^4-2x^3-x-1$

(4) $6x^4-x^3-7x^2+x+1$

(5) x^5+1

(6) x^5-a^5

4-18 다항식 $f(x)=x^5-ax-1$이 계수가 정수인 일차식을 인수로 가지도록 정수 a의 값을 정하고, $f(x)$를 인수분해하시오.

5. 실 수

실수／정수의 분류／제곱근, 세제곱근과
그 연산／무리수가 서로 같을 조건

§1. 실 수

Advice | 실수에 대해서는 이미 중학교에서 공부하였다. 고등학교 교육과정에서는 실수를 별도의 단원으로 다루지 않지만, 실수의 절댓값, 제곱근의 계산 등은 앞으로 공부할 방정식과 부등식 등을 이해하는 데 기본이 된다.

따라서 여기서는 중학교에서 공부한 내용을 토대로 하여 앞으로 공부할 내용과 관련성이 높은 것들에 대해 한 단계 높여서 정리·복습해 보자.

1 실수의 분류

물건의 개수를 센다든가 순서를 붙일 때 기본이 되는 수인

$$1,\ 2,\ 3,\ 4,\ 5,\ \cdots$$

를 양의 정수 또는 자연수라고 한다.

1은 최소의 자연수이고, 1 다음 수는 2이다. 이와 같이 어떤 자연수에도 그 다음 수가 있다. 따라서 가장 큰 자연수는 존재하지 않는다.

또,

$$-1,\ -2,\ -3,\ -4,\ -5,\ \cdots$$

를 음의 정수라 하고,

$$\cdots,\ -5,\ -4,\ -3,\ -2,\ -1,\ 0,\ 1,\ 2,\ 3,\ 4,\ 5,\ \cdots$$

와 같이 양의 정수, 음의 정수와 0을 통틀어서 정수라고 한다.

정수 a, $b(b\neq0)$를 써서 $\dfrac{a}{b}$의 꼴로 나타낼 수 있는 수를 유리수라고 한다.

정수 a는

$$\frac{a}{1},\ \frac{2a}{2},\ \frac{3a}{3},\ \frac{4a}{4},\ \cdots$$

와 같이 나타낼 수 있으므로 정수도 유리수이다.

정수가 아닌 유리수를 소수로 나타낼 때, 이를테면

$$\frac{1}{2}=0.5, \quad \frac{3}{4}=0.75, \quad \frac{7}{40}=0.175$$

와 같이 소수부분이 유한개의 숫자로 된 수를 유한소수라 하고,

$$\frac{1}{3}=0.333\cdots=0.\dot{3}, \quad \frac{7}{15}=0.4666\cdots=0.4\dot{6}$$

과 같이 소수부분에 같은 부분이 무한히 반복되는 수를 순환하는 무한소수 또는 순환소수라고 한다.

이와는 달리

$$\sqrt{2}=1.414213\cdots, \quad \sqrt{3}=1.732050\cdots,$$
$$\pi=3.1415926\cdots, \quad \sin 10^\circ=0.1736\cdots$$

과 같이 소수로 나타낼 때 순환하지 않는 무한소수로 나타내어지는 수를 무리수라고 한다.

그리고 유리수와 무리수를 통틀어서 실수라고 한다.

이상을 정리하면 다음과 같다.

기본정석 — **실수의 분류**

- 실수
  - 유리수
    - 정수
      - 양의 정수(자연수)$(1,\ 2,\ 3,\ \cdots)$
      - 영(0)
      - 음의 정수$(-1,\ -2,\ -3,\ \cdots)$
    - 정수가 아닌 유리수
      - 유한소수$\left(\pm\frac{1}{2},\ \pm 0.75,\ \cdots\right)$
      - 순환소수$(\pm 0.\dot{3},\ \pm 0.4\dot{6},\ \cdots)$
  - 무리수 … 순환하지 않는 무한소수$(\pm\sqrt{2},\ \pm\pi,\ \pm\sin 10^\circ,\ \cdots)$

Advice 1° 모든 자연수는 정수이고, 모든 정수는 유리수이다. 또, 모든 유리수는 실수이고, 모든 무리수도 실수이다.

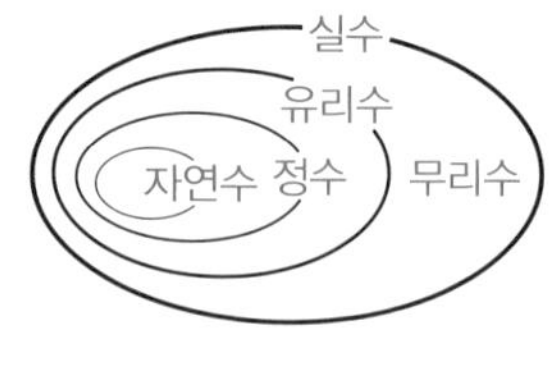

2° 이를테면 두 유리수 $a,\ b(a<b)$에 대하여 $\dfrac{a+b}{2}$는 유리수이고 $a<\dfrac{a+b}{2}<b$이다. 곧, 서로 다른 두 유리수 사이에는 또 다른 유리수가 존재한다.

이와 같이 생각하면 서로 다른 두 유리수 사이에는 무수히 많은 유리수가 존재함을 알 수 있다. 이 성질을 유리수의 조밀성이라고 한다.

3° 모든 실수를 수직선 위의 점에 대응시키면 수직선을 빈틈없이 채울 수 있다. 이 성질을 실수의 연속성이라고 한다.

2 실수의 절댓값

일반적으로 수직선 위에서 실수 a를 나타내는 점과 원점 사이의 거리를 a의 절댓값이라 하고, 기호 $|a|$를 써서 나타낸다.

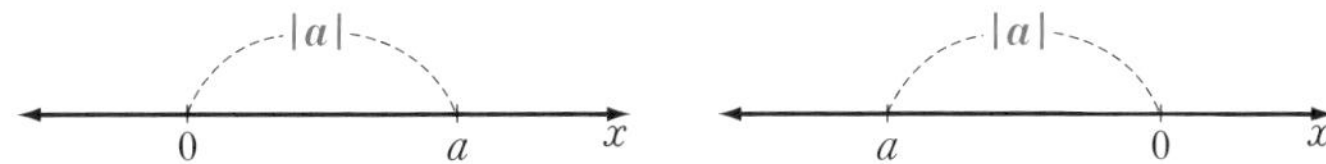

이를테면 수직선 위에서 0과 2 사이의 거리는 양수 2이고, 0과 -2 사이의 거리도 양수 2이므로 $|2|=2$, $|-2|=2$이다.

$|2| = 2$ (그대로) $|0| = 0$ (그대로) $|-2| = 2$ (부호를 바꾸어)

여기에서 -2의 부호를 바꾸려면 '$-$'를 떼어 버리면 되지만, -2의 앞에 '$-$'를 하나 더 붙여도 $-(-2)=2$와 같이 부호가 바뀐다.

한편 $|a|$와 같이 문자를 포함한 경우 a가 양수일 수도 있고, 음수일 수도 있으므로 수와 달리 바로 절댓값 기호를 없앨 수는 없다.

그러나

$a=0$일 때 $|a|=|0|=0=a$ ⇨ $a=0$이면 $|a|=a$

$a=2$일 때 $|a|=|2|=2=a$ ⇨ $a>0$이면 $|a|=a$

$a=-2$일 때 $|a|=|-2|=2=-(-2)=-a$ ⇨ $a<0$이면 $|a|=-a$

에서 알 수 있듯이 a의 부호를 알면 절댓값 기호를 없애고 나타낼 수 있다.

정석 $|a|$의 계산 ⟹ $a\ge0$일 때와 $a<0$일 때로 나누어 생각한다.

기본정석 — **절댓값의 성질**

(1) 실수 a의 절댓값

$$|a|=\begin{cases} a & (a\ge0) \\ -a & (a<0) \end{cases}$$

⇦ $a<0$이므로 $-a>0$

(2) 절댓값의 성질

a, b가 실수일 때

① $|a|\ge0$ ② $|-a|=|a|$ ③ $|a|^2=a^2$

④ $|ab|=|a||b|$ ⑤ $\left|\dfrac{a}{b}\right|=\dfrac{|a|}{|b|}$

보기 1 $a=2$일 때, 다음 식의 값을 구하시오.

$$|a|+|a-1|+|a-2|+|a-3|+|a-4|$$

연구 (준 식)$=|2|+|2-1|+|2-2|+|2-3|+|2-4|$

$=|2|+|1|+|0|+|-1|+|-2|=2+1+0+1+2=\mathbf{6}$

3 자신보다 크지 않은 최대 정수

x가 실수일 때, x보다 크지 않은 최대 정수를 흔히 기호 [ ]를 써서 $[x]$로 나타낸다. 이와 같은 기호를 가우스 기호라고 한다.

이를테면 실수 $\frac{1}{2}$보다 크지 않은 정수 중에서 가장 큰 수가 0이므로 $\left[\frac{1}{2}\right]=0$이다. 또, 0보다 크지 않은 정수 중에서 가장 큰 수는 자기 자신인 0이므로 $[0]=0$이다.

따라서 x가 실수일 때

$$0\le x<1\text{이면} \quad [x]=0$$

이다.

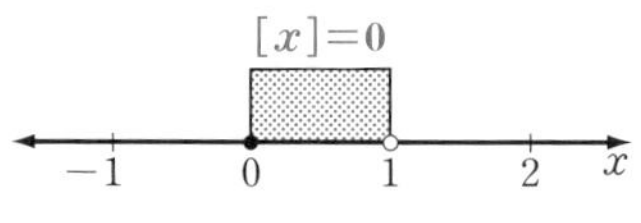

같은 이유로

$$1\le x<2\text{이면} \quad [x]=1,$$
$$-1\le x<0\text{이면} \quad [x]=-1$$

이다.

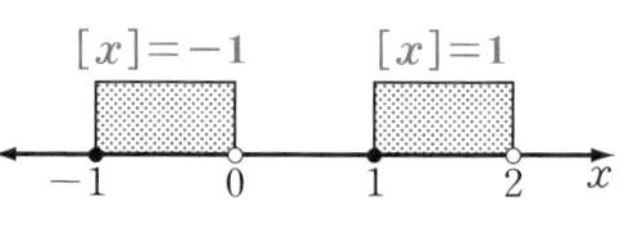

기본정석 — **자신보다 크지 않은 최대 정수**

x보다 크지 않은 최대 정수를 $[x]$로 나타낼 때, 정수 n에 대하여

$$\boldsymbol{n\le x<n+1}\text{이면} \quad \boldsymbol{[x]=n}$$

이다.

Advice | 가우스 기호에 관한 정의를 주고 이를 활용하여 해결하도록 하는 다양한 유형의 문제가 있으므로 이 기호에 대한 기본 해법을 정리해 두면 도움이 된다.

보기 2 x보다 크지 않은 최대 정수를 $[x]$로 나타낼 때, 다음 값을 구하시오.

(1) $[10]$　　(2) $[-12.3]$　　(3) $[\sqrt{2}]$

연구 (1) **10**　(2) $\boldsymbol{-13}$　(3) $\sqrt{2}=1.414\cdots$이므로 **1**

보기 3 x보다 크지 않은 최대 정수를 $[x]$로 나타낼 때, 다음 식을 만족시키는 실수 x의 값의 범위를 구하시오.

(1) $[x]=4$　　(2) $0<[x]\le 1$　　(3) $1\le [x]\le 2$

연구 (1) x는 4 이상이고 5 미만의 실수이다. 따라서 $\boldsymbol{4\le x<5}$

(2) $[x]$는 정수이므로 $[x]=1$이다. 따라서 $\boldsymbol{1\le x<2}$

(3) $[x]$는 정수이므로 $[x]=1$ 또는 $[x]=2$이다.

따라서 $1\le x<2$ 또는 $2\le x<3$이다. $\therefore$ $\boldsymbol{1\le x<3}$

기본 문제 **5**-1　다음 물음에 답하시오.

(1) $-1\le a<3$일 때, $P=|a+1|+|a-3|$을 간단히 하시오.

(2) a가 실수일 때, $Q=|a+|a||-|a-|a||$를 간단히 하시오.

정석연구 (1) $-1\le a<3$일 때, 절댓값 기호 안의 식 $a+1$과 $a-3$의 부호를 각각 조사한 다음

정석 $\boldsymbol{a\ge 0}$일 때 $\boldsymbol{|a|=a}$,
$\boldsymbol{a<0}$일 때 $\boldsymbol{|a|=-a}$

를 이용한다. 곧, 절댓값 기호 안의 수가 양수나 0이면 절댓값 기호 안의 수이고, 음수이면 절댓값 기호 안의 수에 '$-$'를 붙인 수이다.

(2) $|a|$에서 a의 부호를 알 수 없으므로

$\boldsymbol{a\ge 0}$일 때,　$\boldsymbol{a<0}$일 때

로 나누어 생각한다.

모범답안 (1) $-1\le a<3$일 때 $a+1\ge 0$이므로　$|a+1|=a+1$,
$a-3<0$이므로　$|a-3|=-(a-3)$

$\therefore\ P=(a+1)-(a-3)=\boldsymbol{4}$ ← 답

(2) $a\ge 0$일 때 $|a|=a$이므로

$$Q=|a+a|-|a-a|=|2a|=2a$$

$a<0$일 때 $|a|=-a$이므로

$$Q=|a-a|-|a+a|=-|2a|=-(-2a)=2a$$

따라서 모든 실수 a에 대하여　$Q=\boldsymbol{2a}$ ← 답

* ***Note*** (1) $a<-1$일 때　$P=-(a+1)-(a-3)=-2a+2$
$a\ge 3$일 때　$P=(a+1)+(a-3)=2a-2$

유제 **5**-1. $P=|a-4|+3a$에 대하여 다음 물음에 답하시오.

(1) $a=1$일 때와 $a=5$일 때의 P의 값을 구하시오.

(2) $a\ge 4$일 때와 $a<4$일 때로 나누어 P를 간단히 하시오.

답 (1) $\boldsymbol{a=1}$일 때 $\boldsymbol{P=6}$, $\boldsymbol{a=5}$일 때 $\boldsymbol{P=16}$
(2) $\boldsymbol{a\ge 4}$일 때 $\boldsymbol{P=4a-4}$, $\boldsymbol{a<4}$일 때 $\boldsymbol{P=2a+4}$

유제 **5**-2. $a>0$, $b>0$, $c<0$, $d>0$이고 $|a|>|c|>|b|>|d|$일 때,

$$|a-b|-|b+c|+|c+d|-|d-a|$$

를 간단히 하면?

① $2a$　② $2b$　③ $2c$　④ $2d$　⑤ 0　답 ⑤

기본 문제 **5**-2 x보다 크지 않은 최대 정수를 $[x]$로 나타낸다.

(1) k가 5보다 작은 자연수일 때, $\left[\dfrac{k^2}{5}\right]$의 값을 구하시오.

(2) x가 100보다 작은 자연수일 때, $\left[\dfrac{x}{4}\right]=\dfrac{x}{4}$, $\left[\dfrac{x}{6}\right]=\dfrac{x}{6}$를 동시에 만족시키는 x의 개수를 구하시오.

(3) $[5-2x]-2x=1$을 만족시키는 x의 값을 구하시오.

정석연구 (1) k가 5보다 작은 자연수이므로 $\left[\dfrac{1^2}{5}\right]$, $\left[\dfrac{2^2}{5}\right]$, $\left[\dfrac{3^2}{5}\right]$, $\left[\dfrac{4^2}{5}\right]$의 값을 차례로 구하면 된다.

정 석 $n\le x<n+1$이면 $[x]=n$(n은 정수)

(2) $\left[\dfrac{x}{4}\right]=\dfrac{x}{4}$이면 $\dfrac{x}{4}$가 정수이다. 따라서 x는 4의 배수이다.

(3) $[5-2x]=1+2x$에서 좌변이 정수이므로 우변도 정수이어야 한다. 따라서 $2x$가 정수이므로 $5-2x$도 정수이다.

정 석 $[x]$는 정수이다.

모범답안 (1) $\left[\dfrac{1^2}{5}\right]=0$, $\left[\dfrac{2^2}{5}\right]=0$, $\left[\dfrac{3^2}{5}\right]=1$, $\left[\dfrac{4^2}{5}\right]=3$ 답 **0, 1, 3**

(2) $\left[\dfrac{x}{4}\right]=\dfrac{x}{4}$이면 $\dfrac{x}{4}$가 정수이므로 x는 4의 배수이다.

또, $\left[\dfrac{x}{6}\right]=\dfrac{x}{6}$이면 $\dfrac{x}{6}$가 정수이므로 x는 6의 배수이다.

곧, x는 4와 6의 최소공배수인 12의 배수이다.

따라서 x는 12×1, 12×2, 12×3, $\cdots$, 12×8의 8개이다. 답 **8**

(3) $[5-2x]-2x=1$에서 $[5-2x]=1+2x$

여기에서 좌변이 정수이므로 우변도 정수이다. 따라서 $2x$가 정수이므로 $5-2x$도 정수이다. ⇦ (정수)−(정수)=(정수)

$$\therefore [5-2x]=5-2x$$

따라서 주어진 식은 $(5-2x)-2x=1$ $\therefore$ $\boldsymbol{x=1}$ ⟵ 답

유제 **5**-3. x보다 크지 않은 최대 정수를 $[x]$로 나타낼 때, 다음에 답하시오.

(1) x가 100보다 작은 자연수일 때, $\left[\dfrac{x}{6}\right]=\dfrac{x}{6}$, $\left[\dfrac{x}{8}\right]=\dfrac{x}{8}$를 동시에 만족시키는 x의 값을 구하시오.

(2) $0\le x<2$일 때, $4x=[4x]$를 만족시키는 x의 개수를 구하시오.

답 (1) **24, 48, 72, 96** (2) **8**

§2. 정수의 분류

1 정수의 나눗셈

정수 a를 자연수 b로 나눈 몫을 q, 나머지를 r이라고 할 때,

$$a=bq+r\ (0\le r<b)$$

로 나타낼 수 있다.

이 식을 이용하면 음의 정수를 자연수로 나누었을 때의 몫과 나머지도 생각할 수 있다.

이를테면 -11은

$$-11=5\times(-3)+4 \qquad \Leftarrow 0\le r<5$$

이므로 -11을 5로 나눈 몫은 -3, 나머지는 4이다.

정 석 정수 $\boldsymbol{a}$를 자연수 $\boldsymbol{b}$로 나눈 몫을 $\boldsymbol{q}$, 나머지를 $\boldsymbol{r}$이라고 하면

$$\Longrightarrow\ \boldsymbol{a=bq+r\ (0\le r<b)}$$

**Note* $-11=5\times(-2)-1$에서 -11을 5로 나눈 몫이 -2, 나머지가 -1이라고 하면 안 된다. 왜냐하면 -1은 음수이므로 나머지가 될 수 없기 때문이다.

한편 a, b, q가 자연수일 때, $a=bq$이면 a는 b의 배수이고, b는 a의 약수이다. 이 책에서는 수의 범위를 정수까지 넓혀 다음과 같이 정의한다.

「 정수 a가 정수 $b(b\ne0)$로 나누어떨어질 때
b를 a의 약수 또는 인수라 하고, a를 b의 배수라고 한다.
이때, $\boldsymbol{a=bq}$($\boldsymbol{q}$는 정수)라고 쓸 수 있다. 」

보기 1 다음 정수 중 7로 나눈 나머지가 가장 작은 것은?

① -16 ② -10 ③ -6 ④ -1 ⑤ 10

연구 주어진 정수를 $7n+r$(n은 정수, $0\le r<7$)의 꼴로 나타내면

① $-16=7\times(-3)+5$ ② $-10=7\times(-2)+4$ ③ $-6=7\times(-1)+1$
④ $-1=7\times(-1)+6$ ⑤ $10=7\times1+3$

따라서 7로 나눈 나머지가 가장 작은 것은 -6이다. **답** ③

2 정수의 분류

0과 자연수를 두 묶음으로 분류하는 여러 방법 중에서 가장 대표적인 방법은 짝수와 홀수로 나누는 것이다. 이와 같이 나누면 0과 모든 자연수를 중복되지 않게 나눌 수 있다. 이와 같은 방법을 좀 더 일반화하여 자연수와 정수를 두 묶음, 세 묶음, 네 묶음, …으로 나누는 방법을 알아보자.

짝수는 2의 배수 또는 2로 나누어떨어지는 수이고, 홀수는 2로 나눈 나머지가 1인 수이다. 따라서 0과 자연수를 짝수와 홀수로 나누고, 각각

$$2n,\ 2n+1\ (n\text{은 } 0 \text{ 또는 자연수})$$

로 나타낼 수 있다.

이것을

$$2n,\ 2n+1\ (n\text{은 정수})$$

과 같이 n이 정수일 때까지 확장하면

$2n$ 꼴은　$\cdots,\ -8,\ -6,\ -4,\ -2,\ 0,\ 2,\ 4,\ 6,\ 8,\ \cdots$

$2n+1$ 꼴은　$\cdots,\ -7,\ -5,\ -3,\ -1,\ 1,\ 3,\ 5,\ 7,\ 9,\ \cdots$

이므로 정수를 두 묶음으로 나눌 수 있다.

같은 이유로 정수를 3으로 나눈 나머지는 항상 0, 1, 2 중 하나이므로

$$3n,\ 3n+1,\ 3n+2\ (n\text{은 정수})$$

로 분류하면 정수를 세 묶음으로 나눌 수 있다.

기본정석　**정수의 분류**

모든 정수는 양의 정수 k로 나눈 나머지에 의하여

$$kn,\ kn+1,\ kn+2,\ \cdots,\ kn+(k-1)\ (n\text{은 정수})$$

로 분류되며, 임의의 정수는 이 중 어느 하나의 꼴로 나타낼 수 있다.

Advice | 모든 정수를 2로 나눈 나머지에 의하여 분류할 때

$$2n,\ 2n-1\ (n\text{은 정수})$$

로 나타내어도 되고, 3으로 나눈 나머지에 의하여 분류할 때

$$3n,\ 3n-1,\ 3n-2 \quad \text{또는} \quad 3n-1,\ 3n,\ 3n+1\ (n\text{은 정수})$$

로 나타내어도 된다.

보기 2　a가 정수일 때, a^2을 3으로 나눈 나머지는 0 또는 1임을 보이시오.

연구　정수 a를 3으로 나눈 나머지에 의하여 분류하면

$$3n,\ 3n+1,\ 3n+2\ (n\text{은 정수})$$

$a=3n$일 때　$a^2=(3n)^2=9n^2=3\times3n^2$

$a=3n+1$일 때　$a^2=(3n+1)^2=9n^2+6n+1=3(3n^2+2n)+1$

$a=3n+2$일 때　$a^2=(3n+2)^2=9n^2+12n+4=3(3n^2+4n+1)+1$

따라서 a^2을 3으로 나눈 나머지는 0 또는 1이다.

* *Note*　정수 a를 $3n$, $3n+1$, $3n-1$(n은 정수)로 분류하여 각각에 대하여 a^2을 3으로 나눈 나머지가 0 또는 1임을 보여도 된다.

기본 문제 **5**-3　다음 물음에 답하시오.

(1) 3으로 나누어떨어지고 4로 나눈 나머지가 1인 정수를 정수 n을 써서 간단한 식으로 나타내시오.

(2) 3으로 나누어떨어지거나 4로 나눈 나머지가 1인 자연수 중에서 100보다 작은 수의 개수를 구하시오.

정석연구　3으로 나누어떨어지는 정수는

$3m$ (m은 정수) ……①

의 꼴로 나타낼 수 있다. 이 중 4로 나눈 나머지가 1인 경우를 찾으면 된다.

이때, m을 4로 나눈 나머지는 0, 1, 2, 3 중 하나이므로 m을

$4n,\ 4n+1,\ 4n+2,\ 4n+3$ (n은 정수)

의 꼴로 표현한 다음, 이 식을 ①에 대입한다.

$m=4n$일 때　$3\times 4n=12n=4\times 3n$

$m=4n+1$일 때　$3(4n+1)=12n+3=4\times 3n+3$

$m=4n+2$일 때　$3(4n+2)=12n+6=4(3n+1)+2$

$m=4n+3$일 때　$3(4n+3)=12n+9=4(3n+2)+1$

이 중에서 4로 나눈 나머지가 1인 경우는 마지막의 $12n+9$이다.

정 석　m을 4로 나눈 나머지에 관한 문제는

$\Longrightarrow$ m에 $4n,\ 4n+1,\ 4n+2,\ 4n+3$을 대입!

모범답안　(1) 위의 **정석연구**를 참조하면　$\mathbf{12n+9}$ ← 답

(2) 100보다 작은 자연수 중에서 3으로 나누어떨어지는 수는

$3k(k=1,\ 2,\ 3,\ \cdots,\ 33)$이므로　33개 ……②

100보다 작은 자연수 중에서 4로 나눈 나머지가 1인 수는

$4l+1(l=0,\ 1,\ 2,\ \cdots,\ 24)$이므로　25개 ……③

②, ③에서 중복되는 수는 $12n+9(n=0,\ 1,\ 2,\ \cdots,\ 7)$이므로　8개

따라서 구하는 개수는　$33+25-8=\mathbf{50}$ ← 답

**Note*　③에서 $4l+1$이 100보다 작은 자연수이므로 l은 0부터 가능하다는 것에 주의한다.

Advice　(1) 4로 나눈 나머지가 1인 수 중에서 3으로 나누어떨어지는 수를 찾을 수도 있다. 곧, $4m+1$(m은 정수)의 m에 $3n,\ 3n+1,\ 3n+2$(n은 정수)를 대입한 다음 3으로 나누어떨어지는 경우를 찾는다.

유제 **5**-4. 100 이하의 자연수 중에서 3으로 나눈 나머지가 1이고 5로 나눈 나머지가 3인 수의 개수를 구하시오. 답 **6**

기본 문제 **5**-4 정수 a, b, c를 3으로 나눈 나머지는 각각 0, 1, 2이다.

(1) $ab+c^2$을 3으로 나눈 나머지를 구하시오.

(2) $bx+c$를 3으로 나눈 나머지가 2일 때, 정수 x를 3으로 나눈 나머지를 구하시오.

정석연구 a, b, c를 3으로 나눈 나머지는 각각 0, 1, 2이므로

$$a=3l,\ b=3m+1,\ c=3n+2\ (l, m, n\text{은 정수})$$

로 나타낼 수 있다.

정석 $\boldsymbol{a}$를 $\boldsymbol{k}$로 나눈 나머지가 $\boldsymbol{r}$이면 $\Longrightarrow$ $\boldsymbol{a=kn+r}$ 꼴로 나타낸다.

모범답안 $a=3l, b=3m+1, c=3n+2(l, m, n$은 정수)라고 하자.

(1) $ab+c^2=3l(3m+1)+(3n+2)^2=9lm+3l+9n^2+12n+4$
$\quad=3(3lm+l+3n^2+4n+1)+1$

여기서 $3lm+l+3n^2+4n+1$은 정수이므로 $ab+c^2$을 3으로 나눈 나머지는 **1** ← 답

(2) $x=3k+r(k$는 정수, $r=0, 1, 2)$이라고 하면

$$bx+c=(3m+1)(3k+r)+3n+2=9mk+3mr+3k+r+3n+2$$
$$=3(3mk+mr+k+n)+r+2$$

문제의 조건에서 $bx+c$를 3으로 나눈 나머지가 2이므로 $r+2$를 3으로 나눈 나머지도 2이다. 이때, $r=0, 1, 2$에서 $r=0$이므로 x를 3으로 나눈 나머지는 **0** ← 답

Advice 1° 여기서 위와 같이 a, b, c를 l, m, n을 써서 구별하지 않고,

$$a=3n,\ b=3n+1,\ c=3n+2\ (n\text{은 정수}) \qquad \cdots\cdots ①$$

과 같이 같은 문자 n을 써서 나타내면 안 된다. 왜냐하면 ①과 같이 놓으면

$n=0$일 때 $a=0,\ b=1,\ c=2,$ $\quad n=1$일 때 $a=3,\ b=4,\ c=5$

와 같이 a, b, c가 연속인 정수일 때에 한해서만 다룬 셈이 되고, 이를테면 $a=0, b=7, c=11$과 같은 경우는 제외되기 때문이다.

2° (1), (2)에서 두 수의 합 또는 곱을 3으로 나눈 나머지는 두 수를 3으로 나눈 나머지의 합 또는 곱만 생각해도 된다는 것을 알 수 있다.

유제 **5**-5. 정수 a, b, c, d, e를 5로 나눈 나머지는 각각 0, 1, 2, 3, 4이다. 다음 수를 5로 나눈 나머지를 구하시오.

(1) $d+e$ (2) $a+b+c+d+e$ (3) $3b+2c$ (4) cd (5) $bcde$

답 (1) **2** (2) **0** (3) **2** (4) **1** (5) **4**

§3. 제곱근, 세제곱근과 그 연산

1 제곱근

이를테면 $x^2=4$를 만족시키는 x의 값은 양수 2와 음수 -2의 두 개가 있다. 이와 같이 제곱해서 4가 되는 수 2와 -2를 4의 제곱근이라 하고, 4의 제곱근 중 양수인 것을 $\sqrt{4}$로, 음수인 것을 $-\sqrt{4}$로 나타낸다.

마찬가지로 $x^2=2$를 만족시키는 x의 값은 양수인 것과 음수인 것의 두 개가 있으며, 이때 양수를 $\sqrt{2}$로, 음수를 $-\sqrt{2}$로 나타낸다.

기본정석 — **a의 제곱근과 $\sqrt{a}$**

$x^2=a$가 되는 수 x를 a의 제곱근이라고 한다. 양수 a의 제곱근 중 양수를 $\sqrt{a}$로, 음수를 $-\sqrt{a}$로 나타낸다.

정석 $(\sqrt{a})^2=a,\quad (-\sqrt{a})^2=a$

Advice 1° $\sqrt{a}$를 제곱근 $\boldsymbol{a}$ 또는 루트 $\boldsymbol{a}$라고 읽는다.

여기에서 a가 양수일 때

「제곱근 $\boldsymbol{a}$」는 ⟹ $\sqrt{a}$,

「$\boldsymbol{a}$의 제곱근」은 ⟹ $\pm\sqrt{a}$

를 의미한다는 것에 주의해야 한다.

2° 0의 제곱근은 0뿐이다.

3° 음수의 제곱근은 실수의 범위에서는 존재하지 않는다.

보기 1 다음 중에서 옳은 것은?

① 제곱해서 9가 되는 수를 기호로 나타내면 $\sqrt{9}$이다.

② 9의 제곱근은 3이다. ③ 9의 제곱근은 -3이다.

④ 제곱근 9는 ±3이다. ⑤ 3은 9의 제곱근이다.

연구 ① 제곱해서 9가 되는 수는 $\pm\sqrt{9}$라고 해야 옳다.

②, ③ 9의 제곱근은 ±3이라고 해야 옳다.

④ 「제곱근 9」는 「루트 9」, 곧 $\sqrt{9}$를 의미하므로 3이라고 해야 옳다.

⑤ $3^2=9$, $(-3)^2=9$, $(\pm3)^2=9$이므로

3은 9의 제곱근이다, -3은 9의 제곱근이다,

±3은 9의 제곱근이다

라는 말은 모두 옳다. 답 ⑤

2 $\sqrt{A^2}$의 계산

이를테면

$$\sqrt{2^2}=\sqrt{4}=2,\quad \sqrt{0^2}=\sqrt{0}=0,\quad \sqrt{(-2)^2}=\sqrt{4}=2$$

이다. 특히 $\sqrt{(-2)^2}$은 $(-2)^2$을 먼저 계산하여

$$\sqrt{(-2)^2}=\sqrt{4}=2$$

라고 해야 하지, $\sqrt{(-2)^2}=-2$라고 해서는 안 된다.

$\sqrt{(2)^2}$ = 2 (그대로) $\sqrt{(0)^2}$ = 0 (그대로) $\sqrt{(-2)^2}$ = 2 (부호를 바꾸어)

여기에서 -2의 부호를 바꾸려면 '$-$'를 떼어 버리면 되지만, 일반적으로는 -2의 앞에 '$-$'를 붙여서 $-(-2)=2$로 생각하면 좋다.

일반적으로 $\sqrt{A^2}$과 같이 문자를 포함한 경우 A가 양수일 수도 있고, 음수일 수도 있으므로 수와 달리 바로 제곱근 기호를 없앨 수는 없다. 그러나

$A=0$일 때 $\sqrt{A^2}=\sqrt{0^2}=0=A$ ⇨ $A=0$이면 $\sqrt{A^2}=A$
$A=2$일 때 $\sqrt{A^2}=\sqrt{2^2}=2=A$ ⇨ $A>0$이면 $\sqrt{A^2}=A$
$A=-2$일 때 $\sqrt{A^2}=\sqrt{(-2)^2}=2=-(-2)=-A$ ⇨ $A<0$이면 $\sqrt{A^2}=-A$

와 같이 A의 부호를 알면 제곱근 기호를 없애고 나타낼 수 있다.

정석 $\sqrt{A^2}$의 계산에서는
$A\ge 0$일 때와 $A<0$일 때로 나누어 생각해야 한다.

기본정석 $\sqrt{A^2}$과 $|A|$의 계산

$$\sqrt{A^2}=|A|$$

$$\sqrt{A^2}=\begin{cases}A & (A\ge 0\text{일 때})\\ -A & (A<0\text{일 때})\end{cases}\qquad |A|=\begin{cases}A & (A\ge 0\text{일 때})\\ -A & (A<0\text{일 때})\end{cases}$$

A가 수가 아닌 식일 때에도 성립한다.

보기 2 다음을 간단히 하시오. 단, a는 실수이다.

(1) $\sqrt{(2-\sqrt{5})^2}$ (2) $\sqrt{(a^2+2a+3)^2}$ (3) $a<1$일 때 $\sqrt{(a-1)^2}$

연구 (1) $2-\sqrt{5}<0$이므로 '$-$'를 붙여서 밖으로 내면 된다. 곧,

$$\sqrt{(2-\sqrt{5})^2}=-(2-\sqrt{5})=-2+\sqrt{5}=\boldsymbol{\sqrt{5}-2}$$

(2) $a^2+2a+3=(a^2+2a+1)+2=(a+1)^2+2>0$이므로

$$\sqrt{(a^2+2a+3)^2}=\boldsymbol{a^2+2a+3}$$

(3) $a<1$이므로 $a-1<0$ $\quad\therefore\ \sqrt{(a-1)^2}=-(a-1)=\boldsymbol{1-a}$

3 세제곱근

이를테면 $x^3=8$을 만족시키는 실수 x의 값은

$$x^3=8\text{에서}\quad x^3-2^3=0\qquad \therefore\ (x-2)(x^2+2x+4)=0$$

여기에서 $x^2+2x+4=(x+1)^2+3>0$이므로 $x=2$이다.

이와 같이 세제곱해서 8이 되는 실수 2를 8의 세제곱근이라 하고, $\sqrt[3]{8}$로 나타낸다.

기본정석 — **a의 세제곱근과 $\sqrt[3]{a}$**

$x^3=a$가 되는 수 x를 a의 세제곱근이라고 한다. a의 세제곱근 중 실수는 한 개 있으며, 이것을 $\sqrt[3]{a}$로 나타낸다.

정석 $(\sqrt[3]{a})^3=a$

Advice | 세제곱근의 정의에 따르면 $(\sqrt[3]{2})^3=2$, $(\sqrt[3]{0})^3=0$, $(\sqrt[3]{-2})^3=-2$이다. 일반적으로 a의 양, 0, 음에 관계없이 $(\sqrt[3]{a})^3=a$이다.

4 $\sqrt[3]{A^3}$의 계산

이를테면 $\sqrt[3]{8}$은 세제곱하면 8이 되는 실수를 뜻하므로 $\sqrt[3]{8}=2$이고, $\sqrt[3]{-8}$은 세제곱하면 -8이 되는 실수를 뜻하므로 $\sqrt[3]{-8}=-2$이다.

$$\sqrt[3]{(2)^3}=\sqrt[3]{8}=2\qquad \sqrt[3]{(0)^3}=\sqrt[3]{0}=0\qquad \sqrt[3]{(-2)^3}=\sqrt[3]{-8}=-2$$

(그대로)　(그대로)　(그대로)

이로부터 (　) 안의 수 또는 식의 부호에 관계없이 (　) 안의 수 또는 식을 그대로 밖으로 내면 된다는 것을 알 수 있다.

기본정석 — **$\sqrt[3]{A^3}$의 계산**

모든 실수 A에 대하여 $\sqrt[3]{A^3}=A$이다. 곧,

A의 양, 0, 음에 관계없이　$\sqrt[3]{A^3}=A$

A가 수가 아닌 식일 때에도 성립한다.

보기 3 다음을 간단히 하시오. 단, a, x, y는 실수이다.

(1) $\sqrt[3]{-5^3}$　　(2) $-\sqrt[3]{(-a)^3}$　　(3) $\sqrt[3]{x^3-3x^2y+3xy^2-y^3}$

연구 (1) $\sqrt[3]{-5^3}=\sqrt[3]{(-5)^3}=\boldsymbol{-5}$

(2) $\sqrt[3]{(-a)^3}=-a$이므로　$-\sqrt[3]{(-a)^3}=-(-a)=\boldsymbol{a}$

(3) $\sqrt[3]{x^3-3x^2y+3xy^2-y^3}=\sqrt[3]{(x-y)^3}=\boldsymbol{x-y}$

5 제곱근, 세제곱근의 계산 법칙

이를테면

$$\sqrt{18}=\sqrt{3^2\times2}=\sqrt{3^2}\sqrt{2}=3\sqrt{2},$$
$$\sqrt{3}\sqrt{5}=\sqrt{3\times5}=\sqrt{15},$$
$$\frac{\sqrt{3}}{\sqrt{5}}=\sqrt{\frac{3}{5}}=\sqrt{\frac{15}{25}}=\frac{\sqrt{15}}{\sqrt{25}}=\frac{\sqrt{15}}{5}$$

와 같은 계산은 중학교에서 공부하였다.

일반적으로 제곱근, 세제곱근에 대한 다음 계산 법칙이 성립한다.

기본정석 제곱근, 세제곱근의 계산 법칙

(1) $a>0,\ b>0$일 때

① $\sqrt{a}\sqrt{b}=\sqrt{ab}$ ② $\sqrt{a^2b}=a\sqrt{b}$

③ $\dfrac{\sqrt{a}}{\sqrt{b}}=\sqrt{\dfrac{a}{b}}$ ④ $\sqrt{\dfrac{a}{b^2}}=\dfrac{\sqrt{a}}{b}$

(2) $(\sqrt[3]{a})^2=\sqrt[3]{a^2}$, $\sqrt[3]{a}\sqrt[3]{b}=\sqrt[3]{ab}$, $\dfrac{\sqrt[3]{a}}{\sqrt[3]{b}}=\sqrt[3]{\dfrac{a}{b}}$

Advice 1° (1)에서 「$a>0,\ b>0$일 때」라는 제한 조건에 주의해야 한다.

다만 $a<0$이라고 할지라도 $a^2>0$이므로 $\sqrt{a^2b}=\sqrt{a^2}\sqrt{b}$ 로부터

$$a<0,\ b>0\text{일 때}\quad \sqrt{a^2b}=-a\sqrt{b}$$

가 성립한다는 것도 함께 알아 두는 것이 좋다.

2° 세제곱근의 계산 법칙에 대해서는 대수의 지수 단원에서 자세히 공부한다.

보기 4 다음을 간단히 하시오.

(1) $2\sqrt{27}-5\sqrt{3}+\sqrt{12}$ (2) $(2\sqrt{3}-3\sqrt{2})^2$

(3) $(4\sqrt{3}-2\sqrt{2})(2\sqrt{3}+5\sqrt{2})$ (4) $\sqrt{\dfrac{5}{6}}\left(\sqrt{\dfrac{3}{10}}-\sqrt{\dfrac{2}{15}}\right)$

연구 (1) (준 식) $=2\sqrt{3^2\times3}-5\sqrt{3}+\sqrt{2^2\times3}=2\times3\sqrt{3}-5\sqrt{3}+2\sqrt{3}$
$=6\sqrt{3}-5\sqrt{3}+2\sqrt{3}=\mathbf{3\sqrt{3}}$

(2) (준 식) $=(2\sqrt{3})^2-2\times2\sqrt{3}\times3\sqrt{2}+(3\sqrt{2})^2$
$=12-12\sqrt{6}+18=\mathbf{30-12\sqrt{6}}$

(3) (준 식) $=4\sqrt{3}\times2\sqrt{3}+4\sqrt{3}\times5\sqrt{2}-2\sqrt{2}\times2\sqrt{3}-2\sqrt{2}\times5\sqrt{2}$
$=24+20\sqrt{6}-4\sqrt{6}-20=\mathbf{4+16\sqrt{6}}$

(4) (준 식) $=\sqrt{\dfrac{5}{6}\times\dfrac{3}{10}}-\sqrt{\dfrac{5}{6}\times\dfrac{2}{15}}=\sqrt{\dfrac{1}{4}}-\sqrt{\dfrac{1}{9}}=\dfrac{1}{2}-\dfrac{1}{3}=\mathbf{\dfrac{1}{6}}$

6 분모의 유리화

이를테면 $\dfrac{\sqrt{3}}{\sqrt{2}}$의 값을 계산해 보자.

(i) $\sqrt{2} \fallingdotseq 1.4142$, $\sqrt{3} \fallingdotseq 1.7321$을 직접 대입하면

$$\frac{\sqrt{3}}{\sqrt{2}} \fallingdotseq \frac{1.7321}{1.4142} \fallingdotseq \mathbf{1.2248}$$

⇦ ≒은「약」을 나타내는 기호이다.

(ii) 분모, 분자에 $\sqrt{2}$를 곱하여 분모를 유리수로 고친 다음 대입하면

$$\frac{\sqrt{3}}{\sqrt{2}} = \frac{\sqrt{3}\sqrt{2}}{\sqrt{2}\sqrt{2}} = \frac{\sqrt{6}}{2} \fallingdotseq \frac{2.4495}{2} \fallingdotseq \mathbf{1.2248}$$

위의 계산을 비교해 보면 (ii)의 방법이 (i)의 방법보다 계산이 간편하다는 사실을 알 수 있다. 또한 계산기를 사용할 때에도 (ii)의 방법이 더 간편하고 계산 착오도 적다는 것을 알 수 있다. 따라서 분모에 무리수를 포함한 식을 계산할 때에는 대개 먼저 분모를 유리수로 고쳐 두는 것이 좋다.

일반적으로 분모에 근호를 포함한 식이 있을 때, 그 식의 값을 변하지 않게 하고 분모를 유리수로 고치는 것을 분모의 유리화라고 한다.

보기 5 다음 수의 분모를 유리화하시오.

(1) $\dfrac{2}{\sqrt{3}}$ (2) $\dfrac{3}{\sqrt{5}+\sqrt{2}}$ (3) $\dfrac{2+\sqrt{3}}{2-\sqrt{3}}$

연구 (1) $\sqrt{a}\sqrt{a}=(\sqrt{a})^2=a$를 이용!

$$\frac{2}{\sqrt{3}} = \frac{2\sqrt{3}}{\sqrt{3}\sqrt{3}} = \frac{2\sqrt{3}}{(\sqrt{3})^2} = \mathbf{\frac{2\sqrt{3}}{3}}$$

(2) $(a+b)(a-b)=a^2-b^2$을 이용!

$$\frac{3}{\sqrt{5}+\sqrt{2}} = \frac{3(\sqrt{5}-\sqrt{2})}{(\sqrt{5}+\sqrt{2})(\sqrt{5}-\sqrt{2})} = \frac{3(\sqrt{5}-\sqrt{2})}{(\sqrt{5})^2-(\sqrt{2})^2} = \mathbf{\sqrt{5}-\sqrt{2}}$$

(3) $(a-b)(a+b)=a^2-b^2$을 이용!

$$\frac{2+\sqrt{3}}{2-\sqrt{3}} = \frac{(2+\sqrt{3})^2}{(2-\sqrt{3})(2+\sqrt{3})} = \frac{4+4\sqrt{3}+3}{2^2-(\sqrt{3})^2} = \mathbf{7+4\sqrt{3}}$$

기본정석 ━━ 분모의 유리화 방법

① $\dfrac{b}{\sqrt{a}} = \dfrac{b\sqrt{a}}{\sqrt{a}\sqrt{a}} = \dfrac{b\sqrt{a}}{(\sqrt{a})^2} = \dfrac{b\sqrt{a}}{a}$

② $\dfrac{c}{\sqrt{a}+\sqrt{b}} = \dfrac{c(\sqrt{a}-\sqrt{b})}{(\sqrt{a}+\sqrt{b})(\sqrt{a}-\sqrt{b})} = \dfrac{c(\sqrt{a}-\sqrt{b})}{a-b}$ $(a \neq b)$

③ $\dfrac{c}{\sqrt{a}-\sqrt{b}} = \dfrac{c(\sqrt{a}+\sqrt{b})}{(\sqrt{a}-\sqrt{b})(\sqrt{a}+\sqrt{b})} = \dfrac{c(\sqrt{a}+\sqrt{b})}{a-b}$

기본 문제 **5**-5 다음을 간단히 하시오.

(1) $\dfrac{\sqrt{12}+\sqrt{27}-\sqrt{108}}{\sqrt{3}+\sqrt{2}}$

(2) $\dfrac{1}{\sqrt{3}+\sqrt{2}-1}$

(3) $\dfrac{1}{\sqrt{2}-\dfrac{1}{\sqrt{2}-\dfrac{1}{\sqrt{2}-1}}}$

정석연구 분모에 근호를 포함한 식의 계산은

정 석 먼저 분모의 유리화를 생각한다.

(1) $\sqrt{3}-\sqrt{2}$를 분모, 분자에 곱한다.

(2) 분모 $\sqrt{3}+\sqrt{2}-1$을

$$(\sqrt{3}+\sqrt{2})-1 \quad \text{또는} \quad \sqrt{3}+(\sqrt{2}-1)$$

로 생각하여 $(\sqrt{3}+\sqrt{2})+1$ 또는 $\sqrt{3}-(\sqrt{2}-1)$을 분모, 분자에 곱하여 분모를 간단히 한다.

(3) 맨 밑의 분모부터 계속해서 분모를 유리화하면서 정리한다.

모범답안 (1) (준 식)$=\dfrac{2\sqrt{3}+3\sqrt{3}-6\sqrt{3}}{\sqrt{3}+\sqrt{2}}=\dfrac{-\sqrt{3}}{\sqrt{3}+\sqrt{2}}$

$=\dfrac{-\sqrt{3}(\sqrt{3}-\sqrt{2})}{(\sqrt{3}+\sqrt{2})(\sqrt{3}-\sqrt{2})}=\mathbf{-3+\sqrt{6}}$ ← 답

(2) (준 식)$=\dfrac{1}{\sqrt{3}+(\sqrt{2}-1)}=\dfrac{\sqrt{3}-(\sqrt{2}-1)}{\{\sqrt{3}+(\sqrt{2}-1)\}\{\sqrt{3}-(\sqrt{2}-1)\}}$

$=\dfrac{\sqrt{3}-\sqrt{2}+1}{(\sqrt{3})^2-(\sqrt{2}-1)^2}=\dfrac{\sqrt{3}-\sqrt{2}+1}{3-(2-2\sqrt{2}+1)}$

$=\dfrac{\sqrt{3}-\sqrt{2}+1}{2\sqrt{2}}=\mathbf{\dfrac{\sqrt{6}+\sqrt{2}-2}{4}}$ ← 답

(3) $\sqrt{2}-\dfrac{1}{\sqrt{2}-1}=\sqrt{2}-\dfrac{\sqrt{2}+1}{(\sqrt{2}-1)(\sqrt{2}+1)}=\sqrt{2}-(\sqrt{2}+1)=-1$

이므로

(준 식)$=\dfrac{1}{\sqrt{2}-\dfrac{1}{-1}}=\dfrac{1}{\sqrt{2}+1}=\dfrac{\sqrt{2}-1}{(\sqrt{2}+1)(\sqrt{2}-1)}=\mathbf{\sqrt{2}-1}$ ← 답

유제 **5**-6. 다음을 간단히 하시오.

(1) $\dfrac{3\sqrt{2}-2\sqrt{3}}{3\sqrt{2}+2\sqrt{3}}$

(2) $\dfrac{4}{1-\sqrt{2}+\sqrt{3}}$

(3) $\dfrac{4}{1+\dfrac{3}{1+\dfrac{2}{\sqrt{3}+1}}}$

답 (1) $\mathbf{5-2\sqrt{6}}$ (2) $\mathbf{\sqrt{6}-\sqrt{2}+2}$ (3) $\mathbf{2(\sqrt{3}-1)}$

기본 문제 **5**-6 $x=\sqrt{3}+\sqrt{2}$, $y=\sqrt{3}-\sqrt{2}$ 일 때, 다음 식의 값을 구하시오.

(1) $3x^2-5xy+3y^2$ (2) $x^4+x^2y^2+y^4$ (3) $\dfrac{y}{x^2+1}+\dfrac{x}{y^2+1}$

정석연구 (1), (2), (3)과 같이 x와 y를 서로 바꾸어도 그 형태가 바뀌지 않는 식을 대칭식이라고 한다.

대칭식의 x, y에 주어진 값을 바로 대입하면, 이를테면 (1)의 경우

$$3x^2-5xy+3y^2=3(\sqrt{3}+\sqrt{2})^2-5(\sqrt{3}+\sqrt{2})(\sqrt{3}-\sqrt{2})+3(\sqrt{3}-\sqrt{2})^2$$

이므로 그 뒤의 계산이 복잡하다. 그러나

정석 x, y에 관한 대칭식은 ⟹ $x+y$와 xy를 이용

하면 계산을 간단히 할 수 있는 경우가 흔히 있다.

이때, $x+y$와 xy의 값을 이용하기 위해서는

정석 $a^2+b^2=(a+b)^2-2ab$
$a^3+b^3=(a+b)^3-3ab(a+b)$

를 기억해 두고서 활용할 수 있어야 한다.

모범답안 $x+y=(\sqrt{3}+\sqrt{2})+(\sqrt{3}-\sqrt{2})=2\sqrt{3}$

$xy=(\sqrt{3}+\sqrt{2})(\sqrt{3}-\sqrt{2})=(\sqrt{3})^2-(\sqrt{2})^2=1$

(1) $3x^2-5xy+3y^2=3(x^2+y^2)-5xy=3\{(x+y)^2-2xy\}-5xy$
$=3(x+y)^2-11xy=3\times(2\sqrt{3})^2-11\times1=\mathbf{25}$ ← 답

(2) $x^4+x^2y^2+y^4=(x^2+y^2)^2-x^2y^2=\{(x+y)^2-2xy\}^2-(xy)^2$
$=\{(2\sqrt{3})^2-2\times1\}^2-1^2=\mathbf{99}$ ← 답

***Note** $x^4+x^2y^2+y^4=(x^2+xy+y^2)(x^2-xy+y^2)$
$=\{(x+y)^2-xy\}\{(x+y)^2-3xy\}$
$=\{(2\sqrt{3})^2-1\}\{(2\sqrt{3})^2-3\times1\}=\mathbf{99}$

(3) $\dfrac{y}{x^2+1}+\dfrac{x}{y^2+1}=\dfrac{x^3+y^3+x+y}{x^2y^2+x^2+y^2+1}=\dfrac{(x+y)^3-3xy(x+y)+(x+y)}{(xy)^2+(x+y)^2-2xy+1}$
$=\dfrac{(2\sqrt{3})^3-3\times1\times2\sqrt{3}+2\sqrt{3}}{1^2+(2\sqrt{3})^2-2\times1+1}=\mathbf{\dfrac{5\sqrt{3}}{3}}$ ← 답

유제 **5**-7. $x=2-\sqrt{3}$, $y=2+\sqrt{3}$ 일 때, 다음 식의 값을 구하시오.

(1) x^2+y^2 (2) $3x^2-5xy+3y^2$ (3) x^3+y^3

(4) $x^3+x^2y+xy^2+y^3$ (5) $\dfrac{y}{x^2}+\dfrac{x}{y^2}$

답 (1) **14** (2) **37** (3) **52** (4) **56** (5) **52**

기본 문제 5-7 $\sqrt{3}+1$의 정수부분을 a, 소수부분을 b라고 할 때, $\dfrac{1}{b}-\dfrac{1}{a+b}$의 값을 구하시오.

정석연구 이를테면

「 $\sqrt{2}+1$의 정수부분을 a, 소수부분을 b라고 할 때, a^2+b^2의 값을 구하시오. 」

라는 문제를

「 $\sqrt{2}\fallingdotseq 1.4142$이므로 $\sqrt{2}+1\fallingdotseq 1.4142+1=2.4142$

$$\therefore\ a=2,\ b\fallingdotseq 0.4142$$

$$\therefore\ a^2+b^2\fallingdotseq 2^2+(0.4142)^2\fallingdotseq 4.1716$$

답 약 **4.1716** 」

과 같이 풀어서는 안 된다.

왜냐하면 「식의 값을 구하시오」라고 할 때, 문제에 특별한 조건이 없는 한 정확한 값을 구해야지, 어림값을 구해서는 안 되기 때문이다.

정석 식의 값 $\Longrightarrow$ 정확한 값을 구해야 한다.

만일 「소수점 아래 넷째 자리까지 구하시오」라는 조건이 있는 문제라고 할지라도 위와 같이 처음부터 b의 어림값을 구하여 대입하면 계산이 복잡할 뿐만 아니라 때에 따라서는 큰 오차가 생기게 된다.

그러면 $\boldsymbol{b}$의 정확한 값은 얼마일까?

$\sqrt{2}+1(\fallingdotseq 2.4142)$에서 이 값의 정수부분이 2이므로 $\sqrt{2}+1$에서 2를 뺀 값이 $\sqrt{2}+1$의 소수부분이다. 따라서 b의 정확한 값은 다음과 같다.

$$b=(\sqrt{2}+1)-2=\sqrt{2}-1$$

모범답안 $1<\sqrt{3}<2$이므로 $2<\sqrt{3}+1<3$ ⇦ $\sqrt{3}+1\fallingdotseq 2.7321$

$$\therefore\ a=2,\ b=(\sqrt{3}+1)-2=\sqrt{3}-1$$

$$\therefore\ \frac{1}{b}-\frac{1}{a+b}=\frac{1}{\sqrt{3}-1}-\frac{1}{2+\sqrt{3}-1}=\frac{1}{\sqrt{3}-1}-\frac{1}{\sqrt{3}+1}$$

$$=\frac{(\sqrt{3}+1)-(\sqrt{3}-1)}{(\sqrt{3}-1)(\sqrt{3}+1)}=\frac{2}{3-1}=\mathbf{1}\ \longleftarrow \text{답}$$

유제 **5**-8. $\sqrt{5}+1$의 정수부분을 a, 소수부분을 b라고 할 때, $a-\dfrac{1}{b}$의 값을 구하시오.

답 $\mathbf{1-\sqrt{5}}$

유제 **5**-9. $\sqrt{3}$의 소수부분을 a, $\sqrt{2}$의 소수부분을 b라고 할 때, $\left(a-\dfrac{1}{a}\right)\left(b+\dfrac{1}{b}\right)$의 값을 구하시오.

답 $\mathbf{\sqrt{6}-3\sqrt{2}}$

기본 문제 **5**-8　다음 물음에 답하시오.

(1) $x=\sqrt{2}-1$일 때, x^3+3x^2+4x+2의 값을 구하시오.

(2) $x^2-4x-3=0$을 만족시키는 양수 x에 대하여 x^3-3x^2-2x-7의 값을 구하시오.

정석연구 (1) $x=\sqrt{2}-1$을 x^3+3x^2+4x+2에 대입하여

$$(\sqrt{2}-1)^3+3(\sqrt{2}-1)^2+4(\sqrt{2}-1)+2$$

의 값을 구해도 되지만 계산이 다소 복잡하다. 이런 경우에는 식을 변형하면 복잡한 계산을 어느 정도 줄일 수 있다.

곧, $x=\sqrt{2}-1$에서 $x+1=\sqrt{2}$이고, 양변을 제곱하면　$x^2+2x-1=0$

이때, x^3+3x^2+4x+2를 x^2+2x-1로 나눈 몫을 $Q(x)$, 나머지를 $ax+b$라고 하면

$$(\text{준 식})=(x^2+2x-1)Q(x)+ax+b$$

여기서 $x^2+2x-1=0$일 때는 (준 식)$=ax+b$가 된다는 것을 이용한다.

정 석　직접 대입이 복잡하면 $\Longrightarrow$ 식을 변형해 본다.

모범답안 (1) $x=\sqrt{2}-1$에서　$x+1=\sqrt{2}$

양변을 제곱하면　$x^2+2x+1=2$　　$\therefore\ x^2+2x-1=0$

그런데 x^3+3x^2+4x+2를 x^2+2x-1로 나누면 몫이 $x+1$, 나머지가 $3x+3$이므로

$$x^3+3x^2+4x+2=(x^2+2x-1)(x+1)+3x+3 \quad \Leftarrow x^2+2x-1=0$$
$$=3x+3=3(\sqrt{2}-1)+3=\mathbf{3\sqrt{2}} \longleftarrow \text{답}$$

(2) x^3-3x^2-2x-7을 x^2-4x-3으로 나누면 몫이 $x+1$, 나머지가 $5x-4$이므로

$$x^3-3x^2-2x-7=(x^2-4x-3)(x+1)+5x-4$$

그런데 $x^2-4x-3=0$에서 $x=2\pm\sqrt{7}$이고, $x>0$이므로　$x=2+\sqrt{7}$

$$\therefore\ (\text{준 식})=5x-4=5(2+\sqrt{7})-4=\mathbf{6+5\sqrt{7}} \longleftarrow \text{답}$$

**Note* (1)을 다음 방법으로 구할 수도 있다.

$$(\text{준 식})=(x^3+3x^2+3x+1)+(x+1)=(x+1)^3+(x+1)=(\sqrt{2})^3+\sqrt{2}=\mathbf{3\sqrt{2}}$$

유제 **5**-10. 다음 물음에 답하시오.

(1) $x=\dfrac{\sqrt{2}-1}{\sqrt{2}+1}$일 때, x^3-4x^2+7x-5의 값을 구하시오.

(2) $x^2-2x-1=0$일 때, x^3-x^2-2x-2의 값을 구하시오.

답 (1) $\mathbf{47-36\sqrt{2}}$　(2) $\mathbf{\pm\sqrt{2}}$

기본 문제 **5**-9 다음 수를 $\sqrt{m}+\sqrt{n}$ 또는 $\sqrt{m}-\sqrt{n}$ (m, n은 자연수)의 꼴로 나타내시오.

(1) $\sqrt{10+2\sqrt{21}}$ (2) $\sqrt{7+\sqrt{40}}$ (3) $\sqrt{9-6\sqrt{2}}$

정석연구 이를테면 $\sqrt{5-2\sqrt{6}}$ 과 같이 근호 안에 또 근호를 포함한 식 중에는 다음과 같이 간단히 할 수 있는 것이 있다.

$$\sqrt{5-2\sqrt{6}}=\sqrt{3-2\sqrt{6}+2}=\sqrt{(\sqrt{3})^2-2\sqrt{3}\sqrt{2}+(\sqrt{2})^2}$$
$$=\sqrt{(\sqrt{3}-\sqrt{2})^2}=\sqrt{3}-\sqrt{2}$$

여기에서 $\sqrt{5-2\sqrt{6}}=\sqrt{(\sqrt{2}-\sqrt{3})^2}$ 으로 변형할 수도 있다.
이때에는 $\sqrt{2}-\sqrt{3}<0$ 이므로

$$\sqrt{5-2\sqrt{6}}=\sqrt{(\sqrt{2}-\sqrt{3})^2}=-(\sqrt{2}-\sqrt{3})=\sqrt{3}-\sqrt{2}$$

라고 해야 하지, $\sqrt{2}-\sqrt{3}$ 이라고 해서는 안 된다.

이러한 혼동을 피하기 위해서는 언제나 큰 수를 앞에 쓰는 습관을 평소에 길러 두는 것이 좋다.

정 석 $a>b>0$일 때

$$\sqrt{a+b\pm2\sqrt{ab}}=\sqrt{(\sqrt{a}\pm\sqrt{b})^2}=\sqrt{a}\pm\sqrt{b}$$ (복부호동순)

모범답안 (1) $\sqrt{10+2\sqrt{21}}=\sqrt{7+2\sqrt{21}+3}=\sqrt{(\sqrt{7})^2+2\sqrt{7}\sqrt{3}+(\sqrt{3})^2}$
$=\sqrt{(\sqrt{7}+\sqrt{3})^2}=\boldsymbol{\sqrt{7}+\sqrt{3}}$ ← 답

(2) $\sqrt{7+\sqrt{40}}=\sqrt{7+2\sqrt{10}}=\sqrt{5+2\sqrt{10}+2}=\sqrt{(\sqrt{5})^2+2\sqrt{5}\sqrt{2}+(\sqrt{2})^2}$
$=\sqrt{(\sqrt{5}+\sqrt{2})^2}=\boldsymbol{\sqrt{5}+\sqrt{2}}$ ← 답

(3) $\sqrt{9-6\sqrt{2}}=\sqrt{9-2\sqrt{18}}=\sqrt{6-2\sqrt{18}+3}=\sqrt{(\sqrt{6})^2-2\sqrt{6}\sqrt{3}+(\sqrt{3})^2}$
$=\sqrt{(\sqrt{6}-\sqrt{3})^2}=\boldsymbol{\sqrt{6}-\sqrt{3}}$ ← 답

Note* 이와 같은 수의 변형 방법에 관하여 좀 더 공부하고자 한다면 실력 공통수학1**의 p. 75를 참조한다.

유제 **5**-11. 다음 수를 $m+\sqrt{n}$ 또는 $m-\sqrt{n}$ (m, n은 자연수)의 꼴로 나타내시오.

(1) $\sqrt{7-4\sqrt{3}}$ (2) $\sqrt{9+\sqrt{80}}$ (3) $\sqrt{12-3\sqrt{12}}$

답 (1) $\boldsymbol{2-\sqrt{3}}$ (2) $\boldsymbol{2+\sqrt{5}}$ (3) $\boldsymbol{3-\sqrt{3}}$

유제 **5**-12. 다음 수를 $\dfrac{\sqrt{m}+\sqrt{n}}{2}$ 또는 $\dfrac{\sqrt{m}-\sqrt{n}}{2}$ (m, n은 자연수)의 꼴로 나타내시오.

(1) $\sqrt{2+\sqrt{3}}$ (2) $\sqrt{4-\sqrt{15}}$

답 (1) $\boldsymbol{\dfrac{\sqrt{6}+\sqrt{2}}{2}}$ (2) $\boldsymbol{\dfrac{\sqrt{10}-\sqrt{6}}{2}}$

§4. 무리수가 서로 같을 조건

이를테면 등식 $x+\sqrt{2}y=0$을 만족시키는 실수 x, y의 값은

$$(x, y)=(0, 0), (-2, \sqrt{2}), (2, -\sqrt{2}), (-4, 2\sqrt{2}), \cdots$$

와 같이 무수히 많다.

그러나 이 중에서 x, y가 유리수인 경우는 $x=0, y=0$뿐이다. 곧,

x, y가 유리수일 때,

$$x+\sqrt{2}y=0 \iff x=0, \ y=0$$

이와 같은 유리수와 무리수의 성질을 다음과 같이 정리할 수 있다.

기본정석 　무리수가 서로 같을 조건

(1) a, b, c, d가 유리수이고 $\sqrt{m}$이 무리수일 때

① $a+b\sqrt{m}=0 \iff a=0, \ b=0$

② $a+b\sqrt{m}=c+d\sqrt{m} \iff a=c, \ b=d$

(2) a, b, m, n이 유리수이고 $\sqrt{m}, \sqrt{n}$이 무리수일 때

$$a+\sqrt{m}=b+\sqrt{n} \iff a=b, \ m=n$$

(3) a, b, c가 유리수일 때

$$\sqrt{2}a+\sqrt{3}b+\sqrt{5}c=0 \iff a=0, \ b=0, \ c=0$$

Advice | 이를테면 (1)의 ①은 다음과 같이 증명할 수 있다.

$b\neq0$이라고 하면 $a+b\sqrt{m}=0$에서 　$b\sqrt{m}=-a$ 　$\therefore \sqrt{m}=-\dfrac{a}{b}$

여기에서 $\sqrt{m}$은 무리수, $-\dfrac{a}{b}$는 유리수이므로 무리수와 유리수가 같게 되어 모순이다. 따라서 $b=0$이어야 한다. 이때, $a+b\sqrt{m}=0$에서 　$a=0$

역으로 $a=0, b=0$이면 $a+b\sqrt{m}=0+0\times\sqrt{m}=0$이다.

보기 1 다음 식을 만족시키는 유리수 x, y의 값을 구하시오.

(1) $x-1+(y-x+2)\sqrt{2}=0$ 　　(2) $x+2+(y-1)\sqrt{3}=3+4\sqrt{3}$

(3) $(x-1)\sqrt{2}+(x+y-1)\sqrt{3}=0$ 　　(4) $x-1+\sqrt{3}=y-2+\sqrt{x-4}$

연구 x, y가 유리수이므로

(1) $x-1=0, \ y-x+2=0$ 　$\therefore$ $\boldsymbol{x=1, \ y=-1}$

(2) $x+2=3, \ y-1=4$ 　$\therefore$ $\boldsymbol{x=1, \ y=5}$

(3) $x-1=0, \ x+y-1=0$ 　$\therefore$ $\boldsymbol{x=1, \ y=0}$

(4) $x-1=y-2, \ 3=x-4$ 　$\therefore$ $\boldsymbol{x=7, \ y=8}$

기본 문제 **5**-10 다음 물음에 답하시오.

(1) $\dfrac{x}{\sqrt{2}+1}+\dfrac{y}{\sqrt{2}-1}=\dfrac{7}{3+\sqrt{2}}$을 만족시키는 유리수 x, y의 값을 구하시오.

(2) 유리수 x, y가 $(\sqrt{2}x-\sqrt{5})x+(\sqrt{2}y-\sqrt{5})y=13\sqrt{2}-5\sqrt{5}$를 만족시킬 때, x^3+y^3의 값을 구하시오.

정석연구 (1)은 $a+b\sqrt{2}=0$의 꼴로, (2)는 $a\sqrt{2}+b\sqrt{5}=0$의 꼴로 정리한 다음, 무리수가 서로 같을 조건을 이용한다.

정석 a, b가 유리수일 때

$$a+b\sqrt{2}=0 \iff a=0,\ b=0$$
$$a\sqrt{2}+b\sqrt{5}=0 \iff a=0,\ b=0$$

모범답안 (1) 주어진 식의 분모를 유리화하면

$$(\sqrt{2}-1)x+(\sqrt{2}+1)y=3-\sqrt{2}$$

$\sqrt{2}$에 관하여 정리하면 $(-x+y-3)+(x+y+1)\sqrt{2}=0$ ……①

x, y는 유리수이므로 $-x+y-3,\ x+y+1$도 유리수이다. …… *

$\therefore\ -x+y-3=0,\ x+y+1=0$ ……②

연립하여 풀면 $\boldsymbol{x=-2,\ y=1}$ ← 답

(2) 주어진 식을 전개하면 $\sqrt{2}x^2-\sqrt{5}x+\sqrt{2}y^2-\sqrt{5}y=13\sqrt{2}-5\sqrt{5}$

$\therefore\ (x^2+y^2-13)\sqrt{2}+(-x-y+5)\sqrt{5}=0$

x, y는 유리수이므로 $x^2+y^2-13,\ -x-y+5$도 유리수이다. …… *

$\therefore\ x^2+y^2-13=0,\ -x-y+5=0$ 곧, $x^2+y^2=13,\ x+y=5$

$x^2+y^2=13$에서 $(x+y)^2-2xy=13$ $\therefore\ 5^2-2xy=13$ $\therefore\ xy=6$

$\therefore\ x^3+y^3=(x+y)^3-3xy(x+y)=5^3-3\times6\times5=\boldsymbol{35}$ ← 답

Advice | ①에서 x, y가 유리수라는 조건이 없으면 ②라고 할 수 없다.

「$\boldsymbol{a+b\sqrt{2}=0 \iff a=0,\ b=0}$」인 것은 「$a, b$가 유리수일 때」에 성립하기 때문이다. 따라서 * 부분을 반드시 확인하는 습관을 들여야 하고, 특히 서술형 답안을 작성할 때에는 이를 반드시 밝혀야 한다.

유제 **5**-13. $x^2+\sqrt{3}y^2-2x+2\sqrt{3}y-3-3\sqrt{3}=0$을 만족시키는 유리수 x, y에 대하여 $x+y$의 최댓값을 구하시오. 답 **4**

유제 **5**-14. 유리수 x, y가 $(x+\sqrt{2})(y+\sqrt{2})=4+3\sqrt{2}$를 만족시킬 때, x^3+y^3의 값을 구하시오. 답 **9**

기본 문제 **5**-**11** 계수가 유리수인 다항식 $f(x)$를 $x+2$로 나눈 나머지는 -4이고, $x-\sqrt{2}$로 나눈 나머지는 $3\sqrt{2}$이다.

$f(x)$를 $(x^2-2)(x+2)$로 나눈 나머지를 구하시오.

정석연구 $f(x)$를 $(x^2-2)(x+2)$로 나눈 몫을 $Q(x)$, 나머지를 ax^2+bx+c라고 하면 $f(x)$는 다음 식으로 나타내어진다.

$$f(x)=(x^2-2)(x+2)Q(x)+ax^2+bx+c$$

문제의 조건에서 $f(x)$를 $x-\sqrt{2}$로 나눈 나머지가 $3\sqrt{2}$이므로

$$f(\sqrt{2})=a(\sqrt{2})^2+b\sqrt{2}+c=3\sqrt{2}$$

곧, $(2a+c)+(b-3)\sqrt{2}=0$ ……①

그런데 문제의 조건에서 $f(x)$의 계수가 유리수이므로 몫 $Q(x)$의 계수도 유리수이고, 나머지의 계수 a, b, c도 유리수이다.

$\therefore\ 2a+c=0,\ b-3=0$ ……②

여기에서 특히 주의할 것은 a, b, c가 유리수라는 조건이 있을 때에만 ①에서 ②의 결과를 얻을 수 있다는 것이다.

정석 p, q가 유리수일 때, $p+q\sqrt{2}=0 \iff p=0,\ q=0$

이 문제에서와 같이 계수가 유리수라는 조건과 $\sqrt{2}$를 포함한 식을 보면 일단 위의 무리수가 서로 같을 조건을 생각해야 한다.

모범답안 $f(x)$를 $(x^2-2)(x+2)$로 나눈 몫을 $Q(x)$, 나머지를 ax^2+bx+c라고 하면

$$f(x)=(x^2-2)(x+2)Q(x)+ax^2+bx+c$$

문제의 조건으로부터 $f(-2)=-4$, $f(\sqrt{2})=3\sqrt{2}$이므로

$4a-2b+c=-4$ ……③　　$(2a+c)+(b-3)\sqrt{2}=0$ ……④

그런데 $f(x)$의 계수가 유리수이므로 a, b, c도 유리수이다.

따라서 $2a+c$, $b-3$도 유리수이므로 ④에서

$2a+c=0$ ……⑤　　$b-3=0$ ……⑥

③, ⑤, ⑥을 연립하여 풀면 $a=1,\ b=3,\ c=-2$　　답 $\boldsymbol{x^2+3x-2}$

유제 **5**-15. a, b가 유리수이고, 다항식 $f(x)=x^2+ax+b$가 $x-2+\sqrt{2}$로 나누어떨어질 때, $f(x)$를 $x+1$로 나눈 나머지를 구하시오.　　답 **7**

유제 **5**-16. x에 관한 다항식 x^3+ax^2+bx+c를 $x+1$로 나누면 나머지가 4이고, $x-1-\sqrt{2}$로 나누면 나누어떨어진다. a, b, c가 유리수일 때, 이 다항식을 $x+2$로 나눈 나머지를 구하시오.　　답 **7**

연습문제 5

5-1 a의 값의 범위가 다음과 같을 때, $P=|a-2|+|a+1|$을 간단히 하시오.

(1) $a\geq 2$ (2) $-1\leq a<2$ (3) $a<-1$

5-2 x보다 크지 않은 최대 정수를 $[x]$로 나타낼 때,

$\left[\frac{10}{1}\right]+\left[\frac{-10}{2}\right]+\left[\frac{10}{3}\right]+\left[\frac{-10}{4}\right]+\cdots+\left[\frac{10}{9}\right]+\left[\frac{-10}{10}\right]$의 값은?

① 1 ② 2 ③ 3 ④ 4 ⑤ 5

5-3 두 양의 정수 a, b가 있다. a를 5로 나눈 나머지가 2이고, a^2+b를 5로 나눈 나머지가 3일 때, b를 5로 나눈 나머지를 구하시오.

5-4 다음을 간단히 하시오.

(1) $\sqrt[3]{-8}+\sqrt[3]{(-8)^2}-\sqrt[3]{-8^2}-(\sqrt[3]{-8})^2$ (2) $\sqrt[3]{5}(\sqrt[3]{25}-1)-\dfrac{\sqrt[3]{40}-\sqrt[3]{25}}{\sqrt[3]{5}}$

5-5 $a=1+\sqrt{10}$일 때, 다음 값을 구하시오.

단, $[x]$는 x보다 크지 않은 최대 정수를 나타낸다.

(1) $[a]$ (2) $4\left(\dfrac{a-[a]}{[a]}+\dfrac{[a]}{a-[a]}\right)$

5-6 $x=\sqrt{\dfrac{3-\sqrt{2}}{2}}$일 때, $\dfrac{x}{\sqrt{3-x^2}}+\dfrac{\sqrt{3-x^2}}{x}$의 값은?

① $\frac{3\sqrt{7}}{7}$ ② $\frac{4\sqrt{7}}{7}$ ③ $\frac{5\sqrt{7}}{7}$ ④ $\frac{6\sqrt{7}}{7}$ ⑤ $\sqrt{7}$

5-7 n이 양의 정수일 때, 다음 값을 구하시오.

$$\{(3+2\sqrt{2})^n+(3-2\sqrt{2})^n\}^2-\{(3+2\sqrt{2})^n-(3-2\sqrt{2})^n\}^2$$

5-8 $a^2+\sqrt{2}b=b^2+\sqrt{2}a=\sqrt{3}$이고, $a\neq b$일 때, $\dfrac{b}{a}+\dfrac{a}{b}$의 값은?

① $2-3\sqrt{3}$ ② $2-2\sqrt{3}$ ③ $2+\sqrt{3}$ ④ $2+2\sqrt{3}$ ⑤ $2+3\sqrt{3}$

5-9 $x=\sqrt{7+3\sqrt{5}}$, $y=\sqrt{7-3\sqrt{5}}$일 때, $\dfrac{\sqrt{x}+\sqrt{y}}{\sqrt{x}-\sqrt{y}}$의 값을 구하시오.

5-10 무리수 $\sqrt{5}-1$의 소수부분이 x에 관한 이차방정식 $x^2+ax+b=0$의 해일 때, 유리수 a, b의 값을 구하시오.

5-11 다음 식을 만족시키는 자연수 a, b의 값을 구하시오.

(1) $\sqrt{a-\sqrt{56}}=\sqrt{7}-\sqrt{b}$ (2) $(a+2\sqrt{3})^3=b+30\sqrt{3}$

⑥. 복 소 수

허수와 복소수／복소수의 연산

§1. 허수와 복소수

1 허수와 복소수

양수의 제곱은 양수이고, 음수의 제곱도 양수이다. 또, 0의 제곱은 0이다. 곧, 어떤 실수도 그 제곱은 음수가 되지 않는다.

$$(\text{실수})^2 \ge 0$$

따라서 방정식

$$x^2=-1$$

의 해는 실수의 범위에서는 구할 수 없다. 이러한 방정식이 해를 가질 수 있도록 하려면 수의 범위를 실수의 범위 이상으로 확장해야 한다.

기본정석 허수단위 · 허수 · 복소수

(1) 허수단위 $\boldsymbol{i}$

제곱하면 -1이 되는 새로운 수를 생각하여 이것을 문자 i로 나타내기로 한다. 곧,

$$i^2=-1$$

로 정의한다. 이때, i를 허수단위라고 한다.

(2) 허수와 복소수

a, b가 실수일 때 $a+bi$ 꼴의 수를 복소수라 하고, a를 실수부분, b를 허수부분이라고 한다.

또, $b\neq0$인 복소수 $a+bi$를 허수라 하고, $a=0$이고 $b\neq0$인 복소수 bi를 순허수라고 한다.

Advice | 이를테면

$$2+3i,\quad 1-\sqrt{3}i,\quad 2+0i,\quad 0+0i,\quad 0+2i$$

는 모두 복소수이고, 실수부분은 각각 2, 1, 2, 0, 0이며, 허수부분은 각각 3, $-\sqrt{3}$, 0, 0, 2이다. 여기에서 $2+0i$, $0+0i$, $0+2i$를 간단히 각각 2, 0, $2i$로 쓴다.

이때, $2=2+0i$, $0=0+0i$와 같이 실수 a는 $a=a+0i$이므로 실수도 복소수이다.

또, $2+3i$, $1-\sqrt{3}i$, $2i$와 같이 실수가 아닌 복소수 $a+bi(b\neq0)$를 허수라 하고, 특히 $2i$와 같이 실수부분이 0인 복소수 $bi(b\neq0)$를 순허수라고 한다.

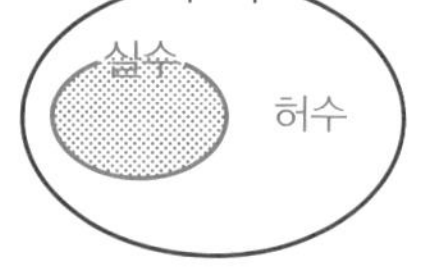

여기에서 특히 주의할 것은 복소수라고 하면 실수와 허수를 총칭하는 말이라는 것이다.

기본정석 — **허수와 복소수**

a, b가 실수일 때

복소수 $a+bi$
- 실수 a $(b=0)$
- 허수 $a+bi$ $(b\neq0)$
  - 순허수 bi $(a=0,\ b\neq0)$
  - 순허수가 아닌 허수 $a+bi$ $(a\neq0,\ b\neq0)$

2 켤레복소수

이를테면 두 복소수 $3+\sqrt{2}i$와 $3-\sqrt{2}i$는 실수부분은 같고, 허수부분은 부호만 반대이다.

이와 같이 a, b가 실수일 때, 복소수 $z=a+bi$에 대하여 허수부분의 부호를 바꾼 $a-bi$를 z의 켤레복소수라 하고, $\bar{z}$로 나타낸다.

$$z=a+bi \iff \bar{z}=a-bi$$

보기 1 다음 복소수의 켤레복소수를 구하시오.

(1) $5-4i$ (2) $i-1$ (3) $6i$ (4) 5

연구 (1) 허수부분의 부호를 바꾸면 $5+4i$

(2) $i-1=-1+i$이므로 허수부분의 부호를 바꾸면 $-1-i$

(3) $6i=0+6i$이므로 허수부분의 부호를 바꾸면 $0-6i$ 곧, $-6i$

(4) $5=5+0i$이므로 허수부분의 부호를 바꾸면 $5-0i$ 곧, 5

답 (1) $\mathbf{5+4i}$ (2) $\mathbf{-1-i}$ (3) $\mathbf{-6i}$ (4) **5**

**Note* 실수의 켤레복소수는 자기 자신이다. 곧, z가 실수일 때 $\bar{z}=z$이다.

§2. 복소수의 연산

1 복소수가 서로 같을 조건

이를테면 두 복소수 $2+3i$, $5+6i$와 같이 실수부분이 서로 다르거나 허수부분이 서로 다를 때, 두 복소수는 서로 다르다고 말할 수 있다. 그러나 어느 한 쪽이 크다고는 하지 않는다. 곧,

$$2+3i>5+6i, \quad 2+3i<5+6i$$

와 같이 말하지는 않는다.

다시 말해 두 실수의 대소는 정의하지만

실수가 아닌 두 복소수의 대소는 정의하지 않는다

는 사실에 주의해야 한다.

그러나 다음과 같이 두 복소수에서 실수부분이 서로 같고 허수부분이 서로 같을 때, 두 복소수는 서로 같다고 정의한다.

기본정석 — 복소수가 서로 같을 조건

(1) a, b, c, d가 실수일 때 $a+bi$와 $c+di$는 $a=c, b=d$일 때 서로 같다고 하며, 이것을 $a+bi=c+di$로 나타낸다. 곧,

정 의 $\boldsymbol{a, b, c, d}$가 실수일 때
$$\boldsymbol{a+bi=c+di \iff a=c,\ b=d}$$

(2) 이 정의에 따르면

정 석 $\boldsymbol{a, b}$가 실수일 때
$$\boldsymbol{a+bi=0 \iff a=0,\ b=0}$$

Advice | 위의 복소수가 서로 같을 조건에서

$\boldsymbol{a, b, c, d}$가 실수일 때

라는 조건에 특히 주의해야 한다.

보기 1 다음 식을 만족시키는 실수 x, y의 값을 구하시오.

(1) $(x+y)-(x-y)i=2+4i$ (2) $(x-2)+(y+1)i=0$

연구 (1) $x+y$, $x-y$가 실수이므로 $x+y=2$, $-(x-y)=4$

연립하여 풀면 $\boldsymbol{x=-1,\ y=3}$

(2) $x-2$, $y+1$이 실수이므로 $x-2=0$, $y+1=0$ $\therefore$ $\boldsymbol{x=2,\ y=-1}$

2 복소수의 연산

복소수에서도 사칙연산을 할 수 있다. 또한 실수에서와 마찬가지로 복소수에서도 다음과 같은 연산에 관한 기본 성질이 성립한다.

기본정석 — 복소수의 사칙연산과 성질

(1) 복소수의 사칙연산

a, b, c, d가 실수일 때

덧 셈 $(a+bi)+(c+di)=(a+c)+(b+d)i$

뺄 셈 $(a+bi)-(c+di)=(a-c)+(b-d)i$

곱 셈 $(a+bi)\times(c+di)=(ac-bd)+(ad+bc)i$

나눗셈 $\dfrac{a+bi}{c+di}=\dfrac{ac+bd}{c^2+d^2}+\dfrac{bc-ad}{c^2+d^2}i\ (c+di\neq0)$

(2) 복소수의 연산에 관한 성질

① 0으로 나누는 경우를 제외하면 복소수에 복소수를 더하거나 빼거나 곱하거나 나누어도 복소수이다.

② 연산의 기본 법칙 : α, β, γ가 복소수일 때

교환법칙	$\alpha+\beta=\beta+\alpha$	$\alpha\beta=\beta\alpha$
결합법칙	$(\alpha+\beta)+\gamma=\alpha+(\beta+\gamma)$	$(\alpha\beta)\gamma=\alpha(\beta\gamma)$
분배법칙	$\alpha(\beta+\gamma)=\alpha\beta+\alpha\gamma$	$(\alpha+\beta)\gamma=\alpha\gamma+\beta\gamma$

Advice 1° 위의 사칙연산과 그 성질을 일일이 기억할 필요는 없다. 복소수의 연산에서는 'i를 포함하는 식의 계산에서는 i를 문자와 같이 생각하여 계산하고, 그 식 중에 i^2이 나타날 때에는 이것을 -1로 바꾸어 계산한다'고 생각하면 사칙연산, 연산의 기본 법칙 등은 실수의 경우와 같다.

정석 $i^2=-1$

2° 순허수 bi에서 $(bi)^2=-b^2<0$이므로 (순허수)$^2<0$이다.

3° 복소수의 나눗셈은 다음과 같이 분모의 켤레복소수를 분모, 분자에 곱하여 계산한다.

$$\frac{a+bi}{c+di}=\frac{(a+bi)(c-di)}{(c+di)(c-di)}=\frac{ac+bd}{c^2+d^2}+\frac{bc-ad}{c^2+d^2}i$$

보기 2 다음을 간단히 하시오.

(1) i^{12} (2) i^{102} (3) i^{999}

연구 (1) $i^{12}=(i^2)^6=(-1)^6=\mathbf{1}$ (2) $i^{102}=(i^2)^{51}=(-1)^{51}=\mathbf{-1}$

(3) $i^{999}=i^{998}\times i=(i^2)^{499}\times i=(-1)^{499}\times i=\boldsymbol{-i}$

보기 3 다음을 계산하시오.

(1) $(3+2i)+(4-3i)$ (2) $(3+2i)-(4-3i)$

(3) $(3+2i)\times(4-3i)$ (4) $(3+2i)\times(3-2i)$

(5) $(3+2i)\div(4-3i)$

연구 (1) $(3+2i)+(4-3i)=(3+4)+(2-3)i=\mathbf{7-i}$

(2) $(3+2i)-(4-3i)=(3-4)+(2+3)i=\mathbf{-1+5i}$

(3) $(3+2i)\times(4-3i)=12-9i+8i-6i^2=12-i-6\times(-1)=\mathbf{18-i}$

(4) $(3+2i)\times(3-2i)=3^2-(2i)^2=9-4i^2=9-4\times(-1)=\mathbf{13}$

* *Note* $z=a+bi$(a, b는 실수)일 때,

$z\bar{z}=(a+bi)(a-bi)=a^2-(bi)^2=a^2-b^2i^2=a^2+b^2$

(5) $\dfrac{3+2i}{4-3i}=\dfrac{(3+2i)(4+3i)}{(4-3i)(4+3i)}=\dfrac{12+9i+8i+6i^2}{4^2-(3i)^2}$

$=\dfrac{12+17i+6\times(-1)}{16-9\times(-1)}=\dfrac{6+17i}{25}=\mathbf{\dfrac{6}{25}+\dfrac{17}{25}i}$

3 음의 실수의 제곱근

허수단위 i를 이용하면 음의 실수의 제곱근을 정의할 수 있다.

이를테면 -2의 제곱근은 방정식 $x^2=-2$의 해이다. 그런데

$$(\sqrt{2}i)^2=\sqrt{2}i\times\sqrt{2}i=-2,$$

$$(-\sqrt{2}i)^2=(-\sqrt{2}i)\times(-\sqrt{2}i)=-2$$

이므로 -2의 제곱근은 $\sqrt{2}i$, $-\sqrt{2}i$이다.

이때, $\sqrt{2}i$를 $\sqrt{-2}$로 나타내면 -2의 제곱근은 $\sqrt{-2}$, $-\sqrt{-2}$이다.

특히 $\pm i$는 방정식 $x^2=-1$의 해이므로 -1의 제곱근이다. 곧,

$$\sqrt{-1}=i, \quad -\sqrt{-1}=-i$$

일반적으로 음의 실수의 제곱근에 대하여 다음과 같이 정리할 수 있다.

기본정석 **음의 실수의 제곱근**

(1) $a>0$일 때 $-a$의 제곱근은 $\pm\sqrt{a}i$이다.

(2) 근호 안의 수가 음의 실수인 경우

$$a>0\text{일 때} \quad \sqrt{-a}=\sqrt{a}i$$

로 정의하면 $a>0$일 때 $-a$의 제곱근은 $\pm\sqrt{-a}$가 된다.

(3) 따라서 a가 양수, 음수, 0의 어느 경우에도

$$a\text{의 제곱근은} \Longrightarrow \pm\sqrt{a}$$

기본 문제 **6-1** 다음을 간단히 하시오.

(1) $\sqrt{3}\times\sqrt{-2}$ (2) $\sqrt{-3}\times\sqrt{2}$ (3) $\sqrt{-3}\times\sqrt{-2}$

(4) $\dfrac{\sqrt{-2}}{\sqrt{3}}$ (5) $\dfrac{\sqrt{2}}{\sqrt{-3}}$ (6) $\dfrac{\sqrt{-2}}{\sqrt{-3}}$

정석연구 다음은 제곱근 계산의 기본이다.

정석 $a>0,\ b>0$일 때 $\sqrt{a}\sqrt{b}=\sqrt{ab},\ \dfrac{\sqrt{a}}{\sqrt{b}}=\sqrt{\dfrac{a}{b}}$

그러나 a 또는 b가 음수인 경우, 이 법칙이 성립하지 않을 수도 있다. 근호 안이 음수인 경우에는 허수단위 i를 이용하여 근호 안을 양수로 만든 다음 계산하는 것이 기본이다.

정석 $a>0$일 때 $\sqrt{-a}=\sqrt{a}\,i$

모범답안 (1) $\sqrt{3}\times\sqrt{-2}=\sqrt{3}\times\sqrt{2}i=\sqrt{3\times2}i=\boldsymbol{\sqrt{6}i}$ ⇦ $=\sqrt{3\times(-2)}$

(2) $\sqrt{-3}\times\sqrt{2}=\sqrt{3}i\times\sqrt{2}=\sqrt{3\times2}i=\boldsymbol{\sqrt{6}i}$ ⇦ $=\sqrt{(-3)\times2}$

(3) $\sqrt{-3}\times\sqrt{-2}=\sqrt{3}i\times\sqrt{2}i=\sqrt{3\times2}i^2=\boldsymbol{-\sqrt{6}}$ ⇦ $\neq\sqrt{(-3)\times(-2)}$

(4) $\dfrac{\sqrt{-2}}{\sqrt{3}}=\dfrac{\sqrt{2}i}{\sqrt{3}}=\boldsymbol{\sqrt{\dfrac{2}{3}}i}$ ⇦ $=\sqrt{\dfrac{-2}{3}}$

(5) $\dfrac{\sqrt{2}}{\sqrt{-3}}=\dfrac{\sqrt{2}}{\sqrt{3}i}=\sqrt{\dfrac{2}{3}}\times\dfrac{i}{i^2}=\sqrt{\dfrac{2}{3}}\times\dfrac{i}{-1}=\boldsymbol{-\sqrt{\dfrac{2}{3}}i}$ ⇦ $\neq\sqrt{\dfrac{2}{-3}}$

(6) $\dfrac{\sqrt{-2}}{\sqrt{-3}}=\dfrac{\sqrt{2}i}{\sqrt{3}i}=\boldsymbol{\sqrt{\dfrac{2}{3}}}$ ⇦ $=\sqrt{\dfrac{-2}{-3}}$

Advice | 일반적으로 다음과 같이 정리할 수 있다.

(i) $a<0,\ b<0$일 때는 $\sqrt{a}\sqrt{b}=-\sqrt{ab}$이고,

$a<0,\ b<0$일 때를 제외하면 $\sqrt{a}\sqrt{b}=\sqrt{ab}$이다.

(ii) $a>0,\ b<0$일 때는 $\dfrac{\sqrt{a}}{\sqrt{b}}=-\sqrt{\dfrac{a}{b}}$이고,

$a>0,\ b<0$일 때를 제외하면 $\dfrac{\sqrt{a}}{\sqrt{b}}=\sqrt{\dfrac{a}{b}}$이다.

유제 **6**-1. 다음을 간단히 하시오.

(1) $\sqrt{2}\times\sqrt{-8}$ (2) $\sqrt{-2}\times\sqrt{8}$ (3) $\sqrt{-2}\times\sqrt{-8}$

(4) $\dfrac{\sqrt{-27}}{\sqrt{3}}$ (5) $\dfrac{\sqrt{27}}{\sqrt{-3}}$ (6) $\dfrac{\sqrt{-27}}{\sqrt{-3}}$

답 (1) $\boldsymbol{4i}$ (2) $\boldsymbol{4i}$ (3) $\boldsymbol{-4}$ (4) $\boldsymbol{3i}$ (5) $\boldsymbol{-3i}$ (6) $\boldsymbol{3}$

기본 문제 **6**-2 다음을 간단히 하시오.

(1) $(3+\sqrt{-9})(4-\sqrt{-16})$ (2) $(\sqrt{3}-i)^9$

(3) $\dfrac{\sqrt{6}-\sqrt{-2}}{\sqrt{6}+\sqrt{-2}}$ (4) $\left(\dfrac{1+i}{1-i}\right)^{2030}$

정석연구 (1) 음의 실수에 대한 제곱근의 정의를 이용한다.

정 의 $a>0$일 때 $\sqrt{-a}=\sqrt{a}\,i$

(2) $(\sqrt{3}-i)^2$, $(\sqrt{3}-i)^3$, $(\sqrt{3}-i)^4$, $\cdots$을 계산해 나가면 그 결과가 실수 또는 순허수가 되는 경우를 찾을 수 있다.

(3) 먼저 위의 정의를 이용하여 $\sqrt{-2}=\sqrt{2}i$로 나타낸 다음,

분모의 켤레복소수를 분모, 분자에 곱해 준다.

이것은 마치 무리수에서 분모를 유리화하는 방법과 같다.

(4) 먼저 ( ) 안의 분모의 켤레복소수를 분모, 분자에 곱해 준다.

모범답안 (1) (준 식)$=(3+\sqrt{9}i)(4-\sqrt{16}i)=(3+3i)(4-4i)$

$=3(1+i)\times4(1-i)=12(1-i^2)=\mathbf{24}$ ← 답

(2) $(\sqrt{3}-i)^2=3-2\sqrt{3}i+i^2=2-2\sqrt{3}i=2(1-\sqrt{3}i)$

$(\sqrt{3}-i)^3=(\sqrt{3}-i)^2(\sqrt{3}-i)=2(1-\sqrt{3}i)(\sqrt{3}-i)$

$=2(\sqrt{3}-i-3i+\sqrt{3}i^2)=-8i$

$\therefore\ (\sqrt{3}-i)^9=\{(\sqrt{3}-i)^3\}^3=(-8i)^3=-512i^3=\mathbf{512i}$ ← 답

(3) $\dfrac{\sqrt{6}-\sqrt{-2}}{\sqrt{6}+\sqrt{-2}}=\dfrac{\sqrt{6}-\sqrt{2}i}{\sqrt{6}+\sqrt{2}i}=\dfrac{(\sqrt{6}-\sqrt{2}i)^2}{(\sqrt{6}+\sqrt{2}i)(\sqrt{6}-\sqrt{2}i)}$

$=\dfrac{6-2\sqrt{12}i+2i^2}{6-2i^2}=\dfrac{4-4\sqrt{3}i}{8}=\mathbf{\dfrac{1}{2}-\dfrac{\sqrt{3}}{2}i}$ ← 답

(4) $\dfrac{1+i}{1-i}=\dfrac{(1+i)^2}{(1-i)(1+i)}=\dfrac{1+2i+i^2}{1-i^2}=\dfrac{2i}{2}=i$

$\therefore$ (준 식)$=i^{2030}=(i^2)^{1015}=(-1)^{1015}=\mathbf{-1}$ ← 답

***Note** $i^4=1$임을 이용하여 계산해도 된다. 곧,

(준 식)$=i^{2030}=i^{2028}\times i^2=(i^4)^{507}\times i^2=1\times(-1)=\mathbf{-1}$

유제 **6**-2. 다음을 간단히 하시오.

(1) $(3-\sqrt{-8})(3+\sqrt{-2})$ (2) $(2+i)^2$ (3) $(1+\sqrt{-1})^7$

(4) $\dfrac{1}{i^9}$ (5) $\dfrac{2-\sqrt{-1}}{2+\sqrt{-1}}$ (6) $\dfrac{2+3i}{3-2i}+\dfrac{2-3i}{3+2i}$ (7) $\left(\dfrac{1-i}{1+i}\right)^{100}$

답 (1) $\mathbf{13-3\sqrt{2}i}$ (2) $\mathbf{3+4i}$ (3) $\mathbf{8-8i}$ (4) $\mathbf{-i}$ (5) $\mathbf{\dfrac{3}{5}-\dfrac{4}{5}i}$ (6) $\mathbf{0}$ (7) $\mathbf{1}$

기본 문제 **6**-3 다음 식을 만족시키는 실수 x, y의 값을 구하시오.

(1) $(x+2i)(3+4i)=5(yi-1)$

(2) $\dfrac{x}{1+i}+\dfrac{y}{1-i}=\dfrac{5}{2+i}$

정석연구 x, y가 실수이므로 주어진 식을 $a+bi=c+di$의 꼴 또는 $a+bi=0$의 꼴로 변형한 다음, 복소수가 서로 같을 조건을 이용한다.

정석 $\boldsymbol{a, b, c, d}$가 실수일 때

$$\boldsymbol{a+bi=c+di \iff a=c,\ b=d}$$
$$\boldsymbol{a+bi=0 \iff a=0,\ b=0}$$

모범답안 (1) 주어진 식을 전개하면 $3x+4xi+6i+8i^2=5yi-5$

$\therefore\ (3x-8)+(4x+6)i=-5+5yi$ ……①

여기에서 x, y는 실수이므로 $3x-8,\ 4x+6,\ 5y$도 실수이다. …… *

$\therefore\ 3x-8=-5,\ 4x+6=5y$ ……②

$\therefore\ \boldsymbol{x=1,\ y=2}$ ← 답

(2) 주어진 식의 좌변과 우변을 각각 정리하면

$\dfrac{x(1-i)+y(1+i)}{(1+i)(1-i)}=\dfrac{5(2-i)}{(2+i)(2-i)}$ $\quad\therefore\ \dfrac{x+y}{2}-\dfrac{x-y}{2}i=2-i$

여기에서 x, y는 실수이므로 $\dfrac{x+y}{2},\ \dfrac{x-y}{2}$도 실수이다. …… *

$\therefore\ \dfrac{x+y}{2}=2,\ \dfrac{x-y}{2}=1 \quad \therefore\ x+y=4,\ x-y=2$

연립하여 풀면 $\boldsymbol{x=3,\ y=1}$ ← 답

Advice | ①에서 $\boldsymbol{x, y}$가 실수라는 조건이 없으면 ②라고 할 수 없다.

$\boldsymbol{a, b, c, d}$가 실수일 때

$$\boldsymbol{a+bi=c+di \iff a=c,\ b=d}$$

이기 때문이다. 따라서 * 부분을 반드시 확인하는 습관을 가져야 한다.

유제 **6**-3. 다음 식을 만족시키는 실수 x, y의 값을 구하시오.

(1) $(1+3i)(x+yi)=11+13i$

(2) $\dfrac{x}{2+3i}+\dfrac{y}{2-3i}=\dfrac{8}{13}$

답 (1) $\boldsymbol{x=5,\ y=-2}$ (2) $\boldsymbol{x=2,\ y=2}$

유제 **6**-4. 실수 x, y가 $x(x+i)+y(y+i)-4(3+i)=0$을 만족시킬 때, x^3+y^3의 값을 구하시오.

답 **40**

기본 문제 6-4 다음 물음에 답하시오.

(1) $x=1+2i$일 때, x^3+2x^2-x+3의 값을 구하시오.

(2) $x=1+\sqrt{3}i,\ y=1-\sqrt{3}i$일 때, $\dfrac{x^2}{y}+\dfrac{y^2}{x}$의 값을 구하시오.

정석연구 (1) x의 값을 직접 대입하는 것보다는

먼저 x가 만족시키는 이차방정식을 이끌어 낸다.

곧, $x=1+2i$에서 $x-1=2i$이고, 양변을 제곱하면 $x^2-2x+1=4i^2$이므로 $x=1+2i$이면 $x^2-2x+5=0$이다.

(2) $\dfrac{x^2}{y}+\dfrac{y^2}{x}$은 x와 y를 서로 바꾸어도 그 형태가 바뀌지 않는 대칭식이다. 이러한 대칭식의 값을 구할 때에는 다음을 이용한다.

정석 $\boldsymbol{x, y}$에 관한 대칭식은 먼저 $\boldsymbol{x+y, xy}$의 값을 구한다.

모범답안 (1) $x=1+2i$에서 $x-1=2i$이고, 양변을 제곱하면 $x^2-2x+5=0$

그런데 x^3+2x^2-x+3을 x^2-2x+5로 나누면 몫이 $x+4$, 나머지가 $2x-17$이므로

$$x^3+2x^2-x+3=(x^2-2x+5)(x+4)+2x-17 \quad \Leftarrow x^2-2x+5=0$$
$$=2x-17=2(1+2i)-17=\boldsymbol{-15+4i} \longleftarrow \boxed{답}$$

(2) $x+y=(1+\sqrt{3}i)+(1-\sqrt{3}i)=2$

$xy=(1+\sqrt{3}i)(1-\sqrt{3}i)=1^2-(\sqrt{3}i)^2=1-3i^2=4$

$$\therefore \frac{x^2}{y}+\frac{y^2}{x}=\frac{x^3+y^3}{xy}=\frac{(x+y)^3-3xy(x+y)}{xy}$$
$$=\frac{2^3-3\times4\times2}{4}=\boldsymbol{-4} \longleftarrow \boxed{답}$$

Advice 1° (1)에서 조건이 $x^2-2x+5=0$으로 주어질 때가 있다. 이때에는 근의 공식을 이용하여 x의 값을 구하면 $x=1\pm2i$이므로 어느 것이 조건으로 주어지든 푸는 방법은 같다.

2° (2)에서 x, y는 서로 켤레복소수이다. 이 문제에서 알 수 있듯이 $z=a+bi$ (a, b는 실수)에 대하여 $\overline{z}=a-bi$이고, $z+\overline{z}=2a,\ z\overline{z}=a^2+b^2$이다.

곧, $z+\overline{z},\ z\overline{z}$의 값은 모두 실수이다.

유제 **6**-5. $x=\dfrac{3+i}{1+i}$일 때, x^3-2x^2의 값을 구하시오. 답 $\boldsymbol{-4-3i}$

유제 **6**-6. $a=1+2i,\ b=1-2i$일 때, 다음 값을 구하시오.

(1) $3a^2+2ab+3b^2$ (2) $a^3+a^2b+ab^2+b^3$ 답 (1) $\boldsymbol{-8}$ (2) $\boldsymbol{-12}$

기본 문제 **6**-5 두 복소수 α, β에 대하여 다음 물음에 답하시오.

(1) $\overline{\alpha+\beta}=\overline{\alpha}+\overline{\beta}$, $\overline{\alpha\beta}=\overline{\alpha}\,\overline{\beta}$임을 보이시오.

(2) $\alpha=1+2i$, $\beta=3i-1$일 때, $\alpha\overline{\alpha}+\overline{\alpha}\beta+\alpha\overline{\beta}+\beta\overline{\beta}$의 값을 구하시오.

정석연구 (1) $\alpha=a+bi$, $\beta=c+di$(a, b, c, d는 실수)로 놓고, 좌변과 우변을 각각 계산하여 서로 같음을 보인다.

(2) α, $\overline{\alpha}$, β, $\overline{\beta}$에 주어진 복소수를 대입하여 계산할 수도 있지만, 다음과 같이 주어진 식을 인수분해하여 (1)의 결과를 이용하여 풀 수도 있다.

$$\begin{aligned}\alpha\overline{\alpha}+\overline{\alpha}\beta+\alpha\overline{\beta}+\beta\overline{\beta}&=\overline{\alpha}(\alpha+\beta)+\overline{\beta}(\alpha+\beta)\\&=(\alpha+\beta)(\overline{\alpha}+\overline{\beta})=(\alpha+\beta)(\overline{\alpha+\beta})\end{aligned}$$

모범답안 (1) $\alpha=a+bi$, $\beta=c+di$(a, b, c, d는 실수)로 놓으면

$$\overline{\alpha+\beta}=\overline{(a+bi)+(c+di)}=\overline{(a+c)+(b+d)i}=(a+c)-(b+d)i$$

$$\overline{\alpha}+\overline{\beta}=\overline{a+bi}+\overline{c+di}=(a-bi)+(c-di)=(a+c)-(b+d)i$$

$$\therefore\ \overline{\alpha+\beta}=\overline{\alpha}+\overline{\beta}$$

$$\overline{\alpha\beta}=\overline{(a+bi)(c+di)}=\overline{(ac-bd)+(ad+bc)i}=(ac-bd)-(ad+bc)i$$

$$\overline{\alpha}\,\overline{\beta}=\overline{a+bi}\times\overline{c+di}=(a-bi)(c-di)=(ac-bd)-(ad+bc)i$$

$$\therefore\ \overline{\alpha\beta}=\overline{\alpha}\,\overline{\beta}$$

(2) $$\begin{aligned}\alpha\overline{\alpha}+\overline{\alpha}\beta+\alpha\overline{\beta}+\beta\overline{\beta}&=\overline{\alpha}(\alpha+\beta)+\overline{\beta}(\alpha+\beta)\\&=(\alpha+\beta)(\overline{\alpha}+\overline{\beta})=(\alpha+\beta)(\overline{\alpha+\beta})\end{aligned}$$

$\alpha+\beta=(1+2i)+(3i-1)=5i$이므로 $\overline{\alpha+\beta}=-5i$

$\therefore$ (준 식)$=5i\times(-5i)=-25i^2=$**25** ← 답

Advice | 일반적으로 두 복소수 α, β에 대하여 다음이 성립한다.

$$\overline{(\overline{\alpha})}=\alpha,\qquad \overline{\alpha\pm\beta}=\overline{\alpha}\pm\overline{\beta}\ \text{(복부호동순)}$$

$$\overline{\alpha\beta}=\overline{\alpha}\,\overline{\beta},\qquad \overline{\left(\frac{\alpha}{\beta}\right)}=\frac{\overline{\alpha}}{\overline{\beta}}$$

이 성질은 복소수에 관한 문제를 풀 때 유용하게 이용될 수 있으므로 기억해 두는 것이 좋다.

유제 **6**-7. 두 복소수 α, β에 대하여 다음을 보이시오.

(1) $\overline{(\overline{\alpha})}=\alpha$　　　　(2) $\overline{\left(\frac{\alpha}{\beta}\right)}=\frac{\overline{\alpha}}{\overline{\beta}}$

유제 **6**-8. 두 복소수 $\alpha=i-1$, $\beta=1+i$에 대하여 $\alpha\overline{\alpha}+2\alpha\overline{\beta}+2\overline{\alpha}\beta+4\beta\overline{\beta}$의 값을 구하시오.

답 **10**

연습문제 6

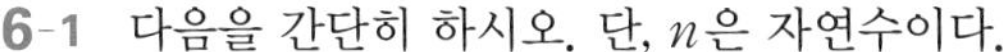

6-1 다음을 간단히 하시오. 단, n은 자연수이다.

(1) $i+i^2+i^3+i^4$ (2) $i^{999}\times i^{1001}$ (3) i^{4n}

(4) i^{4n+3} (5) $(\sqrt{-1})^{8n+2}$ (6) $(-\sqrt{-1})^{8n}$

(7) $\sqrt{(-4)^2}+\sqrt{-4}\sqrt{-9}$ (8) $(10+5i)^4(8-4i)^4$

(9) $\dfrac{2-\sqrt{-9}}{2+\sqrt{-9}}+\dfrac{2+\sqrt{-9}}{2-\sqrt{-9}}$ (10) $\left(\dfrac{1-\sqrt{3}i}{2}\right)^{50}\left(\dfrac{\sqrt{3}-i}{2}\right)^{50}$

6-2 두 복소수 $\alpha=1+2i$, $\beta=2-i$에 대하여 다음 값을 구하시오.

(1) $\alpha\overline{\beta}+\overline{\alpha}\beta$ (2) $\dfrac{\alpha}{\overline{\beta}}+\dfrac{\overline{\beta}}{\alpha}$ (3) $(\alpha+\overline{\beta})(\overline{\alpha}-\beta)$

6-3 실수 x가

$$\sqrt{x-2}\sqrt{x-5}=-\sqrt{(x-2)(x-5)},\quad \frac{\sqrt{x}}{\sqrt{x-4}}=-\sqrt{\frac{x}{x-4}}$$

를 동시에 만족시킬 때, $|x|+|x-2|$를 간단히 하시오.

6-4 $\omega=\dfrac{-1+\sqrt{3}i}{2}$일 때, 다음 식의 값을 구하시오.

(1) ω^3 (2) $\omega^{11}+\omega^{10}+1$ (3) $\omega+\dfrac{1}{\omega}$

6-5 $a=\dfrac{2}{\sqrt{3}-1}$, $b=\dfrac{2}{\sqrt{3}+1}$일 때, $\left(\dfrac{a+bi}{a-bi}+\dfrac{b+ai}{b-ai}\right)^{10}$의 값은?

① -2 ② -1 ③ 0 ④ 1 ⑤ 2

6-6 다음 등식을 만족시키는 자연수 n의 값은?

$$\frac{1}{i}+\frac{2}{i^2}+\frac{3}{i^3}+\frac{4}{i^4}+\cdots+\frac{n}{i^n}=10-11i$$

① 10 ② 11 ③ 12 ④ 20 ⑤ 21

6-7 다음 등식을 만족시키는 실수 a, b의 값을 구하시오.

$$|a-2b|+(1-b)i=3+(a+2)i$$

6-8 복소수 z에 대하여 다음 물음에 답하시오.

(1) $(2-i)\overline{z}+4iz=-1+4i$를 만족시키는 z를 구하시오.

(2) $(2+3i)z+(2-3i)\overline{z}=2$를 만족시키는 z는 무수히 많음을 보이시오.

6-9 두 복소수 α, β에 대하여 $\alpha^2=i$, $\beta^2=-i$일 때, 다음 값을 구하시오.

(1) $\alpha\beta$ (2) $(\alpha-\beta)^4$ (3) $\dfrac{\alpha+\beta}{\alpha-\beta}$

6-10 복소수 α에 대하여 다음 물음에 답하시오.

(1) α가 0이 아닌 복소수이면 $\alpha\overline{\alpha}>0$임을 보이시오.

(2) $\alpha^2=3-4i$일 때, $\alpha\overline{\alpha}$의 값을 구하시오.

6-11 z가 실수가 아닌 복소수일 때, 다음 물음에 답하시오.

(1) $(z-1)^2$이 실수일 때, $z+\overline{z}$의 값을 구하시오.

(2) $z+\dfrac{1}{z}$이 실수일 때, $z\overline{z}$의 값을 구하시오.

6-12 두 복소수 α, β에 대하여 $\alpha+\beta=\dfrac{3}{2}(1+i)$, $\alpha\overline{\beta}=1$일 때, $\dfrac{1}{\alpha}+\dfrac{1}{\beta}$의 값을 구하시오.

6-13 두 복소수 α, β에 대하여 $\alpha\overline{\alpha}=\beta\overline{\beta}=1$, $(\alpha+\beta)(\overline{\alpha+\beta})=2$일 때, $\dfrac{\alpha}{\beta}+\dfrac{\beta}{\alpha}$의 값을 구하시오.

6-14 복소수 z에 대하여 $\dfrac{z}{\overline{z}}+\dfrac{\overline{z}}{z}=-2$일 때, 다음 중 실수인 것만을 있는 대로 고른 것은?

ㄱ. z^2	ㄴ. $z-\overline{z}$	ㄷ. $\dfrac{\overline{z}}{z}$

① ㄱ ② ㄱ, ㄴ ③ ㄱ, ㄷ ④ ㄴ, ㄷ ⑤ ㄱ, ㄴ, ㄷ

6-15 복소수 z가 다음 두 조건을 만족시킬 때, $\dfrac{1}{2}(z+\overline{z})$의 값을 구하시오.

(가) $z+(5-2i)$는 양의 실수이다. (나) $z\overline{z}=33$

6-16 복소수 $z=x+yi$(x, y는 실수)에 대하여 $z^*=y+xi$로 정의하자.

(1) $z=2+i$일 때, $z^4(z^*)^3$을 구하시오.

(2) $zz^*=\overline{\overline{z}\,\overline{z}^*}$임을 보이시오.

6-17 a가 실수이고, $z=a^2-3a-4+(a^2+3a+2)i$이다.

(1) z^2이 양의 실수일 때, a의 값을 구하시오.

(2) z^2이 음의 실수일 때, a의 값을 구하시오.

6-18 두 복소수 α, β에 대하여 다음 중 옳은 것만을 있는 대로 고르시오.

① α^2이 실수이면 α도 실수이다.

② $\alpha^2+\beta^2=0$이면 $\alpha=0$이고 $\beta=0$이다.

③ $\alpha\beta=0$이면 $\alpha=0$ 또는 $\beta=0$이다.

④ $\alpha+\beta i=0$이면 $\alpha=0$이고 $\beta=0$이다.

⑤ $\alpha+\beta i=\beta+\alpha i$이면 $\alpha=\beta$이다.

7. 일차·이차방정식

일차방정식의 해법／이차방정식의 해법

§1. 일차방정식의 해법

1 등식의 성질과 방정식의 해

이미 3단원에서 공부했듯이 이를테면 $3x+2x=5x$와 같이 어떤 x에 대해서도 항상 성립하는 등식을 항등식이라 하고, $3x+2x=5$와 같이 $x=1$이라는 특정한 값에 대해서만 성립하는 등식을 방정식이라고 한다.

방정식 $\boldsymbol{3x+2x=5}$에서 문자 x를 미지수라 하고, 이와 같이 x를 미지수로 가지는 방정식을 $\boldsymbol{x}$에 관한 방정식이라고 한다.

한편

$$\text{방정식 } 2a^2x+3=3a+2x$$

라고 하면 x를 미지수로 보는 'x에 관한 방정식'으로 생각하는 것이 보통이지만, 경우에 따라 a를 미지수로 보아야 할 때가 있기 때문에 미지수를 분명히 하기 위해서

$$x\text{에 관한 방정식,}\quad a\text{에 관한 방정식}$$

등의 표현을 쓰기도 한다. 이때, 미지수 이외의 문자는 모두 상수로 본다.

a, x를 모두 미지수로 가지는 방정식일 때에는

$$a,\ x\text{에 관한 방정식}$$

이라는 표현을 쓴다.

그리고 방정식을 만족시키는 x의 값을 방정식의 해 또는 근이라 하고, 방정식의 해를 구하는 것을 방정식을 푼다고 한다.

* ***Note*** x에 관한 방정식의 해가 1과 2일 때, 이 방정식의 해를 흔히

「$x=1$ 또는 $x=2$」, 「$x=1,\ 2$」

등으로 나타낸다.

방정식은 다음 등식의 성질을 기본으로 하여 푼다.

기본정석 — 등식의 성질

$A=B$이면

① $A+M=B+M$ ② $A-M=B-M$

③ $A\times M=B\times M$ ④ $\dfrac{A}{M}=\dfrac{B}{M}\ (M\neq 0)$

Advice | 수나 식에서 0으로 나누는 경우는 생각하지 않으므로 등식에서도 양변을 **0**으로 나누는 경우는 생각하지 않는다.

따라서 이를테면 등식 $am=bm$에서 양변을 문자 m으로 나눌 때에는 m이 0인지 아닌지를 항상 따져야 한다.

정석 문자로 나눌 때에는 ⟹ 문자가 **0**이 아닌지 확인한다.

2 $ax=b$의 해법

우변의 모든 항을 좌변으로 이항하여 정리했을 때, (x에 관한 일차식)$=0$의 꼴로 나타내어지는 방정식을 x에 관한 일차방정식이라고 한다.

모든 일차방정식은 등식의 성질을 이용하여 x의 항은 좌변으로, 상수항은 우변으로 이항하고 정리하면 $ax=b\,(a\neq 0)$의 꼴이 된다.

일반적으로 x에 관한 방정식 $ax=b$의 해는

(i) $a\neq 0$일 때 : 양변을 a로 나누면 $x=\dfrac{b}{a}$

(ii) $a=0$일 때 : 이때에는 a로(0으로) 양변을 나눌 수 없으므로 다음과 같이 $b\neq 0$인 경우와 $b=0$인 경우로 나누어 생각한다.

$a=0$, $b\neq 0$인 경우 이를테면 $0\times x=2$의 꼴이므로 x에 어떤 값을 대입해도 등식이 성립하지 않는다. 따라서 해가 없고, 이를 불능(不能)이라고도 한다.

$a=0$, $b=0$인 경우 $0\times x=0$의 꼴이므로 x에 어떤 값을 대입해도 등식이 성립한다. 따라서 해는 수 전체이고, 이를 부정(不定)이라고도 한다.

정석 $ax=b$의 해는 $a\neq 0$일 때 $x=\dfrac{b}{a}$

$a=0$, $b\neq 0$일 때 해가 없다. (불능)

$a=0$, $b=0$일 때 해는 수 전체(부정)

**Note* $a\neq 0$, $b=0$인 경우, 이를테면 $2x=0$의 해는 $x=0$, 단 하나 존재한다.

따라서 $a\neq 0$일 때에는 $b\neq 0$이든 $b=0$이든 관계없이 $x=\dfrac{b}{a}$이다.

기본 문제 **7**-1 다음 x에 관한 방정식을 푸시오. 단, a, b는 상수이다.

(1) $a(x-1)=x+2$ (2) $ax-a^2=bx-b^2$

(3) $(a^2+6)x+2=a(5x+1)$

정석연구 이와 같은 방정식을 풀 때에는 먼저 주어진 식을

$\boldsymbol{Ax=B}$의 꼴로 정리한다.

특히 x의 계수에 문자가 있는 경우에는 계수가 0일 때를 주의한다.

정석 $\boldsymbol{0\times x=0}$의 꼴이면 $\Longrightarrow$ 해는 수 전체

$\boldsymbol{0\times x=B(\neq 0)}$의 꼴이면 $\Longrightarrow$ 해가 없다.

모범답안 (1) $a(x-1)=x+2$에서

$ax-a=x+2$ $\quad\therefore (a-1)x=a+2$

$\therefore$ $\boldsymbol{a\neq 1}$일 때 $\boldsymbol{x=\dfrac{a+2}{a-1}}$

$\boldsymbol{a=1}$일 때 $0\times x=3$이 되어 해가 없다. ← 답

(2) $ax-a^2=bx-b^2$에서

$ax-bx=a^2-b^2$ $\quad\therefore (a-b)x=(a+b)(a-b)$

$\therefore$ $\boldsymbol{a\neq b}$일 때 $\boldsymbol{x=a+b}$

$\boldsymbol{a=b}$일 때 $0\times x=0$이 되어 해는 수 전체 ← 답

(3) $(a^2+6)x+2=a(5x+1)$에서 $a^2x+6x+2=5ax+a$

$\therefore (a^2-5a+6)x=a-2$ $\quad\therefore (a-2)(a-3)x=a-2$

$\therefore$ $\boldsymbol{a\neq 2}$이고 $\boldsymbol{a\neq 3}$일 때 $\boldsymbol{x=\dfrac{1}{a-3}}$

$\boldsymbol{a=2}$일 때 $0\times x=0$이 되어 해는 수 전체

$\boldsymbol{a=3}$일 때 $0\times x=1$이 되어 해가 없다. ← 답

Advice | x에 관한 방정식 $ax=b$에 대하여 다음과 같이 정리할 수 있다.

(i) 해가 한 개일 조건은 $a\neq 0$

(ii) 해가 수 전체일 조건은 $a=0,\ b=0$

(iii) 해가 없을 조건은 $a=0,\ b\neq 0$

유제 **7**-1. x에 관한 방정식 $a^2(x-1)=x-3a+2$의 해가 수 전체일 때, 상수 a의 값을 구하시오. 답 $\boldsymbol{a=1}$

유제 **7**-2. x에 관한 방정식 $a^2x+1=a(x+1)$의 해가 없을 때, 상수 a의 값을 구하시오. 답 $\boldsymbol{a=0}$

기본 문제 **7**-2 다음 방정식을 푸시오.

(1) $|x-1|=2x+4$ (2) $|x+2|+|x-3|=7$ (3) $|x-1|=|3-x|$

정석연구 절댓값 기호 안에 미지수를 포함한 방정식은

정석 $A\ge0$일 때 $|A|=A$, $A<0$일 때 $|A|=-A$

를 이용하여 먼저 절댓값 기호를 없앤 다음 푼다.

그리고 (2)와 같이 절댓값 기호가 두 개 이상 있을 때에는

(i) 절댓값 기호 안이 0이 되는 x의 값을 구한다. 곧, $x=-2$, $x=3$

(ii) 위에서 얻은 $x=-2$, $x=3$을 경계로 하여 절댓값 기호 안의 부호가 바뀌므로

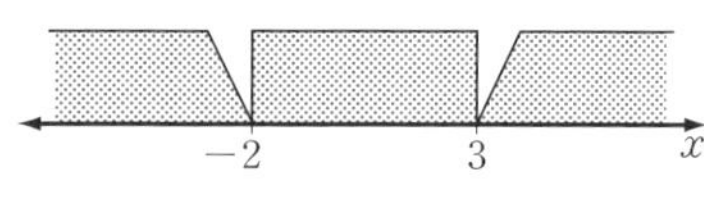

$$x<-2\text{일 때},\quad -2\le x<3\text{일 때},\quad x\ge3\text{일 때}$$

의 각 범위에서 절댓값 기호를 없앤 식을 구한다. 이렇게 얻은 해는

각각의 범위에 적합한가를 반드시 확인해야 한다.

또, (3)과 같은 꼴은 (2)와 같이 풀어도 되지만

정석 $|A|=|B| \iff A=\pm B$

를 이용하면 더욱 간편하다.

모범답안 (1) $|x-1|=2x+4$에서

$x\ge1$일 때 $x-1=2x+4$ $\therefore x=-5$($x\ge1$에 모순)

$x<1$일 때 $-x+1=2x+4$ $\therefore x=-1$($x<1$에 적합) 답 $x=-1$

(2) $|x+2|+|x-3|=7$에서

$x<-2$일 때 $-x-2-x+3=7$ $\therefore x=-3$($x<-2$에 적합)

$-2\le x<3$일 때 $x+2-x+3=7$ $\therefore 0\times x=2$ $\therefore$ 해가 없다.

$x\ge3$일 때 $x+2+x-3=7$ $\therefore x=4$($x\ge3$에 적합) 답 $x=-3, 4$

(3) $|x-1|=|3-x|$에서 $x-1=\pm(3-x)$

$x-1=3-x$일 때 $2x=4$ $\therefore x=2$

$x-1=-(3-x)$일 때 $0\times x=-2$가 되어 해가 없다. 답 $x=2$

유제 **7**-3. 다음 방정식을 푸시오.

(1) $|x-2|=3$ (2) $|x-4|+|x-3|=2$ (3) $|x-3|-|4-x|=0$

답 (1) $x=-1, 5$ (2) $x=\frac{5}{2}, \frac{9}{2}$ (3) $x=\frac{7}{2}$

기본 문제 **7**-3 어떤 자동차가 9시에서 10시 사이에 경부고속도로 서울 요금소를 출발하여 출발 지점에서 28 km 떨어진 지점 A를 지나고 있다. 이 자동차는 출발 후 A지점까지 평균 88 km/h의 속력으로 달렸고, A지점을 지나는 순간에 시계의 분침이 시침과 겹쳤다고 한다.

이때, 다음 물음에 답하시오.

(1) 시계의 분침이 시침과 겹친 시각을 구하시오.

(2) 이 자동차가 서울 요금소를 출발한 시각을 구하시오.

정석연구 분침은 60분 동안에 한 바퀴(360°)를 회전하므로 분침이 1분 동안에 움직이는 각도는 $360° \div 60 = 6°$이다.

또, 시침은 1시간 동안에 $360° \div 12 = 30°$씩 회전하므로 1분 동안에 움직이는 각도는 $(360° \div 12) \div 60 = 0.5°$이다.

정석 **1분 동안에**

분침은 6°, 시침은 0.5° 움직인다.

모범답안 (1) 시계의 분침이 1분 동안 회전하는 각도는 $360° \div 60 = 6°$

시계의 시침이 1분 동안 회전하는 각도는

$(360° \div 12) \div 60 = 0.5°$

한편 9시의 시침의 위치는 12시 방향을 기준으로 $360° \times \dfrac{9}{12} = 270°$만큼 회전한 위치이므로, 9시 이후 x분 후에 분침이 시침과 겹친다고 하면

$$6x = 270 + 0.5x \qquad \therefore\ x = \frac{540}{11}$$

답 **9시 $\mathbf{\dfrac{540}{11}}$분**

(2) 자동차가 움직인 시간은 $\dfrac{28}{88} \times 60$(분)이므로 자동차가 9시 y분에 출발했다고 하면

$$y = \frac{540}{11} - \frac{28}{88} \times 60 = \frac{540}{11} - \frac{210}{11} = \frac{330}{11} = 30$$

답 **9시 30분**

유제 **7**-4. 시계의 시침과 분침이 3시를 지나 처음으로 직각을 이루고 있을 때, 다음 물음에 답하시오.

(1) 이후 시침과 분침이 처음으로 일직선이 되는 것은 몇 분 후인가?

(2) 이후 시침과 분침이 처음으로 직각이 되는 시각을 구하시오.

답 (1) $\mathbf{\dfrac{180}{11}}$분 (2) **4시 $\mathbf{\dfrac{60}{11}}$분**

§2. 이차방정식의 해법

1 이차방정식의 실근과 허근

$ax^2+bx+c=0$(a, b, c는 상수, $a\neq0$)과 같이 (x에 관한 이차식)$=0$의 꼴로 나타내어지는 방정식을 x에 관한 이차방정식이라고 한다.

이차방정식의 해를 구하는 방법은 이미 중학교에서 공부하였다. 중학교에서는 실수의 범위에서 이차방정식의 해를 구했으므로 이를테면 $x^2-2=0$의 해는 $x=\pm\sqrt{2}$로 구할 수 있었지만, $x^2+2=0$의 해는 구할 수 없었다.

고등학교에서는 수의 범위를 복소수까지 확장했으므로 이차방정식의 해를 복소수의 범위에서 구할 수 있다. 이를테면 $x^2+2=0$의 해는 $x^2=-2$에서 $x=\pm\sqrt{2}i$이다.

이와 같이 이차방정식의 해를 복소수의 범위에서 구하면 실수의 범위에서 구할 수 없었던 이차방정식의 해를 구할 수 있다. 이때, $x=\pm\sqrt{2}$와 같이 실수인 해를 실근이라 하고, $x=\pm\sqrt{2}i$와 같이 허수인 해를 허근이라고 한다.

한편 이차방정식의 해법은

인수분해에 의한 해법, 근의 공식에 의한 해법

으로 나누어 생각해 볼 수 있다.

2 인수분해에 의한 해법

이를테면 이차방정식 $x^2-4x+3=0$을 풀어 보자.

$x^2-4x+3=0$의 좌변을 인수분해하면 $(x-1)(x-3)=0$이므로 여기에

정석 $AB=0 \iff A=0$ 또는 $B=0$

을 이용하면

$$(x-1)(x-3)=0\text{에서} \quad x-1=0 \text{ 또는 } x-3=0$$

$$\therefore\ x=1 \text{ 또는 } x=3$$

기본정석 — **인수분해에 의한 해법**

x에 관한 이차방정식이

$$(ax-b)(cx-d)=0\ (a\neq0,\ c\neq0)$$

과 같이 인수분해가 될 때, 이 방정식의 두 근은

$$x=\frac{b}{a} \quad \text{또는} \quad x=\frac{d}{c}$$

Advice 1° 수학에서

$$A=0 \text{ 또는 } B=0$$

이라고 할 때는 다음 세 가지 경우를 뜻한다.

$A=0$이고 $B\neq0$

$A\neq0$이고 $B=0$

$A=0$이고 $B=0$

AB=0

A=0, B≠0	A=0, B=0	A≠0, B=0

↑ A=0 ↑ B=0

따라서

$AB=0$이면 $A=0$ 또는 $B=0$

이라는 말을 알기 쉽게 표현하면

$AB=0$이면 A, B 중 적어도 하나는 0

이다.

2° ','는 상황에 따라 '이고'의 의미로 쓰이기도 하고, '또는'의 의미로 쓰이기도 한다.

이를테면 연립방정식 $\begin{cases} x+y-1=0 \\ x-y-3=0 \end{cases}$의 해는 '$x=2$이고 $y=-1$'이지만 이것을 간단히 '$x=2, y=-1$'로 나타내기도 한다. 이때, ','는 '이고'의 의미로 쓰인 것이다.

한편 방정식 $(x-1)(x-3)=0$의 해는 '$x=1$ 또는 $x=3$'이지만 이것을 간단히 '$x=1, 3$'으로 나타내기도 한다. 이때, ','는 '또는'의 의미로 쓰인 것이다.

보기 1 다음 이차방정식을 풀고, 그 해가 실근인지 허근인지 말하시오.

(1) $3x^2-7x+2=0$ (2) $x^2-5=0$ (3) $x^2+4=0$

연구 (1) $3x^2-7x+2=0$에서 $(3x-1)(x-2)=0$

$\therefore 3x-1=0$ 또는 $x-2=0$ $\therefore$ $\boldsymbol{x=\frac{1}{3}, 2}$ (실근)

(2) $x^2-5=0$에서 $x^2-(\sqrt{5})^2=0$ $\therefore (x+\sqrt{5})(x-\sqrt{5})=0$

$\therefore x+\sqrt{5}=0$ 또는 $x-\sqrt{5}=0$ $\therefore$ $\boldsymbol{x=-\sqrt{5}, \sqrt{5}}$ (실근)

(3) $x^2+4=0$에서 $x^2-(2i)^2=0$ $\therefore (x+2i)(x-2i)=0$

$\therefore x+2i=0$ 또는 $x-2i=0$ $\therefore$ $\boldsymbol{x=-2i, 2i}$ (허근)

****Note*** 1° $a>0$일 때 $\sqrt{-a}=\sqrt{a}i$이므로 실수 k에 대하여 $x^2=k$이면 $x=\pm\sqrt{k}$라고 할 수 있다. 따라서 (3)은 다음과 같이 푸는 것이 좋다.

$x^2=-4$에서 $x=\pm\sqrt{-4}=\pm2i$

2° 앞으로 문제에 별도의 언급이 없는 한 이차방정식의 해는 복소수의 범위에서 생각한다.

3 근의 공식에 의한 해법

이를테면 이차방정식 $x^2-2x-5=0$을 풀어 보자.

이 이차방정식의 좌변은 계수가 유리수인 범위에서 인수분해되지 않는다. 이와 같은 이차방정식은 주어진 식을

$$(x+A)^2=B \text{의 꼴}$$

로 변형한 다음

$$(x+A)^2=B \Longrightarrow x+A=\pm\sqrt{B} \Longrightarrow x=-A\pm\sqrt{B}$$

와 같이 풀 수 있다.

곧, $x^2-2x-5=0$에서 상수항을 우변으로 이항한 다음, x의 계수의 절반의 제곱을 양변에 더하면

$$x^2-2x+(-1)^2=5+(-1)^2$$
$$\therefore\ (x-1)^2=6$$
$$\therefore\ x-1=\pm\sqrt{6}$$
$$\therefore\ x=1+\sqrt{6},\ 1-\sqrt{6}$$

이 두 근을 한꺼번에 $x=1\pm\sqrt{6}$으로 쓰기도 한다.

> 일반적으로 x에 관한 이차식
>
> $$x^2+px$$
>
> 가 주어질 때, 이 식에 어떤 수를 더하여 일차식의 제곱의 꼴로 변형하는 방법은 다음과 같다.
>
> $$x^2+px+\left(\frac{p}{2}\right)^2=\left(x+\frac{p}{2}\right)^2$$
>
> 2로 나눈다 : $\frac{p}{2}$ → 제곱한다 : $\left(\frac{p}{2}\right)^2$ → 더한다

일반적으로 x에 관한 이차방정식

$$ax^2+bx+c=0 \text{의 근}$$

은 다음과 같이 구할 수 있다.

$a\neq0$이므로 양변을 a로 나누고 상수항을 우변으로 이항하면

$$x^2+\frac{b}{a}x=-\frac{c}{a} \qquad \therefore\ x^2+\frac{b}{a}x+\left(\frac{b}{2a}\right)^2=-\frac{c}{a}+\left(\frac{b}{2a}\right)^2$$

$$\therefore\ \left(x+\frac{b}{2a}\right)^2=\frac{b^2-4ac}{4a^2} \qquad \therefore\ x+\frac{b}{2a}=\pm\frac{\sqrt{b^2-4ac}}{2a}$$

$$\therefore\ x=\frac{-b\pm\sqrt{b^2-4ac}}{2a}$$

이 식을 이차방정식 $ax^2+bx+c=0$의 근의 공식이라고 한다. 주어진 이차방정식에서 인수분해를 할 수 없거나 인수분해를 하기 힘든 경우 이 근의 공식을 이용하여 해를 구하면 된다.

특히 $ax^2+2b'x+c=0\,(a\neq0)$의 근은 근의 공식에 의하여

$$x=\frac{-2b'\pm\sqrt{(2b')^2-4ac}}{2a}=\frac{-2b'\pm2\sqrt{b'^2-ac}}{2a}=\frac{-b'\pm\sqrt{b'^2-ac}}{a}$$

임을 알 수 있다.

기본정석 **이차방정식의 근의 공식**

$\boldsymbol{ax^2+bx+c=0(a\neq0)}$의 근은 ⇦ 일반적인 경우

$$x=\frac{-b\pm\sqrt{b^2-4ac}}{2a}$$

$\boldsymbol{ax^2+2b'x+c=0(a\neq0)}$의 근은 ⇦ x의 계수 b가 $b=2b'$인 경우

$$x=\frac{-b'\pm\sqrt{b'^2-ac}}{a}$$

Advice 1° 이를테면 이차방정식 $x^2-6x+3=0$은 근의 공식을 이용하여 다음과 같이 풀 수 있다.

(i) 위의 첫째 공식에 대입하면 $a=1$, $b=-6$, $c=3$인 경우이므로

$$x=\frac{-(-6)\pm\sqrt{(-6)^2-4\times1\times3}}{2\times1}=\frac{6\pm2\sqrt{6}}{2}=\boldsymbol{3\pm\sqrt{6}}$$

(ii) 위의 둘째 공식에 대입하면 $a=1$, $b'=-3$, $c=3$인 경우이므로

$$x=\frac{-(-3)\pm\sqrt{(-3)^2-1\times3}}{1}=\boldsymbol{3\pm\sqrt{6}}$$

여기에서 알 수 있는 바와 같이 x의 계수가 $2b'$ 꼴일 때에는 위의 둘째 공식을 이용하는 것이 간편하다.

2° 이차방정식의 근의 공식은 계수 중에 허수가 있을 때에도 성립한다.

⇦ 기본 문제 **7**-**5**의 (2) 참조

보기 2 근의 공식을 이용하여 다음 이차방정식을 풀고, 그 해가 실근인지 허근인지 말하시오.

(1) $5x^2+3x-2=0$ (2) $2x^2-3x+2=0$

(3) $3x^2+8x-2=0$ (4) $3x^2-16x+22=0$

연구 (1) $x=\dfrac{-3\pm\sqrt{3^2-4\times5\times(-2)}}{2\times5}=\dfrac{-3\pm7}{10}=\boldsymbol{\dfrac{2}{5},\ -1}$ (실근)

(2) $x=\dfrac{-(-3)\pm\sqrt{(-3)^2-4\times2\times2}}{2\times2}=\dfrac{3\pm\sqrt{-7}}{4}=\boldsymbol{\dfrac{3\pm\sqrt{7}i}{4}}$ (허근)

(3) $x=\dfrac{-4\pm\sqrt{4^2-3\times(-2)}}{3}=\boldsymbol{\dfrac{-4\pm\sqrt{22}}{3}}$ (실근)

(4) $x=\dfrac{-(-8)\pm\sqrt{(-8)^2-3\times22}}{3}=\dfrac{8\pm\sqrt{-2}}{3}=\boldsymbol{\dfrac{8\pm\sqrt{2}i}{3}}$ (허근)

* ***Note*** (1)은 다음과 같이 인수분해를 이용하여 풀 수도 있다.

$5x^2+3x-2=0$에서 $(5x-2)(x+1)=0$ $\therefore$ $x=\dfrac{2}{5},\ -1$

기본 문제 **7**-4 다음 x에 관한 방정식을 푸시오. 단, a, b는 상수이다.

(1) $x^2+2(a-b)x-4ab=0$

(2) $abx^2-(a^2-b^2)x-ab=0$ $(ab\neq 0)$

(3) $x^2+3|x-1|-7=0$

정석연구 인수분해를 하여 풀거나 근의 공식에 대입하여 푼다. 여기서는 인수분해를 하여 풀어 보자.

정석 이차방정식의 해법 ⟹ 인수분해 이용, 근의 공식 이용

(1) 더해서 $2(a-b)$, 곱해서 $-4ab$인 두 수는 $2a$, $-2b$이므로

$x^2+2(a-b)x-4ab=0$에서 $(x+2a)(x-2b)=0$

(2) 주어진 식의 좌변의 일차항을 전개하여 다음과 같이 인수분해할 수 있다.

$$(좌변)=(abx^2-a^2x)+(b^2x-ab)$$
$$=ax(bx-a)+b(bx-a)$$
$$=(ax+b)(bx-a)$$

또는 인수분해의 기본 공식 ⑤(p. 31)에 따라 오른쪽과 같이 인수분해한다.

(3) $x\geq 1$일 때와 $x<1$일 때로 나누어서 푼다. 이때 얻은 해가 범위에 적합한지 반드시 확인한다.

모범답안 (1) 좌변을 인수분해하면 $(x+2a)(x-2b)=0$

$\therefore$ $x+2a=0$ 또는 $x-2b=0$ $\quad\therefore$ $\boldsymbol{x=-2a,\ 2b}$ ← 답

(2) 좌변을 인수분해하면 $(ax+b)(bx-a)=0$

$\therefore$ $ax+b=0$ 또는 $bx-a=0$

$ab\neq 0$에서 $a\neq 0$이고 $b\neq 0$이므로 $\boldsymbol{x=-\dfrac{b}{a},\ \dfrac{a}{b}}$ ← 답

(3) (i) $x\geq 1$일 때 $x^2+3(x-1)-7=0$ $\quad\therefore$ $x^2+3x-10=0$

$\therefore$ $(x+5)(x-2)=0$ $\quad\therefore$ $x=2$ ($\because$ $x\geq 1$)

(ii) $x<1$일 때 $x^2-3(x-1)-7=0$ $\quad\therefore$ $x^2-3x-4=0$

$\therefore$ $(x+1)(x-4)=0$ $\quad\therefore$ $x=-1$ ($\because$ $x<1$)

(i), (ii)에서 $\boldsymbol{x=-1,\ 2}$ ← 답

* ***Note*** $\because$은 「왜냐하면」을 나타내는 기호이다.

유제 **7**-5. 다음 x에 관한 방정식을 푸시오. 단, a, b는 상수이다.

(1) $x^2-(a-b)x+ab=2b^2$ (2) $x^2-2|x|-3=0$

답 (1) $\boldsymbol{x=b,\ a-2b}$ (2) $\boldsymbol{x=-3,\ 3}$

기본 문제 7-5 다음 이차방정식을 푸시오.

(1) $(\sqrt{2}-1)x^2+(3-\sqrt{2})x+\sqrt{2}=0$

(2) $ix^2+(2-i)x-1-i=0$

정석연구 근의 공식을 바로 이용해도 되지만 (1)은 양변에 $\sqrt{2}+1$을 곱하고, (2)는 양변에 i를 곱하여 계산하는 것이 간편하다. 이와 같이 한 다음

인수분해 이용, 근의 공식 이용

중의 어느 한 방법을 택하면 된다.

모범답안 (1) 양변에 $\sqrt{2}+1$을 곱하고 간단히 하면

$$x^2+(3-\sqrt{2})(\sqrt{2}+1)x+\sqrt{2}(\sqrt{2}+1)=0$$

$$\therefore\ x^2+(2\sqrt{2}+1)x+2+\sqrt{2}=0$$

$$\therefore\ x=\frac{-(2\sqrt{2}+1)\pm\sqrt{(2\sqrt{2}+1)^2-4(2+\sqrt{2})}}{2}=\frac{-(2\sqrt{2}+1)\pm\sqrt{1}}{2}$$

$$=\boldsymbol{-\sqrt{2},\ -1-\sqrt{2}} \longleftarrow \boxed{답}$$

(2) 양변에 i를 곱하고 간단히 하면 $-x^2+(2-i)ix-(1+i)i=0$

$$\therefore\ x^2-(1+2i)x-1+i=0$$

$$\therefore\ x=\frac{(1+2i)\pm\sqrt{(1+2i)^2-4(-1+i)}}{2}=\frac{(1+2i)\pm\sqrt{1}}{2}$$

$$=\boldsymbol{1+i,\ i} \longleftarrow \boxed{답}$$

Advice 1° 인수분해를 이용하여 다음과 같이 풀 수도 있다.

이를테면 (1)에서 $x^2+(2\sqrt{2}+1)x+\sqrt{2}(\sqrt{2}+1)=0$

$$\therefore\ (x+\sqrt{2})\{x+(\sqrt{2}+1)\}=0 \qquad \therefore\ \boldsymbol{x=-\sqrt{2},\ -\sqrt{2}-1}$$

2° (1)에서 x가 유리수라는 조건이 없으므로 $a+b\sqrt{2}=0$의 꼴로 변형하여

$$a+b\sqrt{2}=0 \iff a=0,\ b=0$$

을 이용하려고 해서는 안 된다. 왜냐하면 위의 성질은 a, b가 유리수일 때만 성립하기 때문이다. (2)에서도 x가 실수라는 조건이 없으므로 「$a+bi=0 \iff a=0,\ b=0$」을 이용하려고 해서는 안 된다.

3° (2)와 같이 계수 중에 허수가 있는 이차방정식은 고등학교 교육과정에서 다루지 않는다. 그러나 이차방정식의 근의 공식은 계수 중에 허수가 있을 때에도 성립하므로 간단한 복소수 계수 이차방정식을 풀어 보도록 하자.

유제 **7**-6. 다음 이차방정식을 푸시오.

(1) $x^2-2(\sqrt{3}+1)x+3+2\sqrt{3}=0$ (2) $ix^2-2(1+2i)x+4+2i=0$

답 (1) $\boldsymbol{x=2+\sqrt{3},\ \sqrt{3}}$ (2) $\boldsymbol{x=3-i,\ 1-i}$

기본 문제 **7**-6 $a+bi(b\neq0)$가 x에 관한 이차방정식 $x^2+px+q=0$의 해일 때, $a-bi$도 이 방정식의 해임을 보이시오. 단, a, b, p, q는 실수이다.

정석연구 $a+bi$를 방정식 $x^2+px+q=0$의 x에 대입하고 $A+Bi=0$의 꼴로 정리한 다음, 아래 **정석**을 이용한다.

정석 $A+Bi=0$(A, B는 실수) $\Longleftrightarrow$ $A=0,\ B=0$

모범답안 $a+bi$가 해이므로 $(a+bi)^2+p(a+bi)+q=0$

전개하여 정리하면 $(a^2-b^2+pa+q)+(2ab+pb)i=0$

a, b, p, q는 실수이므로 $a^2-b^2+pa+q=0,\ 2ab+pb=0$ ……①

한편 x^2+px+q의 x에 $a-bi$를 대입하면

$$(a-bi)^2+p(a-bi)+q=(a^2-b^2+pa+q)-(2ab+pb)i$$

이므로 ①에 의하여 이 식의 값은 0이다.

따라서 $a-bi$도 방정식 $x^2+px+q=0$의 해이다.

Advice 1° $\overline{\alpha+\beta}=\overline{\alpha}+\overline{\beta},\ \overline{\alpha\beta}=\overline{\alpha}\,\overline{\beta}$임을 이용하여 보일 수도 있다.

곧, 복소수 α가 방정식 $x^2+px+q=0$의 해이면 $\alpha^2+p\alpha+q=0$

$\therefore\ \overline{\alpha^2+p\alpha+q}=\overline{0}$ $\therefore\ \overline{\alpha^2}+\overline{p\alpha}+\overline{q}=\overline{0}$ $\therefore\ \overline{\alpha}^2+\overline{p}\,\overline{\alpha}+\overline{q}=0$

p, q가 실수이면 $\overline{p}=p,\ \overline{q}=q$이므로 $\overline{\alpha}^2+p\overline{\alpha}+q=0$

따라서 $\overline{\alpha}$도 방정식 $x^2+px+q=0$의 해이다.

이 성질은 계수가 실수인 삼차 이상의 방정식에서도 성립한다.

정석 계수가 실수인 다항식 $f(x)$에 대하여
α가 방정식 $f(x)=0$의 해이면 $\overline{\alpha}$도 $f(x)=0$의 해이다.

2° 계수가 유리수인 방정식에서도 다음 성질이 성립한다.

정석 계수가 유리수인 다항식 $f(x)$에 대하여
$a+b\sqrt{m}$ (a, b, m은 유리수, $\sqrt{m}$은 무리수)이
방정식 $f(x)=0$의 해이면 $a-b\sqrt{m}$도 $f(x)=0$의 해이다.

유제 **7**-7. $2+3i$가 x에 관한 이차방정식 $x^2+px+q=0$의 해일 때, 실수 p, q의 값을 구하시오. 답 $p=-4,\ q=13$

유제 **7**-8. $1-\sqrt{2}$가 x에 관한 이차방정식 $x^2+px+q=0$의 해일 때, 유리수 p, q의 값을 구하시오. 답 $p=-2,\ q=-1$

유제 **7**-9. $2+\sqrt{3}$이 x에 관한 이차방정식 $px^2+qx+r=0$의 해이면 $2-\sqrt{3}$도 이 방정식의 해임을 보이시오. 단, p, q, r은 유리수이다.

기본 문제 **7**-7 이차방정식 $x^2+x+1=0$의 한 근을 ω라고 할 때, 다음 물음에 답하시오.

(1) $\omega^{101}+\omega^{100}+1$의 값을 구하시오.

(2) $1+2\omega+3\omega^2+4\omega^3+5\omega^4+6\omega^5+7\omega^6$을 $a+b\omega$(a, b는 실수)의 꼴로 나타내시오.

정석연구 ω가 방정식 $x^2+x+1=0$의 근이므로 $\omega^2+\omega+1=0$

이 식의 양변에 $\omega-1$을 곱하면 $(\omega-1)(\omega^2+\omega+1)=0$

$\therefore\ \omega^3-1=0$ 곧, $\omega^3=1$

이 결과를 다음과 같이 정리해 두자.

정석 $\boldsymbol{x^2+x+1=0}$의 한 근을 $\boldsymbol{\omega}$라고 하면

$$\boldsymbol{\omega^2+\omega+1=0,\quad \omega^3=1}$$

모범답안 ω가 방정식 $x^2+x+1=0$의 근이므로 $\omega^2+\omega+1=0$, $\omega^3=1$

(1) $\omega^{101}+\omega^{100}+1=(\omega^3)^{33}\times\omega^2+(\omega^3)^{33}\times\omega+1$ ⇦ $\omega^3=1$

$=\omega^2+\omega+1=\mathbf{0}$ ← 답

(2) $1+2\omega+3\omega^2+4\omega^3+5\omega^4+6\omega^5+7\omega^6$

$=1+2\omega+3\omega^2+4\omega^3+5\omega^3\times\omega+6\omega^3\times\omega^2+7(\omega^3)^2$ ⇦ $\omega^3=1$

$=1+2\omega+3\omega^2+4+5\omega+6\omega^2+7=12+7\omega+9\omega^2$

$=12+7\omega-9(\omega+1)=\mathbf{3-2\omega}$ ← 답

Advice | 조건이 「$x^3=1$의 한 허근이 ω」라고 주어진 경우 $\omega^3=1$이다.

또, $x^3-1=0$의 좌변을 인수분해하면 $(x-1)(x^2+x+1)=0$

그런데 ω는 이 방정식의 허근이므로 ω는 $x^2+x+1=0$의 근이다.

따라서 $\omega^2+\omega+1=0$이다. ⇦ p. 178 참조

정석 $\boldsymbol{x^3=1}$의 한 허근을 $\boldsymbol{\omega}$라고 하면 ⟹ $\boldsymbol{\omega^3=1,\ \omega^2+\omega+1=0}$

유제 **7**-10. 이차방정식 $x^2+x+1=0$의 한 근을 ω라고 할 때, 다음 값을 구하시오.

(1) $\omega^{20}+\omega^7$

(2) $1+\omega+\omega^2+\omega^3+\cdots+\omega^{18}$

(3) $\dfrac{\omega^{101}}{1+\omega^{100}}+\dfrac{\omega^{100}}{1+\omega^{101}}$

(4) $(2+\sqrt{3})(2+\sqrt{3}\omega)(2+\sqrt{3}\omega^2)$

답 (1) $\mathbf{-1}$ (2) $\mathbf{1}$ (3) $\mathbf{-2}$ (4) $\mathbf{8+3\sqrt{3}}$

유제 **7**-11. 이차방정식 $x^2-x+1=0$의 한 근을 ω라고 할 때, $\omega(2\omega-1)(2+\omega^2)$의 값을 구하시오.

답 $\mathbf{-3}$

기본 문제 **7**-**8** 오른쪽 그림과 같이 직사각형에서 정사각형을 잘라 내었다. 남은 직사각형과 처음 직사각형이 닮은 꼴일 때, 직사각형의 짧은 변의 길이에 대한 긴 변의 길이의 비의 값을 구하시오.

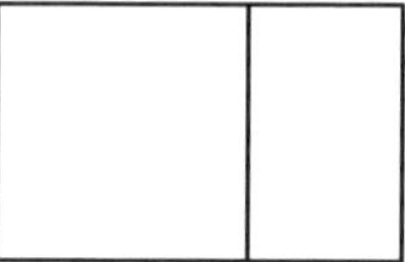

정석연구 직사각형의 짧은 변의 길이에 대한 긴 변의 길이의 비를 구해야 하므로 짧은 변의 길이를 1, 긴 변의 길이를 x로 놓고 x의 값을 구하면 된다.

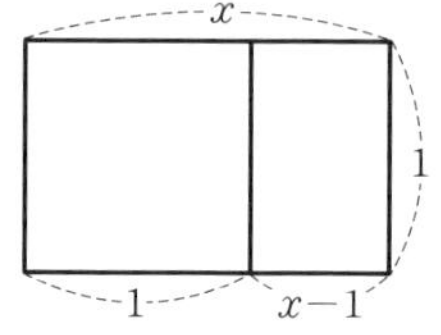

이때, 정사각형을 잘라 내고 남은 직사각형의 짧은 변의 길이는 $x-1$, 긴 변의 길이는 1이다.

이와 같이 하여 문제의 조건에 맞게 식을 세워 해결한다.

정 석 방정식의 활용 문제

미지수의 결정 $\Longrightarrow$ 조건들을 수식화!

모범답안 처음 직사각형의 짧은 변의 길이를 1, 긴 변의 길이를 x라고 하면 정사각형을 잘라 내고 남은 직사각형의 짧은 변의 길이는 $x-1$, 긴 변의 길이는 1이다.

두 직사각형이 서로 닮은 꼴이므로

$$x:1=1:(x-1) \qquad \therefore\ x(x-1)=1$$

$$\therefore\ x^2-x-1=0 \qquad \therefore\ x=\frac{1\pm\sqrt{5}}{2}$$

$x>1$이므로 $x=\dfrac{1+\sqrt{5}}{2}$ 답 $\boldsymbol{\dfrac{1+\sqrt{5}}{2}}$

**Note* 이 비를 황금비라고 한다.

유제 **7**-12. 오른쪽 그림의 △ABC는 $\overline{AB}=\overline{AC}$인 이등변삼각형이고 $\angle A=36^\circ$이다. $\angle C$의 이등분선과 변 AB의 교점을 D라고 할 때, $\overline{AD}:\overline{AB}$를 구하시오.

답 $\mathbf{2:(1+\sqrt{5})}$

유제 **7**-13. 두 변의 길이의 비가 1 : 2인 직사각형이 있다. 짧은 변의 길이를 10 cm 늘이고, 긴 변의 길이를 5 cm 줄여서 새로운 직사각형을 만들면 처음 직사각형과 비교해서 넓이가 50 % 증가한다고 한다. 처음 직사각형의 짧은 변의 길이를 구하시오.

답 **5 cm** 또는 **10 cm**

연습문제 7

7-1 다음 x에 관한 방정식을 푸시오. 단, a는 0이 아닌 상수이다.

(1) $2|x-1|=5-3x$ (2) $|1+2x|-|5-x|=3$

(3) $ax^2+6=(2a+3)x$ (4) $3x^2-\sqrt{2}x+1=0$

7-2 x보다 크지 않은 최대 정수를 $[x]$로 나타낼 때, $\left[\dfrac{x+2}{3}\right]=x-[x]+2$를 만족시키는 모든 x의 값의 합은?

① 11 ② 12 ③ 15 ④ 16 ⑤ 18

7-3 x에 관한 이차방정식 $kx^2+px+(k+1)q=0$이 실수 k의 값에 관계없이 $x=1$을 해로 가진다. 이때, 상수 p, q에 대하여 pq의 값은?

① -2 ② -1 ③ 0 ④ 1 ⑤ 2

7-4 0이 아닌 세 실수 a, b, c에 대하여 허수 α가 x에 관한 이차방정식 $ax^2+bx+c=0$의 해일 때, 다음 이차방정식의 해를 α, $\overline{\alpha}$로 나타내시오.

(1) $ax^2-bx+c=0$ (2) $cx^2+bx+a=0$

7-5 이차방정식 $x^2+x+1=0$의 한 근을 ω라고 할 때, 다음 식의 값은?

$$\frac{\omega^2}{\omega+1}+\frac{\omega^4}{\omega^2+1}+\frac{\omega^6}{\omega^3+1}+\frac{\omega^8}{\omega^4+1}+\frac{\omega^{10}}{\omega^5+1}$$

① $-\dfrac{7}{2}$ ② -3 ③ $-\dfrac{5}{2}$ ④ -2 ⑤ $-\dfrac{3}{2}$

7-6 이차방정식 $x^2-x+1=0$의 한 근을 ω라고 할 때, 다음 등식을 만족시키는 실수 a, b의 값을 구하시오.

(1) $\dfrac{1}{\omega^3-3\omega^2+4\omega-3}=a\omega+b$ (2) $\omega-2\omega^2+\dfrac{a}{1-\omega}+\dfrac{3\omega}{1+\omega^2}=b$

7-7 어떤 전자 제품 매장에서는 지난달에 a원 하는 노트북을 b개 팔았다. 이달에 노트북의 가격을 x % 올렸더니, 지난달에 비해 판매량이 $2x$ % 감소하여 총판매 금액은 12 % 감소하였다. x의 값과 이달 노트북의 가격을 구하시오.

단, $x>0$이다.

7-8 오른쪽 그림과 같이 한 변의 길이가 1인 정오각형 ABCDE에서 두 대각선 AC와 BE가 만나는 점을 F라고 하자. $\overline{\text{BF}}=a$, $\overline{\text{FE}}=b$라고 할 때, a, b의 값을 구하시오.

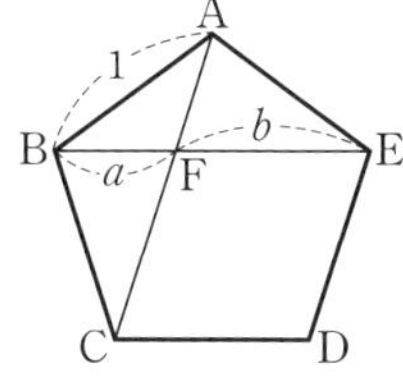

8. 이차방정식의 판별식

이차방정식의 판별식／판별식의 활용

§1. 이차방정식의 판별식

1 이차방정식의 판별식

근의 공식 : $ax^2+bx+c=0(a\neq0) \Longrightarrow x=\dfrac{-b\pm\sqrt{b^2-4ac}}{2a}$ 에 의하면

⑦ $x^2+3x-2=0 \Longrightarrow x=\dfrac{-3\pm\sqrt{3^2-4\times1\times(-2)}}{2\times1}=\dfrac{-3\pm\sqrt{17}}{2}$

⑧ $4x^2+4x+1=0 \Longrightarrow x=\dfrac{-4\pm\sqrt{4^2-4\times4\times1}}{2\times4}=\dfrac{-4\pm\sqrt{0}}{8}$

⑨ $x^2-x+3=0 \Longrightarrow x=\dfrac{-(-1)\pm\sqrt{(-1)^2-4\times1\times3}}{2\times1}=\dfrac{1\pm\sqrt{11}i}{2}$

이때, 각 방정식의 근을 살펴보면 ⑦은 서로 다른 두 실근, ⑧는 서로 같은 두 실근(이것을 중근이라고 한다), ⑨은 서로 다른 두 허근을 가짐을 알 수 있다. 이와 같이 $ax^2+bx+c=0$(a, b, c는 실수, $a\neq0$)의 근의 판별은 b^2-4ac의 값이 양수인지, 0인지, 음수인지에 따라 결정된다.

기본정석 — 이차방정식의 근의 판별

x에 관한 이차방정식 $ax^2+bx+c=0$(a, b, c는 실수)에서

$$D=b^2-4ac$$

로 놓으면 다음이 성립한다.

$D>0 \Longleftrightarrow$ 서로 다른 두 실근 ⎫
$D=0 \Longleftrightarrow$ 서로 같은 두 실근(중근) ⎭ 실근

$D<0 \Longleftrightarrow$ 서로 다른 두 허근

이때, $D=b^2-4ac$를 이차방정식 $ax^2+bx+c=0$의 판별식이라 한다.

Advice | x에 관한 이차방정식 $ax^2+bx+c=0$의 판별식에서는 특히 다음에 주의해야 한다.

첫째 — 계수 $\boldsymbol{a}, \boldsymbol{b}, \boldsymbol{c}$가 실수일 때에 한해서 판별식은 의미가 있다.

이를테면 $2x^2-3ix-2=0$에서 $D=(-3i)^2-4\times2\times(-2)=7>0$

이지만 이 방정식의 근은

$$x=\frac{-(-3i)\pm\sqrt{(-3i)^2-4\times2\times(-2)}}{2\times2}=\frac{3i\pm\sqrt{7}}{4}$$

과 같이 허근이다.

이와 같이 되는 것은 x의 계수가 허수이기 때문이다.

둘째 — 실근이라고 하면 중근, 서로 다른 두 실근을 모두 말한다.

서로 같은 두 실근을 간단히 중근이라고 하므로 실근이라는 말은 중근인 경우와 서로 다른 두 실근인 경우를 모두 말한다. 곧,

정석 실근 $\Longleftrightarrow$ $\boldsymbol{D\ge0}$

셋째 — $\boldsymbol{ax^2+2b'x+c=0}$의 근의 판별은 $\boldsymbol{D/4}$를 이용하면 간편하다.

x의 계수가 $2b'$ 꼴인 이차방정식 $ax^2+2b'x+c=0$에서

$$D=(2b')^2-4ac \quad \text{곧, } D=4(b'^2-ac)$$

이므로 b'^2-ac와 D의 부호가 같다.

따라서 $D/4=b'^2-ac$의 부호로써 근을 판별할 수 있다.

보기 1 다음 x에 관한 이차방정식의 근을 판별하시오.

(1) $15x^2-8x+2=0$ (2) $x^2+2(2+\sqrt{2})x+4\sqrt{2}+1=0$

(3) $x^2+bx+c=0$ (b, c는 실수, $c<0$)

(4) $x^2+bx-c^2+bc=0$ (b, c는 실수)

(5) $x^2-\sqrt{3}mx+m^2=0$ (m은 실수)

연구 (1) $D/4=(-4)^2-15\times2=-14<0$ ∴ 서로 다른 두 허근

(2) $D/4=(2+\sqrt{2})^2-(4\sqrt{2}+1)=5>0$ ∴ 서로 다른 두 실근

(3) $D=b^2-4c$에서 b는 실수이므로 $b^2\ge0$, $c<0$이므로 $-4c>0$

따라서 $D>0$이므로 서로 다른 두 실근

(4) $D=b^2-4(-c^2+bc)=b^2-4bc+4c^2=(b-2c)^2$

$\boldsymbol{b\ne2c}$이면 $D>0$이므로 서로 다른 두 실근

$\boldsymbol{b=2c}$이면 $D=0$이므로 중근

(5) $D=(-\sqrt{3}m)^2-4m^2=-m^2$

$\boldsymbol{m\ne0}$이면 $D<0$이므로 서로 다른 두 허근

$\boldsymbol{m=0}$이면 $D=0$이므로 중근

기본 문제 **8**-1 x에 관한 이차방정식 $(m+4)x^2-2mx+2=0$이 다음의 근을 가지도록 실수 m의 값 또는 값의 범위를 정하시오.

(1) 서로 다른 두 실근 (2) 중근 (3) 서로 다른 두 허근

정석연구 앞에서 공부한 판별식을 이용하면 된다. 곧,

정석 서로 다른 두 실근을 가지도록! $\Longrightarrow$ $\boldsymbol{D>0}$이 되도록!
중근을 가지도록! $\Longrightarrow$ $\boldsymbol{D=0}$이 되도록!
서로 다른 두 허근을 가지도록! $\Longrightarrow$ $\boldsymbol{D<0}$이 되도록!

(1), (3)을 풀기 위해서는 이차부등식의 해를 구할 줄 알아야 한다. 이에 관하여 기초가 되어 있지 않은 학생은 이차부등식의 해법(p. 215)을 먼저 공부하도록 하자.

모범답안 x에 관한 이차방정식이므로 $m+4\neq0$ 곧, $m\neq-4$ ……①

$D/4=(-m)^2-2(m+4)=m^2-2m-8=(m+2)(m-4)$

(1) $D/4>0$으로부터 $(m+2)(m-4)>0$ $\therefore$ $m<-2,\ m>4$ ……②

①, ②로부터 $\boldsymbol{m<-4,\ -4<m<-2,\ m>4}$ ← 답

(2) $D/4=0$으로부터 $(m+2)(m-4)=0$ $\therefore$ $\boldsymbol{m=-2,\ 4}$ ← 답

(3) $D/4<0$으로부터 $(m+2)(m-4)<0$ $\therefore$ $\boldsymbol{-2<m<4}$ ← 답

Advice | (1)의 경우 $m=-4$이면 주어진 방정식은 $8x+2=0$과 같은 일차방정식이 될 뿐만 아니라 서로 다른 두 실근을 가지지도 않는다.

일반적으로

이차항의 계수에 문자가 있을 때에는 다음에 주의해야 한다.

첫째 — 문제의 조건에 '이차식' 또는 '이차방정식'이라는 말이 있을 때에는 그 문제를 푼 답 중에 이차항의 계수를 0이 되게 하는 값이 있는가를 검토하고, 있으면 이를 제외한다.

둘째 — 문제의 조건에 '이차식' 또는 '이차방정식'이라는 말이 없을 때에는 이차항의 계수가 0일 때와 0이 아닐 때로 나누어서 생각한다.

유제 **8**-1. x에 관한 이차방정식 $ax^2+4x-2=0$이 다음의 근을 가지도록 실수 a의 값 또는 값의 범위를 정하시오.

(1) 서로 다른 두 실근 (2) 중근 (3) 서로 다른 두 허근

답 (1) $\boldsymbol{-2<a<0,\ a>0}$ (2) $\boldsymbol{a=-2}$ (3) $\boldsymbol{a<-2}$

유제 **8**-2. a, b, c가 삼각형의 세 변의 길이를 나타낼 때, x에 관한 이차방정식 $b^2x^2+(b^2+c^2-a^2)x+c^2=0$의 근을 판별하시오. 답 서로 다른 두 허근

기본 문제 **8**-2 다음 물음에 답하시오.

(1) x에 관한 이차방정식 $x^2-2(k-a)x+k^2+a^2-b+1=0$이 실수 k의 값에 관계없이 중근을 가지도록 실수 a, b의 값을 정하시오.

(2) x에 관한 이차방정식 $x^2+(p+2\sqrt{2})x+q+4\sqrt{2}=0$의 두 근이 서로 같을 때, 유리수 p, q의 값을 구하시오.

정석연구 (1) 중근을 가지기 위한 조건은

$$D/4=(k-a)^2-(k^2+a^2-b+1)=0$$

이다. 따라서 이 등식이 k의 값에 관계없이 성립하도록 a, b의 값을 정하면 된다.

이때, 다음 항등식의 성질을 이용한다.

정 석 $\boldsymbol{k}$의 값에 관계없이 $\boldsymbol{pk+q=0 \iff p=0,\ q=0}$

(2) 서로 같은 두 근을 가지기 위한 조건은

$$D=(p+2\sqrt{2})^2-4(q+4\sqrt{2})=0$$

이다. 이때, p, q가 유리수이므로 다음 **정석**을 이용하여 p, q의 값을 구한다.

정 석 $\boldsymbol{a, b}$가 유리수일 때, $\boldsymbol{a+b\sqrt{2}=0 \iff a=0,\ b=0}$

모범답안 (1) 중근을 가지기 위한 조건은

$$D/4=(k-a)^2-(k^2+a^2-b+1)=0 \quad \therefore\ -2ak+b-1=0$$

이 등식이 k의 값에 관계없이 성립하려면

$$-2a=0,\ b-1=0 \quad \therefore\ \boldsymbol{a=0,\ b=1} \longleftarrow \boxed{답}$$

(2) 서로 같은 두 근을 가지기 위한 조건은

$$D=(p+2\sqrt{2})^2-4(q+4\sqrt{2})=0 \quad \therefore\ (p^2-4q+8)+(4p-16)\sqrt{2}=0$$

p, q는 유리수이므로 $p^2-4q+8=0,\ 4p-16=0$

$$\therefore\ \boldsymbol{p=4,\ q=6} \longleftarrow \boxed{답}$$

***Note** $p=4, q=6$일 때, 주어진 방정식은 $x^2+2(2+\sqrt{2})x+6+4\sqrt{2}=0$

$\therefore\ x^2+2(2+\sqrt{2})x+(2+\sqrt{2})^2=0 \quad \therefore\ (x+2+\sqrt{2})^2=0 \quad \therefore\ x=-2-\sqrt{2}$

유제 **8**-3. 다음 x에 관한 이차방정식이 실수 k의 값에 관계없이 중근을 가지도록 실수 a, b의 값을 정하시오.

$$x^2-2ax+2b+k^2+2kx-4k=0$$

답 $\boldsymbol{a=2,\ b=2}$

유제 **8**-4. 다음 x에 관한 이차방정식의 두 근이 서로 같을 때, 유리수 a, b의 값을 구하시오.

$$x^2+(a-2\sqrt{3})x+b+2\sqrt{3}=0$$

답 $\boldsymbol{a=-2,\ b=4}$

§ 2. 판별식의 활용

판별식은 곡선과 직선, 곡선과 곡선 사이의 관계를 알아보는 데에도 이용되고, 최대·최소 문제의 해결에도 이용된다. 여기서는 우선 다음 두 경우의 활용을 생각해 본다.

기본정석 — 판별식의 활용

(1) 실수 조건에의 활용

방정식 $f(x, y)=0$을 만족시키는 실수 x, y가 존재하고, 주어진 방정식을 x에 관하여 정리했을 때 이것이 x에 관한 이차방정식이면

$$D\geq 0 \text{으로부터} \quad (y-\beta)^2\leq 0$$

꼴이 유도되어 y의 값을 구할 수 있는 경우가 있다.

(2) 완전제곱식에의 활용

x에 관한 이차식 ax^2+bx+c에서

$$\boldsymbol{D=b^2-4ac=0 \iff ax^2+bx+c=a\left(x+\frac{b}{2a}\right)^2}$$

Advice | $f(x)=ax^2+bx+c\,(a\neq 0)$라고 하면

$$ax^2+bx+c=a\left(x+\frac{b}{2a}\right)^2-\frac{b^2-4ac}{4a}$$

이므로 $b^2-4ac=0$이면 $f(x)$는 $a\left(x+\dfrac{b}{2a}\right)^2$ 꼴의 완전제곱식이다.

역으로 $f(x)$가 완전제곱식이면 $-\dfrac{b^2-4ac}{4a}=0$, 곧 $b^2-4ac=0$이다.

보기 1 $x^2+y^2-2x+4y+5=0$을 만족시키는 실수 x, y의 값을 구하시오.

연구 x가 실수라는 말은 주어진 방정식을 x에 관한 방정식으로 볼 때 실근을 가진다는 말과 같다.

x가 실수 $\Longrightarrow$ 근이 실수 $\Longrightarrow$ 실근 $\Longrightarrow$ $D\geq 0$

주어진 식을 x에 관하여 정리하면 $x^2-2x+y^2+4y+5=0$

$\therefore\ D/4=(-1)^2-(y^2+4y+5)\geq 0 \quad \therefore\ (y+2)^2\leq 0 \quad \therefore\ \boldsymbol{y=-2}$

이 값을 주어진 식에 대입하고 풀면 $\boldsymbol{x=1}$

* *Note* 주어진 식을 y에 관하여 정리한 다음 $D/4\geq 0$을 이용해도 된다.

보기 2 x에 관한 이차식 kx^2-8x+k가 완전제곱식일 때, k의 값을 구하시오.

연구 $D/4=(-4)^2-k\times k=0$으로부터 $k^2-16=0 \quad \therefore\ \boldsymbol{k=\pm 4}$

기본 문제 **8**-3 다음 물음에 답하시오.

(1) x에 관한 이차방정식 $5x^2-12ax+9a^2-6x+9=0$이 실근을 가질 때, 실수 a의 값과 그 실근을 구하시오.

(2) x에 관한 이차방정식 $(a^2+b^2)x^2+2(a+b)x+2=0$이 실근을 가지기 위한 조건을 구하고, 그 실근을 구하시오. 단, a, b는 실수이다.

[정석연구] (1) 주어진 이차방정식의 계수가 실수이고, 실근을 가지므로 판별식을 이용한다.

정석 계수가 실수인 이차방정식이 실근을 가진다 $\Longleftrightarrow$ $\boldsymbol{D\ge0}$

(2) 이차방정식에서 이차항의 계수에 문자가 있을 때에는 이차항의 계수가 0이 아니라는 조건을 반드시 확인한다.

[모범답안] (1) 주어진 방정식을 x에 관하여 정리하면

$$5x^2-6(2a+1)x+9a^2+9=0 \qquad \cdots\cdots①$$

a가 실수이고, 이 방정식이 실근을 가지므로

$$D/4=9(2a+1)^2-5(9a^2+9)\ge0 \qquad \therefore\ (a-2)^2\le0$$

a가 실수이므로 $a-2=0$ $\therefore$ $\boldsymbol{a=2}$ ← [답]

$a=2$를 ①에 대입하고 정리하면

$$x^2-6x+9=0 \qquad \therefore\ (x-3)^2=0 \qquad \therefore\ \boldsymbol{x=3} \leftarrow \text{[답]}$$

(2) 주어진 방정식이 이차방정식이므로 $a^2+b^2\ne0$ $\cdots\cdots①$

또, 이 방정식이 실근을 가질 조건에서

$$D/4=(a+b)^2-2(a^2+b^2)\ge0 \qquad \therefore\ (a-b)^2\le0$$

a, b가 실수이므로 $a-b=0$ $\therefore$ $a=b$ $\cdots\cdots②$

①, ②에서 $\boldsymbol{a=b\ne0}$ ← [답]

$a=b$를 주어진 방정식에 대입하고 정리하면

$$a^2x^2+2ax+1=0 \qquad \therefore\ (ax+1)^2=0 \qquad \therefore\ \boldsymbol{x=-\frac{1}{a}} \leftarrow \text{[답]}$$

Advice | (1)의 경우

$$\boldsymbol{A^2+B^2=0}(\boldsymbol{A, B}\text{는 실수}) \Longleftrightarrow \boldsymbol{A=0,\ B=0}$$

을 이용하여 구할 수도 있다. 곧, 주어진 방정식을 변형하면

$$(4x^2-12ax+9a^2)+(x^2-6x+9)=0 \qquad \therefore\ (2x-3a)^2+(x-3)^2=0$$

a, x가 실수이므로 $2x-3a=0,\ x-3=0$ $\therefore$ $\boldsymbol{x=3,\ a=2}$

[유제] **8**-5. x에 관한 이차방정식 $2x^2-4ax-8x+5a^2-4a+20=0$이 실근을 가질 때, 실수 a의 값과 그 실근을 구하시오. [답] $\boldsymbol{a=2,\ x=4}$

기본 문제 **8**-4 다음 물음에 답하시오.

(1) 방정식 $2x^2+2xy+y^2+2kx+ky+y+5=0$을 만족시키는 실수 x, y가 각각 한 개뿐일 때, 실수 k의 값을 구하시오.

(2) a, b, c가 삼각형의 세 변의 길이를 나타낼 때, x에 관한 이차식 $3x^2+2(a+b+c)x+ab+bc+ca$가 완전제곱식이면 이 삼각형은 어떤 삼각형인가?

정석연구 (1) 주어진 방정식을 만족시키는 실수 x, y가 각각 한 개뿐이므로 한 문자에 관하여 정리한 다음, 판별식을 이용한다.

정석 중근 $\Longleftrightarrow$ $\boldsymbol{D=0}$

(2) 이차식과 판별식에 관한 다음 성질을 이용한다.

정석 $\boldsymbol{D=0}$ $\Longleftrightarrow$ 이차식은 완전제곱식이다

모범답안 (1) 주어진 방정식을 x에 관하여 정리하면

$$2x^2+2(y+k)x+y^2+(k+1)y+5=0 \quad \cdots\cdots ①$$

①을 만족시키는 실수 x가 한 개뿐이므로 ①의 판별식을 D_1이라고 하면

$$D_1/4=(y+k)^2-2\{y^2+(k+1)y+5\}=0$$

$$\therefore\ y^2+2y-k^2+10=0 \quad \cdots\cdots ②$$

②를 만족시키는 실수 y도 한 개뿐이므로 ②의 판별식을 D_2라고 하면

$$D_2/4=1^2-(-k^2+10)=0$$

$$\therefore\ k^2-9=0 \qquad \therefore\ \boldsymbol{k=-3,\ 3} \longleftarrow \text{답}$$

(2) 주어진 식이 완전제곱식이려면 $D/4=(a+b+c)^2-3(ab+bc+ca)=0$

$$\therefore\ a^2+b^2+c^2-ab-bc-ca=0$$

양변을 2배 하면 $2a^2+2b^2+2c^2-2ab-2bc-2ca=0$

$$\therefore\ (a^2-2ab+b^2)+(b^2-2bc+c^2)+(c^2-2ca+a^2)=0$$

$$\therefore\ (a-b)^2+(b-c)^2+(c-a)^2=0$$

a, b, c가 실수이므로 $a-b=0,\ b-c=0,\ c-a=0$

$$\therefore\ a=b=c$$

답 정삼각형

유제 **8**-6. x에 관한 이차식 $x^2-2(k-1)x+2k^2-6k+4$가 완전제곱식일 때, 실수 k의 값을 구하시오.

답 $\boldsymbol{k=1,\ 3}$

유제 **8**-7. a, b, c가 삼각형의 세 변의 길이를 나타낼 때, x에 관한 이차식 $a(1-x^2)-2bx+c(1+x^2)$이 완전제곱식이면 이 삼각형은 어떤 삼각형인가?

답 빗변의 길이가 $\boldsymbol{c}$인 직각삼각형

연습문제 8

8-1 다음 x에 관한 이차방정식의 근을 판별하시오. 단, a, b, c는 실수이다.

(1) $x^2+(a+2)x+a-b^2=0$ (2) $(b-c)x^2+2(c-a)x+a-b=0$

8-2 x에 관한 이차방정식 $(x+a)^2+2a(x+a)-2a=0$이 서로 다른 두 허근을 가지도록 하는 정수 a의 값은?

① -2 ② -1 ③ 0 ④ 1 ⑤ 2

8-3 x에 관한 이차방정식 $3x^2-ax+5b=0$이 중근을 가질 때, a의 값을 최소가 되게 하는 b의 값과 이때의 a의 값을 구하시오. 단, a, b는 자연수이다.

8-4 x에 관한 이차방정식 $x^2+3-k(x-1)=0$이 허근을 가지도록 하고, x에 관한 이차방정식 $x^2+6x+2-k(x+1)^2=0$이 실근을 가지도록 하는 정수 k의 개수를 구하시오.

8-5 x에 관한 이차방정식 $x^2-px+4=0$이 허근을 가질 때,

(1) 실수 p의 값의 범위를 구하시오.

(2) 한 허근의 세제곱이 실수일 때, 실수 p의 값을 구하시오.

8-6 이차식 $f(x)=x^2+px+q$가 다음 두 조건을 만족시킬 때, 실수 p, q의 값을 구하시오.

(가) $f(x)$를 $x+1$로 나눈 나머지가 -1이다.

(나) 방정식 $f(x+1)+f(x-1)=0$이 중근을 가진다.

8-7 이차식 $f(x)=ax^2+bx+c$에 대하여 다음 중 옳은 것만을 있는 대로 고른 것은? 단, a, b, c는 실수이다.

> ㄱ. $ac<0$이면 $f(x)=0$은 서로 다른 두 실근을 가진다.
> ㄴ. $ax^2+2bx+c=0$이 허근을 가지면 $f(x)=0$은 허근을 가진다.
> ㄷ. $f(x)=0$이 실근을 가지면 $f(x)=a$는 서로 다른 두 실근을 가진다.

① ㄱ ② ㄱ, ㄴ ③ ㄱ, ㄷ ④ ㄴ, ㄷ ⑤ ㄱ, ㄴ, ㄷ

8-8 다음 식을 만족시키는 실수 a, b의 값을 구하시오.

$$3a+2b+6ab=9a^2+4b^2+1$$

8-9 x에 관한 이차식 $x^2+(3a+1)x+2a^2-b^2$이 완전제곱식이 되도록 하는 정수 a, b의 순서쌍 (a, b)의 개수는?

① 1 ② 2 ③ 3 ④ 4 ⑤ 5

⑨. 이차방정식의 근과 계수의 관계

이차방정식의 근과 계수의 관계／이차방정식의 정수근／이차방정식의 실근의 부호

§1. 이차방정식의 근과 계수의 관계

1 이차방정식의 근과 계수의 관계

지금까지 이차방정식의 두 근을 판별하는 방법을 공부하였다. 이제 이차방정식의 두 근을 직접 구하지 않고 두 근의 합과 곱을 구하는 방법을 공부해 보자.

일반적으로 x에 관한 이차방정식 $ax^2+bx+c=0$의 두 근 α, β를

$$\alpha=\frac{-b+\sqrt{b^2-4ac}}{2a}, \quad \beta=\frac{-b-\sqrt{b^2-4ac}}{2a}$$

로 놓으면(α, β를 바꾸어 놓아도 결과는 같다)

$$\alpha+\beta=\frac{-b+\sqrt{b^2-4ac}}{2a}+\frac{-b-\sqrt{b^2-4ac}}{2a}=\frac{-2b}{2a}=-\frac{b}{a},$$

$$\alpha\beta=\frac{-b+\sqrt{b^2-4ac}}{2a}\times\frac{-b-\sqrt{b^2-4ac}}{2a}=\frac{b^2-(b^2-4ac)}{4a^2}=\frac{c}{a}$$

를 얻는다. 이 결과로부터

$\alpha+\beta$(두 근의 합), $\alpha\beta$(두 근의 곱)

를 각각 계수 a, b, c를 이용하여 나타낼 수 있음을 알 수 있다.

이와 같은 이차방정식 $ax^2+bx+c=0$의 두 근 α, β와 계수 a, b, c 사이의 관계를 근과 계수의 관계라고 한다.

기본정석 **이차방정식의 근과 계수의 관계**

x에 관한 이차방정식 $ax^2+bx+c=0$의 두 근을 α, β라고 하면

$$\alpha+\beta=-\frac{b}{a}, \quad \alpha\beta=\frac{c}{a}$$

Advice | 이를테면 이차방정식 $x^2-3x+2=0$의 두 근을 α, β라고 할 때, $\alpha+\beta$, $\alpha\beta$, $|\alpha-\beta|$의 값을 구해 보자.

먼저 α, β를 직접 구해 보면 $x^2-3x+2=0$에서

$$(x-1)(x-2)=0 \qquad \therefore\ x=1,\ 2$$

이므로

$$\alpha+\beta=1+2=\mathbf{3},\quad \alpha\beta=1\times2=\mathbf{2},\quad |\alpha-\beta|=|1-2|=\mathbf{1}$$

을 얻을 수 있다.

그러나 이와 같이 근을 직접 구하지 않더라도 근과 계수의 관계를 이용하여 이 값들을 구할 수 있다.

곧, $x^2-3x+2=0$에서 $a=1$, $b=-3$, $c=2$인 경우이므로

$$\alpha+\beta=-\frac{b}{a}=-\frac{-3}{1}=\mathbf{3},\quad \alpha\beta=\frac{c}{a}=\frac{2}{1}=\mathbf{2}$$

이를 이용하면 $|\alpha-\beta|^2=(\alpha-\beta)^2=(\alpha+\beta)^2-4\alpha\beta=3^2-4\times2=1$

$$\therefore\ |\alpha-\beta|=\mathbf{1}$$

보기 1 다음 이차방정식의 두 근을 α, β라고 할 때, $\alpha+\beta$, $\alpha\beta$, $|\alpha-\beta|$의 값을 구하시오.

(1) $2x^2-3x-2=0$ (2) $5x^2+4x-3=0$

연구 (1) $a=2$, $b=-3$, $c=-2$인 경우이므로

$$\alpha+\beta=-\frac{b}{a}=-\frac{-3}{2}=\mathbf{\frac{3}{2}},\quad \alpha\beta=\frac{c}{a}=\frac{-2}{2}=\mathbf{-1}$$

이를 이용하면

$$|\alpha-\beta|^2=(\alpha-\beta)^2=(\alpha+\beta)^2-4\alpha\beta=\left(\frac{3}{2}\right)^2-4\times(-1)=\frac{25}{4}$$

$$\therefore\ |\alpha-\beta|=\mathbf{\frac{5}{2}}$$

(2) $a=5$, $b=4$, $c=-3$인 경우이므로

$$\alpha+\beta=-\frac{b}{a}=\mathbf{-\frac{4}{5}},\quad \alpha\beta=\frac{c}{a}=\frac{-3}{5}=\mathbf{-\frac{3}{5}}$$

이를 이용하면

$$|\alpha-\beta|^2=(\alpha-\beta)^2=(\alpha+\beta)^2-4\alpha\beta=\left(-\frac{4}{5}\right)^2-4\times\left(-\frac{3}{5}\right)=\frac{76}{25}$$

$$\therefore\ |\alpha-\beta|=\mathbf{\frac{2\sqrt{19}}{5}}$$

2 이차식의 인수분해

x에 관한 이차방정식 $ax^2+bx+c=0$의 두 근을 α, β라고 하면

$$ax^2+bx+c=a\left(x^2+\frac{b}{a}x+\frac{c}{a}\right) \qquad \Leftarrow\ -\frac{b}{a}=\alpha+\beta,\ \frac{c}{a}=\alpha\beta$$

$$=a\{x^2-(\alpha+\beta)x+\alpha\beta\}=a(x-\alpha)(x-\beta)$$

기본정석 — 이차식의 인수분해

(1) x에 관한 이차방정식 $ax^2+bx+c=0$의 두 근을 α, β라고 하면

$$ax^2+bx+c=a(x-\alpha)(x-\beta)$$

(2) x에 관한 이차식 ax^2+bx+c를 인수분해하려면

(i) 이차방정식 $ax^2+bx+c=0$의 두 근 α, β를 구한다.

(ii) $x-\alpha$, $x-\beta$를 곱하고 a배 한다.

보기 2 근의 공식을 이용하여 다음 이차식을 인수분해하시오.

(1) $3x^2-2x-1$ (2) x^2-4x+1

연구 (1) $3x^2-2x-1=0$에서 $x=\dfrac{1\pm\sqrt{(-1)^2-3\times(-1)}}{3}$ $\therefore$ $x=1, -\dfrac{1}{3}$

$\therefore$ $3x^2-2x-1=3(x-1)\left(x+\dfrac{1}{3}\right)=\boldsymbol{(x-1)(3x+1)}$

(2) $x^2-4x+1=0$에서 $x=2\pm\sqrt{(-2)^2-1}$ $\therefore$ $x=2+\sqrt{3}, 2-\sqrt{3}$

$\therefore$ $x^2-4x+1=\{x-(2+\sqrt{3})\}\{x-(2-\sqrt{3})\}$

$=\boldsymbol{(x-2-\sqrt{3})(x-2+\sqrt{3})}$

3 두 근이 주어진 이차방정식

일반적으로 α, β를 두 근으로 가지고 이차항의 계수가 1인 x에 관한 이차방정식은

$x=\alpha$ 또는 $x=\beta$ $\Longleftrightarrow$ $x-\alpha=0$ 또는 $x-\beta=0$ $\Longleftrightarrow$ $(x-\alpha)(x-\beta)=0$

기본정석 — 두 근이 주어진 이차방정식

(1) α, β를 두 근으로 가지고 이차항의 계수가 **1**인 x에 관한 이차방정식은

$$(x-\alpha)(x-\beta)=0 \quad \text{곧,}\ x^2-(\alpha+\beta)x+\alpha\beta=0$$

(2) $\alpha+\beta=p$, $\alpha\beta=q$인 α, β는 $x^2-px+q=0$의 두 근이다.

보기 3 3, -5를 두 근으로 가지고 x^2의 계수가 1인 이차방정식을 구하시오.

연구 $x^2-\{3+(-5)\}x+3\times(-5)=0$ $\therefore$ $\boldsymbol{x^2+2x-15=0}$

보기 4 $\alpha+\beta=4$, $\alpha\beta=3$인 두 수 α, β를 구하시오.

연구 α, β는 이차방정식 $x^2-4x+3=0$의 두 근이다.

$(x-1)(x-3)=0$에서 $x=1, 3$이므로

$\boldsymbol{\alpha=1, \beta=3}$ 또는 $\boldsymbol{\alpha=3, \beta=1}$

기본 문제 **9**-1 이차방정식 $x^2-4x-3=0$의 두 근을 α, β라고 할 때, 다음 식의 값을 구하시오.

(1) $\alpha^2+\beta^2$ (2) $\alpha^3+\beta^3$ (3) $\alpha^5+\beta^5$ (4) $|\alpha-\beta|$

(5) $(\alpha-3\beta)(\beta-3\alpha)$ (6) $\dfrac{1}{\alpha}+\dfrac{1}{\beta}$ (7) $\dfrac{\alpha}{\beta^2}+\dfrac{\beta}{\alpha^2}$

정석연구 근과 계수의 관계로부터 $\alpha+\beta=4$, $\alpha\beta=-3$이므로

각 식을 $\alpha+\beta$, $\alpha\beta$를 포함한 식으로 변형한다.

특히 $\alpha^2+\beta^2$, $\alpha^3+\beta^3$은 앞서 공부한

정석 $\alpha^2+\beta^2=(\alpha+\beta)^2-2\alpha\beta$,
$\alpha^3+\beta^3=(\alpha+\beta)^3-3\alpha\beta(\alpha+\beta)$

를 이용하면 된다.

모범답안 $x^2-4x-3=0$에서 근과 계수의 관계로부터

$$\alpha+\beta=4, \quad \alpha\beta=-3$$

(1) $\alpha^2+\beta^2=(\alpha+\beta)^2-2\alpha\beta=4^2-2\times(-3)=\mathbf{22}$ ← 답

(2) $\alpha^3+\beta^3=(\alpha+\beta)^3-3\alpha\beta(\alpha+\beta)=4^3-3\times(-3)\times4=\mathbf{100}$ ← 답

(3) $(\alpha^2+\beta^2)(\alpha^3+\beta^3)=\alpha^5+\alpha^2\beta^3+\alpha^3\beta^2+\beta^5$이므로

$$\alpha^5+\beta^5=(\alpha^2+\beta^2)(\alpha^3+\beta^3)-(\alpha\beta)^2(\alpha+\beta)$$
$$=22\times100-(-3)^2\times4=\mathbf{2164}$$ ← 답

(4) $|\alpha-\beta|^2=(\alpha-\beta)^2=\alpha^2-2\alpha\beta+\beta^2=22-2\times(-3)=28$

$\therefore\ |\alpha-\beta|=\sqrt{28}=\mathbf{2\sqrt{7}}$ ← 답

(5) $(\alpha-3\beta)(\beta-3\alpha)=\alpha\beta-3\alpha^2-3\beta^2+9\alpha\beta=10\alpha\beta-3(\alpha^2+\beta^2)$

$=10\times(-3)-3\times22=\mathbf{-96}$ ← 답

(6) $\dfrac{1}{\alpha}+\dfrac{1}{\beta}=\dfrac{\alpha+\beta}{\alpha\beta}=\dfrac{4}{-3}=\mathbf{-\dfrac{4}{3}}$ ← 답

(7) $\dfrac{\alpha}{\beta^2}+\dfrac{\beta}{\alpha^2}=\dfrac{\alpha^3+\beta^3}{(\alpha\beta)^2}=\dfrac{100}{(-3)^2}=\mathbf{\dfrac{100}{9}}$ ← 답

유제 **9**-1. 이차방정식 $2x^2+4x+3=0$의 두 근을 α, β라고 할 때, 다음 식의 값을 구하시오.

(1) $\alpha^2\beta+\alpha\beta^2$ (2) $(\alpha^2-1)(\beta^2-1)$ (3) $(2\alpha+\beta)(2\beta+\alpha)$

(4) $\left(\alpha+\dfrac{1}{\beta}\right)\left(\beta+\dfrac{1}{\alpha}\right)$ (5) $\dfrac{\beta}{\alpha+1}+\dfrac{\alpha}{\beta+1}$ (6) $\dfrac{\alpha^2}{\beta}-\dfrac{\beta^2}{\alpha}$

답 (1) $\mathbf{-3}$ (2) $\mathbf{\dfrac{9}{4}}$ (3) $\mathbf{\dfrac{19}{2}}$ (4) $\mathbf{\dfrac{25}{6}}$ (5) $\mathbf{-2}$ (6) $\pm\dfrac{5\sqrt{2}}{3}i$

기본 문제 9-2 다음을 만족시키는 상수 m의 값을 구하시오.

(1) x에 관한 이차방정식 $x^2-2mx+2=0$의 한 근이 $1+\sqrt{3}$이다.

(2) x에 관한 이차방정식 $x^2+mx+135=0$의 두 근의 비가 $5:3$이다.

(3) x에 관한 이차방정식 $x^2+2mx+3=0$의 두 근의 차가 2이다.

정석연구 (1) 다른 한 근을 α로 놓는다.

(2) 한 근을 5α라고 하면 다른 한 근은 3α이다.

(3) 작은 근을 α라고 하면 큰 근은 $\alpha+2$이다.

이와 같이 두 근을 나타낸 다음, 근과 계수의 관계를 이용한다.

정석 $\boldsymbol{ax^2+bx+c=0(a\neq0)}$의 두 근을 α, β라고 할 때

$$\alpha+\beta=-\frac{b}{a},\quad \alpha\beta=\frac{c}{a}$$

모범답안 (1) 다른 한 근을 α라고 하면 근과 계수의 관계로부터

$1+\sqrt{3}+\alpha=2m$ ……① $(1+\sqrt{3})\alpha=2$ ……②

②에서의 $\alpha=\sqrt{3}-1$을 ①에 대입하면 $\boldsymbol{m=\sqrt{3}}$ ← 답

(2) 한 근을 5α라고 하면 다른 한 근은 3α이므로 근과 계수의 관계로부터

$5\alpha+3\alpha=-m$ ……① $5\alpha\times3\alpha=135$ ……②

②에서 $\alpha^2=9$ $\therefore\ \alpha=\pm3$

이 값을 ①에 대입하면 $\boldsymbol{m=\pm24}$ ← 답

(3) 작은 근을 α라고 하면 큰 근은 $\alpha+2$이므로 근과 계수의 관계로부터

$\alpha+(\alpha+2)=-2m$ ……① $\alpha(\alpha+2)=3$ ……②

②에서 $\alpha^2+2\alpha-3=0$ $\therefore\ (\alpha+3)(\alpha-1)=0$ $\therefore\ \alpha=-3, 1$

이 값을 ①에 대입하면 $\boldsymbol{m=2,\ -2}$ ← 답

Advice | (1)의 $x^2-2mx+2=0$에서 m이 유리수일 때에는 한 근이 $1+\sqrt{3}$이면 다른 한 근은 $1-\sqrt{3}$이다. 그러나 이 문제에서는 m이 유리수인지 아닌지 알 수 없으므로 다른 한 근을 α로 놓고 풀어야 한다.

유제 **9**-2. x에 관한 이차방정식 $x^2-mx+1=0$의 한 근이 $1+\sqrt{2}$일 때, 상수 m의 값과 다른 한 근을 구하시오. 답 $\boldsymbol{m=2\sqrt{2}}$, 다른 한 근 : $\boldsymbol{\sqrt{2}-1}$

유제 **9**-3. x에 관한 이차방정식 $2x^2+3x+m=0$의 한 근이 다른 근의 2배가 되도록 상수 m의 값을 정하시오. 답 $\boldsymbol{m=1}$

유제 **9**-4. x에 관한 이차방정식 $x^2+2x+m=0$의 두 근의 차가 2가 되도록 상수 m의 값을 정하시오. 답 $\boldsymbol{m=0}$

기본 문제 **9**-3 x에 관한 이차방정식 $x^2+ax+b=0$의 두 근을 α, β라고 할 때, x에 관한 이차방정식 $x^2+bx-a=0$의 두 근은 $\alpha-1$, $\beta-1$이다.

이때, 다음 물음에 답하시오.

(1) 상수 a, b의 값을 구하시오.

(2) α^3, β^3과 $\alpha^{20}+\beta^{20}$의 값을 구하시오.

정석연구 우선 이차방정식의 근과 계수의 관계

정 석 $\boldsymbol{ax^2+bx+c=0(a\neq0)}$의 두 근을 α, β라고 할 때

$$\alpha+\beta=-\frac{b}{a},\quad \alpha\beta=\frac{c}{a}$$

를 이용하여 a, b의 값부터 구한다.

모범답안 (1) $x^2+ax+b=0$의 두 근이 α, β이므로

$$\alpha+\beta=-a,\quad \alpha\beta=b \qquad \cdots\cdots①$$

또, $x^2+bx-a=0$의 두 근이 $\alpha-1$, $\beta-1$이므로

$$(\alpha-1)+(\beta-1)=-b,\quad (\alpha-1)(\beta-1)=-a$$

곧, $\alpha+\beta-2=-b,\quad \alpha\beta-(\alpha+\beta)+1=-a \qquad \cdots\cdots②$

①을 ②에 대입하면 $\quad -a-2=-b,\quad b+a+1=-a$

연립하여 풀면 $\boldsymbol{a=-1,\ b=1}$ ← 답

(2) α, β는 이차방정식 $x^2-x+1=0$의 두 근이다.

또, $x^2-x+1=0$의 양변에 $x+1$을 곱하면

$$(x+1)(x^2-x+1)=0 \quad \therefore\ x^3+1=0 \quad \therefore\ x^3=-1$$

α, β는 이 방정식의 근이므로 $\quad \alpha^3=-1,\ \beta^3=-1$

$$\begin{aligned}\therefore\ \alpha^{20}+\beta^{20}&=(\alpha^3)^6\alpha^2+(\beta^3)^6\beta^2\\&=\alpha^2+\beta^2=(\alpha+\beta)^2-2\alpha\beta \qquad \Leftarrow \alpha+\beta=1,\ \alpha\beta=1\\&=1^2-2\times1=-1\end{aligned}$$

답 $\boldsymbol{\alpha^3=-1,\ \beta^3=-1,\ \alpha^{20}+\beta^{20}=-1}$

유제 **9**-5. x에 관한 이차방정식 $x^2-ax+b=0$의 두 근을 α, β라고 할 때, x에 관한 이차방정식 $x^2-(2a+1)x+2=0$의 두 근은 $\alpha+\beta$, $\alpha\beta$이다.

상수 a, b에 대하여 a^3-b^3의 값을 구하시오. 답 **−7**

유제 **9**-6. x에 관한 이차방정식 $x^2-mx+n=0$의 두 실근을 α, β라고 할 때, x에 관한 이차방정식 $x^2-3mx+4(n-1)=0$의 두 근은 α^2, β^2이다.

이때, 실수 m, n의 값을 구하시오. 답 $\boldsymbol{m=4,\ n=2}$

기본 문제 **9**-4 다음 물음에 답하시오.

(1) $P=x^2+4xy+4y^2-2x-4y-3$을 근의 공식을 이용하여 인수분해하시오.

(2) $Q=x^2+4xy+3y^2+2x+8y+k$가 x, y에 관한 두 일차식의 곱으로 인수분해될 때, 상수 k의 값을 구하시오.

정석연구 $P=0$, $Q=0$으로 놓으면 두 식 모두 x에 관한 이차방정식이므로 근의 공식을 이용하여 해를 구한 다음, 아래 **정석**을 이용하여 인수분해한다.

정석 $\boldsymbol{ax^2+bx+c=0(a\neq0)}$의 두 근이 α, β이면
$$\boldsymbol{ax^2+bx+c=a(x-\alpha)(x-\beta)}$$

모범답안 (1) $P=0$으로 놓고 좌변을 x에 관하여 정리하면
$$x^2+2(2y-1)x+4y^2-4y-3=0$$
이 식을 x에 관한 이차방정식으로 보고 근의 공식에 대입하면
$$x=-(2y-1)\pm\sqrt{(2y-1)^2-(4y^2-4y-3)}=-(2y-1)\pm\sqrt{4}$$
$$\therefore\ P=\{x-(-2y+3)\}\{x-(-2y-1)\}=\boldsymbol{(x+2y-3)(x+2y+1)}$$

(2) $Q=0$으로 놓고 좌변을 x에 관하여 정리하면
$$x^2+2(2y+1)x+3y^2+8y+k=0$$
이 식을 x에 관한 이차방정식으로 보고 근의 공식에 대입하면
$$x=-(2y+1)\pm\sqrt{(2y+1)^2-(3y^2+8y+k)}$$
$D_1=(2y+1)^2-(3y^2+8y+k)=y^2-4y+1-k$라고 하면
$$x=-(2y+1)+\sqrt{D_1},\ -(2y+1)-\sqrt{D_1}$$
이므로 $Q=(x+2y+1-\sqrt{D_1})(x+2y+1+\sqrt{D_1})$

이 식이 두 일차식의 곱이 되기 위해서는 D_1이 완전제곱식이어야 한다.

따라서 $D_1=0$의 판별식을 D라고 하면
$$D/4=(-2)^2-(1-k)=0 \qquad \therefore\ \boldsymbol{k=-3}$$

Advice | (2)의 결과를 다음과 같이 기억해도 된다.

정석 이차식이 두 일차식의 곱으로 인수분해된다.
⟹ 판별식이 완전제곱식이다.

유제 **9**-7. 이차식 $x^2-5xy+4y^2+x+2y-2$를 근의 공식을 이용하여 인수분해하시오. 답 $\boldsymbol{(x-4y+2)(x-y-1)}$

유제 **9**-8. 이차식 $x^2+xy-2y^2-x+ky-2$가 x, y에 관한 두 일차식의 곱으로 인수분해될 때, 상수 k의 값을 구하시오. 답 $\boldsymbol{k=-5,\ 4}$

기본 문제 **9**-5 다음을 만족시키는 이차항의 계수가 1인 x에 관한 이차방정식을 구하시오.

(1) $\sqrt{3}-2$, $\sqrt{3}+2$를 두 근으로 가진다.

(2) $2-\sqrt{3}$을 근으로 가지고 계수가 유리수이다.

(3) $2+i$를 근으로 가지고 계수가 실수이다.

정석연구 (1) 일반적으로 α, β를 두 근으로 가지는 x에 관한 이차방정식은

$$a\{x^2-(\alpha+\beta)x+\alpha\beta\}=0\ (a\neq0)$$

이다.

특히 이차항의 계수가 1일 때에는 다음 **정석**을 이용한다.

정석 α, β를 두 근으로 가지고 이차항의 계수가 **1**인
x에 관한 이차방정식은 $\Longrightarrow$ $\boldsymbol{x^2-(\alpha+\beta)x+\alpha\beta=0}$

(2) 계수가 유리수인 이차방정식이므로 다른 한 근은 $2+\sqrt{3}$이다.

(3) 계수가 실수인 이차방정식이므로 다른 한 근은 $2-i$이다.

이에 대해서는 p. 114의 **기본 문제 7-6**에서 공부하였다.

모범답안 (1) $(\sqrt{3}-2)+(\sqrt{3}+2)=2\sqrt{3}$, $(\sqrt{3}-2)(\sqrt{3}+2)=-1$

이므로 구하는 이차방정식은 $\boldsymbol{x^2-2\sqrt{3}x-1=0}$ ← 답

(2) 계수가 유리수이고, 한 근이 $2-\sqrt{3}$이므로 다른 한 근은 $2+\sqrt{3}$이다.

따라서 구하는 이차방정식은

$$x^2-\{(2-\sqrt{3})+(2+\sqrt{3})\}x+(2-\sqrt{3})(2+\sqrt{3})=0$$

정리하면 $\boldsymbol{x^2-4x+1=0}$ ← 답

(3) 계수가 실수이고, 한 근이 $2+i$이므로 다른 한 근은 $2-i$이다.

따라서 구하는 이차방정식은

$$x^2-\{(2+i)+(2-i)\}x+(2+i)(2-i)=0$$

정리하면 $\boldsymbol{x^2-4x+5=0}$ ← 답

유제 **9**-9. $\dfrac{\sqrt{3}+\sqrt{2}}{\sqrt{3}-\sqrt{2}}$, $\dfrac{\sqrt{3}-\sqrt{2}}{\sqrt{3}+\sqrt{2}}$를 두 근으로 가지고 이차항의 계수가 1인 x에 관한 이차방정식을 구하시오. 답 $\boldsymbol{x^2-10x+1=0}$

유제 **9**-10. $\sqrt{2}-1$을 근으로 가지고 계수가 유리수인 x에 관한 이차방정식을 구하시오. 단, 이차항의 계수는 1이다. 답 $\boldsymbol{x^2+2x-1=0}$

유제 **9**-11. $3-i$를 근으로 가지고 계수가 실수인 x에 관한 이차방정식을 구하시오. 단, 이차항의 계수는 1이다. 답 $\boldsymbol{x^2-6x+10=0}$

기본 문제 9-6 이차방정식 $x^2-4x+1=0$의 두 근을 α, β라고 할 때, 다음 두 수를 근으로 가지고 x^2의 계수가 1인 이차방정식을 구하시오.

(1) $2\alpha+\beta,\ \alpha+2\beta$ (2) $\alpha^2+\dfrac{1}{\beta},\ \beta^2+\dfrac{1}{\alpha}$

정석연구 (1)은 $2\alpha+\beta, \alpha+2\beta$를 각각 p, q로 보고

정석 $\boldsymbol{p, q}$를 두 근으로 가지고 이차항의 계수가 **1**인
$\boldsymbol{x}$에 관한 이차방정식은 $\Longrightarrow$ $\boldsymbol{x^2-(p+q)x+pq=0}$

임을 이용한다. (2)에 대해서도 같은 방법을 이용한다.

모범답안 (1) 구하는 이차방정식은

$$x^2-\{(2\alpha+\beta)+(\alpha+2\beta)\}x+(2\alpha+\beta)(\alpha+2\beta)=0 \quad \cdots\cdots ①$$

그런데 α, β는 $x^2-4x+1=0$의 두 근이므로 $\alpha+\beta=4,\ \alpha\beta=1$

$$\therefore\ (2\alpha+\beta)+(\alpha+2\beta)=3(\alpha+\beta)=3\times4=12,$$

$$(2\alpha+\beta)(\alpha+2\beta)=2(\alpha^2+\beta^2)+5\alpha\beta$$
$$=2(\alpha+\beta)^2+\alpha\beta=2\times4^2+1=33$$

따라서 ①은 $\boldsymbol{x^2-12x+33=0}$ ⟵ 답

(2) 구하는 이차방정식은

$$x^2-\left\{\left(\alpha^2+\frac{1}{\beta}\right)+\left(\beta^2+\frac{1}{\alpha}\right)\right\}x+\left(\alpha^2+\frac{1}{\beta}\right)\left(\beta^2+\frac{1}{\alpha}\right)=0 \quad \cdots\cdots ②$$

그런데 α, β는 $x^2-4x+1=0$의 두 근이므로 $\alpha+\beta=4,\ \alpha\beta=1$

$$\therefore\ \left(\alpha^2+\frac{1}{\beta}\right)+\left(\beta^2+\frac{1}{\alpha}\right)=(\alpha+\beta)^2-2\alpha\beta+\frac{\alpha+\beta}{\alpha\beta}=18,$$

$$\left(\alpha^2+\frac{1}{\beta}\right)\left(\beta^2+\frac{1}{\alpha}\right)=(\alpha\beta)^2+\alpha+\beta+\frac{1}{\alpha\beta}=6$$

따라서 ②는 $\boldsymbol{x^2-18x+6=0}$ ⟵ 답

유제 **9**-12. 이차방정식 $x^2-2x+4=0$의 두 근을 α, β라고 할 때, 다음 두 수를 근으로 가지고 x^2의 계수가 1인 이차방정식을 구하시오.

(1) $3\alpha,\ 3\beta$ (2) $2\alpha+1,\ 2\beta+1$ (3) $\alpha^2,\ \beta^2$

(4) $\alpha^2+1,\ \beta^2+1$ (5) $\alpha^3,\ \beta^3$ (6) $\alpha+\beta,\ \alpha\beta$

(7) $\dfrac{1}{\alpha},\ \dfrac{1}{\beta}$ (8) $\alpha+\dfrac{1}{\beta},\ \beta+\dfrac{1}{\alpha}$ (9) $\dfrac{\beta}{\alpha},\ \dfrac{\alpha}{\beta}$

답 (1) $\boldsymbol{x^2-6x+36=0}$ (2) $\boldsymbol{x^2-6x+21=0}$ (3) $\boldsymbol{x^2+4x+16=0}$
(4) $\boldsymbol{x^2+2x+13=0}$ (5) $\boldsymbol{x^2+16x+64=0}$ (6) $\boldsymbol{x^2-6x+8=0}$
(7) $\boldsymbol{x^2-\frac{1}{2}x+\frac{1}{4}=0}$ (8) $\boldsymbol{x^2-\frac{5}{2}x+\frac{25}{4}=0}$ (9) $\boldsymbol{x^2+x+1=0}$

§2. 이차방정식의 정수근

1 이차방정식의 정수근

이차방정식의 근에 정수 조건이 있는 경우에는 근과 계수의 관계나 판별식을 이용하여 해결하는 것이 보통이다.

기본정석 — 이차방정식의 정수근

근에 정수 조건이 있을 때

(1) 근과 계수의 관계를 이용해 본다.

(2) $b^2-4ac\geq 0$을 만족시키는 범위를 먼저 구해 본다.

(3) $b^2-4ac=k^2$으로 놓고 근이 정수임을 이용해 본다.

Advice | 이를테면 x에 관한 이차방정식 $x^2-mx-1=0$이 주어질 때, 이 식만으로는 근 x나 상수 m의 값을 구할 수 없다.

그러나 '근이 정수'라는 조건이 주어지면 근 x나 상수 m의 값을 구할 수 있는 경우가 있다. 다음 문제에서 공부해 보자.

기본 문제 **9**-7 다음 x에 관한 이차방정식의 두 근이 모두 양의 정수일 때, 두 근과 상수 m의 값을 구하시오.

$$x^2-(m+4)x+3-2m=0$$

모범답안 $x^2-(m+4)x+3-2m=0$의 두 근을 $\alpha, \beta(\alpha\geq\beta>0)$라고 하면 근과 계수의 관계로부터

$\alpha+\beta=m+4$ ……① $\alpha\beta=3-2m$ ……②

①×2+②하면 ⇦ m을 소거한다.

$\alpha\beta+2(\alpha+\beta)=11$ $\therefore$ $(\alpha+2)(\beta+2)=15$

α, β가 양의 정수이고, $\alpha+2\geq 3$, $\beta+2\geq 3$, $\alpha\geq\beta$이므로

$\alpha+2=5$, $\beta+2=3$ $\therefore$ $\alpha=3$, $\beta=1$

이 값을 ①에 대입하면 $m=0$ 답 $\boldsymbol{x=1, 3,\ m=0}$

유제 **9**-13. 다음 x에 관한 이차방정식의 두 근 α, β가 모두 양의 정수일 때, $\alpha^2+\beta^2$의 값을 구하시오. 단, m은 상수이다.

$$x^2-(m+1)x+m+3=0$$

답 **20**

기본 문제 **9**-8 x에 관한 이차방정식

$$x^2-2mx+2m^2-2=0$$

의 두 근이 모두 정수일 때, 정수 m의 값과 두 근을 구하시오.

정석연구 근과 계수의 관계를 이용할 때 m을 소거하기 어렵거나 소거할 수 있다고 해도 두 근을 구하기가 쉽지 않은 경우, 판별식을 이용해 본다.

이 문제의 경우, 근의 공식에 대입하면

$$x=-(-m)\pm\sqrt{(-m)^2-(2m^2-2)}=m\pm\sqrt{-m^2+2}$$

여기에서 $D/4=-m^2+2<0$이면 x는 허수가 되어 x는 정수일 수 없다. 그래서 일단 $D/4=-m^2+2\ge0$이어야 한다. 이와 같은 조건을 만족시키는 m의 값 중에서 x가 정수가 되게 하는 것을 조사해 본다.

정석 $\boldsymbol{ax^2+bx+c=0(a\neq0)}$의 근이 정수이려면

$\Longrightarrow$ 일단 $\boldsymbol{b^2-4ac\ge0}$이어야 한다.

모범답안 근의 공식에 대입하면 $x=m\pm\sqrt{-m^2+2}$ ······①

x가 정수이려면 $-m^2+2\ge0$이어야 한다. 곧, $m^2-2\le0$

m은 정수이므로 $m^2=0, 1$ $\therefore m=-1, 0, 1$

이 값을 ①에 대입하여 x의 값을 구하면

$m=-1$일 때 $x=0, -2$ (이 값은 정수이므로 적합하다)

$m=0$일 때 $x=\sqrt{2}, -\sqrt{2}$ (이 값은 정수가 아니므로 적합하지 않다)

$m=1$일 때 $x=0, 2$ (이 값은 정수이므로 적합하다)

답 $\boldsymbol{m=-1}$**일 때** $\boldsymbol{x=0, -2}$, $\boldsymbol{m=1}$**일 때** $\boldsymbol{x=0, 2}$

Advice 1° $-m^2+2=k^2$(k는 정수)으로 놓으면 $m^2+k^2=2$

m, k가 정수이므로 $m=\pm1, k=\pm1$

2° 두 정수근을 α, β라고 하면

$\alpha+\beta=2m$ ······② $\alpha\beta=2m^2-2$ ······③

②에서의 $m=\dfrac{\alpha+\beta}{2}$를 ③에 대입하면 $\alpha\beta=2\left(\dfrac{\alpha+\beta}{2}\right)^2-2$

정리하면 $\alpha^2+\beta^2=4$

여기에서 α, β는 정수이므로 $\alpha=0, \beta=\pm2$ 또는 $\alpha=\pm2, \beta=0$이고, 이 값을 ②에 대입하면 $m=\pm1$을 얻는다.

유제 **9**-14. x에 관한 이차방정식 $x^2-mx+m^2-1=0$이 정수근을 가지도록 하는 정수 m의 값을 구하시오. 답 $\boldsymbol{m=-1, 0, 1}$

§3. 이차방정식의 실근의 부호

1 이차방정식의 실근의 부호

이를테면 이차방정식 $x^2-3x+2=0$은

$$x^2-3x+2=0 \iff (x-1)(x-2)=0 \iff x=1,\ 2$$

이므로 이 방정식은 서로 다른 두 양의 실근을 가짐을 알 수 있다.

그러나 위와 같이 실제로 두 근을 구하지 않고서도

정석 두 실수 α, β에 대하여

$$\alpha>0,\ \beta>0 \iff \alpha+\beta>0,\ \alpha\beta>0$$
$$\alpha<0,\ \beta<0 \iff \alpha+\beta<0,\ \alpha\beta>0$$
$$(\alpha>0,\ \beta<0) \text{ 또는 } (\alpha<0,\ \beta>0) \iff \alpha\beta<0$$

을 이용하면 이차방정식의 근의 부호를 쉽게 알아볼 수 있다.

위에서 예를 든 이차방정식 $x^2-3x+2=0$에서 두 근을 α, β라고 하면

$$\alpha+\beta=3>0, \quad \alpha\beta=2>0, \quad D=(-3)^2-4\times1\times2=1>0$$

이므로 $\alpha>0$, $\beta>0$임을 알 수 있다.

여기에서 특히 주의할 것은 $\alpha+\beta>0$, $\alpha\beta>0$이라고 해도 α, β가 실수라는 조건이 없으면 반드시 $\alpha>0$, $\beta>0$인 것은 아니라는 것이다.

이를테면 $\alpha+\beta>0$, $\alpha\beta>0$인 α, β는 $\alpha=2+i$, $\beta=2-i$인 경우도 있기 때문이다.

마찬가지로 $\alpha+\beta<0$, $\alpha\beta>0$이라 해서 반드시 $\alpha<0$, $\beta<0$인 것은 아니다.

그래서 $\alpha+\beta$, $\alpha\beta$의 부호로써 α, β의 부호를 조사하고자 할 때에는 'α, β가 실수'라는 조건이 필요하다는 것에 주의하기를 바란다.

기본정석 **이차방정식의 실근의 부호**

계수가 실수인 이차방정식의 두 실근을 α, β라고 할 때,

(1) 두 근이 모두 양수 $\iff D\ge0,\ \alpha+\beta>0,\ \alpha\beta>0$

(2) 두 근이 모두 음수 $\iff D\ge0,\ \alpha+\beta<0,\ \alpha\beta>0$

(3) 두 근이 서로 다른 부호 $\iff \alpha\beta<0$

Advice | (3) 이차방정식 $ax^2+bx+c=0$의 두 근을 α, β라고 하면

$\alpha\beta=\dfrac{c}{a}<0$에서 $ac<0$이므로 $D=b^2-4ac>0$

따라서 이때에는 굳이 실근을 가질 조건을 생각할 필요가 없다.

기본 문제 9-9 x에 관한 이차방정식 $x^2+2(m-1)x-m+3=0$의 두 근이 다음을 만족시킬 때, 실수 m의 값의 범위를 구하시오.

(1) 두 근이 모두 양수 (2) 두 근이 모두 음수

(3) 두 근이 서로 다른 부호

정석연구 판별식을 D라 하고, 두 근을 α, β라고 할 때

정석 근의 부호 $\Longrightarrow$ $\boldsymbol{D}$, $\boldsymbol{\alpha+\beta}$, $\boldsymbol{\alpha\beta}$의 부호를 조사!

이 문제를 풀기 위해서는 이차부등식과 연립부등식의 해를 구할 수 있어야 한다. 이 부분의 기초가 되어 있지 않은 학생은 p. 205, 215를 먼저 공부하도록 하자.

모범답안 $x^2+2(m-1)x-m+3=0$의 두 근을 α, β라고 하자.

(1) α, β가 모두 양수일 조건은 $D\ge0$, $\alpha+\beta>0$, $\alpha\beta>0$이므로

$$D/4=(m-1)^2-(-m+3)\ge0$$

$\therefore$ $(m+1)(m-2)\ge0$ $\therefore$ $m\le-1$, $m\ge2$ ……①

$\alpha+\beta=-2(m-1)>0$ $\therefore$ $m<1$ ……②

$\alpha\beta=-m+3>0$ $\therefore$ $m<3$ …③

①, ②, ③의 공통 범위는

$\boldsymbol{m\le-1}$ ← 답

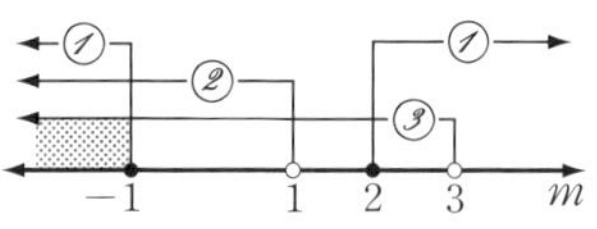

(2) α, β가 모두 음수일 조건은 $D\ge0$, $\alpha+\beta<0$, $\alpha\beta>0$이므로

$$D/4=(m-1)^2-(-m+3)\ge0$$

$\therefore$ $(m+1)(m-2)\ge0$ $\therefore$ $m\le-1$, $m\ge2$ ……④

$\alpha+\beta=-2(m-1)<0$ $\therefore$ $m>1$ ……⑤

$\alpha\beta=-m+3>0$ $\therefore$ $m<3$ …⑥

④, ⑤, ⑥의 공통 범위는

$\boldsymbol{2\le m<3}$ ← 답

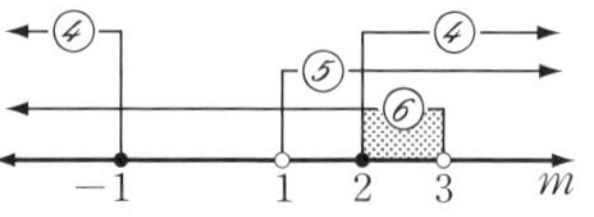

(3) α, β가 서로 다른 부호일 조건은 $\alpha\beta<0$이므로

$\alpha\beta=-m+3<0$ $\therefore$ $\boldsymbol{m>3}$ ← 답

유제 **9**-15. x에 관한 이차방정식 $x^2-2ax+a+2=0$의 두 근이 다음을 만족시킬 때, 실수 a의 값의 범위를 구하시오.

(1) 두 근이 모두 양수 (2) 두 근이 모두 음수

(3) 두 근이 서로 다른 부호

답 (1) $\boldsymbol{a\ge2}$ (2) $\boldsymbol{-2<a\le-1}$ (3) $\boldsymbol{a<-2}$

기본 문제 9-10 x에 관한 이차방정식 $x^2+(a^2-a-12)x-a+3=0$이 다음을 만족시킬 때, 실수 a의 값 또는 값의 범위를 구하시오.

(1) 서로 다른 부호의 실근을 가지고, 양의 실근이 음의 실근의 절댓값보다 크다.

(2) 서로 다른 부호의 실근을 가지고, 두 근의 절댓값이 같다.

정석연구 두 실근 α, β가 서로 다른 부호이면 $\alpha\beta<0$이다.

이를테면 $\quad \mathbf{(-6)+4<0}, \quad \mathbf{(-4)+6>0}, \quad \mathbf{(-4)+4=0}$

에서 알 수 있듯이 $\alpha<0<\beta$라고 할 때,

$|\alpha|>|\beta|$이면 $\alpha+\beta<0$

$|\alpha|<|\beta|$이면 $\alpha+\beta>0$

$|\alpha|=|\beta|$이면 $\alpha+\beta=0$

정석 두 실근 α, β에 대하여

음의 실근의 절댓값이 양의 실근보다 크다 $\iff \boldsymbol{\alpha+\beta<0, \ \alpha\beta<0}$

음의 실근의 절댓값이 양의 실근보다 작다 $\iff \boldsymbol{\alpha+\beta>0, \ \alpha\beta<0}$

절댓값이 같고, 부호가 서로 다르다 $\iff \boldsymbol{\alpha+\beta=0, \ \alpha\beta<0}$

여기에서 「$\boldsymbol{\alpha\beta<0}$이면 $\boldsymbol{D>0}$」이므로 실근을 가질 조건은 생각하지 않아도 된다.

모범답안 $x^2+(a^2-a-12)x-a+3=0$의 두 실근을 α, β라고 하자.

(1) 두 실근의 부호가 서로 다르므로 $\alpha\beta=-a+3<0 \quad \therefore a>3 \quad \cdots\cdots①$

양의 실근이 음의 실근의 절댓값보다 크므로

$\alpha+\beta=-(a^2-a-12)>0$

$\therefore (a+3)(a-4)<0$

$\therefore -3<a<4 \quad \cdots\cdots②$

①, ②의 공통 범위는 $\boldsymbol{3<a<4}$ ← 답

(2) 두 실근의 부호가 서로 다르므로 $\alpha\beta=-a+3<0 \quad \therefore a>3 \quad \cdots\cdots③$

두 근의 절댓값이 같으므로 $\alpha+\beta=-(a^2-a-12)=0$

$\therefore (a+3)(a-4)=0 \quad \therefore a=-3, 4 \quad \cdots\cdots④$

③, ④를 동시에 만족시키는 a의 값은 $\boldsymbol{a=4}$ ← 답

유제 **9**-16. x에 관한 이차방정식 $x^2+(a^2-1)x+a^2-4=0$이 서로 다른 부호의 실근을 가지고, 음의 실근의 절댓값이 양의 실근보다 클 때, 실수 a의 값의 범위를 구하시오.

답 $\boldsymbol{-2<a<-1, \ 1<a<2}$

연습문제 9

9-1 이차방정식 $x^2-3x+1=0$의 두 근을 α, β라고 할 때, 다음 식의 값을 구하시오.

(1) $\alpha^2+\alpha\beta+\beta^2$ (2) $\alpha^3+\alpha^2\beta+\alpha\beta^2+\beta^3$

(3) $(2-\alpha)(2-\beta)$ (4) $(\alpha^2+1)(\beta^2+1)$

(5) $\sqrt{\alpha}+\sqrt{\beta}$ (6) $\left|\dfrac{1}{\sqrt{\alpha}}-\dfrac{1}{\sqrt{\beta}}\right|$

9-2 x에 관한 이차방정식 $x^2+ax+b=0$의 한 근이 $3-\sqrt{5}$일 때, 다른 한 근과 유리수 a, b의 값을 구하시오.

9-3 x에 관한 이차방정식 $x^2-ax+b=0$의 한 근이 $1+2i$일 때, x에 관한 이차방정식 $x^2-bx+a=0$의 두 근을 구하시오. 단, a, b는 실수이다.

9-4 x에 관한 이차방정식 $x^2-ax+b=0$의 두 근이 $a-1$, $b-1$일 때, x에 관한 이차방정식 $x^2+bx+a=0$의 두 근의 제곱의 합은? 단, a, b는 상수이다.

① -4 ② -2 ③ 2 ④ 4 ⑤ 6

9-5 x에 관한 이차방정식 $2x^2-6x-k=0$의 두 실근의 절댓값의 합이 7일 때, 상수 k의 값은?

① 18 ② 20 ③ 22 ④ 24 ⑤ 26

9-6 두 실수 a, b에 대하여 x에 관한 이차방정식 $x^2+ax+b=0$의 서로 다른 두 실근 α, β가 $(\alpha+\beta i)^2=-12i$를 만족시킨다. 이때, x에 관한 이차방정식 $(2a-b)x^2+(a^2+b^2)x-3b=0$의 두 근을 구하시오.

9-7 x에 관한 이차방정식 $x^2-2kx+k^2-k=0$의 두 실근의 차가 4 이하가 되도록 하는 정수 k의 개수는?

① 1 ② 2 ③ 3 ④ 4 ⑤ 5

9-8 x에 관한 이차방정식 $x^2+2px+3p^2-9p+9=0$이 서로 다른 두 실근 α, β를 가지고 p가 정수일 때, 다음 식의 값을 구하시오.

(1) $\alpha^3-\alpha^2\beta-\alpha\beta^2+\beta^3$ (2) $\left(\alpha+\dfrac{3}{\alpha}\right)\left(\beta+\dfrac{3}{\beta}\right)$

9-9 x에 관한 이차방정식 $x^2+(p-3)x+1=0$의 두 근을 α, β라고 할 때, $(1+p\alpha+\alpha^2)(1+p\beta+\beta^2)$의 값은? 단, p는 상수이다.

① -9 ② -3 ③ 0 ④ 3 ⑤ 9

9-10 이차방정식 $x^2+3x-7=0$의 두 근을 α, β라고 할 때, 다음 식의 값을 구하시오.

(1) $(\alpha^2-3\alpha-7)(\beta^2+2\beta-7)$　　(2) $\beta^2-3\alpha$

9-11 허수 α에 대하여 $\alpha, \dfrac{\alpha^2}{2}$이 x에 관한 이차방정식 $x^2+ax+b=0$의 두 근일 때, 실수 a, b의 값을 구하시오.

9-12 A, B 두 사람이 같은 이차방정식을 풀었다. A는 상수항을 잘못 보아 두 근 $-13, 4$를 얻었고, B는 일차항의 계수를 잘못 보아 두 근 $4, 5$를 얻었다. 옳은 두 근을 구하시오.

9-13 이차방정식 $x^2-x-3=0$의 두 근을 α, β라고 할 때, 다음 두 수를 근으로 가지고 x^2의 계수가 1인 이차방정식을 구하시오.

(1) $|\alpha|, |\beta|$　　(2) $\alpha^2-\beta, \beta^2-\alpha$

9-14 다음 물음에 답하시오.

(1) 이차방정식 $(3x-2030)^2+4(3x-2030)+2=0$의 두 근의 합을 구하시오.

(2) 이차방정식 $f(x)=0$의 두 근의 합이 4일 때, 이차방정식 $f(4x-2)=0$의 두 근의 합을 구하시오.

9-15 $\angle A=90°$인 직각삼각형 ABC의 꼭짓점 A에서 변 BC에 내린 수선의 발을 H라고 하자.
$\overline{BC}=2a$, $\overline{AH}=b$일 때, 선분 BH, CH의 길이를 두 근으로 가지고 이차항의 계수가 1인 x에 관한 이차방정식을 구하시오.

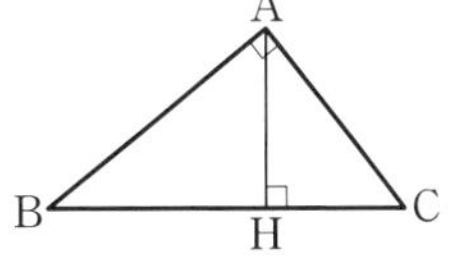

9-16 x에 관한 이차방정식 $x^2+mx-12=0$의 두 근이 모두 정수가 되도록 하는 모든 양의 정수 m의 값의 합은?

① 5　② 12　③ 15　④ 16　⑤ 20

9-17 x에 관한 이차방정식 $x^2-2px-6p=0$의 두 근이 모두 정수일 때, 양의 정수 p의 값을 구하시오.

9-18 p, q가 소수이고, x에 관한 이차방정식 $x^2-px+q=0$의 두 근이 서로 다른 양의 정수일 때, $p+q$의 값은?

① 5　② 7　③ 8　④ 9　⑤ 10

9-19 x에 관한 이차방정식 $x^2-4ax+3a-7=0$의 두 근 중 적어도 하나는 음의 실수가 되도록 하는 정수 a의 최댓값을 구하시오.

10. 이차방정식과 이차함수

이차방정식과 이차함수의 관계／포물선과 직선의 위치 관계／이차방정식의 근의 분리

§1. 이차방정식과 이차함수의 관계

1 이차함수의 그래프와 판별식

이차함수 $y=ax^2+bx+c$의 그래프는 오른쪽 그림과 같이 x축과 서로 다른 두 점에서 만나는 경우, 접하는 경우, 만나지 않는 경우로 나눌 수 있다.

그런데 그래프와 x축이 만나는 점의 x좌표는 위의 이차함수의 식에 $y=0$을 대입하여 얻은 이차방정식

$$ax^2+bx+c=0 \qquad \cdots\cdots ⓐ$$

의 실근이다. 곧,

정석 이차함수 $\boldsymbol{y=ax^2+bx+c}$의 그래프의 $\boldsymbol{x}$절편
$\iff$ 이차방정식 $\boldsymbol{ax^2+bx+c=0}$의 실근

이므로 이차함수 $y=ax^2+bx+c$의 그래프가 x축과

서로 다른 두 점에서 만날 때 ⓐ은 서로 다른 두 실근을 가진다.
접할 때 ⓐ은 중근을 가진다.
만나지 않을 때 ⓐ은 실근을 가지지 않는다.

이를 판별식을 이용하여 나타내면 다음과 같다.

기본정석 — 이차함수의 그래프와 판별식

이차함수 $\boldsymbol{y=ax^2+bx+c}$에서 $\boldsymbol{D=b^2-4ac}$라고 할 때,

그래프가 $\boldsymbol{x}$축과 서로 다른 두 점에서 만난다 $\iff$ $\boldsymbol{D>0}$
그래프가 $\boldsymbol{x}$축에 접한다 $\iff$ $\boldsymbol{D=0}$
그래프가 $\boldsymbol{x}$축과 만나지 않는다 $\iff$ $\boldsymbol{D<0}$

Advice | 이 단원에서는 중학교에서 공부한 이차함수의 그래프를 기본으로 하여 이차방정식과 이차함수의 그래프 사이의 관계를 정리한다.

이 단원의 문제를 해결하는 과정에서 이차부등식과 연립부등식의 해법이 이용된다. 이에 관하여 기초가 되어 있지 않은 학생은 p. 205, 215를 먼저 공부하도록 하자.

보기 1 이차함수 $y=x^2+2kx+4$의 그래프가 다음을 만족시키도록 실수 k의 값 또는 값의 범위를 정하시오.

(1) x축과 서로 다른 두 점에서 만난다.

(2) x축에 접한다.　　　　(3) x축과 만나지 않는다.

연구 (1) $D/4=k^2-4>0$　$\therefore (k+2)(k-2)>0$　$\therefore$ $\boldsymbol{k<-2,\ k>2}$

(2) $D/4=k^2-4=0$　$\therefore (k+2)(k-2)=0$　$\therefore$ $\boldsymbol{k=-2,\ 2}$

(3) $D/4=k^2-4<0$　$\therefore (k+2)(k-2)<0$　$\therefore$ $\boldsymbol{-2<k<2}$

2 이차방정식과 이차함수의 그래프 사이의 관계

이차방정식과 이차함수의 그래프 사이의 관계는 판별식 $D=b^2-4ac$와 관련이 있다. 이에 대하여 알아보자.

▶ **$D>0$인 경우** : 이를테면 이차함수 $y=x^2-4x+3$에서　$D/4=(-2)^2-3=1>0$

곧, $D>0$이므로 그 그래프는 x축과 서로 다른 두 점에서 만난다.

이때, x절편은 이차방정식 $x^2-4x+3=0$의 실근이므로　$x=1, 3$(서로 다른 두 실근)

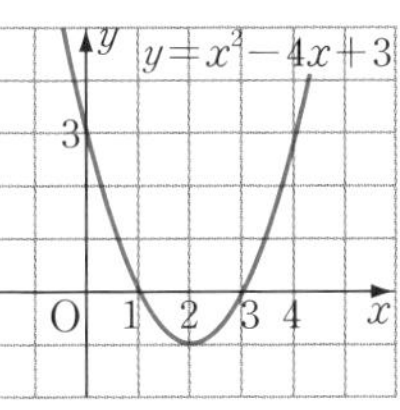

▶ **$D=0$인 경우** : 이를테면 이차함수 $y=x^2-4x+4$에서　$D/4=(-2)^2-4=0$

곧, $D=0$이므로 그 그래프는 x축에 접한다.

이때, x절편은 이차방정식 $x^2-4x+4=0$의 실근이므로　$x=2$(중근)

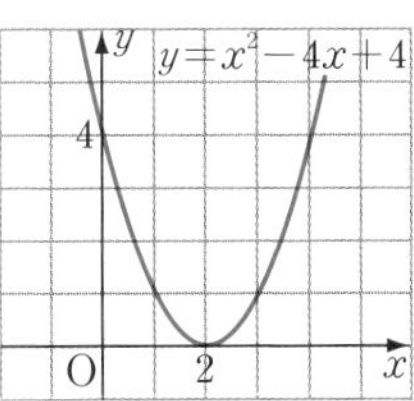

▶ **$D<0$인 경우** : 이를테면 이차함수 $y=x^2-4x+6$에서

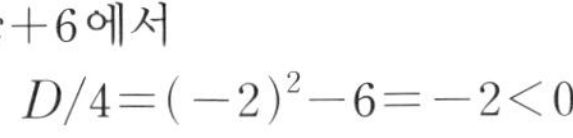

$$D/4=(-2)^2-6=-2<0$$

곧, $D<0$이므로 그 그래프는 x축과 만나지 않는다.

따라서 이차방정식 $x^2-4x+6=0$의 실근은 없다. 곧, 서로 다른 두 허근을 가진다.

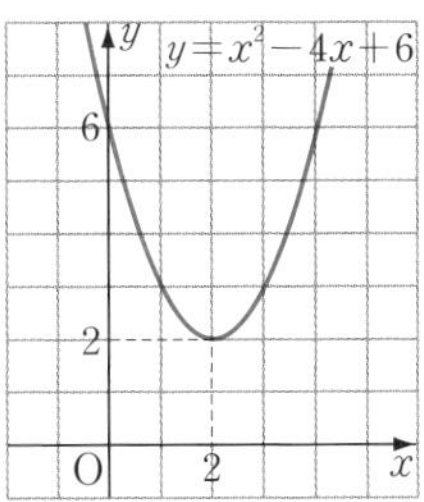

기본정석 **이차방정식과 이차함수의 그래프**

$f(x)=ax^2+bx+c(a\neq0)$에서 $D=b^2-4ac$라고 하면

$a>0$일 때	$D>0$	$D=0$	$D<0$
$y=f(x)$의 그래프			
$f(x)=0$의 해	$x=\alpha,\ x=\beta$	$x=\alpha$(중근)	허근

Advice | 이차함수의 그래프의 성질

이차함수 $y=a(x-p)^2+q$의 그래프가 x축과 서로 다른 두 점 A, B에서 만날 때, 직선 $x=p$와 x축의 교점을 P라고 하자.

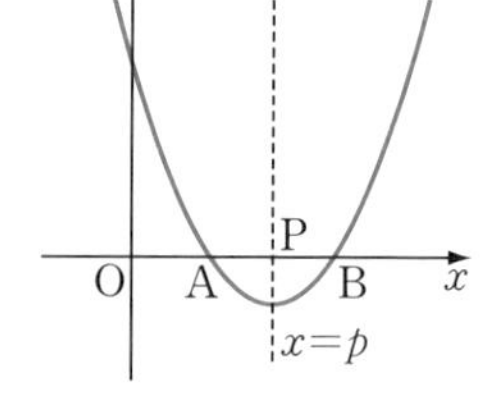

이차함수 $y=a(x-p)^2+q$의 그래프는 직선 $x=p$에 대하여 대칭이므로 점 P는 선분 AB의 중점이 된다.

두 점 A, B의 x좌표를 각각 α, β라고 하면

$\overline{\mathrm{PA}}=\overline{\mathrm{PB}}$에서 $p-\alpha=\beta-p$ $\quad\therefore\ p=\dfrac{\alpha+\beta}{2}$

한편 이차함수 $y=a(x-p)^2+q$의 그래프가 x축에 접하면 그 접점은 곧 이 포물선의 꼭짓점이다.

정석 이차함수 $y=a(x-p)^2+q$의 그래프가 x축과 두 점 $(\alpha, 0)$, $(\beta, 0)$에서 만날 때 $\Longrightarrow$ $\dfrac{\alpha+\beta}{2}=p$

보기 2 이차함수 $y=2x^2-6x+k$의 그래프가 x축과 두 점 $(\alpha, 0)$, $(\alpha+1, 0)$에서 만날 때, 상수 α, k의 값을 구하시오.

연구 $y=2x^2-6x+k=2(x^2-3x)+k=2\left(x-\dfrac{3}{2}\right)^2-\dfrac{9}{2}+k$

이 포물선의 축의 방정식은 $x=\dfrac{3}{2}$이고, 이 포물선이 x축과 두 점 $(\alpha, 0)$, $(\alpha+1, 0)$에서 만나므로

$$\frac{\alpha+(\alpha+1)}{2}=\frac{3}{2} \qquad \therefore\ 2\alpha+1=3 \qquad \therefore\ \boldsymbol{\alpha=1}$$

이 포물선이 점 $(1, 0)$을 지나므로 $0=2-6+k$ $\quad\therefore\ \boldsymbol{k=4}$

기본 문제 **10**-1 세 포물선

$$y=x^2-2x+a,\quad y=x^2-ax+a,$$
$$y=x^2-2(a-1)x+2a^2-a-5$$

가 다음을 만족시킬 때, 실수 a의 값의 범위를 구하시오.

(1) 세 포물선이 모두 x축과 만난다.

(2) 세 포물선 중 적어도 하나는 x축과 만난다.

정석연구 포물선이 x축과 서로 다른 두 점에서 만나거나 접할 때 x축과 만난다고 할 수 있다.

일반적으로 이차함수 $y=ax^2+bx+c$에서 $D=b^2-4ac$로 놓으면

정석 이차함수 $\boldsymbol{y=ax^2+bx+c}$의 그래프가

x축과 만난다 $\iff \boldsymbol{D\ge 0}$

x축과 만나지 않는다 $\iff \boldsymbol{D<0}$

임을 이용한다.

모범답안 각 포물선이 x축과 만나기 위한 조건을 구하면

$y=x^2-2x+a$에서 $D_1/4=(-1)^2-a\ge 0 \quad \therefore\ a\le 1$ ……①

$y=x^2-ax+a$에서 $D_2=(-a)^2-4a\ge 0$

$\therefore\ a(a-4)\ge 0 \quad \therefore\ a\le 0,\ a\ge 4$ ……②

$y=x^2-2(a-1)x+2a^2-a-5$에서

$D_3/4=(a-1)^2-(2a^2-a-5)\ge 0$

$\therefore\ (a+3)(a-2)\le 0 \quad \therefore\ -3\le a\le 2$ ……③

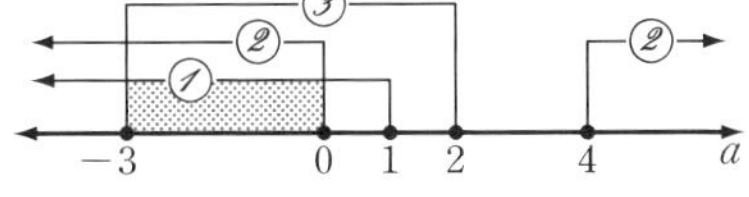

(1) ①, ②, ③을 모두 만족시켜야 하므로

$\boldsymbol{-3\le a\le 0}$ ⟵ 답

(2) ①, ②, ③ 중 적어도 하나는 만족시켜야 하므로 $\boldsymbol{a\le 2,\ a\ge 4}$ ⟵ 답

유제 **10**-1. 두 포물선

$$y=x^2+(2k-1)x+k^2,\quad y=-x^2+2(k+1)x-k-3$$

이 다음을 만족시킬 때, 실수 k의 값 또는 값의 범위를 구하시오.

(1) 두 포물선이 모두 x축과 만난다.

(2) 한 포물선은 x축에 접하고, 다른 한 포물선은 x축과 만나지 않는다.

답 (1) $\boldsymbol{k\le -2}$ (2) $\boldsymbol{k=\dfrac{1}{4},\ 1}$

기본 문제 10-2 이차함수 $y=f(x)$의 그래프가 오른쪽과 같을 때, 다음 물음에 답하시오.

(1) 방정식 $f(x)=1$의 두 근을 α, β라고 할 때, $\alpha+\beta$의 값을 구하시오.

(2) 방정식 $f(x+2)=0$의 두 근의 합과 곱을 구하시오.

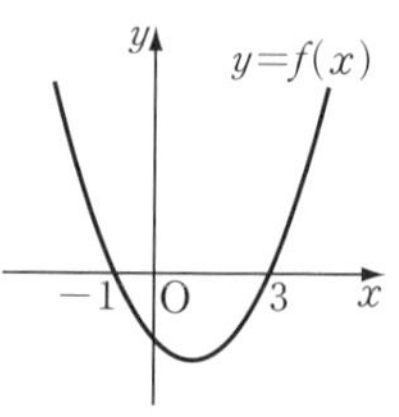

정석연구 (1) 이차함수의 그래프가 x축과 두 점 A, B에서 만날 때, 이 그래프의 축과 x축의 교점은 선분 AB의 중점임을 이용한다.

정석 이차함수 $\boldsymbol{y=a(x-p)^2+q}$의 그래프가 $\boldsymbol{x}$축과 만나는 두 점의 $\boldsymbol{x}$좌표를 α, β라고 하면 $\Longrightarrow \boldsymbol{\dfrac{\alpha+\beta}{2}=p}$

(2) $x+2=t$로 놓고, 방정식 $f(t)=0$의 두 근이 $t=-1,\ 3$임을 이용한다.

모범답안 (1) 방정식 $f(x)=1$의 두 근 α, β는 포물선 $y=f(x)$와 직선 $y=1$의 교점의 x좌표이다. 포물선 $y=f(x)$의 축의 방정식을 $x=p$로 놓으면

$$p=\frac{-1+3}{2}=1$$

포물선 $y=f(x)$는 직선 $x=1$에 대하여 대칭이므로 점 $(1,\ 1)$은 두 점 $(\alpha,\ 1)$과 $(\beta,\ 1)$을 연결하는 선분의 중점이다.

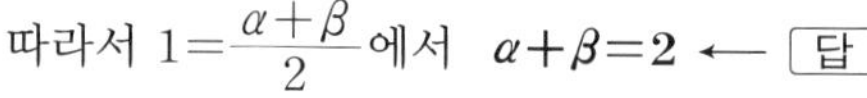
따라서 $1=\dfrac{\alpha+\beta}{2}$에서 $\boldsymbol{\alpha+\beta=2}$ ← 답

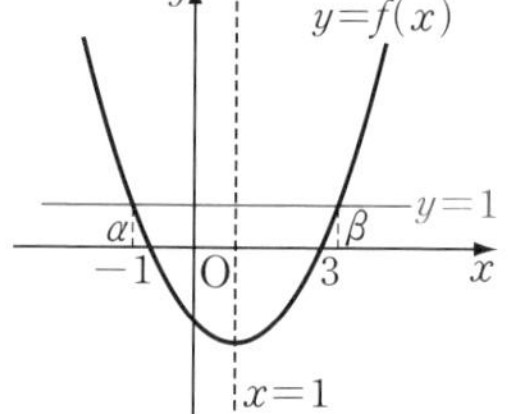

(2) $x+2=t$로 놓으면 주어진 방정식은 $f(t)=0$이고, $f(t)=0$의 두 근이 $t=-1,\ 3$이므로

$$x+2=-1,\ 3 \qquad \therefore\ x=-3,\ 1$$

답 두 근의 합 : $\boldsymbol{-2}$, 두 근의 곱 : $\boldsymbol{-3}$

* ***Note*** $f(x)$는 이차함수이므로 $f(x)=a(x+1)(x-3)\,(a>0)$으로 놓고 풀어도 된다. 이를테면 (2)에서 $f(x+2)=0$의 두 근을 다음과 같이 구할 수 있다.

$$f(x+2)=a\{(x+2)+1\}\{(x+2)-3\}=a(x+3)(x-1)=0 \qquad \therefore\ x=-3,\ 1$$

유제 **10**-2. 이차함수 $y=f(x)$의 그래프가 두 점 $(-4,\ 0)$, $(1,\ 0)$을 지나고 위로 볼록할 때, 다음 물음에 답하시오.

(1) 방정식 $f(x)=-1$의 두 근의 합을 구하시오.

(2) 방정식 $f(3x)=0$의 두 근의 곱을 구하시오.

답 (1) $\boldsymbol{-3}$ (2) $\boldsymbol{-\dfrac{4}{9}}$

§2. 포물선과 직선의 위치 관계

1 포물선과 직선의 교점

이를테면 두 함수

$$y=x^2-1 \qquad \cdots\cdots ①$$
$$y=x+1 \qquad \cdots\cdots ②$$

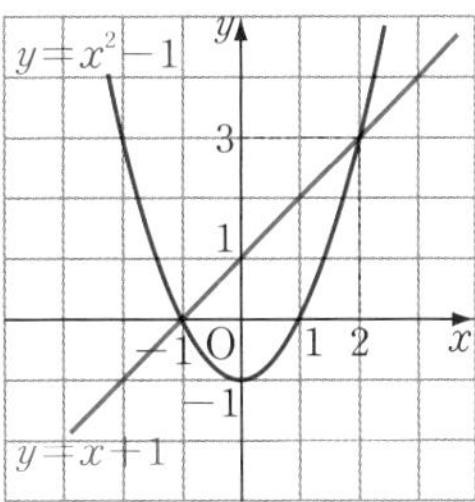

의 그래프를 그려 보면 오른쪽 그림과 같이 서로 다른 두 점에서 만남을 알 수 있다.

이때, 두 그래프의 교점의 좌표를 (x, y)라고 하면 x, y는 두 식을 동시에 만족시키므로 연립방정식 ①, ②의 해이다.

①, ②에서 y를 소거하면 $x^2-1=x+1$

$$\therefore\ (x+1)(x-2)=0 \qquad \therefore\ x=-1, 2$$

이 값을 ②에 대입하면 $y=0, 3$

따라서 교점의 좌표는 $(-1, 0)$, $(2, 3)$이다.

이와 같이 포물선과 직선의 교점의 좌표는 함수의 식에서 y를 소거하여 연립방정식을 풀면 구할 수 있다.

기본정석 — **포물선과 직선의 교점**

포물선 $y=ax^2+bx+c$와 직선 $y=mx+n$의 교점의 좌표는

연립방정식 $\begin{cases} y=ax^2+bx+c \\ y=mx+n \end{cases}$의 해이다.

Advice | 일반적으로 두 곡선 $y=f(x)$와 $y=g(x)$의 교점의 좌표는

연립방정식 $\begin{cases} y=f(x) \\ y=g(x) \end{cases}$의 해이다.

보기 1 다음 두 함수의 그래프의 교점의 좌표를 구하시오.

$$y=x^2-2x+4 \quad \cdots\cdots ① \qquad y=4x-1 \quad \cdots\cdots ②$$

연구 ①, ②에서 y를 소거하면

$$x^2-2x+4=4x-1 \qquad \therefore\ x^2-6x+5=0$$
$$\therefore\ (x-1)(x-5)=0 \qquad \therefore\ x=1, 5$$

이 값을 ②에 대입하여 y의 값을 구하면 $(x, y)=\mathbf{(1, 3), (5, 19)}$

2 포물선과 직선의 위치 관계

포물선과 직선의 위치 관계는

서로 다른 두 점에서 만나는 경우, 접하는 경우, 만나지 않는 경우

로 나누어 생각할 수 있다.

이를테면 포물선 $y=x^2-2x+2$ ……①

과 세 직선

$y=2x-1$ ……② $y=2x-2$ ……③ $y=2x-4$ ……④

의 위치 관계를 알아보자.

포물선 ①과 직선 ②에서 y를 소거하면

$$x^2-2x+2=2x-1 \quad 곧,\ x^2-4x+3=0$$

이고, $D>0$이므로 서로 다른 두 실근을 가진다.

이때, 두 실근은

$$(x-1)(x-3)=0\text{에서} \quad x=1,\ 3$$

따라서 포물선 ①과 직선 ②는 오른쪽 그림과 같이 x좌표가 $x=1$인 점과 $x=3$인 점에서 만남을 알 수 있다.

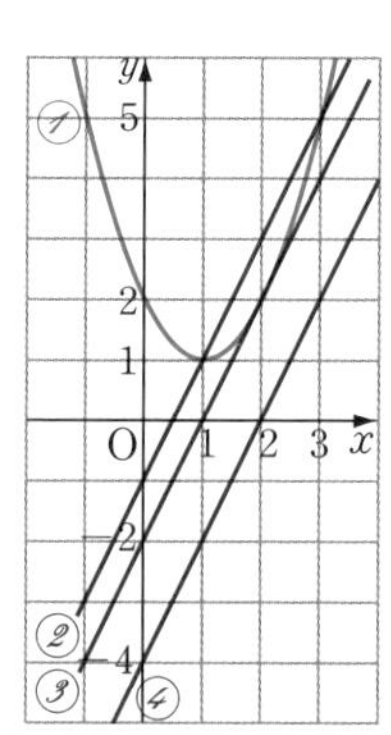

또, 포물선 ①과 직선 ③에서 y를 소거하면

$$x^2-2x+2=2x-2 \quad 곧,\ x^2-4x+4=0$$

이고, $D=0$이므로 중근을 가진다.

이때, 중근은

$$(x-2)^2=0\text{에서} \quad x=2$$

따라서 포물선 ①과 직선 ③은 위의 그림과 같이 x좌표가 $x=2$인 점에서만 만난다. 곧, 이 점에서 포물선과 직선이 접함을 알 수 있다.

마지막으로 포물선 ①과 직선 ④에서 y를 소거하면

$$x^2-2x+2=2x-4 \quad 곧,\ x^2-4x+6=0$$

이고, $D<0$이므로 서로 다른 두 허근을 가진다.

곧, 실근을 가지지 않으며 포물선 ①과 직선 ④는 위의 그림과 같이 서로 만나지 않음을 알 수 있다.

이와 같이 포물선과 직선의 위치 관계는 서로 다른 두 점에서 만나는 경우, 접하는 경우, 만나지 않는 경우로 나누어 생각할 수 있고, 이와 같은 경우들은 포물선의 방정식과 직선의 방정식에서 y를 소거한 이차방정식의 판별식의 부호와 관계가 있음을 알 수 있다.

이상에서 다음과 같이 정리할 수 있다.

기본정석 ═══ **포물선과 직선의 위치 관계**

포물선과 직선의 방정식

$y=ax^2+bx+c$ ······①

$y=mx+n$ ······②

에서 y를 소거하면

$ax^2+bx+c=mx+n$, 곧

$ax^2+(b-m)x+c-n=0$ ······③

이고, 이 이차방정식의 판별식을 D라고 하면

$D>0$

$D=0$

$D<0$

	이차방정식 ③의 근		포물선 ①과 직선 ②
(1) $D>0$ ⟺	서로 다른 두 실근	⟺	서로 다른 두 점에서 만난다
(2) $D=0$ ⟺	중근	⟺	접한다
(3) $D<0$ ⟺	서로 다른 두 허근	⟺	만나지 않는다

보기 2 포물선 $y=-x^2+3x$와 다음 직선의 위치 관계를 말하시오.

(1) $y=x+4$ (2) $y=-x+4$ (3) $y=-2x+4$

연구 포물선의 방정식과 직선의 방정식에서 y를 소거하고 판별식의 부호를 조사한다.

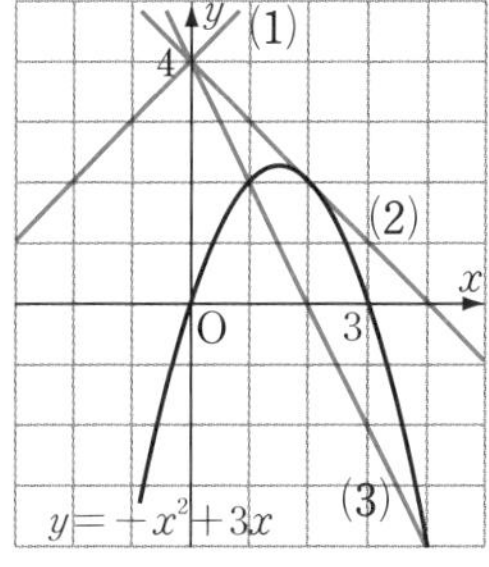

(1) $-x^2+3x=x+4$에서 $x^2-2x+4=0$

$D/4=(-1)^2-4<0$이므로 만나지 않는다.

(2) $-x^2+3x=-x+4$에서 $x^2-4x+4=0$

$D/4=(-2)^2-4=0$이므로 접한다.

(3) $-x^2+3x=-2x+4$에서 $x^2-5x+4=0$

$D=(-5)^2-4\times4>0$이므로

서로 다른 두 점에서 만난다.

Note (2)의 접점의 좌표와 (3)의 교점의 좌표는 다음과 같다.

(2) $x^2-4x+4=0$에서 $(x-2)^2=0$ $\therefore$ $x=2$(중근)

이때, $y=2$이므로 접점의 좌표는 $(2, 2)$이다.

(3) $x^2-5x+4=0$에서 $(x-1)(x-4)=0$ $\therefore$ $x=1, 4$

이때, $y=2, -4$이므로 교점의 좌표는 $(1, 2)$, $(4, -4)$이다.

보기 3 포물선 $y=x^2+4x+5$와 직선 $y=2x+k$가 접할 때, 상수 k의 값을 구하시오.

연구 두 식에서 y를 소거하면 $x^2+4x+5=2x+k$ $\therefore$ $x^2+2x+5-k=0$

접하므로 $D/4=1^2-(5-k)=0$ $\therefore$ $\boldsymbol{k=4}$

기본 문제 10-3 포물선 $y=x^2-4x$와 직선 $y=mx-9$가 다음을 만족시킬 때, 실수 m의 값 또는 값의 범위를 구하시오.

(1) 교점이 없다. (2) 교점이 1개이다. (3) 교점이 2개이다.

정석연구 포물선 $y=ax^2+bx+c$와 직선 $y=mx+n$의 교점의 x좌표는 두 식에서 y를 소거한 방정식 $ax^2+bx+c=mx+n$의 실근이다.

따라서 교점의 개수에 관한 조건은 이 방정식의 판별식으로 확인한다. 곧,

정석 $\boldsymbol{ax^2+bx+c=mx+n}$ $(\boldsymbol{a\neq 0})$에서

서로 다른 두 점에서 만난다 $\iff$ $\boldsymbol{D>0}$

접한다 $\iff$ $\boldsymbol{D=0}$

만나지 않는다 $\iff$ $\boldsymbol{D<0}$

모범답안 y를 소거한 $x^2-4x=mx-9$, 곧 $x^2-(m+4)x+9=0$에서

$$D=(m+4)^2-4\times 9=(m+10)(m-2)$$

(1) $D<0$이어야 하므로 $(m+10)(m-2)<0$

$\therefore$ $\boldsymbol{-10<m<2}$ ← 답

(2) $D=0$이어야 하므로 $(m+10)(m-2)=0$

$\therefore$ $\boldsymbol{m=-10,\ 2}$ ← 답

(3) $D>0$이어야 하므로 $(m+10)(m-2)>0$

$\therefore$ $\boldsymbol{m<-10,\ m>2}$ ← 답

Advice | 이 문제의 경우, 두 그래프의 교점이 한 개인 경우는 두 그래프가 접할 때뿐이다.

그러나 만일 직선이 $my=(m+3)x-9$와 같이 주어진다면

$m=0$일 때 주어진 직선의 방정식은 $x=3$

이므로 이때에도 교점은 한 개이다.

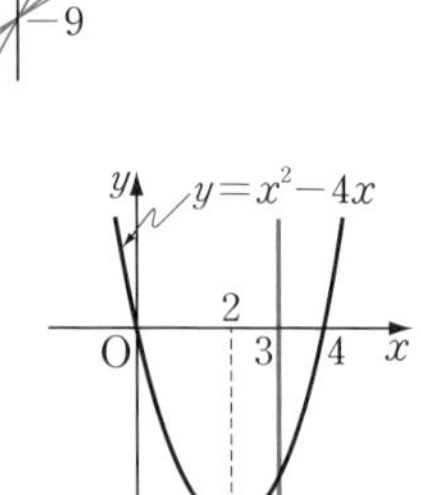

* *Note* 직선의 방정식은 공통수학2에서 자세히 공부한다.

유제 **10**-3. 직선 $y=mx-2$와 포물선 $y=2x^2-3x$가 있다.

(1) 직선이 포물선에 접하도록 실수 m의 값을 정하시오.

(2) 직선이 포물선과 서로 다른 두 점에서 만나도록 실수 m의 값의 범위를 정하시오.

(3) 직선이 포물선과 만나지 않도록 실수 m의 값의 범위를 정하시오.

답 (1) $\boldsymbol{m=-7,\ 1}$ (2) $\boldsymbol{m<-7,\ m>1}$ (3) $\boldsymbol{-7<m<1}$

기본 문제 10-4 다음 두 포물선에 공통으로 접하는 공통접선의 방정식을 구하시오.

$$y=x^2, \quad y=x^2-4x+8$$

정석연구 공통접선의 방정식을 $y=mx+n$으로 놓은 다음,

정석 접한다 $\Longleftrightarrow$ $D=0$

임을 이용한다.

모범답안 $y=x^2$ ……① $y=x^2-4x+8$ ……②

공통접선의 방정식을 $y=mx+n$ ……③

이라고 하자.

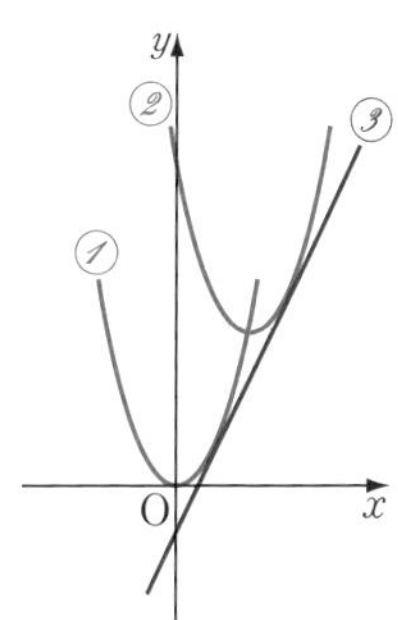

③이 ①에 접할 조건은 $x^2=mx+n$

곧, $x^2-mx-n=0$에서

$$D_1=(-m)^2-4\times(-n)=0$$

$$\therefore\ m^2+4n=0 \quad \cdots\cdots④$$

③이 ②에 접할 조건은 $x^2-4x+8=mx+n$

곧, $x^2-(m+4)x+8-n=0$에서

$$D_2=(m+4)^2-4(8-n)=0$$

$$\therefore\ m^2+8m+4n-16=0 \quad \cdots\cdots⑤$$

⑤−④하면 $8m-16=0$ $\therefore\ m=2$ $\therefore\ n=-1$ ⇦ ④

$m=2$, $n=-1$을 ③에 대입하면 공통접선의 방정식은

$\boldsymbol{y=2x-1}$ ← 답

Advice | $y=2x-1$과 ①을 연립하여 풀면 $x=1$, $y=1$이고, $y=2x-1$과 ②를 연립하여 풀면 $x=3$, $y=5$이다.

따라서 접점의 좌표는 각각 $(1, 1)$, $(3, 5)$이다.

유제 **10**-4. 포물선 $y=2x^2$에 접하고, 직선 $y=4x+1$에 평행한 직선의 방정식을 구하시오. 답 $\boldsymbol{y=4x-2}$

유제 **10**-5. 포물선 $y=-x^2+1$ 위의 점 $(1, 0)$에서의 접선의 방정식을 구하시오. 답 $\boldsymbol{y=-2x+2}$

유제 **10**-6. 두 포물선 $y=2x^2$, $y=x^2+1$의 공통접선의 방정식을 구하시오.

답 $\boldsymbol{y=2\sqrt{2}x-1}$, $\boldsymbol{y=-2\sqrt{2}x-1}$

유제 **10**-7. 포물선 $y=x^2+ax+b$가 두 직선 $y=2x-1$, $y=-4x+2$에 모두 접할 때, 상수 a, b의 값을 구하시오. 답 $\boldsymbol{a=-2}$, $\boldsymbol{b=3}$

기본 문제 10-5 x에 관한 방정식 $|x^2-1|-1=a$의 서로 다른 실근의 개수는 실수 a의 값이 변함에 따라 어떻게 변하는가?

정석연구 $y=|x^2-1|-1$, $y=a$로 놓고 두 그래프의 교점의 개수를 조사해 보아도 좋고,

$$|x^2-1|-1=a \iff |x^2-1|=a+1$$

이므로 $y=|x^2-1|$, $y=a+1$로 놓고 두 그래프의 교점의 개수를 조사해 보아도 좋다.

정 석 방정식 $f(x)=g(x)$의 실근
$\iff$ $y=f(x)$, $y=g(x)$의 그래프의 교점의 x좌표

여기서는 함수 $y=|x^2-1|-1$의 그래프보다는 함수 $y=|x^2-1|$의 그래프를 그리는 것이 간편하므로 뒤의 방법을 이용해 보기로 한다.

이때, $y=|x^2-1|$의 그래프는 $x^2-1\ge0$인 x의 범위에서는 $y=x^2-1$의 그래프와 같고, $x^2-1<0$인 x의 범위에서는 $y=-x^2+1$의 그래프와 같다.

모범답안 $|x^2-1|-1=a \iff |x^2-1|=a+1$ ……①

①의 양변을 y로 놓으면

$y=|x^2-1|$ ……②

$y=a+1$ ……③

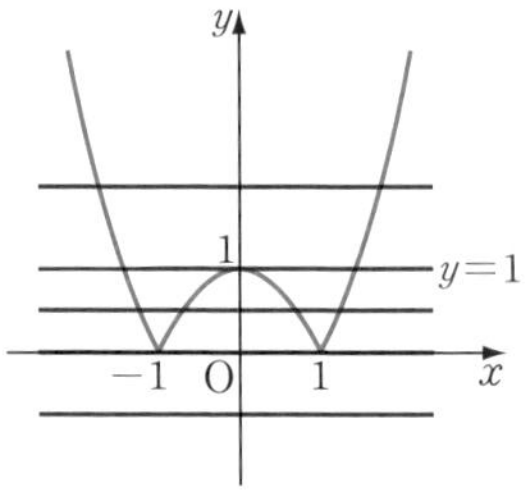

①의 실근은 ②와 ③의 교점의 x좌표와 같으므로 ②와 ③의 교점의 개수를 조사한다.

②의 그래프는 그림의 초록 선이고, ③의 그래프는 y축에 수직인 직선으로 그림의 붉은 선이다.

직선 ③을 위아래로 이동시켜 보면 ②와 ③의 교점의 개수는

$a+1>1$일 때 2, $a+1=1$일 때 3, $0<a+1<1$일 때 4,
$a+1=0$일 때 2, $a+1<0$일 때 0

답 **$a>0$일 때 2, $a=0$일 때 3, $-1<a<0$일 때 4, $a=-1$일 때 2, $a<-1$일 때 0**

유제 **10**-8. x에 관한 방정식 $|x^2-4|=a$가 서로 다른 네 실근을 가질 때, 실수 a의 값의 범위를 구하시오. 답 **$0<a<4$**

유제 **10**-9. x에 관한 방정식 $|x^2-a^2|=4$가 서로 다른 두 실근을 가질 때, 실수 a의 값의 범위를 구하시오. 답 **$-2<a<2$**

§3. 이차방정식의 근의 분리

1 이차방정식의 근의 분리

이를테면 이차방정식 $ax^2+bx+c=0$이 2가 아닌 두 실근을 가질 때

① 두 근이 모두 2보다 크다
② 두 근이 모두 2보다 작다
③ 2가 두 근 사이에 있다

의 세 경우를 생각할 수 있다. 이 방정식의 실근은 포물선 $y=ax^2+bx+c$의 x절편이므로 $a>0$인 경우에 각 조건을 만족시키는 그래프는 다음과 같다.

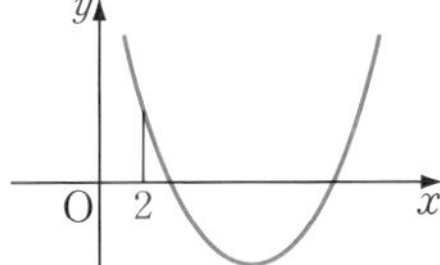

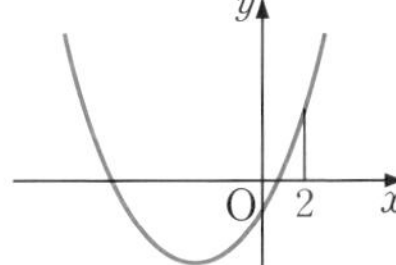

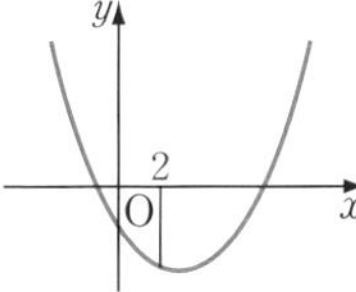

따라서 그래프에서 $x=2$일 때 y의 값의 부호, 축의 위치, 판별식의 부호(또는 꼭짓점의 y좌표의 부호)를 조사하면 필요한 조건을 찾을 수 있다.

기본정석 — **이차방정식의 근의 분리**

x에 관한 이차방정식 $ax^2+bx+c=0$의 근의 분리 문제는

정석 이차방정식 $\boldsymbol{ax^2+bx+c=0}$의 실근
$\iff$ 포물선 $\boldsymbol{y=ax^2+bx+c}$의 $\boldsymbol{x}$절편

에 착안하여

첫째 — $y=ax^2+bx+c$의 그래프를 조건에 알맞게 그리고,
둘째 — 다음 세 경우를 빠짐없이 따져 본다.

경계에서의 $\boldsymbol{y}$값의 부호, 축의 위치, 판별식(꼭짓점의 $\boldsymbol{y}$좌표의 부호)

보기 1 $c>0$, $b+c+1<0$이면 x에 관한 이차방정식 $x^2+bx+c=0$의 한 근은 0과 1 사이에 있음을 보이시오.

연구 $f(x)=x^2+bx+c$라고 하면

$f(0)=c>0,\quad f(1)=1+b+c<0$

이므로 $y=f(x)$의 그래프는 오른쪽과 같이 $0<x<1$에서 x축과 만난다.

따라서 한 근은 0과 1 사이에 있다.

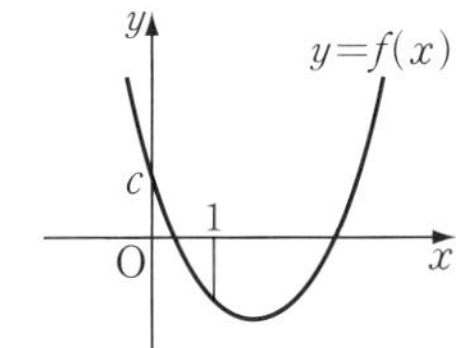

기본 문제 **10**-6 x에 관한 이차방정식 $x^2-2mx+3m=0$의 근이 다음을 만족시키도록 실수 m의 값의 범위를 정하시오.

(1) 두 근이 모두 1보다 크다. (2) 두 근이 모두 1보다 작다.

(3) 한 근은 1보다 크고, 다른 한 근은 1보다 작다.

정석연구 함수 $y=x^2-2mx+3m$의 그래프를 문제의 조건에 알맞게 그리고, 다음 세 경우를 빠짐없이 따져 본다.

경계에서의 $\boldsymbol{y}$값의 부호, 축의 위치, 판별식(꼭짓점의 $\boldsymbol{y}$좌표의 부호)

모범답안 $f(x)=x^2-2mx+3m=(x-m)^2-m^2+3m$으로 놓자.

(1) 두 근이 모두 1보다 크려면 $y=f(x)$의 그래프가 오른쪽과 같이 점 $(1, 0)$의 오른쪽에서 x축과 만나야 하므로

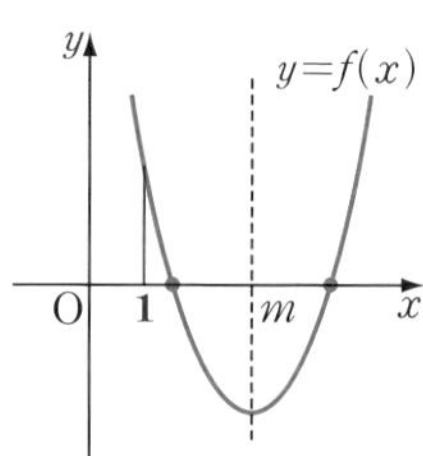

(i) $f(1)=1-2m+3m>0$ $\quad\therefore m>-1$

(ii) 축의 위치 : $x=m>1$

(iii) $D/4=(-m)^2-3m\ge0$ $\quad\therefore m\le0,\ m\ge3$

(i), (ii), (iii)을 동시에 만족시키는 m의 값의 범위는 $\boldsymbol{m\ge3}$ ← 답

(2) 두 근이 모두 1보다 작으려면 $y=f(x)$의 그래프가 오른쪽과 같이 점 $(1, 0)$의 왼쪽에서 x축과 만나야 하므로

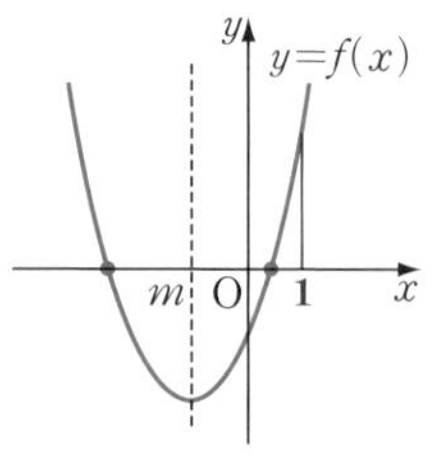

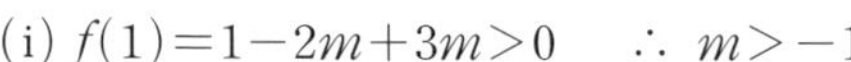

(i) $f(1)=1-2m+3m>0$ $\quad\therefore m>-1$

(ii) 축의 위치 : $x=m<1$

(iii) $D/4=(-m)^2-3m\ge0$ $\quad\therefore m\le0,\ m\ge3$

(i), (ii), (iii)을 동시에 만족시키는 m의 값의 범위는 $\boldsymbol{-1<m\le0}$ ← 답

(3) 1이 두 근 사이에 있으려면 $y=f(x)$의 그래프가 점 $(1, 0)$의 좌우에서 x축과 만나야 하므로

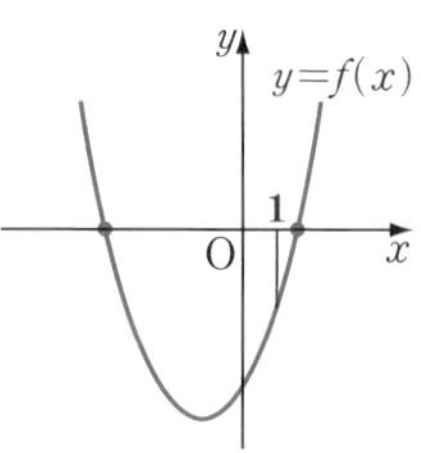

$$f(1)=1-2m+3m<0$$

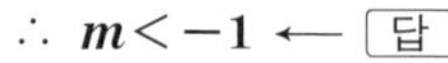

$\therefore\ \boldsymbol{m<-1}$ ← 답

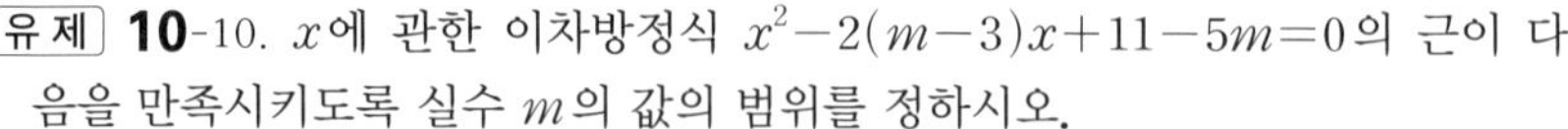

유제 **10**-10. x에 관한 이차방정식 $x^2-2(m-3)x+11-5m=0$의 근이 다음을 만족시키도록 실수 m의 값의 범위를 정하시오.

(1) 두 근이 모두 -2보다 크다. (2) -2가 두 근 사이에 있다.

답 (1) $\boldsymbol{2\le m<3}$ (2) $\boldsymbol{m>3}$

기본 문제 10-7 x에 관한 이차방정식 $2x^2-2(m-1)x+m-1=0$의 근이 다음을 만족시키도록 실수 m의 값의 범위를 정하시오.

(1) 한 근은 -1과 1 사이에 있고, 다른 한 근은 1보다 크다.

(2) 두 근이 모두 -1과 1 사이에 있다.

정석연구 앞 문제와 마찬가지로

정석 근의 분리에 관한 문제는 ⟹ 그래프를 활용한다.

모범답안 $f(x)=2x^2-2(m-1)x+m-1$로 놓자.

(1) 주어진 방정식의 근이 문제의 조건에 적합하려면 $y=f(x)$의 그래프가 오른쪽과 같이 점 $(-1, 0)$과 점 $(1, 0)$ 사이에서, 또 점 $(1, 0)$의 오른쪽에서 각각 x축과 만나야 하므로

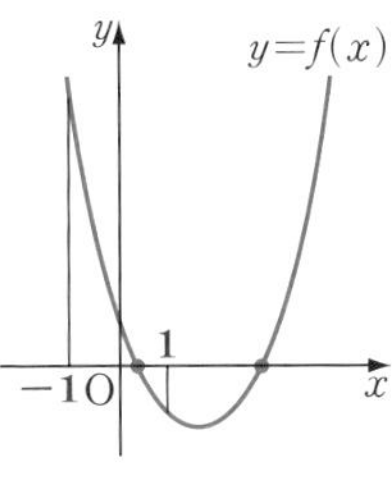

$$f(-1)=2+2(m-1)+m-1>0,$$
$$f(1)=2-2(m-1)+m-1<0$$

동시에 만족시키는 m의 값의 범위는 $\boldsymbol{m>3}$ ← 답

(2) 주어진 방정식의 근이 문제의 조건에 적합하려면 $y=f(x)$의 그래프가 오른쪽과 같아야 하므로

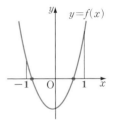

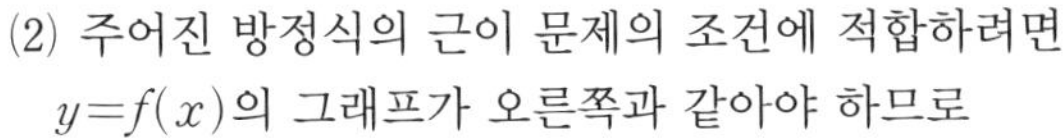

y y=f(x) −1 O 1 x

(i) $f(-1)=2+2(m-1)+m-1>0$,
$f(1)=2-2(m-1)+m-1>0$

(ii) 축의 위치 : $x=\dfrac{1}{2}(m-1)$이므로
$$-1<\frac{1}{2}(m-1)<1$$

(iii) $D/4=(m-1)^2-2(m-1)\ge0$

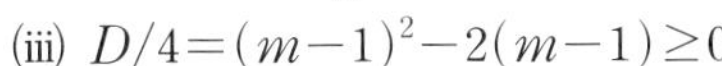

(i), (ii), (iii)을 동시에 만족시키는 m의 값의 범위는 $\boldsymbol{\dfrac{1}{3}<m\le1}$ ← 답

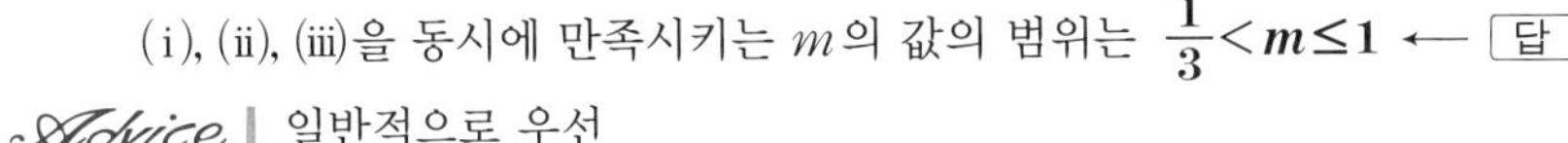

Advice | 일반적으로 우선

경계에서의 y값의 부호, 축의 위치, 판별식(꼭짓점의 y좌표의 부호)

을 따져 보아야 하지만 문제에 따라서는 그 일부가 불필요한 것도 있다.

이를테면 (1)에서 축과 판별식에 관한 조건은 확인하지 않아도 된다.

유제 **10**-11. x에 관한 이차방정식 $2x^2+4mx-2m-1=0$의 근이 다음을 만족시키도록 실수 m의 값의 범위를 정하시오.

(1) 한 근은 -1과 1 사이에 있고, 다른 한 근은 -1보다 작다.

(2) 두 근이 모두 -1과 1 사이에 있다. 답 (1) $\boldsymbol{m>\dfrac{1}{6}}$ (2) $\boldsymbol{-\dfrac{1}{2}<m<\dfrac{1}{6}}$

연습문제 10

10-1 포물선 $y=x^2+ax+b(a\neq0)$가 x축에 접하고 점 $(1, 1)$을 지날 때, $a-b$의 값은? 단, a, b는 상수이다.

① -8 ② -4 ③ 0 ④ 4 ⑤ 8

10-2 두 포물선 $y=x^2-4x+a$, $y=-2x^2+bx+1$이 한 점에서 만나고, 교점의 x좌표가 1일 때, $a+b$의 값은? 단, a, b는 상수이다.

① -4 ② -2 ③ 2 ④ 4 ⑤ 6

10-3 직선 $y=mx$는 포물선 $y=x^2-x+1$과 서로 다른 두 점에서 만나고, 포물선 $y=x^2+x+1$과 만나지 않을 때, 실수 m의 값의 범위를 구하시오.

10-4 직선 $y=kx$가 두 이차함수 $y=-x^2+x-1$, $y=\frac{1}{2}x^2+3x+2$의 그래프와 만날 때, 만나는 서로 다른 점의 개수가 3이 되도록 하는 상수 k의 값을 구하시오.

10-5 포물선 $y=-x^2+ax+2$와 직선 $y=-2x+b$가 두 점에서 만난다. 두 교점의 x좌표가 -1, 3일 때, 상수 a, b의 값을 구하시오.

10-6 포물선 $y=x^2-(a^2-4a+3)x+a^2-9$와 직선 $y=x$의 두 교점의 x좌표가 절댓값이 같고 부호가 서로 다를 때, 상수 a의 값은?

① -4 ② -2 ③ 0 ④ 2 ⑤ 4

10-7 두 포물선 $y=ax^2+bx+8$, $y=2x^2-3x+2$의 두 교점을 지나는 직선의 방정식이 $y=-x+6$일 때, $a+b$의 값은? 단, a, b는 상수이다.

① -5 ② -3 ③ -1 ④ 3 ⑤ 5

10-8 이차함수 $y=f(x)$의 그래프와 원점을 지나는 직선 $y=g(x)$가 두 점 A, B에서 만난다. 이차함수 $y=f(x)$의 그래프의 꼭짓점이 점 $(1, 2)$이고, 선분 AB의 중점이 점 $\left(\frac{1}{2}, 1\right)$일 때, 두 점 A, B의 좌표를 구하시오.

10-9 포물선 $y=x^2-x+1$ 위의 점 중에서 직선 $y=x-3$까지의 거리가 최소인 점의 좌표를 (a, b)라고 할 때, $a+b$의 값은?

① 0 ② 1 ③ 2 ④ 3 ⑤ 4

10-10 포물선 $y=x^2-2ax+a^2-1$은 실수 a의 값에 관계없이 직선 $y=mx+n$에 접한다. 이때, 상수 m, n의 값을 구하시오.

10-11 이차식 $f(x)=ax^2+2$와 일차식 $g(x)=bx$에 대하여 $y=f(x)$의 그래프와 $y=g(x)$의 그래프가 제1사분면의 점 $\mathrm{A}(k, 1)$에서 만난다. 방정식 $f(x)+2g(x)=0$의 두 근의 차가 6일 때, 상수 a, b, k의 값을 구하시오.

10-12 이차함수 $y=2x^2-4x+k$의 그래프가 직선 $y=3$과 서로 다른 두 점 A, B에서 만난다. 원점 O에 대하여 삼각형 AOB의 넓이가 $6\sqrt{2}$일 때, 상수 k의 값을 구하시오.

10-13 포물선 $y=-x^2+a$와 직선 $y=bx+1$이 만나는 두 점을 P, Q라 하고, 포물선이 y축과 만나는 점을 R이라고 하자. 점 P의 x좌표가 $1+\sqrt{3}$일 때, $\triangle$PQR의 넓이를 구하시오. 단, a, b는 유리수이다.

10-14 x에 관한 방정식 $|x^2-1|=x+k$가 서로 다른 두 실근을 가질 때, 실수 k의 값의 범위를 구하시오.

10-15 이차항의 계수가 $-\dfrac{1}{2}$인 이차함수 $y=f(x)$의 그래프와 직선 $y=g(x)$가 만나는 두 점의 x좌표는 -1과 5이다. 함수 $y=|g(x)-f(x)|$의 그래프와 직선 $y=k$가 서로 다른 세 점에서 만날 때, 상수 k의 값을 구하시오.

10-16 x에 관한 이차방정식 $x^2+x-p=0$의 한 근을 소수점 아래 첫째 자리에서 반올림한 수가 1이 되도록 하는 모든 정수 p의 값의 합은?

① 3　② 5　③ 6　④ 10　⑤ 15

10-17 x에 관한 이차방정식 $7x^2-(m+13)x+m^2-m-2=0$의 근이 0과 1 사이에 한 개, 1과 2 사이에 한 개 있도록 실수 m의 값의 범위를 정하시오.

10-18 x에 관한 이차방정식 $x^2-kx-2k^2=0$의 두 근이 x에 관한 이차방정식 $x^2+kx+k-1=0$의 두 근 사이에 존재할 때, 실수 k의 값의 범위를 구하시오.

10-19 x에 관한 이차방정식 $x^2-2(a+1)x+2a^2+2a-7=0$이 1보다 크지 않은 두 실근을 가지도록 실수 a의 값의 범위를 정하시오.

10-20 포물선 $y=x^2-ax+3$과 직선 $y=x+1$이 서로 다른 두 점에서 만나고, 직선 위의 점 $(1, 2)$가 두 교점 사이에 있을 때, 실수 a의 값의 범위는?

① $0<a<2$　② $a<3$　③ $a>2$　④ $a>3$　⑤ $0<a<4$

10-21 x에 관한 이차방정식 $4x^2-2mx+n=0$의 두 근이 모두 0과 1 사이에 있을 때, 정수 m, n의 값을 구하시오.

11. 최대와 최소

이차함수의 최대와 최소／제한된 범위에서의 최대와 최소／판별식을 이용하는 최대와 최소

§1. 이차함수의 최대와 최소

1 이차함수의 최대와 최소

이를테면 두 이차함수

$y=x^2-6x+10$ ……① $y=-x^2+4x-1$ ……②

에서

①은 $y=(x-3)^2+1$, ②는 $y=-(x-2)^2+3$

으로 변형되므로 그 그래프는 아래와 같다.

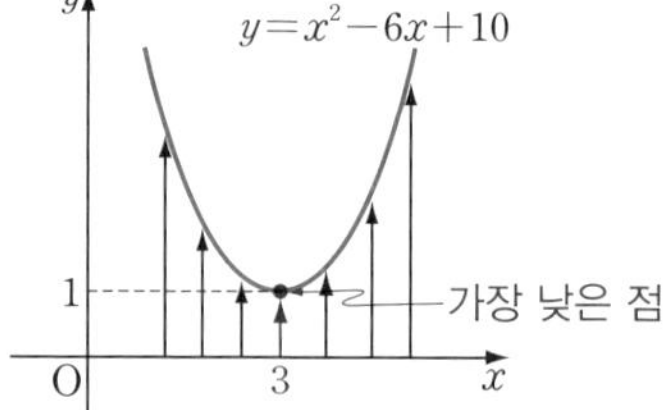

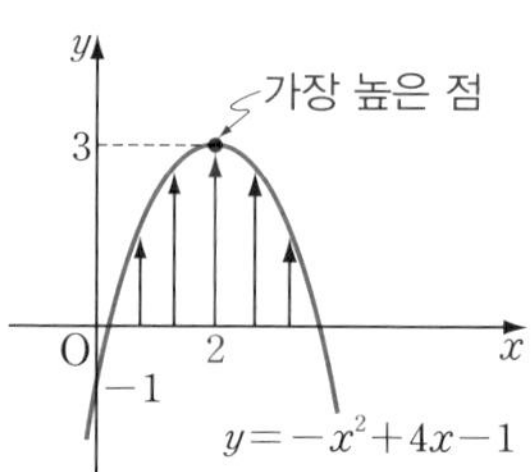

이 두 그래프를 살펴보면 이차함수 $y=x^2-6x+10$의 함숫값 중에서 가장 작은 값은 $x=3$일 때 $y=1$이고 가장 큰 값은 없음을 알 수 있고, 이차함수 $y=-x^2+4x-1$의 함숫값 중에서 가장 큰 값은 $x=2$일 때 $y=3$이고 가장 작은 값은 없음을 알 수 있다.

이와 같이 어떤 함수의 함숫값 중에서 가장 큰 값을 그 함수의 최댓값, 가장 작은 값을 그 함수의 최솟값이라고 한다. 곧, 이차함수 $y=x^2-6x+10$의 최솟값은 1이고 최댓값은 없으며, 이차함수 $y=-x^2+4x-1$의 최댓값은 3이고 최솟값은 없다.

일반적으로 이차함수의 최대와 최소는 다음과 같이 정리할 수 있다.

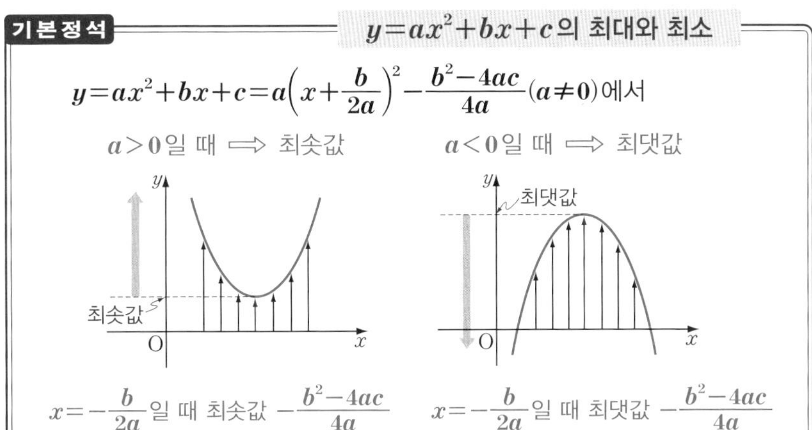

기본정석 $y=ax^2+bx+c$의 최대와 최소

$$y=ax^2+bx+c=a\left(x+\frac{b}{2a}\right)^2-\frac{b^2-4ac}{4a}\ (a\neq 0)\text{에서}$$

$a>0$일 때 ⟹ 최솟값 $a<0$일 때 ⟹ 최댓값

$x=-\dfrac{b}{2a}$일 때 최솟값 $-\dfrac{b^2-4ac}{4a}$ $x=-\dfrac{b}{2a}$일 때 최댓값 $-\dfrac{b^2-4ac}{4a}$

보기 1 다음 이차함수의 최댓값 또는 최솟값을 구하시오.

(1) $y=2x^2+8x+5$ (2) $y=-2(x+1)(x-3)$

연구 이차함수 $y=ax^2+bx+c$의 최댓값 또는 최솟값을 구할 때에는

$y=ax^2+bx+c$의 꼴을 ⟹ $y=a(x-m)^2+n$의 꼴로 변형!

(1) $y=2x^2+8x+5=2(x^2+4x+2^2-2^2)+5=2(x+2)^2-3$

이므로 $x=-2$일 때 최솟값 -3을 가진다.

답 최솟값 -3, 최댓값 없다.

(2) $y=-2(x+1)(x-3)=-2(x^2-2x-3)$

$=-2(x^2-2x+1^2-1^2-3)=-2(x-1)^2+8$

이므로 $x=1$일 때 최댓값 8을 가진다. 답 최댓값 8, 최솟값 없다.

Advice | 이차함수 $y=-2(x+1)(x-3)$의 그래프는 x축과 두 점 $(-1, 0)$, $(3, 0)$에서 만나므로 축의 방정식은 $x=\dfrac{-1+3}{2}=1$이다. ⇦ p. 144 참조

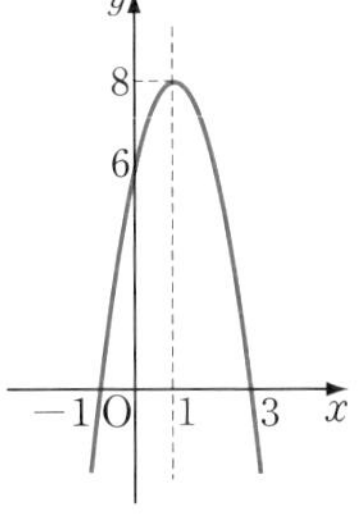

이때, 오른쪽 그림과 같이 y는 꼭짓점에서 최대이므로 최댓값은 $x=1$을 대입하여 구할 수도 있다.

곧, $x=1$일 때 $y=-2(1+1)(1-3)=8$

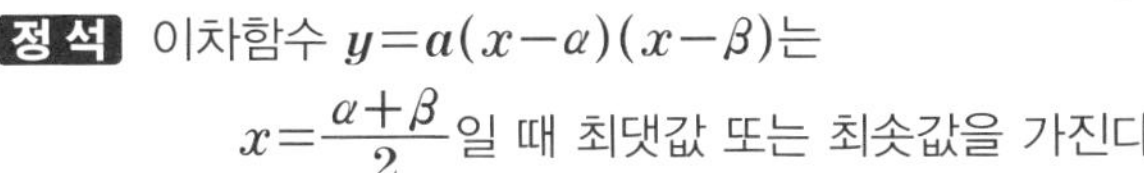

정석 이차함수 $y=a(x-\alpha)(x-\beta)$는

$x=\dfrac{\alpha+\beta}{2}$일 때 최댓값 또는 최솟값을 가진다.

기본 문제 **11**-1 이차함수 $y=ax^2+bx+a^2$이 $x=2$일 때 최댓값 n을 가진다. 이 함수의 그래프가 점 $(0, 4)$를 지날 때, 상수 a, b, n의 값을 구하시오.

정석연구 문제에서 주어진 조건을 정리하면

(i) 최댓값을 가지므로 함수의 그래프는 위로 볼록하다. 따라서 $a<0$이다.

정석 $\boldsymbol{y=ax^2+bx+c}$가 $\begin{cases} \text{최댓값을 가진다} \Longrightarrow \boldsymbol{a<0} \\ \text{최솟값을 가진다} \Longrightarrow \boldsymbol{a>0} \end{cases}$

(ii) $x=2$일 때 최댓값을 가지므로 그래프의 꼭짓점의 x좌표가 2이다.

정석 포물선 $\boldsymbol{y=ax^2+bx+c}$의 꼭짓점의 $\boldsymbol{x}$좌표는 $\Longrightarrow -\dfrac{\boldsymbol{b}}{\boldsymbol{2a}}$

(iii) 그래프가 점 $(0, 4)$를 지나므로 $x=0$일 때 $y=4$이다.

이 사실을 차례로 이용하여 풀어 보자.

모범답안 $y=ax^2+bx+a^2$ ……①

$x=2$일 때 최댓값을 가지므로 $a<0, \ -\dfrac{b}{2a}=2$ ……②

①의 그래프가 점 $(0, 4)$를 지나므로 $x=0, y=4$를 대입하면 $4=a^2$

$a<0$이므로 $a=-2$, 이 값을 ②에 대입하면 $b=8$

이때, ①은 $y=-2x^2+8x+4=-2(x-2)^2+12$

따라서 ①의 최댓값은 12이다. 답 $\boldsymbol{a=-2, \ b=8, \ n=12}$

Advice 1° $x=2$일 때 최댓값이 n이므로 ①을

$$y=a(x-2)^2+n \ (a<0)$$

으로 놓고 풀어도 된다.

2° 이차함수의 최대, 최소 문제는 다음부터 확인한다.

최고차항의 부호, 축 또는 꼭짓점

유제 **11**-1. 이차함수 $y=x^2+px+q$가 $x=2$일 때 최솟값 3을 가진다. 이때, 상수 p, q의 값을 구하시오. 답 $\boldsymbol{p=-4, \ q=7}$

유제 **11**-2. $x=-1$일 때 최댓값 2를 가지고, $f(1)=-2$인 이차함수 $f(x)$를 구하시오. 답 $\boldsymbol{f(x)=-(x+1)^2+2}$

유제 **11**-3. 이차함수 $y=x^2-2px+q$의 그래프가 점 $(2, 4)$를 지나고, y의 최솟값이 3일 때, 상수 p, q의 값을 구하시오.

답 $\boldsymbol{p=1, \ q=4}$ 또는 $\boldsymbol{p=3, \ q=12}$

기본 문제 11-2 x, y, z가 실수일 때, 다음 식의 최솟값을 구하시오.

(1) $x^2+2y^2-4x+8y+5$

(2) $x^2+y^2+z^2-2x-4y-6z+15$

정석연구 이를테면 $(x-2)^2+2(y+2)^2-7$에서 $(x-2)^2\ge 0$, $2(y+2)^2\ge 0$이므로 $(x-2)^2+2(y+2)^2-7\ge -7$이다.

따라서 $(x-2)^2+2(y+2)^2-7$의 최솟값은 -7임을 알 수 있다.

같은 방법으로 생각하면 $(x-1)^2+(y-2)^2+(z-3)^2+1$의 최솟값은 1임을 알 수 있다.

정석 A, B, C가 실수일 때,

$\boldsymbol{A^2+B^2+k}$는 $\Longrightarrow$ $\boldsymbol{A=0,\ B=0}$일 때 최솟값 $\boldsymbol{k}$

$\boldsymbol{A^2+B^2+C^2+k}$는 $\Longrightarrow$ $\boldsymbol{A=0,\ B=0,\ C=0}$일 때 최솟값 $\boldsymbol{k}$

여기에서 특히

"$(x-1)^2+(x-2)^2+3$의 최솟값은 3이다."

라는 말은 옳지 않다는 것에 주의한다.

왜냐하면 $x-1=0$이고 동시에 $x-2=0$일 수는 없기 때문이다.

이런 경우 위의 식을 전개한 다음 다시 A^2+k의 꼴로 변형해야 한다.

모범답안 (1) (준 식)$=(x^2-4x)+2(y^2+4y)+5$

$=(x-2)^2-4+2(y+2)^2-8+5$

$=(x-2)^2+2(y+2)^2-7$

x, y는 실수이므로 $(x-2)^2\ge 0,\ 2(y+2)^2\ge 0$

따라서 주어진 식은 $x-2=0,\ y+2=0$, 곧 $x=2,\ y=-2$일 때 최솟값 -7을 가진다. 답 $\boldsymbol{-7}$

(2) (준 식)$=(x^2-2x)+(y^2-4y)+(z^2-6z)+15$

$=(x-1)^2-1+(y-2)^2-4+(z-3)^2-9+15$

$=(x-1)^2+(y-2)^2+(z-3)^2+1$

x, y, z는 실수이므로 $(x-1)^2\ge 0,\ (y-2)^2\ge 0,\ (z-3)^2\ge 0$

따라서 주어진 식은 $x-1=0,\ y-2=0,\ z-3=0$, 곧 $x=1,\ y=2,\ z=3$일 때 최솟값 1을 가진다. 답 **1**

유제 **11**-4. x, y, z가 실수일 때, 다음 식의 최댓값을 구하시오.

(1) $2x-x^2+4y-y^2+3$ (2) $4x-x^2-y^2-z^2+5$

답 (1) **8** (2) **9**

§2. 제한된 범위에서의 최대와 최소

1 x의 범위가 제한된 경우

이를테면 일차함수

$$y=\frac{1}{2}x+1$$

의 x의 범위에 제한이 있을 때 최댓값과 최솟값은 다음과 같이 그래프를 그려서 찾으면 편하다. 곧,

x가 실수 전체일 때 — 최댓값, 최솟값 없다.

$0\le x\le 2$일 때 — 최댓값 **2**, 최솟값 **1**

$0< x\le 2$일 때 — 최댓값 **2**, 최솟값 없다.

이차함수 역시 제한된 범위가 있는 경우 그래프를 그려서 해결한다.

기본정석 — 제한된 범위에서의 최대와 최소

이차함수 $y=a(x-m)^2+n\,(\alpha\le x\le\beta)$의 최대와 최소

(i) $\alpha<m<\beta$일 때(꼭짓점의 x좌표가 α, β 사이에 있을 때)

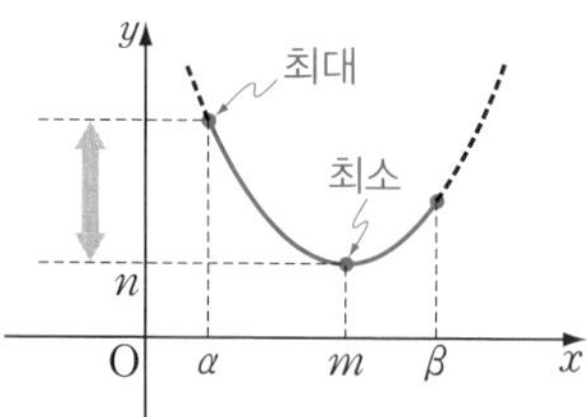

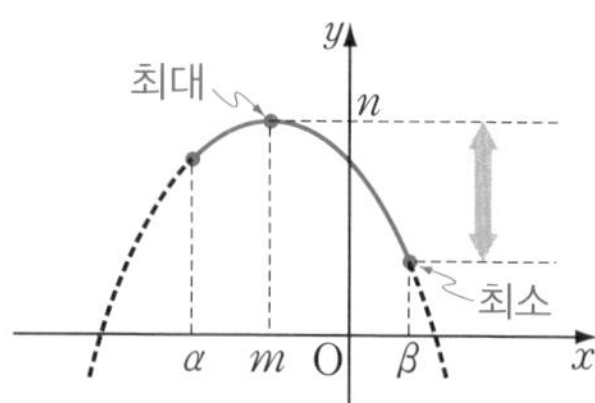

(ii) $m<\alpha$ 또는 $m>\beta$일 때(꼭짓점의 x좌표가 α, β 사이에 없을 때)

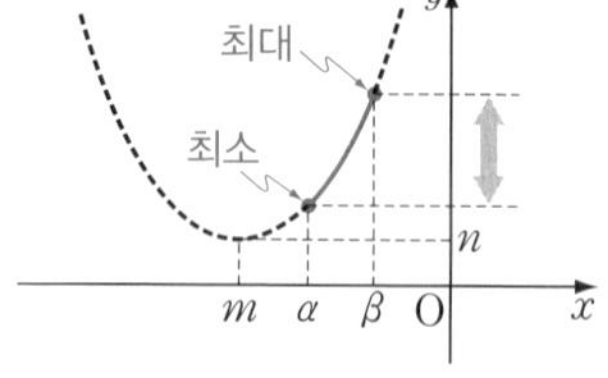

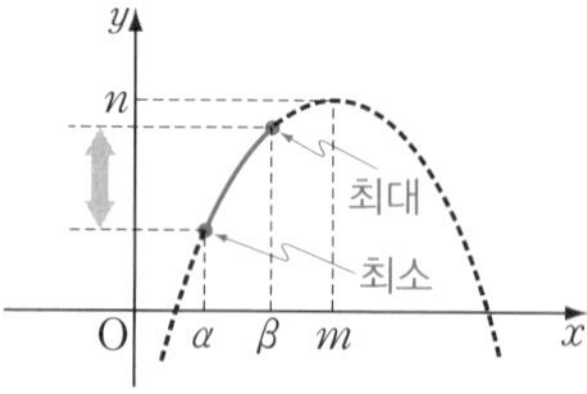

기본 문제 11-3 다음 함수의 최댓값과 최솟값을 조사하시오.

(1) $y=x^2-2x-3\ (0\le x\le 4)$ (2) $y=x^2+3x\ (x<0)$

(3) $y=-x^2+2x+8\ (2\le x<4)$

정석연구 먼저 주어진 식을

$$y=a(x-m)^2+n$$

의 꼴로 변형하여 그래프를 그린 다음,

주어진 범위 안에서 가장 높은 점과 가장 낮은 점을 조사한다.

모범답안 (1) $y=x^2-2x-3=(x-1)^2-4$

꼭짓점 : $(1,\ -4)$

양 끝 점 : $\begin{cases} x=0\text{일 때 } y=-3\text{이므로} & (0,\ -3) \\ x=4\text{일 때 } y=5\text{이므로} & (4,\ 5) \end{cases}$

오른쪽 그래프를 보면(초록 선)

$x=4$일 때 최댓값 **5**

$x=1$일 때 최솟값 **−4** ← 답

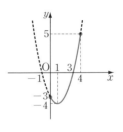

(2) $y=x^2+3x=\left(x+\dfrac{3}{2}\right)^2-\dfrac{9}{4}$

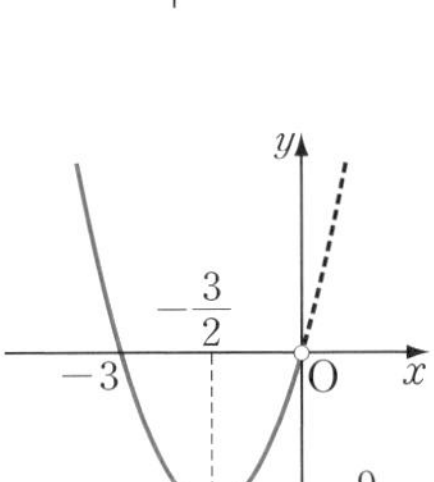

꼭짓점 : $\left(-\dfrac{3}{2},\ -\dfrac{9}{4}\right)$

끝 점 : $x=0$일 때 $y=0$이므로 $(0,\ 0)$

오른쪽 그래프를 보면(초록 선)

$x=-\dfrac{3}{2}$일 때 최솟값 $\boldsymbol{-\dfrac{9}{4}}$

최댓값 없다. ← 답

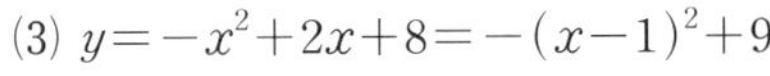

(3) $y=-x^2+2x+8=-(x-1)^2+9$

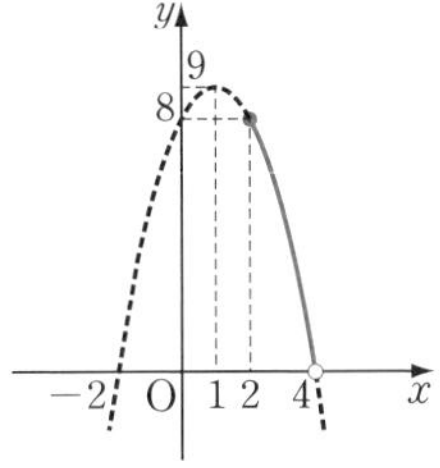

꼭짓점 : $(1,\ 9)$

양 끝 점 : $\begin{cases} x=2\text{일 때 } y=8\text{이므로} & (2,\ 8) \\ x=4\text{일 때 } y=0\text{이므로} & (4,\ 0) \end{cases}$

오른쪽 그래프를 보면(초록 선)

$x=2$일 때 최댓값 **8**

최솟값 없다. ← 답

유제 **11**-5. 다음 함수의 최댓값과 최솟값을 조사하시오.

(1) $y=x^2-4x+3\ (1<x<5)$ (2) $y=-2x^2+6x+5\ (-1\le x\le 1)$

답 (1) 최댓값 없다, 최솟값 **−1** (2) 최댓값 **9**, 최솟값 **−3**

기본 문제 11-4 다음 물음에 답하시오. 단, a는 실수이다.

(1) $x \ge a$일 때, $y=x^2-4x+5$의 최솟값을 구하시오.

(2) $-1 \le x \le 1$일 때, $y=-x^2+2ax$의 최댓값을 구하시오.

정석연구 (1)에서는 그래프가 일정하지만 x의 범위가 변하고, (2)에서는 x의 범위가 일정하지만 그래프가 움직인다.

이와 같은 경우 그래프를 그릴 때에는 특히 꼭짓점의 위치에 주의한다.

정석 문자를 포함한 포물선에서는

⟹ 꼭짓점이 제한 범위 안에 있을 때와 없을 때로 나눈다.

모범답안 (1) $y=x^2-4x+5$

$=(x-2)^2+1$

곧, 꼭짓점이 점 $(2, 1)$인 포물선이다.

$a \le 2$일 때(그림 ①)

최솟값은 $x=2$일 때 **1**

$a > 2$일 때(그림 ②)

최솟값은 $x=a$일 때 $\boldsymbol{a^2-4a+5}$

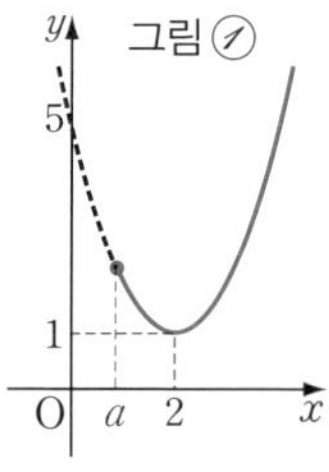

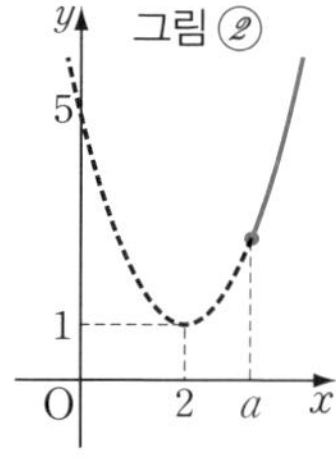

(2) $y=-x^2+2ax=-(x-a)^2+a^2$, 곧 꼭짓점이 점 (a, a^2)인 포물선이다.

$a \le -1$일 때(그림 ③) 꼭짓점은 직선 $x=-1$의 왼쪽에 있으므로

최댓값은 $x=-1$일 때 $y=-(-1)^2+2a\times(-1)=\boldsymbol{-2a-1}$

$-1 < a < 1$일 때(그림 ④) 꼭짓점은 직선 $x=-1$, $x=1$ 사이에 있으므로

최댓값은 $x=a$일 때 $\boldsymbol{a^2}$

$a \ge 1$일 때(그림 ⑤) 꼭짓점은 직선 $x=1$의 오른쪽에 있으므로

최댓값은 $x=1$일 때 $y=-1^2+2a\times1=\boldsymbol{2a-1}$

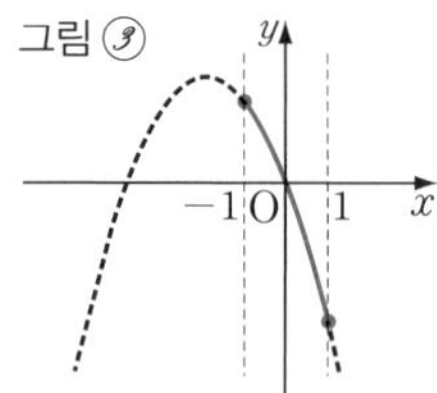

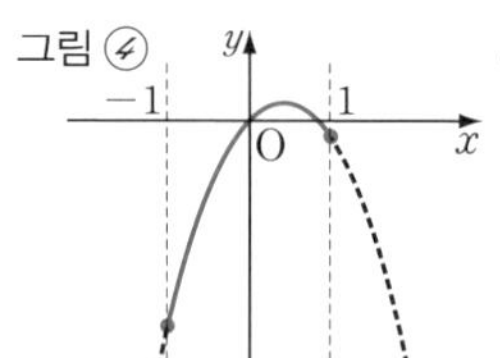

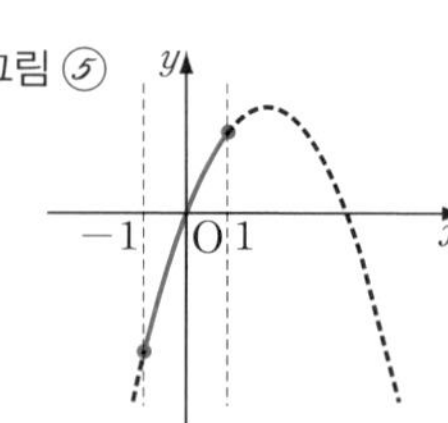

유제 **11**-6. 다음 물음에 답하시오. 단, a는 실수이다.

(1) $x \le a$일 때, $y=x^2-2x+3$의 최솟값을 구하시오.

(2) $0 \le x \le 3$일 때, $y=-x^2+ax\,(a>0)$의 최댓값이 1이 되도록 상수 a의 값을 정하시오.

답 (1) $\boldsymbol{a<1}$일 때 $\boldsymbol{a^2-2a+3}$, $\boldsymbol{a \ge 1}$일 때 **2** (2) $\boldsymbol{a=2}$

기본 문제 11-5 x, y가 실수이고 $x^2+y^2=4$일 때, $4x+y^2$의 최댓값과 최솟값을 구하시오.

정석연구 $x^2+y^2=4$에서 $y^2=4-x^2$ ……①

이것을 $4x+y^2$에 대입하면

$$4x+y^2=4x+(4-x^2)=-x^2+4x+4 \quad \cdots\cdots②$$

와 같이 x의 이차함수가 된다.

그런데 여기에서 잊어서는 안 될 것이 하나 있다. 그것은

정석 최대와 최소에 관한 문제 ⟹ 제한 범위에 주의한다

는 것이다.

곧, ①을 이용하여 y^2을 소거했지만

이 y에는 실수라는 조건이 있었다

는 사실을 잊어서는 안 된다.

곧, ①에서 $y^2\ge0$이므로

$$4-x^2\ge0 \quad \therefore\ -2\le x\le2$$

결국 이 범위에서 ②의 최댓값과 최솟값을 구하는 문제가 된다.

> ***y*의 유언**
> y는 다음과 같이 유언을 남기고 사라졌다.
> "나는 실수다.
> 뒤에 남아 있는 x여,
> 잘 부탁하노라."

정석 호랑이는 죽어서 가죽을 남기고,
문자는 소거되면 제한 범위를 남긴다.

모범답안 $x^2+y^2=4$에서 $y^2=4-x^2$ ……①

$4x+y^2=t$로 놓으면

$$t=4x+(4-x^2)=-x^2+4x+4$$
$$=-(x-2)^2+8 \quad \cdots\cdots②$$

그런데 y는 실수이므로 ①에서

$$4-x^2\ge0 \quad \therefore\ (x+2)(x-2)\le0$$
$$\therefore\ -2\le x\le2$$

이 범위에서 ②의 그래프를 그리면 오른쪽 그림의 초록 곡선이다.

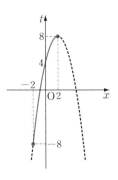

따라서 $x=2$일 때 최댓값 8
$x=-2$일 때 최솟값 -8 ← 답

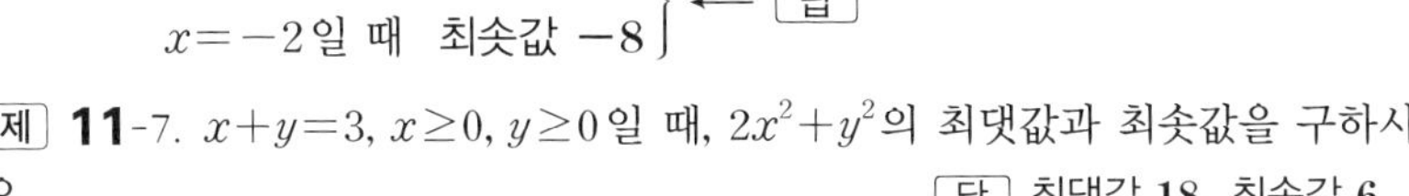

유제 **11**-7. $x+y=3$, $x\ge0$, $y\ge0$일 때, $2x^2+y^2$의 최댓값과 최솟값을 구하시오.

답 최댓값 18, 최솟값 6

기본 문제 **11**-6 길이가 20 m인 철망을 모두 사용하여 오른쪽 그림과 같이 직사각형 모양과 원 모양의 가축우리를 만들려고 한다. 직사각형의 가로의 길이가 원의 지름의 길이와 같도록 만들 때, 전체 가축우리의 넓이를 최대가 되게 하는 원의 반지름의 길이를 구하시오.

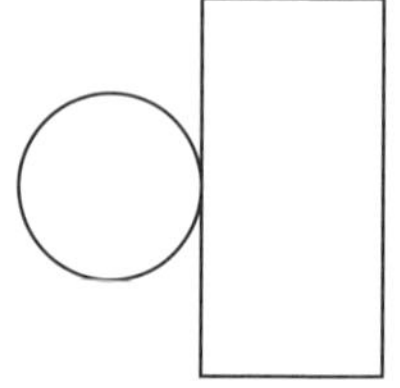

정석연구 이와 같이 문장으로 나타내어진 문제는 변수를 적당히 정하여 주어진 조건들을 식으로 정리한다.

곧, 오른쪽 그림과 같이 원의 반지름의 길이를 x m라고 하면 직사각형의 가로의 길이는 $2x$ m이다.

따라서 직사각형의 세로의 길이를 y m라고 하면 전체 철망의 길이가 20 m라는 조건으로부터

$$2\pi x+2\times 2x+2y=20,\ x>0,\ y>0$$

을 얻는다.

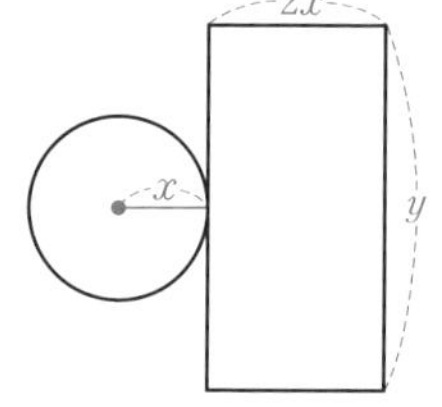

정석 변수를 적당히 정하여 주어진 조건들을 식으로 정리한다.

모범답안 원의 반지름의 길이를 x m라고 하면 직사각형의 가로의 길이는 $2x$ m이다. 따라서 직사각형의 세로의 길이를 y m라고 하면

$$2\pi x+2\times 2x+2y=20\ (x>0,\ y>0) \qquad \cdots\cdots ㉮$$

전체 가축우리의 넓이를 $S\ \mathrm{m}^2$라고 하면 $S=\pi x^2+2xy$

㉮에서 $y=-(\pi+2)x+10$이므로 대입하고 정리하면

$$S=\pi x^2+2x\{-(\pi+2)x+10\}=-(\pi+4)x^2+20x$$

따라서 S를 최대가 되게 하는 x는

$$x=-\frac{20}{2\{-(\pi+4)\}}=\frac{10}{\pi+4} \qquad \Leftarrow x=-\frac{b}{2a}\text{일 때 최대}$$

그런데 $x=\dfrac{10}{\pi+4}>0$이고, 이 값을 ㉮에 대입하면 $y>0$이다.

답 $\dfrac{10}{\pi+4}$ **m**

**Note* 문장으로 나타내어진 문제에서는 대부분의 경우 변수 x에 제한이 있다는 것에 항상 주의해야 하고, 구한 값이 조건을 만족시키는가도 확인해야 한다.

유제 **11**-8. 길이가 80 cm인 철사를 두 개로 잘라서 각각의 철사를 모두 사용하여 두 개의 정사각형을 만들려고 한다.

이때, 두 정사각형의 넓이의 합의 최솟값을 구하시오. 답 **200 cm²**

§3. 판별식을 이용하는 최대와 최소

1 판별식과 $\boldsymbol{y=ax^2+bx+c}$의 최대와 최소

이차함수의 최대와 최소에 관한 문제를 풀 때, 판별식이 중요한 역할을 하는 경우가 있다.

이를테면 $y=x^2-4x+3$의 최댓값 또는 최솟값을 구해 보자.

(i) 완전제곱의 꼴로 변형하는 방법 : 이미 공부한 방법이다. ⇦ p. 158 참조

$y=x^2-4x+3=(x-2)^2-1$이므로 $x=2$일 때 최솟값 -1

(ii) 판별식을 이용하는 방법 : $y=x^2-4x+3$일 때 $x^2-4x+3-y=0$

x는 실수이므로 $D/4=(-2)^2-(3-y)\ge0$ $\therefore y\ge-1$

따라서 y의 최솟값은 -1이고,

이때의 x의 값은 $x^2-4x+3-y=0$에 $y=-1$을 대입하면 $x=2$

기본정석 — **판별식과 $\boldsymbol{y=ax^2+bx+c}$의 최대와 최소**

> 이차함수 $y=ax^2+bx+c$의 최댓값, 최솟값을 구할 때에는
>
> 첫째 — y를 이항하여 $ax^2+bx+c-y=0$의 꼴로 변형한다.
>
> 둘째 — $D=b^2-4a(c-y)\ge0$을 풀어 y의 값의 범위를 구한다.

보기 1 판별식을 이용하여 다음 함수의 최댓값 또는 최솟값을 구하시오.

(1) $y=2x^2+8x+3$ (2) $y=-4x^2+2x-1$

연구 (1) $y=2x^2+8x+3$에서 $2x^2+8x+3-y=0$

x는 실수이므로 $D/4=4^2-2(3-y)\ge0$ $\therefore y\ge-5$

따라서 최솟값 $\boldsymbol{-5}$

(2) $y=-4x^2+2x-1$에서 $4x^2-2x+1+y=0$

x는 실수이므로 $D/4=(-1)^2-4(1+y)\ge0$ $\therefore y\le-\dfrac{3}{4}$

따라서 최댓값 $\boldsymbol{-\dfrac{3}{4}}$

Advice 1° 원칙적으로는 「a, b, c, x는 실수」라는 말이 조건에 있어야 하지만, 이차함수는 a, b, c, x가 실수일 때만 생각하므로 이차함수의 최대·최소 문제에서는 이를 생략한다.

2° 위의 **보기**와 같이 y가 x에 관한 이차식으로 주어질 때에는 완전제곱의 꼴로 변형하는 방법이 간편하다. 그러나 주어진 식이 x, y에 관한 이차방정식 또는 분수 꼴의 식일 때에는 판별식을 이용하는 것이 간편하다.

기본 문제 **11**-7 실수 x, y가 방정식

$$4x^2+y^2-16x+2y+13=0$$

을 만족시킬 때, 다음을 구하시오.

(1) y의 최댓값, 최솟값 (2) x의 최댓값, 최솟값

정석연구 주어진 식을 x에 관하여 정리하면 $4x^2-16x+(y^2+2y+13)=0$

여기에서 이 식을 x에 관한 이차방정식으로 볼 때,

정석 x가 실수 $\Longrightarrow$ 근이 실수 $\Longrightarrow$ 실근 $\Longrightarrow$ $D\ge 0$

을 이용하면 y에 관한 이차부등식을 얻는다.

이때의 부등식이 만일

(i) $(\boldsymbol{y+3})(\boldsymbol{y-1})\le \mathbf{0}$의 꼴이면

$-3\le y\le 1 \Longrightarrow y$의 최댓값 1, 최솟값 -3

(ii) $(\boldsymbol{y-1})^2\le \mathbf{0}$의 꼴이면 $y=1$

(iii) $(\boldsymbol{y+3})(\boldsymbol{y-1})\ge \mathbf{0}$의 꼴이면

$y\le -3,\ y\ge 1 \Longrightarrow y$의 최댓값과 최솟값은 없다

고 답하면 된다.

모범답안 (1) 주어진 식을 x에 관하여 정리하면 $4x^2-16x+(y^2+2y+13)=0$

이것을 x에 관한 이차방정식으로 볼 때, x가 실수이므로

$$D/4=(-8)^2-4(y^2+2y+13)\ge 0 \quad \therefore\ y^2+2y-3\le 0$$

$$\therefore\ (y+3)(y-1)\le 0 \quad \therefore\ -3\le y\le 1$$

따라서 y의 최댓값 **1**, 최솟값 **−3** ← 답

(2) 주어진 식을 y에 관하여 정리하면 $y^2+2y+(4x^2-16x+13)=0$

이것을 y에 관한 이차방정식으로 볼 때, y가 실수이므로

$$D/4=1^2-(4x^2-16x+13)\ge 0 \quad \therefore\ x^2-4x+3\le 0$$

$$\therefore\ (x-1)(x-3)\le 0 \quad \therefore\ 1\le x\le 3$$

따라서 x의 최댓값 **3**, 최솟값 **1** ← 답

Advice | 판별식을 이용하지 않고 다음과 같이 구할 수도 있다.

주어진 식에서 $4(x-2)^2+(y+1)^2=4 \quad \therefore\ 4(x-2)^2=4-(y+1)^2$

여기에서 $4(x-2)^2\ge 0$이므로 $4-(y+1)^2\ge 0 \quad \therefore\ -3\le y\le 1$

같은 방법으로 하면 $1\le x\le 3$

유제 **11**-9. 실수 x, y가 $2x^2+y^2-4x+6y+3=0$을 만족시킬 때, x, y의 값의 범위를 각각 구하시오. 답 $\boldsymbol{-1\le x\le 3,\ -3-2\sqrt{2}\le y\le -3+2\sqrt{2}}$

기본 문제 11-8 실수 x, y가 $x^2+y^2=1$을 만족시킬 때, $2x+y$의 최댓값과 최솟값을 구하시오.

정석연구 **기본 문제 11-5**와 같이 $2x+y$를 한 문자로 나타내어 보자.

$x^2+y^2=1$에서 $y^2=1-x^2$ $\quad\therefore\ y=\pm\sqrt{1-x^2}$

이것을 $2x+y$에 대입하면

$$2x+y=2x\pm\sqrt{1-x^2}$$

과 같이 근호를 포함한 식이 되어 이 뒤의 변형이 쉽지 않다.

이런 경우에는 $2x+y=k$로 놓고 k의 값의 범위를 구한다.

정석 $\boldsymbol{2x+y=k}$로 놓는다.

모범답안 $x^2+y^2=1$ ……① $\qquad 2x+y=k$ ……②

로 놓으면 ②에서 $y=k-2x$

이것을 ①에 대입하면

$$x^2+(k-2x)^2=1 \quad \therefore\ 5x^2-4kx+k^2-1=0$$

x는 실수이므로

$$D/4=(-2k)^2-5(k^2-1)\ge 0 \quad \therefore\ k^2-5\le 0$$

$$\therefore\ -\sqrt{5}\le k\le\sqrt{5}$$

답 최댓값 $\sqrt{5}$, 최솟값 $-\sqrt{5}$

Advice | ①을 만족시키는 점 (x, y)를 좌표평면 위에 나타내면 오른쪽 그림과 같이 중심이 원점이고 반지름의 길이가 1인 원이다.

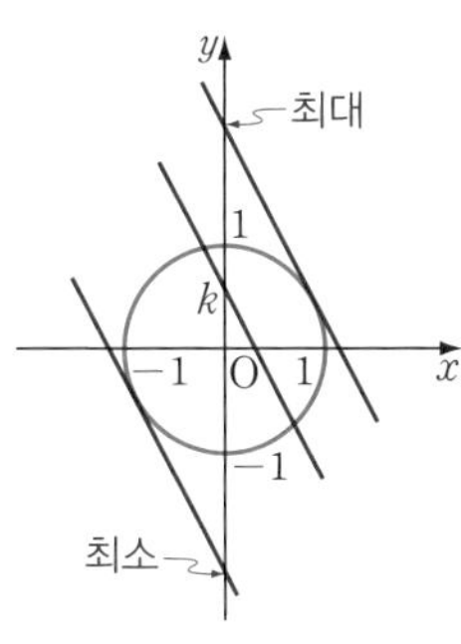

그리고 ②는 $y=-2x+k$이므로 그 그래프는 기울기가 -2이고 y절편이 k인 직선이다.

그런데 ①, ②를 동시에 만족시키는 x, y에 대하여 생각해야 하므로 원과 직선이 만나는 경우를 살펴본다. 따라서 오른쪽 그림과 같이 원과 직선이 접할 때 k의 값이 최대 또는 최소이다.

원과 직선의 위치 관계는 기본 공통수학2의 p. 55에서 공부한다.

유제 **11**-10. 실수 x, y가 $x^2+y^2=5$를 만족시킬 때, $x-2y$의 최댓값과 최솟값을 구하시오. 답 최댓값 5, 최솟값 -5

유제 **11**-11. 실수 x, y가 $x^2-2xy+2y^2=2$를 만족시킬 때, $x+y$의 최댓값과 최솟값을 구하시오. 답 최댓값 $\sqrt{10}$, 최솟값 $-\sqrt{10}$

기본 문제 **11**-9 x가 실수일 때, 다음 물음에 답하시오.

(1) $\dfrac{6x}{x^2+1}$의 최댓값과 최솟값을 구하시오.

(2) $\dfrac{x^2+ax+b}{x^2+1}$의 최댓값이 3, 최솟값이 -1일 때, 실수 a, b의 값을 구하시오.

정석연구 (1) $\dfrac{6x}{x^2+1}=k$로 놓고 양변에 x^2+1을 곱하면 $6x=k(x^2+1)$

x에 관하여 정리하면 $kx^2-6x+k=0$ ……①

따라서 주어진 식의 최댓값과 최솟값은 x가 실수일 때 ①을 만족시키는 k의 값의 범위를 구하면 찾을 수 있다. 판별식을 이용해 보자.

정석 $f(x)$의 최대·최소는 $f(x)=k$로 놓고
x에 관한 이차방정식으로 정리되면 판별식을 이용한다.

모범답안 (1) $\dfrac{6x}{x^2+1}=k$로 놓고 양변에 x^2+1을 곱하면 $6x=k(x^2+1)$

x에 관하여 정리하면 $kx^2-6x+k=0$ ……①

(i) $k\neq0$일 때, ①은 x에 관한 이차방정식이고, x는 실수이므로

$D/4=(-3)^2-k\times k\ge0$ $\quad\therefore\ -3\le k\le3\ (k\neq0)$

(ii) $k=0$일 때, ①은 $-6x=0$ $\quad\therefore\ x=0$ (실수)

(i), (ii)에서 $-3\le k\le3$이므로 최댓값 **3**, 최솟값 **-3** ← 답

(2) $\dfrac{x^2+ax+b}{x^2+1}=k$로 놓고 양변에 x^2+1을 곱하면 $x^2+ax+b=k(x^2+1)$

x에 관하여 정리하면 $(k-1)x^2-ax+k-b=0$ ……②

k의 최댓값이 3, 최솟값이 -1이므로 $k\neq1$일 때만 생각해도 된다.

$k\neq1$일 때, x는 실수이므로 ②에서 $D=(-a)^2-4(k-1)(k-b)\ge0$

$\therefore\ 4k^2-4(b+1)k+4b-a^2\le0$

이 부등식은 해가 $-1\le k\le3$이어야 하므로

$4(k+1)(k-3)\le0$ 곧, $4k^2-8k-12\le0$

과 일치한다. $\therefore\ 4(b+1)=8,\ 4b-a^2=-12$

연립하여 풀면 $\boldsymbol{a=\pm4,\ b=1}$ ← 답

유제 **11**-12. x가 실수일 때, 다음 식의 최댓값과 최솟값을 구하시오.

(1) $\dfrac{1-2x}{2+x^2}$ (2) $\dfrac{x^2-2x-2}{x^2+2x+2}$

답 (1) 최댓값 **1**, 최솟값 $\boldsymbol{-\frac{1}{2}}$ (2) 최댓값 **3**, 최솟값 **-1**

연습문제 11

11-1 실수 x에 대하여 $\dfrac{6}{x^2-2x+a}$의 최댓값이 2일 때, 실수 a의 값은?

① 2　② 3　③ 4　④ 5　⑤ 6

11-2 실수 x, y, z에 대하여 $x-1=\dfrac{y-5}{3}=\dfrac{z+1}{2}$일 때, $x^2+y^2+z^2$의 최솟값을 구하시오.

11-3 실수 m에 대하여 함수 $f(x)=2x^2-4mx+m^2+6m+5$의 최솟값을 $g(m)$이라고 하자. 이때, $g(m)$의 최댓값은?

① 12　② 14　③ 16　④ 18　⑤ 20

11-4 이차함수 $f(x)=ax^2-2x+a$의 최댓값이 $\dfrac{3}{2}$이고, 이차함수 $g(x)=bx^2+8ax+b$의 최솟값이 3일 때, 상수 a, b의 값을 구하시오.

11-5 두 포물선 $y=4x^2-3x+7$, $y=x^2+3x+2$와 직선 $x=k$의 교점을 각각 P, Q라고 할 때, 선분 PQ의 길이를 최소가 되게 하는 상수 k의 값은?

① 1　② 2　③ 3　④ 4　⑤ 5

11-6 $0\le x\le 3$일 때, 함수 $y=(2x-3)^2-2(2x-3)+2$의 최댓값과 최솟값을 구하시오.

11-7 $0\le x\le a$일 때, 함수 $y=x^2-4x+5$의 최댓값이 5, 최솟값이 1이다. 이때, 실수 a의 값의 범위를 구하시오.

11-8 이차함수 $f(x)$가 다음 두 조건을 만족시킨다.

(가) 방정식 $f(x)=0$의 두 근은 -3과 5이다.
(나) $-2\le x\le 2$에서 $f(x)$의 최댓값은 16이다.

이때, $-2\le x\le 2$에서 $f(x)$의 최솟값을 구하시오.

11-9 이차함수 $y=f(x)$의 그래프가 오른쪽 그림과 같을 때, 다음 중 옳은 것만을 있는 대로 고른 것은?

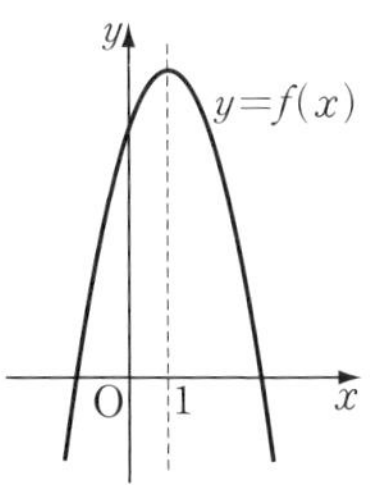

ㄱ. $f(-1)=0$이면 $f(2)=0$이다.
ㄴ. $-2\le x\le 2$일 때 y의 최솟값은 $f(-2)$이다.
ㄷ. $f(2x-1)$의 최댓값과 $f(x)$의 최댓값은 서로 같다.

① ㄴ　② ㄷ　③ ㄱ, ㄴ　④ ㄴ, ㄷ　⑤ ㄱ, ㄴ, ㄷ

11-10 이차함수 $y=2x^2+11x+5$의 그래프가 x축과 두 점 A, B에서 만나고, y축과 점 C에서 만난다. 점 P(x, y)가 점 A에서 점 C까지 이차함수의 그래프 위를 움직일 때, $x-y$의 최댓값과 최솟값을 구하시오.

단, 점 A의 x좌표가 점 B의 x좌표보다 작다.

11-11 $f(x)$는 $x-1$, x^2-4x+3의 값 중에서 크지 않은 것을 나타내는 함수이다. $1\le x\le 5$일 때, $f(x)$의 최댓값과 최솟값을 구하시오.

11-12 x에 관한 이차방정식 $x^2+(a+1)x+a^2-1=0$(a는 실수)이 두 실근 α, β를 가질 때, $\alpha^2+\beta^2$의 최댓값과 최솟값을 구하시오.

11-13 두 점 A(0, 4), B(2, 0)에 대하여 선분 AB 위의 한 점 P에서 x축에 내린 수선의 발을 M이라 하고, 원점을 O라고 하자. 이때, △OMP의 넓이가 최대가 되는 점 P의 좌표를 구하시오.

11-14 지면으로부터 2 m 높이에서 지면에 수직인 방향으로 공을 던졌을 때, t초 후 지면으로부터 공의 높이를 y m라고 하면 $y=-5t^2+at+2$(a는 상수)인 관계가 성립한다고 한다. 공을 던진 지 2초 후 공이 지면에 떨어졌을 때, 이 공이 지면으로부터 가장 높은 위치에 있었을 때의 높이를 구하시오.

11-15 어떤 물품을 파는데, 한 개에 300원을 받으면 매일 500개가 팔리고, 한 개당 가격을 5원씩 올리면 10개씩 덜 팔린다고 한다. 이 물품의 원가가 200원일 때, 최대 이익을 얻기 위한 한 개당 가격은?

① 360원 ② 365원 ③ 370원 ④ 375원 ⑤ 380원

11-16 $\angle A=90^\circ$, $\overline{AB}=10$, $\overline{AC}=20$인 △ABC가 있다. 점 P는 꼭짓점 A를 출발하여 매초 1의 속력으로 꼭짓점 B를 향해 변 AB 위를 움직이고, 점 Q는 점 P와 동시에 꼭짓점 C를 출발하여 매초 2의 속력으로 꼭짓점 A를 향해 변 CA 위를 움직인다. 이때, 선분 PQ의 길이의 최솟값을 구하시오.

11-17 △ABC의 변 AB 위의 점 P에 대하여 선분 BP의 중점을 Q라 하고, 점 P, Q에서 각각 변 BC에 평행한 선을 그어 변 AC와 만나는 점을 S, R이라고 하자. $\overline{AB}=1$이고 $\overline{AP}=x(0<x<1)$일 때, □PQRS의 넓이가 최대가 되게 하는 x의 값을 구하시오.

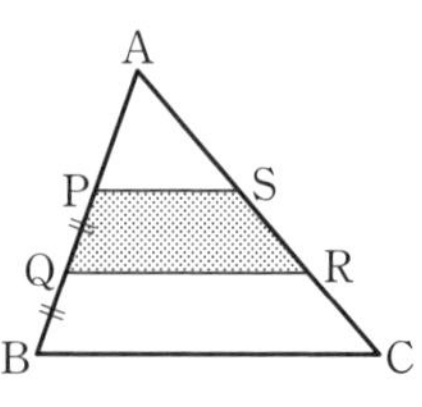

11-18 $4x^2-8xy+5y^2-4x+3y+k=\dfrac{11}{4}$을 만족시키는 실수 x, y가 존재할 때, 실수 k의 최댓값과 이때의 x, y의 값을 구하시오.

12. 삼차방정식과 사차방정식

삼차방정식과 사차방정식의 해법／
삼차방정식의 근과 계수의 관계

§1. 삼차방정식과 사차방정식의 해법

1 고차방정식의 해법

이를테면 $x^3+1=0$과 같이 미지수 x의 최고 차수가 3인 방정식을 x에 관한 삼차방정식이라고 한다. 또, $4x^4+2x^3+x-1=0$과 같이 미지수 x의 최고 차수가 4인 방정식을 x에 관한 사차방정식이라고 한다. 일반적으로 삼차 이상의 방정식을 고차방정식이라고 한다.

고차방정식 $f(x)=0$의 해는 좌변을 인수분해하여 일차식 또는 이차식의 곱으로 나타내어 구하는 것이 일반적이다.

이를테면 삼차방정식 $x^3+1=0$의 좌변을 인수분해하면

$$(x+1)(x^2-x+1)=0 \text{이므로} \quad x+1=0 \text{ 또는 } x^2-x+1=0$$

이다. 따라서 해는 $x=-1$ 또는 $x=\dfrac{1\pm\sqrt{3}i}{2}$이다.

이와 같이 고차방정식의 해를 구하는 기본은 인수분해이고, 인수분해를 할 때에는

인수분해 공식,　　인수 정리,　　복이차식의 변형

을 이용한다.

기본정석 — 고차방정식의 해법

고차방정식을 $f(x)=0$의 꼴로 정리하고 $f(x)$를 인수분해한 다음,

$ABC=0$이면 $\Longrightarrow$ $A=0$ 또는 $B=0$ 또는 $C=0$

$ABCD=0$이면 $\Longrightarrow$ $A=0$ 또는 $B=0$ 또는 $C=0$ 또는 $D=0$

을 이용한다.

기본 문제 12-1 다음 방정식을 푸시오.

(1) $x^3=1$ (2) $8x^3-12x^2+6x-1=0$

(3) $x^3-6x^2+11x-6=0$ (4) $x^3+x+10=0$

정석연구 (1), (2) 인수분해 공식을 이용하여 인수분해한다.

정석 $a^3\pm b^3=(a\pm b)(a^2\mp ab+b^2)$ (복부호동순)

$a^3\pm 3a^2b+3ab^2\pm b^3=(a\pm b)^3$ (복부호동순)

(3), (4) 인수 정리와 조립제법을 이용하여 좌변을 인수분해한다.

모범답안 (1) $x^3=1$에서 $x^3-1=0$

$\therefore (x-1)(x^2+x+1)=0 \quad \therefore x-1=0$ 또는 $x^2+x+1=0$

$\therefore \boldsymbol{x=1,\ \dfrac{-1\pm\sqrt{3}i}{2}}$ ← 답

(2) $8x^3-12x^2+6x-1=0$에서

$(2x)^3-3\times(2x)^2\times1+3\times2x\times1^2-1^3=0$

$\therefore (2x-1)^3=0 \quad \therefore \boldsymbol{x=\dfrac{1}{2}}$ (삼중근) ← 답

(3) $f(x)=x^3-6x^2+11x-6$이라고 하면 $f(1)=0$이므로 $f(x)$는 $x-1$을 인수로 가진다.

조립제법을 이용하여 $f(x)$를 $x-1$로 나누면

1	1	−6	11	−6
		1	−5	6
	1	−5	6	0

$f(x)=(x-1)(x^2-5x+6)$

$=(x-1)(x-2)(x-3)$

따라서 $f(x)=0$의 해는 $\boldsymbol{x=1,\ 2,\ 3}$ ← 답

(4) $f(x)=x^3+x+10$이라고 하면 $f(-2)=0$이므로 $f(x)=(x+2)(x^2-2x+5)$

−2	1	0	1	10
		−2	4	−10
	1	−2	5	0

따라서 $f(x)=0$의 해는

$\boldsymbol{x=-2,\ 1\pm2i}$ ← 답

**Note* 이차방정식 $(x-\alpha)^2=0$의 근 α를 중근 또는 이중근이라 하고, 삼차방정식 $(x-\alpha)^3=0$의 근 α를 중근 또는 삼중근이라고 한다.

유제 **12**-1. 다음 방정식을 푸시오.

(1) $x^3=-8$ (2) $x^3+6x^2+12x+8=0$

(3) $x^3-13x-12=0$ (4) $3x^3-7x^2+11x-3=0$

답 (1) $\boldsymbol{x=-2,\ 1\pm\sqrt{3}i}$ (2) $\boldsymbol{x=-2}$(삼중근)
(3) $\boldsymbol{x=-3,\ -1,\ 4}$ (4) $\boldsymbol{x=\dfrac{1}{3},\ 1\pm\sqrt{2}i}$

기본 문제 **12**-2 다음 방정식을 푸시오.

(1) $x^4-3x^2+2=0$ (2) $x^4+2x^2+9=0$

(3) $(x+1)(x+3)(x+5)(x+7)+15=0$ (4) $x^4-x^3-7x^2+x+6=0$

정석연구 (1), (2) 복이차식을 인수분해하는 방법을 이용한다. ⇦ p. 39 참조

(3) 공통부분이 생기도록 좌변의 식을 변형한 후 인수분해한다. ⇦ p. 38 참조

(4) 인수 정리를 이용하여 좌변을 인수분해한다.

정석 고차방정식을 풀 때에는 인수분해부터!

모범답안 (1) $x^4-3x^2+2=0$에서 $x^2=X$로 놓으면 $X^2-3X+2=0$

$\therefore (X-1)(X-2)=0 \quad \therefore X=1$ 또는 $X=2$

곧, $x^2=1$ 또는 $x^2=2 \quad \therefore \boldsymbol{x=\pm1,\ \pm\sqrt{2}}$ ← 답

(2) $x^4+2x^2+9=0$에서 $x^4+6x^2+9-4x^2=0$

$\therefore (x^2+3)^2-(2x)^2=0 \quad \therefore (x^2+3+2x)(x^2+3-2x)=0$

$\therefore x^2+2x+3=0$ 또는 $x^2-2x+3=0$

$\therefore \boldsymbol{x=-1\pm\sqrt{2}i,\ 1\pm\sqrt{2}i}$ ← 답

(3) 주어진 방정식에서 $(x+1)(x+7)(x+3)(x+5)+15=0$

$\therefore (x^2+8x+7)(x^2+8x+15)+15=0$

$x^2+8x=X$로 놓으면 $(X+7)(X+15)+15=0$

$\therefore X^2+22X+120=0 \quad \therefore (X+10)(X+12)=0$

$\therefore X=-10$ 또는 $X=-12$ 곧, $x^2+8x=-10$ 또는 $x^2+8x=-12$

$x^2+8x=-10$에서 $x^2+8x+10=0 \quad \therefore \boldsymbol{x=-4\pm\sqrt{6}}$

$x^2+8x=-12$에서 $x^2+8x+12=0 \quad \therefore \boldsymbol{x=-6,\ -2}$ ← 답

(4) $f(x)=x^4-x^3-7x^2+x+6$이라고 하면 $f(1)=0,\ f(-1)=0$이므로 $f(x)$는 $(x-1)(x+1)$로 나누어떨어진다. 이때의 몫은 x^2-x-6이므로

$f(x)=(x-1)(x+1)(x^2-x-6)=(x-1)(x+1)(x+2)(x-3)$

따라서 $f(x)=0$의 해는 $\boldsymbol{x=1,\ -1,\ -2,\ 3}$ ← 답

Note 몫을 구할 때 조립제법을 두 번 이용하면 간편하다.

유제 **12**-2. 다음 방정식을 푸시오.

(1) $x^4-3x^2-4=0$ (2) $x^4-6x^2+1=0$

(3) $(x^2+3x-3)(x^2+3x+4)=8$ (4) $2x^4+x^3+3x^2+2x-2=0$

답 (1) $\boldsymbol{x=\pm2,\ \pm i}$ (2) $\boldsymbol{x=-1\pm\sqrt{2},\ 1\pm\sqrt{2}}$

(3) $\boldsymbol{x=-4,\ 1,\ \dfrac{-3\pm\sqrt{11}i}{2}}$ (4) $\boldsymbol{x=-1,\ \dfrac{1}{2},\ \pm\sqrt{2}i}$

기본 문제 **12**-3 x에 관한 삼차방정식 $x^3+x^2+px+q=0$이 있다.

(1) 이 방정식의 한 근이 $1-\sqrt{2}$일 때, 유리수 p, q의 값과 나머지 두 근을 구하시오.

(2) 이 방정식의 한 근이 $1-i$일 때, 실수 p, q의 값과 나머지 두 근을 구하시오.

정석연구 근을 주어진 방정식에 대입한 다음, 아래 **정석**을 이용한다.

정석 $\boldsymbol{a, b}$가 유리수일 때, $\boldsymbol{a+b\sqrt{2}=0 \iff a=0,\ b=0}$
$\boldsymbol{a, b}$가 실수일 때, $\boldsymbol{a+bi=0 \iff a=0,\ b=0}$

모범답안 $x^3+x^2+px+q=0$ ……①

(1) $1-\sqrt{2}$가 ①의 근이므로 대입하면

$$(1-\sqrt{2})^3+(1-\sqrt{2})^2+p(1-\sqrt{2})+q=0$$

전개하여 $\sqrt{2}$에 관하여 정리하면 $(p+q+10)+(-p-7)\sqrt{2}=0$

p, q는 유리수이므로 $p+q+10=0,\ -p-7=0$

$$\therefore\ p=-7,\ q=-3$$

이때, ①은 $x^3+x^2-7x-3=0$ $\quad\therefore\ (x+3)(x^2-2x-1)=0$

$\therefore\ x=-3,\ 1\pm\sqrt{2}$ 답 $\boldsymbol{p=-7,\ q=-3,\ x=-3,\ 1+\sqrt{2}}$

(2) $1-i$가 ①의 근이므로 대입하면

$$(1-i)^3+(1-i)^2+p(1-i)+q=0$$

전개하여 i에 관하여 정리하면 $(p+q-2)+(-p-4)i=0$

p, q는 실수이므로 $p+q-2=0,\ -p-4=0$

$$\therefore\ p=-4,\ q=6$$

이때, ①은 $x^3+x^2-4x+6=0$ $\quad\therefore\ (x+3)(x^2-2x+2)=0$

$\therefore\ x=-3,\ 1\pm i$ 답 $\boldsymbol{p=-4,\ q=6,\ x=-3,\ 1+i}$

****Note*** (1)에서 p, q가 유리수이고 $1-\sqrt{2}$가 한 근이므로 $1+\sqrt{2}$도 근이다. 나머지 근을 α라고 하면 세 근은 $1-\sqrt{2},\ 1+\sqrt{2},\ \alpha$이다.

마찬가지로 (2)에서는 세 근을 $1-i,\ 1+i,\ \beta$라고 할 수 있다. 여기서 삼차방정식의 근과 계수의 관계(p. 179)를 이용할 수도 있다.

유제 **12**-3. x에 관한 삼차방정식 $x^3+px+q=0$의 한 근이 $2+\sqrt{3}$일 때, 유리수 p, q의 값을 구하시오. 답 $\boldsymbol{p=-15,\ q=4}$

유제 **12**-4. x에 관한 삼차방정식 $x^3+ax^2+bx+5=0$의 한 근이 $2+i$일 때, 실수 a, b의 값을 구하시오. 답 $\boldsymbol{a=-3,\ b=1}$

기본 문제 **12**-4 x에 관한 삼차방정식 $x^3+2x^2+(a-8)x-2a=0$에 대하여 다음 물음에 답하시오.

(1) 이 방정식의 좌변을 인수분해하시오.

(2) 이 방정식의 실근이 2뿐일 때, 실수 a의 값의 범위를 구하시오.

(3) 이 방정식이 중근을 가질 때, 실수 a의 값을 구하시오.

정석연구 (1) $x=2$가 주어진 방정식을 만족시키므로 좌변은 $x-2$로 나누어떨어지고, 이때의 몫은 조립제법을 이용하여 구한다.

또는 좌변을 a에 관하여 정리한 다음 인수분해를 할 수도 있다.

(2) 이를테면 삼차방정식 $(x-2)(x^2+1)=0$, $(x-2)^3=0$의 실근은 2뿐이다.

(3) 이를테면 삼차방정식 $(x-2)(x+2)^2=0$, $(x-2)^2(x+6)=0$, $(x-2)^3=0$은 모두 중근을 가진다. ⇦ p. 174 ***Note*** 참조

정석 삼차방정식의 근의 판별 $\Longrightarrow$ $\boldsymbol{(x-\alpha)(x^2+px+q)=0}$ 꼴로 변형

모범답안 (1) $\boldsymbol{(x-2)(x^2+4x+a)=0}$ ……①

(2) $x^2+4x+a=0$ ……②

①의 실근이 2뿐이기 위해서는 ②가 허근을 가지거나 $x=2$를 중근으로 가져야 한다.

(i) 허근일 때 : $D/4=4-a<0$에서 $a>4$

(ii) $x=2$가 중근일 때 : $4+8+a=0$이고 $D/4=4-a=0$이어야 하지만, 이 두 식을 동시에 만족시키는 a의 값은 없다. 답 $\boldsymbol{a>4}$

(3) ①이 중근을 가지기 위해서는 ②가 중근을 가지거나 $x=2$를 근으로 가져야 한다.

(i) 중근일 때 : $D/4=4-a=0$에서 $a=4$

(ii) $x=2$를 근으로 가질 때 : $4+8+a=0$에서 $a=-12$

답 $\boldsymbol{a=-12,\ 4}$

유제 **12**-5. x에 관한 삼차방정식 $x^3+(a+1)x^2+(a+1)x+1=0$의 근이 모두 실수가 되도록 실수 a의 값의 범위를 정하시오. 답 $\boldsymbol{a\le-2,\ a\ge2}$

유제 **12**-6. x에 관한 삼차방정식 $x^3+x^2+ax-a-2=0$에 대하여 다음 물음에 답하시오.

(1) 이 방정식의 실근이 1뿐일 때, 실수 a의 값의 범위를 구하시오.

(2) 이 방정식이 중근을 가질 때, 실수 a의 값을 구하시오.

답 (1) $\boldsymbol{a>-1}$ (2) $\boldsymbol{a=-5,\ -1}$

기본 문제 **12**-5 삼차방정식 $x^3-1=0$의 한 허근을 ω라고 할 때, 다음을 $a\omega+b$(a, b는 실수)의 꼴로 나타내시오.

(1) $1-\omega^2+\omega^4-\omega^6+\cdots+\omega^{100}$

(2) $\dfrac{1}{\omega}+\dfrac{1}{\overline{\omega}^2}+\dfrac{1}{\omega^3}+\dfrac{1}{\overline{\omega}^4}+\dfrac{1}{\omega^5}+\cdots+\dfrac{1}{\omega^9}$

정석연구 (1) $x^3-1=0$의 좌변을 인수분해하면 $(x-1)(x^2+x+1)=0$이므로 허근 ω는 $x^2+x+1=0$의 근이다. 따라서 $\omega^3=1$이고 $\omega^2+\omega+1=0$이다.

(2) 이차방정식 $x^2+x+1=0$의 계수가 실수이므로 허수 ω가 이 방정식의 근이면 $\overline{\omega}$도 근이다. 따라서 이차방정식의 근과 계수의 관계로부터 $\omega+\overline{\omega}=-1$, $\omega\overline{\omega}=1$임을 알 수 있다.

정석 $\boldsymbol{x^3-1=0}$의 한 허근을 $\boldsymbol{\omega}$라고 하면

$$\boldsymbol{\omega^3=1,\quad \omega^2+\omega+1=0,\quad \omega+\overline{\omega}=-1,\quad \omega\overline{\omega}=1}$$

모범답안 (1) ω는 $x^3-1=0$의 허근이므로 $\omega^3=1$

또, $(x-1)(x^2+x+1)=0$에서 ω는 $x^2+x+1=0$의 근이므로

$$\omega^2+\omega+1=0$$

$\therefore\ 1-\omega^2+\omega^4-\omega^6+\cdots+\omega^{100}$

$=(1+\omega^4+\omega^8+\cdots+\omega^{100})-(\omega^2+\omega^6+\omega^{10}+\cdots+\omega^{98})$ ⇦ $\omega^3=1$

$=(1+\omega+\omega^2+\cdots+\omega)-(\omega^2+1+\omega+\cdots+\omega^2)$ ⇦ $\omega^2+\omega+1=0$

$=(1+\omega)-\omega^2=(1+\omega)-(-\omega-1)=\boldsymbol{2\omega+2}$ ← 답

(2) ω는 $x^2+x+1=0$의 근이고, 이 방정식의 계수가 실수이므로 $\overline{\omega}$도 근이다. 따라서 $\overline{\omega}$도 $x^3-1=0$의 허근이므로

$$\omega^3=\overline{\omega}^3=1,\quad \omega^2+\omega+1=\overline{\omega}^2+\overline{\omega}+1=0$$

또, 이차방정식의 근과 계수의 관계로부터 $\omega+\overline{\omega}=-1$, $\omega\overline{\omega}=1$

$\therefore\ \dfrac{1}{\omega}+\dfrac{1}{\overline{\omega}^2}+\dfrac{1}{\omega^3}+\dfrac{1}{\overline{\omega}^4}+\dfrac{1}{\omega^5}+\cdots+\dfrac{1}{\omega^9}$

$=\left(\dfrac{1}{\omega}+\dfrac{1}{\omega^3}+\dfrac{1}{\omega^5}+\dfrac{1}{\omega^7}+\dfrac{1}{\omega^9}\right)+\left(\dfrac{1}{\overline{\omega}^2}+\dfrac{1}{\overline{\omega}^4}+\dfrac{1}{\overline{\omega}^6}+\dfrac{1}{\overline{\omega}^8}\right)$

$=\left(\dfrac{1}{\omega}+1+\dfrac{1}{\omega^2}+\dfrac{1}{\omega}+1\right)+\left(\dfrac{1}{\overline{\omega}^2}+\dfrac{1}{\overline{\omega}}+1+\dfrac{1}{\overline{\omega}^2}\right)$ ⇦ $\dfrac{1}{\omega}=\dfrac{\omega^3}{\omega}=\omega^2$

$=(\omega^2+1+\omega+\omega^2+1)+(\overline{\omega}+\overline{\omega}^2+1+\overline{\omega})$

$=(\omega^2+1)+\overline{\omega}=-\omega+(-1-\omega)=\boldsymbol{-2\omega-1}$ ← 답

유제 **12**-7. 삼차방정식 $x^3+1=0$의 한 허근을 ω라고 할 때, $\omega+\overline{\omega}^2+\omega^3+\overline{\omega}^4+\omega^5+\cdots+\overline{\omega}^{20}$의 값을 구하시오. 답 **0**

§ 2. 삼차방정식의 근과 계수의 관계

1 삼차방정식의 근과 계수의 관계

이차방정식의 경우와 마찬가지로 삼차방정식에 있어서도 직접 근을 구하지 않고서도 근과 계수의 관계를 이용하여 세 근의 합, 세 근의 곱 등을 구할 수 있다. 삼차방정식의 근과 계수의 관계는 고등학교 교육과정에서 다루지 않지만, 삼차방정식에 관한 문제를 풀 때 유용하게 사용되는 경우가 있으므로 공부해 보자.

기본정석 — 삼차방정식의 근과 계수의 관계

x에 관한 삼차방정식 $ax^3+bx^2+cx+d=0$의 세 근을 α, β, γ라고 하면

$$\alpha+\beta+\gamma=-\frac{b}{a},\quad \alpha\beta+\beta\gamma+\gamma\alpha=\frac{c}{a},\quad \alpha\beta\gamma=-\frac{d}{a}$$

가 성립한다.

Advice | x에 관한 삼차방정식 $ax^3+bx^2+cx+d=0$의 근은 세 개이다. 이것을 α, β, γ라고 하면

$$ax^3+bx^2+cx+d=a(x-\alpha)(x-\beta)(x-\gamma)$$

우변을 전개하여 정리하면

$$ax^3+bx^2+cx+d=ax^3-a(\alpha+\beta+\gamma)x^2+a(\alpha\beta+\beta\gamma+\gamma\alpha)x-a\alpha\beta\gamma$$

x에 관한 항등식이므로 양변의 동류항의 계수를 비교하면

$$b=-a(\alpha+\beta+\gamma),\quad c=a(\alpha\beta+\beta\gamma+\gamma\alpha),\quad d=-a\alpha\beta\gamma$$

이 세 식의 양변을 각각 $a(\neq 0)$로 나누면

$$\alpha+\beta+\gamma=-\frac{b}{a},\quad \alpha\beta+\beta\gamma+\gamma\alpha=\frac{c}{a},\quad \alpha\beta\gamma=-\frac{d}{a}$$

보기 1 삼차방정식 $x^3-x^2+2x-1=0$의 세 근을 α, β, γ라고 할 때, 다음 식의 값을 구하시오.

(1) $\alpha+\beta+\gamma$　　(2) $\alpha\beta+\beta\gamma+\gamma\alpha$　　(3) $\alpha\beta\gamma$　　(4) $\dfrac{1}{\alpha}+\dfrac{1}{\beta}+\dfrac{1}{\gamma}$

연구 삼차방정식의 근과 계수의 관계로부터

(1) $\alpha+\beta+\gamma=\mathbf{1}$　　(2) $\alpha\beta+\beta\gamma+\gamma\alpha=\mathbf{2}$　　(3) $\alpha\beta\gamma=\mathbf{1}$

(4) $\dfrac{1}{\alpha}+\dfrac{1}{\beta}+\dfrac{1}{\gamma}=\dfrac{\beta\gamma+\gamma\alpha+\alpha\beta}{\alpha\beta\gamma}=\dfrac{2}{1}=\mathbf{2}$

기본 문제 **12**-6 삼차방정식 $x^3-3x+5=0$의 세 근을 α, β, γ라고 할 때, 다음 식의 값을 구하시오.

(1) $(\alpha+\beta)(\beta+\gamma)(\gamma+\alpha)$ (2) $\alpha^2+\beta^2+\gamma^2$

(3) $(1+\alpha)(1+\beta)(1+\gamma)$ (4) $\alpha^3+\beta^3+\gamma^3$

정석연구 삼차방정식의 근과 계수의 관계를 이용하면

$$\alpha+\beta+\gamma=0, \quad \alpha\beta+\beta\gamma+\gamma\alpha=-3, \quad \alpha\beta\gamma=-5$$

를 얻는다. 따라서 곱셈 공식, 인수분해 공식을 이용하여 이들을 포함한 식으로 변형해 본다.

정석 $\boldsymbol{ax^3+bx^2+cx+d=0(a\neq0)}$의 세 근을 α, β, γ라고 하면

$$\boldsymbol{\alpha+\beta+\gamma=-\frac{b}{a}, \quad \alpha\beta+\beta\gamma+\gamma\alpha=\frac{c}{a}, \quad \alpha\beta\gamma=-\frac{d}{a}}$$

모범답안 삼차방정식의 근과 계수의 관계로부터

$$\alpha+\beta+\gamma=0, \quad \alpha\beta+\beta\gamma+\gamma\alpha=-3, \quad \alpha\beta\gamma=-5$$

(1) $\alpha+\beta+\gamma=0$에서 $\alpha+\beta=-\gamma, \beta+\gamma=-\alpha, \gamma+\alpha=-\beta$이므로

$$(\alpha+\beta)(\beta+\gamma)(\gamma+\alpha)=(-\gamma)\times(-\alpha)\times(-\beta)=-\alpha\beta\gamma$$
$$=-(-5)=\mathbf{5} \longleftarrow \text{답}$$

(2) $(\alpha+\beta+\gamma)^2=\alpha^2+\beta^2+\gamma^2+2(\alpha\beta+\beta\gamma+\gamma\alpha)$이므로

$$\alpha^2+\beta^2+\gamma^2=(\alpha+\beta+\gamma)^2-2(\alpha\beta+\beta\gamma+\gamma\alpha)$$
$$=0^2-2\times(-3)=\mathbf{6} \longleftarrow \text{답}$$

(3) $(1+\alpha)(1+\beta)(1+\gamma)=1+(\alpha+\beta+\gamma)+(\alpha\beta+\beta\gamma+\gamma\alpha)+\alpha\beta\gamma$

$$=1+0+(-3)+(-5)=\mathbf{-7} \longleftarrow \text{답}$$

(4) $\alpha^3+\beta^3+\gamma^3-3\alpha\beta\gamma=(\alpha+\beta+\gamma)(\alpha^2+\beta^2+\gamma^2-\alpha\beta-\beta\gamma-\gamma\alpha)$이므로

$$\alpha^3+\beta^3+\gamma^3=3\alpha\beta\gamma=3\times(-5)=\mathbf{-15} \longleftarrow \text{답} \qquad \Leftarrow \alpha+\beta+\gamma=0$$

Advice | 위에서 다음 곱셈 공식과 인수분해 공식을 이용하였다.

$$\boldsymbol{(a+b+c)^2=a^2+b^2+c^2+2ab+2bc+2ca}$$
$$\boldsymbol{a^3+b^3+c^3-3abc=(a+b+c)(a^2+b^2+c^2-ab-bc-ca)}$$

유제 **12**-8. 삼차방정식 $x^3+3x+2=0$의 세 근을 α, β, γ라고 할 때, 다음 식의 값을 구하시오.

(1) $(\alpha+\beta)(\beta+\gamma)(\gamma+\alpha)$ (2) $\alpha^2+\beta^2+\gamma^2$

(3) $(1-\alpha)(1-\beta)(1-\gamma)$ (4) $\alpha^3+\beta^3+\gamma^3$

답 (1) **2** (2) **−6** (3) **6** (4) **−6**

연습문제 12

12-1 다음 x에 관한 방정식을 푸시오. 단, a, b는 상수이다.

(1) $x^3-x^2-x+1=0$　　(2) $x^4-10x^2+24=0$

(3) $4x^4+1=0$　　(4) $x^3-(a^2+ab+b^2)x-ab(a+b)=0$

12-2 $(x^2+2x-1)(x^2+2x-3)-15$가 x에 관한 일차식 $x+a$로 나누어떨어질 때, 실수 a의 값을 구하시오.

12-3 x에 관한 사차방정식 $x^4-ax^2+b=0$의 해가 $\pm\alpha$, $\pm\beta$일 때, x에 관한 이차방정식 $x^2-ax+b=0$의 해는? 단, a, b는 상수이다.

① $-\alpha$, $-\beta$　② $-\sqrt{\alpha}$, $-\sqrt{\beta}$　③ $\sqrt{\alpha}$, $\sqrt{\beta}$

④ α, β　⑤ α^2, β^2

12-4 x에 관한 사차방정식 $x^4+ax^3+b=0$의 네 근을 α_1, α_2, α_3, α_4라고 할 때, $(1-\alpha_1)(1-\alpha_2)(1-\alpha_3)(1-\alpha_4)=2$를 만족시킨다. 이때, 상수 a, b에 대하여 $a+b$의 값은?

① -2　② -1　③ 0　④ 1　⑤ 2

12-5 다음 x에 관한 삼차방정식이 서로 다른 세 실근 1, α, $\beta(\alpha<\beta)$를 가질 때, 실수 a와 α, β의 값을 구하시오.

$$x^3+(a+1)x^2+(a^2-7a-7)x+2(2a+1)=0$$

12-6 방정식 $x^2-1=0$의 해가 모두 x에 관한 방정식 $x^4+mx^3+nx^2+4=0$의 해일 때, 상수 m, n의 값과 $x^4+mx^3+nx^2+4=0$의 해를 구하시오.

12-7 이차방정식 $x^2-x-3=0$의 두 근을 α, β라고 할 때, 삼차식 $f(x)$가 $f(\alpha)=\alpha$, $f(\beta)=\beta$, $f(\alpha+\beta)=\alpha+\beta$를 만족시킨다. $f(x)$의 최고차항의 계수가 1일 때, $f(5)$의 값은?

① 63　② 68　③ 73　④ 78　⑤ 83

12-8 최고차항의 계수가 1인 다항식 $f(x)$가 다음 두 조건을 만족시킨다.

(가) 다항식 $f(x)$를 다항식 $g(x)$로 나눈 몫과 나머지가 모두 $g(x)+x^2$이다.

(나) 방정식 $f(x)=0$은 서로 다른 세 정수근 2, α, $\beta(\alpha<\beta)$를 가진다.

이때, α, β의 값을 구하시오.

12-9 방정식 $x^4+5x^3-4x^2+5x+1=0$에 대하여 다음 물음에 답하시오.

(1) $x+\dfrac{1}{x}=t$라고 할 때, 주어진 방정식을 t로 나타내시오.

(2) 주어진 방정식의 해를 구하시오.

12-10 x에 관한 사차방정식 $x^4+(m+2)x^2+m+5=0$이 서로 다른 네 실근을 가지기 위한 실수 m의 값의 범위를 구하시오.

12-11 x에 관한 삼차방정식 $x^3+10x^2+2(k+10)x+4(k+2)=0$이 서로 다른 세 음의 실근을 가지도록 하는 정수 k의 개수는?

① 5 ② 6 ③ 7 ④ 8 ⑤ 9

12-12 삼차방정식 $x^3+1=0$의 한 허근을 α라고 할 때, 다음 중 옳은 것만을 있는 대로 고른 것은?

ㄱ. $\alpha^2-\alpha+1=0$	ㄴ. $\alpha\overline{\alpha}+\alpha+\overline{\alpha}+1=0$
ㄷ. $(\alpha-1)^3+(\overline{\alpha}-1)^3=2$	ㄹ. $\dfrac{1+\alpha^{10}}{1+\overline{\alpha}^{10}}=\alpha^{10}$

① ㄱ, ㄹ ② ㄱ, ㄴ, ㄷ ③ ㄱ, ㄷ, ㄹ
④ ㄴ, ㄷ, ㄹ ⑤ ㄱ, ㄴ, ㄷ, ㄹ

12-13 사차방정식 $x^4-2x^2-3x-2=0$의 한 허근을 ω라고 할 때,

$$\frac{1}{1+\omega}+\frac{1}{1+\omega^2}+\frac{1}{1+\omega^3}+\cdots+\frac{1}{1+\omega^{99}}$$

의 값을 구하시오.

12-14 x에 관한 삼차방정식 $x^3-kx^2+kx-1=0$이 허근 α를 가지고, α의 실수부분과 허수부분의 차가 1일 때, 실수 k의 값을 구하시오.

12-15 삼차방정식 $5x^3-124x+85=0$의 세 근을 α, β, γ라고 할 때, $(\alpha+\beta)^3+(\beta+\gamma)^3+(\gamma+\alpha)^3$의 값을 구하시오.

12-16 최고차항의 계수가 1인 삼차방정식 $f(x)=0$이 x에 관한 삼차방정식 $ax^3+bx^2+cx+1=0$의 세 근의 역수를 근으로 가진다. 이때, $f(x)$를 $x-1$로 나눈 나머지를 상수 a, b, c로 나타내시오.

12-17 x에 관한 삼차방정식 $x^3+ax^2+bx+1=0\,(a<0)$의 한 근이 1이고, 나머지 두 근의 제곱의 합이 6일 때, 상수 a, b의 값을 구하시오.

12-18 x에 관한 삼차방정식 $x^3-2x^2-x+k=0$의 한 근이 다른 한 근의 2배일 때, 양수 k의 값과 이때의 세 근을 구하시오.

12-19 x에 관한 삼차방정식 $x^3+(3a-2)x^2+(b^2-6a)x-2b^2=0$이 서로 다른 세 정수근을 가지고 세 근의 합이 8이 되도록 하는 실수 a, b의 순서쌍 (a, b)를 구하시오.

13. 연립방정식

연립일차방정식의 해법／연립이차방정식의 해법／공통근／부정방정식의 해법

§1. 연립일차방정식의 해법

1 연립방정식

이를테면 $\begin{cases} 3x+2y-3=0 & \cdots\cdots ① \\ x-y-1=0 & \cdots\cdots ② \end{cases}$

와 같이 두 개 이상의 미지수를 포함하고 있는 방정식의 묶음을 연립방정식이라고 한다.

여기서 $x=1, y=0$은 ①, ②를 동시에 만족시킨다. 이때, $x=1, y=0$을 연립방정식 ①, ②의 해(또는 근)라 하고, 연립방정식의 해를 구하는 것을 연립방정식을 푼다고 한다.

2 연립일차방정식의 해법

위의 연립방정식을 푸는 데 있어서는 먼저

미지수를 소거하여 미지수가 1개인 일차방정식으로 만든다.

미지수를 소거하는 방법에는 다음 세 가지가 있다.

가감법,　대입법,　등치법

(가감법) ①+②×2하면 $5x-5=0$　$\therefore\ x=1$

$x=1$을 ②에 대입하면 $y=0$　　답 $\boldsymbol{x=1,\ y=0}$

(대입법) ②에서 $y=x-1$이고, 이것을 ①에 대입하면

$3x+2(x-1)-3=0$　$\therefore\ x=1$　$\therefore\ y=0$

(등치법) ①에서 $y=\dfrac{-3x+3}{2}$,　②에서 $y=x-1$

$\therefore\ \dfrac{-3x+3}{2}=x-1$　$\therefore\ x=1$　$\therefore\ y=0$

3 연립방정식의 부정과 불능

보기 1 연립방정식 $\begin{cases} 2x+4y+1=0 & \cdots\cdots ① \\ 4x+8y+3=0 & \cdots\cdots ② \end{cases}$ 를 푸시오.

연구 ①×2하면 $4x+8y+2=0$ ……③
②를 옮겨 쓰면 $4x+8y+3=0$ ……④
③−④하면 $0\times x+0\times y-1=0$ ……⑤

이와 같이 x를 소거하려고 했는데 y마저 소거되어 ⑤와 같은 식이 되었다. y를 소거하려고 해도 마찬가지 결과가 된다.

이런 경우에는 ⑤를 만족시키는 x, y의 값이 존재하지 않는다. 이때, 이 연립방정식의 해가 없다 또는 간단히 불능이라고 한다.

보기 2 연립방정식 $\begin{cases} 2x+4y+1=0 & \cdots\cdots ① \\ 4x+8y+2=0 & \cdots\cdots ② \end{cases}$ 를 푸시오.

연구 ①×2하면 $4x+8y+2=0$ ……③
②를 옮겨 쓰면 $4x+8y+2=0$ ……④
③−④하면 $0\times x+0\times y+0=0$ ……⑤

이런 경우에는 임의의 x, y에 대하여 ⑤가 성립한다. 여기서 ①과 ②는 같은 식이므로 ①을 만족시키는 모든 x, y는 연립방정식의 해이다.

이때, 이 연립방정식의 해가 무수히 많다 또는 간단히 부정이라고 한다.

*Note ① 또는 ②에서 $x=k$일 때 $y=-\frac{1}{2}k-\frac{1}{4}$이므로 엄밀하게는 '해는 $x=k$, $y=-\frac{1}{2}k-\frac{1}{4}$($k$는 실수) 꼴의 모든 수'라고 해야 한다.

기본정석 — 연립방정식의 부정과 불능

x, y에 관한 연립방정식 $\begin{cases} ax+by+c=0 \\ a'x+b'y+c'=0 \end{cases}$ 에서

$abc\neq0$, $a'b'c'\neq0$일 때

$\frac{a}{a'}=\frac{b}{b'}\neq\frac{c}{c'}$이면 해가 없다, $\frac{a}{a'}=\frac{b}{b'}=\frac{c}{c'}$이면 해가 무수히 많다.

Advice | 두 직선 $ax+by+c=0$, $a'x+b'y+c'=0$의 위치 관계와 관련지어 다음과 같이 정리해 두기를 바란다. ⇦ 기본 공통수학2 p. 29 참조

$\frac{a}{a'}=\frac{b}{b'}\neq\frac{c}{c'}$ ⟺ 평행하다 ⟺ 해가 없다(불능)

$\frac{a}{a'}=\frac{b}{b'}=\frac{c}{c'}$ ⟺ 일치한다 ⟺ 해가 무수히 많다(부정)

기본 문제 13-1 x, y에 관한 연립방정식 $\begin{cases} ax+y=1 \\ x+ay=1 \end{cases}$을 푸시오.
단, a는 상수이다.

정석연구 x 또는 y를 소거하여 미지수가 1개인 방정식의 꼴로 유도한다.
이때,

$Ax=B(A\neq0)$의 꼴이면 $\Longrightarrow$ 해는 1개이다
$0\times x=0$의 꼴이면 $\Longrightarrow$ 해가 무수히 많다(부정)
$0\times x=B(B\neq0)$의 꼴이면 $\Longrightarrow$ 해가 없다(불능)

인 것에 주의하기를 바란다.
특히 계수에 문자가 있는 방정식에서는

정석 양변을 0으로 나누어서는 안 된다

는 것을 잊어서는 안 된다.

모범답안 $ax+y=1$ ……① $x+ay=1$ ……②
②$\times a-$①하면 $(a^2-1)y=a-1$ $\therefore$ $(a+1)(a-1)y=a-1$
따라서 $a\neq\pm1$일 때 $y=\dfrac{1}{a+1}$이고, 이때 ②에서 $x=\dfrac{1}{a+1}$
$a=1$일 때 $0\times y=0$이 되어 해가 무수히 많다.(부정)
$a=-1$일 때 $0\times y=-2$가 되어 해가 없다.(불능)

답 $\boldsymbol{a\neq\pm1}$일 때 $\boldsymbol{x=\dfrac{1}{a+1},\ y=\dfrac{1}{a+1}}$
$\boldsymbol{a=1}$일 때 해가 무수히 많다, $\boldsymbol{a=-1}$일 때 해가 없다.

Advice | 해가 무수히 많거나 해가 없을 조건

$$\frac{a}{a'}=\frac{b}{b'}=\frac{c}{c'},\qquad \frac{a}{a'}=\frac{b}{b'}\neq\frac{c}{c'}$$

를 이용할 수도 있다. 곧, ①, ②에서

$\dfrac{a}{1}=\dfrac{1}{a}=\dfrac{1}{1}$일 때 해가 무수히 많다, $\dfrac{a}{1}=\dfrac{1}{a}\neq\dfrac{1}{1}$일 때 해가 없다

이므로 $a=1$일 때 해가 무수히 많고, $a=-1$일 때 해가 없다.

유제 **13**-1. x, y에 관한 연립방정식 $\begin{cases} (a-1)x+3y+1=0 \\ 2x+(a-2)y-1=0 \end{cases}$이 있다.
(1) 이 방정식의 해가 무수히 많도록 상수 a의 값을 정하시오.
(2) 이 방정식의 해가 없도록 상수 a의 값을 정하시오.

답 (1) $\boldsymbol{a=-1}$ (2) $\boldsymbol{a=4}$

기본 문제 **13**-2 다음 연립방정식을 푸시오.

(1) $\begin{cases} 3x+2y-z=12 \\ x+y+z=6 \\ x-2y-z=-2 \end{cases}$ (2) $\begin{cases} x+2y=2 \\ 2y+3z=5 \\ x+3z=3 \end{cases}$

정석연구 미지수가 3개인 연립일차방정식은 고등학교 교육과정에서 별도로 다루지 않지만, 여러 문제를 풀 때 유용하게 활용될 수 있으므로 미지수가 3개인 간단한 연립방정식의 해법을 여기에서 익혀 두도록 하자.

(1) 소거법을 이용하여 미지수의 개수를 줄여 본다.

정석 연립방정식의 해법의 기본은
미지수의 소거 $\Longrightarrow$ 미지수가 **1**개인 방정식으로 유도한다.

(2) 일반적으로는 소거법을 이용하여 미지수의 개수를 줄이지만, 이 문제와 같이 주어진 식이 특별한 모양을 하고 있을 때에는 아래 **모범답안**과 같은 방법을 생각할 수도 있다.

모범답안 (1) $3x+2y-z=12$ ……① $x+y+z=6$ ……②

$x-2y-z=-2$ ……③

①+②하면 $4x+3y=18$ ……④

②+③하면 $2x-y=4$ ……⑤

④−⑤×2하면 $5y=10$ $\therefore y=2$

$y=2$를 ⑤에 대입하면 $2x=6$ $\therefore x=3$

$x=3, y=2$를 ②에 대입하면 $3+2+z=6$ $\therefore z=1$

답 $\boldsymbol{x=3,\ y=2,\ z=1}$

(2) $x+2y=2$ ……① $2y+3z=5$ ……② $x+3z=3$ ……③

①+②+③하면 $2(x+2y+3z)=10$ $\therefore x+2y+3z=5$ ……④

④−①하면 $3z=3$ $\therefore z=1$

④−②하면 $x=0$

④−③하면 $2y=2$ $\therefore y=1$ 답 $\boldsymbol{x=0,\ y=1,\ z=1}$

유제 **13**-2. 다음 연립방정식을 푸시오.

(1) $\begin{cases} x+y+z=4 \\ x-y-2z=3 \\ x+2y-3z=-1 \end{cases}$ (2) $\begin{cases} x+y=8 \\ y+z=4 \\ z+x=6 \end{cases}$ (3) $\begin{cases} 2x+y+z=16 \\ x+2y+z=9 \\ x+y+2z=3 \end{cases}$

답 (1) $\boldsymbol{x=4,\ y=-1,\ z=1}$ (2) $\boldsymbol{x=5,\ y=3,\ z=1}$ (3) $\boldsymbol{x=9,\ y=2,\ z=-4}$

기본 문제 **13**-3 그릇 A, B에 서로 다른 농도의 소금물이 들어 있다.
A에서 60 g, B에서 40 g을 퍼내어 섞었더니 7 % 소금물이 되었고,
A에서 40 g, B에서 60 g을 퍼내어 섞었더니 9 % 소금물이 되었다.
이때, A, B에서 같은 양을 퍼내어 섞었을 때의 농도를 구하시오.

정석연구 $(\text{소금물의 \% 농도})=\dfrac{(\text{소금의 양})}{(\text{소금물의 양})}\times 100$ 이므로

정 석 $(\text{소금의 양})=(\text{소금물의 양})\times\dfrac{(\text{\% 농도})}{100}$

임을 이용한다.

모범답안 그릇 A, B에 담긴 소금물의 농도를 각각 a %, b %라고 하면 A에서 60 g, B에서 40 g을 퍼내어 만든 7 % 소금물과 A에서 40 g, B에서 60 g을 퍼내어 만든 9 % 소금물에 들어 있는 소금의 양은

$$60\times\frac{a}{100}+40\times\frac{b}{100}=(60+40)\times\frac{7}{100},$$
$$40\times\frac{a}{100}+60\times\frac{b}{100}=(40+60)\times\frac{9}{100}$$

곧, $3a+2b=35$ ……①　　$2a+3b=45$ ……②

한편 A, B에서 같은 양 k g을 퍼내어 섞었을 때의 농도를 x %라고 하면 이때 소금의 양은

$$k\times\frac{a}{100}+k\times\frac{b}{100}=2k\times\frac{x}{100}\quad \text{곧, } a+b=2x \quad\cdots\cdots③$$

①+②하면　$5(a+b)=80$　$\therefore\ a+b=16$ ……④

③, ④에서　$2x=16$　$\therefore\ x=8$　　답 **8 %**

**Note* ①, ②를 연립하여 풀면 $a=3$, $b=13$을 얻는다. 이 값을 ③에 대입하여 x의 값을 구해도 된다.

유제 **13**-3. 90 % 알코올 용액 100 g에 300 g의 물을 섞어서 필요한 농도의 알코올 용액을 얻으려고 했는데 잘못하여 450 g의 물을 섞었다. 그래서 다시 90 % 알코올 용액을 섞어 필요한 농도의 알코올 용액을 만들었다. 추가한 90 % 알코올 용액은 몇 g인가?　　답 **50 g**

유제 **13**-4. 그릇 A, B에 서로 다른 농도의 소금물이 들어 있다.
A에서 20 g, B에서 80 g을 퍼내어 섞었더니 13 % 소금물이 되었고, A, B에서 같은 양의 소금물을 퍼내어 섞었더니 10 % 소금물이 되었다. A에서 80 g, B에서 20 g을 퍼내어 섞으면 몇 % 소금물이 되는가?　　답 **7 %**

기본 문제 **13**-4 빈 물통에 세 개의 수도꼭지 A, B, C로 물을 가득 채우려고 한다. 세 개를 모두 틀어 물을 채우면 1시간이 걸리고, A와 C를 틀어 물을 채우면 1시간 30분이 걸리며, B와 C를 틀어 물을 채우면 2시간이 걸린다.

A와 B를 틀어 물을 채울 때, 걸리는 시간을 구하시오.

정석연구 무엇을 미지수로 할 것인지를 결정한 다음, 주어진 조건들을 수식화하면 된다. 이때, 무엇을 미지수로 하느냐에 따라 그 뒤의 계산이 간편해질 수도 있고 복잡해질 수도 있다.

정석 방정식의 활용 문제

미지수의 결정 ⟹ 조건들을 수식화!

모범답안 물통의 부피를 1이라 하고, 수도꼭지 A, B, C에서 매시간 나오는 물의 양을 각각 a, b, c라고 하면 주어진 조건에서

$a+b+c=1$ ······① $1.5(a+c)=1$ ······②

$2(b+c)=1$ ······③

을 얻는다.

①×3−②×2하면 $b=\frac{1}{3}$, ①×2−③하면 $a=\frac{1}{2}$

따라서 A와 B를 틀어 물을 채울 때, 걸리는 시간은

$$\frac{1}{a+b}=\frac{1}{\frac{1}{2}+\frac{1}{3}}=\frac{6}{5}=1.2(\text{시간})$$

답 **1시간 12분**

*Note 물통의 부피를 V라 하고 주어진 조건들을 식으로 나타낸 다음, 위와 같은 방법으로 계산해도 된다.

유제 **13**-5. A, B 두 개의 파이프를 사용하여 빈 물통에 물을 가득 채우려고 한다. 두 파이프를 동시에 사용하면 2시간 40분이 걸리고, A만 2시간 사용한 다음 B만을 사용하면 합계 6시간이 걸린다.

A, B를 각각 한 개만 사용할 때, 걸리는 시간은 각각 몇 시간인가?

답 **A : 4시간, B : 8시간**

유제 **13**-6. 세 로봇 A, B, C가 어떤 일을 하는데 A와 B가 하면 15분이 걸리고, B와 C가 하면 20분이 걸리며, C와 A가 하면 12분이 걸린다.

이 일을 A, B, C가 4분 동안 한 후 A를 제외한 B와 C가 나머지를 하였다. 이때, 총 걸린 시간을 구하시오. 답 **16분**

§ 2. 연립이차방정식의 해법

연립방정식에서 차수가 가장 큰 것이 이차방정식일 경우, 이것을 연립이차방정식이라고 한다.

연립이차방정식의 꼴은 크게 일차식과 이차식, 이차식과 이차식을 연립하는 경우로 나눌 수 있다.

기본 문제 **13**-5 다음 연립방정식을 푸시오.

(1) $\begin{cases} x-y=2 & \cdots\cdots ① \\ x^2-2xy-y=2 & \cdots\cdots ② \end{cases}$ (2) $\begin{cases} x+y=4 & \cdots\cdots ① \\ xy=2 & \cdots\cdots ② \end{cases}$

정석연구 일차식과 이차식을 연립하는 경우이다.

정석 일차식과 이차식을 연립하는 경우는

일차식에서 $\boldsymbol{y}$를 $\boldsymbol{x}$로(또는 $\boldsymbol{x}$를 $\boldsymbol{y}$로) 나타내어 이차식에 대입한다.

모범답안 (1) ①에서 $y=x-2$ ……③

③을 ②에 대입하면 $x^2-2x(x-2)-(x-2)=2$

정리하면 $x^2-3x=0$ $\therefore x(x-3)=0$ $\therefore x=0, 3$

이때, $y=-2, 1$ 답 $\boldsymbol{x=0,\ y=-2}$ 또는 $\boldsymbol{x=3,\ y=1}$

(2) ①에서의 $y=-x+4$를 ②에 대입하면 $x(-x+4)=2$

정리하면 $x^2-4x+2=0$ $\therefore x=2\pm\sqrt{2}$ 이때, $y=2\mp\sqrt{2}$

답 $\boldsymbol{x=2+\sqrt{2},\ y=2-\sqrt{2}}$ 또는 $\boldsymbol{x=2-\sqrt{2},\ y=2+\sqrt{2}}$

*Note (2) x, y는 $t^2-4t+2=0$의 두 근임을 이용할 수도 있다. ⇦ p. 128 참조

Advice | (1)의 해는 '($x=0$이고 $y=-2$) 또는 ($x=3$이고 $y=1$)'이지만 이것을 간단히 '$x=0, y=-2$ 또는 $x=3, y=1$'로 나타내거나

'$\begin{cases} x=0 \\ y=-2 \end{cases}$, $\begin{cases} x=3 \\ y=1 \end{cases}$' '$(x, y)=(0, -2), (3, 1)$'

로 나타내기도 한다.

유제 **13**-7. 다음 연립방정식을 푸시오.

(1) $\begin{cases} 2x+y=9 \\ x^2-y^2=0 \end{cases}$ (2) $\begin{cases} x^2+4xy+y^2=10 \\ x-y=2 \end{cases}$ (3) $\begin{cases} x+y=4 \\ xy=-27 \end{cases}$

답 (1) $\boldsymbol{x=3,\ y=3}$ 또는 $\boldsymbol{x=9,\ y=-9}$ (2) $\boldsymbol{x=1\pm\sqrt{2},\ y=-1\pm\sqrt{2}}$

(3) $\boldsymbol{x=2\pm\sqrt{31},\ y=2\mp\sqrt{31}}$ (이상 복부호동순)

기본 문제 **13**-6 다음 연립방정식을 푸시오.

(1) $2x^2-3xy+y^2=0$ ……① $5x^2-y^2=16$ ……②

(2) $x^2+y^2+3x+y=12$ ……① $x^2+y^2+x-y=6$ ……②

(3) $x^2-xy+y^2=7$ ……① $4x^2-9xy+y^2=-14$ ……②

정석연구 이차식과 이차식을 연립하는 경우이다.

정 석 이차식과 이차식을 연립하는 경우는
$\Longrightarrow$ 일차식과 이차식의 연립방정식의 꼴로 유도

하는 데 목표를 둔다. 그 유도 방법은

(i) 두 식 중에서 어느 한 식이 인수분해가 되는가를 조사한다.

(ii) 가감법을 이용하여 이차항을 소거하고 일차식이 나오는가를 조사한다.

(iii) 상수항을 소거하고 그 식이 인수분해가 되는가를 조사한다.

모범답안 (1) ①에서 $(2x-y)(x-y)=0$ $\therefore$ $y=2x$ 또는 $y=x$

$y=2x$일 때, ②에서 $5x^2-(2x)^2=16$ $\therefore$ $x^2=16$

$\therefore$ $x=\pm4$ 이때, $y=\pm8$

$y=x$일 때, ②에서 $5x^2-x^2=16$ $\therefore$ $x^2=4$

$\therefore$ $x=\pm2$ 이때, $y=\pm2$

답 $\boldsymbol{x=\pm4,\ y=\pm8}$ **또는** $\boldsymbol{x=\pm2,\ y=\pm2}$ (복부호동순)

(2) ①$-$②하면 $2x+2y=6$ $\therefore$ $y=-x+3$ ……③

③을 ②에 대입하면 $x^2+(-x+3)^2+x-(-x+3)=6$

$\therefore$ $x^2-2x=0$ $\therefore$ $x=0, 2$ 이때, $y=3, 1$

답 $\boldsymbol{x=0,\ y=3}$ **또는** $\boldsymbol{x=2,\ y=1}$

(3) ①$\times2+$②하면 $6x^2-11xy+3y^2=0$

$\therefore$ $(3x-y)(2x-3y)=0$ $\therefore$ $y=3x$ 또는 $y=\dfrac{2}{3}x$

$y=3x$일 때, ①에서 $x^2=1$ $\therefore$ $x=\pm1$ 이때, $y=\pm3$

$y=\dfrac{2}{3}x$일 때, ①에서 $x^2=9$ $\therefore$ $x=\pm3$ 이때, $y=\pm2$

답 $\boldsymbol{x=\pm1,\ y=\pm3}$ **또는** $\boldsymbol{x=\pm3,\ y=\pm2}$ (복부호동순)

유제 **13**-8. 다음 연립방정식을 푸시오.

(1) $y^2-3xy=0,\ 3x^2+5y^2=48$ (2) $3xy+x-2y=5,\ xy-x-2y=3$

(3) $x^2-3xy-2y^2=8,\ xy+3y^2=1$

답 (1) $\boldsymbol{x=\pm4,\ y=0}$ **또는** $\boldsymbol{x=\pm1,\ y=\pm3}$ (2) $\boldsymbol{x=\pm i,\ y=-1\mp i}$

(3) $\boldsymbol{x=\pm2,\ y=\mp1}$ **또는** $\boldsymbol{x=\pm\frac{13}{4},\ y=\pm\frac{1}{4}}$ (이상 복부호동순)

기본 문제 **13**-7 다음 연립방정식을 푸시오.

(1) $\begin{cases} x^2+y^2=10 & \cdots\cdots① \\ xy=3 & \cdots\cdots② \end{cases}$ (2) $\begin{cases} xy+x+y=-5 & \cdots\cdots① \\ x^2+xy+y^2=7 & \cdots\cdots② \end{cases}$

정석연구 곱셈 공식의 변형식

$$x^2+y^2=(x+y)^2-2xy$$

를 이용하여 주어진 식을 변형하면 $x+y$, xy와 상수항으로 나타내어진다.

이와 같이

정 석 $\boldsymbol{x+y}$와 $\boldsymbol{xy}$로 정리되는 연립방정식은

$\Longrightarrow$ $\boldsymbol{x+y=u}$, $\boldsymbol{xy=v}$로 놓고 $\boldsymbol{u}$, $\boldsymbol{v}$를 먼저 구한다.

그런 다음 **기본 문제 13-5**의 (2)와 같은 방법으로 푼다.

모범답안 (1) $x+y=u$, $xy=v$로 놓으면

①은 $u^2-2v=10$ ……③ ②는 $v=3$ ……④

④를 ③에 대입하면 $u^2=16$ $\therefore u=\pm 4$

$\therefore \begin{cases} u=4 \\ v=3 \end{cases}, \begin{cases} u=-4 \\ v=3 \end{cases}$ 곧, $\begin{cases} x+y=4 \\ xy=3 \end{cases}, \begin{cases} x+y=-4 \\ xy=3 \end{cases}$

답 $\begin{cases} \boldsymbol{x=1} \\ \boldsymbol{y=3} \end{cases}, \begin{cases} \boldsymbol{x=3} \\ \boldsymbol{y=1} \end{cases}, \begin{cases} \boldsymbol{x=-1} \\ \boldsymbol{y=-3} \end{cases}, \begin{cases} \boldsymbol{x=-3} \\ \boldsymbol{y=-1} \end{cases}$

(2) $x+y=u$, $xy=v$로 놓으면

①은 $v+u=-5$ ……③

②는 $u^2-2v+v=7$ $\therefore u^2-v=7$ ……④

③에서의 $v=-u-5$를 ④에 대입하면 $u^2+u+5=7$

$\therefore (u-1)(u+2)=0$ $\therefore u=1, -2$

$\therefore \begin{cases} u=1 \\ v=-6 \end{cases}, \begin{cases} u=-2 \\ v=-3 \end{cases}$ 곧, $\begin{cases} x+y=1 \\ xy=-6 \end{cases}, \begin{cases} x+y=-2 \\ xy=-3 \end{cases}$

답 $\begin{cases} \boldsymbol{x=-2} \\ \boldsymbol{y=3} \end{cases}, \begin{cases} \boldsymbol{x=3} \\ \boldsymbol{y=-2} \end{cases}, \begin{cases} \boldsymbol{x=1} \\ \boldsymbol{y=-3} \end{cases}, \begin{cases} \boldsymbol{x=-3} \\ \boldsymbol{y=1} \end{cases}$

유제 **13**-9. 다음 연립방정식을 푸시오.

(1) $\begin{cases} x^2+y^2=5 \\ xy=2 \end{cases}$ (2) $\begin{cases} x^2+y^2+x+y=2 \\ x^2+xy+y^2=1 \end{cases}$

답 (1) $\boldsymbol{(x, y)=(1, 2), (2, 1), (-1, -2), (-2, -1)}$

(2) $\boldsymbol{(x, y)=(1, -1), (-1, 1), (1, 0), (0, 1)}$

§3. 공 통 근

1 공통근을 구하는 방법

이를테면 두 이차방정식

$$(x-3)(x+2)=0, \quad (x-3)(x+5)=0$$

에서 $x=3$은 위의 두 방정식을 동시에 만족시킨다.

이와 같이 두 개 이상의 방정식을 동시에 만족시키는 미지수의 값을 공통근이라고 한다.

대개의 경우 공통근은 다음 방법에 따라 구한다.

기본정석 — 공통근을 구하는 방법

두 방정식 $f(x)=0$, $g(x)=0$의 공통근은

(1) 방정식 $f(x)=0$의 해와 $g(x)=0$의 해 중에서 공통인 값을 찾는다.

(2) 방정식의 해를 바로 구할 수 없는 경우 공통근을 α로 놓고 $f(\alpha)=0$, $g(\alpha)=0$에서 α의 값을 찾는다.

Advice | 세 개 이상의 방정식에 대해서도 위와 같은 방법으로 공통근을 구한다.

보기 1 다음 세 방정식의 공통근이 있으면 구하시오.

$$x^2+x-6=0, \quad x^2-8x+12=0, \quad x^3-2x^2-x+2=0$$

연구 $x^2+x-6=0$에서 $(x+3)(x-2)=0$ $\therefore x=-3, 2$

$x^2-8x+12=0$에서 $(x-2)(x-6)=0$ $\therefore x=2, 6$

$x^3-2x^2-x+2=0$에서 $(x+1)(x-1)(x-2)=0$ $\therefore x=-1, 1, 2$

따라서 세 방정식의 공통근은 $\boldsymbol{x=2}$

보기 2 x에 관한 두 이차방정식 $x^2+x+k=0$, $2x^2-x+k=0$이 공통근을 가지도록 상수 k의 값을 정하고, 이때의 공통근을 구하시오.

연구 두 이차방정식의 공통근을 α라고 하면

$\alpha^2+\alpha+k=0$ ……① $\quad$ $2\alpha^2-\alpha+k=0$ ……②

②−①하면 $\alpha^2-2\alpha=0$ $\therefore \alpha(\alpha-2)=0$ $\therefore \alpha=0, 2$

$\alpha=0$일 때, ①에 대입하면 $k=0$

$\alpha=2$일 때, ①에 대입하면 $2^2+2+k=0$ $\therefore k=-6$

따라서 $\boldsymbol{k=0}$일 때 공통근은 $\boldsymbol{x=0}$, $\boldsymbol{k=-6}$일 때 공통근은 $\boldsymbol{x=2}$

기본 문제 13-8 다음 물음에 답하시오.

(1) 두 이차방정식 $x^2+(m+1)x-3m=0$, $x^2-(m-5)x+3m=0$이 공통근을 가질 때, 상수 m의 값을 구하시오.

(2) 두 이차방정식 $x^2+4mx-(2m-1)=0$, $x^2+mx+m+1=0$이 오직 하나의 공통근을 가질 때, 상수 m의 값을 구하시오.

정석연구 근의 공식을 이용하여 각 방정식의 해를 구해도 문자 m이 있어 공통근을 찾기가 어렵다. 이런 경우 공통근을 α라 하고 각 방정식에 대입한 다음, m과 α에 관한 연립방정식을 풀면 된다.

정석 공통근을 알 수 없을 때에는 공통근을 α로 놓는다.

모범답안 (1) 두 방정식의 공통근을 α라고 하면

$\alpha^2+(m+1)\alpha-3m=0$ ……① $\alpha^2-(m-5)\alpha+3m=0$ ……②

①+②하면(상수항 소거) $2\alpha^2+6\alpha=0$ $\therefore \alpha=0, -3$

이 값을 ①에 대입하면 $\boldsymbol{m=0, 1}$ ← 답

(2) 두 방정식의 공통근을 α라고 하면

$\alpha^2+4m\alpha-(2m-1)=0$ ……① $\alpha^2+m\alpha+m+1=0$ ……②

①−②하면(최고차항 소거) $3m\alpha-3m=0$ $\therefore m=0$ 또는 $\alpha=1$

$m=0$이면 주어진 두 방정식이 모두 $x^2+1=0$이 되어 일치하므로 공통근이 두 개가 되어 조건에 어긋난다. $\therefore \alpha=1$

이 값을 ②에 대입하면 $1+m+m+1=0$ $\therefore \boldsymbol{m=-1}$ ← 답

Advice | (1)에서는 상수항을 소거하는 방법을 이용하였고, (2)에서는 최고차항을 소거하는 방법을 이용하였다.

일반적으로

정석 연립이차방정식에서 공통근에 관한 문제는
상수항을 소거하는 방법, 최고차항을 소거하는 방법

을 흔히 이용한다. 식의 특징에 따라 적절한 방법을 택하기를 바란다.

또한 위의 **모범답안**과 같이 공통근을 굳이 α로 놓지 않고, x를 공통근이라고 생각하여 풀어도 된다.

유제 **13**-10. 다음 x에 관한 두 방정식이 공통근을 가질 때, 상수 m의 값을 구하시오.

(1) $x^2-(m-3)x+5m=0$, $x^2+(m+2)x-5m=0$

(2) $x^3-x+m=0$, $x^2-x-m=0$

답 (1) $\boldsymbol{m=0, \frac{1}{6}}$ (2) $\boldsymbol{m=0, 6}$

§4. 부정방정식의 해법

1 부정방정식의 기본형

이를테면

$$xy=2 \quad \text{또는} \quad x^2+y^2-2x+4y+5=0$$

과 같이 미지수의 개수보다 방정식의 개수가 적을 때에는 그 해가 무수히 많다. 이와 같은 방정식을 부정방정식이라고 한다.

그러나 여기에 또 다른 조건, 곧

해에 대한 정수 조건, 해에 대한 실수 조건

등이 주어지면 그 해가 확정될 수도 있다.

보기 1 x, y가 정수이고 $xy=2$일 때, x, y의 값을 구하시오.

연구 $xy=2$를 만족시키는 x, y의 쌍은 다음과 같이 무수히 많다.

① $\begin{cases} x=1 \\ y=2 \end{cases}$ ② $\begin{cases} x=2 \\ y=1 \end{cases}$ ③ $\begin{cases} x=-1 \\ y=-2 \end{cases}$ ④ $\begin{cases} x=-2 \\ y=-1 \end{cases}$ ⑤ $\begin{cases} x=\frac{1}{2} \\ y=4 \end{cases}$ …

이 중에서 x, y가 정수인 것은 ①, ②, ③, ④의 경우뿐이다.

답 $\begin{cases} \boldsymbol{x=1} \\ \boldsymbol{y=2} \end{cases}, \begin{cases} \boldsymbol{x=2} \\ \boldsymbol{y=1} \end{cases}, \begin{cases} \boldsymbol{x=-1} \\ \boldsymbol{y=-2} \end{cases}, \begin{cases} \boldsymbol{x=-2} \\ \boldsymbol{y=-1} \end{cases}$

Advice | 「$\boldsymbol{x, y}$가 정수」라는 조건이 하나의 식의 역할을 하여

$$x, \boldsymbol{y}\text{가 정수}, \quad \boldsymbol{xy=2}$$

인 두 식을 연립하여 푼 것이라고 생각할 수도 있다.

만일 「$\boldsymbol{x, y}$가 양의 정수」라는 조건이 있으면 ①, ②가 답이다.

보기 2 다음 방정식을 만족시키는 실수 x, y의 값을 구하시오.

$$x^2+y^2-2x+4y+5=0$$

연구 주어진 식을 변형하면

$$(x^2-2x+1)+(y^2+4y+4)=0 \qquad \therefore\ (x-1)^2+(y+2)^2=0$$

그런데 x, y가 실수이므로 $x-1=0,\ y+2=0$ $\quad\therefore\ \boldsymbol{x=1,\ y=-2}$

Advice | 만일 「$\boldsymbol{x, y}$가 실수」라는 조건이 없다면

$$\boldsymbol{(x-1)^2+(y+2)^2=0}$$

을 만족시키는 x, y의 쌍은 다음과 같이 무수히 많다.

$\begin{cases} x-1=1 \\ y+2=i \end{cases}, \begin{cases} x-1=i \\ y+2=1 \end{cases}, \begin{cases} x-1=2 \\ y+2=2i \end{cases}, \begin{cases} x-1=2i \\ y+2=2 \end{cases}, \ \cdots$

기본 문제 **13**-9 다음 방정식을 만족시키는 자연수 x, y의 값을 구하시오.

(1) $xy-2x-4y+2=0$ (2) $3x+5y=90$

정석연구 (1) $(x+b)(y+a)=xy+ax+by+ab$에서

$$xy+ax+by=(x+b)(y+a)-ab$$

이고, 특히 $a=b$일 때에는

$$xy+ax+ay=(x+a)(y+a)-a^2$$

이다. 따라서

정석 $\boldsymbol{xy+ax+by=(x+b)(y+a)-ab}$

$\boldsymbol{xy+a(x+y)=(x+a)(y+a)-a^2}$

을 이용하여 좌변을 변형하면 주어진 식은 다음과 같은 꼴이 된다.

$$(\quad)\times(\quad)=(\text{정수})$$

정석 자연수, 정수에 관한 부정방정식

⟹ 두 개 이상의 식의 곱을 정수로 나타내어 보자.

(2) x가 자연수이므로 x에 1부터 차례로 대입하면

$$x=5\text{일 때 } y=15,\quad x=10\text{일 때 } y=12,\quad \cdots$$

가 해이다. 따라서 이 방정식의 해는 x가 5의 배수이고, y가 3의 배수라는 것을 짐작할 수 있다. 이와 같이 모든 수를 대입해 보는 것이 번거로우면 아래 **모범답안**과 같이 풀면 된다.

모범답안 (1) $xy-2x-4y+2=0$에서 $(x-4)(y-2)=6$

$x-4\geq-3,\ y-2\geq-1$이므로 ⇦ $x\geq1,\ y\geq1$

$$(x-4,\ y-2)=(1,\ 6),\ (2,\ 3),\ (3,\ 2),\ (6,\ 1)$$

$$\therefore\ \boldsymbol{(x,\ y)=(5,\ 8),\ (6,\ 5),\ (7,\ 4),\ (10,\ 3)} \longleftarrow \text{답}$$

(2) $3x+5y=90$에서 $3x=90-5y=5(18-y)$

여기에서 3과 5가 서로소이므로 x는 5의 배수이다.

따라서 $x=5k$(k는 자연수)로 놓으면

$$3\times5k=5(18-y)\qquad\therefore\ 3k=18-y\qquad\therefore\ y=18-3k=3(6-k)$$

k와 y가 모두 자연수이므로 $k=1,\ 2,\ 3,\ 4,\ 5$이다.

$$\therefore\ \boldsymbol{(x,\ y)=(5,\ 15),\ (10,\ 12),\ (15,\ 9),\ (20,\ 6),\ (25,\ 3)} \longleftarrow \text{답}$$

유제 **13**-11. 다음 방정식을 만족시키는 자연수 x, y의 값을 구하시오.

(1) $xy-3x-3y+4=0$ (2) $4x+3y=36$

답 (1) $\boldsymbol{(x,\ y)=(4,\ 8),\ (8,\ 4)}$ (2) $\boldsymbol{(x,\ y)=(3,\ 8),\ (6,\ 4)}$

기본 문제 **13**-10 다음 방정식을 만족시키는 실수 x, y의 값을 구하시오.

$$(x^2+1)(y^2+4)=8xy$$

정석연구 부정방정식에서 「x, y가 실수」라는 조건이 있는 문제는

$$(\quad)^2+(\quad)^2=0$$

의 꼴로 변형되는 것이 대부분이다.

주어진 식을 전개하여 위와 같은 꼴로 변형한 다음

정석 $\boldsymbol{a}$, $\boldsymbol{b}$가 실수일 때

$$\boldsymbol{a^2+b^2=0 \iff a=0,\ b=0}$$

인 성질을 이용해 보자.

모범답안 $(x^2+1)(y^2+4)=8xy$에서 $x^2y^2+4x^2+y^2+4-8xy=0$

$$\therefore\ (x^2y^2-4xy+4)+(4x^2-4xy+y^2)=0$$

$$\therefore\ (xy-2)^2+(2x-y)^2=0$$

문제의 조건에서 x, y가 실수이므로 $xy-2$, $2x-y$도 실수이다.

$\therefore\ xy-2=0$ ……① $2x-y=0$ ……②

②에서 $y=2x$이고, 이것을 ①에 대입하면

$2x^2-2=0 \quad \therefore\ x^2=1 \quad \therefore\ x=\pm1$

②에 대입하면 $y=\pm2$ 답 $\boldsymbol{x=\pm1,\ y=\pm2}$ (복부호동순)

Advice | 이를테면

「 다음 방정식을 만족시키는 x, y의 값을 구하시오.

(1) $(x+y-3)^2+(3x-y-1)^2=0$ 단, x, y는 실수이다.

(2) $|x+y-3|+|3x-y-1|=0$ 단, x, y는 실수이다.

(3) $(x+y-3)+(3x-y-1)i=0$ 단, x, y는 실수이다.

(4) $(x+y-3)+(3x-y-1)\sqrt{2}=0$ 단, x, y는 유리수이다. 」

와 같은 문제는 모두 방정식 1개에 미지수가 2개씩이지만 x, y에 실수 조건 또는 유리수 조건이 있음으로 인해서 결국은

$$\text{연립방정식}\begin{cases} x+y-3=0 \\ 3x-y-1=0 \end{cases}$$

을 푸는 문제와 같다.

유제 **13**-12. 다음 방정식을 만족시키는 실수 x, y의 값을 구하시오.

(1) $x^2-6xy+10y^2-2y+1=0$ (2) $(x^2+1)(y^2+9)=12xy$

답 (1) $\boldsymbol{x=3,\ y=1}$ (2) $\boldsymbol{x=\pm1,\ y=\pm3}$ (복부호동순)

기본 문제 13-11 직사각형 ABCD의 내부에 한 점 P를 잡아 $\overline{\mathrm{PC}}=5$, $\overline{\mathrm{PD}}=3\sqrt{5}$가 되게 할 때, 선분 PA, PB의 길이를 구하시오.
단, 선분 PA, PB의 길이는 자연수이다.

정석연구 그림과 같이 보조선을 긋고, 피타고라스 정리를 이용한다.

정석 기하 문제 ⟹ 보조선이 생명!

모범답안 오른쪽 그림과 같이 점 P를 지나고 변 AD에 평행한 직선이 변 AB, CD와 만나는 점을 각각 Q, R이라고 하자.

$\overline{\mathrm{PA}}=x$, $\overline{\mathrm{PB}}=y$, $\overline{\mathrm{AQ}}=l$, $\overline{\mathrm{BQ}}=k$라고 하면

△APQ에서 $\overline{\mathrm{PQ}}^2=x^2-l^2$

△BPQ에서 $\overline{\mathrm{PQ}}^2=y^2-k^2$

$\therefore\ x^2-l^2=y^2-k^2$ ……①

△DPR에서 $\overline{\mathrm{PR}}^2=(3\sqrt{5})^2-l^2$

△CPR에서 $\overline{\mathrm{PR}}^2=5^2-k^2$ $\therefore\ 45-l^2=25-k^2$ ……②

①−②하면 $x^2-45=y^2-25$ $\therefore\ (x+y)(x-y)=20$

x, y가 자연수이고, $x-y<x+y$이므로

$$\begin{cases} x-y=1 \\ x+y=20 \end{cases},\quad \begin{cases} x-y=2 \\ x+y=10 \end{cases},\quad \begin{cases} x-y=4 \\ x+y=5 \end{cases}$$

이 중 x, y가 모두 자연수인 것은 두 번째의 경우로서 $x=6,\ y=4$

답 $\overline{\mathrm{PA}}=6,\ \overline{\mathrm{PB}}=4$

Advice | 일반적으로 오른쪽 그림과 같이 직사각형 내부에 변에 평행한 임의의 선분 또는 점이 있을 때

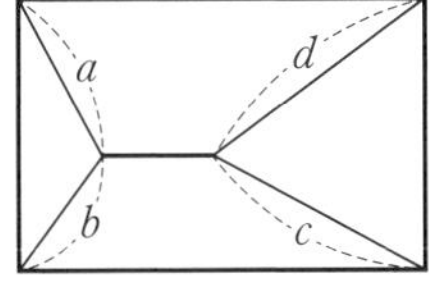

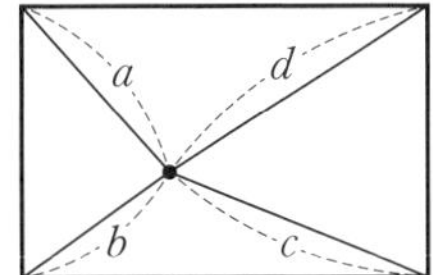

$$a^2+c^2=b^2+d^2$$

이 성립한다. 증명은 위와 같이 한다.

유제 **13**-13. 오른쪽 그림에서 사각형 ABCD의 각 변의 길이는 자연수이고,

$\overline{\mathrm{AD}}=2,\ \overline{\mathrm{CD}}=6,\ \angle\mathrm{A}=\angle\mathrm{C}=90^\circ$

일 때, 이 사각형의 둘레의 길이의 최댓값을 구하시오.

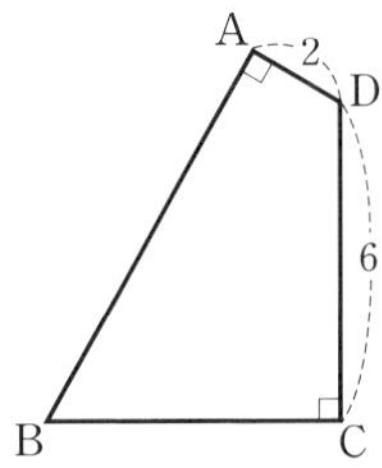

답 24

연습문제 13

13-1 연립방정식 $\begin{cases} 2x+y=kx \\ 4x+5y=ky \end{cases}$ 가 $x=0$, $y=0$ 이외의 해를 가지도록 하는 상수 k의 값을 구하시오.

13-2 다음 x, y에 관한 연립방정식을 푸시오. 단, a, b는 상수이다.

(1) $\begin{cases} x+ay+a^2=0 \\ x+by+b^2=0 \end{cases}$ (2) $\begin{cases} y=|x-2|+1 \\ y=3x-7 \end{cases}$ (3) $\begin{cases} |x|+y=3 \\ x+|y|=1 \end{cases}$

13-3 다음 연립방정식을 푸시오.

(1) $\begin{cases} \dfrac{x-1}{2}=\dfrac{y+3}{3}=\dfrac{z-1}{4} \\ 2x+3y-5z+19=0 \end{cases}$ (2) $\begin{cases} x-2y=1 \\ y-2z=-10 \\ z-2x=10 \end{cases}$

13-4 다음 연립방정식의 해가 $x=3$, $y=1$, $z=2$일 때, 상수 a, b, c에 대하여 abc의 값은?

$$ax+y+bz=14, \quad bx+y-cz=5, \quad cx-4y+bz=3$$

① 3 ② 6 ③ 9 ④ 12 ⑤ 15

13-5 a보다 크지 않은 최대 정수를 $[a]$로 나타낼 때,

$$y=2[x]+3, \quad y=3[x-2]+5$$

를 동시에 만족시키는 실수 x, y에 대하여 $[x+y]$의 값은?

① 12 ② 13 ③ 14 ④ 15 ⑤ 16

13-6 다음 연립방정식을 푸시오.

(1) $\begin{cases} x^2+y=1 \\ y^2+x=1 \end{cases}$ (2) $\begin{cases} xy=20 \\ yz=12 \\ zx=15 \end{cases}$

13-7 서로 다른 두 실수 x, y가

$$(x-3)^2=y+9, \quad (y-3)^2=x+9$$

를 동시에 만족시킬 때, xy의 값은?

① -10 ② -5 ③ -1 ④ 5 ⑤ 10

13-8 x, y에 관한 연립방정식 $\begin{cases} x+y=a \\ x^2+y^2=3 \end{cases}$ 이 오직 한 쌍의 해를 가질 때, 양수 a의 값은?

① $\sqrt{3}$ ② 2 ③ $\sqrt{6}$ ④ 3 ⑤ $\sqrt{10}$

13-9 A는 일요일 아침마다 일정한 거리를 산책한다. 평상시보다 2 km/h 빠르게 걸으면 평상시에 걸리는 시간의 반보다 15분이 더 걸리고, 1 km/h 느리게 걸으면 평상시보다 30분이 더 걸린다. 산책로의 거리를 구하시오.

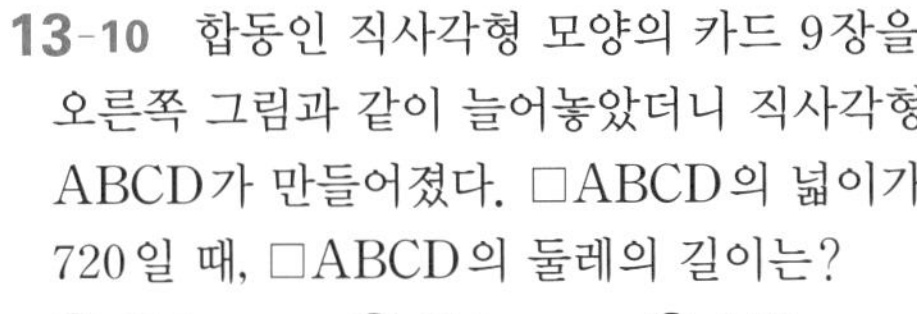

13-10 합동인 직사각형 모양의 카드 9장을 오른쪽 그림과 같이 늘어놓았더니 직사각형 ABCD가 만들어졌다. □ABCD의 넓이가 720일 때, □ABCD의 둘레의 길이는?

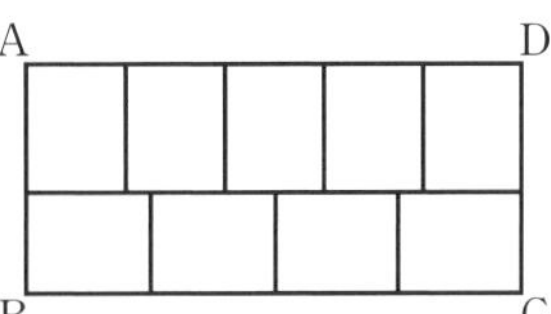

① 110 ② 112 ③ 116
④ 120 ⑤ 126

13-11 각 자리 수의 제곱의 합이 그 수보다 11이 크고, 각 자리 수를 곱한 것의 두 배가 그 수보다 5가 작은 두 자리 자연수를 구하시오.

13-12 x에 관한 두 이차방정식 $3x^2-ax+5b=0$, $x^2+ax-9b=0$이 공통근을 가질 때, 10보다 작은 자연수 a, b의 값과 공통근을 구하시오.

13-13 x에 관한 세 이차방정식

$$ax^2+bx+c=0, \quad bx^2+cx+a=0, \quad cx^2+ax+b=0$$

이 실수인 공통근을 가질 때, 다음 값을 구하시오. 단, a, b, c는 상수이다.

(1) $a+b+c$ (2) $\dfrac{a^2}{bc}+\dfrac{b^2}{ca}+\dfrac{c^2}{ab}$ (3) 공통근

13-14 다음 방정식을 만족시키는 자연수 x, y의 값을 구하시오.

(1) $\dfrac{1}{x}+\dfrac{1}{y}=\dfrac{1}{3}$ (2) $xy=x^2+y+3$

13-15 x에 관한 이차방정식 $x^2-2abx+a-b=0$의 두 근 α, β가 $2\alpha\beta+\alpha+\beta=0$을 만족시킬 때, 정수 a, b의 값을 구하시오.

13-16 $x^2-12x-19$가 어떤 자연수의 제곱이 되도록 하는 자연수 x의 값을 구하시오.

13-17 다음 두 조건을 만족시키는 정수 x, y의 순서쌍 (x, y)의 개수를 구하시오.

(가) $xy\ge0$ (나) $x^3+y^3+15xy=125$

13-18 실수 x, y가 다음 등식을 만족시킬 때, x^2+y^2의 값을 구하시오.

$$x^2y^2+x^2+y^2+6xy+2x+2y+5=0$$

13-19 어떤 수학 시험에서 문제는 35개이고 배점은 100점이다. 문제별 배점은 2점 또는 3점 또는 4점이고, 각 배점별로 한 문제 이상은 꼭 출제된다. 이때, 2점짜리 문제의 개수의 최댓값과 최솟값을 구하시오.

14. 일차부등식과 연립일차부등식

부등식의 성질과 일차부등식의 해법／
연립일차부등식의 해법／여러 가지 부등식

§1. 부등식의 성질과 일차부등식의 해법

1 부등식

이를테면

$$5<8, \quad x^2+2>0, \quad 3x-4\ge x+2$$

와 같이 수 또는 식의 대소 관계를 나타낸 식을 부등식이라고 한다.

등식에 항등식과 방정식이 있듯이 부등식에도

절대부등식과 조건부등식

이 있다.

▶ 절대부등식 : 이를테면 $x^2+2>0$과 같은 부등식은 x에 어떤 실수를 대입해도 항상 성립한다. 이와 같이 부등식의 문자에 어떤 실수를 대입해도 항상 성립하는 부등식을 **절대부등식**이라고 한다.

절대부등식에서 그것이 항상 성립함을 보이는 것을 **부등식을 증명한다**고 말한다. 이에 관해서는 기본 **공통수학2**의 p. 146에서 공부한다.

▶ 조건부등식 : 이를테면 $3x-4\ge x+2$와 같은 부등식은 x에 아무 실수나 대입해서는 성립하지 않고, 3보다 크거나 같은 실수를 대입할 때만 성립한다. 이와 같이 부등식의 문자에 특정한 값 또는 특정한 범위의 값을 대입할 때만 성립하는 부등식을 **조건부등식**이라고 한다.

일반적으로 부등식을 만족시키는 문자의 값의 범위를 부등식의 해라 하고, 부등식의 해를 구하는 것을 부등식을 푼다고 한다.

* *Note* 이를테면 '$a>0$, $b>0$일 때 $a+b\ge 2\sqrt{ab}$'와 같이 문자의 값의 범위가 정해진 부등식이 있다. 이 부등식은 주어진 범위에서는 항상 성립하므로 절대부등식으로 본다.

2 부등식의 성질

실수의 대소에 관한 기본 성질과 대소에 관한 정의는 부등식의 성질을 이해하고 부등식을 푸는 데 기본이 되므로 여기에서 정리해 보자.

정석 실수의 대소에 관한 기본 성질

(i) a가 실수일 때, 다음 중 어느 하나만 성립한다.

$$a>0, \quad a=0, \quad a<0$$

(ii) $a>0$, $b>0$이면 $a+b>0$, $ab>0$이다.

정의 두 실수 a, b의 대소에 관한 정의

$$a-b>0 \iff a>b$$
$$a-b=0 \iff a=b$$
$$a-b<0 \iff a<b$$

이와 같은 실수의 대소에 관한 기본 성질과 대소에 관한 정의로부터 다음과 같은 부등식의 성질을 얻는다.

지금까지 부등식에 관한 문제를 푸는 데 이용하던 성질이지만 다시 한번 정리해 두자.

기본정석 — 부등식의 성질

(1) $a>b$, $b>c$이면 $\quad a>c$

(2) $a>b$이면 $\quad a+m>b+m$, $a-m>b-m$

(3) $a>b$, $m>0$이면 $\quad am>bm$, $\dfrac{a}{m}>\dfrac{b}{m}$ ⇦ 부등호 방향은 그대로!

(4) $a>b$, $m<0$이면 $\quad am<bm$, $\dfrac{a}{m}<\dfrac{b}{m}$ ⇦ 부등호 방향은 반대로!

(5) a와 b가 서로 같은 부호이면 $\quad ab>0$, $\dfrac{b}{a}>0$, $\dfrac{a}{b}>0$

a와 b가 서로 다른 부호이면 $\quad ab<0$, $\dfrac{b}{a}<0$, $\dfrac{a}{b}<0$

Advice | 여기에서 특히

정석 부등식의 양변에 음수를 곱할 때나 양변을 음수로 나눌 때에는

$\Longrightarrow$ 부등호의 방향이 반대가 된다

는 것에 주의해야 한다.

이를테면 $5>3$에서 양변에 -2를 곱하면 $\quad -10<-6$

$5>3$에서 양변을 -2로 나누면 $\quad -\dfrac{5}{2}<-\dfrac{3}{2}$

3 일차부등식의 해법

이항하여 정리했을 때

$$ax>b\ (ax\ge b) \quad \text{또는} \quad ax<b\ (ax\le b) \quad (a\ne 0)$$

의 꼴이 되는 부등식을 x에 관한 일차부등식이라고 한다.

기본정석 — **부등식 $ax>b$의 해법**

부등식 $ax>b$의 해는

$a>0$일 때 $x>\dfrac{b}{a}$ ⇦ 부등호 방향은 그대로!

$a<0$일 때 $x<\dfrac{b}{a}$ ⇦ 부등호 방향은 반대로!

$a=0$일 때 $\begin{cases} b\ge 0 \text{이면 해가 없다.} \\ b<0 \text{이면 } x\text{는 모든 실수} \end{cases}$

Advice | 부등식 $ax>b$에서 특히 $a=0$인 경우를 생각하면

(i) $0\times x>3$ …… x가 어떤 실수라도 성립하지 않는다.

(ii) $0\times x>0$ …… x가 어떤 실수라도 성립하지 않는다.

(iii) $0\times x>-3$ …… 모든 실수 x에 대하여 성립한다.

그래서 (i), (ii)의 경우는 해가 없다고 말하고, (iii)의 경우는 $\boldsymbol{x}$는 모든 실수라고 말한다.

**Note* 부등식 $ax\le b$의 해는

$a>0$일 때 $x\le\dfrac{b}{a}$, $a<0$일 때 $x\ge\dfrac{b}{a}$

$a=0$일 때 $\begin{cases} b\ge 0 \text{이면 } x\text{는 모든 실수} \\ b<0 \text{이면 해가 없다.} \end{cases}$

보기 1 다음 부등식을 푸시오.

(1) $3x+4\ge 2(7-x)$

(2) $-0.7x<4-(6-1.3x)$

(3) $9-2(x+3)\le 3(1-2x)+4x$

(4) $\dfrac{3}{2}x-\dfrac{2}{3}>1-\dfrac{1}{2}(1-3x)$

연구 (1) $3x+4\ge 14-2x$ $\therefore$ $5x\ge 10$ $\therefore$ $\boldsymbol{x\ge 2}$

(2) $-0.7x<4-6+1.3x$ $\therefore$ $-2x<-2$ $\therefore$ $\boldsymbol{x>1}$

(3) $9-2x-6\le 3-6x+4x$ $\therefore$ $-2x+3\le -2x+3$

곧, $0\times x\le 0$이고 이를 만족시키는 $\boldsymbol{x}$는 모든 실수이다.

(4) 양변에 6을 곱하고 정리하면 $9x-4>9x+3$

곧, $0\times x>7$이고 이를 만족시키는 실수 x는 없다. $\therefore$ 해가 없다.

기본 문제 **14**-1 다음 x에 관한 부등식을 푸시오.
단, a, b, c, d는 실수이다.

(1) $ax+1>x+a^2$ (2) $ax+3>x+a$

(3) $ax+b<cx+d$

정석연구 먼저 주어진 부등식을

$$Ax>B \quad \text{또는} \quad Ax<B$$

의 꼴로 변형한 다음

$$A>0\text{인 경우,} \quad A<0\text{인 경우,} \quad A=0\text{인 경우}$$

로 나누어 생각해야 한다.

방정식에서는 문자로 양변을 나눌 때 문자가 0인 경우와 0이 아닌 경우만 생각하면 된다. 그러나 부등식에서는 문자가 0인 경우뿐만 아니라 양수인 경우, 음수인 경우도 함께 생각해야 한다는 것에 다시 한번 주의한다.

정석 부등식에서 문자로 양변을 나눌 때에는
⟹ 문자가 음수 또는 **0**이 되는 경우에 주의한다.

모범답안 (1) $ax+1>x+a^2$에서 $(a-1)x>(a-1)(a+1)$

$a>1$일 때 $a-1>0$이므로 $x>a+1$

$a<1$일 때 $a-1<0$이므로 $x<a+1$

$a=1$일 때 $0\times x>0$이므로 해가 없다.

(2) $ax+3>x+a$에서 $(a-1)x>a-3$

$a>1$일 때 $x>\dfrac{a-3}{a-1}$, $a<1$일 때 $x<\dfrac{a-3}{a-1}$

$a=1$일 때 $0\times x>-2$이므로 x는 모든 실수

(3) $ax+b<cx+d$에서 $(a-c)x<d-b$

$a>c$일 때 $x<\dfrac{d-b}{a-c}$, $a<c$일 때 $x>\dfrac{d-b}{a-c}$

$a=c$일 때 $d>b$이면 x는 모든 실수 ⇦ (예) $0\times x<2$

$d\le b$이면 해가 없다. ⇦ (예) $0\times x<0$, $0\times x<-2$

유제 **14**-1. 다음 x에 관한 부등식을 푸시오. 단, a는 실수이다.

(1) $ax-2>x+1$ (2) $ax+1<2x+a$

답 (1) $a>1$일 때 $x>\dfrac{3}{a-1}$, $a<1$일 때 $x<\dfrac{3}{a-1}$, $a=1$일 때 해가 없다.

(2) $a>2$일 때 $x<\dfrac{a-1}{a-2}$, $a<2$일 때 $x>\dfrac{a-1}{a-2}$, $a=2$일 때 x는 모든 실수

기본 문제 **14**-2 $3\le x\le 10$, $2\le y\le 6$일 때, 다음 $\square$ 안에 알맞은 수를 써넣으시오.

(1) $\square\le x+y\le\square$ (2) $\square\le x-y\le\square$

(3) $\square\le xy\le\square$ (4) $\square\le\dfrac{x}{y}\le\square$

정석연구 때로는 부등식 문제를 최댓값, 최솟값 개념으로 해결할 수도 있다.

$\boldsymbol{A\le f(x,\,y)\le B}$에서

$\boldsymbol{A}$는 $\boldsymbol{f(x,\,y)}$의 최솟값, $\boldsymbol{B}$는 $\boldsymbol{f(x,\,y)}$의 최댓값

이므로 $f(x,\,y)$의 최댓값, 최솟값을 생각한다. 이를테면

(1) $\boldsymbol{x+y}$ ⟹ x가 최대, y도 최대일 때, $x+y$는 최대이다.
x가 최소, y도 최소일 때, $x+y$는 최소이다.

(2) $\boldsymbol{x-y}$ ⟹ x가 최대, y가 최소일 때, $x-y$는 최대이다.
x가 최소, y가 최대일 때, $x-y$는 최소이다.

(3) $x>0$, $y>0$일 때

$\boldsymbol{xy}$ ⟹ x가 최대, y도 최대일 때, xy는 최대이다.
x가 최소, y도 최소일 때, xy는 최소이다.

(4) $x>0$, $y>0$일 때

$\boldsymbol{\dfrac{x}{y}}$ ⟹ x가 최대, y가 최소일 때, $x\div y$는 최대이다.
x가 최소, y가 최대일 때, $x\div y$는 최소이다.

일반적으로 부등식끼리의 사칙연산은 다음과 같이 한다.

① 덧셈 ② 뺄셈 ③ 곱셈 ④ 나눗셈

$$\begin{array}{r} a>b \\ +)\ c>d \\ \hline a+c>b+d \end{array}\qquad \begin{array}{r} a>b \\ -)\ c>d \\ \hline a-d>b-c \end{array}\qquad \begin{array}{r} a>b \\ \times)\ c>d \\ \hline ac>bd \end{array}\qquad \begin{array}{r} a>b \\ \div)\ c>d \\ \hline a\div d>b\div c \end{array}$$

여기서 곱셈과 나눗셈에서는 $\boldsymbol{a,\,b,\,c,\,d}$가 모두 양수일 때만 성립한다.

모범답안 위와 같은 방법으로 계산하면

$$(1)\ \begin{array}{r} 3\le x\le 10 \\ +)\ 2\le y\le 6 \\ \hline \mathbf{5}\le x+y\le\mathbf{16} \end{array}\quad (2)\ \begin{array}{r} 3\le x\le 10 \\ -)\ 2\le y\le 6 \\ \hline \mathbf{-3}\le x-y\le\mathbf{8} \end{array}\quad (3)\ \begin{array}{r} 3\le x\le 10 \\ \times)\ 2\le y\le 6 \\ \hline \mathbf{6}\le xy\le\mathbf{60} \end{array}\quad (4)\ \begin{array}{r} 3\le x\le 10 \\ \div)\ 2\le y\le 6 \\ \hline \boldsymbol{\frac{1}{2}}\le\frac{x}{y}\le\mathbf{5} \end{array}$$

유제 **14**-2. $-2<a<0$, $-2<b<4$이면 $\square<a+b<\square$이고, $\square<2a-3b<\square$이다.

답 차례로 **-4, 4, -16, 6**

§2. 연립일차부등식의 해법

1 연립일차부등식의 해법

이를테면 두 부등식 $3x+5\geq 2$, $2x+1<3$을 동시에 만족시키는 x의 값의 범위를 구할 때, 이 두 부등식을 한 쌍으로 묶어

$$\begin{cases} 3x+5\geq 2 \\ 2x+1<3 \end{cases}$$

과 같이 나타낸다. 이와 같이 두 개 이상의 부등식을 한 쌍으로 묶어 놓은 것을 연립부등식이라 하고, 각 부등식이 일차부등식일 때 이를 연립일차부등식이라고 한다.

또, 각 부등식을 동시에 만족시키는 미지수의 값의 범위를 연립부등식의 해라 하고, 연립부등식의 해를 구하는 것을 연립부등식을 푼다고 한다.

위의 연립부등식에서

$3x+5\geq 2$의 해는 $x\geq -1$ ……①

이고,

$2x+1<3$의 해는 $x<1$ ……②

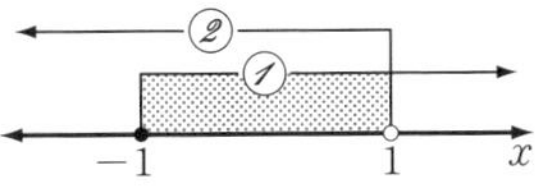

이다. 따라서 위의 연립부등식의 해는 ①, ②의 공통 범위인 $-1\leq x<1$이다. 공통 범위를 구할 때에는 위의 그림과 같이 수직선을 이용하면 편리하다.

정석 연립부등식의 해 ⟹ 각 부등식의 해의 공통 범위를 구한다.

보기 1 다음 연립부등식을 푸시오.

(1) $\begin{cases} 7x+4\geq 2x-6 \\ 6x+3<2x+15 \end{cases}$ (2) $\begin{cases} 3x+1\leq 5x-7 \\ 5x-15>2x+3 \end{cases}$

연구 (1) $7x+4\geq 2x-6$에서 $5x\geq -10$ $\therefore x\geq -2$ ……①

$6x+3<2x+15$에서 $4x<12$

$\therefore x<3$ ……②

①, ②의 공통 범위는 $\boldsymbol{-2\leq x<3}$

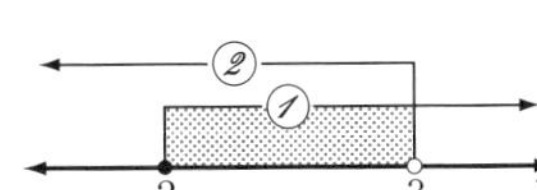

(2) $3x+1\leq 5x-7$에서 $-2x\leq -8$ $\therefore x\geq 4$ ……①

$5x-15>2x+3$에서 $3x>18$

$\therefore x>6$ ……②

①, ②의 공통 범위는 $\boldsymbol{x>6}$

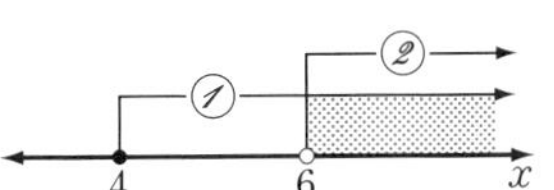

* *Note* 연립부등식을 풀 때에는 경계의 값이 포함되는지 여부를 항상 주의 깊게 따져 보고, 답에도 이를 명확하게 나타내어야 한다.

2 $A<B<C$ 꼴의 연립부등식

$A<B<C$ 꼴의 연립부등식은 두 부등식 $A<B$와 $B<C$를 함께 나타낸 것이므로 연립부등식 $\begin{cases} A<B \\ B<C \end{cases}$ 로 바꾸어 푼다.

정석 연립부등식 $\boldsymbol{A<B<C}$ $\Longrightarrow$ 연립부등식 $\begin{cases} \boldsymbol{A<B} \\ \boldsymbol{B<C} \end{cases}$ 로 바꾸어 푼다.

보기 2 연립부등식 $x-5\le 7-2x<3x-8$을 푸시오.

연구 연립부등식 $\begin{cases} x-5\le 7-2x & \cdots\cdots① \\ 7-2x<3x-8 & \cdots\cdots② \end{cases}$ 와 같다.

①에서 $3x\le 12$ $\therefore$ $x\le 4$

②에서 $-5x<-15$ $\therefore$ $x>3$

①, ②의 해의 공통 범위는 $\boldsymbol{3<x\le 4}$

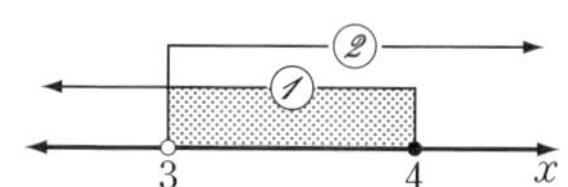

***Note** 연립부등식 $\begin{cases} x-5<3x-8 & \cdots\cdots③ \\ 7-2x<3x-8 & \cdots\cdots④ \end{cases}$ 를 풀면

③에서 $-2x<-3$ $\therefore$ $x>\dfrac{3}{2}$, ④에서 $-5x<-15$ $\therefore$ $x>3$

③, ④의 해의 공통 범위는 $x>3$이고, 이것은 **보기 2**의 해와 다르다.

일반적으로 연립부등식 $\begin{cases} A<B \\ B<C \end{cases}$ 와 연립부등식 $\begin{cases} A<B \\ A<C \end{cases}$, $\begin{cases} A<C \\ B<C \end{cases}$ 의 해는 같지 않으므로 $A<B<C$ 꼴의 연립부등식을 $\begin{cases} A<B \\ A<C \end{cases}$, $\begin{cases} A<C \\ B<C \end{cases}$ 로 바꾸어 풀면 안 된다.

3 절댓값 기호가 있는 부등식

절댓값 기호가 있는 부등식은 방정식의 경우와 같이 절댓값 기호 안이 0 또는 양수일 때와 음수일 때로 나누어 푼다. 이때, 다음을 이용한다.

정석 $\boldsymbol{A\ge 0}$일 때 $\boldsymbol{|A|=A}$, $\boldsymbol{A<0}$일 때 $\boldsymbol{|A|=-A}$

이제 $a>0$일 때, 부등식 $|x|<a$의 해를 구해 보자.

$x\ge 0$이면 $x<a$이므로 $0\le x<a$ ……①

$x<0$이면 $-x<a$이므로 $-a<x<0$ ……②

따라서 $|x|<a$의 해는 ① 또는 ②이므로 $-a<x<a$이다.

같은 방법으로 하면 $|x|>a$의 해는 $x<-a$ 또는 $x>a$이다.

정석 $\boldsymbol{a>0}$일 때

$$|x|<a \iff -a<x<a$$

$$|x|>a \iff x<-a \text{ 또는 } x>a$$

기본 문제 14-3 다음 연립부등식을 푸시오.

(1) $\begin{cases} 2x+4<x \\ 8-7x>1-6x \end{cases}$ (2) $\begin{cases} 6+5(x-1)>7x+1 \\ \dfrac{3-5x}{4}\le-\dfrac{2}{3}(x-2)+\dfrac{7}{4} \end{cases}$

(3) $\begin{cases} 0.3x\le x-2.1 \\ 1.5-0.02x\le 1.01-x \end{cases}$

정석연구 연립부등식을 풀 때에는 먼저 각 부등식의 해를 구하고, 이들의 공통 범위를 찾는다. 이때, 각 부등식의 해를 수직선 위에 나타내면 공통 범위를 쉽게 찾을 수 있다.

정석 연립부등식의 해 ⟹ 수직선을 이용하여 공통 범위를 찾는다.

모범답안 (1) $2x+4<x$에서 $x<-4$ ……①

$8-7x>1-6x$에서 $-x>-7$

$\therefore x<7$ ……②

①, ②의 공통 범위는 $\boldsymbol{x<-4}$ ← 답

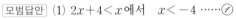

(2) $6+5(x-1)>7x+1$에서 $-2x>0$ $\therefore x<0$ 

$\dfrac{3-5x}{4}\le-\dfrac{2}{3}(x-2)+\dfrac{7}{4}$의 양변에 12를 곱하면 $3(3-5x)\le-8(x-2)+21$

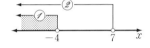

$\therefore -7x\le 28$ $\therefore x\ge-4$ ……②

①, ②의 공통 범위는 $\boldsymbol{-4\le x<0}$ ← 답

(3) $0.3x\le x-2.1$에서 $-0.7x\le-2.1$

$\therefore x\ge 3$ ……①

$1.5-0.02x\le 1.01-x$에서 $0.98x\le-0.49$

$\therefore x\le-0.5$ ……②

①, ②의 공통 범위는 없다. $\therefore$ 해가 없다. ← 답

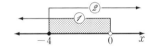

*Note (3) 계수에 소수가 있는 부등식은 계수에 분수가 있는 경우와 같이 양변에 적당한 수를 곱하여 계수를 정수로 바꾸어 풀어도 된다.

유제 **14**-3. 다음 연립부등식을 푸시오.

(1) $\begin{cases} 5x>1-3x \\ 2-x>2x+1 \end{cases}$ (2) $\begin{cases} 3(x-2)+1<-1 \\ \dfrac{x}{6}+\dfrac{1}{2}\ge\dfrac{2}{3}x-\dfrac{1}{6} \end{cases}$

(3) $\begin{cases} 0.7x+2\ge 0.3-x \\ 0.8x+3.9\le 3-0.1(4x+3) \end{cases}$

답 (1) $\boldsymbol{\dfrac{1}{8}<x<\dfrac{1}{3}}$ (2) $\boldsymbol{x<\dfrac{4}{3}}$ (3) $\boldsymbol{x=-1}$

기본 문제 **14**-4　다음 연립부등식을 푸시오.

(1) $x-2\le 2x+1<10-7x$　　(2) $3(x+1)-2x\ge x\ge \frac{3}{2}x+5$

(3) $1.2x<0.7x+2.5<x-(0.3x-2)$

정석연구　$A<B<C$ 꼴의 연립부등식은 두 부등식 $A<B$와 $B<C$를 함께 나타낸 것이므로 연립부등식 $\begin{cases} A<B \\ B<C \end{cases}$ 로 바꾸어 푼다.

정석 연립부등식 $A<B<C$ ⟹ 연립부등식 $\begin{cases} A<B \\ B<C \end{cases}$ 로 바꾸어 푼다.

모범답안 (1) $\begin{cases} x-2\le 2x+1 & \cdots\cdots① \\ 2x+1<10-7x & \cdots\cdots② \end{cases}$

①에서　$-x\le 3$　∴ $x\ge -3$

②에서　$9x<9$　∴ $x<1$

①, ②의 해의 공통 범위는　$\boldsymbol{-3\le x<1}$ ← 답

(2) $\begin{cases} 3(x+1)-2x\ge x & \cdots\cdots① \\ x\ge \frac{3}{2}x+5 & \cdots\cdots② \end{cases}$

①에서　$0\times x\ge -3$　∴ x는 모든 실수

②에서　$-\frac{1}{2}x\ge 5$　∴ $x\le -10$

①, ②의 해의 공통 범위는　$\boldsymbol{x\le -10}$ ← 답

(3) $\begin{cases} 1.2x<0.7x+2.5 & \cdots\cdots① \\ 0.7x+2.5<x-(0.3x-2) & \cdots\cdots② \end{cases}$

①에서　$0.5x<2.5$　∴ $x<5$

②에서　$0\times x<-0.5$　∴ 해가 없다.

①, ②의 해의 공통 범위는 없다.　∴ 해가 없다. ← 답

Advice | (2)의 경우와 같이 연립부등식에서 한 부등식의 해가 모든 실수이면 두 부등식의 해의 공통 범위는 나머지 한 부등식의 해와 같다.

(3)의 경우와 같이 연립부등식에서 한 부등식의 해가 없으면 두 부등식의 해의 공통 범위는 없다.

유제 **14**-4. 다음 연립부등식을 푸시오.

(1) $4-(6-x)<2x-1\le 7-2x$　　(2) $2x+3<3-2x<5-2x$

답 (1) $\boldsymbol{-1<x\le 2}$　(2) $\boldsymbol{x<0}$

기본 문제 14-5 다음 물음에 답하시오.

(1) 연립부등식 $\begin{cases} 3x+4<17-5(1-x) \\ 1-3(x+1)>2a \end{cases}$ 의 해가 $b<x<4$일 때, 상수 a, b의 값을 구하시오.

(2) 연립부등식 $5-2(x+3)<a<7(x+2)+6(1-2x)$의 해가 없도록 하는 상수 a의 최댓값을 구하시오.

정석연구 연립부등식에서 각 부등식을 푼 다음, 각 부등식의 해의 공통 범위가 주어진 조건을 만족시키도록 수직선 위에 나타내어 본다.

정 석 연립부등식의 해 $\Longrightarrow$ 수직선에서 생각한다.

모범답안 (1) $3x+4<17-5(1-x)$에서 $\quad -2x<8$

$\therefore\ x>-4 \qquad \cdots\cdots①$

$1-3(x+1)>2a$에서 $\quad -3x>2a+2$

$\therefore\ x<-\dfrac{2a+2}{3} \qquad \cdots\cdots②$

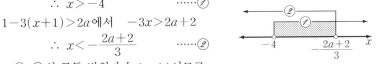

①, ②의 공통 범위가 $b<x<4$이므로

$-4=b,\ -\dfrac{2a+2}{3}=4 \qquad \therefore\ \boldsymbol{a=-7,\ b=-4}$ ← 답

(2) $\begin{cases} 5-2(x+3)<a & \cdots\cdots① \\ a<7(x+2)+6(1-2x) & \cdots\cdots② \end{cases}$

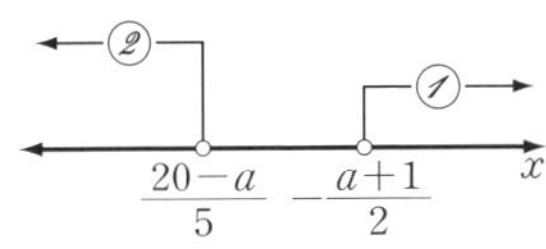

①에서 $\quad -2x<a+1 \qquad \therefore\ x>-\dfrac{a+1}{2}$

②에서 $\quad 5x<20-a \qquad \therefore\ x<\dfrac{20-a}{5}$

①, ②의 해의 공통 범위가 없으므로 $\quad \dfrac{20-a}{5}\le-\dfrac{a+1}{2}$

양변에 10을 곱하면 $\quad 40-2a\le-5a-5 \qquad \therefore\ 3a\le-45 \qquad \therefore\ a\le-15$

따라서 구하는 a의 최댓값은 $\quad$ **−15** ← 답

* ***Note*** (2)에서 연립부등식이 $5-2(x+3)\le a\le7(x+2)+6(1-2x)$로 주어지면 $x\ge-\dfrac{a+1}{2}$과 $x\le\dfrac{20-a}{5}$의 공통 범위가 없어야 한다.

따라서 $\dfrac{20-a}{5}<-\dfrac{a+1}{2}$이고 이를 만족시키는 a의 값의 범위는 $a<-15$이다.

이와 같이 연립부등식을 풀 때에는 경계의 값이 포함되는지 여부를 주의 깊게 따져 보아야 한다.

유제 **14**-5. 연립부등식 $a+2(3x-1)<5x+3<7-2(a-2x)$의 해가 $x<-2$일 때, 양수 a의 값을 구하시오. 답 $\boldsymbol{a=3}$

기본 문제 14-6 다음 부등식을 푸시오.

(1) $1<|x-3|<2$ (2) $|x+1|+|x-2|<5$

정석연구 절댓값 기호가 있는 부등식을 풀 때에는 방정식의 경우와 같이

정석 $A\geq 0$일 때 $|A|=A$, $A<0$일 때 $|A|=-A$

를 이용하여 먼저 절댓값 기호를 없앤다.

모범답안 (1) $1<|x-3|<2$에서

$x-3\geq 0$, 곧 $x\geq 3$일 때
$1<x-3<2$ $\therefore 4<x<5$ } $\therefore 4<x<5$ ……①

$x-3<0$, 곧 $x<3$일 때
$1<-(x-3)<2$ $\therefore 1<x<2$ } $\therefore 1<x<2$ ……②

준 부등식의 해는 ① 또는 ②이므로 **$1<x<2$ 또는 $4<x<5$** ← 답

*Note 1° $x\geq 3$과 $x<3$인 경우로 나누어 풀었으므로 해는 ① 또는 ②이다.
2° '$1<x<2$ 또는 $4<x<5$'를 간단히 '$1<x<2$, $4<x<5$'로 나타내기도 한다.

(2) $|x+1|+|x-2|<5$에서

$x<-1$일 때 $-(x+1)-(x-2)<5$ $\therefore x>-2$
곧, $x<-1$일 때 $x>-2$이므로 $-2<x<-1$ ……①

$-1\leq x<2$일 때 $(x+1)-(x-2)<5$ $\therefore 0\times x<2$
곧, $-1\leq x<2$일 때 항상 성립하므로 $-1\leq x<2$ ……②

$x\geq 2$일 때 $(x+1)+(x-2)<5$ $\therefore x<3$
곧, $x\geq 2$일 때 $x<3$이므로 $2\leq x<3$ ……③

준 부등식의 해는 ① 또는 ② 또는 ③이므로 **$-2<x<3$** ← 답

Advice | (1)의 경우는 $|x-3|>1$, $|x-3|<2$를 동시에 만족시키는 x의 값의 범위를 구하는 것으로, 다음 성질을 활용해도 좋다.

정석 $a>0$일 때

$|x|<a \iff -a<x<a$ $|x|>a \iff x<-a$ 또는 $x>a$

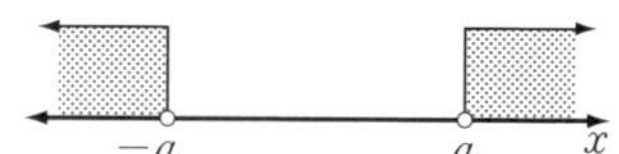

유제 **14**-6. 다음 부등식을 푸시오.

(1) $|x-1|<2x-5$ (2) $3<|x+1|<7$ (3) $|x+1|+|3-x|>6$

답 (1) $x>4$ (2) $-8<x<-4$, $2<x<6$ (3) $x<-2$, $x>4$

기본 문제 **14**-7 야영 체험 활동에 참여한 학생들에게 텐트를 배정하려고 한다. 텐트 1개에 학생을 5명씩 배정하면 12명의 학생이 텐트를 배정받지 못하고, 텐트 1개에 학생을 7명씩 배정하면 텐트 9개가 남는다. 텐트의 개수와 학생 수를 구하시오.

정석연구 텐트의 개수를 x, 학생 수를 y라고 할 때, 텐트 1개에 5명씩 배정하면 12명이 텐트를 배정받지 못하므로 $y=5x+12$이다.

여기서 텐트 1개에 7명씩 배정하면 텐트가 9개 남는다고 해서 $y=7(x-9)$라고 생각하면 안 된다. 마지막으로 배정된 텐트에 7명이 모두 배정되었는지 알 수 없기 때문이다. 마지막으로 배정된 텐트에는 최소 1명, 최대 7명이 배정될 수 있음을 염두에 두고 식을 세워야 한다.

정석 활용 문제

(i) 미지수를 알맞게 정한다.

(ii) 주어진 조건들을 빠짐없이 따져 보고 수식화한다.

모범답안 텐트의 개수를 x, 학생 수를 y라고 하자.

텐트 1개에 5명씩 배정하면 12명이 텐트를 배정받지 못하므로

$$y=5x+12 \qquad \cdots\cdots ①$$

텐트 1개에 7명씩 배정하면 텐트 9개가 남고, 마지막으로 배정된 텐트에는 최소 1명, 최대 7명이 배정될 수 있으므로

$$7(x-10)+1\le y\le 7(x-10)+7 \qquad \cdots\cdots ②$$

①을 ②에 대입하면 $7(x-10)+1\le 5x+12\le 7(x-10)+7$

곧, $\begin{cases} 7(x-10)+1\le 5x+12 & \cdots\cdots ③ \\ 5x+12\le 7(x-10)+7 & \cdots\cdots ④ \end{cases}$

③에서 $x\le 40.5$, ④에서 $x\ge 37.5$

③, ④의 해의 공통 범위는 $37.5\le x\le 40.5$

x는 자연수이므로 $x=38, 39, 40$이고, 이 값을 ①에 대입하면

$$y=202, 207, 212$$

$\therefore$ $(x, y)=$**(38, 202), (39, 207), (40, 212)** ← 답

유제 **14**-7. 사탕을 몇 명의 어린이에게 나누어 주는데, 한 어린이에게 3개씩 나누어 주면 8개가 남고, 한 어린이에게 5개씩 나누어 주면 마지막 어린이는 적어도 1개는 받을 수 있지만 5개보다는 적게 받게 된다. 어린이 수와 사탕의 개수를 구하시오.

답 **(5, 23), (6, 26)**

§3. 여러 가지 부등식

기본 문제 14-8 두 실수 x, y에 대하여 $\max\{x, y\}$는

$x \ge y$일 때 $\max\{x, y\}=x$, $y \ge x$일 때 $\max\{x, y\}=y$

라 정의하고, $\min\{x, y\}$는

$$\min\{x, y\}=-\max\{-x, -y\}$$

라고 정의하자.

a, b가 실수일 때, $\max\{\min\{a, b\}, a\}$를 구하시오.

정석연구 이를테면

$$\max\{5, 3\}=5, \quad \max\{3, 5\}=5, \quad \max\{5, 5\}=5$$

이다. 또, $\min\{x, y\}=-\max\{-x, -y\}$라고 정의했으므로

$$\min\{5, 3\}=-\max\{-5, -3\}=-(-3)=3,$$
$$\min\{-5, -3\}=-\max\{5, 3\}=-5$$

이다. 이로부터 다음과 같이 정의했다고 할 수 있다.

두 실수 x, y에 대하여
　x, y 중에서 작지 않은 것을 $\max\{x, y\}$라 하고,
　x, y 중에서 크지 않은 것을 $\min\{x, y\}$라고 한다.

모범답안 $a \ge b$일 때, $-b \ge -a$이므로

$$\min\{a, b\}=-\max\{-a, -b\}=-(-b)=b$$
$$\therefore \max\{\min\{a, b\}, a\}=\max\{b, a\}=a$$

$b \ge a$일 때, $-a \ge -b$이므로

$$\min\{a, b\}=-\max\{-a, -b\}=-(-a)=a$$
$$\therefore \max\{\min\{a, b\}, a\}=\max\{a, a\}=a$$

답 a

유제 **14**-8. 두 실수 x, y에 대하여 $x \vee y$는 작지 않은 것을, $x \wedge y$는 크지 않은 것을 나타내기로 할 때, 다음을 구하시오.

(1) $(8 \vee 3) \wedge (4 \vee 6)$　　(2) $x \wedge (x \vee y)$

답 (1) **6**　(2) x

유제 **14**-9. 두 실수 a, b에 대하여 $\mathrm{M}\{a, b\}$, $\mathrm{m}\{a, b\}$를 각각

$$\mathrm{M}\{a, b\}=\frac{1}{2}(a+b+|a-b|), \quad \mathrm{m}\{a, b\}=\frac{1}{2}(a+b-|a-b|)$$

로 정의할 때, $\mathrm{M}\{\mathrm{m}\{a, b\}, a\}+\mathrm{m}\{\mathrm{M}\{a, b\}, a\}$를 구하시오.

답 $2a$

기본 문제 14-9 다음은 세 자연수의 곱과 합이 같을 때, 세 자연수 중에서 가장 큰 수를 찾는 과정이다. □ 안에 알맞은 수를 써넣으시오.

「 세 자연수를 a, b, c라 하고, $a\le b\le c$ ……①

이라고 하면 문제의 조건으로부터 $abc=a+b+c$ ……②

이 식의 양변을 c로 나누면

$$ab=\frac{a}{c}+\frac{b}{c}+1$$

여기에서 □$<ab\le$□이므로 $ab=$□, □이다.

따라서 $ab=$□일 때, 가장 큰 수 c는 $c=$□이다. 」

정석연구 이 문제 풀이의 핵심은

세 자연수를 $\boldsymbol{a}$, $\boldsymbol{b}$, $\boldsymbol{c}$라고 할 때 $\boldsymbol{a\le b\le c}$로 놓을 수 있다

는 것이다. 왜냐하면 세 자연수를 뽑아서 작은 것을 a, 그다음을 b, 그다음을 c라고 하면 되기 때문이다.

이와 같이 하면

$$a-b\le 0,\ a-c\le 0,\ b-c\le 0,\ \frac{a}{b}\le 1,\ \frac{a}{c}\le 1,\ \frac{b}{c}\le 1,\ \frac{1}{a}\ge\frac{1}{b}\ge\frac{1}{c}$$

과 같은 조건을 얻을 수 있고, 이 식들을 이용하면 문제를 해결하는 데 도움이 된다.

정석 문제를 간단히 할 수 있는 조건을 찾는다.

단순히 답만 찾지 말고 $a\le b\le c$라는 조건을 활용하여 문제를 해결하는 방법을 익혀 두자.

모범답안 $ab=\dfrac{a}{c}+\dfrac{b}{c}+1$에서

$\dfrac{a}{c}>0$, $\dfrac{b}{c}>0$이므로 $ab>1$이고, $\dfrac{a}{c}\le 1$, $\dfrac{b}{c}\le 1$이므로 $ab\le 3$이다.

$$\therefore\ 1<ab\le 3 \qquad \therefore\ ab=2,\ 3$$

$ab=2$일 때 ①에서 $a=1$, $b=2$이고, 이때 ②에서 $c=3$이다.

$ab=3$일 때 ①에서 $a=1$, $b=3$이고, 이때 ②에서 $c=2$이지만 이것은 ①에 부적합하다.

따라서 $ab=2$일 때 가장 큰 수 c는 $c=3$이다.

답 차례로 **1, 3, 2, 3, 2, 3**

유제 **14**-10. 역수의 합이 1인 서로 다른 세 자연수를 구하시오.

답 **2, 3, 6**

연습문제 14

14-1 $b<a<0$일 때, 다음 중 옳지 않은 것은?

① $-a<-b$　　② $|a|<|b|$　　③ $\frac{1}{a}<\frac{1}{b}$

④ $ab>b^2$　　⑤ $a^2<b^2$

14-2 모든 실수 x에 대하여 $(x+1)a^2>x-a$가 성립할 때, 상수 a의 값은?

① -2　　② -1　　③ 0　　④ 1　　⑤ 2

14-3 일차부등식 $ax+b>0$의 해가 $x<3$일 때, x에 관한 일차부등식 $(b-a)x+a+3b\leq0$을 푸시오. 단, a, b는 상수이다.

14-4 $[a]$는 a보다 크지 않은 최대 정수를 나타낸다. 실수 x, y, z에 대하여 $[x]=3$, $[y]=-2$, $[z]=1$일 때, $[x+y-z]$의 값을 구하시오.

14-5 a, b가 양수일 때, $ax-by=1$, $0<x+y\leq1$을 동시에 만족시키는 x의 값의 범위를 a, b로 나타내시오.

14-6 x에 관한 연립부등식 $\begin{cases}7x+4\geq2x-6\\2x+3<x+a\end{cases}$를 만족시키는 모든 정수 x의 값의 합이 25가 되도록 하는 실수 a의 값의 범위를 구하시오.

14-7 부등식 $|x+1-ax|\leq b$의 해가 $-2\leq x\leq3$이 되도록 하는 상수 a, b의 값을 구하시오.

14-8 x에 관한 연립부등식 $\begin{cases}|ax+2|\leq5\\(a+2)x+3>2x+5\end{cases}$를 푸시오.
단, a는 실수이다.

14-9 어느 인터넷 쇼핑몰에서 동아리 단체 티셔츠를 구입하려고 한다. 이 쇼핑몰에서 티셔츠는 한 장에 6000원이고, 50000원 이상 구입할 경우 5000원 할인 쿠폰과 7 % 할인 쿠폰 중 하나를 선택하여 사용할 수 있다. 7 % 할인 쿠폰을 사용하는 것이 더 유리하기 위해서는 몇 장 이상의 티셔츠를 구입해야 하는지 구하시오. 단, 할인은 구입 총액에 대한 할인이다.

14-10 세 실수 x, y, z의 최댓값을 $\max\{x, y, z\}$로, 최솟값을 $\min\{x, y, z\}$로 나타낼 때, 다음 두 조건을 만족시키는 세 실수 a, b, c에 대하여 $\max\{a-b, b-c, c-a\}+\min\{a+b, b+c, c+a\}$의 값을 구하시오.

(가) $\frac{\sqrt{b}}{\sqrt{a}}=-\sqrt{\frac{b}{a}}$ $(b\neq0)$　　(나) $|a+b-1|+|b+c+2|=0$

15. 이차부등식과 연립이차부등식

이차부등식의 해법／
연립이차부등식의 해법

§1. 이차부등식의 해법

1 이차부등식의 해법의 기본

x에 관하여 정리했을 때

$$ax^2+bx+c>0(a\neq0),\quad ax^2+bx+c<0(a\neq0),$$
$$ax^2+bx+c\geq0(a\neq0),\quad ax^2+bx+c\leq0(a\neq0)$$

과 같이 좌변이 x에 관한 이차식으로 나타내어지는 부등식을 x에 관한 이차부등식이라고 한다.

이차부등식의 해법의 기본은 다음 부등식의 성질이다.

정석 $AB>0 \iff (A>0$이고 $B>0)$ 또는 $(A<0$이고 $B<0)$
$AB<0 \iff (A>0$이고 $B<0)$ 또는 $(A<0$이고 $B>0)$

보기 1 다음 이차부등식을 푸시오.

(1) $x^2-4x+3>0$ (2) $x^2-4x+3<0$

연구 먼저 좌변을 인수분해하여 $AB>0$ 또는 $AB<0$의 꼴로 만든 다음, 위의 부등식의 성질을 이용한다.

(1) $x^2-4x+3>0$에서 $(x-1)(x-3)>0$이므로

$x-1>0$이고 $x-3>0$ …① 또는 $x-1<0$이고 $x-3<0$ …②

①에서 $x>3$이고, ②에서 $x<1$이다. 답 $x<1$ 또는 $x>3$

*Note '$x<1$ 또는 $x>3$'을 간단히 '$x<1,\ x>3$'으로 나타내기도 한다.

(2) $x^2-4x+3<0$에서 $(x-1)(x-3)<0$이므로

$x-1>0$이고 $x-3<0$ …③ 또는 $x-1<0$이고 $x-3>0$ …④

③에서 $1<x<3$이고, ④에서는 공통 범위가 없다. 답 $1<x<3$

2 이차부등식의 해법

x에 관한 이차부등식

$$ax^2+bx+c>0, \quad ax^2+bx+c<0$$

의 해법은 이차방정식 $ax^2+bx+c=0$이 서로 다른 두 실근을 가지는 경우, 중근을 가지는 경우, 서로 다른 두 허근을 가지는 경우에 따라 다르다.

▶ **$b^2-4ac>0$일 때** : 앞면의 **보기 1**에서 알 수 있듯이 이차방정식 $(x-1)(x-3)=0$의 서로 다른 두 실근 1, 3에 대하여

$(x-1)(x-3)>0$의 해는 $x<1,\ x>3$,

$(x-1)(x-3)<0$의 해는 $1<x<3$

이고, 이를 수직선 위에 나타내면

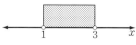

$(x-1)(x-3)>0$의 해는 1, 3의 밖의 범위,

$(x-1)(x-3)<0$의 해는 1, 3 사이의 범위

임을 이용한다.

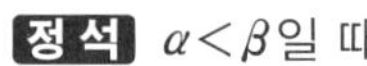

정석 $\alpha<\beta$일 때

$$(x-\alpha)(x-\beta)>0 \iff x<\alpha,\ x>\beta$$
$$(x-\alpha)(x-\beta)<0 \iff \alpha<x<\beta$$

보기 2 다음 이차부등식을 푸시오.

(1) $x^2-x>2$ (2) $-x^2-x+12>0$ (3) $x^2<4x-1$

연구 이차부등식을 풀 때에는

첫째 — 주어진 부등식을 $ax^2+bx+c>0$ 또는 $ax^2+bx+c<0$의 꼴로 정리한다. 이때, 이차항의 계수 a는 $a>0$이 되도록 한다.

둘째 — 인수분해 또는 근의 공식을 이용하여 $ax^2+bx+c=0$의 근을 구한 다음, 아래 방법을 따른다.

정석 $\boldsymbol{ax^2+bx+c>0(a>0)}$ 꼴이면 ⟹ 두 근의 밖
$\boldsymbol{ax^2+bx+c<0(a>0)}$ 꼴이면 ⟹ 두 근 사이

(1) $x^2-x>2$에서 $x^2-x-2>0$ $\quad\therefore (x+1)(x-2)>0$

$\therefore\ \boldsymbol{x<-1,\ x>2}$ ⇦ >0이므로 두 근의 밖

(2) $-x^2-x+12>0$에서 $x^2+x-12<0$ $\quad\therefore (x+4)(x-3)<0$

$\therefore\ \boldsymbol{-4<x<3}$ ⇦ <0이므로 두 근 사이

(3) $x^2<4x-1$에서 $x^2-4x+1<0$

$x^2-4x+1=0$으로 놓으면 $x=2-\sqrt{3},\ 2+\sqrt{3}$

$\therefore\ \boldsymbol{2-\sqrt{3}<x<2+\sqrt{3}}$ ⇦ <0이므로 두 근 사이

* *Note* $x^2-4x+1<0$에서 $\{x-(2-\sqrt{3})\}\{x-(2+\sqrt{3})\}<0$

▶ $b^2-4ac=0$일 때 : 좌변을 완전제곱의 꼴로 변형해 본다.

보기 3 다음 이차부등식을 푸시오.

(1) $x^2-2x+1>0$ (2) $x^2-2x+1\ge 0$

(3) $x^2-2x+1<0$ (4) $x^2-2x+1\le 0$

연구 좌변을 완전제곱의 꼴로 변형해 본다.

(1) $x^2-2x+1>0$에서 $(x-1)^2>0$ $\therefore$ $\boldsymbol{x}$는 $\boldsymbol{x\neq 1}$인 모든 실수

(2) $x^2-2x+1\ge 0$에서 $(x-1)^2\ge 0$ $\therefore$ $\boldsymbol{x}$는 모든 실수

(3) $x^2-2x+1<0$에서 $(x-1)^2<0$ $\therefore$ 해가 없다.

(4) $x^2-2x+1\le 0$에서 $(x-1)^2\le 0$ $\therefore$ $\boldsymbol{x=1}$

▶ $b^2-4ac<0$일 때 : 좌변을 $(x-p)^2+q(q>0)$의 꼴로 변형해 본다.

보기 4 다음 이차부등식을 푸시오.

(1) $x^2-2x+4>0$ (2) $x^2-2x+4<0$ (3) $x^2-2x+4\le 0$

연구 좌변을 $(x-p)^2+q(q>0)$의 꼴로 변형해 본다.

(1) $x^2-2x+4>0$에서 $(x-1)^2+3>0$ $\therefore$ $\boldsymbol{x}$는 모든 실수

(2) $x^2-2x+4<0$에서 $(x-1)^2+3<0$ $\therefore$ 해가 없다.

(3) $x^2-2x+4\le 0$에서 $(x-1)^2+3\le 0$ $\therefore$ 해가 없다.

기본정석 — **이차부등식의 해법**

이차부등식 $ax^2+bx+c>0$, $ax^2+bx+c<0$의 해법

(1) $b^2-4ac>0$일 때, 인수분해를 한 다음 아래 **정석**에 따라 푼다.

정석 $\alpha<\beta$일 때

$(x-\alpha)(x-\beta)>0 \iff x<\alpha,\ x>\beta$

$(x-\alpha)(x-\beta)<0 \iff \alpha<x<\beta$

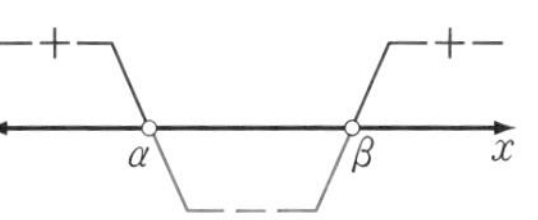

(2) $b^2-4ac=0$일 때, 완전제곱의 꼴로 변형하고 아래 **정석**에 따라 푼다.

정석 $(x-\alpha)^2>0 \Longrightarrow x$는 $x\neq\alpha$인 모든 실수

$(x-\alpha)^2\ge 0 \Longrightarrow x$는 모든 실수

$(x-\alpha)^2<0 \Longrightarrow$ 해가 없다.

$(x-\alpha)^2\le 0 \Longrightarrow x=\alpha$

(3) $b^2-4ac<0$일 때, 식을 변형하고 아래 **정석**에 따라 푼다.

정석 $(x-p)^2+q>0(q>0) \Longrightarrow x$는 모든 실수

$(x-p)^2+q<0(q>0) \Longrightarrow$ 해가 없다.

3 이차부등식과 이차함수의 그래프

이차부등식과 이차함수의 그래프 사이의 관계를 알아보자.

▶ 이차함수의 그래프가 x축과 서로 다른 두 점에서 만나는 경우

이를테면 이차부등식 $x^2-2x-3>0$의 해는 이차함수 $y=x^2-2x-3$의 그래프가 x축의 위쪽에 있는 x의 값의 범위이고, $x^2-2x-3<0$의 해는 $y=x^2-2x-3$의 그래프가 x축의 아래쪽에 있는 x의 값의 범위이다. 이때, $y=x^2-2x-3$의 그래프의 x절편은 $x^2-2x-3=0$에서 $x=-1, 3$이다.

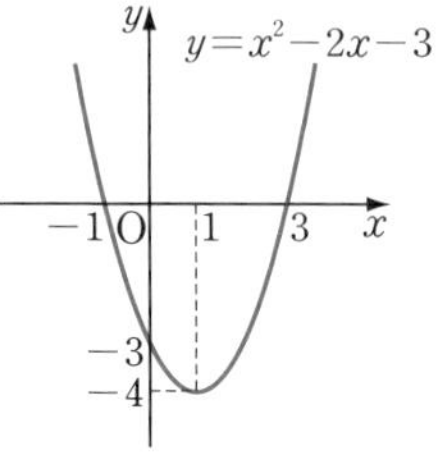

따라서 이차부등식

$x^2-2x-3>0$의 해는 $x<-1$ 또는 $x>3$,

$x^2-2x-3<0$의 해는 $-1<x<3$

▶ 이차함수의 그래프가 x축에 접하는 경우

이를테면 이차부등식 $x^2-2x+1>0$의 해는 이차함수 $y=x^2-2x+1$의 그래프가 x축의 위쪽에 있는 x의 값의 범위이고, $x^2-2x+1<0$의 해는 $y=x^2-2x+1$의 그래프가 x축의 아래쪽에 있는 x의 값의 범위이다. 이때, $y=x^2-2x+1$의 그래프의 x절편은 $x^2-2x+1=0$에서 $x=1$이다.

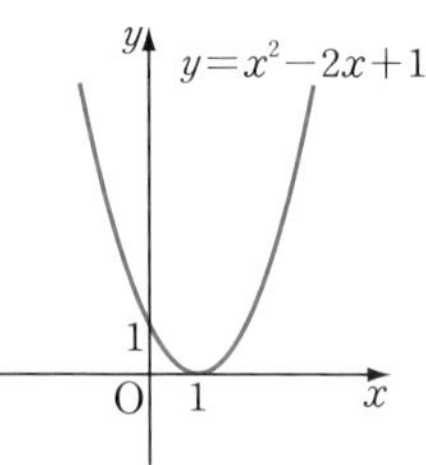

따라서 이차부등식

$x^2-2x+1>0$의 해는 $x\neq1$인 모든 실수,

$x^2-2x+1<0$의 해는 없다.

* ***Note*** 이차함수 $y=x^2-2x+1$의 그래프에서 이차부등식 $x^2-2x+1\geq0$의 해는 모든 실수이고, $x^2-2x+1\leq0$의 해는 $x=1$임을 알 수 있다.

▶ 이차함수의 그래프가 x축과 만나지 않는 경우

이를테면 이차부등식 $x^2-2x+2>0$의 해는 이차함수 $y=x^2-2x+2$의 그래프가 x축의 위쪽에 있는 x의 값의 범위이고, $x^2-2x+2<0$의 해는 $y=x^2-2x+2$의 그래프가 x축의 아래쪽에 있는 x의 값의 범위이다.

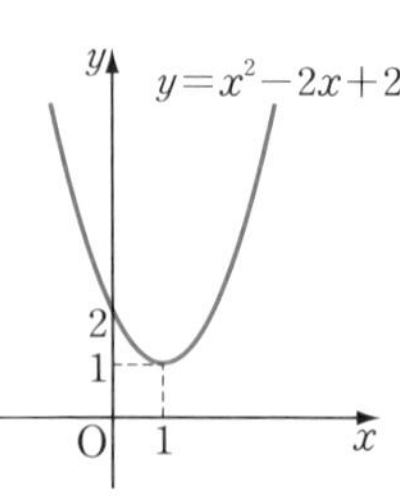

따라서 이차부등식

$x^2-2x+2>0$의 해는 모든 실수,

$x^2-2x+2<0$의 해는 없다.

보기 5 이차함수의 그래프를 이용하여 다음 이차부등식을 푸시오.

(1) $x^2+x-2\ge0$　　　　(2) $4x^2-4x+1\le0$

연구 (1) 이차부등식 $x^2+x-2\ge0$의 해는 이차함수 $y=x^2+x-2$의 그래프가 x축의 위쪽에 있거나 x축과 만나는 x의 값의 범위이다.

따라서 오른쪽 그래프에서 $x^2+x-2\ge0$의 해는　$\boldsymbol{x\le-2,\ x\ge1}$

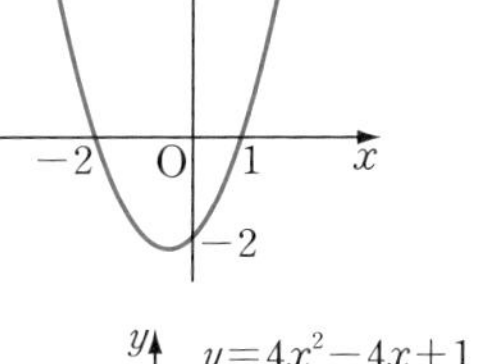

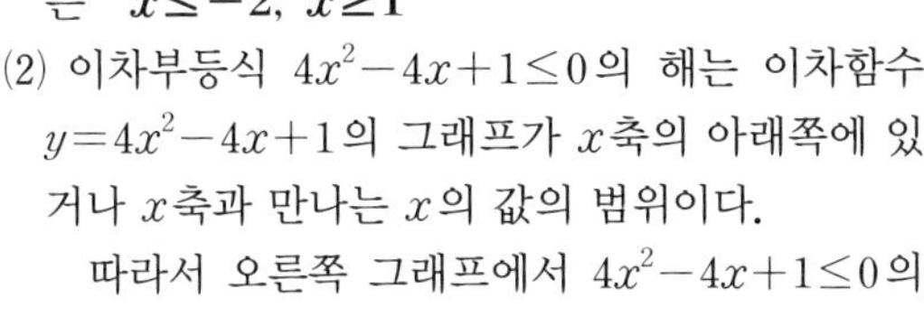

(2) 이차부등식 $4x^2-4x+1\le0$의 해는 이차함수 $y=4x^2-4x+1$의 그래프가 x축의 아래쪽에 있거나 x축과 만나는 x의 값의 범위이다.

따라서 오른쪽 그래프에서 $4x^2-4x+1\le0$의 해는　$\boldsymbol{x=\frac{1}{2}}$

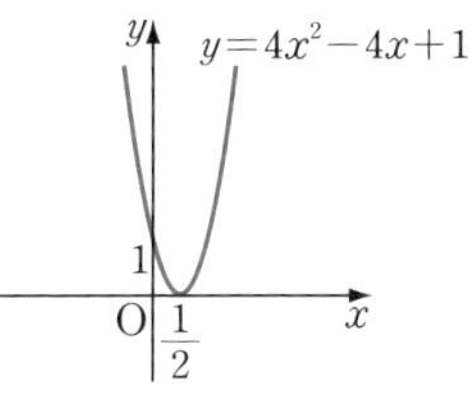

4 이차함수의 그래프와 이차방정식, 이차부등식의 관계

지금까지 공부한

이차함수의 그래프, 이차방정식, 이차부등식

사이의 관계는 모두 판별식 $D=b^2-4ac$와 밀접한 관련이 있다.

지금까지 공부한 내용을 정리하면 다음과 같다. ⇦ p. 144 참조

기본정석 이차함수의 그래프와 이차방정식·부등식

$\boldsymbol{f(x)=ax^2+bx+c\,(a\ne0)}$에서 $\boldsymbol{D=b^2-4ac}$라고 하면

$\boldsymbol{a>0}$일 때	$\boldsymbol{D>0}$	$\boldsymbol{D=0}$	$\boldsymbol{D<0}$
$y=f(x)$의 그래프	α β x	α x	x
$f(x)=0$의 해	$x=\alpha,\ x=\beta$	$x=\alpha$ (중근)	허근
$f(x)>0$의 해	$x<\alpha,\ x>\beta$	$x\ne\alpha$인 실수	모든 실수
$f(x)\ge0$의 해	$x\le\alpha,\ x\ge\beta$	모든 실수	모든 실수
$f(x)<0$의 해	$\alpha<x<\beta$	해가 없다.	해가 없다.
$f(x)\le0$의 해	$\alpha\le x\le\beta$	$x=\alpha$	해가 없다.

*Note $a<0$인 경우에 대해서도 위와 같이 정리해 보자.

5 이차식 ax^2+bx+c의 부호와 판별식

이를테면 두 이차함수

$y=x^2-2x+2$ ……㉠ $y=-x^2+2x-2$ ……㉡

의 값의 부호에 대하여 조사해 보자.

㉠, ㉡를 각각 변형해 보면

㉠은 $y=x^2-2x+2=(x-1)^2+1$ ……㉢

㉡는 $y=-x^2+2x-2=-(x-1)^2-1$ ……㉣

(i) 함수식에서의 양과 음의 판정

㉢에서 $(x-1)^2\ge0$이므로 모든 실수 x에 대하여 $y>0$

㉣에서 $-(x-1)^2\le0$이므로 모든 실수 x에 대하여 $y<0$

(ii) 그래프에서의 양과 음의 판정

㉠, ㉡의 그래프를 그려 보면 아래와 같다. 곧,

㉠은 그래프가 항상 x축의 위쪽에 있으므로

모든 x에 대하여 $y>0$

㉡는 그래프가 항상 x축의 아래쪽에 있으므로

모든 x에 대하여 $y<0$

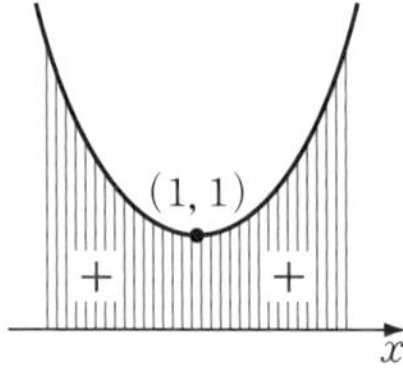

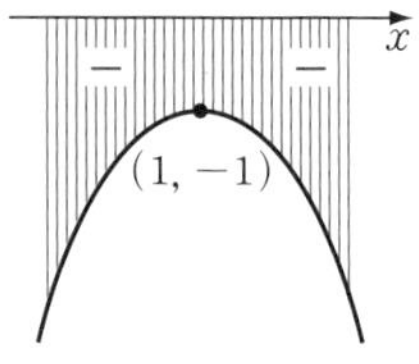

이와 같이 이차식은 그 그래프가 x축과 만나지 않을 때, 곧 $D<0$일 때, 그 값이 항상 양수이거나 음수이며, 그 부호는 x^2의 계수의 부호와 같다.

기본정석 **ax^2+bx+c의 부호와 판별식**

이차식 $f(x)=ax^2+bx+c$에서 $D=b^2-4ac$라고 하면

(1) 모든 실수 x에 대하여 $f(x)>0 \iff a>0$이고 $D<0$

모든 실수 x에 대하여 $f(x)\ge0 \iff a>0$이고 $D\le0$

(2) 모든 실수 x에 대하여 $f(x)<0 \iff a<0$이고 $D<0$

모든 실수 x에 대하여 $f(x)\le0 \iff a<0$이고 $D\le0$

보기 6 다음 식 중에서 모든 실수 x에 대하여 그 값이 양수인 것은?

① x^2+5x+5 ② $5x^2-8x+4$ ③ $-x^2+4x-5$

연구 항상 양수이려면 먼저 이차항의 계수가 양수이어야 하므로 ①, ②에 대해서만 그 판별식의 부호를 조사하면 된다.

①에서 $D=5>0$, ②에서 $D/4=-4<0$이다. 답 ②

기본 문제 15-1 다음 x에 관한 부등식을 푸시오. 단, a는 실수이다.

(1) $x^2-(a+3)x+3a<0$ (2) $ax^2+2ax+3a>0$

(3) $x^2-2x+1>a$

정석연구 (1) 좌변을 인수분해하면 $(x-3)(x-a)<0$이다. 따라서 $a>3$, $a<3$, $a=3$일 때로 나누어 생각한다.

(2) $a>0$, $a<0$, $a=0$일 때로 나누어 생각한다. 특히 $a<0$일 때 양변을 a로 나누면 부등호의 방향이 바뀐다는 것에 주의한다.

(3) $x^2-2x+1-a>0$에서 $D>0$, $D=0$, $D<0$일 때로 나누어 생각한다.

정석 이차부등식 $ax^2+bx+c>0$, $ax^2+bx+c<0$의 해는
$\Longrightarrow$ $D>0$, $D=0$, $D<0$일 때로 나누어 구한다.

모범답안 (1) $x^2-(a+3)x+3a<0$에서 $(x-3)(x-a)<0$

답 **$a>3$일 때 $3<x<a$, $a<3$일 때 $a<x<3$,
$a=3$일 때 해가 없다.** ⇦ $(x-3)^2<0$

(2) $ax^2+2ax+3a>0$에서 $a(x^2+2x+3)>0$

$a>0$일 때 $x^2+2x+3>0$ $\therefore$ $(x+1)^2+2>0$ $\therefore$ x는 모든 실수

$a<0$일 때 $x^2+2x+3<0$ $\therefore$ $(x+1)^2+2<0$ $\therefore$ 해가 없다.

$a=0$일 때 $0\times(x^2+2x+3)>0$ $\therefore$ 해가 없다.

답 **$a>0$일 때 x는 모든 실수, $a\le0$일 때 해가 없다.**

(3) $x^2-2x+1-a>0$에서 $D/4=(-1)^2-(1-a)=a$

(i) $D/4>0$, 곧 $a>0$일 때, $x^2-2x+1-a=0$에서 $x=1\pm\sqrt{a}$
따라서 주어진 부등식의 해는 $x<1-\sqrt{a}$ 또는 $x>1+\sqrt{a}$

(ii) $D/4=0$, 곧 $a=0$일 때, $x^2-2x+1-a=x^2-2x+1=(x-1)^2$
그런데 $(x-1)^2\ge0$이므로 주어진 부등식의 해는 $x\ne1$인 모든 실수

(iii) $D/4<0$, 곧 $a<0$일 때, $x^2-2x+1-a=(x-1)^2-a$
그런데 $(x-1)^2\ge0$, $-a>0$이므로 주어진 부등식의 해는 모든 실수

답 **$a>0$일 때 $x<1-\sqrt{a}$ 또는 $x>1+\sqrt{a}$,
$a=0$일 때 x는 $x\ne1$인 모든 실수,
$a<0$일 때 x는 모든 실수**

유제 **15**-1. x에 관한 부등식 $x^2+2x+a\le0$을 푸시오. 단, a는 실수이다.

답 **$a<1$일 때 $-1-\sqrt{1-a}\le x\le-1+\sqrt{1-a}$,
$a=1$일 때 $x=-1$, $a>1$일 때 해가 없다.**

기본 문제 **15**-2 다음 물음에 답하시오. 단, a, b, c는 상수이다.

(1) 이차부등식 $2x^2+ax+b\ge0$의 해가 $x\le3$ 또는 $x\ge5$일 때, a, b의 값을 구하시오.

(2) 이차부등식 $ax^2+bx+a^2>2$의 해가 $1-\sqrt{2}<x<1+\sqrt{2}$일 때, a, b의 값을 구하시오.

(3) 이차부등식 $ax^2+bx+c<0$의 해가 $x<1$ 또는 $x>5$일 때, 이차부등식 $(a+b)x^2+(a+b-c)x+a+b+c\ge0$의 해를 구하시오.

정석연구 다음 **정석**을 이용하여 부등식을 만들고, 계수를 비교한다.

정석 $\alpha<x<\beta \iff (x-\alpha)(x-\beta)<0\ (\alpha<\beta)$

$x<\alpha,\ x>\beta \iff (x-\alpha)(x-\beta)>0\ (\alpha<\beta)$

모범답안 (1) $2x^2+ax+b\ge0 \iff x\le3$ 또는 $x\ge5 \iff (x-3)(x-5)\ge0$

$\iff x^2-8x+15\ge0 \iff 2x^2-16x+30\ge0$

$\therefore\ \boldsymbol{a=-16,\ b=30}$ ← 답

(2) $ax^2+bx+a^2-2>0 \iff 1-\sqrt{2}<x<1+\sqrt{2}$

$\iff \{x-(1-\sqrt{2})\}\{x-(1+\sqrt{2})\}<0$

$\iff x^2-2x-1<0 \iff ax^2-2ax-a>0\ (a<0)$

$\therefore\ b=-2a,\ a^2-2=-a$

$a^2-2=-a$에서 $(a+2)(a-1)=0$

$a<0$이므로 $\boldsymbol{a=-2,\ b=4}$ ← 답

(3) $ax^2+bx+c<0 \iff x<1$ 또는 $x>5 \iff (x-1)(x-5)>0$

$\iff x^2-6x+5>0 \iff ax^2-6ax+5a<0\ (a<0)$

$\therefore\ b=-6a,\ c=5a$

$\therefore\ (a+b)x^2+(a+b-c)x+a+b+c\ge0 \iff -5ax^2-10ax\ge0$

$-5a>0$이므로 $x(x+2)\ge0$ $\therefore\ \boldsymbol{x\le-2,\ x\ge0}$ ← 답

유제 **15**-2. 이차부등식 $ax^2+x+b\ge0$의 해가 $-2\le x\le3$일 때, 상수 a, b의 값을 구하시오.

답 $\boldsymbol{a=-1,\ b=6}$

유제 **15**-3. 이차부등식 $ax^2+(a+b)x-a^2<0$의 해가 $x<2-\sqrt{3}$ 또는 $x>2+\sqrt{3}$일 때, 상수 a, b의 값을 구하시오.

답 $\boldsymbol{a=-1,\ b=5}$

유제 **15**-4. 이차부등식 $ax^2+bx+c>0$의 해가 $2<x<4$일 때, 이차부등식 $cx^2-4bx+16a>0$의 해를 구하시오. 단, a, b, c는 상수이다.

답 $\boldsymbol{-2<x<-1}$

기본 문제 **15**-3 실수 x에 대하여 $n\le x<n+1$을 만족시키는 정수 n을 $[x]$로 나타낼 때, 다음 방정식 또는 부등식을 푸시오.

(1) $[x]^2-3[x]+2=0$ (2) $2[x]^2-9[x]+4<0$

정석연구 x가 실수일 때 x보다 크지 않은 최대 정수를 $[x]$로 나타내고, 이를 가우스 기호라고 한다는 것은 이미 공부하였다.

또, 가우스 기호에 관한 문제를 해결하는 기본은

정석 (i) $[x]$는 정수이다.

(ii) $[x]=n$(n은 정수) $\Longleftrightarrow$ $n\le x<n+1$

이라는 것도 공부하였다. ⇦ p. 70, 72 참조

따라서 $[x]$를 한 문자로 생각하고 계산하여 정수 $[x]$의 값을 구한 다음, x의 값의 범위를 구하면 된다.

모범답안 (1) $[x]^2-3[x]+2=0$에서

$([x]-1)([x]-2)=0 \quad \therefore [x]=1, 2$

그런데 $[x]=1$을 만족시키는 x는 $1\le x<2$이고,

$[x]=2$를 만족시키는 x는 $2\le x<3$이다.

$\therefore 1\le x<2$ 또는 $2\le x<3 \quad \therefore \mathbf{1\le x<3}$ ← 답

(2) $2[x]^2-9[x]+4<0$에서

$(2[x]-1)([x]-4)<0 \quad \therefore \frac{1}{2}<[x]<4$

그런데 $[x]$는 정수이므로 $[x]=1, 2, 3$이다.

$[x]=1$에서 $1\le x<2$, $[x]=2$에서 $2\le x<3$, $[x]=3$에서 $3\le x<4$

$\therefore 1\le x<2$ 또는 $2\le x<3$ 또는 $3\le x<4 \quad \therefore \mathbf{1\le x<4}$ ← 답

유제 **15**-5. 실수 x보다 크지 않은 최대 정수를 $[x]$로 나타낼 때, 다음 방정식 또는 부등식을 푸시오.

(1) $[x]^2+[x]-2=0$ (2) $[x]^2+4[x]+3\le 0$

답 (1) $\mathbf{-2\le x<-1,\ 1\le x<2}$ (2) $\mathbf{-3\le x<0}$

유제 **15**-6. 실수 x에 대하여 $n-\frac{1}{2}\le x<n+\frac{1}{2}$을 만족시키는 정수 n을 $\{x\}$로 나타낼 때, 다음 식을 만족시키는 x의 값의 범위를 구하시오.

(1) $\{x\}^2-3\{x\}+2=0$ (2) $2\{x\}^2-9\{x\}+4<0$

답 (1) $\mathbf{\frac{1}{2}\le x<\frac{5}{2}}$ (2) $\mathbf{\frac{1}{2}\le x<\frac{7}{2}}$

기본 문제 **15**-4 이차함수 $y=-x^2-4x+5$의 그래프를 이용하여 다음 이차부등식을 푸시오.

(1) $-x^2-4x+5\le0$ (2) $-x^2-4x+5>5$

(3) $-x^2-4x+5<9$ (4) $-x^2-4x+5\ge10$

정석연구 다음과 같은 방법으로 $y=-x^2-4x+5$의 그래프를 이용한다.

(1) $y\le0$이므로 그래프가 x축과 만나거나 x축의 아래쪽에 있는 x의 값의 범위를 구하면 된다.

따라서 먼저 $y=-x^2-4x+5$의 그래프의 x절편을 찾아야 한다.

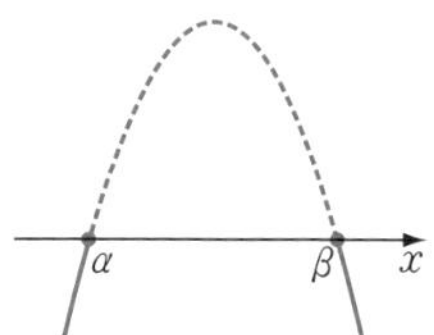

정석 $\boldsymbol{y=ax^2+bx+c}$의 그래프의 $\boldsymbol{x}$절편은
$\Longrightarrow$ 방정식 $\boldsymbol{ax^2+bx+c=0}$의 실근이다.

(2) $y>5$이므로 그래프를 그린 다음, y좌표가 5보다 큰 부분을 찾으면 된다.
따라서 먼저 $y=-x^2-4x+5$의 함숫값이 5인 x의 값부터 구한다.

모범답안 $y=-x^2-4x+5=-(x+2)^2+9$

이므로 포물선의 꼭짓점의 좌표는 $(-2, 9)$이다.

또, x절편은 $-x^2-4x+5=0$에서 $x=-5, 1$

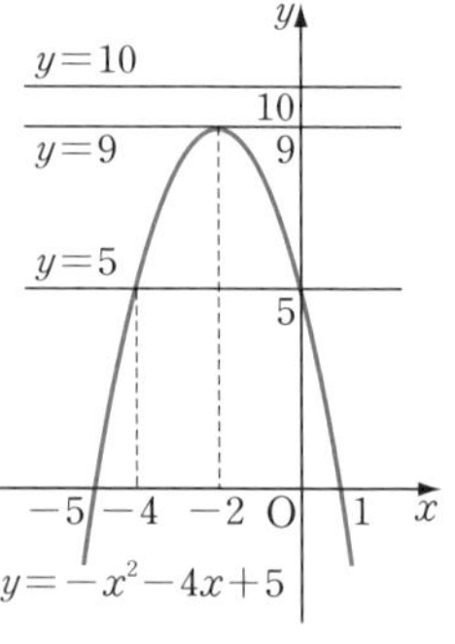

(1) 그래프가 x축과 만나거나 x축의 아래쪽에 있는 x의 값의 범위이므로

$\boldsymbol{x\le-5,\ x\ge1}$ ← 답

(2) $-x^2-4x+5=5$에서 $x=0, -4$

y좌표가 5보다 큰 부분이므로

$\boldsymbol{-4<x<0}$ ← 답

(3) y좌표가 9보다 작은 부분이므로

$\boldsymbol{x}$는 $\boldsymbol{x\ne-2}$인 모든 실수 ← 답

(4) y좌표가 10보다 크거나 같은 부분이므로

해가 없다. ← 답

유제 **15**-7. 이차함수 $y=x^2+6x+8$의 그래프를 이용하여 다음 이차부등식을 푸시오.

(1) $x^2+6x+8>0$ (2) $x^2+6x+8\le3$

(3) $x^2+6x+8\le-1$ (4) $x^2+6x+8>-3$

답 (1) $\boldsymbol{x<-4,\ x>-2}$ (2) $\boldsymbol{-5\le x\le-1}$ (3) $\boldsymbol{x=-3}$ (4) $\boldsymbol{x}$는 모든 실수

기본 문제 15-5 다음 식의 값이 모든 실수 x에 대하여 양수가 되도록 실수 m의 값의 범위를 정하시오.

$$(m+2)x^2-2(m+2)x+4$$

정석연구 항상 양수가 되기 위한 조건으로서

$$m+2>0, \quad D/4=(m+2)^2-4(m+2)<0$$

만을 생각해서는 안 된다.

왜냐하면 주어진 식이 이차식이라는 조건이 없으므로 이차항의 계수 $m+2$가 0일 때를 따로 생각해야 하기 때문이다.

정 석 계수에 문자가 있는 식에서는

$\Longrightarrow$ 최고차항의 계수가 **0**인 경우를 항상 따로 생각한다.

곧, $y=ax^2+bx+c$에서 $a=0$이면 $y=bx+c$이고, 이 식이 모든 실수 x에 대하여 양수이기 위한 조건은 아래 오른쪽 그림에서 $b=0$, $c>0$이다.

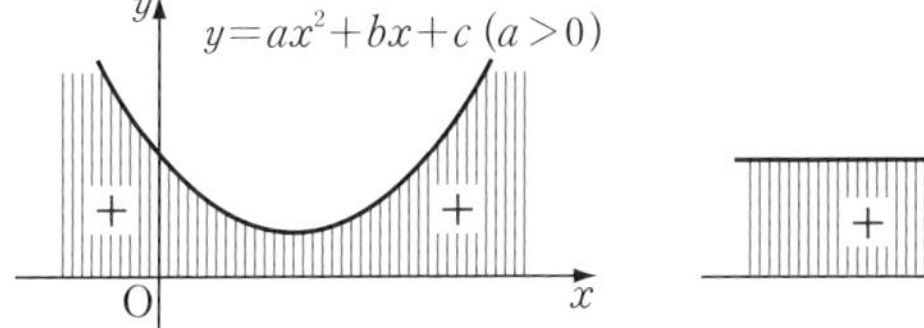

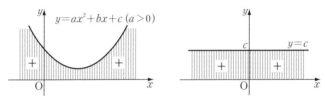

정 석 모든 실수 x에 대하여 ax^2+bx+c의 값이 양수일 조건은

$$\Longrightarrow \begin{cases} a\neq0 \text{일 때} \quad a>0,\ b^2-4ac<0 \\ a=0 \text{일 때} \quad b=0,\ c>0 \end{cases}$$

모범답안 $y=(m+2)x^2-2(m+2)x+4$로 놓으면

(i) $m=-2$일 때, $y=4$이므로 모든 실수 x에 대하여 $y>0$이다.

(ii) $m\neq-2$일 때, 모든 실수 x에 대하여 $y>0$이려면

$m+2>0$에서 $\quad m>-2$ ……①

$D/4=(m+2)^2-4(m+2)<0$에서 $\quad -2<m<2$ ……②

①, ②의 공통 범위는 $\quad -2<m<2$

(i), (ii)에서 구하는 m의 값의 범위는 $\quad \boldsymbol{-2\le m<2}$ ← 답

유제 **15**-8. 부등식 $x^2-6x+p^2>0$이 모든 실수 x에 대하여 성립하도록 실수 p의 값의 범위를 정하시오. 답 $\boldsymbol{p<-3,\ p>3}$

유제 **15**-9. $(m+6)x^2-2mx+1$의 값이 모든 실수 x에 대하여 양수가 되도록 실수 m의 값의 범위를 정하시오. 답 $\boldsymbol{-2<m<3}$

기본 문제 15-6 포물선 $y=x^2+(m-1)x+m^2+1$과 직선 $y=x+1$에 대하여 다음 물음에 답하시오. 단, m은 실수이다.

(1) $m=0$일 때, 포물선이 직선보다 위쪽에 있는 x의 값의 범위를 구하시오.

(2) 포물선이 직선보다 항상 위쪽에 있도록 m의 값의 범위를 정하시오.

정석연구 (1) $m=0$일 때 $y=x^2-x+1$이다.

이 포물선과 직선 $y=x+1$의 두 교점의 좌표가 $(0, 1)$, $(2, 3)$이므로 포물선이 직선보다 위쪽에 있는 x의 값의 범위는 오른쪽 그림에서 $x<0$, $x>2$이다.

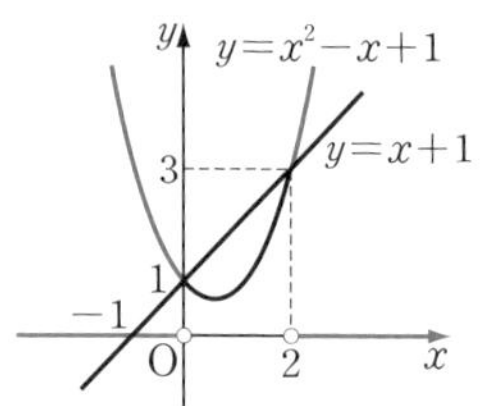

식으로 풀 때에는 부등식

$$x^2-x+1>x+1$$

을 만족시키는 x의 값의 범위를 구하면 된다.

(2) 포물선이 직선보다 항상 위쪽에 있으려면 모든 실수 x에 대하여 부등식

$$x^2+(m-1)x+m^2+1>x+1$$

이 성립해야 한다. 이러한 조건을 구하면 된다.

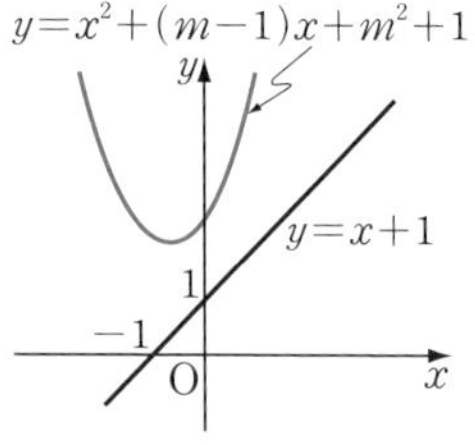

정석 그래프에 관한 조건을 부등식으로 바꾸어 본다.

모범답안 (1) $m=0$일 때, 포물선의 방정식은 $y=x^2-x+1$

따라서 포물선이 직선의 위쪽에 있으려면 $x^2-x+1>x+1$

$\therefore\ x(x-2)>0 \qquad \therefore\ \boldsymbol{x<0,\ x>2}$ ← 답

(2) $x^2+(m-1)x+m^2+1>x+1$ 곧, $x^2+(m-2)x+m^2>0$

이 부등식이 모든 실수 x에 대하여 성립하려면 $D=(m-2)^2-4m^2<0$

$\therefore\ (3m-2)(m+2)>0 \qquad \therefore\ \boldsymbol{m<-2,\ m>\frac{2}{3}}$ ← 답

Advice | (2)에서 부등식이 항상 성립한다는 것은 포물선과 직선이 만나지 않는다는 것과 같다. 이차함수에서 x^2의 계수가 음수이고 포물선과 직선이 만나지 않으면 포물선이 직선보다 항상 아래쪽에 있다.

유제 **15**-10. 포물선 $y=-x^2+x+4$가 직선 $y=x$보다 위쪽에 있는 x의 값의 범위를 구하시오. 답 $\boldsymbol{-2<x<2}$

유제 **15**-11. 모든 실수 x에 대하여 $x^2-2ax+1$의 값이 $2x+a$의 값보다 크게 되는 실수 a의 값의 범위를 구하시오. 답 $\boldsymbol{-3<a<0}$

§2. 연립이차부등식의 해법

이를테면 연립부등식

$$\begin{cases} 2x-1>5 \\ x^2-2x-3\le 7 \end{cases}, \quad \begin{cases} 4x>x^2+3 \\ 2x^2-x-1<x+3 \end{cases}$$

과 같이 연립부등식에서 차수가 가장 큰 부등식이 이차부등식일 때 이를 연립이차부등식이라고 한다.

연립이차부등식을 풀 때에는 연립일차부등식을 풀 때와 같이 먼저 각 부등식의 해를 구하고, 이들의 공통 범위를 찾으면 된다.

기본 문제 **15**-7 다음 연립부등식을 푸시오.

(1) $\begin{cases} x^2-3x-4\ge 0 \\ x^2-x-12\le 0 \end{cases}$ (2) $\begin{cases} x^2-7x+6\ge 0 \\ x^2-3x-10>0 \end{cases}$

정석연구 연립부등식을 풀 때에는 먼저 각 부등식의 해를 구하고, 이들의 공통 범위를 찾는다. 이때, 각 부등식의 해를 수직선 위에 나타내면 편리하다.

정 석 연립부등식의 해 $\Longrightarrow$ 수직선에서 생각하면 알기 쉽다.

모범답안 (1) $x^2-3x-4\ge 0$에서 $(x+1)(x-4)\ge 0$

$\therefore\ x\le -1,\ x\ge 4$ ……①

$x^2-x-12\le 0$에서 $(x+3)(x-4)\le 0$

$\therefore\ -3\le x\le 4$ ……②

①, ②의 공통 범위는

$\boldsymbol{-3\le x\le -1,\ x=4}$ ← 답

(2) $x^2-7x+6\ge 0$에서 $(x-1)(x-6)\ge 0$

$\therefore\ x\le 1,\ x\ge 6$ ……①

$x^2-3x-10>0$에서 $(x+2)(x-5)>0$

$\therefore\ x<-2,\ x>5$ ……②

①, ②의 공통 범위는 $\boldsymbol{x<-2,\ x\ge 6}$ ← 답

유제 **15**-12. 다음 연립부등식을 푸시오.

(1) $\begin{cases} x-1>2x-3 \\ x^2\le x+2 \end{cases}$ (2) $\begin{cases} x^2-2x>8 \\ x^2-3x\le 18 \end{cases}$ (3) $\begin{cases} x^2-16<0 \\ x^2-4x-12<0 \end{cases}$

답 (1) $\boldsymbol{-1\le x<2}$ (2) $\boldsymbol{-3\le x<-2,\ 4<x\le 6}$ (3) $\boldsymbol{-2<x<4}$

기본 문제 **15**-8 다음 부등식을 푸시오.

(1) $x^2-2x-3>3|x-1|$ (2) $|x^2-6x-8|<8$

정석연구 (1) 절댓값 기호가 있는 부등식은 다음 **정석**을 이용하여 절댓값 기호를 없애고 푼다.

정석 $A\geq 0$일 때 $|A|=A$, $A<0$일 때 $|A|=-A$

(2) 절댓값 기호를 없애면 $-8<x^2-6x-8<8$이다.

따라서 연립부등식 $\begin{cases} -8<x^2-6x-8 \\ x^2-6x-8<8 \end{cases}$의 해를 구하면 된다.

모범답안 (1) $x^2-2x-3>3|x-1|$에서

$x\geq 1$일 때 $x^2-2x-3>3(x-1)$ $\therefore$ $x^2-5x>0$

$\therefore$ $x(x-5)>0$ $\therefore$ $x<0,\ x>5$

그런데 $x\geq 1$이므로 $x>5$ ……①

$x<1$일 때 $x^2-2x-3>-3(x-1)$ $\therefore$ $x^2+x-6>0$

$\therefore$ $(x+3)(x-2)>0$ $\therefore$ $x<-3,\ x>2$

그런데 $x<1$이므로 $x<-3$ ……②

주어진 부등식의 해는 ① 또는 ②이므로 $\boldsymbol{x<-3,\ x>5}$ ← 답

(2) $|x^2-6x-8|<8$에서 $-8<x^2-6x-8<8$

$-8<x^2-6x-8$에서 $x^2-6x>0$ $\therefore$ $x(x-6)>0$

$\therefore$ $x<0,\ x>6$ ……①

$x^2-6x-8<8$에서 $x^2-6x-16<0$ $\therefore$ $(x+2)(x-8)<0$

$\therefore$ $-2<x<8$ ……②

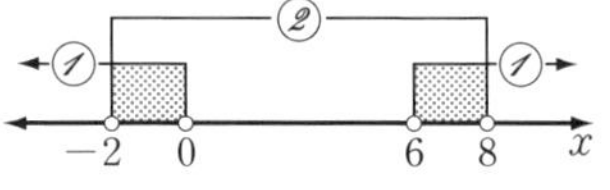

①, ②의 공통 범위는

$\boldsymbol{-2<x<0,\ 6<x<8}$ ← 답

유제 **15**-13. 다음 부등식을 푸시오.

(1) $x^2+|x|-2<0$ (2) $x^2-3x<|3x-5|$

(3) $|x^2-4x|<5$ (4) $|3-x^2|\geq 2x$

답 (1) $\boldsymbol{-1<x<1}$ (2) $\boldsymbol{-\sqrt{5}<x<5}$ (3) $\boldsymbol{-1<x<5}$ (4) $\boldsymbol{x\leq 1,\ x\geq 3}$

유제 **15**-14. $f(x)=x^2-3x$, $g(x)=x^2+x-2$에 대하여 다음 부등식을 만족시키는 x의 값의 범위를 구하시오.

(1) $f(x)g(x)>0$ (2) $f(x)\leq 0<g(|x|)$

답 (1) $\boldsymbol{x<-2,\ 0<x<1,\ x>3}$ (2) $\boldsymbol{1<x\leq 3}$

기본 문제 **15**-9 다음 물음에 답하시오.

(1) 연립부등식 $\begin{cases} |x-1|>a \\ x^2-4x<0 \end{cases}$ 의 해가 $3<x<b$일 때, 상수 a, b의 값을 구하시오.

(2) 연립부등식 $\begin{cases} x^2-10x+16<0 \\ x^2-(a-2)x-2a<0 \end{cases}$ 의 해가 $b<x<5$일 때, 상수 a, b의 값을 구하시오.

정석연구 (1) 각 부등식을 푼 다음, 해를 수직선 위에 나타내어 공통 범위가 $3<x<b$가 되는 a, b의 값을 구한다.

이때, $|x-1|>a$에서 $a>0$이어야 주어진 조건을 만족시킨다.

(2) 각 부등식을 푼 다음, 해를 수직선 위에 나타내어 공통 범위가 $b<x<5$가 되는 a, b의 값을 구한다.

정석 연립부등식의 해 $\Longrightarrow$ 수직선에서 생각한다.

모범답안 (1) $|x-1|>a$에서 $x-1<-a$ 또는 $x-1>a$

$\therefore$ $x<1-a$ 또는 $x>1+a$ ……①

$x^2-4x<0$에서 $x(x-4)<0$ $\therefore$ $0<x<4$ ……②

①, ②의 공통 범위가 $3<x<b$이려면 오른쪽 그림에서

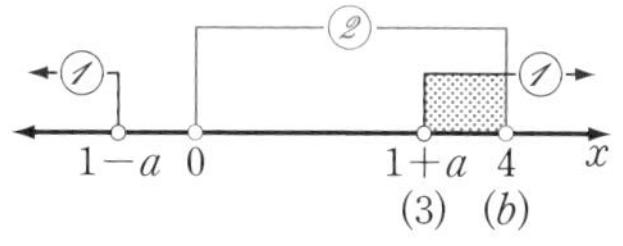

$1-a\le 0,\ 1+a=3,\ b=4$

$\therefore$ $\boldsymbol{a=2,\ b=4}$ ← 답

(2) $x^2-10x+16<0$에서 $(x-2)(x-8)<0$ $\therefore$ $2<x<8$ ……①

$x^2-(a-2)x-2a<0$에서 $(x+2)(x-a)<0$ ……②

$a<-2$이면 ②의 해가 $a<x<-2$이므로 ①과의 공통 범위가 없다.

$a=-2$이면 ②는 $(x+2)^2<0$이므로 해가 존재하지 않으며 ①과의 공통 범위도 없다.

$a>-2$이면 ②의 해가 $-2<x<a$이므로 ①과 공통 범위가 존재할 수 있고, 그 범위가 $b<x<5$이려면 오른쪽 그림에서 $\boldsymbol{a=5,\ b=2}$ ← 답

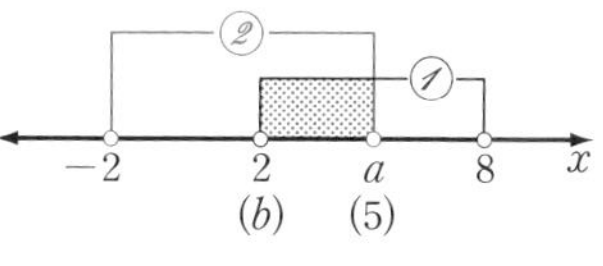

유제 **15**-15. 연립부등식 $\begin{cases} x^2-4x+3>0 \\ x^2-ax-5x+5a>0 \end{cases}$ 의 해가 $x<0$ 또는 $x>b$일 때, 상수 a, b의 값을 구하시오.

답 $\boldsymbol{a=0,\ b=5}$

기본 문제 **15**-10 부등식 $x^2-5ax+4a^2<0$을 만족시키는 모든 실수 x가 연립부등식 $\begin{cases} x^2-9x+20>0 \\ x^2-7x+10\ge0 \end{cases}$을 만족시킬 때, 양수 a의 값의 범위를 구하시오.

정석연구 부등식 $f(x)<0$을 만족시키는 모든 실수 x가 부등식 $g(x)<0$을 만족시킨다는 것은 이를테면 오른쪽 그림과 같이 $f(x)<0$의 해는 모두 $g(x)<0$의 해가 된다는 뜻이다.

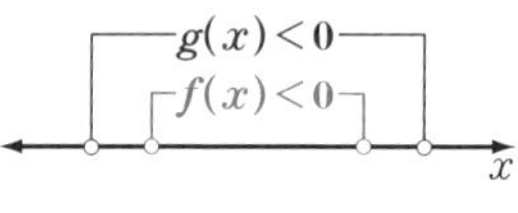

먼저 $x^2-5ax+4a^2<0$의 해와 연립부등식의 해를 구한 다음, 수직선 위에서 비교해 보자.

정석 부등식의 해의 비교는 $\Longrightarrow$ 수직선에서 생각한다.

모범답안 $x^2-5ax+4a^2<0$에서 $(x-a)(x-4a)<0$

그런데 $a>0$이므로 $a<4a$ $\therefore a<x<4a$ ……①

$x^2-9x+20>0$에서 $(x-4)(x-5)>0$ $\therefore x<4,\ x>5$ ……②

$x^2-7x+10\ge0$에서 $(x-2)(x-5)\ge0$ $\therefore x\le2,\ x\ge5$ ……③

②, ③에서 연립부등식의 해는 $x\le2,\ x>5$ ……④

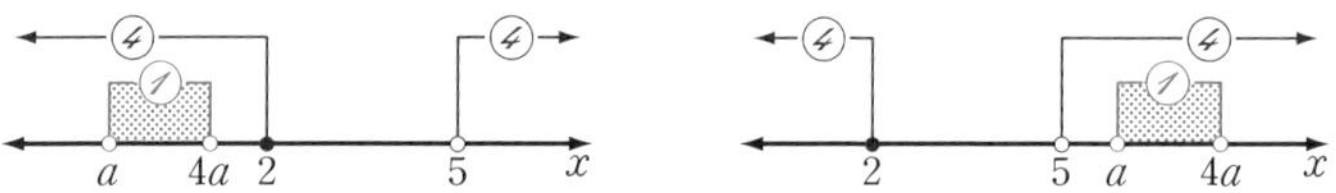

①이 ④에 포함되어야 하므로 위의 그림에서

$4a\le2$ 또는 $5\le a$

$a>0$이므로 $\boldsymbol{0<a\le\frac{1}{2}}$ 또는 $\boldsymbol{a\ge5}$ ← 답

유제 **15**-16. 부등식 $x^2-6x+8<0$을 만족시키는 모든 실수 x가 부등식 $x^2-9ax+8a^2<0$을 만족시킬 때, 양수 a의 값의 범위를 구하시오.

답 $\boldsymbol{\frac{1}{2}\le a\le2}$

유제 **15**-17. $f(x)=x(3x-a)$, $g(x)=(x-1)(x-2)$, $h(x)=x(9x-a^2)$에 대하여 다음을 만족시키는 양수 a의 값의 범위를 구하시오.

(1) 연립부등식 $f(x)<0$, $g(x)<0$의 해가 있다.

(2) 연립부등식 $g(x)<0$, $h(x)<0$의 해가 없다.

(3) 부등식 $g(x)<0$을 만족시키는 모든 실수 x가 부등식 $h(x)<0$을 만족시킨다.

답 (1) $\boldsymbol{a>3}$ (2) $\boldsymbol{0<a\le3}$ (3) $\boldsymbol{a\ge3\sqrt{2}}$

기본 문제 15-11 부등식 $x^2-2x\le 0$을 만족시키는 모든 실수 x가 부등식 $x^2-ax+a^2-4\le 0$을 만족시킬 때, 실수 a의 값의 범위를 구하시오.

정석연구 부등식 $x^2-2x\le 0$을 만족시키는 x는 $x(x-2)\le 0$에서 $0\le x\le 2$이다.

따라서 $0\le x\le 2$일 때 $x^2-ax+a^2-4\le 0$이 성립하는 a의 값의 범위를 구하면 된다.

부등식 $x^2-ax+a^2-4\le 0$의 해를

$$\alpha\le x\le\beta$$

라고 하면 오른쪽 그림에서

$$\alpha\le 0,\ \beta\ge 2 \qquad \cdots\cdots ①$$

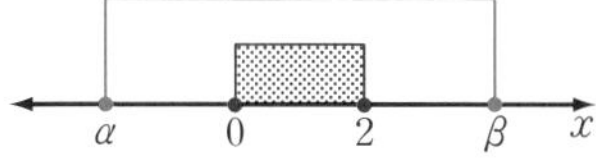

일 조건을 구하면 된다.

따라서 $x^2-ax+a^2-4\le 0$의 해를 간단히 구할 수 있다면 작은 근을 α, 큰 근을 β라 하고, ①을 만족시키는 조건을 찾는다. ⇦ 기본 문제 15-10

그러나 이 문제와 같이 해를 구하기 어려우면 함수 $y=x^2-ax+a^2-4$의 그래프를 이용하여 $0\le x\le 2$일 때 $y\le 0$일 조건을 찾는다.

정석 부등식의 해의 범위에 관한 조건은 ⟹ 그래프에서 찾는다.

모범답안 $x^2-2x\le 0$에서 $x(x-2)\le 0$ $\quad\therefore\ 0\le x\le 2$

$f(x)=x^2-ax+a^2-4$로 놓자.

이때, $f(x)=0$의 두 근을 $\alpha,\ \beta(\alpha<\beta)$라고 하면 $\alpha\le 0,\ \beta\ge 2$이어야 한다.

오른쪽 그래프에서

$f(0)=a^2-4\le 0 \quad \therefore\ -2\le a\le 2 \quad \cdots\cdots ①$

$f(2)=4-2a+a^2-4\le 0$

$\therefore\ a(a-2)\le 0 \quad \therefore\ 0\le a\le 2 \quad \cdots\cdots ②$

①, ②의 공통 범위는 $\mathbf{0\le a\le 2}$ ← 답

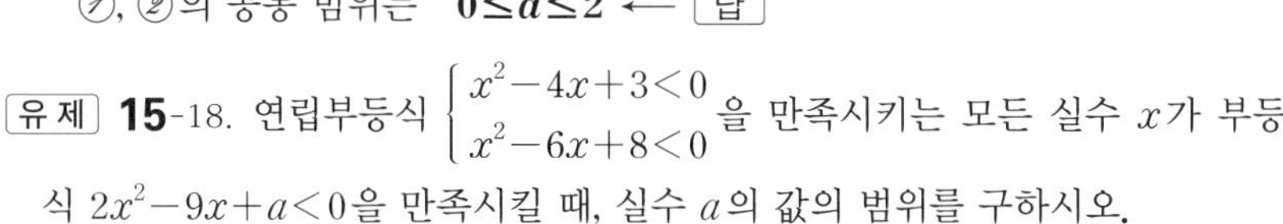

유제 **15**-18. 연립부등식 $\begin{cases} x^2-4x+3<0 \\ x^2-6x+8<0 \end{cases}$을 만족시키는 모든 실수 x가 부등식 $2x^2-9x+a<0$을 만족시킬 때, 실수 a의 값의 범위를 구하시오.

답 $\mathbf{a\le 9}$

유제 **15**-19. 연립부등식 $\begin{cases} x^2-1\le 0 \\ x^2+2ax+1-b<0 \end{cases}$의 해가 $-1\le x<0$일 때, 실수 $a,\ b$의 값 또는 값의 범위를 구하시오.

답 $\mathbf{a>\frac{1}{2},\ b=1}$

기본 문제 **15**-12 길이가 40 m인 철망을 모두 사용하여 넓이가 96 m^2 이상 99 m^2 이하인 직사각형 모양의 닭장을 지으려고 한다.
길지 않은 변의 길이를 어떤 범위로 해야 하는가?

정석연구 길지 않은 변의 길이를 x m라고 하면 이웃한 변의 길이는 $(20-x)$ m이고, 이때의 직사각형의 넓이는

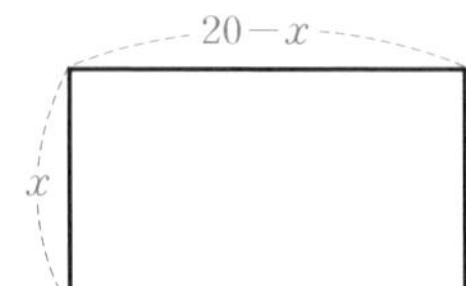

$$x(20-x)\ \mathrm{m}^2$$

이다.

여기에서 x는 길지 않은 변의 길이이므로 x에는 $x>0$이고 $x\le 20-x$라는 제한이 있다는 사실에 특히 주의해야 한다.

정 석 활용 문제 ⟹ 변수의 범위를 잊지 말자.

모범답안 길지 않은 변의 길이를 x m라고 하면 이웃한 변의 길이는 $(20-x)$ m이다.

여기에서 $x>0$이고 $x\le 20-x$이므로 $0<x\le 10$ ……①

이때, 직사각형의 넓이는 $x(20-x)$ m^2이므로 문제의 조건에서

$$96\le x(20-x)\le 99$$

$96\le x(20-x)$에서 $x^2-20x+96\le 0$

$\therefore (x-8)(x-12)\le 0$ $\therefore 8\le x\le 12$ ……②

$x(20-x)\le 99$에서 $x^2-20x+99\ge 0$

$\therefore (x-9)(x-11)\ge 0$ $\therefore x\le 9,\ x\ge 11$ ……③

①, ②, ③의 공통 범위는 $8\le x\le 9$ 답 **8 m 이상 9 m 이하**

유제 **15**-20. 둘레의 길이가 28 cm인 직사각형 모양의 명함을 만들려고 한다. 이 명함의 넓이가 48 cm^2 이상이 되도록 하려면 길지 않은 변의 길이를 어떤 범위로 해야 하는가? 답 **6 cm 이상 7 cm 이하**

유제 **15**-21. 세로와 가로의 길이가 각각 2 cm, 6 cm인 직사각형이 있다. 세로의 길이를 x cm 늘이고 가로의 길이를 x cm 줄여서 대각선의 길이를 $\sqrt{34}$ cm 이하로 만들려고 한다. x의 값의 범위를 구하시오. 답 $\mathbf{1\le x\le 3}$

유제 **15**-22. $\overline{AB}=10$, $\overline{BC}=20$, $\angle B=90^\circ$인 $\triangle ABC$의 세 변 BC, CA, AB 위에 각각 점 D, E, F가 있다. □BDEF가 직사각형이고 넓이가 32 이하일 때, 선분 BF의 길이의 범위를 구하시오. 답 $\mathbf{0<\overline{BF}\le 2,\ 8\le\overline{BF}<10}$

연습문제 15

15-1 이차부등식 $f(x)\geq 0$의 해가 $x\leq 2$ 또는 $x\geq 6$일 때, 이차부등식 $f(2x-4)<0$의 해를 구하시오.

15-2 이차부등식 $x^2+kx+3+4\sqrt{2}>0$의 해가 $x<1+\sqrt{2}$ 또는 $x>\alpha$일 때, 상수 k의 값은?

① -6 ② -4 ③ 0 ④ 4 ⑤ 6

15-3 오른쪽 그림은 두 함수

$$y=ax^2+bx+c,\quad y=mx+n$$

의 그래프이다. 단, a, b, c, m, n은 상수이다.

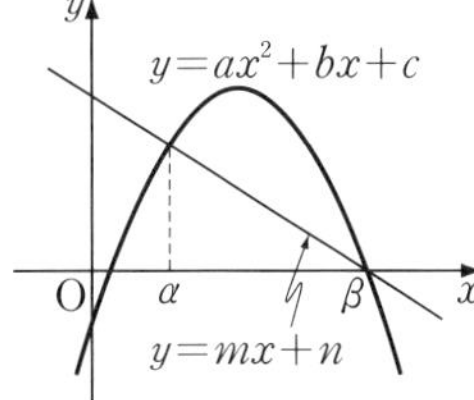

(1) am^2+bm+c의 부호를 조사하시오.

(2) x에 관한 부등식 $ax^2+(b-m)x+c-n>0$을 푸시오.

15-4 다음은 $f(x)=(a+3)x^2-4x+a\,(a\neq -3)$에 대한 설명이다.

ㄱ. $f(x)>0$의 해가 모든 실수가 되는 a의 값의 범위는 $a>1$이다.
ㄴ. $f(x)>0$의 해가 존재하지 않는 a의 값의 범위는 $a\leq -4$이다.
ㄷ. $f(x)\geq 0$의 해가 단 한 개일 때의 a의 값은 $a=1$이다.

이 중에서 옳은 것만을 있는 대로 고른 것은?

① ㄱ ② ㄱ, ㄴ ③ ㄱ, ㄷ ④ ㄴ, ㄷ ⑤ ㄱ, ㄴ, ㄷ

15-5 x에 관한 이차방정식 $x^2+2(a+b)x+2a-b^2+6b-4=0$이 실수 a의 값에 관계없이 서로 다른 두 실근을 가질 때, 실수 b의 값의 범위를 구하시오.

15-6 $f(x)=x^2-3x-4$에 대하여 부등식 $|f(x)|-f(|x|)\leq 6$을 푸시오.

15-7 x에 관한 연립부등식 $\begin{cases} x^2-x-2\geq 0 \\ x^2+(1-2a^2)x-2a^2<0 \end{cases}$의 해가 존재하도록 하는 실수 a의 값의 범위를 구하시오.

15-8 x에 관한 연립부등식 $\begin{cases} x^2-2x-8<0 \\ x^2+(4-a)x-4a\geq 0 \end{cases}$을 만족시키는 정수 x가 한 개일 때, 실수 a의 값의 범위를 구하시오.

15-9 모든 실수 x에 대하여 부등식 $-x^2+6x+3\leq ax+b\leq x^2-2x+11$이 성립하도록 하는 실수 a, b의 값을 구하시오.

16. 경우의 수

경우의 수

§1. 경우의 수

1 합의 법칙

▶ 동시에 일어나는 사건이 없을 때의 합의 법칙

이를테면

$$3\text{가지 영화 } \boldsymbol{a, b, c}\text{와 } 2\text{가지 연극 } \boldsymbol{x, y}$$

가 있다고 하자.

어떤 사람이 영화 또는 연극 중에서 어느 한 가지를 택하여 관람하는 경우의 수는

$$\boldsymbol{a, b, c, x, y} \Longrightarrow 3+2=5$$

임을 알 수 있다.

곧, 영화 a, b, c 중에서 한 가지를 택하는 경우의 수는 3이고, 연극 x, y 중에서 한 가지를 택하는 경우의 수는 2이므로 영화 또는 연극 중에서 한 가지를 택하여 관람하는 경우의 수는 $3+2=5$이다.

이때, 영화를 관람하면 연극을 관람할 수 없고, 연극을 관람하면 영화를 관람할 수 없으므로 이 두 사건은 동시에 일어날 수 없다는 것에 주의해야 한다.

일반적으로 다음 합의 법칙이 성립한다.

기본정석 동시에 일어나는 사건이 없을 때의 합의 법칙

두 사건 A, B가 동시에 일어나지 않을 때, 사건 A가 일어나는 경우의 수를 m, 사건 B가 일어나는 경우의 수를 n이라고 하면

사건 $\boldsymbol{A}$ 또는 사건 $\boldsymbol{B}$가 일어나는 경우의 수는 $\Longrightarrow \boldsymbol{m+n}$

Advice | 합의 법칙은 어느 두 사건도 동시에 일어나지 않는 세 개 이상의 사건에 대해서도 성립한다.

보기 1 진돗개 3마리, 삽살개 4마리, 풍산개 2마리 중에서 한 마리를 분양받는 경우의 수를 구하시오.

연구 합의 법칙에 의하여 $3+4+2=\mathbf{9}$

보기 2 자연수 x, y에 대하여 $x+y\leq 4$를 만족시키는 순서쌍 (x, y)의 개수를 구하시오.

연구 x, y가 자연수이므로 $x+y\leq 4$를 만족시키는 $x+y$의 값은 2, 3, 4이다.

(i) $x+y=2$일 때 $(x, y)=(1, 1)$의 1개

(ii) $x+y=3$일 때 $(x, y)=(1, 2), (2, 1)$의 2개

(iii) $x+y=4$일 때 $(x, y)=(1, 3), (2, 2), (3, 1)$의 3개

따라서 순서쌍 (x, y)의 개수는 합의 법칙에 의하여 $1+2+3=\mathbf{6}$

▶ 동시에 일어나는 사건이 있을 때의 합의 법칙

이를테면 한 개의 주사위를 던져서 나오는 눈의 수가 홀수인 사건을 A, 6의 약수인 사건을 B라고 하자.

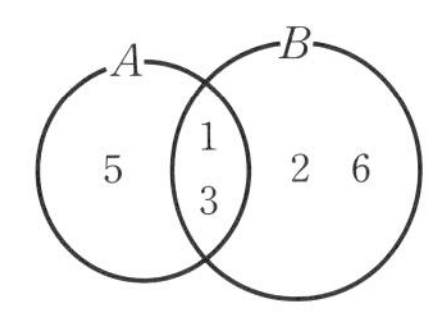

사건 A가 일어나는 경우는 나오는 눈의 수가 1, 3, 5일 때이므로 경우의 수는 3이다. 또, 사건 B가 일어나는 경우는 나오는 눈의 수가 1, 2, 3, 6일 때이므로 경우의 수는 4이다.

이때, 사건 A 또는 사건 B가 일어나는 경우는 나오는 눈의 수가 1, 2, 3, 5, 6일 때이므로 경우의 수는 5이다.

여기서 사건 A와 사건 B가 동시에 일어나는 경우는 나오는 눈의 수가 1, 3일 때이므로 경우의 수는 2이다. 곧, $5=3+4-2$로 생각할 수 있다.

이와 같이 사건 A 또는 사건 B가 일어나는 경우의 수는 사건 A가 일어나는 경우의 수와 사건 B가 일어나는 경우의 수의 합에서 두 사건 A, B가 동시에 일어나는 경우의 수를 뺀 것과 같다.

이상을 정리하면 다음과 같다.

기본정석 — **동시에 일어나는 사건이 있을 때의 합의 법칙**

사건 A가 일어나는 경우의 수를 m, 사건 B가 일어나는 경우의 수를 n, 두 사건 A, B가 동시에 일어나는 경우의 수를 l이라고 하면

사건 A 또는 사건 B가 일어나는 경우의 수는 $\Longrightarrow$ $\boldsymbol{m+n-l}$

보기 3 주사위 한 개를 던질 때, 다음 물음에 답하시오.

(1) 홀수 또는 4의 배수의 눈이 나오는 경우의 수를 구하시오.

(2) 홀수 또는 3의 배수의 눈이 나오는 경우의 수를 구하시오.

연구 (1) 홀수의 눈이 나오는 경우의 수는 눈의 수가 1, 3, 5일 때이므로 3이고, 4의 배수의 눈이 나오는 경우의 수는 눈의 수가 4일 때이므로 1이다.

두 사건은 동시에 일어나지 않으므로 구하는 경우의 수는 $3+1=\mathbf{4}$

(2) 홀수의 눈이 나오는 경우의 수는 눈의 수가 1, 3, 5일 때이므로 3이고, 3의 배수의 눈이 나오는 경우의 수는 눈의 수가 3, 6일 때이므로 2이다.

두 사건이 동시에 일어나는 경우의 수는 눈의 수가 3일 때이므로 1이다.

따라서 구하는 경우의 수는 $3+2-1=\mathbf{4}$

2 곱의 법칙

p. 234의 예에서와 같이

3가지 영화 $\boldsymbol{a, b, c}$와 **2**가지 연극 $\boldsymbol{x, y}$

가 있을 때, 영화 한 가지와 연극 한 가지를 관람하는 경우의 수는

$$a\begin{cases}x\\y\end{cases} \quad b\begin{cases}x\\y\end{cases} \quad c\begin{cases}x\\y\end{cases} \Longrightarrow 3\times2=6$$

임을 알 수 있다. 일반적으로 다음 곱의 법칙이 성립한다.

기본정석 — **곱의 법칙**

사건 A가 일어나는 경우의 수가 m이고, 이 각각에 대하여 사건 B가 일어나는 경우의 수가 n일 때,

두 사건 $\boldsymbol{A}$, $\boldsymbol{B}$가 잇달아 일어나는 경우의 수는 $\Longrightarrow \boldsymbol{m\times n}$

Advice | 곱의 법칙은 잇달아 일어나는 세 개 이상의 사건에 대해서도 성립한다.

보기 4 진우가 다니고 있는 학교에서는 과학 4과목, 사회 5과목, 제2외국어 3과목을 가르친다. 다음을 구하시오.

(1) 과학 과목과 사회 과목 중 한 과목씩 택하여 공부하는 경우의 수

(2) 과학, 사회, 제2외국어 과목 중 한 과목씩 택하여 공부하는 경우의 수

연구 (1) 과학 과목 중 하나를 택하는 경우는 4가지이고, 이 각각에 대하여 사회 과목 중 하나를 택하는 경우는 5가지씩 있다.

따라서 구하는 경우의 수는 곱의 법칙에 의하여 $4\times5=\mathbf{20}$

(2) 같은 방법으로 생각하면 구하는 경우의 수는 $4\times5\times3=\mathbf{60}$

기본 문제 16-1 두 종류의 주사위 A, B를 동시에 던질 때, 나오는 눈의 수의 합이 4의 배수가 되는 경우의 수를 구하시오.

정석연구 두 주사위 A, B를 동시에 던질 때 나오는 눈의 수의 합을 모두 적어 보면 오른쪽 표와 같다. 이 중 합이 4의 배수인 경우는 붉은 수의 경우로 9가지임을 알 수 있다.

또는 다음과 같이 구할 수도 있다.

A \ B	1	2	3	4	5	6
1	2	3	**4**	5	6	7
2	3	**4**	5	6	7	8
3	**4**	5	6	7	8	9
4	5	6	7	8	9	10
5	6	7	8	9	10	11
6	7	8	9	10	11	**12**

모범답안 주사위 A, B에서 나오는 눈의 수를 각각 a, b라고 하면

$1 \le a \le 6, \ 1 \le b \le 6$

$\therefore \ 2 \le a+b \le 12$

따라서 눈의 수의 합이 4의 배수가 되는 경우는

$a+b=4, 8, 12$

$a+b$	4	8	12
A (a)	1 2 3	2 3 4 5 6	6
B (b)	3 2 1	6 5 4 3 2	6
경우의 수	3	5	1

이고, 각 경우에 대하여 조건을 만족시키는 것은 위의 표와 같다.

따라서 구하는 경우의 수는 합의 법칙에 의하여 $3+5+1=$**9** ← 답

Advice | 경우의 수를 다루는 데 있어서는 빠짐없이, 중복되지 않게 가능한 모든 경우를 생각하는 방법을 익혀야 한다.

이를테면 우리가 사용하는 영한사전과 같이

a가 다 끝나면 b가 나오고, b가 다 끝나면 c가 나오고,
c가 다 끝나면 d가 나오고, $\cdots$하는

사전식 나열법

을 이용하여 단계별로 빠짐없이 구하는 것이 기본이다.

정석 경우의 수를 구할 때에는 ⟹ 빠짐없이, 중복되지 않게!

유제 **16**-1. 두 종류의 주사위 A, B를 동시에 던질 때,

(1) 나오는 눈의 수의 합이 7이 되는 경우의 수를 구하시오.

(2) 나오는 눈의 수의 합이 4 또는 6이 되는 경우의 수를 구하시오.

(3) 나오는 눈의 수의 합이 5의 배수가 되는 경우의 수를 구하시오.

(4) 나오는 눈의 수의 합이 10 이상이 되는 경우의 수를 구하시오.

답 (1) **6** (2) **8** (3) **7** (4) **6**

기본 문제 **16**-2 다음 물음에 답하시오.

(1) 360의 양의 약수의 개수와 이들 약수의 총합을 구하시오.

(2) 양의 약수의 개수가 20인 자연수 중 가장 작은 수를 구하시오.

정석연구 이를테면 12의 양의 약수의 개수를 생각해 보자.

12를 소인수분해하면 $12=2^2\times3^1$이므로

2^2의 양의 약수인 $1, 2^1, 2^2$ 중에서 하나를 뽑고,

3^1의 양의 약수인 $1, 3^1$ 중에서 하나를 뽑아

곱한 것은 모두 12의 양의 약수이다.

그리고 이 약수를 모두 써 보면 오른쪽 표의 값이며, 그 개수는 곱의 법칙에 의하여

$$3\times2=6$$

이다. 이때의 6은 $2^2\times3^1$의 소인수의 지수인 2, 1에 각각 1을 더한 수인 $2+1, 1+1$의 곱과 같다.

$\times$	1	3^1
1	1×1	1×3^1
2^1	$2^1\times1$	$2^1\times3^1$
2^2	$2^2\times1$	$2^2\times3^1$

이제 이 6개의 약수의 총합을 생각해 보자.

위의 6개의 약수는 2^2의 약수의 합과 3^1의 약수의 합의 곱인

$$(1+2^1+2^2)(1+3^1)$$

을 전개할 때 나오는 각 항과 같다. 곧, 12의 양의 약수의 합은 다음과 같다.

$$(1+2^1+2^2)(1+3^1)=7\times4=28$$

정석 자연수 N이 $N=a^\alpha b^\beta$과 같이 소인수분해될 때,

N의 양의 약수의 개수 $\Longrightarrow$ $(\alpha+1)(\beta+1)$

N의 양의 약수의 총합 $\Longrightarrow$ $(1+a^1+\cdots+a^\alpha)(1+b^1+\cdots+b^\beta)$

모범답안 (1) $360=2^3\times3^2\times5^1$에서

약수의 개수 : $(3+1)(2+1)(1+1)=4\times3\times2=$**24**

약수의 총합 : $(1+2^1+2^2+2^3)(1+3^1+3^2)(1+5^1)=15\times13\times6=$**1170**

(2) $20=20\times1=10\times2=5\times4=5\times2\times2$이므로 각 경우에 가장 작은 수는

$$2^{19},\ 2^9\times3^1,\ 2^4\times3^3,\ 2^4\times3^1\times5^1$$

이고, 이 네 수 중에서 가장 작은 수는 $2^4\times3^1\times5^1=$**240**

유제 **16**-2. 108의 양의 약수의 개수와 이들 약수의 총합을 구하시오.

답 약수의 개수 : **12**, 약수의 총합 : **280**

유제 **16**-3. 양의 약수의 개수가 15인 자연수 중 가장 작은 수를 구하시오.

답 **144**

기본 문제 **16-3** A지점에서 B지점으로 가는 데 있어 P 또는 Q지점을 거쳐야 하고, 각 지점 사이의 길은 오른쪽 그림과 같다.

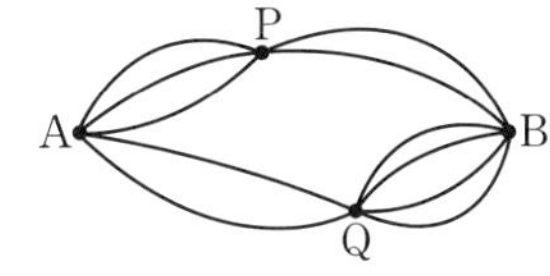

(1) A에서 P를 거쳐 B로 가는 길은 몇 가지인가?

(2) A에서 B로 가는 길은 몇 가지인가?

(3) A를 출발하여 A와 B 사이를 한 번 왕복하는데, P를 반드시 그리고 오직 한 번만 거쳐 가는 경우는 몇 가지인가?

모범답안 (1) A에서 P로 가는 길을 a, b, c라 하고, P에서 B로 가는 길을 x, y라고 하면

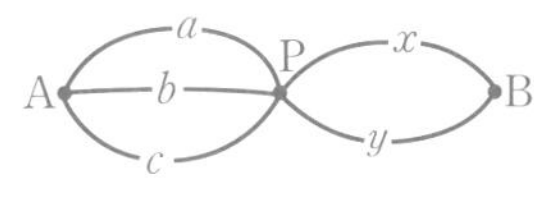

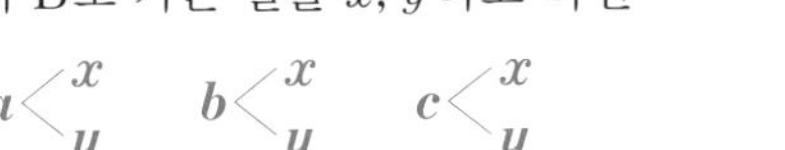

와 같이 a, b, c의 각각에 대하여 x, y의 두 가지씩 있다.

따라서 곱의 법칙에 의하여 $3\times2=\mathbf{6}$(가지) ← 답

(2) A에서 P를 거쳐 B로 가는 경우는 $3\times2=6$(가지)

A에서 Q를 거쳐 B로 가는 경우는 $2\times4=8$(가지)

따라서 합의 법칙에 의하여 $6+8=\mathbf{14}$(가지) ← 답

(3) 갈 때 P를 거쳐 가면 올 때는 Q를 거쳐 와야 하고, 갈 때 Q를 거쳐 가면 올 때는 P를 거쳐 와야 하므로 곱의 법칙에 의하여

A → P → B → Q → A의 경우 : $3\times2\times4\times2=48$(가지)

A → Q → B → P → A의 경우 : $2\times4\times2\times3=48$(가지)

따라서 합의 법칙에 의하여 $48+48=\mathbf{96}$(가지) ← 답

유제 **16**-4. A, B, C, D 네 지점 사이에 오른쪽 그림과 같은 도로망이 있다. A에서 D까지 가는 경로는 몇 가지인가?

단, 같은 지점은 많아야 한 번 지난다.

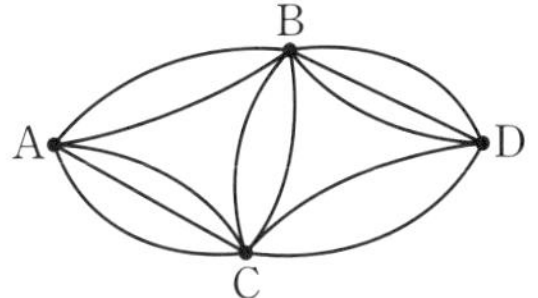

답 **38**가지

유제 **16**-5. A, B, C, D 네 지점 사이에 오른쪽 그림과 같은 도로망이 있다. 갑, 을 두 사람이 A에서 B로 가는 경우의 수를 구하시오.

단, 한 사람이 통과한 중간 지점 C 또는 D를 다른 사람이 통과할 수 없다. 답 **72**

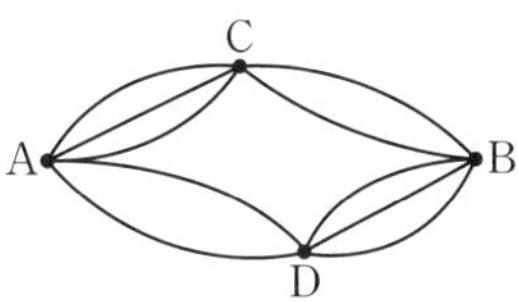

기본 문제 16-4 오른쪽 그림과 같이 철사로 연결된 입체도형이 있다.

모서리의 길이가 모두 같을 때, A 지점에서 B 지점까지 철사를 따라 최단 거리로 가는 경우의 수를 구하시오.

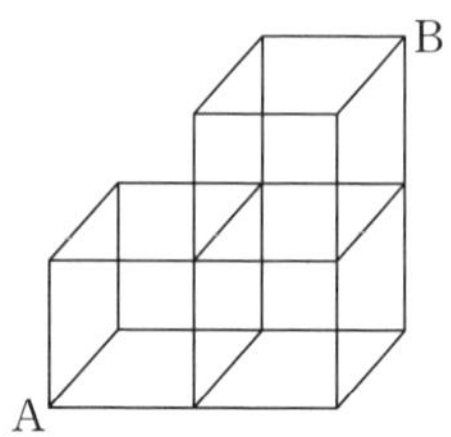

정석연구 오른쪽 그림에서 P 또는 Q를 지나는 경우의 수와 R 또는 S를 지나는 경우의 수를 구한 다음, 합의 법칙을 이용하면 된다.

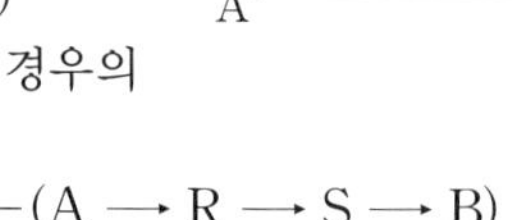

이때, P 또는 Q를 지나는 경우의 수는

$$(A \longrightarrow P \longrightarrow B)+(A \longrightarrow Q \longrightarrow B)$$
$$-(A \longrightarrow P \longrightarrow Q \longrightarrow B)$$

에 의하여 구하면 되고, R 또는 S를 지나는 경우의 수는

$$(A \longrightarrow R \longrightarrow B)+(A \longrightarrow S \longrightarrow B)-(A \longrightarrow R \longrightarrow S \longrightarrow B)$$

에 의하여 구하면 된다.

정석 경우의 수를 구할 때에는 ⟹ 빠짐없이, 중복되지 않게!

모범답안 P 또는 Q를 지나는 경우의 수는

$A \longrightarrow P \longrightarrow B$의 경우 : $2\times6=12$,

$A \longrightarrow Q \longrightarrow B$의 경우 : $6\times2=12$,

$A \longrightarrow P \longrightarrow Q \longrightarrow B$의 경우 : $2\times1\times2=4$

이므로 $12+12-4=20$

같은 방법으로 생각하면 R 또는 S를 지나는 경우의 수는

$$(1\times3)+(3\times1)-(1\times1\times1)=5$$

따라서 구하는 경우의 수는 $20+5=\mathbf{25}$ ⟵ 답

유제 **16**-6. 오른쪽 정육면체 ABCD-EFGH에 대하여 다음 물음에 답하시오.

(1) 꼭짓점 A에서 출발하여 모서리를 따라 꼭짓점 G까지 최단 거리로 가는 경우의 수를 구하시오.

(2) 꼭짓점 A에서 출발하여 모서리를 따라 꼭짓점 G까지 가는 경우의 수를 구하시오.

단, 한 번 지나간 꼭짓점은 다시 지나지 않는다.

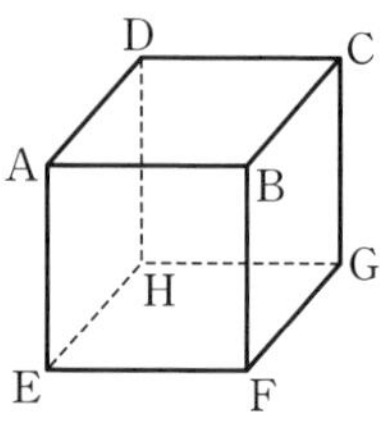

답 (1) **6** (2) **18**

기본 문제 16-5 오른쪽 그림의 A, B, C, D, E에 주어진 다섯 가지 색의 전부 또는 일부를 사용하여 칠하려고 한다. 같은 색을 여러 번 사용해도 좋으나 이웃한 부분에는 서로 다른 색을 칠하는 경우의 수를 구하시오.

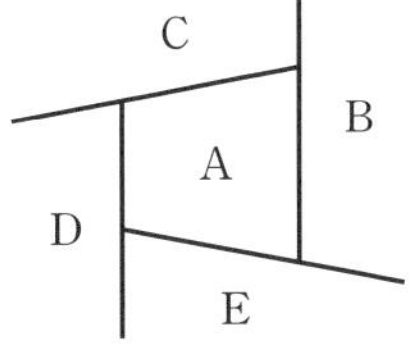

정석연구 A부터 가능한 경우의 수를 생각해 보자.

1. A에는 5가지 색이 가능하다.
2. B에는 A에 칠한 색을 빼고 4가지 색이 가능하다.
3. C에는 A, B에 칠한 색을 빼고 3가지 색이 가능하다.
4. D에는 A, C에 칠한 색을 빼고 3가지 색이 가능하다.
5. E에는 A, B, D에 칠한 색을 빼고 나머지가 가능하다. 그런데 B와 D의 색이 같을 경우 3가지 색이 가능하고, 다를 경우 2가지 색이 가능하다.

따라서 B와 D의 색이 같은 경우와 다른 경우로 나누어 생각한다.

정석 경우의 수를 구할 때에는 ⟹ 빠짐없이, 중복되지 않게!

모범답안 (i) B와 D의 색이 같은 경우 : A에는 5가지, B에는 4가지, C에는 3가지, E에는 3가지 색이 가능하므로 곱의 법칙에 의하여

$$5\times4\times3\times3=180(\text{가지})$$

(ii) B와 D의 색이 다른 경우 : A에는 5가지, B에는 4가지, C에는 3가지, D에는 2가지, E에는 2가지 색이 가능하므로 곱의 법칙에 의하여

$$5\times4\times3\times2\times2=240(\text{가지})$$

따라서 구하는 경우의 수는 합의 법칙에 의하여 $180+240=$**420** ⟵ 답

**Note* 다음 단원에서 공부하는 순열의 수로 생각할 수도 있다.

(i) 3가지 색을 사용하는 경우 : B와 D가 같은 색, C와 E가 또 다른 같은 색이고, A는 제3의 색을 칠하여 구별하는 방법은 ${}_5P_3=60$(가지)

(ii) 4가지 색을 사용하는 경우 : B와 D, C와 E 중 한 쌍만 같은 색이고, 다른 3개의 부분에는 다른 색을 칠하여 구별하는 방법은 ${}_5P_4\times2=240$(가지)

(iii) 5가지 색을 사용하는 경우 : $5!=120$(가지)

따라서 합의 법칙에 의하여 $60+240+120=$**420**

유제 **16**-7. 오른쪽 그림의 A, B, C, D, E에 주어진 다섯 가지 색의 전부 또는 일부를 사용하여 칠할 때, 같은 색을 여러 번 써도 좋으나 이웃한 부분에는 서로 다른 색을 칠하는 경우의 수를 구하시오. 답 **540**

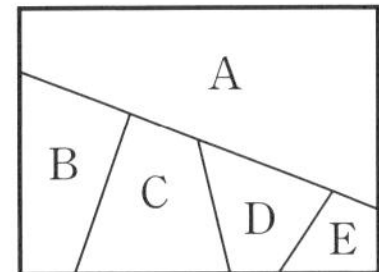

연습문제 16

16-1 오른쪽 그림에서 네 점 E, F, G, H는 정사각형 ABCD의 각 변의 중점이다.

이 그림 안에 있는 삼각형의 개수를 구하시오.

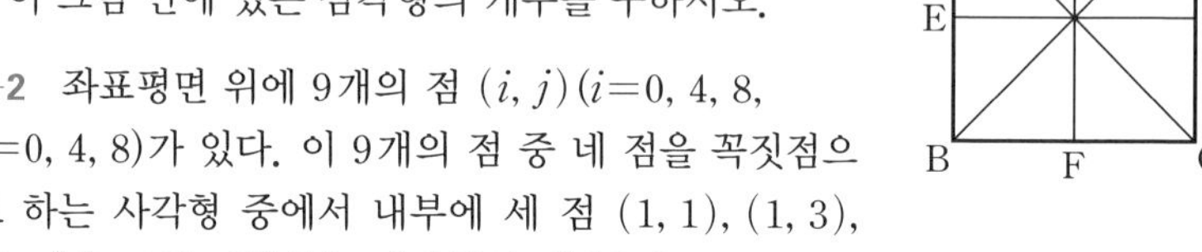

16-2 좌표평면 위에 9개의 점 (i, j) $(i=0, 4, 8,$ $j=0, 4, 8)$가 있다. 이 9개의 점 중 네 점을 꼭짓점으로 하는 사각형 중에서 내부에 세 점 $(1, 1)$, $(1, 3)$, $(3, 1)$을 모두 포함하는 사각형의 개수는?

① 12 ② 13 ③ 14 ④ 15 ⑤ 16

16-3 네 개의 수 1, 2, 3, 4 중에서 하나를 뽑아 그 수를 p, 세 개의 수 0, 1, 2 중에서 하나를 뽑아 그 수를 q라고 할 때, x에 관한 이차방정식 $x^2-px+q=0$이 실근을 가지기 위한 순서쌍 (p, q)의 개수는?

① 7 ② 8 ③ 9 ④ 10 ⑤ 11

16-4 10000원짜리 지폐 5장, 1000원짜리 지폐 7장, 100원짜리 동전 3개로 지불할 수 있는 금액의 경우의 수를 구하시오.

단, 0원을 지불하는 경우는 제외한다.

16-5 5개의 숫자 0, 1, 1, 2, 2를 같은 숫자끼리 이웃하지 않게 나열하여 만든 다섯 자리 자연수의 개수를 구하시오.

16-6 네 명의 학생이 자신의 수학 교과서를 한 권씩 꺼내어 섞어 놓고 다시 한 권씩 임의로 선택하기로 하였다. 이때, 어느 누구도 자신이 낸 교과서를 선택하지 않는 경우의 수는?

① 4 ② 9 ③ 11 ④ 14 ⑤ 44

16-7 1부터 7까지의 숫자가 각각 적힌 빨간색 카드 7장, 1부터 5까지의 숫자가 각각 적힌 파란색 카드 5장, 1부터 3까지의 숫자가 각각 적힌 노란색 카드 3장이 있다. 이 15장의 카드 중에서 색도 다르고 숫자도 다른 3장의 카드를 뽑는 경우의 수를 구하시오.

16-8 오른쪽 정육면체 ABCD-EFGH에서 임의로 세 꼭짓점을 택하여 만들 수 있는 직각삼각형의 개수는?

① 40 ② 44 ③ 48

④ 52 ⑤ 56

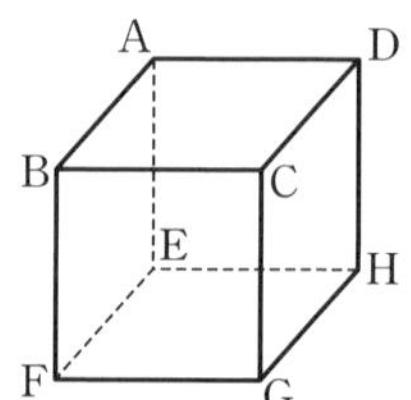

16-9 한 개의 주사위를 세 번 던져서 나오는 눈의 수를 차례로 a, b, c라고 할 때, 다음 물음에 답하시오.

(1) a, b, c의 최솟값이 2인 경우의 수를 구하시오.

(2) a, b, c의 최솟값이 2이고 최댓값이 5인 경우의 수를 구하시오.

16-10 오른쪽 그림과 같은 길을 따라 A에서 B까지 가는 경우의 수를 구하시오.

단, 먼 거리로 가도 되지만 서쪽으로 가서는 안 되고, 한 번 지나온 길을 다시 지나갈 수는 없는 것으로 한다.

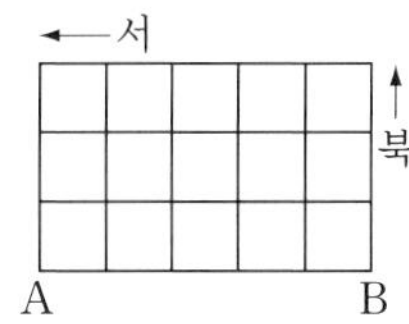

16-11 오른쪽 그림에서 점 A를 출발하여 점 B로 갈 때, 다음 물음에 답하시오.

단, 길은 반드시 왼쪽에서 오른쪽으로, 아래에서 위로 나아가고, 사선 부분은 왼쪽 아래에서 오른쪽 위로만 간다고 한다.

(1) 점 C를 지나는 경우의 수를 구하시오.

(2) 점 C를 지나지 않는 경우의 수를 구하시오.

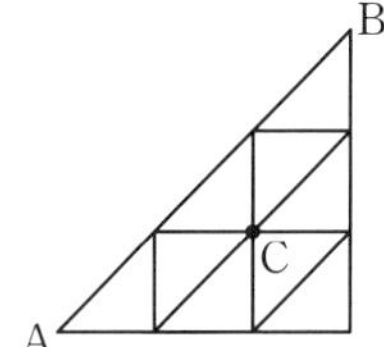

16-12 오른쪽 그림과 같이 변의 길이가 모두 같은 정삼각형 6개와 정사각형 1개로 이루어진 그림의 A, B, C, D, E, F, G에 주어진 네 가지 색의 전부 또는 일부를 사용하여 칠하려고 한다. 이웃한 부분에는 서로 다른 색을 칠하고, B와 D, E와 G에는 각각 같은 색을 칠하되, B와 E에는 서로 다른 색을 칠할 때, 7개의 부분에 색을 칠하는 경우의 수는?

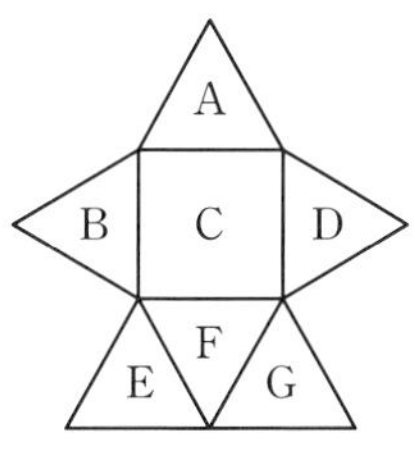

단, 이웃한다는 것은 두 도형이 변을 공유한다는 것을 의미한다.

① 144 ② 180 ③ 216 ④ 252 ⑤ 288

16-13 오른쪽 그림과 같은 정사각형 모양의 다섯 개의 밭 A, B, C, D, E에 세 가지 농작물을 심으려고 한다. 다음 세 조건을 만족시키는 경우의 수를 구하시오.

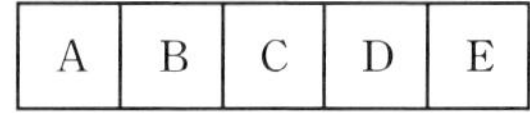

(가) 각 밭에는 한 농작물만 심는다.

(나) 이웃한 두 밭에는 서로 다른 농작물을 심는다.

(다) 각 농작물을 적어도 한 개 이상의 밭에 심는다.

17. 순열과 조합

순열／조합

§1. 순　열

1 순열의 수와 ${}_n\mathrm{P}_r$

이를테면 네 개의 숫자 1, 2, 3, 4에서 서로 다른 두 개의 숫자를 택하여 만들 수 있는 두 자리 자연수를

사전식 나열법

을 이용하여 나열해 보자.

십의 자리에 올 수 있는 숫자는 1, 2, 3, 4이므로 이 각각에 대하여 일의 자리에 올 수 있는 숫자를 모두 쓰면

	2 (12)			1 (21)			1 (31)			1 (41)
1	3 (13)		2	3 (23)		3	2 (32)		4	2 (42)
	4 (14)			4 (24)			4 (34)			3 (43)

이다.

따라서 두 자리 자연수의 개수는 $3+3+3+3=12$이다.

한편 위의 수형도로부터 다음을 알 수 있다.

(i) 십의 자리에는 1, 2, 3, 4의 어느 숫자라도 올 수 있으므로 4가지가 가능하다.

(ii) 일의 자리에는 십의 자리에 쓴 숫자를 제외한 나머지 3개의 숫자 중 어느 것이라도 올 수 있으므로 3가지가 가능하다.

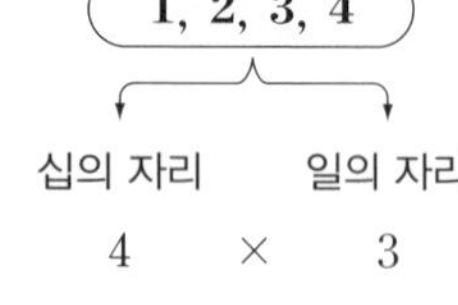

따라서 두 자리 자연수의 개수는 곱의 법칙에 의하여

$$\mathbf{4\times3=12}$$

이다.

이와 같이 서로 다른 4개에서 2개를 택하여 일렬로 나열하는 것을 4개에서 2개를 택하는 순열이라 하고, 이 순열의 수를 기호 ${}_4\mathrm{P}_2$로 나타낸다. 곧,

$${}_4\mathrm{P}_2=4\times3$$

같은 방법으로 네 개의 숫자 1, 2, 3, 4에서 서로 다른 세 숫자를 택하여 만들 수 있는 세 자리 자연수의 개수를 알아보면

백의 자리에 올 수 있는 것 4개,
십의 자리에 올 수 있는 것 3개,
일의 자리에 올 수 있는 것 2개

이다. 따라서 세 자리 자연수의 개수는

$$\mathbf{4\times3\times2=24}$$

1, 2, 3, 4				
백의 자리		십의 자리		일의 자리
4	×	3	×	2

이다. 이것을 ${}_4\mathrm{P}_3$으로 나타낸다. 곧,

$${}_4\mathrm{P}_3=4\times3\times2$$

여기에서 ${}_4\mathrm{P}_2=4\times3$은 4부터 시작하여 하나씩 작은 수를 2개 곱한 것이고, ${}_4\mathrm{P}_3=4\times3\times2$는 4부터 시작하여 하나씩 작은 수를 3개 곱한 것이다.

이것을 일반화하면 다음과 같다.

기본정석 — **순열의 수와 ${}_n\mathrm{P}_r$**

서로 다른 n개에서 $r(n\ge r)$개를 택하여 일렬로 나열하는 것을 서로 다른 n개에서 r개를 택하는 순열이라고 한다.

또, 이 순열의 수를 기호로 ${}_n\mathrm{P}_r$과 같이 나타내며,

$${}_n\mathrm{P}_r=\underbrace{n(n-1)(n-2)\times\cdots\times(n-r+1)}_{r\text{개}}$$

로 계산한다.

Advice | ${}_n\mathrm{P}_r$에서 P는 Permutation(순열)의 첫 글자이다.

보기 1 다음을 계산하시오.

(1) ${}_3\mathrm{P}_2$ (2) ${}_4\mathrm{P}_4$ (3) ${}_5\mathrm{P}_4$ (4) ${}_6\mathrm{P}_3$

연구 (1) ${}_3\mathrm{P}_2=3\times2=\mathbf{6}$ (2) ${}_4\mathrm{P}_4=4\times3\times2\times1=\mathbf{24}$

(3) ${}_5\mathrm{P}_4=5\times4\times3\times2=\mathbf{120}$ (4) ${}_6\mathrm{P}_3=6\times5\times4=\mathbf{120}$

보기 2 다섯 개의 숫자 1, 2, 3, 4, 5에서 서로 다른 세 숫자를 택하여 만들 수 있는 세 자리 자연수의 개수를 구하시오.

연구 서로 다른 5개에서 3개를 택하는 순열의 수이므로

$${}_5\mathrm{P}_3=5\times4\times3=\mathbf{60}$$

2 $n!$의 정의

이를테면 ${}_4\mathrm{P}_4=4\times3\times2\times1$은 1부터 4까지의 자연수를 모두 곱한 것이다.

일반적으로 서로 다른 n개에서 n개 모두를 택하는 순열의 수는

$${}_n\mathrm{P}_n=n(n-1)(n-2)\times\cdots\times3\times2\times1$$

이고, 이것은 1부터 n까지의 자연수를 모두 곱한 것이다.

이와 같이 1부터 n까지의 자연수의 곱을 기호로 $\boldsymbol{n!}$과 같이 나타내고, $\boldsymbol{n}$ 팩토리얼(factorial) 또는 $\boldsymbol{n}$의 계승이라고 읽는다.

정 의 $\boldsymbol{n!=n(n-1)(n-2)\times\cdots\times3\times2\times1}$

보기 3 네 개의 숫자 1, 2, 3, 4를 모두 사용하여 만들 수 있는 네 자리 자연수의 개수를 구하시오.

연구 서로 다른 4개에서 4개를 택하는 순열의 수이므로

$${}_4\mathrm{P}_4=4!=4\times3\times2\times1=\mathbf{24}$$

3 ${}_n\mathrm{P}_r$의 변형식과 $0!$, ${}_n\mathrm{P}_0$의 정의

$0<r<n$일 때

$${}_n\mathrm{P}_r=n(n-1)(n-2)\times\cdots\times(n-r+1)$$
$$=\frac{n(n-1)(n-2)\times\cdots\times(n-r+1)\times(n-r)(n-r-1)\times\cdots\times2\times1}{(n-r)(n-r-1)\times\cdots\times2\times1}$$
$$=\frac{n!}{(n-r)!}\quad \text{곧, } {}_n\mathrm{P}_r=\frac{n!}{(n-r)!} \qquad \cdots\cdots ①$$

이 식에 $r=n$, $r=0$을 각각 대입하면

$${}_n\mathrm{P}_n=\frac{n!}{(n-n)!}=\frac{n!}{0!},\quad {}_n\mathrm{P}_0=\frac{n!}{(n-0)!}=\frac{n!}{n!}$$

이다.

따라서 $0!=1$, ${}_n\mathrm{P}_0=1$로 정의하면 ①은 $r=n$, $r=0$일 때에도 성립한다.

기본정석 — ${}_n\mathrm{P}_r$의 변형식과 $0!$, ${}_n\mathrm{P}_0$의 정의

(1) ${}_n\mathrm{P}_r=\dfrac{n!}{(n-r)!}$ $(0\le r\le n)$ ⇦ ${}_n\mathrm{P}_r$의 변형식

(2) $0!=1$ (3) ${}_n\mathrm{P}_0=1$ ⇦ 정의

보기 4 $\dfrac{{}_n\mathrm{P}_3}{n!}$, $\dfrac{n!}{n^2-n}$을 간단히 하시오.

연구 $\dfrac{{}_n\mathrm{P}_3}{n!}=\dfrac{n!}{(n-3)!}\times\dfrac{1}{n!}=\boldsymbol{\dfrac{1}{(n-3)!}}$, $\dfrac{n!}{n^2-n}=\dfrac{n!}{n(n-1)}=\boldsymbol{(n-2)!}$

기본 문제 **17**-1 다음 등식을 만족시키는 자연수 n 또는 r의 값을 구하시오.

(1) ${}_{n}\mathrm{P}_{2}=30$ (2) ${}_{2n}\mathrm{P}_{3}=44\times{}_{n}\mathrm{P}_{2}$ (3) ${}_{5}\mathrm{P}_{r}\times 6!=43200$

정석연구 주어진 등식을

$$\text{정 의}\quad {}_{n}\mathrm{P}_{r}=n(n-1)(n-2)\times\cdots\times(n-r+1)$$

을 이용하여 n 또는 r에 관한 방정식으로 고쳐서 푼다.

이때, 특히 $n\geq r$에 주의해야 한다.

$$\text{정 의}\quad {}_{n}\mathrm{P}_{r}\text{에서} \Longrightarrow n\geq r$$

모범답안 (1) ${}_{n}\mathrm{P}_{2}=n(n-1)$이므로 주어진 등식은

$n(n-1)=30$ $\quad\therefore\ n^2-n-30=0$ $\quad\therefore\ (n+5)(n-6)=0$

그런데 $n\geq2$이므로 $\boldsymbol{n=6}$ ← 답

(2) ${}_{2n}\mathrm{P}_{3}=2n(2n-1)(2n-2)$, ${}_{n}\mathrm{P}_{2}=n(n-1)$이므로 주어진 등식은

$2n(2n-1)(2n-2)=44n(n-1)$ $\quad\therefore\ 4n(2n-1)(n-1)=44n(n-1)$

$n\geq2$에서 $n(n-1)\neq0$이므로 양변을 $4n(n-1)$로 나누면

$2n-1=11$ $\quad\therefore\ \boldsymbol{n=6}$ ← 답

(3) ${}_{5}\mathrm{P}_{r}\times 6!=43200$에서 양변을 $6!\,(=720)$로 나누면

${}_{5}\mathrm{P}_{r}=60$ 곧, ${}_{5}\mathrm{P}_{r}=5\times4\times3$ $\quad\therefore\ \boldsymbol{r=3}$ ← 답

Advice | ${}_{n}\mathrm{P}_{r}$의 변형식을 이용할 수도 있다. 이를테면 (3)의 경우

$$\text{정 석}\quad {}_{n}\mathrm{P}_{r}=\frac{n!}{(n-r)!}\quad(0\leq r\leq n)$$

을 이용하여 주어진 등식을 정리하면

$\dfrac{5!}{(5-r)!}\times 6!=43200$ $\quad\therefore\ (5-r)!=2$ $\qquad\Leftarrow 2=2!$

$\therefore\ 5-r=2$ $\quad\therefore\ \boldsymbol{r=3}$

유제 **17**-1. 다음 등식을 만족시키는 자연수 r의 값을 구하시오.

(1) ${}_{6}\mathrm{P}_{r}=120$ (2) ${}_{4}\mathrm{P}_{r}\times5!=2880$

답 (1) $\boldsymbol{r=3}$ (2) $\boldsymbol{r=3,\ 4}$

유제 **17**-2. 다음 등식을 만족시키는 자연수 n의 값을 구하시오.

(1) ${}_{n}\mathrm{P}_{2}=8n$ (2) ${}_{n}\mathrm{P}_{4}=20\times{}_{n}\mathrm{P}_{2}$ (3) ${}_{n}\mathrm{P}_{2}+4\times{}_{n}\mathrm{P}_{1}=28$

답 (1) $\boldsymbol{n=9}$ (2) $\boldsymbol{n=7}$ (3) $\boldsymbol{n=4}$

유제 **17**-3. 다음 두 식을 동시에 만족시키는 자연수 n, r의 값을 구하시오.

${}_{n}\mathrm{P}_{r}=6\times{}_{n-1}\mathrm{P}_{r-1}$, $\quad 3\times{}_{n-1}\mathrm{P}_{r}={}_{n}\mathrm{P}_{r}$

답 $\boldsymbol{n=6,\ r=4}$

기본 문제 **17**-2 자연수 n, r에 대하여 다음 등식이 성립함을 보이시오.

(1) ${}_n\mathrm{P}_r=n\times{}_{n-1}\mathrm{P}_{r-1}$ $(1\le r\le n)$

(2) ${}_n\mathrm{P}_r={}_{n-1}\mathrm{P}_r+r\times{}_{n-1}\mathrm{P}_{r-1}$ $(1\le r< n)$

정석연구 ${}_n\mathrm{P}_r$의 변형식인

$$\textbf{정 석}\quad {}_n\mathrm{P}_r=\frac{n!}{(n-r)!}\ (0\le r\le n)$$

을 이용한다.

모범답안 (1) $(\text{우변})=n\times\dfrac{(n-1)!}{\{(n-1)-(r-1)\}!}=\dfrac{n!}{(n-r)!}$

$={}_n\mathrm{P}_r=(\text{좌변})$

(2) $(\text{우변})=\dfrac{(n-1)!}{\{(n-1)-r\}!}+r\times\dfrac{(n-1)!}{\{(n-1)-(r-1)\}!}$

$=\dfrac{(n-1)!}{(n-r-1)!}+r\times\dfrac{(n-1)!}{(n-r)!}=\dfrac{(n-1)!}{(n-r)!}\{(n-r)+r\}$

$=\dfrac{(n-1)!}{(n-r)!}\times n=\dfrac{n!}{(n-r)!}={}_n\mathrm{P}_r=(\text{좌변})$

Advice | 순열의 수 ${}_n\mathrm{P}_r$은 1, 2, 3, $\cdots$, $n-1$, n에서 서로 다른 r개를 택하여 일렬로 나열하는 경우의 수와 같으므로 순열의 뜻과 연결 지어 다음과 같이 위의 등식이 성립함을 보일 수도 있다.

(1) n개에서 한 개를 택하는 경우의 수는 n이고, 이 각각에 대하여 나머지 $(n-1)$개의 수에서 $(r-1)$개를 택하여 일렬로 나열하는 경우의 수는 ${}_{n-1}\mathrm{P}_{r-1}$이므로 곱의 법칙에 의하여

$${}_n\mathrm{P}_r=n\times{}_{n-1}\mathrm{P}_{r-1}$$

(2) (i) r개 중에 n이 포함되지 않는 경우 : n을 제외한 나머지 $(n-1)$개의 수 1, 2, 3, $\cdots$, $n-1$에서 r개를 택하여 일렬로 나열하는 경우이므로 그 경우의 수는 ${}_{n-1}\mathrm{P}_r$

(ii) r개 중에 n이 포함되는 경우 : n을 제외한 나머지 $(n-1)$개의 수 1, 2, 3, $\cdots$, $n-1$에서 $(r-1)$개를 택하여 일렬로 나열한 다음, 이 각각에 대하여 $(r-1)$개를 나열할 때 생기는 r개의 자리 중 하나에 n을 배치하는 경우이므로 그 경우의 수는 $r\times{}_{n-1}\mathrm{P}_{r-1}$

(i), (ii)는 동시에 일어나지 않으므로 ${}_n\mathrm{P}_r={}_{n-1}\mathrm{P}_r+r\times{}_{n-1}\mathrm{P}_{r-1}$

유제 **17**-4. $0\le l\le r\le n$인 정수 l, r, n에 대하여 ${}_n\mathrm{P}_r={}_n\mathrm{P}_l\times{}_{n-l}\mathrm{P}_{r-l}$이 성립함을 보이시오.

기본 문제 **17**-3 8명의 학생이 있다.

(1) 이 8명을 일렬로 세우는 경우의 수를 구하시오.

(2) 이 8명 중에서 3명을 뽑아 일렬로 세우는 경우의 수를 구하시오.

(3) 이 8명 중에서 n명을 뽑아 일렬로 세우는 경우의 수가 56일 때, n의 값을 구하시오.

정석연구 서로 다른 n개에서 r개를 택하는 순열에 관한 문제이다.

이때의 순열의 수는

$$\textbf{정의}\quad {}_n\mathrm{P}_r=n(n-1)(n-2)\times\cdots\times(n-r+1)$$

을 이용한다.

모범답안 (1) 8명에서 8명을 택하는 순열의 수이므로 ⇦ ${}_8\mathrm{P}_8$

$8!=8\times7\times6\times5\times4\times3\times2\times1=\mathbf{40320}$ ← 답

(2) 8명에서 3명을 택하는 순열의 수이므로

${}_8\mathrm{P}_3=8\times7\times6=\mathbf{336}$ ← 답

(3) 8명에서 n명을 택하는 순열의 수는 ${}_8\mathrm{P}_n$이므로

${}_8\mathrm{P}_n=56$ 곧, ${}_8\mathrm{P}_n=8\times7$ $\therefore$ $\boldsymbol{n=2}$ ← 답

유제 **17**-5. 서로 다른 바구니 9개를 일렬로 나열하는 경우의 수를 구하시오.

답 **362880**

유제 **17**-6. 학급 장기 자랑 대회에 참여하는 다섯 팀의 장기 자랑 순서를 정하는 경우의 수를 구하시오. 답 **120**

유제 **17**-7. 24명의 학생이 있는 학급에서 반장, 부반장, 학습부장을 각각 1명씩 선출하는 경우의 수를 구하시오. 답 **12144**

유제 **17**-8. 10개의 역이 있는 철도 노선이 있다. 출발역과 도착역을 표시한 차표의 종류는 몇 가지인가? 단, 왕복표와 일반실, 특실의 구별은 없다.

답 **90**가지

유제 **17**-9. 서로 다른 n권의 책이 있다. 단, $n\ge5$이다.

(1) 이 n권의 책을 책꽂이에 일렬로 꽂는 경우의 수를 구하시오.

(2) 이 n권 중에서 5권의 책을 뽑아 책꽂이에 일렬로 꽂는 경우의 수를 구하시오.

(3) 이 n권 중에서 2권의 책을 뽑아 책꽂이에 일렬로 꽂는 경우의 수가 42일 때, n의 값을 구하시오. 답 (1) $\boldsymbol{n!}$ (2) ${}_n\mathbf{P}_5$ (3) $\boldsymbol{n=7}$

기본 문제 **17**-4 여학생 3명, 남학생 4명이 일렬로 설 때,

(1) 여학생끼리 이웃하여 서는 경우의 수를 구하시오.

(2) 여학생끼리는 서로 이웃하지 않게 서는 경우의 수를 구하시오.

정석연구 이를테면 A, B, C, D의 네 사람을 일렬로 세울 때, A, B가 이웃하여 서는 경우를 나열하면 다음과 같다.

(AB)**CD**, **C**(AB)**D**, **CD**(AB), ⋯

따라서 A, B가 이웃하여 서는 경우는 A와 B를 한 사람으로 생각하여

(i) (AB)와 C, D의 세 사람을 일렬로 세우는 경우를 생각하고, ⇦ 3!

(ii) (AB)에서 A와 B를 일렬로 세우는 경우를 생각하면 된다. ⇦ 2!

따라서 A, B가 이웃하여 일렬로 서는 경우의 수는

$$3!\times 2!=6\times 2=12$$ ⇦ 곱의 법칙

임을 알 수 있다.

정석 **A, B, C**가 이웃하여 서는 경우의 수는

⟹ **A, B, C**를 묶어 하나로 생각한다.

모범답안 (1) 여학생 3명을 묶어 한 사람으로 보면 모두 5명이고, 이 5명을 일렬로 세우는 경우의 수는 5!이다.

이 각각에 대하여 묶음 속의 여학생 3명을 일렬로 세우는 경우의 수는 3!이다.

따라서 구하는 경우의 수는 $5!\times 3!=120\times 6=\mathbf{720}$ ⟵ 답

(2) 남학생 4명을 일렬로 세우는 경우의 수는 4!이다.

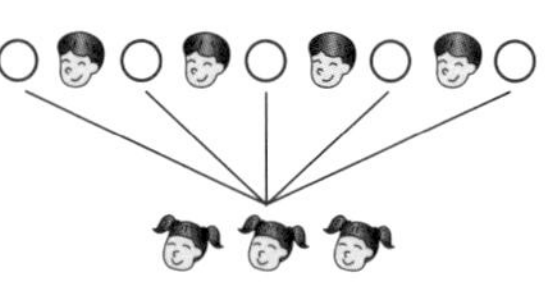

이 각각에 대하여 양 끝과 남학생 사이의 5개의 자리 중 3개의 자리에 여학생 3명을 세우는 경우의 수는 ${}_5P_3$이다.

따라서 구하는 경우의 수는

$4!\times {}_5P_3=24\times 60=\mathbf{1440}$ ⟵ 답

유제 **17**-10. 서로 다른 유성펜 2자루, 서로 다른 수성펜 3자루, 서로 다른 중성펜 3자루를 일렬로 나열할 때, 다음을 구하시오.

(1) 수성펜끼리 이웃하는 경우의 수

(2) 유성펜은 유성펜끼리, 수성펜은 수성펜끼리 이웃하는 경우의 수

(3) 수성펜끼리는 서로 이웃하지 않는 경우의 수

답 (1) **4320** (2) **1440** (3) **14400**

기본 문제 17-5 special의 모든 문자를 사용하여 만든 순열에서

(1) s가 처음에, p가 마지막에 오는 경우의 수를 구하시오.

(2) s와 p 사이에 두 개의 문자가 있는 경우의 수를 구하시오.

(3) 적어도 한쪽 끝에 자음이 오는 경우의 수를 구하시오.

정석연구 (1) s○○○○○p의 꼴이므로, 가운데 ○○○○○에 e, c, i, a, l을 나열하는 경우의 수를 생각하면 된다.

(2) s○○p, p○○s의 꼴이다. 이들을 묶어 하나의 문자로 간주한다.

(3) (전체 순열의 수)−(양 끝에 모음이 오는 순열의 수)를 생각하면 된다.

정석 「적어도 …」 ⟹ 일단 모두 성립하지 않는 경우를 생각한다.

모범답안 (1) s를 처음에, p를 마지막에 고정하고, 나머지 e, c, i, a, l의 순열의 수를 생각하면 되므로 구하는 경우의 수는 $5!=\mathbf{120}$ ← 답

(2) s와 p 사이에 두 개의 문자가 들어가는 순열의 수는 ${}_5P_2$이고, s와 p를 서로 바꾸는 순열의 수는 $2!$이다.

또, s○○p를 한 문자로 보면 이때의 순열의 수는 $4!$이므로 구하는 경우의 수는

s○○p, ○, ○, ○

$${}_5P_2\times2!\times4!=20\times2\times24=\mathbf{960}$$ ← 답

(3) 전체 순열의 수는 $7!$이고, 양 끝에 모두 모음이 오는 순열의 수는 ${}_3P_2\times5!$이므로 구하는 경우의 수는

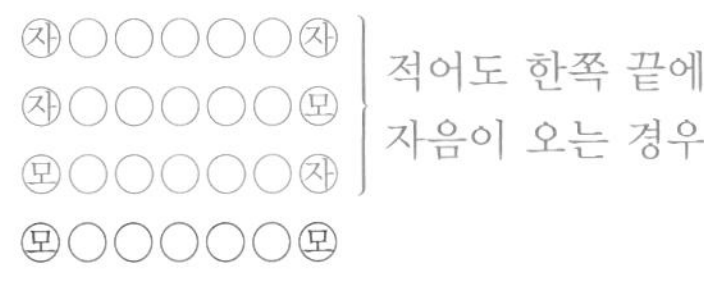

$$7!-{}_3P_2\times5!=5040-6\times120$$
$$=\mathbf{4320}$$ ← 답

유제 17-11. 여섯 개의 문자 a, b, c, d, e, f에서 네 개의 문자를 사용하여 만든 순열 중 a가 처음에, f가 마지막에 오는 경우의 수를 구하시오. 답 **12**

유제 17-12. 1, 2, 3, 4, 5를 모두 사용하여 만든 다섯 자리 자연수 중에서

(1) 일의 자리 숫자가 5인 것은 몇 개인가?

(2) 양 끝의 숫자가 홀수인 것은 몇 개인가? 답 (1) **24**개 (2) **36**개

유제 17-13. 부모와 세 아이가 일렬로 설 때, 부모 사이에 한 명의 아이가 서는 경우의 수를 구하시오. 답 **36**

유제 17-14. 남학생 2명, 여학생 4명이 일렬로 설 때, 적어도 한쪽 끝에 여학생이 서는 경우의 수를 구하시오. 답 **672**

기본 문제 **17**-6 다섯 개의 숫자 1, 2, 3, 4, 5를 모두 나열하여 만들 수 있는 다섯 자리 자연수가 있다.

(1) 이 다섯 자리 자연수는 몇 개인가?

(2) 32000보다 작은 자연수는 몇 개인가?

(3) (2) 중에서 5의 배수는 몇 개인가?

정석연구 사전식 나열법을 생각한다.

정석 경우의 수는 ⟹ 사전식 나열법이 기본!

모범답안 (1) 1, 2, 3, 4, 5를 일렬로 나열한 것이므로 다섯 자리 자연수는

$5!=\mathbf{120}$(개) ⟵ 답

(2) 위의 120개 중에서 32000보다 작은 것은 다음 세 가지의 꼴이다.

1□□□□, 2□□□□, 31□□□

(i) 1□□□□ 꼴의 수

이것은 4개의 □에 2, 3, 4, 5를 나열한 것이므로 4!개이다.

(ii) 2□□□□ 꼴의 수 : 이것도 위와 마찬가지로 4!개이다.

(iii) 31□□□ 꼴의 수

이것은 3개의 □에 2, 4, 5를 나열한 것이므로 3!개이다.

따라서 32000보다 작은 자연수는

$4!+4!+3!=24+24+6=\mathbf{54}$(개) ⟵ 답

(3) 위의 54개 중에서 5의 배수는 다음 세 가지의 꼴이다.

1□□□5, 2□□□5, 31□□5

(i) 1□□□5 꼴의 수

이것은 3개의 □에 2, 3, 4를 나열한 것이므로 3!개이다.

(ii) 2□□□5 꼴의 수 : 이것도 위와 마찬가지로 3!개이다.

(iii) 31□□5 꼴의 수

이것은 2개의 □에 2, 4를 나열한 것이므로 2!개이다.

따라서 (2) 중에서 5의 배수는

$3!+3!+2!=6+6+2=\mathbf{14}$(개) ⟵ 답

유제 **17**-15. 네 개의 숫자 1, 2, 3, 4를 모두 나열하여 만들 수 있는 네 자리 자연수가 있다.

(1) 이 중에서 짝수는 몇 개인가?

(2) 2300보다 작은 자연수는 몇 개인가?

답 (1) **12**개 (2) **8**개

§2. 조　합

1 순열과 조합의 차이점

이를테면 A, B, C의 3명 중에서

반장, 부반장을 각각 **1**명씩 뽑을 때,　대표 **2**명을 뽑을 때

의 경우의 수는 어떻게 다른지 알아보자.

(i) 반장, 부반장을 각각 **1**명씩 뽑을 때

이를테면 A, B의 2명을 뽑는다면

① A ⟶ 반장, B ⟶ 부반장

② B ⟶ 반장, A ⟶ 부반장

일 때는 서로 다른 경우이다.

따라서 오른쪽과 같이 여섯 가지 경우가 있다.

	반장	부반장
①	A	B
②	B	A
③	B	C
④	C	B
⑤	C	A
⑥	A	C

(ii) 대표 **2**명을 뽑을 때

이때에는 ①, ②는 구별되지 않고 같은 경우이다. 곧, 대표 2명이 A, B이든 B, A이든 순서에는 관계없다. ③과 ④, ⑤와 ⑥ 역시 같은 경우이다.

따라서 세 가지 경우가 있다.

위의 (i)의 경우는 3명 중에서 2명을 뽑아서 그것을 나열하는 순서까지 생각한 것으로 경우의 수는 ${}_3P_2$이다.

그러나 (ii)의 경우는 3명 중에서(반장, 부반장 구별 없이) 2명을 뽑는 경우만을 생각한 것이므로 (i)의 경우와는 다르다.

이와 같이 순서를 생각하지 않고 뽑는 것을 3명 중에서 2명을 택하는 조합이라 하고, 이 조합의 수를 기호로 ${}_3\mathbf{C}_2$와 같이 나타낸다.

2 ${}_n\mathbf{C}_r$을 계산하는 방법(I)

이제 ${}_3P_2$와 ${}_3C_2$의 관계를 알아보자.

3명 중에서 대표 2명을 뽑는 조합의 수 ${}_3C_2$에 $2!$(뽑은 2명에 대하여 반장, 부반장의 순서를 생각하는 경우의 수)을 곱한 ${}_3C_2\times 2!$은 3명 중에서 반장, 부반장 각각 1명씩 2명을 뽑는 순열의 수인 ${}_3P_2$와 같으므로

$$ {}_3C_2\times 2!={}_3P_2 \quad \text{곧, } {}_3C_2=\frac{{}_3P_2}{2!} $$

이다.

일반적으로 서로 다른 n개에서 r개를 택하는 조합의 수는 ${}_nC_r$이고, 이 각각에 대하여 r개를 일렬로 나열하는 경우의 수는 $r!$이다.

따라서 서로 다른 n개에서 r개를 택하는 순열의 수는 ${}_n\mathrm{C}_r\times r!$이고, 이것은 ${}_n\mathrm{P}_r$과 같으므로

$${}_n\mathrm{C}_r\times r!={}_n\mathrm{P}_r \quad \text{곧,}\ {}_n\mathrm{C}_r=\frac{{}_n\mathrm{P}_r}{r!} \qquad \cdots\cdots ⓐ$$

이 성립한다.

한편 ${}_n\mathrm{P}_r=\dfrac{n!}{(n-r)!}$이므로

$${}_n\mathrm{C}_r=\frac{{}_n\mathrm{P}_r}{r!}=\frac{n!}{r!(n-r)!}$$

이다.

또한 $0!=1$, ${}_n\mathrm{P}_0=1$이므로 ⓐ이 $r=0$일 때에도 성립하도록 ${}_n\mathrm{C}_0=1$로 정의한다.

기본정석 — **조합의 수와 ${}_n\mathrm{C}_r$**

(1) 조합의 수와 ${}_n\mathrm{C}_r$

서로 다른 n개에서 순서를 생각하지 않고 $r(n\ge r)$개를 택하는 것을 서로 다른 n개에서 r개를 택하는 조합이라 하고, 이 조합의 수를 기호로 ${}_n\mathrm{C}_r$과 같이 나타낸다.

(2) ${}_n\mathrm{C}_r$의 계산 방법과 ${}_n\mathrm{C}_0$의 정의

① ${}_n\mathrm{C}_r=\dfrac{{}_n\mathrm{P}_r}{r!}$, ${}_n\mathrm{C}_r=\dfrac{n!}{r!(n-r)!}$ $(0\le r\le n)$ ⇦ ${}_n\mathrm{C}_r$의 변형식

② ${}_n\mathrm{C}_0=1$ ⇦ 정의

Advice | ${}_n\mathrm{C}_r$에서 C는 Combination(조합)의 첫 글자이다.

보기 1 다음을 계산하시오.

(1) ${}_5\mathrm{C}_2$ (2) ${}_5\mathrm{C}_3$ (3) ${}_n\mathrm{C}_1$ (4) ${}_n\mathrm{C}_n$

연구 (1) ${}_5\mathrm{C}_2=\dfrac{{}_5\mathrm{P}_2}{2!}=\dfrac{5\times4}{2\times1}=\mathbf{10}$ (2) ${}_5\mathrm{C}_3=\dfrac{{}_5\mathrm{P}_3}{3!}=\dfrac{5\times4\times3}{3\times2\times1}=\mathbf{10}$

(3) ${}_n\mathrm{C}_1=\dfrac{{}_n\mathrm{P}_1}{1!}=\boldsymbol{n}$ (4) ${}_n\mathrm{C}_n=\dfrac{{}_n\mathrm{P}_n}{n!}=\dfrac{n!}{n!}=\mathbf{1}$

보기 2 다섯 개의 숫자 1, 2, 3, 4, 5에서 서로 다른 세 개의 숫자를 뽑는 경우의 수를 구하시오.

연구 서로 다른 5개에서 3개를 택하는 조합의 수이므로

$${}_5\mathrm{C}_3=\frac{{}_5\mathrm{P}_3}{3!}=\frac{5\times4\times3}{3\times2\times1}=\mathbf{10}$$

* *Note* 5개 중에서 3개를 뽑아 나열하는 경우의 수는 ${}_5\mathrm{P}_3=5\times4\times3=60$이다.

보기 3 물리학, 화학, 생명과학, 지구과학의 네 과목 중에서
(1) 두 과목을 선택하는 경우의 수를 구하시오.
(2) 세 과목을 선택하는 경우의 수를 구하시오.

연구 (1) 네 과목 중에서 두 과목을 선택하는 경우의 수이므로

$${}_4C_2=\frac{{}_4P_2}{2!}=\frac{4\times3}{2\times1}=\mathbf{6} \qquad \Leftarrow {}_4C_2=\frac{4!}{2!(4-2)!}=6$$

(2) 네 과목 중에서 세 과목을 선택하는 경우의 수이므로

$${}_4C_3=\frac{{}_4P_3}{3!}=\frac{4\times3\times2}{3\times2\times1}=\mathbf{4} \qquad \Leftarrow {}_4C_3=\frac{4!}{3!(4-3)!}=4$$

3 ${}_n\mathrm{C}_r$을 계산하는 방법(Ⅱ)

앞에서 공부한 ${}_nC_r$의 변형식인

$$\textbf{정석}\quad {}_nC_r=\frac{n!}{r!(n-r)!}\ (0\le r\le n)$$

을 이용하면

$${}_nC_{n-r}=\frac{n!}{(n-r)!\{n-(n-r)\}!}=\frac{n!}{(n-r)!r!}=\frac{n!}{r!(n-r)!}={}_nC_r$$

곧, ${}_nC_r={}_nC_{n-r}$

이 성립한다.

기본정석 — ${}_nC_r$을 계산하는 방법

(1) $0\le r\le n$일 때 ${}_nC_r={}_nC_{n-r}$
(2) ${}_nC_r={}_nC_p$이면 $\Longrightarrow$ $p=r$ 또는 $p=n-r$

Advice 1° 서로 다른 n개에서 r개를 택하는 조합의 수는 서로 다른 n개에서 남기는 $(n-r)$개를 택하는 조합의 수와 같다. 곧, ${}_nC_r={}_nC_{n-r}$이다.

2° ${}_nC_r={}_nC_{n-r}$이므로 이를테면 ${}_{10}C_8={}_{10}C_{10-8}={}_{10}C_2$이다.

$${}_{10}C_8=\frac{{}_{10}P_8}{8!}=\frac{10\times9\times8\times7\times6\times5\times4\times3}{8\times7\times6\times5\times4\times3\times2\times1}=45,\quad {}_{10}C_2=\frac{{}_{10}P_2}{2!}=\frac{10\times9}{2\times1}=45$$

에서 알 수 있듯이 ${}_nC_r$에서 r이 $\frac{n}{2}$보다 클 때에는 ${}_nC_r$을 ${}_nC_{n-r}$로 바꾸어 계산하는 것이 능률적이다.

보기 4 ${}_9C_6$, ${}_{12}C_{10}$을 계산하시오.

연구 $${}_9C_6={}_9C_{9-6}={}_9C_3=\frac{{}_9P_3}{3!}=\frac{9\times8\times7}{3\times2\times1}=\mathbf{84} \qquad \Leftarrow {}_9C_3=\frac{9!}{3!(9-3)!}=84$$

$${}_{12}C_{10}={}_{12}C_{12-10}={}_{12}C_2=\frac{{}_{12}P_2}{2!}=\frac{12\times11}{2\times1}=\mathbf{66} \qquad \Leftarrow {}_{12}C_2=\frac{12!}{2!(12-2)!}=66$$

기본 문제 **17**-7 자연수 n, r에 대하여 다음 물음에 답하시오.

(1) $2\times{}_n\mathrm{P}_2+4\times{}_n\mathrm{C}_4={}_n\mathrm{P}_3$을 만족시키는 n의 값을 구하시오.

(2) ${}_{20}\mathrm{C}_{r^2+1}={}_{20}\mathrm{C}_{r-1}$을 만족시키는 r의 값을 구하시오.

(3) $1\le r<n$일 때, ${}_n\mathrm{C}_r={}_{n-1}\mathrm{C}_{r-1}+{}_{n-1}\mathrm{C}_r$이 성립함을 보이시오.

정석연구 ${}_n\mathrm{P}_r$, ${}_n\mathrm{C}_r$에 관한 다음 계산 공식을 이용한다.

정석 $${}_n\mathrm{P}_r=n(n-1)(n-2)\times\cdots\times(n-r+1)$$
$${}_n\mathrm{P}_r=\frac{n!}{(n-r)!}\ (0\le r\le n),\quad {}_n\mathrm{C}_r=\frac{n!}{r!(n-r)!}\ (0\le r\le n)$$
$${}_n\mathrm{C}_r={}_n\mathrm{C}_{n-r}$$

모범답안 (1) ${}_n\mathrm{C}_4=\dfrac{{}_n\mathrm{P}_4}{4!}=\dfrac{n(n-1)(n-2)(n-3)}{24}$이므로 주어진 식은
$$2\times n(n-1)+4\times\frac{n(n-1)(n-2)(n-3)}{24}=n(n-1)(n-2)$$
$n\ge4$에서 $n(n-1)\ne0$이므로 양변을 $n(n-1)$로 나누고 정리하면
$$n^2-11n+30=0\quad \therefore\ (n-5)(n-6)=0\quad \therefore\ \boldsymbol{n=5,\ 6} \longleftarrow \text{답}$$

(2) $r-1=r^2+1$일 때 $r^2-r+2=0$

그런데 이 방정식은 허근을 가지므로 만족시키는 자연수 r은 없다.

$r-1=20-(r^2+1)$일 때 $r^2+r-20=0\quad \therefore\ (r+5)(r-4)=0$

그런데 $0\le r^2+1\le20,\ 0\le r-1\le20$이므로 $r\ne-5\quad \therefore\ \boldsymbol{r=4} \longleftarrow$ 답

(3) $$(\text{우변})=\frac{(n-1)!}{(r-1)!\{(n-1)-(r-1)\}!}+\frac{(n-1)!}{r!\{(n-1)-r\}!}$$
$$=\frac{(n-1)!}{(r-1)!(n-r)!}+\frac{(n-1)!}{r!(n-r-1)!}$$
$$=\frac{r\times(n-1)!}{r!(n-r)!}+\frac{(n-r)\times(n-1)!}{r!(n-r)!}$$
$$=\frac{(n-1)!\times(r+n-r)}{r!(n-r)!}=\frac{n!}{r!(n-r)!}={}_n\mathrm{C}_r=(\text{좌변})$$

*Note p. 255의 Advice 1°과 같이 조합의 뜻과 연결 지어 설명할 수도 있다.

유제 **17**-16. 다음 등식을 만족시키는 자연수 n의 값을 구하시오.

(1) ${}_n\mathrm{C}_2={}_6\mathrm{C}_5+{}_6\mathrm{C}_2$ (2) ${}_{n+2}\mathrm{C}_4=11\times{}_n\mathrm{C}_2$

(3) ${}_n\mathrm{P}_2+4\times{}_n\mathrm{C}_2=60$ (4) ${}_{10}\mathrm{C}_{n+5}={}_{10}\mathrm{C}_{2n+2}$

답 (1) $\boldsymbol{n=7}$ (2) $\boldsymbol{n=10}$ (3) $\boldsymbol{n=5}$ (4) $\boldsymbol{n=1,\ 3}$

유제 **17**-17. $1\le r\le n$인 자연수 n, r에 대하여 $r\times{}_n\mathrm{C}_r=n\times{}_{n-1}\mathrm{C}_{r-1}$이 성립함을 보이시오.

기본 문제 17-8 남자 6명, 여자 4명이 있다.

(1) 이 중에서 남자 3명, 여자 2명을 뽑는 경우는 몇 가지인가?

(2) 이 중에서 6명을 뽑을 때, 여자 4명이 포함된 경우는 몇 가지인가?

(3) 이 중에서 4명을 뽑을 때, 적어도 여자 1명이 포함되는 경우는 몇 가지인가?

(4) 이 중에서 4명을 뽑을 때, 적어도 남녀 1명씩이 포함되는 경우는 몇 가지인가?

정석연구 순서를 생각하지 않는 경우의 수이다. 다음을 이용하여 계산한다.

$$\textbf{정석}\quad {}_n\mathrm{C}_r=\frac{{}_n\mathrm{P}_r}{r!}=\frac{n!}{r!(n-r)!}\ (0\le r\le n),\quad {}_n\mathrm{C}_r={}_n\mathrm{C}_{n-r}$$

모범답안 (1) 남자 6명 중에서 3명을 뽑는 경우의 수는 ${}_6\mathrm{C}_3$이고, 여자 4명 중에서 2명을 뽑는 경우의 수는 ${}_4\mathrm{C}_2$이므로

$${}_6\mathrm{C}_3\times{}_4\mathrm{C}_2=20\times6=\mathbf{120}(\text{가지}) \longleftarrow \boxed{\text{답}}$$

(2) 여자 4명은 미리 뽑아 놓고, 남자 6명 중에서 2명을 뽑는 경우를 생각하면 되므로 ${}_6\mathrm{C}_2=\mathbf{15}$(가지) ⟵ 답

(3) 남녀 10명 중에서 4명을 뽑는 경우의 수는 ${}_{10}\mathrm{C}_4$이고, 이 중에서 4명이 모두 남자인 경우의 수는 ${}_6\mathrm{C}_4$이므로

$${}_{10}\mathrm{C}_4-{}_6\mathrm{C}_4=210-15=\mathbf{195}(\text{가지}) \longleftarrow \boxed{\text{답}}$$

⇦ ${}_6\mathrm{C}_4={}_6\mathrm{C}_2$

(4) 남녀 10명 중에서 4명을 뽑는 경우의 수는 ${}_{10}\mathrm{C}_4$이고, 이 중에서 4명이 모두 남자인 경우의 수는 ${}_6\mathrm{C}_4$, 4명이 모두 여자인 경우의 수는 ${}_4\mathrm{C}_4$이므로

$${}_{10}\mathrm{C}_4-({}_6\mathrm{C}_4+{}_4\mathrm{C}_4)=210-(15+1)=\mathbf{194}(\text{가지}) \longleftarrow \boxed{\text{답}}$$

* *Note* ${}_6\mathrm{C}_1\times{}_4\mathrm{C}_3+{}_6\mathrm{C}_2\times{}_4\mathrm{C}_2+{}_6\mathrm{C}_3\times{}_4\mathrm{C}_1=\mathbf{194}$(가지)

유제 **17**-18. 10명 중에서 5명의 위원을 뽑을 때,

(1) 특정한 2명이 포함되는 경우의 수를 구하시오.

(2) 특정한 2명이 포함되지 않는 경우의 수를 구하시오. 답 (1) **56** (2) **56**

유제 **17**-19. 댄스 동아리 회원 7명, 힙합 동아리 회원 5명 중에서 3명의 대표를 뽑을 때, 댄스 동아리 회원과 힙합 동아리 회원 중에서 각각 적어도 1명의 회원이 포함되는 경우의 수를 구하시오. 답 **175**

유제 **17**-20. 남녀 합하여 10명인 모임에서 2명의 대표를 뽑을 때, 적어도 여자 1명이 포함되는 경우의 수가 30이다. 이 모임에서 남자는 몇 명인가?

답 **6명**

기본 문제 **17**-9 남학생 5명, 여학생 4명 중에서 남학생 3명, 여학생 2명을 뽑아서 다음 방법으로 앉히는 경우의 수를 구하시오.

(1) 일렬로 앉힌다.

(2) 남학생 대표 A와 여학생 대표 B는 반드시 포함하고, 서로 이웃하게 일렬로 앉힌다.

정석연구 먼저 남학생 3명, 여학생 2명을 뽑는 조합의 수를 구한 다음, 이들 남녀 5명에 대하여

순열의 수

를 생각한다.

정석 먼저 조합의 수를 생각한다.

모범답안 (1) 남학생 5명, 여학생 4명 중에서 남학생 3명, 여학생 2명을 뽑는 경우의 수는

$${}_5C_3 \times {}_4C_2 = 10 \times 6 = 60$$

이들 남녀 5명을 일렬로 앉히는 경우의 수는 $5!$이므로

$$60 \times 5! = 60 \times 120 = \mathbf{7200} \longleftarrow \boxed{답}$$

(2) A와 B를 미리 뽑아 놓을 때, 나머지 남학생 4명 중에서 2명을 뽑고 여학생 3명 중에서 1명을 뽑는 경우의 수는 ${}_4C_2 \times {}_3C_1$이다.

또, 이들 남녀 5명 중에서 A와 B가 이웃하게 일렬로 앉는 경우의 수(이때, A와 B를 한 사람으로 보되, 두 사람의 순서를 바꾸는 경우도 생각한다)는 $4! \times 2!$이므로

$${}_4C_2 \times {}_3C_1 \times 4! \times 2! = 6 \times 3 \times 24 \times 2 = \mathbf{864} \longleftarrow \boxed{답}$$

유제 **17**-21. 7개의 숫자 1, 2, 3, 4, 5, 6, 7을 사용하여 만들 수 있는 네 자리 자연수 중에서 각 자리의 숫자가 서로 다른 2개의 홀수와 서로 다른 2개의 짝수로 이루어진 수의 개수를 구하시오. 답 **432**

유제 **17**-22. 서로 다른 모자 6개와 서로 다른 가방 4개가 있다. 이 중에서 3개의 모자와 2개의 가방을 뽑아 일렬로 나열하는 경우의 수를 구하시오.

답 **14400**

유제 **17**-23. 김씨와 박씨를 포함한 성이 모두 다른 8명 중에서 4명을 뽑아 일렬로 세울 때, 김씨와 박씨는 반드시 포함하고 서로 이웃하게 세우는 경우는 몇 가지인가? 답 **180**가지

기본 문제 17-10 7개의 숫자 0, 1, 2, 3, 4, 5, 6 중에서 세 개를 뽑아 만든 세 자리 자연수의 백의 자리 숫자를 a, 십의 자리 숫자를 b, 일의 자리 숫자를 c라고 하자. 이때, 다음 물음에 답하시오.

단, 같은 숫자를 여러 번 뽑아도 된다.

(1) 이 세 자리 자연수는 몇 개인가?

(2) $a>b>c$를 만족시키는 자연수는 몇 개인가?

(3) $a>b\ge c$를 만족시키는 자연수는 몇 개인가?

정석연구 (1) 0, 1, 2, 3, 4, 5, 6 중에서 백의 자리에는 0을 제외한 6개가 올 수 있다. 그리고 같은 숫자를 여러 번 뽑을 수 있으므로 십의 자리에는 7개, 일의 자리에는 7개가 올 수 있다.

(2) 이를테면 1, 2, 3의 세 숫자를 모두 사용하여 만들 수 있는 세 자리 자연수는 ${}_3\mathrm{P}_3=3\times2\times1=6$(개)이지만, 이 중에서 $a>b>c$를 만족시키는 경우는 321의 한 가지뿐이다.

곧, 서로 다른 세 수를 뽑은 다음 이것을 크기순으로 나열하는 경우는 한 가지뿐이므로 순서를 생각하지 않고 세 수를 뽑는 경우와 같다.

정석 순서가 정해진 경우의 수는 $\Longrightarrow$ 조합을 생각한다.

(3) $a>b>c$인 경우와 $a>b=c$인 경우로 나누어 생각하면 된다.

정석 필요하면 경우를 나누어 생각한다.

모범답안 (1) $6\times7\times7=\mathbf{294}$(개) ⟵ 답

(2) 서로 다른 7개의 숫자 중에서 서로 다른 3개를 뽑는 경우의 수와 같으므로 ${}_7\mathrm{C}_3=\mathbf{35}$(개) ⟵ 답

(3) $a>b>c$인 경우는 (2)에서 35개

$a>b=c$인 경우는 서로 다른 7개의 숫자 중에서 서로 다른 2개를 뽑는 경우와 같으므로 ${}_7\mathrm{C}_2=21$(개)

따라서 조건을 만족시키는 자연수는 $35+21=\mathbf{56}$(개) ⟵ 답

유제 **17**-24. 10개의 숫자 0, 1, 2, 3, 4, 5, 6, 7, 8, 9 중에서 네 개를 뽑아 만든 네 자리 자연수의 천의 자리 숫자를 a, 백의 자리 숫자를 b, 십의 자리 숫자를 c, 일의 자리 숫자를 d라고 할 때, 다음을 구하시오.

단, 같은 숫자를 여러 번 뽑아도 된다.

(1) 이 네 자리 자연수 중 5의 배수의 개수

(2) $a>b\ge c>d$를 만족시키는 자연수의 개수

답 (1) **1800** (2) **330**

기본 문제 17-11 오른쪽 그림과 같이 좌표평면 위에 12개의 점이 있다. 다음을 구하시오.

(1) 두 점을 연결하는 선분의 개수

(2) 두 점을 연결하는 직선의 개수

(3) 세 점을 꼭짓점으로 하는 삼각형의 개수

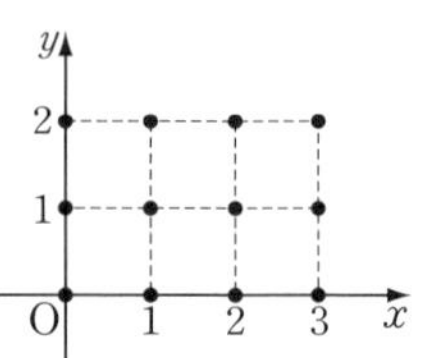

정석연구 (1) 12개의 점 중에서 두 점을 뽑는 경우의 수와 같다.

(2) 한 직선 l 위에 세 점이 있는 경우 두 점을 연결하여 만들 수 있는 선분의 개수는 ${}_3C_2$이다. 그러나 두 점을 연결하여 만들 수 있는 직선은 l뿐이므로 직선의 개수는 1이다. 따라서 (1)에서 한 직선 위에 세 점 또는 네 점이 있는 경우 중복하여 계산된 것을 빼 주어야 한다.

(3) 한 직선 위에 있지 않은 세 점은 하나의 삼각형을 결정하므로 세 점을 뽑는 경우의 수에서 한 직선 위에 있는 세 점을 뽑는 경우의 수를 뺀다.

정석 선분, 직선은 ⟹ 두 점
삼각형은 ⟹ 한 직선 위에 있지 않은 세 점

모범답안 (1) 두 점을 뽑는 경우의 수와 같으므로 ${}_{12}C_2=\mathbf{66}$ ← 답

(2) 두 점을 뽑으면 직선이 하나 정해진다.

한편 네 점을 포함한 직선이 3개, 세 점을 포함한 직선이 8개이므로

$${}_{12}C_2-(3\times{}_4C_2+8\times{}_3C_2-11)=66-(18+24-11)=\mathbf{35}$$ ← 답

(3) 한 직선 위에 있지 않은 세 점을 뽑으면 삼각형이 하나 정해진다.

한편 네 점을 포함한 직선이 3개, 세 점을 포함한 직선이 8개이므로

$${}_{12}C_3-(3\times{}_4C_3+8\times{}_3C_3)=220-(12+8)=\mathbf{200}$$ ← 답

유제 **17**-25. 다음 도형 위의 점을 꼭짓점으로 하는 삼각형의 개수를 구하시오.

(1)

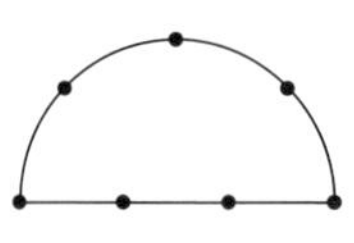

(2)

답 (1) **31** (2) **100**

유제 **17**-26. 볼록십각형에 대하여 다음을 구하시오.

(1) 대각선의 개수

(2) 대각선의 교점 중 꼭짓점이 아닌 점의 개수의 최댓값

(3) 세 개의 꼭짓점을 이어 만들 수 있는 삼각형 중 삼각형의 변이 볼록십각형의 어느 한 변과도 일치하지 않는 것의 개수

답 (1) **35** (2) **210** (3) **50**

기본 문제 **17**-12 서로 다른 책 9권이 있다. 이 책을 다음과 같이 세 묶음으로 나누는 경우의 수를 구하시오.

(1) 2권, 3권, 4권 (2) 2권, 2권, 5권

(3) 3권, 3권, 3권

정석연구 이를테면 서로 다른 문자 a, b, c, d를 1개, 3개의 두 묶음으로 나누는 경우와 2개, 2개의 두 묶음으로 나누는 경우를 생각해 보자.

(i) **1**개, **3**개로 나누는 경우

a, b, c, d에서 1개를 뽑고, 나머지 3개에서 3개를 뽑으면 되므로 곱의 법칙에 의하여

$${}_4C_1 \times {}_3C_3 \text{(가지)}$$

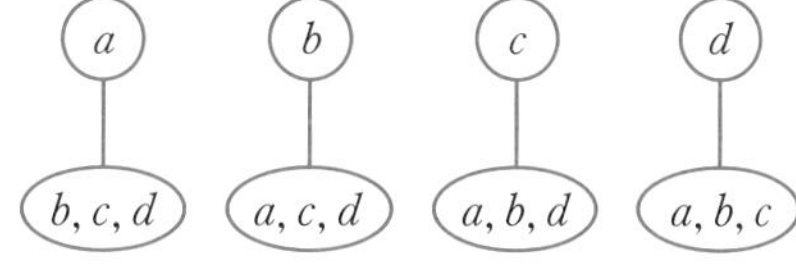

(ii) **2**개, **2**개로 나누는 경우

a, b, c, d에서 2개를 뽑고, 나머지 2개에서 2개를 뽑으면

$${}_4C_2 \times {}_2C_2 \text{(가지)}$$

이 중에서 같은 것이 2가지씩(엄밀하게는 2!가지씩) 생기므로 2!로 나누어

$${}_4C_2 \times {}_2C_2 \times \frac{1}{2!} \text{(가지)}$$

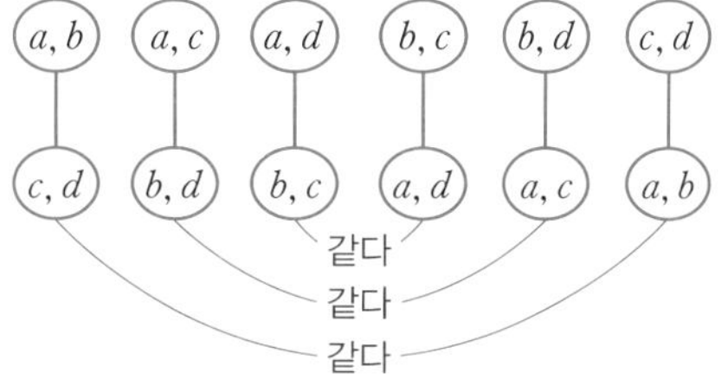

이와 같이 두 묶음으로 나누는 경우 각 묶음에 속한 것의 개수가 같은 경우와 같지 않은 경우는 서로 다르다는 것을 알 수 있다.

일반적으로

정석 같은 수의 묶음이 $\boldsymbol{m}$개일 때에는 $\boldsymbol{m!}$로 나눈다

는 것에 주의해야 한다.

모범답안 (1) ${}_9C_2 \times {}_7C_3 \times {}_4C_4 = 36 \times 35 \times 1 = \mathbf{1260}$ ← 답

(2) ${}_9C_2 \times {}_7C_2 \times {}_5C_5 \times \dfrac{1}{2!} = 36 \times 21 \times 1 \times \dfrac{1}{2} = \mathbf{378}$ ← 답

(3) ${}_9C_3 \times {}_6C_3 \times {}_3C_3 \times \dfrac{1}{3!} = 84 \times 20 \times 1 \times \dfrac{1}{6} = \mathbf{280}$ ← 답

* *Note* (1)의 경우, 9권에서 2권을 뽑고, 남은 7권에서 3권을 뽑으면 4권이 남게 되고, 여기서 4권을 뽑는 경우는 오직 1가지뿐이므로 ${}_9C_2 \times {}_7C_3$이라고 해도 된다.

(2), (3)에 대해서도 각각 ${}_5C_5$, ${}_3C_3$을 곱하는 것을 생략해도 된다.

Advice | 이상을 정리하면

정석 서로 다른 n개를 p개, q개, r개($p+q+r=n$)의
세 묶음으로 나누는 경우의 수는

p, q, r이 서로 다르면 $\Longrightarrow {}_n\mathrm{C}_p\times{}_{n-p}\mathrm{C}_q\times{}_r\mathrm{C}_r$

p, q, r 중 어느 2개만 같으면 $\Longrightarrow {}_n\mathrm{C}_p\times{}_{n-p}\mathrm{C}_q\times{}_r\mathrm{C}_r\times\dfrac{1}{2!}$

$p=q=r$이면 $\Longrightarrow {}_n\mathrm{C}_p\times{}_{n-p}\mathrm{C}_q\times{}_r\mathrm{C}_r\times\dfrac{1}{3!}$

이다.

이것은 세 묶음으로 나누는 경우의 수만을 생각한 것이고, 이것을 다시 일렬로 나열하는 경우까지 생각해야 할 때에는(이를테면 세 묶음으로 나누어 세 사람에게 나누어 준다든가, 세 곳의 창고에 보관한다든가) 각각의 결과에 3!을 곱해 주어야 한다.

유제 **17**-27. 10명의 학생이 있다.

(1) 4명, 6명의 두 조로 나누는 경우의 수를 구하시오.

(2) 5명, 5명의 두 조로 나누는 경우의 수를 구하시오.

(3) 3명, 3명, 4명의 세 조로 나누는 경우의 수를 구하시오.

답 (1) **210** (2) **126** (3) **2100**

유제 **17**-28. 서로 다른 꽃 12송이가 있다.

(1) 3송이, 4송이, 5송이의 세 묶음으로 나누는 경우의 수를 구하시오.

(2) 3송이, 3송이, 6송이의 세 묶음으로 나누는 경우의 수를 구하시오.

(3) 4송이, 4송이, 4송이의 세 묶음으로 나누는 경우의 수를 구하시오.

(4) 4송이씩 세 사람에게 나누어 주는 경우의 수를 구하시오.

답 (1) **27720** (2) **9240** (3) **5775** (4) **34650**

유제 **17**-29. 다음을 구하시오.

(1) 8명의 여행객이 2명씩 네 조로 나누어 4개의 호텔에 투숙하는 경우의 수

(2) (1)에서 특정 여행객 2명이 같은 조가 되는 경우의 수

답 (1) **2520** (2) **360**

유제 **17**-30. 6명을 2명씩 세 조로 나눈 다음, 두 조는 시합을 하고 한 조는 심판을 보는 경우의 수를 구하시오. 답 **45**

유제 **17**-31. 남자 7명, 여자 3명을 5명씩 두 조로 나눈다. 여자는 모두 같은 조에 넣기로 할 때, 나누는 경우의 수를 구하시오. 답 **21**

연습문제 17

17-1 1, 2, 3, 4, 5, 7, 9의 7개의 숫자를 일렬로 나열할 때, 짝수가 짝수 번째에 오는 것의 개수를 구하시오.

17-2 남자 5명과 여자 5명이 일렬로 앉을 때, 남녀가 서로 교대로 앉는 경우의 수를 구하시오.

17-3 일렬로 놓여 있는 6개의 의자에 여학생 3명과 남학생 2명이 앉을 때, 남학생끼리는 이웃하지 않게 앉는 경우의 수를 구하시오. 단, 남학생 사이에 빈 의자가 있으면 두 남학생은 이웃하지 않는 것으로 본다.

17-4 어른 3명과 어린이 2명이 함께 영화관에 갔다. 일렬로 연속된 5개의 좌석에 앉는데 어린이 옆에는 어른이 적어도 한 명 앉아야 할 때, 5명이 모두 좌석에 앉는 경우의 수는?

① 60 ② 72 ③ 84 ④ 96 ⑤ 108

17-5 5개의 숫자 0, 1, 2, 3, 4에서 서로 다른 세 숫자를 택하여 세 자리 자연수를 만들려고 한다. 이 중 짝수의 개수와 3의 배수의 개수를 구하시오.

17-6 오른쪽 그림을 같은 선을 두 번 지나지 않으면서 연필을 떼지 않고 그리는 경우의 수는?

① 86 ② 128 ③ 192
④ 384 ⑤ 768

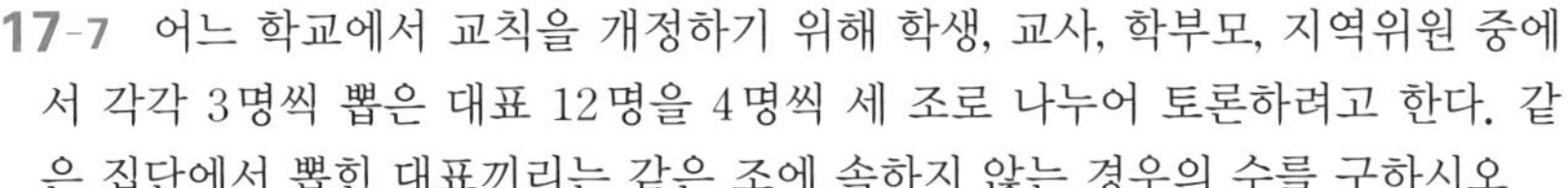

17-7 어느 학교에서 교칙을 개정하기 위해 학생, 교사, 학부모, 지역위원 중에서 각각 3명씩 뽑은 대표 12명을 4명씩 세 조로 나누어 토론하려고 한다. 같은 집단에서 뽑힌 대표끼리는 같은 조에 속하지 않는 경우의 수를 구하시오.

17-8 오른쪽 그림과 같이 구분된 6개의 영역에 주어진 5가지 색을 사용하여 칠하려고 한다. 1가지 색은 이웃한 2개 영역에, 나머지 4가지 색은 남은 4개 영역에 각각 한 영역씩 칠할 때, 6개의 영역에 색을 칠하는 경우의 수를 구하시오.

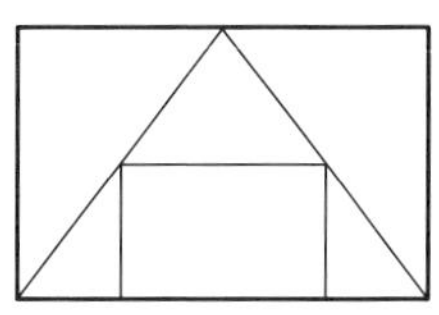

단, 한 점만 닿아 있는 경우 이웃하지 않는 것으로 본다.

17-9 자연수 n, r에 대하여 ${}_n\mathrm{P}_r=272$, ${}_n\mathrm{C}_r=136$일 때, $n+r$의 값은?

① 16 ② 17 ③ 18 ④ 19 ⑤ 20

17-10 13쌍의 부부가 참석한 모임에서 남자는 자신의 배우자를 제외한 모든 사람과 악수를 하였고, 여자끼리는 악수를 하지 않았다.

모임에 참석한 26명이 나눈 악수의 횟수는?

① 210　　② 234　　③ 247　　④ 312　　⑤ 325

17-11 어느 회사의 본사로부터 5개의 지사까지의 거리는 오른쪽 표와 같다. 본사에서 각 지사에 A, B, C, D, E를 지사장으로 발령할 때, B가 A보다 본사로부터 거리가 먼 지사의 지사장이 되도록 5명을 발령하는 경우의 수를 구하시오.

지사	P	Q	R	S	T
거리(km)	50	50	100	150	200

17-12 1부터 30까지의 자연수 중에서 서로 다른 두 수를 뽑을 때, 두 수의 합이 5의 배수가 되는 경우의 수를 구하시오.

17-13 6개의 숫자 1, 2, 3, 4, 5, 6에서 서로 다른 5개를 뽑아 만든 다섯 자리 자연수 중에서 다음 두 조건을 만족시키는 자연수의 개수를 구하시오.

(가) 1과 2를 모두 포함한다.

(나) 백의 자리 숫자가 3이면 일의 자리 숫자는 2이다.

17-14 서로 다른 종류의 사탕 4봉지와 같은 종류의 과자 3봉지를 6명의 학생에게 남김없이 나누어 주려고 한다. 사탕 또는 과자를 1봉지도 받지 못하는 학생이 아무도 없도록 나누어 주는 경우의 수를 구하시오.

17-15 8개의 축구팀이 오른쪽 그림과 같이 토너먼트로 시합을 할 때, 대진표를 작성하는 경우의 수를 구하시오.

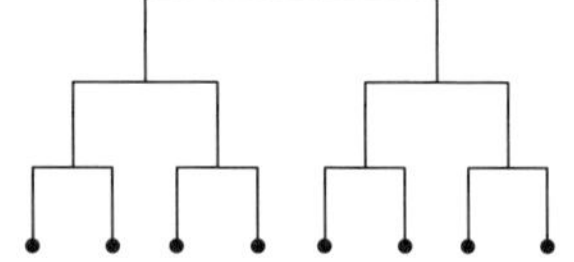

17-16 평면에 6개의 평행선과 이것과 평행하지 않은 다른 5개의 평행선이 있다.

이들 평행선 사이의 간격이 모두 같다고 할 때, 이들 평행선이 만나서 생기는 평행사변형 중 마름모가 아닌 것의 개수를 구하시오.

17-17 크기가 같은 정육면체 모양의 상자 10개를 모두 사용하여 쌓은 입체도형 중에서 위에서 내려다본 모양이 (가)와 같고, 정면을 기준으로 오른쪽 옆에서 본 모양이 (나)와 같은 입체도형의 개수를 구하시오.

단, 상자는 서로 구별되지 않는다.

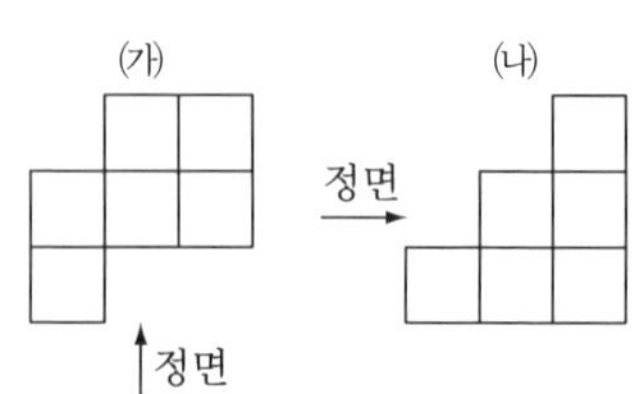

18. 행렬의 뜻

행렬의 뜻／서로 같은 행렬

§1. 행렬의 뜻

1 행렬의 뜻과 성분

오른쪽 표는 갑, 을 두 학생의 국어, 수학, 영어 성적을 나타낸 것이다.

	국어	수학	영어
갑	80	85	90
을	83	73	81

이 표에서 점수만을 생각하여

80 85 90
83 73 81

과 같이 여섯 개의 수를 직사각형 꼴로 나타낼 수 있다.

이와 같은 수의 배열을

$$\begin{matrix} 80 & 85 & 90 \\ 83 & 73 & 81 \end{matrix} \Longrightarrow \begin{pmatrix} 80 & 85 & 90 \\ 83 & 73 & 81 \end{pmatrix}$$

과 같이 양쪽에 괄호를 하여 한 묶음으로 나타내면 여러 가지로 편리할 때가 많다.

이와 같이 수나 수를 나타내는 문자를 괄호 ( ) 안에 직사각형 꼴로 배열한 것을 행렬이라 하고, 80, 85, 90, …과 같이 행렬을 이루는 각각의 수나 문자를 이 행렬의 성분 또는 원소라고 한다.

위의 표에서 갑, 을 두 학생의 국어, 수학 성적을 묶음으로 생각하면 아래 행렬 (i)을 얻고, 갑, 을 두 학생의 국어 성적을 묶음으로 생각하면 아래 행렬 (ii)를 얻으며, 갑의 국어, 수학, 영어 성적을 묶음으로 생각하면 아래 행렬 (iii)을 얻는다.

(i) $\begin{pmatrix} 80 & 85 \\ 83 & 73 \end{pmatrix}$ (ii) $\begin{pmatrix} 80 \\ 83 \end{pmatrix}$ (iii) $\begin{pmatrix} 80 & 85 & 90 \end{pmatrix}$

행렬의 성분은 경우에 따라 점수, 개수, 방정식의 계수, 경우의 수, 확률 등 여러 가지 수학적인 양을 나타낸다.

* *Note* 고등학교 과정에서는 위와 같이 실수 또는 실수를 나타내는 문자를 성분으로 하는 행렬을 다루지만, 대학 수학에서는 복소수, 함수 등을 성분으로 하는 행렬을 다루기도 한다.

2 행과 열, 행렬의 꼴, 정사각행렬

행렬의 가로줄을 행이라 하고, 위에서부터 차례로

제**1**행, 제**2**행, 제**3**행, ⋯

이라고 한다. 또, 행렬의 세로줄을 열이라 하고, 왼쪽에서부터 차례로

제**1**열, 제**2**열, 제**3**열, ⋯

이라고 한다.

	제1열	제2열	제3열
제1행	80	85	90
제2행	83	73	81

오른쪽 위의 배열은 2개의 행과 3개의 열로 된 행렬이고, 이와 같은 행렬을 **2행 3열의 행렬** 또는 간단히 **2×3 행렬**이라고 한다.

일반적으로 m개의 행과 n개의 열로 된 행렬을 $\boldsymbol{m\times n}$ **행렬**이라고 한다.

또, 오른쪽과 같이 행의 개수와 열의 개수가 같은 행렬을 정사각행렬이라 하고, 행과 열의 개수가 모두 n인 $n\times n$ 행렬을 $\boldsymbol{n}$**차 정사각행렬**이라고 하며, n을 이 행렬의 차수라고 한다.

$$\begin{pmatrix} 1 & 2 \\ 5 & 4 \end{pmatrix} \quad \begin{pmatrix} 1 & 2 & 3 \\ 2 & 1 & 5 \\ 4 & 3 & 2 \end{pmatrix}$$

정 의 n차 정사각행렬 $\Longleftrightarrow$ (행의 개수)=(열의 개수)=$\boldsymbol{n}$

특히 1×1 행렬 $(\ a\ )$는 괄호를 생략하고 a로 쓰기도 한다. 이와 같이 하면 실수를 행렬의 특수한 경우로 생각할 수 있다.

보기 1 다음 행렬의 꼴을 말하시오.

(1) $\begin{pmatrix} 2 \\ 3 \end{pmatrix}$ (2) $\begin{pmatrix} -1 & 2 & 3 & 0 \end{pmatrix}$ (3) $\begin{pmatrix} 1 & 0 \\ 0 & 1 \end{pmatrix}$

(4) $\begin{pmatrix} 1 & 2 \\ 3 & 4 \\ 5 & 6 \end{pmatrix}$ (5) $\begin{pmatrix} 1 & 0 & 1 \\ 0 & 1 & 0 \end{pmatrix}$ (6) $\begin{pmatrix} 1 & 2 & 0 \\ 3 & 0 & 1 \\ 0 & 1 & 5 \end{pmatrix}$

연구 (1) **2×1 행렬** (2) **1×4 행렬** (3) **2×2 행렬**
(4) **3×2 행렬** (5) **2×3 행렬** (6) **3×3 행렬**

* *Note* 이 중에서 정사각행렬은 (3)과 (6)이고, (3)은 이차 정사각행렬, (6)은 삼차 정사각행렬이다.

3 (i, j) 성분과 a_{ij}

흔히 행렬은 대문자 $A, B, C, \cdots$를 써서

$$A=\begin{pmatrix} 2 & 3 \\ 1 & 4 \end{pmatrix},\quad B=\begin{pmatrix} 1 \\ 2 \end{pmatrix},\quad C=\begin{pmatrix} 1 & 3 & 2 \\ 4 & 1 & 5 \end{pmatrix},\quad \cdots$$

와 같이 나타내고, 행렬의 성분을 문자로 나타낼 때에는 오른쪽과 같이 소문자 $a, b, c, \cdots$를 써서 나타낸다.

$$P=\begin{pmatrix} a & b & c \\ d & e & f \end{pmatrix}$$

또, 행렬의 제 i행과 제 j열이 교차하는 위치에 있는 성분을 이 행렬의 **(i, j) 성분**이라 하고, (i, j) 성분을 a_{ij}와 같이 두 개의 첨자 i, j를 써서 각각 행과 열의 위치를 밝혀 나타내기도 한다.

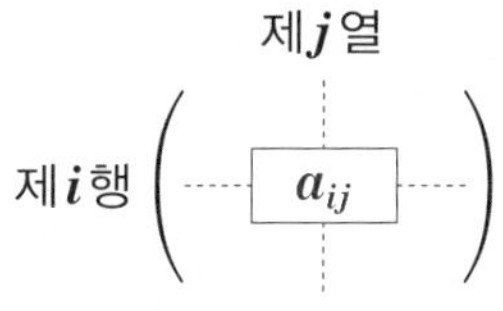

이를테면 위의 행렬 P에서

$(1, 1)$ 성분은 a, $(1, 2)$ 성분은 b, $(1, 3)$ 성분은 c,
$(2, 1)$ 성분은 d, $(2, 2)$ 성분은 e, $(2, 3)$ 성분은 f

이고, 이 성분을 a_{ij}를 써서 나타내면 오른쪽과 같다. 또, 이 행렬을

$$P=\begin{pmatrix} a_{11} & a_{12} & a_{13} \\ a_{21} & a_{22} & a_{23} \end{pmatrix}$$

$$P=(a_{ij}),\quad i=1, 2,\ j=1, 2, 3$$

이라고 쓰기도 하며, 굳이 행렬의 꼴을 밝힐 필요가 없을 때에는 간단히 $P=(a_{ij})$라고 쓰기도 한다.

보기 2 행렬 $A=(a_{ij})$가 오른쪽과 같을 때, 다음 물음에 답하시오.

$$A=\begin{pmatrix} 1 & 6 & 4 \\ 2 & 3 & -1 \\ 2 & 0 & 7 \end{pmatrix}$$

(1) 제 2열의 성분을 구하시오.

(2) $(2, 3)$ 성분을 구하시오.

(3) $a_{12}, a_{21}, a_{23}, a_{32}$의 값을 구하시오.

연구 행렬 A는 3×3 행렬이므로 $A=(a_{ij})$를 풀어 쓰면 오른쪽과 같다.

$$A=\begin{pmatrix} a_{11} & a_{12} & a_{13} \\ a_{21} & a_{22} & a_{23} \\ a_{31} & a_{32} & a_{33} \end{pmatrix}$$

여기에서 $a_{11}, a_{12}, a_{13}, a_{21}, \cdots$은 어떤 수를 나타내는 문자라고 생각하면 알기 쉽다. 이와 같은 기호를 쓰는 것은 이를테면 '제 2행 제 3열의 성분'이라고 길게 표현하는 것보다는 a_{23}이라는 표현이 훨씬 간단하기 때문이다. 특히 이와 같은 기호는 행과 열이 많은 경우에 편리하다.

(1) **6, 3, 0** (2) **-1** (3) **6, 2, -1, 0**

기본 문제 18-1 행렬 A의 (i, j) 성분 a_{ij}가 다음과 같을 때, 행렬 A를 구하시오.

(1) $i=j$일 때 $a_{ij}=2$, $i\neq j$일 때 $a_{ij}=0$ $(i=1, 2, 3,\ j=1, 2, 3)$

(2) $a_{ij}=2i+j-3$ $(i=1, 2,\ j=1, 2, 3)$

정석연구 (1) $i=1, 2, 3$이고 $j=1, 2, 3$이므로 구하는 행렬의 꼴은 오른쪽과 같은 3×3 행렬이다.

$i=j$인 성분 a_{ij}는 대각선의 자리에 있으므로 그 자리에 2를 쓰고, 그 이외의 자리에 0을 쓰면 된다.

$$\begin{pmatrix} \boldsymbol{a_{11}} & a_{12} & a_{13} \\ a_{21} & \boldsymbol{a_{22}} & a_{23} \\ a_{31} & a_{32} & \boldsymbol{a_{33}} \end{pmatrix}$$

(2) $i=1, 2$이고 $j=1, 2, 3$이므로 구하는 행렬의 꼴은 오른쪽과 같은 2×3 행렬이다.

$$\begin{pmatrix} a_{11} & a_{12} & a_{13} \\ a_{21} & a_{22} & a_{23} \end{pmatrix}$$

따라서

$$a_{ij}=2i+j-3$$

에서

$$a_{11},\ a_{12},\ a_{13},\ a_{21},\ a_{22},\ a_{23}$$

을 계산하여 오른쪽 행렬의 각 성분의 자리에 쓰면 된다.

일반적으로 위와 같은 유형의 문제는 구하는 행렬의 꼴을 확인하고,

대응 관계 $(i, j) \longrightarrow a_{ij}$

에 의하여 각각의 a_{ij}의 값을 구하여 그 성분의 자리에 쓰면 된다.

모범답안 (1) $a_{11}=a_{22}=a_{33}=2$,
$a_{12}=a_{13}=a_{23}=0$,
$a_{21}=a_{31}=a_{32}=0$

$$\therefore\ A=\begin{pmatrix} 2 & 0 & 0 \\ 0 & 2 & 0 \\ 0 & 0 & 2 \end{pmatrix} \longleftarrow \boxed{답}$$

(2) $a_{11}=2\times1+1-3=0$, $a_{12}=2\times1+2-3=1$, $a_{13}=2\times1+3-3=2$,
$a_{21}=2\times2+1-3=2$, $a_{22}=2\times2+2-3=3$, $a_{23}=2\times2+3-3=4$

$$\therefore\ A=\begin{pmatrix} 0 & 1 & 2 \\ 2 & 3 & 4 \end{pmatrix} \longleftarrow \boxed{답}$$

유제 **18**-1. 행렬의 (i, j) 성분 a_{ij}가 다음과 같은 행렬을 구하시오.

(1) $i=j$일 때 $a_{ij}=1$, $i\neq j$일 때 $a_{ij}=0$ $(i=1, 2,\ j=1, 2)$

(2) $a_{ij}=i+j-1$ $(i=1, 2,\ j=1, 2, 3)$

(3) $a_{ij}=(-1)^{i+j}$ $(i=1, 2,\ j=1, 2)$

답 (1) $\begin{pmatrix} 1 & 0 \\ 0 & 1 \end{pmatrix}$ (2) $\begin{pmatrix} 1 & 2 & 3 \\ 2 & 3 & 4 \end{pmatrix}$ (3) $\begin{pmatrix} 1 & -1 \\ -1 & 1 \end{pmatrix}$

§2. 서로 같은 행렬

1 행렬의 같은 꼴과 서로 같은 행렬

이를테면 세 행렬 A, B, C를

$$A=\begin{pmatrix} 0 & 1 & 2 \\ 3 & 5 & 4 \end{pmatrix},\quad B=\begin{pmatrix} 0 & 1 & 2 \\ 3 & 5 & 4 \end{pmatrix},\quad C=\begin{pmatrix} 2 & 1 & 0 \\ 3 & 4 & 5 \end{pmatrix}$$

라고 할 때, A, B, C는 모두 2×3 행렬로서 행의 개수와 열의 개수가 각각 같음을 알 수 있다. 이때, 이들 행렬은 같은 꼴이라고 한다.

또, 행렬 A, B는 같은 꼴이면서 대응하는 성분끼리 서로 같다는 것을 알 수 있다. 이때, 행렬 A와 B는 서로 같다고 하고, $\boldsymbol{A=B}$로 나타낸다.

기본정석 — 서로 같은 행렬

(1) 행렬이 서로 같을 조건

$$\begin{pmatrix} a_{11} & a_{12} \\ a_{21} & a_{22} \end{pmatrix}=\begin{pmatrix} b_{11} & b_{12} \\ b_{21} & b_{22} \end{pmatrix} \iff \begin{array}{l} a_{11}=b_{11},\ a_{12}=b_{12}, \\ a_{21}=b_{21},\ a_{22}=b_{22} \end{array}$$

(2) 서로 같은 행렬의 성질

A, B, C가 행렬일 때,

(i) $A=A$　　(ii) $A=B$이면 $B=A$

(iii) $A=B$, $B=C$이면 $A=C$

Advice | 이를테면 연립방정식 $\begin{cases} 2x+y=1 \\ x-y=5 \end{cases}$는 행렬이 서로 같을 조건을 이용하여 다음과 같이 나타낼 수 있다.

$$\begin{pmatrix} 2x+y \\ x-y \end{pmatrix}=\begin{pmatrix} 1 \\ 5 \end{pmatrix} \quad \text{또는} \quad (2x+y \quad x-y)=(1 \quad 5)$$

보기 1 다음 등식을 만족시키는 x, y의 값을 구하시오.

(1) $\begin{pmatrix} 2x-y \\ x-2y \end{pmatrix}=\begin{pmatrix} 1 \\ 5 \end{pmatrix}$　　(2) $(2x-y \quad y)=(3 \quad 3x-8)$

연구 (1) 행렬이 서로 같을 조건으로부터

$$2x-y=1,\ x-2y=5 \qquad \therefore\ \boldsymbol{x=-1,\ y=-3}$$

(2) 행렬이 서로 같을 조건으로부터

$$2x-y=3,\ y=3x-8 \qquad \therefore\ \boldsymbol{x=5,\ y=7}$$

기본 문제 **18**-2 다음 등식을 만족시키는 x, y, z, u의 값을 구하시오.

$$\begin{pmatrix} 2u+1 & 3z-5 \\ y-2 & 2x \end{pmatrix}=\begin{pmatrix} 2z-1 & -2y \\ -4 & u \end{pmatrix}$$

정석연구 두 행렬 A, B가 같은 꼴이면서 대응하는 성분끼리 서로 같을 때, 행렬 A와 B는 서로 같다고 하고, $A=B$로 나타낸다. 따라서

정의 $\begin{pmatrix} a_{11} & a_{12} \\ a_{21} & a_{22} \end{pmatrix}=\begin{pmatrix} b_{11} & b_{12} \\ b_{21} & b_{22} \end{pmatrix} \iff \begin{matrix} a_{11}=b_{11},\ a_{12}=b_{12}, \\ a_{21}=b_{21},\ a_{22}=b_{22} \end{matrix}$

에 의하여 네 개의 방정식을 얻을 수 있다.

여기에서 얻은 연립방정식을 풀면 된다.

모범답안 행렬이 서로 같을 조건으로부터

$2u+1=2z-1$ ……① $3z-5=-2y$ ……②

$y-2=-4$ ……③ $2x=u$ ……④

③에서 $y=-2$

이 값을 ②에 대입하면 $z=3$

이 값을 ①에 대입하면 $u=2$

이 값을 ④에 대입하면 $x=1$ 답 $\boldsymbol{x=1,\ y=-2,\ z=3,\ u=2}$

유제 **18**-2. 두 행렬 A, B가

$A=(x+2y+5 \quad 2x-y+3), \quad B=(2x-y+7 \quad 3x-2y+3)$

일 때, $A=B$가 성립하도록 x, y의 값을 정하시오. 답 $\boldsymbol{x=1,\ y=1}$

유제 **18**-3. 다음 등식을 만족시키는 x, y, z의 값을 구하시오.

$$\begin{pmatrix} 2x+y+z \\ x+2y+z \\ x+y+2z \end{pmatrix}=\begin{pmatrix} 16 \\ 9 \\ 3 \end{pmatrix}$$

답 $\boldsymbol{x=9,\ y=2,\ z=-4}$

유제 **18**-4. 다음 등식을 만족시키는 a, b, c, d의 값을 구하시오.

$$\begin{pmatrix} 3a-2b & b+c \\ 5a-1 & c-3d \end{pmatrix}=\begin{pmatrix} -1 & 5 \\ 4 & 6 \end{pmatrix}$$

답 $\boldsymbol{a=1,\ b=2,\ c=3,\ d=-1}$

유제 **18**-5. 두 행렬 $A=\begin{pmatrix} -2c & c+d \\ c-d & d \end{pmatrix}$, $B=\begin{pmatrix} a & 8 \\ 6 & -b \end{pmatrix}$에 대하여 $A=B$가 성립하도록 하는 a, b, c, d의 값을 구하시오.

답 $\boldsymbol{a=-14,\ b=-1,\ c=7,\ d=1}$

연습문제 18

18-1 오른쪽 그림은 어느 모임의 5명의 회원들 사이의 호감 여부를 나타낸 것이다. 화살표는 호감의 방향을 나타낸다. 이를테면 회원 1은 회원 2와 회원 4에게 호감을 가지고 있고, 회원 2는 회원 3과 서로 호감을 가지고 있다. 이 그림을 5×5 행렬 $A=(a_{ij})$로 다음과 같이 나타낼 때, 행렬 A를 구하시오.

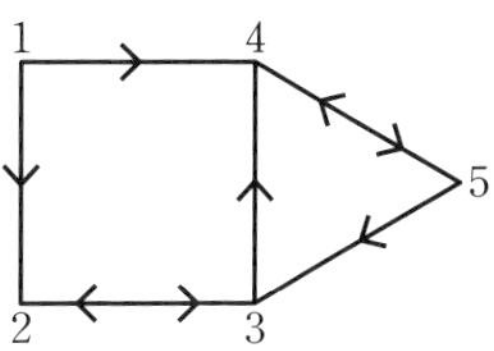

$$a_{ij}=\begin{cases} 1 \text{ (회원 } i\text{가 회원 } j\text{에게 호감을 가지고 있는 경우)} \\ 0 \text{ (나머지 경우)} \end{cases}$$

단, $i=1,\ 2,\ 3,\ 4,\ 5,\ j=1,\ 2,\ 3,\ 4,\ 5$이다.

18-2 갑과 을이 동전을 하나씩 손바닥에 내어 둘 다 앞면이면 갑이 을에게서 100점을 받고, 둘 다 뒷면이면 갑이 을에게서 300점을 받는다. 또, 두 면이 서로 다르면 을이 갑에게서 200점을 받는다. 이 게임의 결과를 오른쪽과 같이 행렬로 나타낼 때, 이 행렬을 완성하시오.

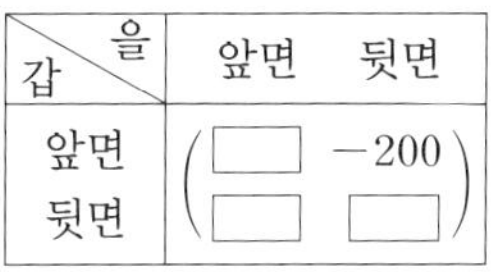

갑 \ 을	앞면	뒷면
앞면	□	-200
뒷면	□	□

18-3 a_{ij}가 다음과 같이 주어진 행렬 $A=(a_{ij})$를 구하시오.

(1) $a_{ij}=(-1)^i+i^2+j\ (i=1,\ 2,\ j=1,\ 2,\ 3)$

(2) $i\ge j$일 때 $a_{ij}=i,\ i<j$일 때 $a_{ij}=-a_{ji}\ (i=1,\ 2,\ 3,\ j=1,\ 2,\ 3)$

18-4 행렬 $A=(a_{ij})$에 대하여

$$a_{ij}=2i-3j+1\ (i=1,\ 2,\ j=1,\ 2,\ 3)$$

이고, 행렬 $B=\begin{pmatrix} 0 & x+y & -6 \\ 2 & x-y & -4 \end{pmatrix}$일 때, $A=B$를 만족시키는 $x,\ y$의 값을 구하시오.

18-5 두 행렬 $A=\begin{pmatrix} x \\ x^3+y^3 \end{pmatrix},\ B=\begin{pmatrix} 2-y \\ x+y+12 \end{pmatrix}$에 대하여 $A=B$가 성립할 때, x^2+y^2의 값은?

① 2　　② 4　　③ 6　　④ 8　　⑤ 10

18-6 다음 등식을 만족시키는 $x,\ y,\ z$의 값을 구하시오.

$$\begin{pmatrix} x+y & x-y \\ y-z & y+z \end{pmatrix}=\begin{pmatrix} 3 & -x \\ -1 & 8-z \end{pmatrix}$$

19. 행렬의 연산

행렬의 덧셈, 뺄셈, 실수배／행렬의 곱셈

§1. 행렬의 덧셈, 뺄셈, 실수배

1 행렬의 덧셈, 뺄셈, 실수배

행렬의 덧셈, 뺄셈, 실수배 등은 하나의 약속으로 정하는 것이지만 마음대로 정하는 것보다는 가능하면 행렬이 이용되는 구체적인 예에서 자연스럽게 뜻이 통하도록 정하는 것이 바람직하다. 이를테면 학교생활에서 흔히 다루어지는 성적을 예로 들어 보자.

다음 표는 갑, 을 두 학생의 어느 해 1학기, 2학기의 국어, 수학 성적을 나타낸 것이다.

1학기	국어	수학
갑	70	75
을	80	78

2학기	국어	수학
갑	74	73
을	82	76

이들 성적을 각각 행렬 A, B로 나타내면 다음과 같다.

$$A=\begin{pmatrix} 70 & 75 \\ 80 & 78 \end{pmatrix},\quad B=\begin{pmatrix} 74 & 73 \\ 82 & 76 \end{pmatrix}$$

이때, 1학기, 2학기의 각 과목끼리의 성적의 합을 하나의 행렬로 만들면 오른쪽과 같다.

$$\begin{pmatrix} 70+74 & 75+73 \\ 80+82 & 78+76 \end{pmatrix}$$

이것을

$$A+B=\begin{pmatrix} 70 & 75 \\ 80 & 78 \end{pmatrix}+\begin{pmatrix} 74 & 73 \\ 82 & 76 \end{pmatrix}=\begin{pmatrix} 70+74 & 75+73 \\ 80+82 & 78+76 \end{pmatrix}$$

과 같이 나타내어 구하는 것이 자연스럽다.

또, 1학기의 성적이 2학기의 성적에 비해서 얼마나 더 좋은가를 알아보는 데에는

$$A-B=\begin{pmatrix} 70 & 75 \\ 80 & 78 \end{pmatrix}-\begin{pmatrix} 74 & 73 \\ 82 & 76 \end{pmatrix}=\begin{pmatrix} 70-74 & 75-73 \\ 80-82 & 78-76 \end{pmatrix}$$

과 같이 나타내어 구하는 것이 자연스럽다.

또, 1학기와 2학기의 성적의 평균은

$$\frac{1}{2}(A+B)=\begin{pmatrix} \frac{1}{2}(70+74) & \frac{1}{2}(75+73) \\ \frac{1}{2}(80+82) & \frac{1}{2}(78+76) \end{pmatrix}=\begin{pmatrix} 72 & 74 \\ 81 & 77 \end{pmatrix}$$

과 같이 나타내어 구하는 것이 자연스럽다.

일반적으로 행렬의 합, 차, 실수배를 다음과 같이 정의한다.

기본정석 — **행렬의 합, 차, 실수배**

(1) A, B가 같은 꼴의 행렬일 때, A와 B의 대응하는 성분의 합을 성분으로 하는 행렬을 A와 B의 합이라 하고, $\boldsymbol{A+B}$로 나타낸다.

$$A=\begin{pmatrix} a_{11} & a_{12} \\ a_{21} & a_{22} \end{pmatrix},\ B=\begin{pmatrix} b_{11} & b_{12} \\ b_{21} & b_{22} \end{pmatrix} \Longrightarrow A+B=\begin{pmatrix} a_{11}+b_{11} & a_{12}+b_{12} \\ a_{21}+b_{21} & a_{22}+b_{22} \end{pmatrix}$$

(2) A, B가 같은 꼴의 행렬일 때, A의 성분에서 이에 대응하는 B의 성분을 뺀 것을 성분으로 하는 행렬을 A에서 B를 뺀 차라 하고, $\boldsymbol{A-B}$로 나타낸다.

$$A=\begin{pmatrix} a_{11} & a_{12} \\ a_{21} & a_{22} \end{pmatrix},\ B=\begin{pmatrix} b_{11} & b_{12} \\ b_{21} & b_{22} \end{pmatrix} \Longrightarrow A-B=\begin{pmatrix} a_{11}-b_{11} & a_{12}-b_{12} \\ a_{21}-b_{21} & a_{22}-b_{22} \end{pmatrix}$$

(3) 실수 k에 대하여 행렬 A의 모든 성분을 k배 한 것을 성분으로 하는 행렬을 A의 $\boldsymbol{k}$배라 하고, $\boldsymbol{kA}$로 나타낸다.

$$A=\begin{pmatrix} a_{11} & a_{12} \\ a_{21} & a_{22} \end{pmatrix} \Longrightarrow kA=\begin{pmatrix} ka_{11} & ka_{12} \\ ka_{21} & ka_{22} \end{pmatrix} \quad (k\text{는 실수})$$

Advice | 두 행렬 A, B가 이를테면

$$A=\begin{pmatrix} 1 & 2 \\ 3 & 4 \end{pmatrix},\quad B=\begin{pmatrix} 3 & 0 & 1 \\ 4 & 3 & 0 \end{pmatrix}$$

과 같이 그 꼴이 같지 않을 때에는 A, B의 성분을 대응시킬 수 없다.

따라서 두 행렬이 같은 꼴일 때에만 두 행렬의 합과 차를 정의한다는 사실에 주의하기를 바란다.

보기 1 다음에서 두 행렬의 연산이 가능한 것은 이를 계산하시오.

(1) $(1\quad 2)+(3\quad 4)$ (2) $(-2\quad 3)+(4\quad -1\quad 0)$

(3) $\begin{pmatrix} 5 & 0 & 3 \\ 4 & 1 & 7 \end{pmatrix}-\begin{pmatrix} 1 & 2 & 3 \\ 5 & 3 & 0 \end{pmatrix}$ (4) $2\begin{pmatrix} 4 & -3 \\ 2 & 1 \end{pmatrix}+3\begin{pmatrix} -1 & 3 \\ -2 & 1 \end{pmatrix}$

연구 (1) (준 식)$=(1+3\quad 2+4)=\mathbf{(4\quad 6)}$

(2) 두 행렬의 꼴이 같지 않으므로 덧셈을 할 수 없다.

(3) (준 식)$=\begin{pmatrix} 5-1 & 0-2 & 3-3 \\ 4-5 & 1-3 & 7-0 \end{pmatrix}=\begin{pmatrix} \mathbf{4} & \mathbf{-2} & \mathbf{0} \\ \mathbf{-1} & \mathbf{-2} & \mathbf{7} \end{pmatrix}$

(4) (준 식)$=\begin{pmatrix} 8 & -6 \\ 4 & 2 \end{pmatrix}+\begin{pmatrix} -3 & 9 \\ -6 & 3 \end{pmatrix}=\begin{pmatrix} 8-3 & -6+9 \\ 4-6 & 2+3 \end{pmatrix}=\begin{pmatrix} \mathbf{5} & \mathbf{3} \\ \mathbf{-2} & \mathbf{5} \end{pmatrix}$

2 영행렬

▶ 영행렬 : 이를테면

$$\begin{pmatrix} 0 \\ 0 \end{pmatrix},\quad (0\quad 0),\quad \begin{pmatrix} 0 & 0 \\ 0 & 0 \end{pmatrix},\quad \begin{pmatrix} 0 & 0 & 0 \\ 0 & 0 & 0 \end{pmatrix}$$

과 같이 행렬의 모든 성분이 0인 행렬을 영행렬이라고 한다.

행렬의 꼴에 따라 영행렬은 하나씩 있으나, 혼동할 염려가 없을 때에는 간단히 대문자 $\boldsymbol{O}$로 나타낸다.

$A=\begin{pmatrix} a & b \\ c & d \end{pmatrix}$, $O=\begin{pmatrix} 0 & 0 \\ 0 & 0 \end{pmatrix}$일 때,

$$A+O=\begin{pmatrix} a & b \\ c & d \end{pmatrix}+\begin{pmatrix} 0 & 0 \\ 0 & 0 \end{pmatrix}=\begin{pmatrix} a+0 & b+0 \\ c+0 & d+0 \end{pmatrix}=\begin{pmatrix} a & b \\ c & d \end{pmatrix}=A$$

이다.

이와 같이 일반적으로 A, O가 같은 꼴의 행렬일 때,

$$A+O=O+A=A$$

가 성립한다.

또, 행렬 A에서 A의 모든 성분의 부호를 바꾼 것을 성분으로 하는 행렬을 $-A$와 같이 나타낸다. 곧,

정 의 $A=\begin{pmatrix} a & b \\ c & d \end{pmatrix} \Longrightarrow -A=\begin{pmatrix} -a & -b \\ -c & -d \end{pmatrix}$

이와 같이 정의하면 두 행렬 A, $-A$에 대하여

$$A+(-A)=(-A)+A=O$$

가 성립한다.

▶ 행렬의 차 : 두 행렬 A, B가 같은 꼴일 때, 행렬의 차 $A-B$를 다음과 같이 $A+(-B)$로 나타낼 수도 있다.

$A=\begin{pmatrix} a & b \\ c & d \end{pmatrix}$, $B=\begin{pmatrix} p & q \\ r & s \end{pmatrix}$일 때,

$$A-B=\begin{pmatrix} a-p & b-q \\ c-r & d-s \end{pmatrix}=\begin{pmatrix} a+(-p) & b+(-q) \\ c+(-r) & d+(-s) \end{pmatrix}$$
$$=\begin{pmatrix} a & b \\ c & d \end{pmatrix}+\begin{pmatrix} -p & -q \\ -r & -s \end{pmatrix}=A+(-B)$$

보기 2 두 행렬 $A=\begin{pmatrix} a & b \\ c & d \end{pmatrix}$, $B=\begin{pmatrix} e & f \\ g & h \end{pmatrix}$에 대하여 다음 물음에 답하시오.

(1) $A-B$를 구하시오.

(2) $B+X=A$를 만족시키는 2×2 행렬 X를 구하시오. 또, (1)의 결과와 비교하시오.

연구 (1) $A-B=\begin{pmatrix} a & b \\ c & d \end{pmatrix}-\begin{pmatrix} e & f \\ g & h \end{pmatrix}=\begin{pmatrix} \boldsymbol{a-e} & \boldsymbol{b-f} \\ \boldsymbol{c-g} & \boldsymbol{d-h} \end{pmatrix}$

(2) $X=\begin{pmatrix} x & y \\ u & v \end{pmatrix}$로 놓으면 $B+X=A$에서

$$\begin{pmatrix} e & f \\ g & h \end{pmatrix}+\begin{pmatrix} x & y \\ u & v \end{pmatrix}=\begin{pmatrix} a & b \\ c & d \end{pmatrix} \quad \therefore \begin{pmatrix} e+x & f+y \\ g+u & h+v \end{pmatrix}=\begin{pmatrix} a & b \\ c & d \end{pmatrix}$$

행렬이 서로 같을 조건으로부터

$$e+x=a,\ f+y=b,\ g+u=c,\ h+v=d$$
$$\therefore\ x=a-e,\ y=b-f,\ u=c-g,\ v=d-h$$
$$\therefore\ \boldsymbol{X}=\begin{pmatrix} \boldsymbol{a-e} & \boldsymbol{b-f} \\ \boldsymbol{c-g} & \boldsymbol{d-h} \end{pmatrix} \quad \text{곧, } \boldsymbol{X=A-B}$$

Advice 1° 위의 결과에서 다음이 성립함을 알 수 있다.

정석 $B+X=A \iff X=A-B$

2° 행렬의 차를 다음과 같이 정의하기도 한다.

$\boldsymbol{A}$, $\boldsymbol{B}$가 같은 꼴의 행렬일 때, $\boldsymbol{B+X=A}$를 만족시키는 행렬 $\boldsymbol{X}$를 $\boldsymbol{A}$에서 $\boldsymbol{B}$를 뺀 차라 하고, $\boldsymbol{A-B}$로 나타낸다.

보기 3 $X+\begin{pmatrix} 1 & 0 \\ 0 & 1 \end{pmatrix}=\begin{pmatrix} 2 & 1 \\ 3 & 4 \end{pmatrix}$를 만족시키는 2×2 행렬 X를 구하시오.

연구 $X=\begin{pmatrix} 2 & 1 \\ 3 & 4 \end{pmatrix}-\begin{pmatrix} 1 & 0 \\ 0 & 1 \end{pmatrix}=\begin{pmatrix} 2-1 & 1-0 \\ 3-0 & 4-1 \end{pmatrix}=\begin{pmatrix} \mathbf{1} & \mathbf{1} \\ \mathbf{3} & \mathbf{3} \end{pmatrix}$

3 행렬의 덧셈, 실수배에 대한 기본 법칙

a, b, c가 실수일 때, 덧셈에 대하여 다음과 같은 기본 법칙이 성립한다.

① $a+b=b+a$ ⇦ 교환법칙

② $(a+b)+c=a+(b+c)$ ⇦ 결합법칙

③ 실수 a에 대하여 $a+0=0+a=a$이다.

④ 두 실수 a, $-a$에 대하여 $a+(-a)=(-a)+a=0$이다.

마찬가지로 행렬에 있어서도 다음과 같은 덧셈, 실수배에 대한 기본 법칙이 성립한다.

기본정석 — 행렬의 덧셈, 실수배에 대한 기본 법칙

(1) 행렬의 덧셈에 대한 기본 법칙

A, B, C, O가 같은 꼴의 행렬일 때, 다음 기본 법칙이 성립한다.

① $\boldsymbol{A+B=B+A}$ ⇦ 교환법칙

② $\boldsymbol{(A+B)+C=A+(B+C)}$ ⇦ 결합법칙

③ 영행렬 O와 행렬 A에 대하여

$$\boldsymbol{A+O=O+A=A}$$

④ 두 행렬 A, $-A$와 영행렬 O에 대하여

$$\boldsymbol{A+(-A)=(-A)+A=O}$$

(2) 행렬의 실수배에 대한 기본 법칙

A, B, O가 같은 꼴의 행렬이고, k, l이 실수일 때, 다음 기본 법칙이 성립한다.

① $k(lA)=(kl)A$ ⇦ 결합법칙

② $(k+l)A=kA+lA,\quad k(A+B)=kA+kB$ ⇦ 분배법칙

③ $1A=A,\quad (-1)A=-A$

④ $kO=O,\quad 0A=O$

보기 4 $A=\begin{pmatrix} a & b \\ c & d \end{pmatrix}$, $B=\begin{pmatrix} e & f \\ g & h \end{pmatrix}$일 때, $A+B=B+A$임을 보이시오.

연구 $A+B=\begin{pmatrix} a & b \\ c & d \end{pmatrix}+\begin{pmatrix} e & f \\ g & h \end{pmatrix}=\begin{pmatrix} a+e & b+f \\ c+g & d+h \end{pmatrix}$

$B+A=\begin{pmatrix} e & f \\ g & h \end{pmatrix}+\begin{pmatrix} a & b \\ c & d \end{pmatrix}=\begin{pmatrix} e+a & f+b \\ g+c & h+d \end{pmatrix}=\begin{pmatrix} a+e & b+f \\ c+g & d+h \end{pmatrix}$

$\therefore\ A+B=B+A$

***Note** 같은 방법으로 하면 $(A+B)+C=A+(B+C)$임을 확인할 수 있다.

보기 5 실수 k, l과 행렬 $A=\begin{pmatrix} a & b \\ c & d \end{pmatrix}$에 대하여 $k(lA)=(kl)A$가 성립함을 보이시오.

연구 $k(lA)=k\left\{l\begin{pmatrix} a & b \\ c & d \end{pmatrix}\right\}=k\begin{pmatrix} la & lb \\ lc & ld \end{pmatrix}=\begin{pmatrix} kla & klb \\ klc & kld \end{pmatrix}$

$(kl)A=kl\begin{pmatrix} a & b \\ c & d \end{pmatrix}=\begin{pmatrix} kla & klb \\ klc & kld \end{pmatrix}$

$\therefore\ k(lA)=(kl)A$

*Note 같은 방법으로 하면 다음 기본 법칙이 성립함을 확인할 수 있다.

$(k+l)A=kA+lA,\quad k(A+B)=kA+kB$

보기 6 $A=\begin{pmatrix} a & b \\ c & d \end{pmatrix}$, $O=\begin{pmatrix} 0 & 0 \\ 0 & 0 \end{pmatrix}$일 때, 다음이 성립함을 보이시오.

(1) $1A=A,\ (-1)A=-A$ (2) $kO=O,\ 0A=O$ (k는 실수)

연구 (1) $1A=1\begin{pmatrix} a & b \\ c & d \end{pmatrix}=\begin{pmatrix} 1\times a & 1\times b \\ 1\times c & 1\times d \end{pmatrix}=\begin{pmatrix} a & b \\ c & d \end{pmatrix}=A$

$(-1)A=(-1)\begin{pmatrix} a & b \\ c & d \end{pmatrix}=\begin{pmatrix} -1\times a & -1\times b \\ -1\times c & -1\times d \end{pmatrix}=\begin{pmatrix} -a & -b \\ -c & -d \end{pmatrix}=-A$

(2) $kO=k\begin{pmatrix} 0 & 0 \\ 0 & 0 \end{pmatrix}=\begin{pmatrix} k\times 0 & k\times 0 \\ k\times 0 & k\times 0 \end{pmatrix}=\begin{pmatrix} 0 & 0 \\ 0 & 0 \end{pmatrix}=O$

$0A=0\begin{pmatrix} a & b \\ c & d \end{pmatrix}=\begin{pmatrix} 0\times a & 0\times b \\ 0\times c & 0\times d \end{pmatrix}=\begin{pmatrix} 0 & 0 \\ 0 & 0 \end{pmatrix}=O$

보기 7 $A=\begin{pmatrix} 1 & 3 \\ 4 & -2 \end{pmatrix}$, $B=\begin{pmatrix} 0 & -1 \\ 2 & 0 \end{pmatrix}$일 때, 다음을 계산하시오.

(1) $2(A-B)-A+B$ (2) $4(A+B)-2(A+4B)$

연구 지금까지 공부한 행렬의 연산에 대한 성질로부터 행렬의 덧셈, 뺄셈, 실수배는 행렬을 나타내는 문자를 수를 나타내는 문자와 똑같이 생각하여 계산해도 됨을 알 수 있다. 곧,

정석 행렬의 덧셈, 뺄셈, 실수배는 ⟹ 수, 식의 계산과 동일!

(1) (준 식)$=2A-2B-A+B=A-B=\begin{pmatrix} 1 & 3 \\ 4 & -2 \end{pmatrix}-\begin{pmatrix} 0 & -1 \\ 2 & 0 \end{pmatrix}=\begin{pmatrix} \mathbf{1} & \mathbf{4} \\ \mathbf{2} & \mathbf{-2} \end{pmatrix}$

(2) (준 식)$=4A+4B-2A-8B=2A-4B$

$=2\begin{pmatrix} 1 & 3 \\ 4 & -2 \end{pmatrix}-4\begin{pmatrix} 0 & -1 \\ 2 & 0 \end{pmatrix}=\begin{pmatrix} 2 & 6 \\ 8 & -4 \end{pmatrix}-\begin{pmatrix} 0 & -4 \\ 8 & 0 \end{pmatrix}=\begin{pmatrix} \mathbf{2} & \mathbf{10} \\ \mathbf{0} & \mathbf{-4} \end{pmatrix}$

기본 문제 **19**-1 $A=\begin{pmatrix} 15 & 5 \\ 0 & -5 \end{pmatrix}$, $B=\begin{pmatrix} 10 & -5 \\ 5 & 15 \end{pmatrix}$일 때, 다음 등식을 만족시키는 행렬 X를 구하시오.

(1) $5X-2A=3X+4B$ (2) $3(X+2A)=X+2(A+B)$

정석연구 A, B, X는 행렬을 나타내는 문자이지만, 이 문자를 수를 나타내는 문자와 똑같이 생각하여 계산해도 된다. 곧,

정석 행렬의 덧셈, 뺄셈, 실수배는 $\Longrightarrow$ 수, 식의 계산과 동일

하게 계산한다.

따라서 먼저 주어진 식을 X에 관한 일차방정식으로 보고 X를 A, B로 나타낸다.

모범답안 (1) $5X-2A=3X+4B$에서 $2X=2A+4B$

$$\therefore X=A+2B=\begin{pmatrix} 15 & 5 \\ 0 & -5 \end{pmatrix}+2\begin{pmatrix} 10 & -5 \\ 5 & 15 \end{pmatrix}$$

$$=\begin{pmatrix} 15 & 5 \\ 0 & -5 \end{pmatrix}+\begin{pmatrix} 20 & -10 \\ 10 & 30 \end{pmatrix}=\begin{pmatrix} \mathbf{35} & \mathbf{-5} \\ \mathbf{10} & \mathbf{25} \end{pmatrix} \longleftarrow \text{답}$$

(2) $3(X+2A)=X+2(A+B)$에서 $3X+6A=X+2A+2B$

$$\therefore 2X=2B-4A$$

$$\therefore X=B-2A=\begin{pmatrix} 10 & -5 \\ 5 & 15 \end{pmatrix}-2\begin{pmatrix} 15 & 5 \\ 0 & -5 \end{pmatrix}$$

$$=\begin{pmatrix} 10 & -5 \\ 5 & 15 \end{pmatrix}-\begin{pmatrix} 30 & 10 \\ 0 & -10 \end{pmatrix}=\begin{pmatrix} \mathbf{-20} & \mathbf{-15} \\ \mathbf{5} & \mathbf{25} \end{pmatrix} \longleftarrow \text{답}$$

유제 **19**-1. 다음 등식을 만족시키는 행렬 X를 구하시오.

$$\begin{pmatrix} 4 & -1 \\ 2 & 0 \end{pmatrix}+\begin{pmatrix} 2 & 4 \\ -3 & 1 \end{pmatrix}+X=\begin{pmatrix} 6 & -2 \\ 2 & 0 \end{pmatrix}$$

답 $\begin{pmatrix} \mathbf{0} & \mathbf{-5} \\ \mathbf{3} & \mathbf{-1} \end{pmatrix}$

유제 **19**-2. $A=\begin{pmatrix} 1 & 2 & 3 \\ -1 & 0 & 2 \end{pmatrix}$, $B=\begin{pmatrix} -1 & 5 & -2 \\ 2 & 2 & -1 \end{pmatrix}$일 때, 다음 등식을 만족시키는 행렬 X를 구하시오.

(1) $A+X=O$ (2) $A+X=B$

(3) $3X-B=2(A+2X)-3B$

답 (1) $\begin{pmatrix} \mathbf{-1} & \mathbf{-2} & \mathbf{-3} \\ \mathbf{1} & \mathbf{0} & \mathbf{-2} \end{pmatrix}$ (2) $\begin{pmatrix} \mathbf{-2} & \mathbf{3} & \mathbf{-5} \\ \mathbf{3} & \mathbf{2} & \mathbf{-3} \end{pmatrix}$ (3) $\begin{pmatrix} \mathbf{-4} & \mathbf{6} & \mathbf{-10} \\ \mathbf{6} & \mathbf{4} & \mathbf{-6} \end{pmatrix}$

기본 문제 **19**-2 $P=\begin{pmatrix} 1 & 0 \\ 0 & 1 \end{pmatrix}$, $Q=\begin{pmatrix} 1 & 2 \\ 2 & 1 \end{pmatrix}$일 때, 행렬 $\begin{pmatrix} 4 & 2 \\ 2 & 4 \end{pmatrix}$를 실수 x, y를 써서 $xP+yQ$의 꼴로 나타내시오.

정석연구 문제의 뜻에 따라

$$\begin{pmatrix} 4 & 2 \\ 2 & 4 \end{pmatrix}=xP+yQ \quad \text{곧,} \ \begin{pmatrix} 4 & 2 \\ 2 & 4 \end{pmatrix}=x\begin{pmatrix} 1 & 0 \\ 0 & 1 \end{pmatrix}+y\begin{pmatrix} 1 & 2 \\ 2 & 1 \end{pmatrix}$$

로 놓고 이 식을 만족시키는 x, y의 값을 구한다. 이때,

정 의 $\begin{pmatrix} a_{11} & a_{12} \\ a_{21} & a_{22} \end{pmatrix}=\begin{pmatrix} b_{11} & b_{12} \\ b_{21} & b_{22} \end{pmatrix} \iff \begin{matrix} a_{11}=b_{11}, \ a_{12}=b_{12}, \\ a_{21}=b_{21}, \ a_{22}=b_{22} \end{matrix}$

를 이용하면 된다.

모범답안 $\begin{pmatrix} 4 & 2 \\ 2 & 4 \end{pmatrix}=x\begin{pmatrix} 1 & 0 \\ 0 & 1 \end{pmatrix}+y\begin{pmatrix} 1 & 2 \\ 2 & 1 \end{pmatrix}$로 놓고 우변을 정리하면

$$\begin{pmatrix} 4 & 2 \\ 2 & 4 \end{pmatrix}=\begin{pmatrix} x+y & 2y \\ 2y & x+y \end{pmatrix}$$

행렬이 서로 같을 조건으로부터 $x+y=4, \ 2y=2 \quad \therefore \ x=3, \ y=1$

$$\therefore \ \begin{pmatrix} 4 & 2 \\ 2 & 4 \end{pmatrix}=3\begin{pmatrix} 1 & 0 \\ 0 & 1 \end{pmatrix}+\begin{pmatrix} 1 & 2 \\ 2 & 1 \end{pmatrix}=\boldsymbol{3P+Q} \longleftarrow \text{답}$$

유제 **19**-3. 다음 등식을 만족시키는 a, b, c, d의 값을 구하시오.

$$\begin{pmatrix} a & -3 \\ 5 & b \end{pmatrix}+2\begin{pmatrix} 4 & c \\ 0 & 2 \end{pmatrix}=5\begin{pmatrix} 2 & -1 \\ d & 1 \end{pmatrix}$$

답 $\boldsymbol{a=2, \ b=1, \ c=-1, \ d=1}$

유제 **19**-4. 실수 x, y에 대하여 $x\begin{pmatrix} 1 \\ 2 \\ 3 \end{pmatrix}+y\begin{pmatrix} -2 \\ 3 \\ 1 \end{pmatrix}=\begin{pmatrix} a \\ 1 \\ 2 \end{pmatrix}$일 때, a의 값을 구하시오.

답 $\boldsymbol{a=1}$

유제 **19**-5. $A=\begin{pmatrix} 1 & 1 \\ 0 & 1 \end{pmatrix}$, $B=\begin{pmatrix} 2 & 1 \\ -1 & 3 \end{pmatrix}$, $C=\begin{pmatrix} 0 & 1 \\ 1 & -1 \end{pmatrix}$일 때, $xA+yB=C$를 만족시키는 실수 x, y의 값을 구하시오.

답 $\boldsymbol{x=2, \ y=-1}$

유제 **19**-6. $P=\begin{pmatrix} 1 \\ 2 \end{pmatrix}$, $Q=\begin{pmatrix} 3 \\ 1 \end{pmatrix}$일 때, 행렬 $\begin{pmatrix} 7 \\ 4 \end{pmatrix}$를 실수 x, y를 써서 $xP+yQ$의 꼴로 나타내시오.

답 $\boldsymbol{P+2Q}$

§2. 행렬의 곱셈

1 행렬의 곱셈

▶ **1×2 행렬과 2×1 행렬의 곱** : 행렬의 덧셈, 뺄셈, 실수배는 그 연산 규칙이 자연스러우나, 곱셈의 규칙은 복잡하므로 이에 익숙해지기 위해서는 많은 연습이 필요하다.

먼저 행렬의 곱셈의 정의가 무엇을 뜻하는 것인지를 구체적인 예에서 찾아보자.

오른쪽 [표 1]은 공책 1권과 연필 1자루의 단가를 나타낸 것이다.

지금 갑이 공책 4권과 연필 3자루를 사려고 한다.

갑이 사려고 하는 수량을 위의 [표 1]과 구별하여 오른쪽 [표 2]와 같이 세로로 된 표로 나타내어 보자.

이때, 갑이 지불해야 할 금액을 계산하면

$$800\times4+250\times3(\text{원})$$

이다.

[표 1] (단가)

상 품	공책	연필
단가(원)	800	250

[표 2] (수량)

상 품	수 량
공 책	4
연 필	3

한편 [표 1]을 행렬 $(800 \quad 250)$으로, [표 2]를 행렬 $\begin{pmatrix}4\\3\end{pmatrix}$으로 나타내어 위의 지불 금액과의 관계를 비교해 보면 아래와 같음을 알 수 있다.

$$(800 \quad 250)\begin{pmatrix}4\\3\end{pmatrix}=(800\times4+250\times3)$$

이와 같은 생각에서 1×2 행렬과 2×1 행렬의 곱을

정의 $$(a \quad b)\begin{pmatrix}x\\y\end{pmatrix}=(ax+by)$$

와 같이 정의한다.

이때, 우변은 1×1 행렬을 뜻하는 것으로 괄호 ( )를 없애고 간단히 $ax+by$라고 써도 된다.

일반적으로 $1\times n$ 행렬과 $n\times1$ 행렬의 곱도 위와 같이 정의한다.

▶ **2×2 행렬과 2×2 행렬의 곱** : 이를테면 P, Q 두 상점에서 판매하는 공책 1권과 연필 1자루의 단가는 아래 [표 1]과 같고, 갑과 을이 사려는 공책과 연필의 수량은 아래 [표 2]와 같다고 하자.

[표 **1**] (단가)

	공책	연필
P 상점	800	250
Q 상점	850	300

[표 **2**] (수량)

	갑	을
공책	4	5
연필	3	2

갑과 을이 각각 P, Q 중 한 상점에서 공책과 연필을 살 경우에

(i) 갑이 P 상점에서 사는 경우 (ii) 을이 P 상점에서 사는 경우

(iii) 갑이 Q 상점에서 사는 경우 (iv) 을이 Q 상점에서 사는 경우

에 대한 지불 금액을 계산하여 표를 만들면 아래 [표 **3**]과 같다.

[표 **3**] (지불 금액)

	갑	을
P 상점	(i) $800\times4+250\times3$	(ii) $800\times5+250\times2$
Q 상점	(iii) $850\times4+300\times3$	(iv) $850\times5+300\times2$

이때, 단가, 수량, 지불 금액의 관계를 행렬을 이용하여

$$\begin{pmatrix} 800 & 250 \\ 850 & 300 \end{pmatrix}\begin{pmatrix} 4 & 5 \\ 3 & 2 \end{pmatrix}=\begin{pmatrix} 800\times4+250\times3 & 800\times5+250\times2 \\ 850\times4+300\times3 & 850\times5+300\times2 \end{pmatrix}$$

와 같이 나타내면 여러 가지 계산이 함께 처리되어 편리하다.

이와 같은 생각에서 2×2 행렬 사이의 곱을 다음과 같이 정의한다.

정 의 $$\begin{pmatrix} a & b \\ c & d \end{pmatrix}\begin{pmatrix} x & u \\ y & v \end{pmatrix}=\begin{pmatrix} ax+by & au+bv \\ cx+dy & cu+dv \end{pmatrix}$$

이와 같은 행렬의 곱을 아래 그림과 같이 생각하면 기억하기가 쉽다.

$$\begin{pmatrix} ① \rightarrow \\ ② \rightarrow \end{pmatrix}\begin{pmatrix} ①\downarrow & ②\downarrow \end{pmatrix}=\begin{pmatrix} ①\times① & ①\times② \\ ②\times① & ②\times② \end{pmatrix}$$

일반적으로

정 석 행렬의 곱셈 ⟹ (→)(↓)이 기본

임에 유의하고 여러 가지 행렬의 꼴에 대하여 다음과 같이 정리해 두자.

기본정석 **행렬의 곱셈**

① $(a \quad b)\begin{pmatrix} x \\ y \end{pmatrix}=(ax+by)$ $(\rightarrow)(\downarrow)$

② $(a \quad b)\begin{pmatrix} x & u \\ y & v \end{pmatrix}=(ax+by \quad au+bv)$ $(\rightarrow)(\downarrow\downarrow)$

③ $\begin{pmatrix} a \\ b \end{pmatrix}(x \quad y)=\begin{pmatrix} ax & ay \\ bx & by \end{pmatrix}$ $(\rightrightarrows)(\downarrow\downarrow)$

④ $\begin{pmatrix} a & b \\ c & d \end{pmatrix}\begin{pmatrix} x \\ y \end{pmatrix}=\begin{pmatrix} ax+by \\ cx+dy \end{pmatrix}$ $(\rightrightarrows)(\downarrow)$

⑤ $\begin{pmatrix} a & b \\ c & d \end{pmatrix}\begin{pmatrix} x & u \\ y & v \end{pmatrix}=\begin{pmatrix} ax+by & au+bv \\ cx+dy & cu+dv \end{pmatrix}$ $(\rightrightarrows)(\downarrow\downarrow)$

⑥ $\begin{pmatrix} a & b & c \\ d & e & f \end{pmatrix}\begin{pmatrix} x & u \\ y & v \\ z & w \end{pmatrix}=\begin{pmatrix} ax+by+cz & au+bv+cw \\ dx+ey+fz & du+ev+fw \end{pmatrix}$ $(\rightrightarrows)(\downarrow\downarrow)$

Advice | 두 행렬의 곱은 위의 붉은 점선과 같이 앞의 행렬은 행과 행 사이를 가르고, 뒤의 행렬은 열과 열 사이를 갈라서 행과 열의 곱의 계산을 하면 된다.

일반적으로 행렬의 곱셈은 다음과 같은 규칙으로 이루어진다.

(i) 행렬 A와 행렬 B의 곱 AB는 A의 열의 개수와 B의 행의 개수가 같을 때에만 정의된다.

정석 행렬 $\boldsymbol{A}$, $\boldsymbol{B}$의 곱 $\boldsymbol{AB}$가 정의되려면

$\boldsymbol{A}$의 열의 개수 (가로의 길이) $(\leftrightarrow)$ $=$ $\boldsymbol{B}$의 행의 개수 (세로의 길이) $(\updownarrow)$

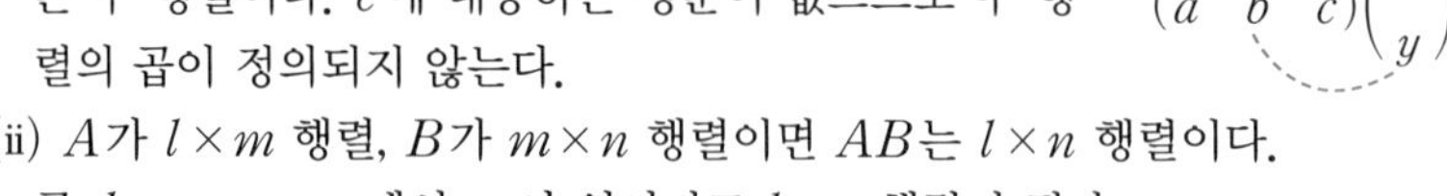

이를테면 오른쪽은 가로의 길이와 세로의 길이가 다른 두 행렬이다. c에 대응하는 성분이 없으므로 두 행렬의 곱이 정의되지 않는다.

$(a \quad b \quad c)\begin{pmatrix} x \\ y \end{pmatrix}$

(ii) A가 $l\times m$ 행렬, B가 $m\times n$ 행렬이면 AB는 $l\times n$ 행렬이다.

곧, $l\times m$, $m\times n$에서 m이 없어지고 $l\times n$ 행렬이 된다.

이를테면 위의 ④에서 2×2 행렬과 2×1 행렬의 곱은 2×1 행렬이다.

(iii) 두 행렬 A, B의 곱 AB의 (i, j) 성분은 A의 제 i행의 성분에 B의 제 j열의 대응하는 성분을 차례로 곱하여 더한 것이다.

$\begin{pmatrix} \xrightarrow{i\text{행}} \end{pmatrix}\begin{pmatrix} \downarrow j\text{열} \end{pmatrix}=\begin{pmatrix} -(i,\ j)- \end{pmatrix}$

보기 1 다음을 계산하시오.

(1) $(3 \quad 4)\begin{pmatrix} 2 \\ 5 \end{pmatrix}$ (2) $(2 \quad -3)\begin{pmatrix} 4 \\ 5 \end{pmatrix}$ (3) $(3 \quad 1 \quad -1)\begin{pmatrix} 2 \\ -1 \\ 0 \end{pmatrix}$

(4) $(3 \quad 0)\begin{pmatrix} 2 & 1 \\ 1 & 2 \end{pmatrix}$ (5) $(3 \quad -4)\begin{pmatrix} 1 & -1 \\ -1 & 1 \end{pmatrix}$ (6) $(-1 \quad 4)\begin{pmatrix} 2 & 1 \\ 3 & 5 \end{pmatrix}$

(7) $\begin{pmatrix} 3 \\ 2 \end{pmatrix}(1 \quad 4)$ (8) $\begin{pmatrix} 1 \\ 2 \end{pmatrix}(3 \quad 4)$ (9) $\begin{pmatrix} -2 \\ 5 \end{pmatrix}(3 \quad -4)$

(10) $\begin{pmatrix} 2 & 1 \\ 3 & 4 \end{pmatrix}\begin{pmatrix} -1 \\ 2 \end{pmatrix}$ (11) $\begin{pmatrix} 5 & 1 \\ 4 & -2 \end{pmatrix}\begin{pmatrix} 3 \\ 2 \end{pmatrix}$ (12) $\begin{pmatrix} 3 & 7 \\ -2 & 5 \end{pmatrix}\begin{pmatrix} 2 \\ 3 \end{pmatrix}$

연구 행렬의 곱의 계산은 자신이 생길 때까지 연습해 두기를 바란다.

정 석 행렬의 곱셈 $\Longrightarrow$ $(\longrightarrow)(\downarrow)$이 기본

(1) (준 식)$=(3\times2+4\times5)=(26)=\mathbf{26}$ ⇦ 괄호를 없애도 된다.

(2) (준 식)$=(2\times4+(-3)\times5)=(-7)=\mathbf{-7}$

(3) (준 식)$=(3\times2+1\times(-1)+(-1)\times0)=(5)=\mathbf{5}$

(4) $(3 \quad 0)\begin{pmatrix} 2 & 1 \\ 1 & 2 \end{pmatrix}=(3\times2+0\times1 \quad 3\times1+0\times2)=\mathbf{(6 \quad 3)}$

(5) $(3 \quad -4)\begin{pmatrix} 1 & -1 \\ -1 & 1 \end{pmatrix}=(3\times1+(-4)\times(-1) \quad 3\times(-1)+(-4)\times1)$
$=\mathbf{(7 \quad -7)}$

(6) $(-1 \quad 4)\begin{pmatrix} 2 & 1 \\ 3 & 5 \end{pmatrix}=((-1)\times2+4\times3 \quad (-1)\times1+4\times5)=\mathbf{(10 \quad 19)}$

(7) $\begin{pmatrix} 3 \\ 2 \end{pmatrix}(1 \quad 4)=\begin{pmatrix} 3\times1 & 3\times4 \\ 2\times1 & 2\times4 \end{pmatrix}=\begin{pmatrix} \mathbf{3} & \mathbf{12} \\ \mathbf{2} & \mathbf{8} \end{pmatrix}$

(8) $\begin{pmatrix} 1 \\ 2 \end{pmatrix}(3 \quad 4)=\begin{pmatrix} 1\times3 & 1\times4 \\ 2\times3 & 2\times4 \end{pmatrix}=\begin{pmatrix} \mathbf{3} & \mathbf{4} \\ \mathbf{6} & \mathbf{8} \end{pmatrix}$

(9) $\begin{pmatrix} -2 \\ 5 \end{pmatrix}(3 \quad -4)=\begin{pmatrix} (-2)\times3 & (-2)\times(-4) \\ 5\times3 & 5\times(-4) \end{pmatrix}=\begin{pmatrix} \mathbf{-6} & \mathbf{8} \\ \mathbf{15} & \mathbf{-20} \end{pmatrix}$

(10) $\begin{pmatrix} 2 & 1 \\ 3 & 4 \end{pmatrix}\begin{pmatrix} -1 \\ 2 \end{pmatrix}=\begin{pmatrix} 2\times(-1)+1\times2 \\ 3\times(-1)+4\times2 \end{pmatrix}=\begin{pmatrix} \mathbf{0} \\ \mathbf{5} \end{pmatrix}$

(11) $\begin{pmatrix} 5 & 1 \\ 4 & -2 \end{pmatrix}\begin{pmatrix} 3 \\ 2 \end{pmatrix}=\begin{pmatrix} 5\times3+1\times2 \\ 4\times3+(-2)\times2 \end{pmatrix}=\begin{pmatrix} \mathbf{17} \\ \mathbf{8} \end{pmatrix}$

(12) $\begin{pmatrix} 3 & 7 \\ -2 & 5 \end{pmatrix}\begin{pmatrix} 2 \\ 3 \end{pmatrix}=\begin{pmatrix} 3\times2+7\times3 \\ (-2)\times2+5\times3 \end{pmatrix}=\begin{pmatrix} \mathbf{27} \\ \mathbf{11} \end{pmatrix}$

보기 2 $A=\begin{pmatrix} 0 & 1 \\ 0 & 2 \end{pmatrix}$, $B=\begin{pmatrix} 3 & 4 \\ 0 & 0 \end{pmatrix}$, $O=\begin{pmatrix} 0 & 0 \\ 0 & 0 \end{pmatrix}$일 때, 다음을 계산하시오.

(1) AB (2) BA (3) AO (4) OA

연구 행렬의 곱의 정의에 따라 계산한다.

정 석 행렬의 곱셈 ⟹ $(\rightarrow)(\downarrow)$이 기본

(1) $AB=\begin{pmatrix} 0 & 1 \\ 0 & 2 \end{pmatrix}\begin{pmatrix} 3 & 4 \\ 0 & 0 \end{pmatrix}=\begin{pmatrix} 0\times3+1\times0 & 0\times4+1\times0 \\ 0\times3+2\times0 & 0\times4+2\times0 \end{pmatrix}=\begin{pmatrix} \mathbf{0} & \mathbf{0} \\ \mathbf{0} & \mathbf{0} \end{pmatrix}$

(2) $BA=\begin{pmatrix} 3 & 4 \\ 0 & 0 \end{pmatrix}\begin{pmatrix} 0 & 1 \\ 0 & 2 \end{pmatrix}=\begin{pmatrix} 3\times0+4\times0 & 3\times1+4\times2 \\ 0\times0+0\times0 & 0\times1+0\times2 \end{pmatrix}=\begin{pmatrix} \mathbf{0} & \mathbf{11} \\ \mathbf{0} & \mathbf{0} \end{pmatrix}$

(3) $AO=\begin{pmatrix} 0 & 1 \\ 0 & 2 \end{pmatrix}\begin{pmatrix} 0 & 0 \\ 0 & 0 \end{pmatrix}=\begin{pmatrix} 0\times0+1\times0 & 0\times0+1\times0 \\ 0\times0+2\times0 & 0\times0+2\times0 \end{pmatrix}=\begin{pmatrix} \mathbf{0} & \mathbf{0} \\ \mathbf{0} & \mathbf{0} \end{pmatrix}$

(4) $OA=\begin{pmatrix} 0 & 0 \\ 0 & 0 \end{pmatrix}\begin{pmatrix} 0 & 1 \\ 0 & 2 \end{pmatrix}=\begin{pmatrix} 0\times0+0\times0 & 0\times1+0\times2 \\ 0\times0+0\times0 & 0\times1+0\times2 \end{pmatrix}=\begin{pmatrix} \mathbf{0} & \mathbf{0} \\ \mathbf{0} & \mathbf{0} \end{pmatrix}$

Advice 1° **보기 2**의 (1), (2)로부터 두 행렬의 곱의 성질은 두 실수의 곱의 성질과는 다른 점이 있다는 것을 알 수 있다. 곧,

(i) 위의 (1), (2)에서 $AB\neq BA$이다. 곧, 행렬의 곱셈에서는 교환법칙이 성립하지 않는다. 물론 위의 (3), (4)에서와 같이 A와 B의 성분에 따라서는 $AB=BA$인 경우도 있다.

(ii) 위의 (1)에서와 같이 $A\neq O$, $B\neq O$임에도 $AB=O$인 행렬 A, B가 있을 수 있다.

곧, 수의 곱셈과는 달리 행렬의 곱셈에서는

「$AB=O$」가 「$A=O$ 또는 $B=O$」를 뜻하지는 않는다.

2° 위의 (3), (4)에서와 같이 A, O가 같은 차수의 정사각행렬일 때,

$$AO=OA=O$$

가 성립한다.

보기 3 $\begin{pmatrix} 4 & 1 & -1 \\ 3 & 2 & 0 \end{pmatrix}\begin{pmatrix} 2 & 6 \\ 1 & 4 \\ 5 & 3 \end{pmatrix}$을 계산하시오.

연구 $\begin{pmatrix} 4 & 1 & -1 \\ 3 & 2 & 0 \end{pmatrix}\begin{pmatrix} 2 & 6 \\ 1 & 4 \\ 5 & 3 \end{pmatrix}=\begin{pmatrix} 8+1-5 & 24+4-3 \\ 6+2+0 & 18+8+0 \end{pmatrix}=\begin{pmatrix} \mathbf{4} & \mathbf{25} \\ \mathbf{8} & \mathbf{26} \end{pmatrix}$

2 행렬의 곱셈에 대한 기본 법칙

행렬의 곱셈에서는 수의 곱셈에서와 같이 결합법칙, 분배법칙이 성립하지만, 수의 곱셈에서와는 달리 곱셈에 대한 교환법칙은 성립하지 않는다.

기본정석 ===== **행렬의 곱셈에 대한 기본 법칙**

A, B, C가 아래의 합과 곱이 정의되는 행렬이고, k가 실수일 때,

(1) $\boldsymbol{AB \neq BA}$ ⇦ 앞면의 보기 2 참조

(2) $\boldsymbol{(AB)C = A(BC)}$ ⇦ 결합법칙

(3) $\boldsymbol{A(B+C) = AB+AC}$, $\boldsymbol{(A+B)C = AC+BC}$ ⇦ 분배법칙

(4) $\boldsymbol{(kA)B = A(kB) = k(AB)}$ ⇦ 실수배

보기 4 $A=\begin{pmatrix} 1 & 3 \\ 2 & 4 \end{pmatrix}$, $B=\begin{pmatrix} 1 & 0 \\ 1 & 1 \end{pmatrix}$, $C=\begin{pmatrix} 0 & 1 \\ 1 & 0 \end{pmatrix}$일 때, 다음이 성립함을 보이시오.

(1) $(AB)C = A(BC)$ (2) $A(B+C) = AB+AC$

연구 (1) $AB=\begin{pmatrix} 1 & 3 \\ 2 & 4 \end{pmatrix}\begin{pmatrix} 1 & 0 \\ 1 & 1 \end{pmatrix}=\begin{pmatrix} 1+3 & 0+3 \\ 2+4 & 0+4 \end{pmatrix}=\begin{pmatrix} 4 & 3 \\ 6 & 4 \end{pmatrix}$이므로

$$(AB)C=\begin{pmatrix} 4 & 3 \\ 6 & 4 \end{pmatrix}\begin{pmatrix} 0 & 1 \\ 1 & 0 \end{pmatrix}=\begin{pmatrix} 0+3 & 4+0 \\ 0+4 & 6+0 \end{pmatrix}=\begin{pmatrix} 3 & 4 \\ 4 & 6 \end{pmatrix}$$

또, $BC=\begin{pmatrix} 1 & 0 \\ 1 & 1 \end{pmatrix}\begin{pmatrix} 0 & 1 \\ 1 & 0 \end{pmatrix}=\begin{pmatrix} 0+0 & 1+0 \\ 0+1 & 1+0 \end{pmatrix}=\begin{pmatrix} 0 & 1 \\ 1 & 1 \end{pmatrix}$이므로

$$A(BC)=\begin{pmatrix} 1 & 3 \\ 2 & 4 \end{pmatrix}\begin{pmatrix} 0 & 1 \\ 1 & 1 \end{pmatrix}=\begin{pmatrix} 0+3 & 1+3 \\ 0+4 & 2+4 \end{pmatrix}=\begin{pmatrix} 3 & 4 \\ 4 & 6 \end{pmatrix}$$

$$\therefore\ (AB)C = A(BC)$$

(2) $B+C=\begin{pmatrix} 1 & 0 \\ 1 & 1 \end{pmatrix}+\begin{pmatrix} 0 & 1 \\ 1 & 0 \end{pmatrix}=\begin{pmatrix} 1 & 1 \\ 2 & 1 \end{pmatrix}$이므로

$$A(B+C)=\begin{pmatrix} 1 & 3 \\ 2 & 4 \end{pmatrix}\begin{pmatrix} 1 & 1 \\ 2 & 1 \end{pmatrix}=\begin{pmatrix} 1+6 & 1+3 \\ 2+8 & 2+4 \end{pmatrix}=\begin{pmatrix} 7 & 4 \\ 10 & 6 \end{pmatrix}$$

또, $AB=\begin{pmatrix} 4 & 3 \\ 6 & 4 \end{pmatrix}$, $AC=\begin{pmatrix} 3 & 1 \\ 4 & 2 \end{pmatrix}$이므로

$$AB+AC=\begin{pmatrix} 4 & 3 \\ 6 & 4 \end{pmatrix}+\begin{pmatrix} 3 & 1 \\ 4 & 2 \end{pmatrix}=\begin{pmatrix} 7 & 4 \\ 10 & 6 \end{pmatrix}$$

$$\therefore\ A(B+C) = AB+AC$$

***Note** $k=2$로 놓고 $(kA)B = A(kB) = k(AB)$가 성립함을 확인해 보자.

3 행렬의 거듭제곱

실수의 거듭제곱과 같이 정사각행렬 A에 대해서도

$$A^1=A,\ A^2=AA,\ A^3=A^2A,\ \cdots,\ A^{m+1}=A^mA$$

로 거듭제곱을 정의한다. 이때, 행렬의 곱셈에 대한 결합법칙으로부터

$$(AA)A=A(AA) \quad 곧,\ A^2A=AA^2$$

이므로 $A^3=AA^2$으로 정의해도 된다.

기본정석 — 행렬의 거듭제곱

A가 정사각행렬이고 m, n이 자연수일 때,

(1) A^m은 A를 m번 곱한 것을 뜻한다.

(2) $A^{m+1}=A^mA, \quad A^mA^n=A^{m+n}, \quad (A^m)^n=A^{mn}$

보기 5 $A=\begin{pmatrix}1 & -1\\ 1 & -1\end{pmatrix}$일 때, A^2, A^3을 구하시오.

연구 $A^2=AA=\begin{pmatrix}1 & -1\\ 1 & -1\end{pmatrix}\begin{pmatrix}1 & -1\\ 1 & -1\end{pmatrix}=\begin{pmatrix}0 & 0\\ 0 & 0\end{pmatrix}=\boldsymbol{O}$

$\therefore\ A^3=A^2A=OA=\boldsymbol{O}$

보기 6 $A=\begin{pmatrix}1 & 0\\ 1 & 1\end{pmatrix}$, $B=\begin{pmatrix}1 & 2\\ 3 & -4\end{pmatrix}$일 때, $(AB)^2\neq A^2B^2$임을 보이시오.

연구 $AB=\begin{pmatrix}1 & 0\\ 1 & 1\end{pmatrix}\begin{pmatrix}1 & 2\\ 3 & -4\end{pmatrix}=\begin{pmatrix}1 & 2\\ 4 & -2\end{pmatrix}$

$\therefore\ (AB)^2=(AB)(AB)=\begin{pmatrix}1 & 2\\ 4 & -2\end{pmatrix}\begin{pmatrix}1 & 2\\ 4 & -2\end{pmatrix}=\begin{pmatrix}9 & -2\\ -4 & 12\end{pmatrix}$

또, $A^2=AA=\begin{pmatrix}1 & 0\\ 1 & 1\end{pmatrix}\begin{pmatrix}1 & 0\\ 1 & 1\end{pmatrix}=\begin{pmatrix}1 & 0\\ 2 & 1\end{pmatrix}$,

$B^2=BB=\begin{pmatrix}1 & 2\\ 3 & -4\end{pmatrix}\begin{pmatrix}1 & 2\\ 3 & -4\end{pmatrix}=\begin{pmatrix}7 & -6\\ -9 & 22\end{pmatrix}$

$\therefore\ A^2B^2=\begin{pmatrix}1 & 0\\ 2 & 1\end{pmatrix}\begin{pmatrix}7 & -6\\ -9 & 22\end{pmatrix}=\begin{pmatrix}7 & -6\\ 5 & 10\end{pmatrix} \quad \therefore\ (AB)^2\neq A^2B^2$

Advice 1° 행렬의 곱셈에서는 특히 다음에 주의해야 한다.

A, B가 같은 꼴의 정사각행렬이고 n이 2 이상의 자연수일 때, 일반적으로

(1) $(AB)^n\neq A^nB^n$

(2) $(A\pm B)^2\neq A^2\pm 2AB+B^2$

(3) $(A+B)(A-B)\neq A^2-B^2$

(4) $(A+B)^3\neq A^3+3A^2B+3AB^2+B^3$

Advice 2° 분배법칙을 이용하여 $(A+B)^2$을 전개하면

$$(\boldsymbol{A}+\boldsymbol{B})(A+B)=\boldsymbol{A}(A+B)+\boldsymbol{B}(A+B)=\boldsymbol{A}^2+\boldsymbol{AB}+\boldsymbol{BA}+\boldsymbol{B}^2$$

따라서 A, B가 실수 또는 다항식일 때에는 $AB=BA$가 성립하므로

$$(A+B)^2=A^2+2AB+B^2 \qquad \cdots\cdots ⓐ$$

이 성립한다.

그러나 A, B가 행렬일 때에는 $AB=BA$가 성립하지 않으므로 ⓐ이 성립하지 않는다. 따라서 행렬에서는 $AB=BA$일 때에만 ⓐ이 성립한다.

정석 $(\boldsymbol{A}+\boldsymbol{B})^2=\boldsymbol{A}^2+2\boldsymbol{AB}+\boldsymbol{B}^2 \iff \boldsymbol{AB}=\boldsymbol{BA}$

또, $(AB)^2$과 A^2B^2의 관계에 있어서도

$$(AB)^2=(AB)(AB)=A(BA)B,$$
$$A^2B^2=(AA)(BB)=A(AB)B$$

이고 $BA=AB$가 성립하지 않으므로 $(AB)^2=A^2B^2$이 성립하지 않는다.

4 단위행렬

임의의 n차 정사각행렬 A에 대하여

$$AE=EA=A$$

를 만족시키는 n차 정사각행렬 $\boldsymbol{E}$를 n차 단위행렬이라고 한다.

이차 단위행렬 $\begin{pmatrix}1&0\\0&1\end{pmatrix}$ 삼차 단위행렬 $\begin{pmatrix}1&0&0\\0&1&0\\0&0&1\end{pmatrix}$

오른쪽 행렬과 같이 단위행렬은 왼쪽 위에서 오른쪽 아래로의 대각선 위의 성분이 모두 1이고, 그 이외의 성분은 모두 0인 정사각행렬이다.

보기 7 $A=\begin{pmatrix}a&b\\c&d\end{pmatrix}$, $E=\begin{pmatrix}1&0\\0&1\end{pmatrix}$일 때, $AE=EA=A$, $E^2=E$임을 보이시오.

연구 $AE=\begin{pmatrix}a&b\\c&d\end{pmatrix}\begin{pmatrix}1&0\\0&1\end{pmatrix}=\begin{pmatrix}a&b\\c&d\end{pmatrix}$, $EA=\begin{pmatrix}1&0\\0&1\end{pmatrix}\begin{pmatrix}a&b\\c&d\end{pmatrix}=\begin{pmatrix}a&b\\c&d\end{pmatrix}$

이므로 $AE=EA=A$이고, $E^2=EE=\begin{pmatrix}1&0\\0&1\end{pmatrix}\begin{pmatrix}1&0\\0&1\end{pmatrix}=\begin{pmatrix}1&0\\0&1\end{pmatrix}=E$

기본정석 — 단위행렬

E가 n차 단위행렬이고 A가 n차 정사각행렬일 때,

(1) $\boldsymbol{AE}=\boldsymbol{EA}=\boldsymbol{A}$

(2) $\boldsymbol{E}^2=\boldsymbol{E},\ \boldsymbol{E}^3=\boldsymbol{E},\ \cdots,\ \boldsymbol{E}^m=\boldsymbol{E}$

(3) $(\boldsymbol{A}\pm\boldsymbol{E})^2=\boldsymbol{A}^2\pm2\boldsymbol{A}+\boldsymbol{E}$ (복부호동순),

$(\boldsymbol{A}+\boldsymbol{E})(\boldsymbol{A}-\boldsymbol{E})=\boldsymbol{A}^2-\boldsymbol{E}$

기본 문제 19-3 두 행렬 $A=\begin{pmatrix} 1 & 2 \\ 3 & 4 \end{pmatrix}$, $B=\begin{pmatrix} 0 & y \\ x & 6 \end{pmatrix}$에 대하여 $(A+B)^2=A^2+2AB+B^2$이 성립할 때, x, y의 값을 구하시오.

정석연구 행렬의 곱셈에서는 교환법칙이 성립하지 않는다. 따라서

정석 행렬의 곱셈에서는 $\Longrightarrow$ 곱의 순서에 주의한다.

조건식 $(A+B)^2=A^2+2AB+B^2$에서 좌변을 전개하면

$$A^2+AB+BA+B^2=A^2+2AB+B^2 \qquad \therefore\ BA=AB$$

역으로 $BA=AB$이면 조건식이 성립하므로

정석 $\boldsymbol{(A+B)^2=A^2+2AB+B^2 \iff BA=AB}$

따라서 $BA=AB$가 성립하기 위한 x, y의 값을 구하면 된다.

모범답안 $(A+B)^2=A^2+2AB+B^2 \iff BA=AB$

한편 $BA=\begin{pmatrix} 0 & y \\ x & 6 \end{pmatrix}\begin{pmatrix} 1 & 2 \\ 3 & 4 \end{pmatrix}=\begin{pmatrix} 3y & 4y \\ x+18 & 2x+24 \end{pmatrix}$,

$AB=\begin{pmatrix} 1 & 2 \\ 3 & 4 \end{pmatrix}\begin{pmatrix} 0 & y \\ x & 6 \end{pmatrix}=\begin{pmatrix} 2x & y+12 \\ 4x & 3y+24 \end{pmatrix}$

이므로 $BA=AB$가 성립하기 위해서는

$$3y=2x, \quad 4y=y+12, \quad x+18=4x, \quad 2x+24=3y+24$$

연립하여 풀면 $\boldsymbol{x=6,\ y=4}$ ← 답

Advice | 다음 관계도 같이 기억해 두자.

정석 $\boldsymbol{(A-B)^2=A^2-2AB+B^2 \iff AB=BA}$
$\boldsymbol{(A+B)(A-B)=A^2-B^2 \iff AB=BA}$

유제 **19**-7. $A=\begin{pmatrix} 2 & -2 \\ 3 & -1 \end{pmatrix}$, $B=\begin{pmatrix} 1 & 2 \\ x & y \end{pmatrix}$, $C=\begin{pmatrix} 4 & 3 \\ 3 & 4 \end{pmatrix}$일 때,

(1) $AB=BA$가 성립하도록 x, y의 값을 정하시오.

(2) $(B+C)(B-C)=B^2-C^2$이 성립하도록 x, y의 값을 정하시오.

답 (1) $\boldsymbol{x=-3,\ y=4}$ (2) $\boldsymbol{x=2,\ y=1}$

유제 **19**-8. 두 행렬 $A=\begin{pmatrix} x^2 & 1 \\ 1 & 2x \end{pmatrix}$, $B=\begin{pmatrix} 3 & 1 \\ 1 & y^2 \end{pmatrix}$에 대하여 $(A+B)(A-B)=A^2-B^2$이 성립하도록 하는 정수 x, y의 순서쌍 (x, y)의 개수를 구하시오.

답 **4**

기본 문제 19-4 두 행렬 $A=\begin{pmatrix} a & b \\ c & d \end{pmatrix}$, $E=\begin{pmatrix} 1 & 0 \\ 0 & 1 \end{pmatrix}$에 대하여

$$A^2-(a+d)A+(ad-bc)E=O$$

가 성립함을 보이시오.

정석연구 먼저 A^2을 계산한 다음, 좌변을 성분으로 나타낸다.

정석 행렬의 곱셈 $\Longrightarrow$ $(\longrightarrow)(\downarrow)$이 기본

모범답안 $A^2=AA=\begin{pmatrix} a & b \\ c & d \end{pmatrix}\begin{pmatrix} a & b \\ c & d \end{pmatrix}=\begin{pmatrix} a^2+bc & ab+bd \\ ac+cd & bc+d^2 \end{pmatrix}$이므로

$$\begin{aligned} &A^2-(a+d)A+(ad-bc)E \\ &=\begin{pmatrix} a^2+bc & ab+bd \\ ac+cd & bc+d^2 \end{pmatrix}-(a+d)\begin{pmatrix} a & b \\ c & d \end{pmatrix}+(ad-bc)\begin{pmatrix} 1 & 0 \\ 0 & 1 \end{pmatrix} \\ &=\begin{pmatrix} a^2+bc & ab+bd \\ ac+cd & bc+d^2 \end{pmatrix}-\begin{pmatrix} a^2+ad & ab+bd \\ ac+cd & ad+d^2 \end{pmatrix}+\begin{pmatrix} ad-bc & 0 \\ 0 & ad-bc \end{pmatrix} \\ &=\begin{pmatrix} 0 & 0 \\ 0 & 0 \end{pmatrix}=O \end{aligned}$$

곧, $A^2-(a+d)A+(ad-bc)E=O$

Advice | 위에서 보인

정석 $\boldsymbol{A=\begin{pmatrix} a & b \\ c & d \end{pmatrix}}$일 때 $\boldsymbol{A^2-(a+d)A+(ad-bc)E=O}$

를 케일리-해밀턴의 정리라고 한다.

이를테면 $A=\begin{pmatrix} 5 & -2 \\ 4 & -1 \end{pmatrix}$일 때, $A^2-4A+3E=O$가 성립한다.

그러나 $A=\begin{pmatrix} a & b \\ c & d \end{pmatrix}$일 때, $A^2-pA+qE=O$라고 해서 $a+d=p$, $ad-bc=q$인 것은 아니다.

이를테면 $A=\begin{pmatrix} 1 & 0 \\ 0 & 1 \end{pmatrix}$은 $A^2-4A+3E=O$를 만족시키지만 $a+d\neq4$, $ad-bc\neq3$이다. 이와 같은 행렬은 모두 kE(k는 실수)의 꼴이다.

유제 **19**-9. $A=\begin{pmatrix} 2 & 1 \\ 1 & 3 \end{pmatrix}$, $E=\begin{pmatrix} 1 & 0 \\ 0 & 1 \end{pmatrix}$일 때, 다음 물음에 답하시오.

(1) $A^2-5A+5E=O$임을 보이시오.

(2) (1)을 이용하여 A^3을 구하시오.

답 (1) 생략 (2) $\begin{pmatrix} \mathbf{15} & \mathbf{20} \\ \mathbf{20} & \mathbf{35} \end{pmatrix}$

기본 문제 **19**-5 $A=\begin{pmatrix} 1 & -2 \\ -1 & 1 \end{pmatrix}$, $E=\begin{pmatrix} 1 & 0 \\ 0 & 1 \end{pmatrix}$일 때,

(1) $A^2+pA+qE=O$를 만족시키는 실수 p, q의 값을 구하시오.

(2) A^4-A^3-A+E를 구하시오.

정석연구 E가 단위행렬이므로

정석 $AE=EA=A$

따라서 이를테면 등식

$$(x^2+x+2)(x^2-x+2)+2x-1=x^4+3x^2+2x+3$$

의 x에 행렬 A를 대입하고 2, -1, 3 대신 $2E$, $-E$, $3E$를 대입한

$$(A^2+A+2E)(A^2-A+2E)+2A-E=A^4+3A^2+2A+3E$$

도 성립한다.

따라서 (2)에서는 x^4-x^3-x+1을 x^2+px+q로 나눈 몫과 나머지로 나타낸 다음, 위의 성질을 이용하여 A^4-A^3-A+E를 구할 수 있다.

모범답안 (1) $A^2=AA=\begin{pmatrix} 1 & -2 \\ -1 & 1 \end{pmatrix}\begin{pmatrix} 1 & -2 \\ -1 & 1 \end{pmatrix}=\begin{pmatrix} 3 & -4 \\ -2 & 3 \end{pmatrix}$이므로 조건식은

$$\begin{pmatrix} 3 & -4 \\ -2 & 3 \end{pmatrix}+\begin{pmatrix} p & -2p \\ -p & p \end{pmatrix}+\begin{pmatrix} q & 0 \\ 0 & q \end{pmatrix}=\begin{pmatrix} 0 & 0 \\ 0 & 0 \end{pmatrix}$$

$$\therefore \begin{pmatrix} 3+p+q & -4-2p \\ -2-p & 3+p+q \end{pmatrix}=\begin{pmatrix} 0 & 0 \\ 0 & 0 \end{pmatrix}$$

$$\therefore 3+p+q=0,\ -4-2p=0,\ -2-p=0$$

연립하여 풀면 $\boldsymbol{p=-2,\ q=-1}$ ← 답

***Note** 앞서 공부한 케일리-해밀턴의 정리를 써서 p, q의 값을 구할 수도 있다.

(2) x^4-x^3-x+1을 x^2-2x-1로 나누면 몫이 x^2+x+3, 나머지가 $6x+4$이므로 $x^4-x^3-x+1=(x^2-2x-1)(x^2+x+3)+6x+4$

$$\therefore A^4-A^3-A+E=(A^2-2A-E)(A^2+A+3E)+6A+4E$$

(1)에서 $A^2-2A-E=O$이므로

$$(\text{준 식})=6A+4E=6\begin{pmatrix} 1 & -2 \\ -1 & 1 \end{pmatrix}+4\begin{pmatrix} 1 & 0 \\ 0 & 1 \end{pmatrix}=\begin{pmatrix} \mathbf{10} & \mathbf{-12} \\ \mathbf{-6} & \mathbf{10} \end{pmatrix}$$ ← 답

유제 **19**-10. $A=\begin{pmatrix} 2 & 0 \\ 1 & -3 \end{pmatrix}$, $E=\begin{pmatrix} 1 & 0 \\ 0 & 1 \end{pmatrix}$일 때, 다음 물음에 답하시오.

(1) $A^2+pA+qE=O$를 만족시키는 실수 p, q의 값을 구하시오.

(2) $A^4-5A^2+8A-18E$를 구하시오. 답 (1) $\boldsymbol{p=1,\ q=-6}$ (2) $\boldsymbol{-6E}$

기본 문제 **19**-6 행렬 $A=\begin{pmatrix} 1 & 3 \\ -1 & -2 \end{pmatrix}$에 대하여 다음 물음에 답하시오.

(1) A^n이 단위행렬이 되도록 하는 자연수 n의 최솟값을 구하시오.

(2) A^{97}을 구하시오.

(3) $A^{11}\begin{pmatrix} x \\ y \end{pmatrix}=\begin{pmatrix} -8 \\ 3 \end{pmatrix}$일 때, x, y의 값을 구하시오.

정석연구 (1) 이와 같은 유형의 문제는 행렬의 거듭제곱의 정의

정 의 $\boldsymbol{A^1=A,\ A^2=AA,\ A^3=A^2A,\ \cdots,\ A^{m+1}=A^mA}$

를 이용하여 $A^2, A^3, \cdots$을 차례로 구해 보면 규칙을 찾을 수 있다.

(2) 이를테면 $A^3=E$라고 하면 A^{10}은 다음과 같이 간단히 할 수 있다.

$$A^{10}=(A^3)^3A=E^3A=EA=A$$

여기에서 단위행렬 E에 관한 다음 성질을 이용하였다.

정 석 $\boldsymbol{E^2=E,\ E^3=E,\ \cdots,\ E^n=E, \quad AE=EA=A}$

(3) A^{11}을 간단히 한 다음 직접 계산한다.

모범답안 (1) $A^2=AA=\begin{pmatrix} 1 & 3 \\ -1 & -2 \end{pmatrix}\begin{pmatrix} 1 & 3 \\ -1 & -2 \end{pmatrix}=\begin{pmatrix} -2 & -3 \\ 1 & 1 \end{pmatrix}$,

$$A^3=A^2A=\begin{pmatrix} -2 & -3 \\ 1 & 1 \end{pmatrix}\begin{pmatrix} 1 & 3 \\ -1 & -2 \end{pmatrix}=\begin{pmatrix} 1 & 0 \\ 0 & 1 \end{pmatrix}=E$$

$\therefore\ \boldsymbol{n=3} \longleftarrow$ 답

(2) $A^{97}=(A^3)^{32}A=E^{32}A=EA=A=\begin{pmatrix} \boldsymbol{1} & \boldsymbol{3} \\ \boldsymbol{-1} & \boldsymbol{-2} \end{pmatrix} \longleftarrow$ 답

(3) $A^{11}=(A^3)^3A^2=E^3A^2=EA^2=A^2$이므로 주어진 등식은

$$A^2\begin{pmatrix} x \\ y \end{pmatrix}=\begin{pmatrix} -8 \\ 3 \end{pmatrix} \quad \text{곧,}\ \begin{pmatrix} -2 & -3 \\ 1 & 1 \end{pmatrix}\begin{pmatrix} x \\ y \end{pmatrix}=\begin{pmatrix} -8 \\ 3 \end{pmatrix}$$

$\therefore\ -2x-3y=-8,\ x+y=3 \quad \therefore\ \boldsymbol{x=1,\ y=2} \longleftarrow$ 답

Advice | (1) 케일리-해밀턴의 정리에 의하여

$$A^2-(1-2)A+\{1\times(-2)-3\times(-1)\}E=O \quad \therefore\ A^2+A+E=O$$

이 식의 양변에 $A-E$를 곱하면

$$(A-E)(A^2+A+E)=(A-E)O \quad \therefore\ A^3-E=O \quad \therefore\ A^3=E$$

유제 **19**-11. $A=\begin{pmatrix} 0 & -1 \\ 1 & 0 \end{pmatrix}$일 때, A^{103}을 구하시오. 답 $\begin{pmatrix} \boldsymbol{0} & \boldsymbol{1} \\ \boldsymbol{-1} & \boldsymbol{0} \end{pmatrix}$

기본 문제 **19**-7 다음 물음에 답하시오.

(1) $A=\begin{pmatrix} 8 & 10 \\ -4 & -5 \end{pmatrix}$일 때, $A+A^2+A^3+A^4$을 A로 나타내시오.

(2) $A=\begin{pmatrix} 1 & 0 \\ -1 & 1 \end{pmatrix}$일 때, $A^n=\begin{pmatrix} 1 & 0 \\ -10 & 1 \end{pmatrix}$을 만족시키는 자연수 n의 값을 구하시오.

정석연구 주어진 행렬 A로부터 A^2, A^3, A^4, $\cdots$을 차례로 구해 보면 A^n을 추정할 수 있다.

정 의 $A^2=AA,\ A^3=A^2A,\ A^4=A^3A,\ \cdots$

모범답안 (1) $A^2=AA=\begin{pmatrix} 8 & 10 \\ -4 & -5 \end{pmatrix}\begin{pmatrix} 8 & 10 \\ -4 & -5 \end{pmatrix}=\begin{pmatrix} 24 & 30 \\ -12 & -15 \end{pmatrix}=3\begin{pmatrix} 8 & 10 \\ -4 & -5 \end{pmatrix}$
$=3A$

$\therefore\ A^3=A^2A=(3A)A=3A^2=3(3A)=3^2A$

$\therefore\ A^4=A^3A=(3^2A)A=3^2A^2=3^2(3A)=3^3A$ ⇦ $A^n=3^{n-1}A$로 추정

$\therefore\ A+A^2+A^3+A^4=A+3A+3^2A+3^3A=(1+3+9+27)A$
$=\mathbf{40A}$ ← 답

(2) $A^2=AA=\begin{pmatrix} 1 & 0 \\ -1 & 1 \end{pmatrix}\begin{pmatrix} 1 & 0 \\ -1 & 1 \end{pmatrix}=\begin{pmatrix} 1 & 0 \\ -2 & 1 \end{pmatrix}$,

$A^3=A^2A=\begin{pmatrix} 1 & 0 \\ -2 & 1 \end{pmatrix}\begin{pmatrix} 1 & 0 \\ -1 & 1 \end{pmatrix}=\begin{pmatrix} 1 & 0 \\ -3 & 1 \end{pmatrix}$, $\cdots$

따라서 $A^n=\begin{pmatrix} 1 & 0 \\ -n & 1 \end{pmatrix}$로 추정된다. $\therefore\ \boldsymbol{n=10}$ ← 답

**Note* 위에서 추정한 A^n이 옳다는 것을 증명할 때에는 대수에서 공부하는 수학적 귀납법을 이용한다.

유제 **19**-12. $A=\begin{pmatrix} 1 & -1 \\ 0 & 1 \end{pmatrix}$일 때, A^5을 구하시오. 답 $\begin{pmatrix} \mathbf{1} & \mathbf{-5} \\ \mathbf{0} & \mathbf{1} \end{pmatrix}$

유제 **19**-13. $A=\begin{pmatrix} 1 & -1 \\ -1 & 1 \end{pmatrix}$일 때, A^{64}을 A로 나타내시오. 답 $\mathbf{2^{63}A}$

유제 **19**-14. $A=\begin{pmatrix} 2 & 0 \\ 0 & 2 \end{pmatrix}$일 때, $A^n=\begin{pmatrix} 64 & 0 \\ 0 & 64 \end{pmatrix}$를 만족시키는 자연수 n의 값을 구하시오. 답 $\boldsymbol{n=6}$

기본 문제 **19**-8 이차 정사각행렬 A, B와 이차 단위행렬 E에 대하여

$$A+B=3E, \quad AB=O$$

일 때, 다음을 간단히 하시오.

(1) BA (2) A^2+B^2 (3) A^3+B^3

정석연구 두 행렬 A, B에 대하여 A^2+B^2, A^3+B^3을

$$A^2+B^2=(A+B)^2-2AB \quad \cdots\cdots ①$$

$$A^3+B^3=(A+B)^3-3AB(A+B) \quad \cdots\cdots ②$$

와 같이 변형하는 것은 $AB=BA$일 때에만 가능하므로 함부로 사용해서는 안 된다.

조건 $A+B=3E$의 양변에 A(또는 B)를 곱하되,

정석 행렬의 곱셈에서는 ⟹ 곱하는 위치에 주의한다.

모범답안 $A+B=3E$ ······③ $AB=O$ ······④

③의 양변의 왼쪽에 A를 곱하면 $A^2+AB=3A$

이 식에 ④를 대입하면 $A^2=3A$

③의 양변의 오른쪽에 B를 곱하면 $AB+B^2=3B$

이 식에 ④를 대입하면 $B^2=3B$

(1) ③에서 $B=3E-A$이므로

$$BA=(3E-A)A=3A-A^2=\boldsymbol{O} \longleftarrow \boxed{\text{답}}$$

(2) $A^2+B^2=3A+3B=3(A+B)=3(3E)=\boldsymbol{9E} \longleftarrow \boxed{\text{답}}$

(3) $A^3+B^3=A^2A+B^2B=(3A)A+(3B)B=3(A^2+B^2)=3(9E)$

$=\boldsymbol{27E} \longleftarrow \boxed{\text{답}}$

Advice | $A+B=3E$, $AB=O$이면

$$AB=(3E-B)B=3EB-B^2=3BE-B^2=B(3E-B)=BA$$

이므로 결과적으로는 ①, ②의 변형이 가능하기는 하다.

그러나 문제의 어디에도 $AB=BA$라는 조건이 직접 나타나 있지 않으므로, ①, ②를 이용하여 답안을 작성하려고 할 때에는 「$A+B=3E$, $AB=O$이면 $AB=BA$」임을 답안에 분명히 밝혀야 한다.

유제 **19**-15. 이차 정사각행렬 A, B와 이차 단위행렬 E에 대하여

(1) $A+B=O$, $AB=E$일 때, A^4+B^4을 구하시오.

(2) $A^2+A=E$, $AB=2E$일 때, B^2을 A와 E로 나타내시오.

답 (1) $\boldsymbol{2E}$ (2) $\boldsymbol{4A+8E}$

연습문제 19

19-1 두 행렬 $A=\begin{pmatrix} 2 & 3 \\ 1 & 4 \end{pmatrix}$, $B=\begin{pmatrix} 1 & 4 \\ 1 & 5 \end{pmatrix}$에 대하여

$$X+Y=3A,\quad 2Y-X=3B$$

를 동시에 만족시키는 행렬 X, Y를 구하시오.

19-2 다음을 계산하시오.

(1) $\begin{pmatrix} 1 & 2 \\ -3 & 4 \end{pmatrix}\left\{2\begin{pmatrix} -2 \\ 3 \end{pmatrix}+3\begin{pmatrix} 1 \\ 4 \end{pmatrix}\right\}$ (2) $\begin{pmatrix} 4 & 1 \\ 2 & 3 \end{pmatrix}\left\{\begin{pmatrix} 5 & 2 \\ 3 & 1 \end{pmatrix}+\begin{pmatrix} -3 & 1 \\ -2 & -1 \end{pmatrix}\right\}$

(3) $\begin{pmatrix} 4 & -3 \\ 5 & -2 \end{pmatrix}\begin{pmatrix} -1 & 0 & 5 \\ 3 & -2 & 4 \end{pmatrix}$ (4) $\begin{pmatrix} 1 & 3 \\ 4 & 1 \\ 2 & 5 \end{pmatrix}\begin{pmatrix} 3 & 2 & 1 \\ 4 & 2 & 3 \end{pmatrix}\begin{pmatrix} 1 & 2 \\ 3 & 1 \\ 0 & 3 \end{pmatrix}$

19-3 이차 정사각행렬 A에 대하여 $A\begin{pmatrix} a \\ b \end{pmatrix}=\begin{pmatrix} 1 \\ 2 \end{pmatrix}$, $A\begin{pmatrix} c \\ d \end{pmatrix}=\begin{pmatrix} 1 \\ -1 \end{pmatrix}$일 때, $A\begin{pmatrix} 2a & 3c \\ 2b & 3d \end{pmatrix}$를 구하시오.

19-4 이차 정사각행렬 A, B에 대하여 다음 물음에 답하시오.

(1) $A+B=\begin{pmatrix} 1 & 2 \\ 3 & 4 \end{pmatrix}$, $\frac{1}{2}(AB+BA)=\begin{pmatrix} 1 & 1 \\ 1 & 0 \end{pmatrix}$일 때, A^2+B^2을 구하시오.

(2) $(A+B)^2=\begin{pmatrix} 2 & 3 \\ 1 & 5 \end{pmatrix}$, $(A-B)^2=\begin{pmatrix} -4 & 3 \\ -1 & -9 \end{pmatrix}$일 때, A^2+B^2과 $AB+BA$를 구하시오.

19-5 $n\times n$ 행렬 A, B에 대하여 $[A, B]=AB-BA$라고 할 때, $[[A, B], A]+[[B, A], A]$를 간단히 하시오.

19-6 다음 등식을 만족시키는 a, b, c의 값을 구하시오.

$$\begin{pmatrix} a & b \\ 1 & 2 \end{pmatrix}\begin{pmatrix} 3 & 4 \\ 5 & 6 \end{pmatrix}=\begin{pmatrix} -1 & 30 \\ c & 1 \end{pmatrix}+15\begin{pmatrix} 1 & 0 \\ 0 & 1 \end{pmatrix}$$

19-7 모든 실수 x, y에 대하여

$$(x\quad y)\begin{pmatrix} 1 & a \\ 0 & 3 \end{pmatrix}\begin{pmatrix} x \\ y \end{pmatrix}=(x\quad y)\begin{pmatrix} b & -2 \\ -1 & c \end{pmatrix}\begin{pmatrix} x \\ y \end{pmatrix}$$

를 만족시키는 상수 a, b, c의 값을 구하시오.

19-8 이차 정사각행렬 A, X가

$$X^2-AX-XA+A^2=O$$

를 만족시킬 때, 다음 중 옳은 것만을 있는 대로 고른 것은?

ㄱ. $X^2-2AX+A^2=O$	ㄴ. $(X-A)^2=O$	ㄷ. $X=A$

① ㄱ ② ㄴ ③ ㄷ ④ ㄱ, ㄴ ⑤ ㄴ, ㄷ

19-9 이차 정사각행렬 A, B와 이차 단위행렬 E에 대하여 다음 중 옳은 것만을 있는 대로 고르시오.

① $AB=BA$이면 $A^3B=BA^3$이다.
② $AB=O$, $A\neq O$이면 $B=O$이다.
③ $A^2=E$이면 $A=E$ 또는 $A=-E$이다.
④ $AB=O$이면 $BA=O$이다.
⑤ $A^2=E$이고 $A^3=E$이면 $A=E$이다.

19-10 실수 x, y에 대하여 $F=(x\ \ y)\begin{pmatrix} 0 & 1 \\ 1 & 2 \end{pmatrix}^2\begin{pmatrix} x \\ y \end{pmatrix}$이고 $x+y=2$일 때, F의 최솟값을 구하시오.

19-11 두 행렬 $A=\begin{pmatrix} p & q \\ q & p \end{pmatrix}$, $E=\begin{pmatrix} 1 & 0 \\ 0 & 1 \end{pmatrix}$이 $A^2-6A-7E=O$를 만족시킬 때, 실수 p, q의 순서쌍 (p, q)의 개수는?

① 1 ② 2 ③ 3 ④ 4 ⑤ 5

19-12 $A=\begin{pmatrix} 5 & -7 \\ 3 & -4 \end{pmatrix}$일 때, 다음을 구하시오. 단, E는 이차 단위행렬이다.

(1) A^2-A+E (2) A^3+A^2+A+3E

19-13 이차 정사각행렬 A, B, C가 $AB=BC$를 만족시킬 때, $A^5B=BC^5$임을 보이시오.

19-14 $A=\begin{pmatrix} 2 & 3 \\ -1 & -2 \end{pmatrix}$, $B=\begin{pmatrix} 2 & 0 \\ 0 & 1 \end{pmatrix}$일 때, $(ABA)^4$을 구하시오.

19-15 이차 정사각행렬 A, B와 이차 단위행렬 E가 $A+B=E$, $AB+E=O$를 만족시킬 때, 다음을 간단히 하시오.

(1) $AB+A^2B^2+A^3B^3+\cdots+A^{99}B^{99}+A^{100}B^{100}$
(2) $A^5+A^5B^5+B^5$

연습문제 풀이 및 정답

연습문제 풀이 및 정답

1-1. (1) $A+B=x^3-4x^2$ ……①

$A-B=2x^3+6x$ ……②

①+②에서 $2A=3x^3-4x^2+6x$

$\therefore\ \boldsymbol{A=\frac{3}{2}x^3-2x^2+3x}$

①−②에서 $2B=-x^3-4x^2-6x$

$\therefore\ \boldsymbol{B=-\frac{1}{2}x^3-2x^2-3x}$

(2) $3A-B=-7xy+7y^2$ ……①

$A+2B=7x^2$ ……②

①×2+②에서

$7A=7x^2-14xy+14y^2$

$\therefore\ \boldsymbol{A=x^2-2xy+2y^2}$

①에 대입하고 정리하면

$B=3(x^2-2xy+2y^2)+7xy-7y^2$

$\quad=\boldsymbol{3x^2+xy-y^2}$

1-2. (1)

$$\begin{array}{r} 2x+1 \\ x^2+1\,\overline{)\,2x^3+x^2+3x} \\ \underline{2x^3\qquad+2x} \\ x^2+\ x \\ \underline{x^2\qquad+1} \\ x-1 \end{array}$$

$\therefore$ 몫 : $\boldsymbol{2x+1}$, 나머지 : $\boldsymbol{x-1}$

(2) x에 관한 다항식으로 보고, 우선 x에 관하여 내림차순으로 정리한다.

$$\begin{array}{r} x^2+2yx-y^2 \\ 2x+y\,\overline{)\,2x^3+5yx^2+\square-y^3} \\ \underline{2x^3+\ yx^2\qquad\qquad} \\ 4yx^2\qquad\quad-y^3 \\ \underline{4yx^2+2y^2x\qquad} \\ -2y^2x-y^3 \\ \underline{-2y^2x-y^3} \\ 0 \end{array}$$

$\therefore$ 몫 : $\boldsymbol{x^2+2xy-y^2}$, 나머지 : $\boldsymbol{0}$

1-3. 문제의 조건으로부터

$6x^4-x^3-16x^2+5x$

$\qquad=P(x)(3x^2-2x-4)+5x-8$

$5x-8$을 이항하여 정리하면

$6x^4-x^3-16x^2+8=(3x^2-2x-4)P(x)$

따라서 $P(x)$는 $6x^4-x^3-16x^2+8$을 $3x^2-2x-4$로 나눈 몫에 해당한다.

직접 나누면 몫은 $2x^2+x-2$, 나머지는 0이므로

$\boldsymbol{P(x)=2x^2+x-2}$

1-4. 직접 나눗셈을 하면

몫 : $x+a+1$,

나머지 : $-a^2-2a$

따라서 나누어떨어지려면

$-a^2-2a=0 \quad \therefore\ a(a+2)=0$

$\therefore\ \boldsymbol{a=0,\ -2}$

1-5. $f(x)$를 $g(x)$로 나눈 몫을 $Q(x)$라고 하면 $f(x)=g(x)Q(x)+r(x)$

$\therefore\ f(x)+g(x)+r(x)$

$\quad=g(x)Q(x)+r(x)+g(x)+r(x)$

$\quad=g(x)\{Q(x)+1\}+2r(x)$

여기서 $g(x)$의 차수는 $2r(x)$의 차수보다 크므로 구하는 나머지는 $2r(x)$이다.

답 ⑤

1-6. $f(x)=(x-1)Q(x)+R$이므로

$xf(x)=x(x-1)Q(x)+Rx$

$\therefore\ xf(x)+5=x(x-1)Q(x)+Rx+5$

$\quad=(x-1)\{xQ(x)\}+R(x-1)+R+5$

$\quad=(x-1)\{xQ(x)+R\}+R+5$

답 ④

1-7. $f(n)=n^3-2n^2+3n-2$라 하고, 조립제법을 이용하여 다항식 $f(n)$을 $n-2$의 내림차순으로 정리하면

$$\begin{array}{c|cccc} 2 & 1 & -2 & 3 & -2 \\ & & 2 & 0 & 6 \\ \hline 2 & 1 & 0 & 3 & \boxed{4} \\ & & 2 & 4 & \\ \hline 2 & 1 & 2 & \boxed{7} & \\ & & 2 & & \\ \hline & 1 & \boxed{4} & & \end{array}$$

$f(n)=(n-2)^3+4(n-2)^2+7(n-2)+4$

따라서 $f(n)$이 $(n-2)^2$의 배수가 되려면 $7(n-2)+4=7n-10$이 $(n-2)^2$의 배수이어야 한다.

n	3	4	5	6	7	8	9	10	11	…
$7n-10$	11	18	25	32	39	46	53	60	67	…
$(n-2)^2$	1	4	9	16	25	36	49	64	81	…

$n\ge 10$이면 $7n-10<(n-2)^2$이므로 조건을 만족시키는 n의 값은 3, 6이고, 그 합은 9이다. 답 ③

1-8. (1) $x^2+x-1=0$에서 $x^2+x=1$

$\therefore (x+2)(x-1)(x+4)(x-3)+5$
$=(x^2+x-2)(x^2+x-12)+5$
$=(1-2)\times(1-12)+5$
$=\mathbf{16}$

(2) $x^2+x-1=0$에서 $x^2=1-x$

$\therefore x^4=(x^2)^2=(1-x)^2$
$=1-2x+x^2$
$=1-2x+(1-x)$
$=2-3x$

$\therefore x^5-5x=x^4x-5x$
$=(2-3x)x-5x$
$=-3(x^2+x)$
$=-3\times1=\mathbf{-3}$

***Note** x^5-5x
$=(x^2+x-1)(x^3-x^2+2x-3)-3$
에서 $x^2+x-1=0$이므로
$x^5-5x=\mathbf{-3}$

1-9. (1) (준 식)$=(x^2-y^2)(x^2+y^2)(x^4+y^4)$
$=(x^4-y^4)(x^4+y^4)$
$=\boldsymbol{x^8-y^8}$

(2) (준 식)
$=\{(a+b)+(c-d)\}\{(a+b)-(c-d)\}$
$=(a+b)^2-(c-d)^2$
$=\boldsymbol{a^2+b^2-c^2-d^2+2ab+2cd}$

(3) $(x^2-xy+y^2)(x^2+xy+y^2)$
$=(x^2+y^2-xy)(x^2+y^2+xy)$
$=(x^2+y^2)^2-(xy)^2$
$=x^4+x^2y^2+y^4$

이므로

(준 식)$=(x^4+x^2y^2+y^4)(x^4-x^2y^2+y^4)$
$=(x^4+y^4)^2-(x^2y^2)^2$
$=\boldsymbol{x^8+x^4y^4+y^8}$

***Note** 다음 공식을 이용하여 전개해도 된다.

$\boldsymbol{(a^2+ab+b^2)(a^2-ab+b^2)}$
$\boldsymbol{=a^4+a^2b^2+b^4}$

(4) (준 식)$=\{(x-3)(x+3)\}^2(x^2+9)^2$
$=(x^2-9)^2(x^2+9)^2$
$=\{(x^2-9)(x^2+9)\}^2$
$=(x^4-81)^2$
$=\boldsymbol{x^8-162x^4+6561}$

(5) (준 식)$=\{(x-2y)(x+2y)\}^3$
$=(x^2-4y^2)^3$
$=\boldsymbol{x^6-12x^4y^2+48x^2y^4-64y^6}$

1-10. $S=(2^2+1)(2^4+1)(2^8+1)$
$\times(2^{16}+1)(2^{32}+1)$

로 놓으면

$(2^2-1)S=(2^2-1)(2^2+1)(2^4+1)$
$\times(2^8+1)(2^{16}+1)(2^{32}+1)$
$=(2^4-1)(2^4+1)(2^8+1)$
$\times(2^{16}+1)(2^{32}+1)$
$=(2^8-1)(2^8+1)(2^{16}+1)(2^{32}+1)$

$=(2^{16}-1)(2^{16}+1)(2^{32}+1)$
$=(2^{32}-1)(2^{32}+1)=2^{64}-1$

$\therefore S=\dfrac{2^{64}-1}{2^2-1}=\dfrac{1}{3}(2^{64}-1)$

$\therefore n=64$ 답 ④

**Note* 처음부터 다음과 같이 계산해도 된다.

$$(\text{좌변})=\frac{1}{3}(2^2-1)(2^2+1)(2^4+1)\times(2^8+1)(2^{16}+1)(2^{32}+1)$$

1-11. (1) (준 식)$=(xy)^2-9xy+8xy-72$
$=\boldsymbol{x^2y^2-xy-72}$

(2) (준 식)$=\{(x-1)(x+3)\}\times\{(x-2)(x+4)\}$
$=(x^2+2x-3)(x^2+2x-8)$
$=(x^2+2x)^2-11(x^2+2x)+24$
$=\boldsymbol{x^4+4x^3-7x^2-22x+24}$

(3) (준 식)$=\boldsymbol{2x^2+3xy-20y^2}$

(4) (준 식)$=\boldsymbol{x^2+4y^2+9z^2-4xy+12yz-6zx}$

(5) (준 식)$=\{(a+b+c)+d\}^2$
$=(a+b+c)^2+2(a+b+c)d+d^2$
$=a^2+b^2+c^2+2ab+2bc+2ca+2ad+2bd+2cd+d^2$
$=\boldsymbol{a^2+b^2+c^2+d^2+2ab+2ac+2ad+2bc+2bd+2cd}$

(6) (준 식)$=a^3+3a^2b+3ab^2+b^3+a^3-3a^2b+3ab^2-b^3$
$=\boldsymbol{2a^3+6ab^2}$

(7) (준 식)$=(x+1)(x^2-x+1)\times(x-2)(x^2+2x+4)$
$=(x^3+1)(x^3-2^3)$
$=\boldsymbol{x^6-7x^3-8}$

(8) (준 식)$=(a^3-b^3)(a^6+a^3b^3+b^6)$
$=(a^3)^3-(b^3)^3=\boldsymbol{a^9-b^9}$

1-12. 굳이 전개식의 모든 항을 구할 필요가 없다. x^4이 나오는 항만 계산하면 된다.

$(1-2x+3x^2-4x^3)(1-2x+3x^2-4x^3)$

에서 x^4의 항은 위의 각 짝의 곱들의 합이므로, 그 계수는

$(-2)\times(-4)+3\times3+(-4)\times(-2)=25$

답 ⑤

1-13. $f(x)=1+(1+x)+(1+x+x^2)^2+(1+x+x^2+x^3)^3+(1+x+x^2+x^3+x^4)^4$

이라고 하면 $f(x)$는 16차 다항식이므로

$f(x)=a_0+a_1x+a_2x^2+\cdots+a_{16}x^{16}$

으로 나타낼 수 있다.

이때, 다항식 $f(x)$의 모든 계수의 합 $a_0+a_1+a_2+\cdots+a_{16}$의 값은 $f(1)$의 값과 같으므로

$f(1)=a_0+a_1+a_2+\cdots+a_{16}$
$=1+(1+1)+(1+1+1)^2+(1+1+1+1)^3+(1+1+1+1+1)^4$
$=1+2+9+64+625=701$

답 ⑤

Note* p. 8의 ***Note*에서 언급했듯이 상수항도 영(0)차의 단항식으로 간주하므로 다항식의 계수를 생각할 때 일반적으로 상수항도 포함한다.

1-14. (1) $(a-b)^2=(a+b)^2-4ab$
$=4^2-4\times2=8$

$a\ge b$이므로 $a-b=\boldsymbol{2\sqrt{2}}$

(2) $a^2-b^2=(a-b)(a+b)$
$=2\sqrt{2}\times4=\boldsymbol{8\sqrt{2}}$

(3) $a^3-b^3=(a-b)^3+3ab(a-b)$
$=(2\sqrt{2})^3+3\times2\times2\sqrt{2}$
$=\boldsymbol{28\sqrt{2}}$

1-15. (1) $x^3+y^3=(x+y)^3-3xy(x+y)$ 에서

$19=1^3-3xy\times1 \quad \therefore xy=\boldsymbol{-6}$

(2) $x^2+y^2=(x+y)^2-2xy$

$=1^2-2\times(-6)=\mathbf{13}$

(3) $x^4+y^4=(x^2+y^2)^2-2x^2y^2$

$=13^2-2\times(-6)^2=\mathbf{97}$

(4) $(x^2+y^2)(x^3+y^3)$

$=x^5+y^5+x^2y^2(x+y)$

이므로

$x^5+y^5=(x^2+y^2)(x^3+y^3)$

$-x^2y^2(x+y)$

$=13\times19-(-6)^2\times1$

$=\mathbf{211}$

1-16. $m+n=(ax+by)+(bx+ay)$

$=a(x+y)+b(y+x)$

$=(a+b)(x+y)$

$=4\times(-3)=-12$

$mn=(ax+by)(bx+ay)$

$=abx^2+a^2xy+b^2xy+aby^2$

$=ab(x^2+y^2)+(a^2+b^2)xy$

$=ab\{(x+y)^2-2xy\}$

$+\{(a+b)^2-2ab\}xy$

$=3\{(-3)^2-2\times1\}+(4^2-2\times3)\times1$

$=31$

$\therefore\ m^3+n^3=(m+n)^3-3mn(m+n)$

$=(-12)^3-3\times31\times(-12)$

$=\mathbf{-612}$

1-17. (1) $(2a-1)(2b-1)=5$에서

$4ab-2(a+b)-4=0$

$ab=4$를 대입하고 정리하면

$a+b=6$

$\therefore\ a^2+ab+b^2=(a+b)^2-ab$

$=6^2-4=\mathbf{32}$

(2) $(2x+y)^2=4x^2+4xy+y^2$,

$(2x-y)^2=4x^2-4xy+y^2$

이므로

$(2x-y)^2=(2x+y)^2-8xy$

$=7^2-8\times3=25$

$\therefore\ 2x-y=\mathbf{\pm5}$

1-18. 그림과 같이

$\overline{OC}=x$ cm,

$\overline{OE}=y$ cm

라고 하자.

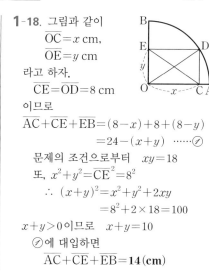

$\overline{CE}=\overline{OD}=8$ cm

이므로

$\overline{AC}+\overline{CE}+\overline{EB}=(8-x)+8+(8-y)$

$=24-(x+y)$ ……①

문제의 조건으로부터 $xy=18$

또, $x^2+y^2=\overline{CE}^2=8^2$

$\therefore\ (x+y)^2=x^2+y^2+2xy$

$=8^2+2\times18=100$

$x+y>0$이므로 $x+y=10$

①에 대입하면

$\overline{AC}+\overline{CE}+\overline{EB}=\mathbf{14(cm)}$

1-19.

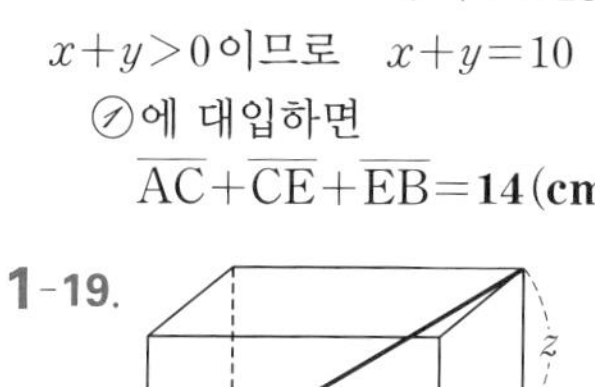

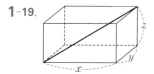

직육면체의 가로의 길이, 세로의 길이, 높이를 각각 x cm, y cm, z cm라고 하면 대각선의 길이가 14 cm이므로

$\sqrt{x^2+y^2+z^2}=14$

곧, $x^2+y^2+z^2=14^2$ ……①

모서리의 길이의 합이 88 cm이므로

$4x+4y+4z=88$

곧, $x+y+z=22$ ……②

또, 겉넓이를 S라고 하면

$S=2xy+2yz+2zx$ ……③

곱셈 공식

$(x+y+z)^2$

$=x^2+y^2+z^2+2xy+2yz+2zx$

에 ①, ②, ③을 대입하면

$22^2=14^2+S\quad\therefore\ S=\mathbf{288(cm^2)}$

2-1. (1) (준 식)$=x^2(2x-3)+3(2x-3)$

$=\mathbf{(2x-3)(x^2+3)}$

(2) (준 식)$=x^2y(x-y)+(x-y)$

$=\mathbf{(x-y)(x^2y+1)}$

(3) (준 식)$=x^2y^2-x^2-y^2+1-4xy$

$=(x^2y^2-2xy+1)-(x^2+2xy+y^2)$

$=(xy-1)^2-(x+y)^2$

$=\mathbf{(xy+x+y-1)(xy-x-y-1)}$

(4) (준 식)$=(a^2+b^2-c^2+2ab)$

$\times(a^2+b^2-c^2-2ab)$

$=\{(a+b)^2-c^2\}\{(a-b)^2-c^2\}$

$=\mathbf{(a+b+c)(a+b-c)}$

$\mathbf{\times(a-b+c)(a-b-c)}$

(5) $x+2y$의 이차식으로 볼 때, 합이 -1, 곱이 -12인 두 수는 -4와 3이므로

(준 식)$=\mathbf{(x+2y-4)(x+2y+3)}$

(6)
$$\begin{array}{lll} 5x & -3(y+1) \to & -3x(y+1) \\ x & \;\; y+1 \to & \;\; 5x(y+1)\;(+ \\ \hline & & \;\; 2x(y+1) \end{array}$$

(준 식)$=\{5x-3(y+1)\}(x+y+1)$

$=\mathbf{(5x-3y-3)(x+y+1)}$

(7) (준 식)$=(2x+y+2x-y)\{(2x+y)^2$

$-(2x+y)(2x-y)+(2x-y)^2\}$

$=\mathbf{4x(4x^2+3y^2)}$

(8) (준 식)$=(x^3)^2-7x^3-8$

$=(x^3+1)(x^3-8)$

$=(x+1)(x^2-x+1)(x-2)(x^2+2x+4)$

$=\mathbf{(x+1)(x-2)(x^2-x+1)(x^2+2x+4)}$

(9) (준 식)$=(3x)^3+3\times(3x)^2\times y$

$+3\times3x\times y^2+y^3$

$=\mathbf{(3x+y)^3}$

(10) (준 식)$=\{(x^2+12)-8x\}$

$\times\{(x^2+12)-7x\}-6x^2$

$=(x^2+12)^2-15(x^2+12)x+50x^2$

$=(x^2+12-5x)(x^2+12-10x)$

$=\mathbf{(x^2-5x+12)(x^2-10x+12)}$

2-2. (1) b에 관하여 정리하면

(준 식)$=a(ac-d)b+ac(c+d)$

$-d(c+d)$

$=a(ac-d)b+(c+d)(ac-d)$

$=\mathbf{(ac-d)(ab+c+d)}$

(2) a에 관하여 정리하면

(준 식)$=(b+c)a^2+(b^2+2bc+c^2)a$

$+b^2c+bc^2$

$=(b+c)a^2+(b+c)^2a+bc(b+c)$

$=(b+c)\{a^2+(b+c)a+bc\}$

$=(b+c)(a+b)(a+c)$

$=\mathbf{(a+b)(b+c)(c+a)}$

(3) a에 관하여 정리하면

(준 식)$=a^2+2(b+c)a+b^2+2bc-3c^2$

$=a^2+2(b+c)a+(b+3c)(b-c)$

$=\mathbf{(a+b+3c)(a+b-c)}$

***Note** (준 식)$=a^2+b^2+c^2$

$+2bc+2ca+2ab-4c^2$

$=(a+b+c)^2-(2c)^2$

$=(a+b+c+2c)(a+b+c-2c)$

$=\mathbf{(a+b+3c)(a+b-c)}$

2-3. $P(x)=x^4+x^2+1-2x^3-2x^2+2x$

$=(x^2-x-1)^2$

따라서

$P(x-1)=\{(x-1)^2-(x-1)-1\}^2$

$=(x^2-2x+1-x+1-1)^2$

$=(x^2-3x+1)^2$

$\therefore\ P(x-1)-1=(x^2-3x+1)^2-1$

$=(x^2-3x+1+1)(x^2-3x+1-1)$

$=(x^2-3x+2)(x^2-3x)$

$=x(x-1)(x-2)(x-3)$ 답 ⑤

***Note** $P(x-1)-1$

$=(x-1)^4-2(x-1)^3-(x-1)^2$

$+2(x-1)$

$=(x-1)^2\{(x-1)^2-1\}$

$-2(x-1)\{(x-1)^2-1\}$

$=(x-1)(x^2-2x)(x-1-2)$

$=x(x-1)(x-2)(x-3)$

2-4. (준 식)

$=a(x^8-1)+b(x^4-1)+c(x^2-1)$

$=a(x^4+1)(x^4-1)+b(x^4-1)$
$+c(x^2-1)$
$=a(x^4+1)(x^2+1)(x^2-1)$
$+b(x^2+1)(x^2-1)+c(x^2-1)$
$=(x^2-1)\{a(x^4+1)(x^2+1)$
$+b(x^2+1)+c\}$

이므로

$Q(x)=a(x^4+1)(x^2+1)+b(x^2+1)+c$,
$R(x)=0$

$\therefore Q(0)+R(0)=\boldsymbol{a+b+c}$

2-5. 연속한 네 자연수를

$n-1,\ n,\ n+1,\ n+2$
(n은 2 이상인 자연수)

라고 하면

$N=(n-1)n(n+1)(n+2)+1$
$=\{(n-1)(n+2)\}\{n(n+1)\}+1$
$=(n^2+n-2)(n^2+n)+1$
$=(n^2+n)^2-2(n^2+n)+1$
$=(n^2+n-1)^2$

그런데 $n^2+n-1=n(n+1)-1$에서 $n(n+1)$은 연속한 두 자연수의 곱이므로 2의 배수이다.

따라서 $n(n+1)-1$은 홀수이고, N은 어떤 홀수의 제곱이다.

2-6. $2^{12}-1=(2^6+1)(2^6-1)$에서

$2^6+1=(2^2)^3+1^3$
$=(2^2+1)(2^4-2^2+1)$
$=5\times13$,
$2^6-1=(2^3+1)(2^3-1)$
$=9\times7=3^2\times7$

이므로

$2^{12}-1=5\times13\times3^2\times7$
$=3^2\times5\times7\times13$

따라서 소인수는 **3, 5, 7, 13**

2-7. (준 식)$=19^3+3\times19^2\times2$
$+3\times19\times2^2+2^3$
$=(19+2)^3=21^3=3^3\times7^3$

따라서 양의 약수의 개수는

$(3+1)(3+1)=16$ 답 ②

* ***Note*** 자연수의 양의 약수의 개수를 구하는 방법은 중학교에서 공부하였다.

이를테면 $12=2^2\times3^1$이므로 2^2의 약수인 $1, 2^1, 2^2$ 중 하나를 뽑고, 3^1의 약수인 $1, 3^1$ 중 하나를 뽑아 곱한 것은 모두 12의 약수가 된다.

따라서 12의 양의 약수의 개수는 6이다. 이때의 6은 $2^2\times3^1$의 소인수의 지수인 2, 1에 각각 1을 더한 수인 $2+1,\ 1+1$의 곱과 같다.

일반적으로 자연수의 양의 약수의 개수는 다음과 같다.

자연수 $\boldsymbol{N}$이 $\boldsymbol{N=a^{\alpha}b^{\beta}}$과 같이 소인수분해될 때,

$\boldsymbol{N}$의 양의 약수의 개수
$\Longrightarrow \boldsymbol{(\alpha+1)(\beta+1)}$

2-8. $a-b=5,\ b-c=4$를 변끼리 더하면

$a-c=9$

$\therefore$ (준 식)

$=\dfrac{1}{2}\{(a-b)^2+(b-c)^2+(c-a)^2\}$

$=\dfrac{1}{2}\{5^2+4^2+(-9)^2\}=61$ 답 ②

2-9. $(ac+bd)^2=a^2c^2+2abcd+b^2d^2$,
$(ad-bc)^2=a^2d^2-2abcd+b^2c^2$

이므로

$(ac+bd)^2+(ad-bc)^2$
$=a^2(c^2+d^2)+b^2(c^2+d^2)$
$=(a^2+b^2)(c^2+d^2)=1$

$ac+bd=1$이므로 $(ad-bc)^2=0$

$\therefore ad-bc=\mathbf{0}$

2-10. $x+y+z=3$이므로

$x^3+y^3+z^3-3xyz$
$=(x+y+z)(x^2+y^2+z^2-xy-yz-zx)$
$=3(x^2+y^2+z^2-xy-yz-zx)$

$\therefore\ x^3+y^3+z^3$
$=3(x^2+y^2+z^2-xy-yz-zx)+3xyz$
$=3(x^2+y^2+z^2-xy-yz-zx)$
$\qquad +9(xy+yz+zx)$
$=3(x^2+y^2+z^2+2xy+2yz+2zx)$
$=3(x+y+z)^2=3\times 3^2=27$

답 ④

2-11. $a^3+b^3+c^3-3abc=0$에서
$(a+b+c)(a^2+b^2+c^2-ab-bc-ca)=0$
a, b, c는 삼각형의 세 변의 길이이므로 $a+b+c>0$
$\therefore\ a^2+b^2+c^2-ab-bc-ca=0$
양변에 2를 곱하고 정리하면
$(a-b)^2+(b-c)^2+(c-a)^2=0$
a, b, c는 실수이므로
$a-b=0,\ b-c=0,\ c-a=0$
$\therefore\ a=b=c$
따라서 이 삼각형은 정삼각형이다.

**Note* 실수 x, y, z에 대하여
$x^2+y^2+z^2=0$이면
$x=0,\ y=0,\ z=0$

3-1. (1) 주어진 식의 좌변을 전개하여 정리하면
$ax^3+(b+c)x^2+(a+c+d)x$
$\qquad +b+d=x^3+1$
x에 관한 항등식이므로
$a=1,\ b+c=0,$
$a+c+d=0,\ b+d=1$
$\therefore\ \boldsymbol{a=1,\ b=1,\ c=-1,\ d=0}$

(2) 주어진 식에 $x=1, 2, 3, 0$을 대입하면
$d=1,\ c+d=8,$
$2b+2c+d=27,$
$-6a+2b-c+d=0$
$\therefore\ \boldsymbol{a=1,\ b=6,\ c=7,\ d=1}$

3-2. k에 관하여 정리하면
$(x-y)k^2+(x+y-z)k+z-2=0$
k에 관한 항등식이므로
$x-y=0,\ x+y-z=0,\ z-2=0$
$\therefore\ \boldsymbol{x=1,\ y=1,\ z=2}$

3-3. (1) 주어진 식에 $x=1$을 대입하면
$1^{10}=a_0+a_1+a_2+\cdots+a_{20}$ $\cdots$①
$\therefore\ a_0+a_1+a_2+\cdots+a_{20}=\mathbf{1}$

(2) 주어진 식에 $x=-1$을 대입하면
$3^{10}=a_0-a_1+a_2-\cdots+a_{20}$ $\cdots$②
①$-$②하면
$1-3^{10}=2(a_1+a_3+a_5+\cdots+a_{19})$
$\therefore\ a_1+a_3+a_5+\cdots+a_{19}=\boldsymbol{\dfrac{1}{2}(1-3^{10})}$

**Note* (1)은 다항식 $(1-x+x^2)^{10}$의 전개식에서 모든 계수의 합이 1임을 의미한다.

3-4. $f(x)$의 차수를 n이라고 하면 좌변의 차수는 $2n$, 우변의 차수는 $n+1$이므로
$2n=n+1$에서 $n=1$
따라서 $f(x)=ax+b(a\neq 0)$로 놓으면
$f(x^2)=ax^2+b,$
$xf(x+1)-3=x\{a(x+1)+b\}-3$
$\qquad =ax^2+(a+b)x-3$
$\therefore\ ax^2+b=ax^2+(a+b)x-3$
x에 관한 항등식이므로
$a+b=0,\ b=-3 \quad \therefore\ a=3$
$\therefore\ \boldsymbol{f(x)=3x-3}$

3-5. 주어진 식에서
$(x^2+x-2)(x^2+x-12)+k(x^2+x)+12$
$\qquad =(x^2+x+a)(x^2+x+b)$
$x^2+x=X$로 놓으면
$(X-2)(X-12)+kX+12$
$\qquad =(X+a)(X+b)$
X에 관하여 정리하면
$(k-14-a-b)X+36-ab=0$
X에 관한 항등식이므로
$k=a+b+14$ $\cdots\cdots$①
$ab=36$
a, b는 $a<b$인 자연수이므로

$(a, b)=(1, 36), (2, 18), (3, 12), (4, 9)$

①에 대입하면 $k=51, 34, 29, 27$

따라서 k의 개수는 4이다. 답 ④

3-6. 우변을 이항하여 정리하면

$(a+b-c+2)x+(b-2c)y+c-2=0$

x, y에 관한 항등식이므로

$a+b-c+2=0,\ b-2c=0,\ c-2=0$

$\therefore$ $\boldsymbol{a=-4,\ b=4,\ c=2}$

3-7. 양변에 $x=1, y=2, z=3$을 대입하면

$(1-2)^3+(2-3)^3+(3-1)^3$

$=k(1-2)(2-3)(3-1)$

$\therefore$ $6=2k$ $\therefore$ $k=3$ 답 ③

**Note* $x-y=a, y-z=b, z-x=c$라고 하면

$a+b+c=(x-y)+(y-z)+(z-x)$

$=0$

이때,

(좌변)$=a^3+b^3+c^3$

$=(a+b+c)(a^2+b^2+c^2$

$-ab-bc-ca)+3abc$

$=3abc$

$=3(x-y)(y-z)(z-x)$

$\therefore$ $k=3$

3-8. $3x^3-6x^2+3x+a$

$=(x-b)(3x^2+3)+13$

$=3x^3-3bx^2+3x-3b+13$

x에 관한 항등식이므로

$3b=6,\ -3b+13=a$

$\therefore$ $\boldsymbol{a=7,\ b=2}$

3-9. $f(x)$를 x^2+1로 나눈 몫을 $Q(x)$라고 하면

$f(x)=(x^2+1)Q(x)+x+a$

따라서

$(x+b)f(x)=(x+b)(x^2+1)Q(x)$

$+(x+b)(x+a)$

이때, $(x+b)(x^2+1)Q(x)$는 x^2+1로 나누어떨어지므로 $(x+b)f(x)$를 x^2+1로 나눈 나머지는 $(x+b)(x+a)$를 x^2+1로 나눈 나머지와 같다.

그런데 $(x+b)(x+a)$를 x^2+1로 직접 나누면 나머지가 $(a+b)x+ab-1$이므로

$(a+b)x+ab-1=3x$

x에 관한 항등식이므로

$a+b=3,\ ab=1$

$\therefore$ $a^3+b^3=(a+b)^3-3ab(a+b)$

$=3^3-3\times1\times3=18$

답 ④

3-10. 몫을 $Q(x)$라고 하면

$x^n(x^2-ax+b)$

$=(x-3)^2Q(x)+3^n(x-3)$ …①

x에 관한 항등식이므로 $x=3$을 대입하면

$3^n(9-3a+b)=0$

$3^n\neq0$이므로 $9-3a+b=0$

$\therefore$ $b=3a-9$ ……②

이때,

$x^2-ax+b=x^2-ax+3a-9$

$=(x-3)\{x-(a-3)\}$

따라서 ①은

$x^n(x-3)\{x-(a-3)\}$

$=(x-3)\{(x-3)Q(x)+3^n\}$

이 식이 x에 관한 항등식이므로

$x^n\{x-(a-3)\}=(x-3)Q(x)+3^n$

도 x에 관한 항등식이다.

$x=3$을 대입하면

$3^n\{3-(a-3)\}=3^n$

$3^n\neq0$이므로 $3-(a-3)=1$

$\therefore$ $\boldsymbol{a=5,\ b=6}$ ⇦ ②

3-11. $f(x)$를 $(x-1)^2$으로 나눈 몫을 $x+a$라고 하면(x^3의 계수가 1이므로 몫의 일차항의 계수도 1이다)

$f(x)=(x-1)^2(x+a)$

이므로

$f(x^2-1)=\{(x^2-1)-1\}^2\{(x^2-1)+a\}$
$=(x^2-2)^2(x^2-1+a)$

$f(x^2-1)$을 $f(x)$로 나눈 몫을 $Q(x)$라고 하면

$(x^2-2)^2(x^2-1+a)$
$=(x-1)^2(x+a)Q(x)-6x+8$

x에 관한 항등식이므로 $x=1$을 대입하면

$(1^2-2)^2(1^2-1+a)=-6\times1+8$

$\therefore\ a=2$

$\therefore\ \boldsymbol{f(x)=(x-1)^2(x+2)}$

4-1. $f(x)=(x+2)(x^2+1)+2$이므로 $f(x)$를 $x-2$로 나눈 나머지는

$f(2)=(2+2)(2^2+1)+2=22$

답 ④

4-2. 문제의 조건에 의하여

$f(x)=g(x)(x^2-4x+3)+x+a$
$=g(x)(x-1)(x-3)+x+a$

$f(1)=0$이므로 이 식에 $x=1$을 대입하면

$0=1+a \quad \therefore\ a=-1$ 답 ②

4-3. $f(x)$를 x^2-4로 나눈 몫을 $Q(x)$, 나머지를 $ax+b$라고 하면

$f(x)=(x^2-4)Q(x)+ax+b$
$=(x+2)(x-2)Q(x)+ax+b$

문제의 조건으로부터 $f(-2)=3$, $f(2)=7$이므로

$-2a+b=3,\ 2a+b=7$

연립하여 풀면 $a=1,\ b=5$

따라서 구하는 나머지는 $\boldsymbol{x+5}$

4-4. 문제의 조건으로부터

$f(1)=3,\ f(2)=-1$

$f(x)$를 $x-1$로 나누었을 때의 몫을 $Q(x)$라고 하면

$f(x)=(x-1)Q(x)+3$

$x=2$를 대입하면

$f(2)=Q(2)+3$

$f(2)=-1$이므로 $Q(2)=-4$

답 ①

4-5. $R_1=f(a)=a^3+a^2+2a+1$,
$R_2=f(-a)=-a^3+a^2-2a+1$

$R_1+R_2=6$에 대입하여 정리하면

$2(a^2+1)=6 \quad \therefore\ a^2=2$

따라서 $f(x)$를 $x-a^2$으로 나눈 나머지는

$f(a^2)=f(2)=2^3+2^2+2\times2+1=\mathbf{17}$

4-6. 문제의 조건으로부터

$x^3+ax^2+2x+b-3=f(x)(x-1)+x-2$

$x=1$을 대입하면

$a+b=-1$ ……㉠

$f(2)=5$이므로 $x=2$를 대입하면

$4a+b+9=5$ ……㉡

㉠, ㉡를 연립하여 풀면

$a=-1,\ b=0$

$\therefore\ 2a+b=-2$ 답 ①

4-7. $f(x)$를 x^2-3x+2로 나눈 몫을 $P(x)$, $g(x)$를 x^2+2x-8로 나눈 몫을 $Q(x)$라고 하면

$f(x)=(x^2-3x+2)P(x)+x+5$
$=(x-1)(x-2)P(x)+x+5$

$g(x)=(x^2+2x-8)Q(x)+2$
$=(x-2)(x+4)Q(x)+2$ …㉠

(1) $f(2)+g(2)=(2+5)+2=\mathbf{9}$

(2) $F(x)=xf(x)+g(x)$라고 하면

$F(-4)=-4f(-4)+g(-4)$

문제의 조건과 ㉠에서

$f(-4)=3,\ g(-4)=2$

이므로

$F(-4)=-4\times3+2=\mathbf{-10}$

4-8. $f(x)$를 $(x-1)(x-2)$로 나눈 몫을 $Q(x)$라고 하면

$f(x)=(x-1)(x-2)Q(x)+4x+3$ ……㉮

(1) $F(x)=f(2x)$라고 하면 $F(x)$를 $x-1$로 나눈 나머지는

$F(1)=f(2\times1)$ ⇦ ㉮에 $x=2$를 대입

$=(2-1)(2-2)Q(2)+4\times2+3$

$=\mathbf{11}$

(2) $G(x)=f(x+2)$라고 하면 $G(x)$를 $x+1$로 나눈 나머지는

$G(-1)=f(-1+2)$ ⇦ ㉮에 $x=1$을 대입

$=(1-1)(1-2)Q(1)+4+3$

$=\mathbf{7}$

4-9. y를 상수로 생각하고

$$f(x)=x^3-3yx^2+ay^2x-3y^3$$

이라고 하면 $f(x)$가 $x-y$로 나누어떨어지므로

$$f(y)=y^3-3yy^2+ay^2y-3y^3=0$$

$$\therefore\ (a-5)y^3=0$$

y의 값에 관계없이 성립하므로

$a-5=0$ $\therefore$ $\boldsymbol{a=5}$

y	1	$-3y$	$5y^2$	$-3y^3$
		y	$-2y^2$	$3y^3$
	1	$-2y$	$3y^2$	0

$\therefore$ 몫 : $\boldsymbol{x^2-2xy+3y^2}$

*Note 조립제법을 이용하여 몫과 나머지를 구하면

y	1	$-3y$	ay^2	$-3y^3$
		y	$-2y^2$	$(a-2)y^3$
	1	$-2y$	$(a-2)y^2$	$(a-5)y^3$

몫 : $x^2-2yx+(a-2)y^2$

나머지 : $(a-5)y^3$

이때, 나머지는 y의 값에 관계없이 0이므로 $\boldsymbol{a=5}$

$\therefore$ 몫 : $\boldsymbol{x^2-2xy+3y^2}$

4-10. $f(x)=ax^3+bx^2+cx+d$라고 하면

$$N=a\times10^3+b\times10^2+c\times10+d$$
$$=f(10)$$

$a-b=d-c$에서 $a-b+c-d=0$

$$\therefore\ f(-1)=-a+b-c+d=0$$

따라서 $f(x)$는 $x+1$로 나누어떨어진다.

$f(x)$를 $x+1$로 나눈 몫을 $Q(x)$라고 하면 $f(x)=(x+1)Q(x)$

$f(10)=11Q(10)=N$이므로 N은 11의 배수이다.

4-11. $f(x)$가 두 식

$$(x-4)(x+3),\ (x+3)(x+5)$$

로 나누어떨어지므로 $f(x)$는

$$x-4,\ x+3,\ x+5$$

로 나누어떨어진다.

이 중 $f(x)$의 차수가 최소인 것은

$$f(x)=a(x-4)(x+3)(x+5)\ (a\neq0)$$

로 놓을 수 있다.

이때, $f(1)=-72$이므로

$-72=a\times(-3)\times4\times6$ $\therefore$ $a=1$

$$\therefore\ \boldsymbol{f(x)=(x-4)(x+3)(x+5)}$$

4-12. $P(x)$를 $(2x+1)^2$으로 나눈 몫과 나머지를 $ax+b$라고 하면

$$P(x)=(2x+1)^2(ax+b)+ax+b$$
$$=(ax+b)(4x^2+4x+2)$$

$P(x)$의 최고차항의 계수가 2이므로

$4a=2$에서 $a=\dfrac{1}{2}$

$P(0)=2b=2$에서 $b=1$

$$\therefore\ P(x)=\left(\frac{1}{2}x+1\right)(4x^2+4x+2)$$
$$=(x+2)(2x^2+2x+1)$$

$Q_1(x)=2x^2+2x+1$이라 하고, $Q_1(x)$를 $x+2$로 나눈 몫을 $Q_2(x)$라고 하면 나머지는

$$Q_1(-2)=2\times(-2)^2+2\times(-2)+1$$
$$=5$$

$$\therefore\ Q_1(x)=(x+2)Q_2(x)+5$$

$\therefore\ P(x)=(x+2)\{(x+2)Q_2(x)+5\}$

$\qquad=(x+2)^2Q_2(x)+5x+10$

따라서 $P(x)$를 $(x+2)^2$으로 나눈 나머지는 $\mathbf{5x+10}$

4-13. (1) $f(x)$는 최고차항의 계수가 1이고 $(x+1)^2$으로 나누어떨어지는 삼차식이므로

$$f(x)=(x+1)^2(x+a)$$

로 놓을 수 있다.

조건 (나)에서 $f(1)=f(-2)$이므로

$4(1+a)=-2+a \quad \therefore\ a=-2$

$\therefore\ f(x)=(x+1)^2(x-2)$

$\qquad=\mathbf{x^3-3x-2}$

(2) 조립제법을 이용하여 $f(x)$를 $x-1$로 나누면

1	1	0	−3	−2
		1	1	−2
	1	1	−2	−4

$\therefore\ f(x)=(x-1)(x^2+x-2)-4$

$\qquad=(x-1)(x-1)(x+2)-4$

$\qquad=(x-1)^2(x+2)-4$

따라서 몫 : $\mathbf{x+2}$, 나머지 : $\mathbf{-4}$

(3) $f(x)=(x-1)^2(x+2)-4$이므로

$\{f(x)\}^2=(x-1)^4(x+2)^2$

$\qquad-8(x-1)^2(x+2)+16$

$\quad=(x-1)^2\{(x-1)^2(x+2)^2$

$\qquad-8(x+2)\}+16$

따라서 $\{f(x)\}^2$을 $(x-1)^2$으로 나눈 나머지는 **16**

4-14. 문제의 조건으로부터

$$x^{30}=(x-3)Q(x)+R \quad \cdots\cdots①$$

여기에서 $R=3^{30}$이고, $Q(x)$는 29차 다항식이다.

$$Q(x)=a_0+a_1x+a_2x^2+\cdots+a_{29}x^{29}$$

이라고 하면 $Q(x)$의 모든 계수의 합은

$$Q(1)=a_0+a_1+a_2+\cdots+a_{29}$$

따라서 $Q(x)$의 모든 계수의 합과 R의 차는

$$|Q(1)-R| \quad \cdots\cdots②$$

①에 $x=1$을 대입하면

$1=-2Q(1)+R$

$\therefore\ Q(1)=\frac{1}{2}(R-1)$

이 값을 ②에 대입하면

$|Q(1)-R|=\left|\frac{1}{2}(R-1)-R\right|$

$\qquad=\left|\frac{-R-1}{2}\right|=\frac{|R+1|}{2}$

$\qquad=\frac{|3^{30}+1|}{2}=\frac{1}{2}(3^{30}+1)$

답 ④

4-15. $(x-2)P(x)=(x+1)P(x-1)$ $\cdots\cdots①$

x에 관한 항등식이므로 ①에

$x=2$를 대입하면 $\quad 0=3P(1)$

$\therefore\ P(1)=0$

$x=-1$을 대입하면 $\quad -3P(-1)=0$

$\therefore\ P(-1)=0$

$x=0$을 대입하면 $\quad -2P(0)=P(-1)$

$\therefore\ P(0)=0$

따라서 $P(x)$는 $x-1$, $x+1$, x를 인수로 가지는 삼차식이므로

$$P(x)=ax(x-1)(x+1)\ (a\neq0)$$

로 놓을 수 있다.

이때, $P(3)=32$이므로

$32=a\times3\times2\times4 \quad \therefore\ a=\frac{4}{3}$

$\therefore\ \mathbf{P(x)=\frac{4}{3}x(x-1)(x+1)}$

4-16. (1) $g(x)=(x+1)f(x)-x$이므로 $g(x)$를 x, $x-1$, $x-2$, $x-3$으로 각각 나눈 나머지는

$g(0)=1\times f(0)-0=1\times0-0=\mathbf{0}$

$g(1)=2\times f(1)-1=2\times\frac{1}{2}-1=\mathbf{0}$

$g(2)=3\times f(2)-2=3\times\frac{2}{3}-2=\mathbf{0}$

$g(3)=4\times f(3)-3=4\times\frac{3}{4}-3=\mathbf{0}$

(2) $g(-1)=0\times f(-1)-(-1)=\mathbf{1}$

$f(x)$가 삼차식이므로 $g(x)$는 사차식이고, (1)에서 $g(x)$는 x, $x-1$, $x-2$, $x-3$을 인수로 가진다는 것을 알 수 있다.

따라서

$g(x)=ax(x-1)(x-2)(x-3)\ (a\neq0)$

으로 놓을 수 있다.

이때, $g(-1)=1$이므로

$1=a\times(-1)\times(-2)\times(-3)\times(-4)$

$\therefore\ a=\frac{1}{24}$

$\therefore\ \boldsymbol{g(x)=\frac{1}{24}x(x-1)(x-2)(x-3)}$

(3) $(x+1)f(x)-x$

$=\frac{1}{24}x(x-1)(x-2)(x-3)$

이므로 $x=4$를 대입하면

$5f(4)-4=\frac{1}{24}\times4\times3\times2\times1$

$\therefore\ f(4)=\mathbf{1}$

4-17. (1) $\boldsymbol{(x-1)^2(x+3)}$

(2) $\boldsymbol{(x-1)(x+2)(x-5)(x+6)}$

(3) $\boldsymbol{(x-1)(2x+1)(2x^2+1)}$

(4) $\boldsymbol{(x+1)(x-1)(2x-1)(3x+1)}$

(5) $f(x)=x^5+1$이라고 하면 $f(-1)=0$

$$\begin{array}{r|rrrrrr} -1 & 1 & 0 & 0 & 0 & 0 & 1 \\ & & -1 & 1 & -1 & 1 & -1 \\ \hline & 1 & -1 & 1 & -1 & 1 & \boxed{0} \end{array}$$

$\therefore\ f(x)=\boldsymbol{(x+1)(x^4-x^3+x^2-x+1)}$

(6) $f(x)=x^5-a^5$이라고 하면 $f(a)=0$

$$\begin{array}{r|rrrrrr} a & 1 & 0 & 0 & 0 & 0 & -a^5 \\ & & a & a^2 & a^3 & a^4 & a^5 \\ \hline & 1 & a & a^2 & a^3 & a^4 & \boxed{0} \end{array}$$

$\therefore\ f(x)=\boldsymbol{(x-a)(x^4+ax^3+a^2x^2+a^3x+a^4)}$

*Note n이 2 이상인 자연수일 때,

$x^n-1=(x-1)(x^{n-1}+x^{n-2}+\cdots+x+1)$

$a^n-b^n=(a-b)(a^{n-1}+a^{n-2}b+a^{n-3}b^2+\cdots+ab^{n-2}+b^{n-1})$

또, n이 2보다 큰 홀수일 때,

$x^n+1=(x+1)(x^{n-1}-x^{n-2}+x^{n-3}-\cdots-x+1)$

$a^n+b^n=(a+b)(a^{n-1}-a^{n-2}b+a^{n-3}b^2-\cdots-ab^{n-2}+b^{n-1})$

4-18. 최고차항의 계수가 1, 상수항이 -1이고 계수가 정수인 일차식을 인수로 가지므로, $x-1$ 또는 $x+1$이 인수이다.

(i) $f(1)=1-a-1=0$에서 $\boldsymbol{a=0}$

이때,

$f(x)=x^5-1$

$=\boldsymbol{(x-1)(x^4+x^3+x^2+x+1)}$

(ii) $f(-1)=-1+a-1=0$에서 $\boldsymbol{a=2}$

이때,

$f(x)=x^5-2x-1$

$=\boldsymbol{(x+1)(x^4-x^3+x^2-x-1)}$

*Note 몫은 조립제법으로 구한다.

5-1. $P=|a-2|+|a+1|$에서

(1) $a\geq2$일 때

$a-2\geq0,\ a+1>0$이므로

$P=(a-2)+(a+1)=\mathbf{2a-1}$

(2) $-1\leq a<2$일 때

$a-2<0,\ a+1\geq0$이므로

$P=-(a-2)+(a+1)=\mathbf{3}$

(3) $a<-1$일 때

$a-2<0,\ a+1<0$이므로

$P=-(a-2)-(a+1)=\mathbf{-2a+1}$

5-2. $\frac{10}{1}=10$, $\frac{10}{3}=3.\times\times\times$, $\frac{10}{5}=2$, $\frac{10}{7}=1.\times\times\times$, $\frac{10}{9}=1.\times\times\times$이고

$\frac{-10}{2}=-5$, $\frac{-10}{4}=-2.5$,

$\frac{-10}{6}=-1.\times\times\times$, $\frac{-10}{8}=-1.25$,

$\dfrac{-10}{10}=-1$이므로

(준 식)$=10-5+3-3+2-2+1-2+1-1$

$=4$ 답 ④

5-3. $a=5m+2$ ……①

(m은 음이 아닌 정수)

$a^2+b=5n+3$ ……②

(n은 음이 아닌 정수)

라고 하자.

①을 ②에 대입하면

$b=5n+3-a^2$

$=5n+3-(5m+2)^2$

$=-25m^2-20m+5n-1$ …③

$=5(-5m^2-4m+n-1)+4$

따라서 b를 5로 나눈 나머지는 4이다.

답 **4**

***Note** ③에서

$b=5(-5m^2-4m+n)-1$

이므로 b를 5로 나눈 나머지가 -1이라고 해서는 안 된다. $0\le$(나머지)<5이기 때문이다.

5-4. (1) $\sqrt[3]{-8}=\sqrt[3]{(-2)^3}=-2$,

$\sqrt[3]{(-8)^2}=\sqrt[3]{64}=\sqrt[3]{4^3}=4$,

$\sqrt[3]{-8^2}=\sqrt[3]{-64}=\sqrt[3]{(-4)^3}=-4$,

$(\sqrt[3]{-8})^2=\{\sqrt[3]{(-2)^3}\}^2=(-2)^2=4$

$\therefore$ (준 식)$=-2+4-(-4)-4=\mathbf{2}$

(2) (준 식)$=\sqrt[3]{5\times25}-\sqrt[3]{5}-\sqrt[3]{\dfrac{40}{5}}+\sqrt[3]{\dfrac{25}{5}}$

$=\sqrt[3]{5^3}-\sqrt[3]{5}-\sqrt[3]{2^3}+\sqrt[3]{5}$

$=5-2=\mathbf{3}$

5-5. (1) $3<\sqrt{10}<4$이므로

$4<1+\sqrt{10}<5 \quad \therefore [a]=\mathbf{4}$

(2) (준 식)

$=4\left(\dfrac{1+\sqrt{10}-4}{4}+\dfrac{4}{1+\sqrt{10}-4}\right)$

$=4\left\{\dfrac{\sqrt{10}-3}{4}+\dfrac{4(\sqrt{10}+3)}{(\sqrt{10}-3)(\sqrt{10}+3)}\right\}$

$=\sqrt{10}-3+16(\sqrt{10}+3)$

$=\mathbf{45+17\sqrt{10}}$

5-6. $\sqrt{3-x^2}=\sqrt{3-\dfrac{3-\sqrt{2}}{2}}=\sqrt{\dfrac{3+\sqrt{2}}{2}}$

이므로

$$\frac{x}{\sqrt{3-x^2}}=\frac{\sqrt{\dfrac{3-\sqrt{2}}{2}}}{\sqrt{\dfrac{3+\sqrt{2}}{2}}}=\frac{\sqrt{3-\sqrt{2}}}{\sqrt{3+\sqrt{2}}}$$

$\therefore$ (준 식)$=\dfrac{\sqrt{3-\sqrt{2}}}{\sqrt{3+\sqrt{2}}}+\dfrac{\sqrt{3+\sqrt{2}}}{\sqrt{3-\sqrt{2}}}$

$=\dfrac{(3-\sqrt{2})+(3+\sqrt{2})}{\sqrt{(3+\sqrt{2})(3-\sqrt{2})}}$

$=\dfrac{6}{\sqrt{7}}=\dfrac{6\sqrt{7}}{7}$ 답 ④

5-7. $(3+2\sqrt{2})^n=a,\ (3-2\sqrt{2})^n=b$

로 놓으면

(준 식)$=(a+b)^2-(a-b)^2=4ab$

$=4(3+2\sqrt{2})^n(3-2\sqrt{2})^n$

$=4\{(3+2\sqrt{2})(3-2\sqrt{2})\}^n$

$=4\times1^n=\mathbf{4}$

5-8. $a^2+\sqrt{2}b=\sqrt{3}$ ……①

$b^2+\sqrt{2}a=\sqrt{3}$ ……②

①−②하면

$a^2-b^2-\sqrt{2}(a-b)=0$

$\therefore (a-b)(a+b-\sqrt{2})=0$

$a\neq b$이므로 $a+b=\sqrt{2}$ ……③

①+②하면

$a^2+b^2+\sqrt{2}(a+b)=2\sqrt{3}$

여기에 ③을 대입하면

$a^2+b^2=2\sqrt{3}-2$ ……④

$(a+b)^2=a^2+b^2+2ab$에 ③, ④를 대입하면

$(\sqrt{2})^2=2\sqrt{3}-2+2ab$

$\therefore ab=2-\sqrt{3}$

$\therefore \dfrac{b}{a}+\dfrac{a}{b}=\dfrac{a^2+b^2}{ab}=\dfrac{2\sqrt{3}-2}{2-\sqrt{3}}$

$$=\frac{(2\sqrt{3}-2)(2+\sqrt{3})}{(2-\sqrt{3})(2+\sqrt{3})}$$

$$=2+2\sqrt{3}$$ 답 ④

5-9. $x=\sqrt{7+3\sqrt{5}}=\sqrt{7+\sqrt{45}}$

$$=\sqrt{\frac{14+2\sqrt{45}}{2}}=\frac{\sqrt{14+2\sqrt{45}}}{\sqrt{2}}$$

$$=\frac{\sqrt{3^2+2\times3\sqrt{5}+(\sqrt{5})^2}}{\sqrt{2}}$$

$$=\frac{\sqrt{(3+\sqrt{5})^2}}{\sqrt{2}}=\frac{3+\sqrt{5}}{\sqrt{2}}$$

$$=\frac{3\sqrt{2}+\sqrt{10}}{2}$$

같은 방법으로 하면 $y=\dfrac{3\sqrt{2}-\sqrt{10}}{2}$

한편

$$\frac{\sqrt{x}+\sqrt{y}}{\sqrt{x}-\sqrt{y}}=\frac{(\sqrt{x}+\sqrt{y})^2}{(\sqrt{x}-\sqrt{y})(\sqrt{x}+\sqrt{y})}$$

$$=\frac{x+y+2\sqrt{xy}}{x-y} \quad \cdots\cdots ①$$

이때,

$x+y=3\sqrt{2},\ x-y=\sqrt{10},\ xy=2$

이므로 ①에 대입하면

$$\frac{\sqrt{x}+\sqrt{y}}{\sqrt{x}-\sqrt{y}}=\frac{3\sqrt{2}+2\sqrt{2}}{\sqrt{10}}=\frac{5\sqrt{2}}{\sqrt{10}}=\boldsymbol{\sqrt{5}}$$

5-10. $2<\sqrt{5}<3$이므로 $1<\sqrt{5}-1<2$

따라서 소수부분은

$(\sqrt{5}-1)-1=\sqrt{5}-2$

이 값은 $x^2+ax+b=0$의 해이므로

$(\sqrt{5}-2)^2+a(\sqrt{5}-2)+b=0$

$\therefore\ (9-2a+b)+(a-4)\sqrt{5}=0$

a, b는 유리수이므로

$9-2a+b=0,\ a-4=0$

연립하여 풀면 $\boldsymbol{a=4,\ b=-1}$

5-11. (1) 주어진 식의 양변을 제곱하면

$a-2\sqrt{14}=7+b-2\sqrt{7b}$

a, b는 자연수(유리수)이므로

$a=7+b,\ 14=7b$

연립하여 풀면 $\boldsymbol{a=9,\ b=2}$

$9-\sqrt{56}>0,\ \sqrt{7}-\sqrt{2}>0$이므로 구한 값은 주어진 조건을 만족시킨다.

(2) (좌변)$=a^3+3a^2\times2\sqrt{3}$
$\qquad+3a\times(2\sqrt{3})^2+(2\sqrt{3})^3$

$=a^3+36a+(6a^2+24)\sqrt{3}$

따라서 주어진 식은

$a^3+36a+(6a^2+24)\sqrt{3}=b+30\sqrt{3}$

a, b는 자연수(유리수)이므로

$a^3+36a=b \quad \cdots\cdots ①$

$6a^2+24=30 \quad \cdots\cdots ②$

②에서 $a^2=1$이고, a는 자연수이므로 $\boldsymbol{a=1}$

①에 대입하면 $\boldsymbol{b=37}$

6-1. (1) (준 식)$=i-1+i^2i+(i^2)^2$

$=i-1-i+1=\mathbf{0}$

(2) $i^{999}\times i^{1001}=i^{2000}=(i^2)^{1000}$

$=(-1)^{1000}=\mathbf{1}$

(3) $i^{4n}=(i^2)^{2n}=(-1)^{2n}=\mathbf{1}$

(4) $i^{4n+3}=i^{4n}i^3=i^3=i^2i=\boldsymbol{-i}$

(5) $(\sqrt{-1})^{8n+2}=i^{8n+2}=(i^2)^{4n+1}$

$=(-1)^{4n+1}=\mathbf{-1}$

(6) $(-\sqrt{-1})^{8n}=(-i)^{8n}=i^{8n}=(i^2)^{4n}$

$=(-1)^{4n}=\mathbf{1}$

(7) (준 식)$=\sqrt{16}+\sqrt{4}i\times\sqrt{9}i$

$=4+6i^2=\mathbf{-2}$

(8) (준 식)$=5^4(2+i)^4\times4^4(2-i)^4$

$=5^4\times4^4\times(2^2-i^2)^4$

$=5^4\times4^4\times5^4=(5\times4\times5)^4$

$=100^4=\mathbf{10^8}$

(9) (준 식)$=\dfrac{2-\sqrt{9}i}{2+\sqrt{9}i}+\dfrac{2+\sqrt{9}i}{2-\sqrt{9}i}$

$$=\frac{2-3i}{2+3i}+\frac{2+3i}{2-3i}$$

$$=\frac{(2-3i)^2+(2+3i)^2}{(2+3i)(2-3i)}$$

$$=\frac{4-12i+9i^2+4+12i+9i^2}{4-9i^2}$$

$$=\boldsymbol{-\frac{10}{13}}$$

(10) (준 식)$=\left(\dfrac{1-\sqrt{3}i}{2}\times\dfrac{\sqrt{3}-i}{2}\right)^{50}$

$=\left(\dfrac{\sqrt{3}-i-3i+\sqrt{3}i^2}{4}\right)^{50}$

$=(-i)^{50}=i^{50}=(i^2)^{25}$

$=(-1)^{25}=\mathbf{-1}$

6-2. (1) $\alpha\overline{\beta}+\overline{\alpha}\beta$

$=(1+2i)(2+i)+(1-2i)(2-i)$

$=(2+i+4i+2i^2)+(2-i-4i+2i^2)$

$=5i-5i=\mathbf{0}$

(2) $\dfrac{\alpha}{\overline{\beta}}+\dfrac{\overline{\beta}}{\alpha}=\dfrac{1+2i}{2+i}+\dfrac{2+i}{1+2i}$

$=\dfrac{(1+2i)(2-i)}{(2+i)(2-i)}+\dfrac{(2+i)(1-2i)}{(1+2i)(1-2i)}$

$=\dfrac{2-i+4i-2i^2}{4-i^2}+\dfrac{2-4i+i-2i^2}{1-4i^2}$

$=\dfrac{4+3i}{5}+\dfrac{4-3i}{5}=\mathbf{\dfrac{8}{5}}$

(3) $(\alpha+\overline{\beta})(\overline{\alpha}-\beta)$

$=\{(1+2i)+(2+i)\}\{(1-2i)-(2-i)\}$

$=(3+3i)(-1-i)$

$=-3-3i-3i-3i^2=\mathbf{-6i}$

***Note** (1), (2)에서 각각

$\overline{\alpha}\beta=\overline{\alpha\overline{\beta}},\quad \dfrac{\overline{\beta}}{\alpha}=\dfrac{1}{\dfrac{\alpha}{\overline{\beta}}}$

임을 이용하여 풀어도 된다.

6-3. $\sqrt{x-2}\sqrt{x-5}=-\sqrt{(x-2)(x-5)}$ 에서

$x=2$ 또는 $x=5$ 또는

$(x-2<0$이고 $x-5<0)$

$\therefore\ x\leq 2$ 또는 $x=5$ ……①

$\dfrac{\sqrt{x}}{\sqrt{x-4}}=-\sqrt{\dfrac{x}{x-4}}$ 에서

$x=0$ 또는 $(x>0$이고 $x-4<0)$

$\therefore\ 0\leq x<4$ ……②

①, ②를 동시에 만족시키는 x의 값의 범위는 $0\leq x\leq 2$

$\therefore\ |x|+|x-2|=x-(x-2)=\mathbf{2}$

***Note** 1° $\sqrt{a}\sqrt{b}=-\sqrt{ab}$

$\iff a=0$ 또는 $b=0$

또는 $(a<0$이고 $b<0)$

$\dfrac{\sqrt{a}}{\sqrt{b}}=-\sqrt{\dfrac{a}{b}}$

$\iff (a=0$이고 $b\neq 0)$

또는 $(a>0$이고 $b<0)$

2° 두 개 이상의 부등식을 동시에 만족시키는 미지수의 값의 범위를 구하는 것을 연립부등식을 푼다고 한다.

이에 대해서는 p. 205에서 자세히 공부한다.

6-4. $\omega=\dfrac{-1+\sqrt{3}i}{2}$ 이므로

$\omega^2=\left(\dfrac{-1+\sqrt{3}i}{2}\right)^2=\dfrac{-1-\sqrt{3}i}{2}$

(1) $\omega^3=\omega\omega^2$

$=\dfrac{-1+\sqrt{3}i}{2}\times\dfrac{-1-\sqrt{3}i}{2}$

$=\dfrac{1-3i^2}{4}=\mathbf{1}$

(2) $\omega^{11}+\omega^{10}+1$

$=(\omega^3)^3\omega^2+(\omega^3)^3\omega+1$

$=\omega^2+\omega+1$

$=\dfrac{-1-\sqrt{3}i}{2}+\dfrac{-1+\sqrt{3}i}{2}+1$

$=\mathbf{0}$

***Note** $\omega=\dfrac{-1+\sqrt{3}i}{2}$ 에서

$2\omega+1=\sqrt{3}i$

양변을 제곱하여 정리하면

$\omega^2+\omega+1=0$

양변에 $\omega-1$을 곱하면

$(\omega-1)(\omega^2+\omega+1)=0$

$\therefore\ \omega^3-1=0\qquad\therefore\ \omega^3=1$

(3) $\omega^2+\omega+1=0$이므로

$\omega+\dfrac{1}{\omega}=\dfrac{\omega^2+1}{\omega}=\dfrac{-\omega}{\omega}=\mathbf{-1}$

***Note** $\omega\neq 0$이므로 $\omega^2+\omega+1=0$의 양변을 ω로 나누면

$\omega+1+\frac{1}{\omega}=0 \quad \therefore\ \omega+\frac{1}{\omega}=\mathbf{-1}$

6-5. $\frac{a+bi}{a-bi}+\frac{b+ai}{b-ai}$

$=\frac{a^2+2abi-b^2}{a^2+b^2}+\frac{b^2+2abi-a^2}{b^2+a^2}$

$=\frac{4abi}{a^2+b^2}$

그런데

$a=\frac{2}{\sqrt{3}-1}=\frac{2(\sqrt{3}+1)}{3-1}=\sqrt{3}+1,$

$b=\frac{2}{\sqrt{3}+1}=\frac{2(\sqrt{3}-1)}{3-1}=\sqrt{3}-1$

에서 $a+b=2\sqrt{3}$, $ab=2$이므로

$a^2+b^2=(a+b)^2-2ab$

$=(2\sqrt{3})^2-2\times2=8$

$\therefore$ (준 식)$=\left(\frac{4abi}{a^2+b^2}\right)^{10}=\left(\frac{4\times2i}{8}\right)^{10}$

$=i^{10}=(i^2)^5=(-1)^5=-1$

답 ②

6-6. $\frac{1}{i}=\frac{1}{i^5}=\frac{1}{i^9}=\cdots=-i,$

$\frac{1}{i^2}=\frac{1}{i^6}=\frac{1}{i^{10}}=\cdots=-1,$

$\frac{1}{i^3}=\frac{1}{i^7}=\frac{1}{i^{11}}=\cdots=i,$

$\frac{1}{i^4}=\frac{1}{i^8}=\frac{1}{i^{12}}=\cdots=1$

이므로

(좌변)$=-i-2+3i+4-5i$

$-6+7i+8+\cdots+\frac{n}{i^n}$

좌변의 실수부분을 a, 허수부분을 b라고 하면

$a=-2+4-6+8-10+12-\cdots,$

$b=-1+3-5+7-9+11-\cdots$

문제의 조건에서 $a=10$이므로

$a=(-2+4)+(-6+8)$

$+\cdots+(-18+20)$

또, $b=-11$이므로

$b=-1+(3-5)+(7-9)$

$+\cdots+(19-21)$

$\therefore\ n=21$ 답 ⑤

6-7. a, b가 실수이므로

$|a-2b|=3$ ……①

$1-b=a+2$ ……②

②에서 $b=-a-1$

①에 대입하면 $|a+2a+2|=3$

$\therefore\ 3a+2=\pm3 \quad \therefore\ a=\frac{1}{3}, -\frac{5}{3}$

이때, $b=-\frac{4}{3}, \frac{2}{3}$

$\therefore\ \boldsymbol{a=\frac{1}{3},\ b=-\frac{4}{3}}$

또는 $\boldsymbol{a=-\frac{5}{3},\ b=\frac{2}{3}}$

6-8. $z=x+yi$(x, y는 실수)로 놓자.

(1) 주어진 식에서

$(2-i)(x-yi)+4i(x+yi)=-1+4i$

전개하여 정리하면

$(2x-5y)+(3x-2y)i=-1+4i$

x, y는 실수이므로

$2x-5y=-1,\ 3x-2y=4$

$\therefore\ x=2,\ y=1 \quad \therefore\ \boldsymbol{z=2+i}$

(2) 주어진 식에서

$(2+3i)(x+yi)+(2-3i)(x-yi)=2$

전개하여 정리하면 $2x-3y=1$

이 식을 만족시키는 실수 x, y는 무수히 많이 있으므로 z도 무수히 많다.

6-9. (1) $(\alpha\beta)^2=\alpha^2\beta^2=i\times(-i)=1$

$\therefore\ \alpha\beta=\mathbf{\pm1}$

(2) $(\alpha-\beta)^4=\{(\alpha-\beta)^2\}^2$

$=(\alpha^2-2\alpha\beta+\beta^2)^2$

$=(-2\alpha\beta)^2=4\alpha^2\beta^2=\mathbf{4}$

(3) $\frac{\alpha+\beta}{\alpha-\beta}=\frac{(\alpha+\beta)^2}{(\alpha-\beta)(\alpha+\beta)}$

$=\frac{\alpha^2+2\alpha\beta+\beta^2}{\alpha^2-\beta^2}=\frac{2\alpha\beta}{2i}$

$=-\alpha\beta i$

(1)에서 $\alpha\beta=\pm1$이므로

$$\frac{\alpha+\beta}{\alpha-\beta}=\pm\boldsymbol{i}$$

*__Note__ $\alpha^2=i$, $\beta^2=-i$를 만족시키는 복소수 α, β는

$$\alpha=\pm\frac{1}{\sqrt{2}}(1+i),\ \beta=\pm\frac{1}{\sqrt{2}}(1-i)$$

6-10. (1) $\alpha=a+bi$(a, b는 실수)라 하면

$$\alpha\overline{\alpha}=(a+bi)(a-bi)=a^2+b^2$$

그런데 $\alpha\neq0$이면 $a\neq0$ 또는 $b\neq0$ 이므로 $a^2+b^2>0$

$$\therefore\ \alpha\overline{\alpha}>0$$

(2) $\alpha^2=3-4i$일 때, $(\overline{\alpha})^2=\overline{\alpha^2}=3+4i$

$$\therefore\ (\alpha\overline{\alpha})^2=\alpha^2(\overline{\alpha})^2=(3-4i)(3+4i)$$
$$=3^2-(4i)^2=25$$

$\alpha\overline{\alpha}>0$이므로 $\alpha\overline{\alpha}=\mathbf{5}$

*__Note__ $\alpha=a+bi$를 $\alpha^2=3-4i$에 대입한 다음 실수 a, b의 값을 구하여 풀어도 된다.

6-11. $z=a+bi$ (a, b는 실수, $b\neq0$)로 놓자.

(1) $(z-1)^2=(a+bi-1)^2$
$$=\{(a-1)+bi\}^2$$
$$=(a-1)^2+2(a-1)bi+b^2i^2$$
$$=(a-1)^2-b^2+2(a-1)bi$$

$(a-1)^2-b^2$, $2(a-1)b$가 실수이므로 $(z-1)^2$이 실수일 조건은

$$2(a-1)b=0$$

그런데 $b\neq0$이므로 $a=1$

$$\therefore\ z=1+bi$$
$$\therefore\ z+\overline{z}=1+bi+1-bi=\mathbf{2}$$

(2) $z+\dfrac{1}{z}=a+bi+\dfrac{1}{a+bi}$

$$=a+bi+\frac{a-bi}{(a+bi)(a-bi)}$$
$$=a+bi+\frac{a-bi}{a^2+b^2}$$
$$=\frac{a(a^2+b^2+1)}{a^2+b^2}+\frac{b(a^2+b^2-1)}{a^2+b^2}i$$

$\dfrac{a(a^2+b^2+1)}{a^2+b^2}$, $\dfrac{b(a^2+b^2-1)}{a^2+b^2}$이 실수이므로 $z+\dfrac{1}{z}$이 실수일 조건은

$$\frac{b(a^2+b^2-1)}{a^2+b^2}=0$$
$$\therefore\ b(a^2+b^2-1)=0$$

그런데 $b\neq0$이므로 $a^2+b^2=1$

$$\therefore\ z\overline{z}=(a+bi)(a-bi)=a^2+b^2=\mathbf{1}$$

6-12. $\alpha\overline{\beta}=1$이므로 $\alpha=\dfrac{1}{\overline{\beta}}$

또, $\overline{\alpha}=\overline{\left(\dfrac{1}{\overline{\beta}}\right)}=\dfrac{1}{\beta}$이므로 $\dfrac{1}{\overline{\alpha}}=\beta$

$$\therefore\ \frac{1}{\overline{\alpha}}+\frac{1}{\overline{\beta}}=\beta+\alpha=\boldsymbol{\frac{3}{2}+\frac{3}{2}i}$$

*__Note__ $\alpha\overline{\beta}=1$이므로 $\overline{\alpha\overline{\beta}}=\overline{\alpha}\beta=1$

$$\therefore\ \frac{1}{\overline{\alpha}}+\frac{1}{\overline{\beta}}=\frac{\beta}{\overline{\alpha}\beta}+\frac{\alpha}{\alpha\overline{\beta}}=\beta+\alpha$$
$$=\boldsymbol{\frac{3}{2}+\frac{3}{2}i}$$

6-13. $\overline{\alpha}=\dfrac{1}{\alpha}$, $\overline{\beta}=\dfrac{1}{\beta}$이므로

$$\overline{\alpha+\beta}=\overline{\alpha}+\overline{\beta}=\frac{1}{\alpha}+\frac{1}{\beta}$$

$(\alpha+\beta)(\overline{\alpha+\beta})=2$에서

$$(\alpha+\beta)\left(\frac{1}{\alpha}+\frac{1}{\beta}\right)=2$$
$$\therefore\ 1+\frac{\alpha}{\beta}+\frac{\beta}{\alpha}+1=2$$
$$\therefore\ \frac{\alpha}{\beta}+\frac{\beta}{\alpha}=\mathbf{0}$$

6-14. $\dfrac{z}{\overline{z}}+\dfrac{\overline{z}}{z}=-2$의 양변에 $z\overline{z}$를 곱하여 정리하면

$$z^2+2z\overline{z}+\overline{z}^2=0$$
$$\therefore\ (z+\overline{z})^2=0\quad\therefore\ z+\overline{z}=0$$

$z=a+bi$(a, b는 실수)로 놓고 대입하면 $a+bi+a-bi=0$

$$\therefore\ 2a=0\quad\therefore\ a=0$$

따라서 $z=bi$(b는 실수)의 꼴이다.
이때, $z\neq0$이므로 $b\neq0$이다.

ㄱ. $z^2=(bi)^2=-b^2$은 실수이다.

ㄴ. $z-\overline{z}=bi-(-bi)=2bi$는 순허수이다.

ㄷ. $\dfrac{\overline{z}}{z}=\dfrac{-bi}{bi}=-1$은 실수이다.

이상에서 실수인 것은 ㄱ, ㄷ이다.

답 ③

6-15. $z=a+bi$(a, b는 실수)라고 하면

$$z+(5-2i)=(a+5)+(b-2)i$$

가 양의 실수이므로

$$a+5>0,\ b-2=0$$

$$\therefore\ a>-5,\ b=2$$

$z\overline{z}=33$에서 $(a+bi)(a-bi)=33$

$$\therefore\ a^2+b^2=33$$

$b=2$를 대입하면 $a^2=29$

$$\therefore\ a=\pm\sqrt{29}$$

그런데 $a>-5$이므로 $a=\sqrt{29}$

따라서 $z=\sqrt{29}+2i$이므로

$$\frac{1}{2}(z+\overline{z})=\frac{1}{2}(\sqrt{29}+2i+\sqrt{29}-2i)$$

$$=\boldsymbol{\sqrt{29}}$$

****Note*** 조건 (가)에 의하여

$$z+(5-2i)=a\ (a>0)$$

로 놓고 풀어도 된다.

6-16. $zz^*=(x+yi)(y+xi)$

$$=xy+x^2i+y^2i+xyi^2$$

$$=(x^2+y^2)i$$

(1) $z=2+i$일 때, $x^2+y^2=5$이므로

$$z^4(z^*)^3=z(zz^*)^3=(2+i)(5i)^3$$

$$=\mathbf{125(1-2}\boldsymbol{i}\mathbf{)}$$

(2) $z=x+yi$이므로

$$\overline{z}\,\overline{z^*}=(x-yi)(-y+xi)$$

$$=-xy+x^2i+y^2i-xyi^2$$

$$=(x^2+y^2)i=zz^*$$

6-17. $p=a^2-3a-4=(a+1)(a-4)$,

$$q=a^2+3a+2=(a+1)(a+2)$$

라고 하면

$$z^2=(p+qi)^2=(p^2-q^2)+2pqi$$

p^2-q^2, $2pq$가 실수이므로 z^2이 실수이려면 $2pq=0$

곧, $p=0$ 또는 $q=0$이다.

(i) $p=0$, $q=0$이면 $z^2=0$

(ii) $p=0$, $q\neq0$이면 $z^2=-q^2<0$

(iii) $p\neq0$, $q=0$이면 $z^2=p^2>0$

(1) $p\neq0$, $q=0$에서

$$(a+1)(a-4)\neq0,\ (a+1)(a+2)=0$$

$$\therefore\ \boldsymbol{a}\mathbf{=-2}$$

(2) $p=0$, $q\neq0$에서

$$(a+1)(a-4)=0,\ (a+1)(a+2)\neq0$$

$$\therefore\ \boldsymbol{a}\mathbf{=4}$$

6-18. ① $\alpha=i$일 때, $\alpha^2=-1$(실수)이지만 α는 허수이다.

② $\alpha=i$, $\beta=1$일 때, $\alpha^2+\beta^2=0$이지만 $\alpha\neq0$, $\beta\neq0$이다.

③ $\alpha\neq0$이라고 하자.

$\alpha\beta=0$의 양변을 α로 나누면 $\beta=0$

따라서 $\alpha\beta=0$이면 $\alpha=0$ 또는 $\beta=0$이다.

④ $\alpha=1$, $\beta=i$일 때, $\alpha+\beta i=0$이지만 $\alpha\neq0$, $\beta\neq0$이다.

⑤ $\alpha+\beta i=\beta+\alpha i$이면

$$(\alpha-\beta)-(\alpha-\beta)i=0$$

$$\therefore\ (\alpha-\beta)(1-i)=0$$

$1-i\neq0$이므로 양변을 $1-i$로 나누면

$$\alpha-\beta=0\qquad\therefore\ \alpha=\beta$$

답 ③, ⑤

****Note*** ① α^2이 실수이면 α는 실수이거나 순허수이다.

②, ④는 α, β가 실수일 때 성립한다.

7-1. (1) $2|x-1|=5-3x$에서

(i) $x\geq1$일 때 $2(x-1)=5-3x$

$$\therefore\ x=\frac{7}{5}\ (x\geq1\text{에 적합})$$

(ii) $x<1$일 때 $-2(x-1)=5-3x$

$\therefore\ x=3$ ($x<1$에 모순)

(i), (ii)에서 $\boldsymbol{x=\dfrac{7}{5}}$

(2) $|1+2x|-|5-x|=3$에서

(i) $x<-\dfrac{1}{2}$일 때

$-(1+2x)-(5-x)=3$

$\therefore\ x=-9\left(x<-\dfrac{1}{2}\text{에 적합}\right)$

(ii) $-\dfrac{1}{2}\le x<5$일 때

$(1+2x)-(5-x)=3$

$\therefore\ x=\dfrac{7}{3}\left(-\dfrac{1}{2}\le x<5\text{에 적합}\right)$

(iii) $x\ge5$일 때

$(1+2x)+(5-x)=3$

$\therefore\ x=-3$ ($x\ge5$에 모순)

(i), (ii), (iii)에서 $\boldsymbol{x=-9,\ \dfrac{7}{3}}$

***Note** 실수 a에 대하여 $|-a|=|a|$ 임을 이용하여

$|1+2x|-|5-x|$

$=|2x+1|-|x-5|$

로 놓고 풀어도 된다.

(3) $ax^2+6=(2a+3)x$에서

$ax^2-(2a+3)x+6=0$

좌변을 인수분해하면

$(x-2)(ax-3)=0$

$a\ne0$이므로 $\boldsymbol{x=2,\ \dfrac{3}{a}}$

(4) $3x^2-\sqrt{2}x+1=0$에서 근의 공식을 이용하면

$$x=\frac{-(-\sqrt{2})\pm\sqrt{(-\sqrt{2})^2-4\times3\times1}}{2\times3}$$

$$\therefore\ \boldsymbol{x=\frac{\sqrt{2}\pm\sqrt{10}i}{6}}$$

7-2. 주어진 식을 정리하면

$x=\left[\dfrac{x+2}{3}\right]+[x]-2$

$\left[\dfrac{x+2}{3}\right]$, $[x]$, -2는 모두 정수이므로 x는 정수이다. $\therefore\ x=[x]$

따라서 주어진 식은

$\left[\dfrac{x+2}{3}\right]=2\quad\therefore\ 2\le\dfrac{x+2}{3}<3$

각 변에 3을 곱하면

$6\le x+2<9\quad\therefore\ 4\le x<7$

x는 정수이므로 $x=4,\ 5,\ 6$

따라서 모든 x의 값의 합은

$4+5+6=15$ 답 ③

***Note** 정수 n에 대하여

$[x]=n$이면 $n\le x<n+1$

7-3. $x=1$이 해이므로

$k+p+(k+1)q=0$

$\therefore\ (1+q)k+p+q=0$

k의 값에 관계없이 성립하므로

$1+q=0,\ p+q=0$

$\therefore\ p=1,\ q=-1\quad\therefore\ pq=-1$

답 ②

7-4. α가 이차방정식 $ax^2+bx+c=0$의 해이므로

$a\alpha^2+b\alpha+c=0$

(1) $f(x)=ax^2-bx+c$라고 하면

$f(-\alpha)=a(-\alpha)^2-b(-\alpha)+c$

$=a\alpha^2+b\alpha+c=0$

따라서 $-\alpha$는 $ax^2-bx+c=0$의 해이고, $a,\ b,\ c$가 실수이므로 $\overline{-\alpha}=-\overline{\alpha}$ 도 이 방정식의 해이다.

답 $\boldsymbol{-\alpha,\ -\overline{\alpha}}$

(2) $g(x)=cx^2+bx+a$라고 하면

$g\left(\dfrac{1}{\alpha}\right)=c\left(\dfrac{1}{\alpha}\right)^2+b\times\dfrac{1}{\alpha}+a$

$=\dfrac{c}{\alpha^2}+\dfrac{b}{\alpha}+a$

$=\dfrac{c+b\alpha+a\alpha^2}{\alpha^2}=0$

따라서 $\dfrac{1}{\alpha}$은 $cx^2+bx+a=0$의 해이고, $a,\ b,\ c$가 실수이므로 $\overline{\left(\dfrac{1}{\alpha}\right)}=\dfrac{1}{\overline{\alpha}}$

도 이 방정식의 해이다.

답 $\dfrac{1}{\alpha}$, $\dfrac{1}{\overline{\alpha}}$

*Note α가 허수이므로 $\alpha\neq0$이다.

7-5. ω가 $x^2+x+1=0$의 근이므로

$$\omega^2+\omega+1=0 \quad \cdots\cdots①$$

양변에 $\omega-1$을 곱하면

$$(\omega-1)(\omega^2+\omega+1)=0$$

$$\therefore\ \omega^3-1=0 \qquad \therefore\ \omega^3=1$$

$\omega^3=1$임을 이용하여 주어진 식을 정리하면

$$(\text{준 식})=\frac{\omega^2}{\omega+1}+\frac{\omega}{\omega^2+1}+\frac{1}{1+1}+\frac{\omega^2}{\omega+1}+\frac{\omega}{\omega^2+1} \quad \cdots②$$

①에서 $\omega+1=-\omega^2$, $\omega^2+1=-\omega$이므로 이것을 ②에 대입하면

$$(\text{준 식})=\frac{\omega^2}{-\omega^2}+\frac{\omega}{-\omega}+\frac{1}{2}+\frac{\omega^2}{-\omega^2}+\frac{\omega}{-\omega}$$

$$=-1-1+\frac{1}{2}-1-1=-\frac{7}{2}$$

답 ①

7-6. ω가 $x^2-x+1=0$의 근이므로

$$\omega^2-\omega+1=0 \quad \cdots\cdots①$$

양변에 $\omega+1$을 곱하면

$$(\omega+1)(\omega^2-\omega+1)=0$$

$$\therefore\ \omega^3+1=0 \qquad \therefore\ \omega^3=-1$$

또, ①에서 $\quad \omega^2+1=\omega,\ \omega-1=\omega^2$

(1) $\omega^3-3\omega^2+4\omega-3$

$$=-1-3(\omega^2+1)+4\omega$$

$$=-1-3\omega+4\omega=\omega-1=\omega^2$$

$$\therefore\ \frac{1}{\omega^3-3\omega^2+4\omega-3}=\frac{1}{\omega^2}=\frac{\omega}{\omega^3}=-\omega$$

따라서 주어진 등식은

$-\omega=a\omega+b$ 곧, $(a+1)\omega+b=0$

a, b는 실수이고, ω는 허수이므로

$$a+1=0,\ b=0$$

$$\therefore\ \boldsymbol{a=-1,\ b=0}$$

*Note $\omega=p+qi$(p, q는 실수, $q\neq0$)이고, a, b가 실수일 때

$$a\omega+b=0 \iff a(p+qi)+b=0$$
$$\iff (ap+b)+aqi=0$$

여기에서 a, b, p, q는 실수이므로

$$ap+b=0,\ aq=0$$

$q\neq0$이므로 $\quad a=0,\ b=0$, 곧

a, b가 실수, ω가 허수일 때

$$\boldsymbol{a\omega+b=0 \iff a=0,\ b=0}$$

(2) $(\text{좌변})=\omega-2\omega^2+\dfrac{a}{-\omega^2}+\dfrac{3\omega}{\omega}$

$$=\omega-2(\omega-1)+\frac{a\omega}{-\omega^3}+3$$

$$=\omega-2\omega+2+a\omega+3$$

$$=(a-1)\omega+5$$

따라서 주어진 등식은

$$(a-1)\omega+5=b$$

a, b는 실수이고, ω는 허수이므로

$$a-1=0,\ 5=b$$

$$\therefore\ \boldsymbol{a=1,\ b=5}$$

7-7. 이달 노트북의 가격과 판매량은 각각

$$a\left(1+\frac{x}{100}\right)(\text{원}),\ b\left(1-\frac{2x}{100}\right)(\text{개})$$

이고, 지난달 노트북의 판매 금액이 ab원이므로 이달의 판매 금액은

$$a\left(1+\frac{x}{100}\right)\times b\left(1-\frac{2x}{100}\right)=ab\left(1-\frac{12}{100}\right)$$

양변을 ab로 나누고 5000을 곱하면

$$(100+x)(50-x)=50(100-12)$$

$$\therefore\ x^2+50x-600=0$$

$$\therefore\ (x+60)(x-10)=0$$

$x>0$이므로 $\quad \boldsymbol{x=10}$

$a\left(1+\dfrac{x}{100}\right)$(원)에 대입하면 이달 노트북의 가격은

$$a\left(1+\frac{10}{100}\right)=\boldsymbol{\frac{11}{10}a}(\text{원})$$

7-8. 정오각형의 한 내각의 크기는

$$\frac{180^\circ\times(5-2)}{5}=108^\circ$$

△ABE는 이등변삼각형이고

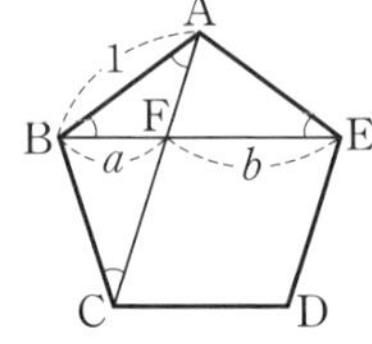

$\angle$EAB$=108^\circ$

이므로

$\angle$ABE$=\angle$AEB$=36^\circ$

마찬가지로 이등변삼각형 ABC에서

$\angle$BAC$=\angle$BCA$=36^\circ$

$\therefore$ $\angle$EAF$=\angle$EAB$-\angle$FAB$=108^\circ-36^\circ=72^\circ$,

$\angle$EFA$=\angle$FAB$+\angle$FBA$=36^\circ+36^\circ=72^\circ$

곧, $\angle$EAF$=\angle$EFA 이므로

$\overline{\mathrm{EA}}=\overline{\mathrm{EF}}$ $\quad\therefore$ $\boldsymbol{b=1}$

한편 △ABE∽△FAB(AA 닮음)이므로

$\overline{\mathrm{AB}}:\overline{\mathrm{FA}}=\overline{\mathrm{BE}}:\overline{\mathrm{AB}}$

이때, $\overline{\mathrm{FA}}=a$, $\overline{\mathrm{BE}}=a+b=a+1$이므로 $\quad 1:a=(a+1):1$

$\therefore$ $a(a+1)=1$ $\quad\therefore$ $a^2+a-1=0$

$$\therefore\ a=\frac{-1\pm\sqrt{5}}{2}$$

$a>0$이므로 $\quad \boldsymbol{a=\frac{-1+\sqrt{5}}{2}}$

8-1. (1) $D=(a+2)^2-4(a-b^2)$
$=a^2+4b^2+4$

a, b가 실수이므로 $\quad a^2\ge0,\ 4b^2\ge0$

$\therefore$ $D>0$

따라서 　서로 다른 두 실근

(2) 이차방정식이므로 $\quad b-c\ne0$ $\quad\cdots$㉮

$D/4=(c-a)^2-(b-c)(a-b)$
$=a^2+b^2+c^2-ab-bc-ca$
$=\frac{1}{2}\{(a-b)^2+(b-c)^2+(c-a)^2\}$

a, b, c가 실수이므로 ㉮에서

$(b-c)^2>0$이고,

$(a-b)^2\ge0,\ (c-a)^2\ge0$

$\therefore$ $D/4>0$

따라서 　서로 다른 두 실근

8-2. 주어진 식을 x에 관하여 정리하면

$$x^2+4ax+3a^2-2a=0$$

서로 다른 두 허근을 가질 조건은

$D/4=(2a)^2-(3a^2-2a)<0$

$\therefore$ $a^2+2a<0$ $\quad\therefore$ $a(a+2)<0$

$\therefore$ $-2<a<0$

a는 정수이므로 $\quad a=-1$ $\quad$ 답 ②

*Note $x+a=t$로 놓으면 준 방정식은

$t^2+2at-2a=0$ $\quad\cdots\cdots$㉮

a가 정수이고, 준 방정식이 서로 다른 두 허근을 가지므로 t에 관한 방정식 ㉮도 서로 다른 두 허근을 가진다.

곧, $D/4=a^2+2a<0$

$\therefore$ $a(a+2)<0$

따라서 $-2<a<0$이고 a는 정수이므로 $\quad a=-1$

8-3. $D=(-a)^2-4\times3\times5b=0$

$\therefore$ $a^2=2^2\times3\times5\times b$

a의 값을 최소가 되게 하는 b의 값은

$\boldsymbol{b}=3\times5=\boldsymbol{15}$

이때, $a^2=(2\times3\times5)^2=30^2$

$\therefore$ $\boldsymbol{a=30}$

8-4. $x^2+3-k(x-1)=0$을 x에 관하여 정리하면 $\quad x^2-kx+k+3=0$

이 방정식이 허근을 가지므로 판별식을 D_1이라고 하면

$D_1=(-k)^2-4(k+3)<0$

$\therefore$ $k^2-4k-12<0$

$\therefore$ $(k+2)(k-6)<0$

$\therefore$ $-2<k<6$ $\quad\cdots\cdots$㉮

$x^2+6x+2-k(x+1)^2=0$을 x에 관하여 정리하면

$(1-k)x^2+2(3-k)x+2-k=0$

이차방정식이므로 $\quad 1-k\ne0$

$\therefore\ k\neq1$ ……②

또, 이 방정식이 실근을 가지므로 판별식을 D_2라고 하면

$D_2/4=(3-k)^2-(1-k)(2-k)\geq0$

$\therefore\ -3k+7\geq0 \quad \therefore\ k\leq\dfrac{7}{3}$ …③

①, ②, ③을 동시에 만족시키는 정수 k는 $-1,\ 0,\ 2$이므로 그 개수는 **3**

8-5. (1) 허근을 가지므로

$D=(-p)^2-4\times4=p^2-4^2<0$

$\therefore\ (p+4)(p-4)<0$

$\therefore\ \boldsymbol{-4<p<4}$ ……①

(2) 한 허근을 α라고 하면

$\alpha^2-p\alpha+4=0 \quad \therefore\ \alpha^2=p\alpha-4$

$\therefore\ \alpha^3=\alpha^2\alpha=(p\alpha-4)\alpha$
$=p\alpha^2-4\alpha=p(p\alpha-4)-4\alpha$
$=(p^2-4)\alpha-4p$

α는 허수이고, $p^2-4,\ -4p$는 실수이므로 α^3이 실수이려면

$p^2-4=0 \quad \therefore\ p=\pm2$

이 값은 ①을 만족시킨다.

$\therefore\ \boldsymbol{p=\pm2}$

***Note** $p=2$일 때, 주어진 방정식은

$x^2-2x+4=0$

양변에 $x+2$를 곱하면

$(x+2)(x^2-2x+4)=0$

$\therefore\ x^3+2^3=0 \quad \therefore\ x^3=-8$

곧, 허근의 세제곱은 -8이다.

같은 방법으로 하면 $p=-2$일 때, 허근의 세제곱은 8이다.

8-6. 조건 (가)에서

$f(-1)=1-p+q=-1$

$\therefore\ q=p-2$ ……①

조건 (나)에서

$f(x+1)+f(x-1)$
$=(x+1)^2+p(x+1)+q$
$+(x-1)^2+p(x-1)+q$
$=2x^2+2px+2q+2$

$f(x+1)+f(x-1)=0$이 중근을 가지므로

$D/4=p^2-2(2q+2)=0$

$\therefore\ p^2-4q-4=0$ ……②

여기에 ①을 대입하면

$p^2-4(p-2)-4=0$

$\therefore\ (p-2)^2=0 \quad \therefore\ \boldsymbol{p=2}$

이 값을 ①에 대입하면 $\boldsymbol{q=0}$

***Note** ①, ②를 동시에 만족시키는 해를 구하는 것은 연립이차방정식을 푸는 것이다. 이에 대해서는 p. 189에서 자세히 공부한다.

8-7. 이차방정식 $ax^2+bx+c=0$에서

$D=b^2-4ac$

ㄱ. $ac<0$이면 $-ac>0$이고, $b^2\geq0$이므로 $D=b^2-4ac>0$

따라서 $f(x)=0$은 서로 다른 두 실근을 가진다.

ㄴ. $ax^2+2bx+c=0$이 허근을 가지면

$b^2-ac<0 \quad \therefore\ ac>b^2\geq0$

곧, $ac>0$이므로 $4ac>ac$

$\therefore\ D=b^2-4ac<b^2-ac<0$

따라서 $f(x)=0$은 허근을 가진다.

ㄷ. $f(x)=0$이 실근을 가지면

$D=b^2-4ac\geq0$

$f(x)=a$에서

$ax^2+bx+c-a=0$

이 방정식의 판별식을 D_1이라 하면

$D_1=b^2-4a(c-a)$
$=b^2-4ac+4a^2 \quad \Leftarrow a\neq0$
$>b^2-4ac\geq0$

곧, $D_1>0$

따라서 $f(x)=a$는 서로 다른 두 실근을 가진다.

이상에서 옳은 것은 ㄱ, ㄴ, ㄷ이다.

답 ⑤

8-8. a에 관하여 정리하면

$$9a^2-3(2b+1)a+4b^2-2b+1=0 \quad \cdots\cdots ㉮$$

㉮은 계수가 실수인 a에 관한 이차방정식이고, a는 실수이므로

$$D=9(2b+1)^2-36(4b^2-2b+1)\ge0$$

$$\therefore\ (2b-1)^2\le0$$

b는 실수이므로

$$2b-1=0 \quad \therefore\ \boldsymbol{b=\frac{1}{2}}$$

㉮에 대입하고 정리하면

$$9a^2-6a+1=0 \quad \therefore\ (3a-1)^2=0$$

$$\therefore\ \boldsymbol{a=\frac{1}{3}}$$

*__*Note*__ 우변을 좌변으로 이항하고 양변에 -2를 곱하여 정리하면

$$18a^2-12ab+8b^2-6a-4b+2=0$$

$$\therefore\ (9a^2-12ab+4b^2)+(9a^2-6a+1)+(4b^2-4b+1)=0$$

$$\therefore\ (3a-2b)^2+(3a-1)^2+(2b-1)^2=0$$

a, b는 실수이므로

$$3a-2b=0,\ 3a-1=0,\ 2b-1=0$$

$$\therefore\ \boldsymbol{a=\frac{1}{3},\ b=\frac{1}{2}}$$

8-9. $D=(3a+1)^2-4(2a^2-b^2)=0$에서

$$a^2+4b^2+6a+1=0$$

$$\therefore\ (a+3)^2+(2b)^2=8$$

$a+3$, $2b$는 정수이므로

$$a+3=\pm2\text{이고 } 2b=\pm2$$

$\therefore\ (a=-1$ 또는 $a=-5)$이고 $(b=1$ 또는 $b=-1)$

$\therefore\ (a, b)=(-1, 1), (-1, -1), (-5, 1), (-5, -1)$

답 ④

9-1. $D=(-3)^2-4\times1\times1=5>0$ 이므로 α, β는 서로 다른 실수이고, 근과 계수의 관계로부터

$$\alpha+\beta=3,\ \alpha\beta=1$$

$$\therefore\ \alpha>0,\ \beta>0$$

(1) $\alpha^2+\alpha\beta+\beta^2=(\alpha+\beta)^2-\alpha\beta$
$=3^2-1=\boldsymbol{8}$

(2) $\alpha^3+\alpha^2\beta+\alpha\beta^2+\beta^3$
$=(\alpha+\beta)^3-2\alpha\beta(\alpha+\beta)$
$=3^3-2\times1\times3=\boldsymbol{21}$

(3) $(2-\alpha)(2-\beta)=4-2(\alpha+\beta)+\alpha\beta$
$=4-2\times3+1=\boldsymbol{-1}$

*__*Note*__ $x^2-3x+1=(x-\alpha)(x-\beta)$ 이므로 $x=2$를 대입하면

$$(2-\alpha)(2-\beta)=\boldsymbol{-1}$$

(4) $(\alpha^2+1)(\beta^2+1)=\alpha^2\beta^2+\alpha^2+\beta^2+1$
$=(\alpha\beta)^2+(\alpha+\beta)^2-2\alpha\beta+1$
$=1^2+3^2-2\times1+1=\boldsymbol{9}$

*__*Note*__ $\alpha^2-3\alpha+1=0,\ \beta^2-3\beta+1=0$ 이므로

$$\alpha^2+1=3\alpha,\ \beta^2+1=3\beta$$

$\therefore$ (준 식)$=3\alpha\times3\beta=9\alpha\beta=\boldsymbol{9}$

(5) $(\sqrt{\alpha}+\sqrt{\beta})^2=\alpha+2\sqrt{\alpha\beta}+\beta$
$=3+2\sqrt{1}=5$

$\sqrt{\alpha}+\sqrt{\beta}>0$이므로

$$\sqrt{\alpha}+\sqrt{\beta}=\boldsymbol{\sqrt{5}}$$

(6) $\left|\frac{1}{\sqrt{\alpha}}-\frac{1}{\sqrt{\beta}}\right|^2=\frac{1}{\alpha}-\frac{2}{\sqrt{\alpha\beta}}+\frac{1}{\beta}$
$=\frac{\alpha+\beta}{\alpha\beta}-\frac{2}{\sqrt{\alpha\beta}}$
$=\frac{3}{1}-\frac{2}{1}=1$

$\left|\frac{1}{\sqrt{\alpha}}-\frac{1}{\sqrt{\beta}}\right|>0$이므로

$$\left|\frac{1}{\sqrt{\alpha}}-\frac{1}{\sqrt{\beta}}\right|=\boldsymbol{1}$$

9-2. a, b가 유리수이고, 한 근이 $3-\sqrt{5}$ 이므로 다른 한 근은 $\boldsymbol{3+\sqrt{5}}$

근과 계수의 관계로부터

$(3-\sqrt{5})+(3+\sqrt{5})=-a \quad \therefore\ \boldsymbol{a=-6}$

$(3-\sqrt{5})(3+\sqrt{5})=b \quad \therefore\ \boldsymbol{b=4}$

*__*Note*__ 다음과 같이 무리수가 서로 같을 조건을 이용할 수도 있다.

$x=3-\sqrt{5}$를 대입하면 만족시키므로

$$(3-\sqrt{5})^2+a(3-\sqrt{5})+b=0$$

$$\therefore\ (3a+b+14)-(a+6)\sqrt{5}=0$$

a, b는 유리수이므로

$$3a+b+14=0,\ a+6=0$$

$$\therefore\ \boldsymbol{a=-6,\ b=4}$$

9-3. a, b가 실수이고, 한 근이 $1+2i$이므로 다른 한 근은 $1-2i$이다.

근과 계수의 관계로부터

$$(1+2i)+(1-2i)=a \quad \therefore\ a=2$$

$$(1+2i)(1-2i)=b \quad \therefore\ b=5$$

따라서 이차방정식 $x^2-bx+a=0$은 $x^2-5x+2=0$이므로, 이 방정식의 두 근은

$$x=\frac{5\pm\sqrt{(-5)^2-4\times1\times2}}{2}$$

$$=\boldsymbol{\frac{5\pm\sqrt{17}}{2}}$$

9-4. 근과 계수의 관계로부터

$$(a-1)+(b-1)=a,$$

$$(a-1)(b-1)=b$$

$$\therefore\ b=2,\ a=3$$

따라서 이차방정식 $x^2+bx+a=0$은 $x^2+2x+3=0$이므로, 이 방정식의 두 근을 α, β라고 하면

$$\alpha+\beta=-2,\ \alpha\beta=3$$

$$\therefore\ \alpha^2+\beta^2=(\alpha+\beta)^2-2\alpha\beta$$

$$=(-2)^2-2\times3=-2$$

답 ②

9-5. $2x^2-6x-k=0$의 두 근을 α, β라고 하면

$$\alpha+\beta=3 \quad \cdots\cdots①$$

$$\alpha\beta=-\frac{k}{2} \quad \cdots\cdots②$$

$$|\alpha|+|\beta|=7 \quad \cdots\cdots③$$

①, ③에서 α, β는 서로 다른 부호이다.

$\alpha<0<\beta$라고 하면 ③에서

$$-\alpha+\beta=7 \quad \cdots\cdots④$$

①, ④를 연립하여 풀면

$$\alpha=-2,\ \beta=5$$

②에 대입하면 $k=20$ 답 ②

***Note** a, b가 실수일 때,

$ab\ge0$이면 $|a+b|=|a|+|b|$

$ab<0$이면 $|a+b|\ne|a|+|b|$

9-6. $x^2+ax+b=0$이 서로 다른 두 실근을 가지므로

$$D=a^2-4b>0 \quad \cdots\cdots①$$

$(\alpha+\beta i)^2=-12i$에서

$$\alpha^2+2\alpha\beta i-\beta^2=-12i$$

이때, α, β는 실수이므로

$$\alpha^2-\beta^2=0,\ 2\alpha\beta=-12$$

$\alpha^2-\beta^2=0$에서 $(\alpha+\beta)(\alpha-\beta)=0$

$\alpha\ne\beta$이므로 $\alpha+\beta=0$

또, $2\alpha\beta=-12$에서 $\alpha\beta=-6$

한편 α, β는 $x^2+ax+b=0$의 두 근이므로 $\alpha+\beta=-a,\ \alpha\beta=b$

$$\therefore\ a=0,\ b=-6$$

이 값은 ①을 만족시킨다.

따라서 $(2a-b)x^2+(a^2+b^2)x-3b=0$은 $6x^2+36x+18=0$

$$\therefore\ x^2+6x+3=0$$

$$\therefore\ \boldsymbol{x=-3\pm\sqrt{6}}$$

9-7. 실근을 가지므로

$$D/4=(-k)^2-(k^2-k)\ge0$$

$$\therefore\ k\ge0 \quad \cdots\cdots①$$

또, 두 실근을 α, β라고 하면

$$\alpha+\beta=2k,\ \alpha\beta=k^2-k$$

$$\therefore\ (\alpha-\beta)^2=(\alpha+\beta)^2-4\alpha\beta$$

$$=(2k)^2-4(k^2-k)=4k$$

$|\alpha-\beta|\le4$이고 α, β는 실수이므로

$$0\le(\alpha-\beta)^2\le16 \quad \therefore\ 0\le4k\le16$$

$$\therefore\ 0\le k\le4 \quad \cdots\cdots②$$

①, ②의 공통 범위는 $0\le k\le4$

이때, k는 정수이므로

$k=0, 1, 2, 3, 4$

따라서 k의 개수는 5이다. 답 ⑤

9-8. 서로 다른 두 실근을 가지므로

$$D/4=p^2-(3p^2-9p+9)>0$$

$\therefore\ (2p-3)(p-3)<0 \quad \therefore\ \dfrac{3}{2}<p<3$

p는 정수이므로 $\quad p=2$

$\therefore\ \alpha+\beta=-2p=-4,$

$\alpha\beta=3p^2-9p+9=3$

(1) $\alpha^3-\alpha^2\beta-\alpha\beta^2+\beta^3$

$=(\alpha+\beta)^3-4\alpha\beta(\alpha+\beta)$

$=(-4)^3-4\times3\times(-4)=\mathbf{-16}$

(2) $\alpha\beta=3$이므로 $\quad \dfrac{3}{\alpha}=\beta,\ \dfrac{3}{\beta}=\alpha$

$\therefore\ \left(\alpha+\dfrac{3}{\alpha}\right)\left(\beta+\dfrac{3}{\beta}\right)=(\alpha+\beta)(\beta+\alpha)$

$=(-4)^2=\mathbf{16}$

***Note** $p=2$일 때, 주어진 방정식은 $x^2+4x+3=0$이다. 따라서 두 근 -1, -3을 대입하여 (1), (2)의 값을 쉽게 구할 수도 있지만 위에서는 일반적인 방법을 이용하였다.

9-9. α, β는 $x^2+(p-3)x+1=0$의 근이므로

$\alpha^2+(p-3)\alpha+1=0,$

$\beta^2+(p-3)\beta+1=0$

$\therefore\ \alpha^2+p\alpha+1=3\alpha,\ \beta^2+p\beta+1=3\beta$

$\therefore\ (1+p\alpha+\alpha^2)(1+p\beta+\beta^2)=3\alpha\times3\beta$

$=9\alpha\beta$

근과 계수의 관계로부터 $\alpha\beta=1$이므로

$(1+p\alpha+\alpha^2)(1+p\beta+\beta^2)=9$

답 ⑤

9-10. α, β는 $x^2+3x-7=0$의 근이므로

$\alpha^2+3\alpha-7=0$ ……①

$\beta^2+3\beta-7=0$ ……②

또, 근과 계수의 관계로부터

$\alpha+\beta=-3,\ \alpha\beta=-7$

(1) ①에서

$\alpha^2-3\alpha-7=(\alpha^2+3\alpha-7)-6\alpha=-6\alpha$

②에서

$\beta^2+2\beta-7=(\beta^2+3\beta-7)-\beta=-\beta$

$\therefore\ (\alpha^2-3\alpha-7)(\beta^2+2\beta-7)$

$=(-6\alpha)\times(-\beta)=6\alpha\beta$

$=6\times(-7)=\mathbf{-42}$

(2) ②에서 $\beta^2=-3\beta+7$이므로

$\beta^2-3\alpha=-3\beta+7-3\alpha$

$=-3(\alpha+\beta)+7$

$=-3\times(-3)+7=\mathbf{16}$

9-11. $x^2+ax+b=0$이 허근을 가지므로

$D=a^2-4b<0$ ……①

α는 $x^2+ax+b=0$의 근이므로

$\alpha^2+a\alpha+b=0$ ……②

$\alpha,\ \dfrac{\alpha^2}{2}$은 $x^2+ax+b=0$의 두 근이므로 근과 계수의 관계로부터

$\alpha+\dfrac{\alpha^2}{2}=-a$

$\therefore\ \alpha^2+2\alpha+2a=0$ ……③

②$-$③하면

$(a-2)\alpha+b-2a=0$

a, b는 실수이고, α는 허수이므로

$a-2=0,\ b-2a=0$

$\therefore\ \boldsymbol{a=2,\ b=4}$

이 값은 ①을 만족시킨다.

***Note** a, b가 실수이므로 $\dfrac{\alpha^2}{2}=\overline{\alpha}$임을 이용하여 풀어도 된다.

9-12. 주어진 이차방정식을

$ax^2+bx+c=0$ ……①

이라 하고, 두 근을 α, β라고 하자.

(i) A는 $ax^2+bx+c'=0$을 풀어 -13, 4를 얻었다는 것이므로 A가 풀어 얻은 두 근의 합은 ①의 두 근의 합과 같다.

$\therefore\ \alpha+\beta=-13+4=-9$ ……②

(ii) B는 $ax^2+b'x+c=0$을 풀어 4, 5를 얻었다는 것이므로 B가 풀어 얻은 두

근의 곱은 ①의 두 근의 곱과 같다.

$\therefore\ \alpha\beta=4\times5=20$ ……③

②, ③에서 ①의 두 근은 이차방정식 $x^2+9x+20=0$의 두 근과 같다.

곧, $(x+4)(x+5)=0$에서

$x=\mathbf{-4,\ -5}$

9-13. 근과 계수의 관계로부터

$\alpha+\beta=1,\ \alpha\beta=-3$

(1) $(|\alpha|+|\beta|)^2=\alpha^2+2|\alpha\beta|+\beta^2$
$=(\alpha+\beta)^2-2\alpha\beta+2|\alpha\beta|$
$=1^2-2\times(-3)+2\times3=13$

$|\alpha|+|\beta|>0$이므로

$|\alpha|+|\beta|=\sqrt{13}$

$|\alpha||\beta|=|\alpha\beta|=|-3|=3$

따라서 구하는 이차방정식은

$\boldsymbol{x^2-\sqrt{13}x+3=0}$

(2) $\alpha^2-\alpha-3=0,\ \beta^2-\beta-3=0$에서

$\alpha^2=\alpha+3,\ \beta^2=\beta+3$

이므로

$\alpha^2-\beta=\alpha+3-\beta=3+(\alpha-\beta),$
$\beta^2-\alpha=\beta+3-\alpha=3-(\alpha-\beta)$

$\therefore\ (\alpha^2-\beta)+(\beta^2-\alpha)=6,$
$(\alpha^2-\beta)(\beta^2-\alpha)=9-(\alpha-\beta)^2$
$=9-\{(\alpha+\beta)^2-4\alpha\beta\}$
$=9-\{1^2-4\times(-3)\}=-4$

따라서 구하는 이차방정식은

$\boldsymbol{x^2-6x-4=0}$

9-14. (1) 주어진 방정식의 두 근을 α, β라고 하면

$(3\alpha-2030)^2+4(3\alpha-2030)+2=0,$
$(3\beta-2030)^2+4(3\beta-2030)+2=0$

따라서 $3\alpha-2030$, $3\beta-2030$은

$t^2+4t+2=0$

의 두 근이다.

근과 계수의 관계로부터

$(3\alpha-2030)+(3\beta-2030)=-4$

$\therefore\ \alpha+\beta=\mathbf{1352}$

(2) $f(4x-2)=0$의 두 근을 α, β라고 하면 $f(4\alpha-2)=0,\ f(4\beta-2)=0$

따라서 $4\alpha-2$, $4\beta-2$는 $f(t)=0$의 두 근이다.

한편 문제의 조건에서 $f(x)=0$의 두 근의 합은 4이므로

$(4\alpha-2)+(4\beta-2)=4$

$\therefore\ \alpha+\beta=\mathbf{2}$

****Note*** $f(x)=0$의 두 근을 α, β라고 하면 $\alpha+\beta=4$

$4x-2=t$로 놓으면

$f(4x-2)=0$에서 $f(t)=0$

$\therefore\ t=\alpha,\ \beta$ $\therefore\ 4x-2=\alpha,\ \beta$

$\therefore\ x=\dfrac{\alpha+2}{4},\ \dfrac{\beta+2}{4}$

따라서 $f(4x-2)=0$의 두 근의 합은

$\dfrac{\alpha+2}{4}+\dfrac{\beta+2}{4}=\dfrac{\alpha+\beta+4}{4}$
$=\dfrac{4+4}{4}=\mathbf{2}$

9-15. $\overline{\mathrm{BH}}=\alpha$, $\overline{\mathrm{CH}}=\beta$라고 하면

$\alpha+\beta=\overline{\mathrm{BH}}+\overline{\mathrm{CH}}=\overline{\mathrm{BC}}=2a$

한편 $\triangle\mathrm{ABH}\backsim\triangle\mathrm{CAH}$(AA 닮음)이므로

$\overline{\mathrm{BH}}:\overline{\mathrm{AH}}=\overline{\mathrm{AH}}:\overline{\mathrm{CH}}$

$\therefore\ \overline{\mathrm{BH}}\times\overline{\mathrm{CH}}=\overline{\mathrm{AH}}^2$ $\therefore\ \alpha\beta=b^2$

따라서 구하는 이차방정식은

$\boldsymbol{x^2-2ax+b^2=0}$

9-16. 두 정수근을 α, $\beta(\alpha\ge\beta)$라고 하면 근과 계수의 관계로부터

$\alpha+\beta=-m$ ……①

$\alpha\beta=-12$ ……②

α, β가 정수이고 $\alpha\ge\beta$이므로 ②에서

$(\alpha,\ \beta)=(12,\ -1),\ (6,\ -2),\ (4,\ -3),$
$(3,\ -4),\ (2,\ -6),\ (1,\ -12)$

이 중에서 ①에서의 $m=-\alpha-\beta$가 양의 정수인 것은

$(\alpha, \beta)=(3, -4)$일 때 $m=1$,
$(\alpha, \beta)=(2, -6)$일 때 $m=4$,
$(\alpha, \beta)=(1, -12)$일 때 $m=11$
따라서 m의 값의 합은
$1+4+11=16$ 답 ④

9-17. 두 정수근을 $\alpha, \beta(\alpha \geq \beta)$라고 하면 근과 계수의 관계로부터
$\alpha+\beta=2p$ …① $\alpha\beta=-6p$ …②
①×3+②하여 p를 소거하면
$\alpha\beta+3\alpha+3\beta=0$
$\therefore (\alpha+3)(\beta+3)=9$ ……③
②에서 $p>0$이므로 $\alpha>0, \beta<0$
$\therefore \alpha+3>3, \beta+3<3$
α, β는 정수이므로 ③에서
$\alpha+3=9, \beta+3=1$
$\therefore \alpha=6, \beta=-2$
①에 대입하면 $\boldsymbol{p=2}$

9-18. 두 양의 정수근을 $\alpha, \beta(\alpha<\beta)$라고 하면 근과 계수의 관계로부터
$\alpha+\beta=p$ …① $\alpha\beta=q$ …②
②에서 q가 소수이고, α, β는 양의 정수이므로 $\alpha=1, \beta=q$
①에 대입하면 $1+q=p$이므로 q, p는 연속하는 소수이다.
$\therefore q=2, p=3 \quad \therefore p+q=5$
답 ①

*_**Note**_ 2가 아닌 모든 소수는 홀수이므로 연속하는 두 소수는 2와 3뿐이다.

9-19. $D/4=(-2a)^2-(3a-7)$
$=4a^2-3a+7$
$=4\left(a-\frac{3}{8}\right)^2+\frac{103}{16}>0$
이므로 주어진 방정식은 a의 값에 관계없이 서로 다른 두 실근을 가진다.
서로 다른 두 실근을 α, β라고 하면 두 실근이 모두 양수 또는 0일 조건은
$\alpha+\beta=4a>0, \alpha\beta=3a-7\geq 0$
$\therefore a\geq\frac{7}{3}$
따라서 주어진 방정식이 적어도 하나의 음의 실근을 가지려면 $a<\frac{7}{3}$이어야 하므로 정수 a의 최댓값은 **2**

10-1. x축에 접하므로
$D=a^2-4b=0$ ……①
또, 점 (1, 1)을 지나므로
$1+a+b=1$, 곧 $b=-a$ ……②
②를 ①에 대입하면
$a^2+4a=0 \quad \therefore a(a+4)=0$
$a\neq 0$이므로 $a=-4 \quad \therefore b=4$
$\therefore a-b=-8$ 답 ①

*_**Note**_ x축에 접하므로 주어진 포물선의 식은 $y=(x-p)^2$의 꼴이고, 이것이 점 (1, 1)을 지난다는 조건에서 p의 값을 구할 수도 있다.

10-2. 두 포물선이 한 점에서 만나므로
$x^2-4x+a=-2x^2+bx+1$ …①
곧, $3x^2-(b+4)x+a-1=0$에서
$D=(b+4)^2-12(a-1)=0$ …②
또, 교점의 x좌표가 1이므로 ①에서
$1-4+a=-2+b+1$
$\therefore b=a-2$ ……③
③을 ②에 대입하여 정리하면
$(a-4)^2=0 \quad \therefore a=4 \quad \therefore b=2$
$\therefore a+b=6$ 답 ⑤

10-3. $y=mx$ ……①
$y=x^2-x+1$ ……②
$y=x^2+x+1$ ……③
①, ②에서 y를 소거하고 정리하면
$x^2-(m+1)x+1=0$
이 방정식의 판별식을 D_1이라고 하면 ①과 ②가 서로 다른 두 점에서 만나므로
$D_1=(m+1)^2-4>0$
$\therefore (m+3)(m-1)>0$

$\therefore\ m<-3,\ m>1$ ……④

①, ③에서 y를 소거하고 정리하면

$x^2-(m-1)x+1=0$

이 방정식의 판별식을 D_2라고 하면 ①과 ③이 만나지 않으므로

$D_2=(m-1)^2-4<0$

$\therefore\ (m+1)(m-3)<0$

$\therefore\ -1<m<3$ ……⑤

④, ⑤의 공통 범위는 $\boldsymbol{1<m<3}$

10-4. $y=kx$ ……①

$y=-x^2+x-1$ ……②

$y=\dfrac{1}{2}x^2+3x+2$ ……③

②, ③에서 y를 소거하고 정리하면

$\dfrac{3}{2}x^2+2x+3=0$

이때,

$\dfrac{D}{4}=1^2-\dfrac{3}{2}\times3=-\dfrac{7}{2}<0$

이므로 포물선 ②, ③은 만나지 않는다.

따라서 직선 $y=kx$는 한 이차함수의 그래프와는 접하고, 다른 이차함수의 그래프와는 서로 다른 두 점에서 만난다.

①, ②에서 y를 소거하고 정리하면

$x^2+(k-1)x+1=0$

이 방정식의 판별식을 D_1이라고 하면

$D_1=(k-1)^2-4$

$=(k+1)(k-3)$ ……④

①, ③에서 y를 소거하고 정리하면

$\dfrac{1}{2}x^2+(3-k)x+2=0$

이 방정식의 판별식을 D_2라고 하면

$D_2=(3-k)^2-4\times\dfrac{1}{2}\times2$

$=(k-1)(k-5)$ ……⑤

(i) $D_1=0$일 때, ④에서 $k=-1,\ 3$

$k=-1$이면 ⑤에서 $D_2=12>0$

$k=3$이면 ⑤에서 $D_2=-4<0$

$\therefore\ k=-1$

(ii) $D_2=0$일 때, ⑤에서 $k=1,\ 5$

$k=1$이면 ④에서 $D_1=-4<0$

$k=5$이면 ④에서 $D_1=12>0$

$\therefore\ k=5$

(i), (ii)에서 $\boldsymbol{k=-1,\ 5}$

10-5. 교점의 x좌표는 방정식

$-x^2+ax+2=-2x+b$

곧, $x^2-(a+2)x+b-2=0$

의 두 근이고, 두 근이 $-1,\ 3$이므로 근과 계수의 관계로부터

$-1+3=a+2,\ -1\times3=b-2$

$\therefore\ \boldsymbol{a=0,\ b=-1}$

10-6. 교점의 x좌표는 방정식

$x^2-(a^2-4a+3)x+a^2-9=x$

곧, $x^2-(a^2-4a+4)x+a^2-9=0$

의 두 근이다.

두 교점의 x좌표가 절댓값이 같고 부호가 서로 다르므로 위의 방정식의 두 근의 합은 0이고, 곱은 음수이다.

근과 계수의 관계로부터

$a^2-4a+4=0,\ a^2-9<0$

$\therefore\ a=2$ 답 ④

10-7. $y=ax^2+bx+8$ ……①

$y=2x^2-3x+2$ ……②

$y=-x+6$ ……③

①, ②의 두 교점을 ③이 모두 지나므로 ②, ③의 교점을 ①이 지난다고 생각해도 된다.

②, ③을 연립하여 풀면 교점의 좌표는 $(2,\ 4),\ (-1,\ 7)$이고, 이 두 점을 포물선 ①이 지나므로

$4a+2b+8=4,\ a-b+8=7$

연립하여 풀면 $a=-1,\ b=0$

$\therefore\ a+b=-1$ 답 ③

****Note*** ①, ③의 교점의 x좌표는 방정식

$ax^2+bx+8=-x+6$

곧, $ax^2+(b+1)x+2=0$ ……④

의 두 근이다.

또, ②, ③의 교점의 x좌표는 방정식

$2x^2-3x+2=-x+6$

곧, $x^2-x-2=0$ ……⑤

의 두 근이다.

④, ⑤가 같은 근을 가지므로 두 근의 합과 곱이 각각 같다.

$$\therefore\ -\frac{b+1}{a}=1,\ \frac{2}{a}=-2$$

연립하여 풀면 $a=-1,\ b=0$

10-8. 이차함수 $y=f(x)$의 그래프와 직선 $y=g(x)$가 두 점 A, B에서 만나므로 선분 AB의 중점은 직선 $y=g(x)$ 위에 있다.

따라서 직선 $y=g(x)$는 두 점 $(0, 0)$, $\left(\frac{1}{2}, 1\right)$을 지나므로 $g(x)=2x$

이때, 이차함수 $y=f(x)$의 그래프의 꼭짓점 $(1, 2)$가 직선 $y=g(x)$ 위의 점이므로 $x=1$은 방정식 $f(x)=g(x)$의 한 근이다.

$f(x)=g(x)$의 다른 한 근을 p라고 하면 선분 AB의 중점이 점 $\left(\frac{1}{2}, 1\right)$이므로

$$\frac{p+1}{2}=\frac{1}{2} \qquad \therefore\ p=0$$

따라서 두 점 A, B의 x좌표는 0, 1이고, 직선 $y=2x$ 위에 있으므로

A(0, 0), B(1, 2) 또는

A(1, 2), B(0, 0)

10-9.

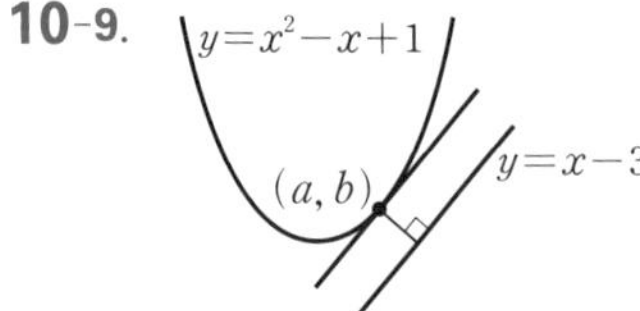

직선 $y=x-3$에 평행한 직선 $y=x+k$와 포물선 $y=x^2-x+1$의 접점이 점 (a, b)이다.

y를 소거하면 $x^2-x+1=x+k$

$$\therefore\ x^2-2x+1-k=0$$

$D/4=(-1)^2-(1-k)=0$에서 $k=0$

이때, $x=1$, $y=1$이므로

$a=1,\ b=1 \qquad \therefore\ a+b=2$

답 ③

10-10. 직선이 포물선과 접하려면

$x^2-2ax+a^2-1=mx+n$

곧, $x^2-(2a+m)x+a^2-1-n=0$

에서

$D=(2a+m)^2-4(a^2-1-n)=0$

$$\therefore\ 4ma+m^2+4+4n=0$$

a의 값에 관계없이 성립하려면

$4m=0,\ m^2+4+4n=0$

$$\therefore\ \boldsymbol{m=0,\ n=-1}$$

* ***Note*** $y=x^2-2ax+a^2-1$

$=(x-a)^2-1$

이므로 이 포물선의 꼭짓점은 점 $(a, -1)$이다.

따라서 a의 값에 관계없이 직선 $y=-1$에 접한다.

10-11. $a\neq0$, $b\neq0$이고, 점 $\mathrm{A}(k, 1)$이 제1사분면의 점이므로 $k>0$

$f(k)=1$에서 $ak^2+2=1$

$$\therefore\ a=-\frac{1}{k^2} \quad\cdots\cdots①$$

$g(k)=1$에서 $bk=1$

$$\therefore\ b=\frac{1}{k} \quad\cdots\cdots②$$

$$\therefore\ f(x)+2g(x)=ax^2+2bx+2$$
$$=-\frac{1}{k^2}x^2+\frac{2}{k}x+2$$
$$=-\frac{1}{k^2}(x^2-2kx-2k^2)$$

방정식 $f(x)+2g(x)=0$의 두 근을 α, β라고 하면

$\alpha+\beta=2k,\ \alpha\beta=-2k^2$

이때, $|\alpha-\beta|=6$에서 $(\alpha-\beta)^2=36$이

므로

$$(\alpha+\beta)^2-4\alpha\beta=36$$

$$\therefore\ (2k)^2-4\times(-2k^2)=36$$

$$\therefore\ k^2=3$$

$k>0$이므로 $\boldsymbol{k=\sqrt{3}}$

①, ②에서 $\boldsymbol{a=-\frac{1}{3},\ b=\frac{\sqrt{3}}{3}}$

10-12. 두 점 A, B의 x좌표는 방정식

$$2x^2-4x+k=3$$

곧, $2x^2-4x+k-3=0$ ……①

의 두 근이다.

①이 서로 다른 두 실근을 가지므로

$$D/4=(-2)^2-2(k-3)>0$$

$$\therefore\ k<5 \quad \cdots\cdots②$$

①의 두 실근을 α, β라고 하면

$$\alpha+\beta=2,\ \alpha\beta=\frac{k-3}{2}$$

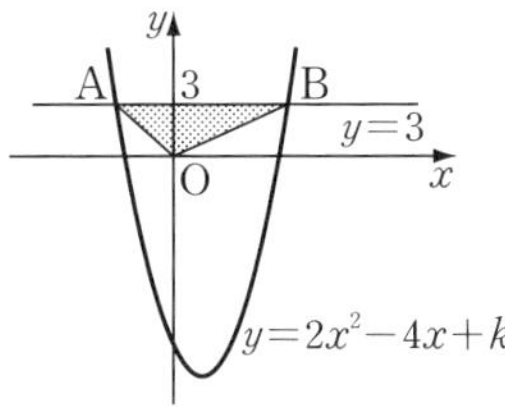

한편 △AOB의 넓이가 $6\sqrt{2}$이므로

$$\frac{1}{2}\times|\alpha-\beta|\times3=6\sqrt{2}$$

$$\therefore\ |\alpha-\beta|=4\sqrt{2}$$

따라서 $(\alpha-\beta)^2=32$이므로

$$(\alpha+\beta)^2-4\alpha\beta=32$$

$$\therefore\ 2^2-4\times\frac{k-3}{2}=32$$

$$\therefore\ \boldsymbol{k=-11}$$

이것은 ②를 만족시킨다.

10-13. 두 점 P, Q의 x좌표는 방정식

$$-x^2+a=bx+1$$

곧, $x^2+bx+1-a=0$

의 두 근이다.

a, b가 유리수이고, 한 근이 $1+\sqrt{3}$이므로 다른 한 근은 $1-\sqrt{3}$이다.

따라서 근과 계수의 관계로부터

$$(1+\sqrt{3})+(1-\sqrt{3})=-b,$$

$$(1+\sqrt{3})(1-\sqrt{3})=1-a$$

$$\therefore\ b=-2,\ a=3$$

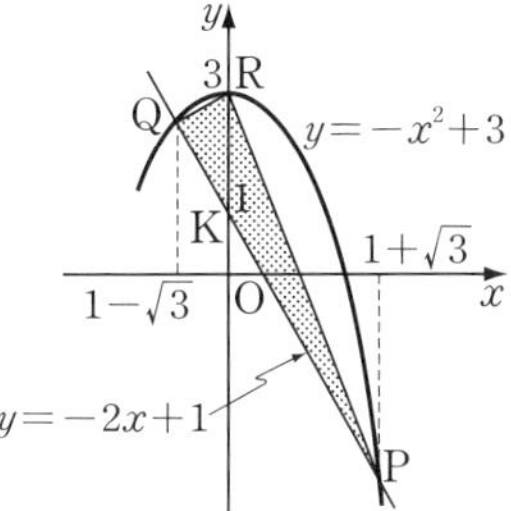

위의 그림과 같이 선분 PQ와 y축의 교점을 K라고 하면

$$\triangle\text{PQR}=\triangle\text{KRP}+\triangle\text{KRQ}$$

$$=\frac{1}{2}\times2\times(1+\sqrt{3})$$

$$+\frac{1}{2}\times2\times(\sqrt{3}-1)$$

$$=\boldsymbol{2\sqrt{3}}$$

10-14. $y=|x^2-1|$, $y=x+k$로 놓으면 $y=|x^2-1|$의 그래프는 아래 그림의 실선이고, $y=x+k$의 그래프는 기울기가 1인 직선으로 그림의 점선과 같은 꼴이다.

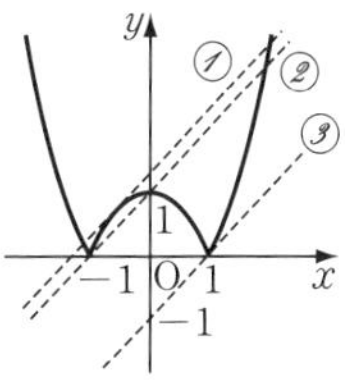

오른쪽 그림의 ①과 같이 접할 때에는

$-(x^2-1)=x+k$, 곧 $x^2+x+k-1=0$

에서

$$D=1^2-4(k-1)=0 \quad \therefore\ k=\frac{5}{4}$$

②일 때에는 직선 $y=x+k$의 y절편이 1이므로 $k=1$

③과 같이 오직 한 점에서만 만날 때에는 직선 $y=x+k$의 y절편이 -1이므로

$$k=-1$$

그런데 두 그래프가 서로 다른 두 점에서 만날 때, 주어진 방정식은 서로 다른 두 실근을 가지므로

$$-1<k<1,\ k>\frac{5}{4}$$

10-15. $f(x)$는 이차식, $g(x)$는 일차 이하의 식이고, 방정식 $f(x)=g(x)$의 두 근이 $x=-1, 5$이므로

$$g(x)-f(x)=a(x+1)(x-5)$$

$f(x)$의 이차항의 계수가 $-\frac{1}{2}$이므로

$$a=\frac{1}{2}$$

따라서 $h(x)=g(x)-f(x)$라고 하면

$$h(x)=\frac{1}{2}(x+1)(x-5)$$

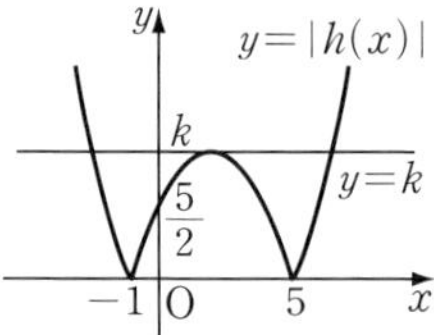

$y=|h(x)|$의 그래프와 직선 $y=k$가 서로 다른 세 점에서 만나려면 직선 $y=k$가 $y=-\frac{1}{2}(x+1)(x-5)$의 그래프에 접해야 한다.

$-\frac{1}{2}(x+1)(x-5)=k$에서

$$x^2-4x-5+2k=0$$

$$\therefore\ D/4=(-2)^2-(-5+2k)=0$$

$$\therefore\ k=\frac{9}{2}$$

10-16. $f(x)=x^2+x-p$로 놓으면 그래프의 축은 직선 $x=-0.5$이다.

따라서 $f(x)=0$의 두 근을 $\alpha, \beta(\alpha<\beta)$라고 하면 $0.5\le\beta<1.5$이다.

$$\therefore\ f(0.5)=0.5^2+0.5-p\le0,$$
$$f(1.5)=1.5^2+1.5-p>0$$

$$\therefore\ 0.75\le p<3.75$$

p는 정수이므로 $p=1, 2, 3$

따라서 구하는 p의 값의 합은

$$1+2+3=6$$ 답 ③

***Note** $x^2+x-p=0$에서

$$x=\frac{-1\pm\sqrt{1+4p}}{2}$$

$\frac{-1-\sqrt{1+4p}}{2}<0$이므로

$$\frac{1}{2}\le\frac{-1+\sqrt{1+4p}}{2}<\frac{3}{2}$$

$$\therefore\ 2\le\sqrt{1+4p}<4$$

$\therefore\ 4\le1+4p<16 \quad \therefore\ \frac{3}{4}\le p<\frac{15}{4}$

p는 정수이므로 $p=1, 2, 3$

10-17. $f(x)=7x^2-(m+13)x+m^2-m-2$로 놓자.

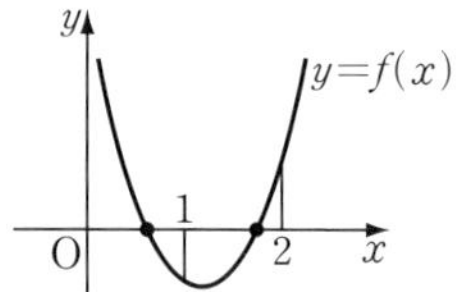

위의 그림에서

$f(0)=m^2-m-2>0$

$\therefore\ (m+1)(m-2)>0$

$\therefore\ m<-1,\ m>2$ ……①

$f(1)=7-(m+13)+m^2-m-2<0$

$\therefore\ (m+2)(m-4)<0$

$\therefore\ -2<m<4$ ……②

$f(2)=28-2(m+13)+m^2-m-2>0$

$\therefore\ m(m-3)>0$

$\therefore\ m<0,\ m>3$ ……③

①, ②, ③의 공통 범위는

$$-2<m<-1,\ 3<m<4$$

10-18. $x^2-kx-2k^2=0$에서

$$(x+k)(x-2k)=0$$

$$\therefore\ x=-k,\ 2k$$

따라서 $f(x)=x^2+kx+k-1$로 놓으면

$f(-k)=k^2-k^2+k-1<0$

$\therefore\ k<1$ ……①

$$f(2k)=4k^2+2k^2+k-1<0$$
$$\therefore\ (2k+1)(3k-1)<0$$
$$\therefore\ -\frac{1}{2}<k<\frac{1}{3}\qquad\cdots\cdots②$$

①, ②의 공통 범위는 $\boldsymbol{-\frac{1}{2}<k<\frac{1}{3}}$

10-19. $f(x)=x^2-2(a+1)x+2a^2+2a-7$로 놓으면 방정식 $f(x)=0$이 1보다 크지 않은 두 실근을 가질 조건은

(i) $f(1)=1-2(a+1)+2a^2+2a-7\ge0$
$$\therefore\ 2(a+2)(a-2)\ge0$$
$$\therefore\ a\le-2,\ a\ge2\qquad\cdots\cdots①$$

(ii) 축 : $x=a+1\le1\quad\therefore\ a\le0\ \cdots②$

(iii) $D/4=(a+1)^2-(2a^2+2a-7)\ge0$
$$\therefore\ (a+2\sqrt{2})(a-2\sqrt{2})\le0$$
$$\therefore\ -2\sqrt{2}\le a\le2\sqrt{2}\qquad\cdots\cdots③$$

①, ②, ③의 공통 범위는
$$\boldsymbol{-2\sqrt{2}\le a\le-2}$$

10-20. 두 식에서 y를 소거하면
$$x^2-(a+1)x+2=0$$
이 방정식의 근 중 하나는 1보다 크고, 다른 하나는 1보다 작으면 된다.

$f(x)=x^2-(a+1)x+2$로 놓으면
$$f(1)=1-(a+1)+2<0$$
$$\therefore\ a>2$$
답 ③

*Note 다음과 같이 풀 수도 있다.

$f(x)=x^2-ax+3$으로 놓으면 오른쪽 그림에서
$$f(1)<2$$
$$\therefore\ a>2$$

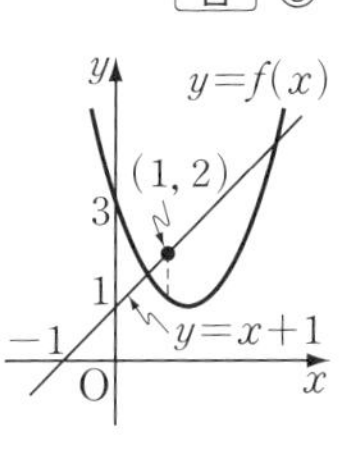

10-21. $f(x)=4x^2-2mx+n$으로 놓으면 방정식 $f(x)=0$의 두 근이 모두 0과 1 사이에 있을 조건은

(i) $f(0)=n>0\qquad\cdots\cdots①$

$f(1)=4-2m+n>0\qquad\cdots\cdots②$

(ii) 축 : $0<\frac{m}{4}<1\qquad\cdots\cdots③$

(iii) $D/4=(-m)^2-4n\ge0\qquad\cdots\cdots④$

③에서 $0<m<4$이고, m은 정수이므로 $m=1, 2, 3$

①, ④에서 $m^2\ge4n>0$

$m=1$일 때 $0<4n\le1$을 만족시키는 정수 n은 없다.

$m=2$일 때 $n=1$

$m=3$일 때 $n=1, 2$

이 중에서 ②를 만족시키는 것은
$$\boldsymbol{m=2,\ n=1}$$

11-1. $\dfrac{6}{x^2-2x+a}=\dfrac{6}{(x-1)^2+a-1}$

에서 $a-1>0$이고 분모가 최소이면 주어진 식은 최대이다.

주어진 식의 최댓값이 2이므로
$$\frac{6}{a-1}=2\qquad\therefore\ a=4$$
이 값은 $a-1>0$을 만족시킨다.

답 ③

11-2. $x-1=\dfrac{y-5}{3}=\dfrac{z+1}{2}=k$

로 놓으면
$$x=k+1,\ y=3k+5,\ z=2k-1$$
$$\therefore\ x^2+y^2+z^2=(k+1)^2+(3k+5)^2+(2k-1)^2$$
$$=14(k+1)^2+13$$

따라서 $k=-1$, 곧 $x=0, y=2, z=-3$일 때 최솟값 **13**

11-3. $f(x)=2(x-m)^2-m^2+6m+5$

이므로 최솟값은 $-m^2+6m+5$
$$\therefore\ g(m)=-m^2+6m+5$$
$$=-(m-3)^2+14$$

따라서 $m=3$일 때 $g(m)$의 최댓값은 14이다.

답 ②

11-4. $f(x)$는 최댓값을 가지고, $g(x)$는 최솟값을 가지므로

$$a<0,\ b>0$$

이때,

$$f(x)=ax^2-2x+a$$
$$=a\left(x-\frac{1}{a}\right)^2+a-\frac{1}{a}$$

이고, 최댓값이 $\frac{3}{2}$이므로

$$a-\frac{1}{a}=\frac{3}{2} \qquad \therefore\ 2a^2-3a-2=0$$
$$\therefore\ (2a+1)(a-2)=0$$

$a<0$이므로 $\boldsymbol{a=-\frac{1}{2}}$

따라서

$$g(x)=bx^2-4x+b$$
$$=b\left(x-\frac{2}{b}\right)^2+b-\frac{4}{b}$$

이고, 최솟값이 3이므로

$$b-\frac{4}{b}=3 \qquad \therefore\ b^2-3b-4=0$$
$$\therefore\ (b+1)(b-4)=0$$

$b>0$이므로 $\boldsymbol{b=4}$

11-5. 두 점 P, Q는 직선 $x=k$ 위의 점이므로

$$\mathrm{P}(k,\ 4k^2-3k+7),\ \mathrm{Q}(k,\ k^2+3k+2)$$

이때, 선분 PQ의 길이는 y좌표의 차이므로

$$\overline{\mathrm{PQ}}=|(4k^2-3k+7)-(k^2+3k+2)|$$
$$=|3(k-1)^2+2|=3(k-1)^2+2$$

따라서 $k=1$일 때 최소이다. 답 ①

*Note $(4x^2-3x+7)-(x^2+3x+2)$
$=3(x-1)^2+2>0$
이므로 모든 실수 x에 대하여 포물선 $y=4x^2-3x+7$은 포물선 $y=x^2+3x+2$의 위쪽에 존재한다.

11-6. $2x-3=t$로 놓으면
$0\le x\le 3$일 때 $-3\le 2x-3\le 3$이므로

$$-3\le t\le 3$$

$y=t^2-2t+2=(t-1)^2+1$이므로
$t=-3$, 곧 $x=0$일 때 **최댓값 17**
$t=1$, 곧 $x=2$일 때 **최솟값 1**

*Note 주어진 식을 전개하여 정리하면

$$y=4x^2-16x+17$$
$$=4(x-2)^2+1$$

따라서 $0\le x\le 3$일 때
최댓값 17, 최솟값 1

11-7. $y=x^2-4x+5$
$=(x-2)^2+1$

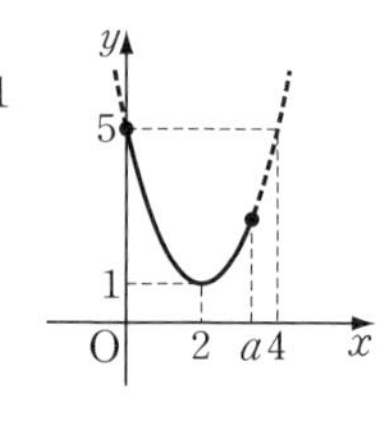

오른쪽 그림에서 $0\le x\le a$일 때 최댓값이 5, 최솟값이 1이 되는 a의 값의 범위는 $\boldsymbol{2\le a\le 4}$

11-8. 조건 (가)에서
$f(x)=a(x+3)(x-5)$로 놓으면

$$f(x)=a(x-1)^2-16a$$

(i) $a>0$일 때
$-2\le x\le 2$에서 $f(x)$는 $x=-2$일 때 최댓값 $-7a$를 가진다.
그런데 $-7a=16$에서 $a=-\frac{16}{7}$이므로 $a>0$에 부적합하다.

(ii) $a<0$일 때
$-2\le x\le 2$에서 $f(x)$는 $x=1$일 때 최댓값 $-16a$를 가진다.

$$\therefore\ -16a=16 \qquad \therefore\ a=-1$$

(i), (ii)에서 $a=-1$이므로

$$f(x)=-(x-1)^2+16$$

따라서 $-2\le x\le 2$에서 $f(x)$의 최솟값은 $f(-2)=\boldsymbol{7}$

11-9. 이차함수 $y=f(x)$의 그래프는 직선 $x=1$에 대하여 대칭이다.

ㄱ. $f(-1)=0$이면 $f(3)=0$이다.

ㄴ. $-2\le x\le 2$일 때 y는 $x=-2$에서 최솟값 $f(-2)$를 가진다.

ㄷ. $f(x)=a(x-1)^2+b$ $(a<0,\ b>0)$로 놓으면

$$f(2x-1)=a(2x-1-1)^2+b$$
$$=4a(x-1)^2+b$$

따라서 두 함수의 최댓값은 $x=1$일 때 b로 서로 같다.

이상에서 옳은 것은 ㄴ, ㄷ이다.

답 ④

***Note** ㄱ, ㄴ도 ㄷ과 같이

$$f(x)=a(x-1)^2+b\ (a<0,\ b>0)$$

로 놓고 확인해 볼 수 있다.

11-10. $2x^2+11x+5=0$에서

$$x=-5,\ -\frac{1}{2}$$

$$\therefore\ \mathrm{A}(-5,\ 0),\ \mathrm{B}\left(-\frac{1}{2},\ 0\right)$$

또, C(0, 5)이므로 점 P는 $-5\leq x\leq 0$인 범위에서 움직인다. 이때,

$$x-y=x-(2x^2+11x+5)$$
$$=-2x^2-10x-5$$
$$=-2\left(x+\frac{5}{2}\right)^2+\frac{15}{2}$$

따라서 $x=-\frac{5}{2}$일 때 최댓값 $\mathbf{\frac{15}{2}}$,

$x=0,\ -5$일 때 최솟값 $\mathbf{-5}$

11-11. $y=x-1,\ y=x^2-4x+3$의 그래프를 좌표평면 위에 그리고, 각 x의 값에 대하여 $x-1,\ x^2-4x+3$ 중 크지 않은 것을 나타내면 아래 그림의 실선 부분이다.

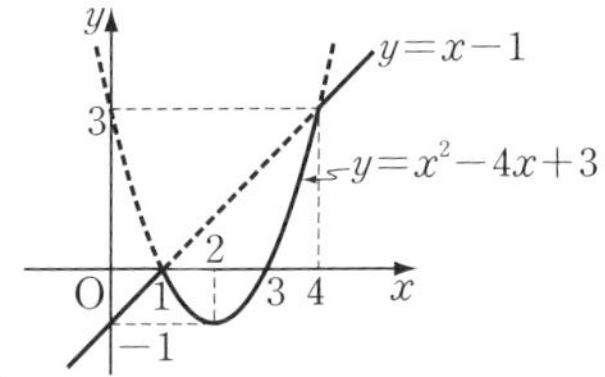

따라서 $1\leq x\leq 5$일 때

최댓값 $f(5)=\mathbf{4}$,

최솟값 $f(2)=\mathbf{-1}$

***Note** (i) $x-1\leq x^2-4x+3$일 때

$$f(x)=x-1$$

(ii) $x-1>x^2-4x+3$일 때

$$f(x)=x^2-4x+3$$

(i), (ii)에서

$$f(x)=\begin{cases} x-1 & (x\leq 1,\ x\geq 4) \\ x^2-4x+3 & (1<x<4) \end{cases}$$

11-12. 실근을 가지므로

$$D=(a+1)^2-4(a^2-1)\geq 0$$

$$\therefore\ -1\leq a\leq\frac{5}{3} \qquad \cdots\cdots ㉠$$

한편 $\alpha+\beta=-(a+1),\ \alpha\beta=a^2-1$이므로

$$\alpha^2+\beta^2=(\alpha+\beta)^2-2\alpha\beta$$
$$=\{-(a+1)\}^2-2(a^2-1)$$
$$=-(a-1)^2+4$$

㉠의 범위에서

$a=1$일 때 최댓값 **4**,

$a=-1$일 때 최솟값 **0**

11-13. 선분 AB의 방정식은

$$y=-2x+4\ (0\leq x\leq 2)$$

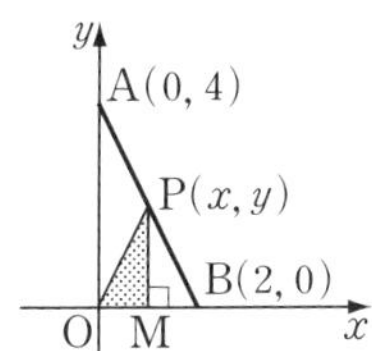

따라서 P$(x,\ y)$로 놓으면

$$\triangle\mathrm{OMP}=\frac{1}{2}xy=\frac{1}{2}x(-2x+4)$$
$$=-(x-1)^2+1$$

$0\leq x\leq 2$이므로 $x=1$일 때 △OMP의 넓이는 최대이다.

이때, $y=-2\times 1+4=2$이므로

$x=1,\ y=2 \qquad \therefore\ \mathbf{P(1,\ 2)}$

11-14. 공을 던진 지 2초 후 공이 지면에 떨어졌으므로 $t=2$일 때 $y=0$이다. 곧,

$$-5\times 2^2+a\times 2+2=0 \qquad \therefore\ a=9$$

이때, $0\leq t\leq 2$이고

$$y=-5t^2+9t+2$$
$$=-5\left(t-\frac{9}{10}\right)^2+\frac{121}{20}$$

따라서 $t=\frac{9}{10}$일 때 y는 최대이므로 구하는 높이는 $\mathbf{\frac{121}{20}}$ **m**

11-15. 한 개당 가격을 $5x$원 올리면 한 개당 이익이 $(100+5x)$원이고 $10x$개 덜 팔리므로, $5x$원 올릴 때의 이익을 y원이라고 하면

$$y=(100+5x)(500-10x)$$
$$=-50x^2+1500x+50000$$
$$=-50(x-15)^2+61250$$

따라서 $x=15$일 때 y는 최대이므로 한 개당 가격은

$300+5\times15=375$(원)　답 ④

11-16.

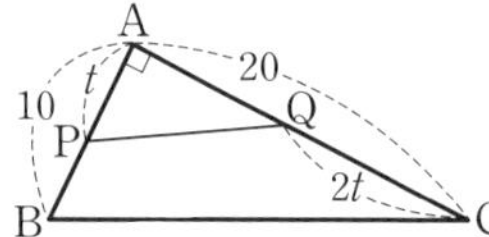

점 P, Q가 동시에 출발한 지 t초 후

$$\overline{AP}=t,\ \overline{CQ}=2t,\ \overline{AQ}=20-2t$$

이므로 직각삼각형 APQ에서

$$\overline{PQ}^2=t^2+(20-2t)^2$$
$$=5t^2-80t+400$$
$$=5(t-8)^2+80$$

이때, 점 P, Q가 각각 변 AB, AC 위에 있어야 하므로 $0\le t\le10$

이 범위에서 $\overline{PQ}^2$의 최솟값은 $t=8$일 때 80이다.

따라서 $\overline{PQ}$의 최솟값은 $\sqrt{80}=\mathbf{4\sqrt{5}}$

11-17.

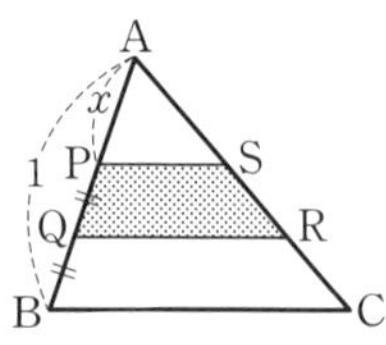

$\overline{AB}=1,\ \overline{AP}=x(0<x<1)$이므로

$$\overline{AQ}=x+\frac{1-x}{2}=\frac{x+1}{2}$$

△ABC의 넓이를 k라고 하면 △ABC∽△APS이므로

$$1^2:x^2=k:\triangle APS$$
$$\therefore\ \triangle APS=kx^2$$

또, △ABC∽△AQR이므로

$$1^2:\left(\frac{x+1}{2}\right)^2=k:\triangle AQR$$
$$\therefore\ \triangle AQR=k\left(\frac{x+1}{2}\right)^2$$

□PQRS의 넓이를 y라고 하면

$$y=\triangle AQR-\triangle APS$$
$$=k\left\{\left(\frac{x+1}{2}\right)^2-x^2\right\}$$
$$=\frac{k}{4}(-3x^2+2x+1)$$
$$=\frac{k}{4}\left\{-3\left(x-\frac{1}{3}\right)^2+\frac{4}{3}\right\}$$

따라서 $\boldsymbol{x=\frac{1}{3}}$일 때 □PQRS의 넓이가 최대이다.

11-18. $4x^2-8xy+5y^2-4x+3y+k=\frac{11}{4}$에서

$$4x^2-4(2y+1)x+5y^2+3y+k-\frac{11}{4}=0 \quad \cdots\cdots ㉮$$

이 식을 만족시키는 실수 x가 존재해야 하므로

$$\frac{D}{4}=4(2y+1)^2-4\left(5y^2+3y+k-\frac{11}{4}\right)\ge0$$
$$\therefore\ 4y^2-4y+4k-15\le0$$
$$\therefore\ \left(y-\frac{1}{2}\right)^2+k-4\le0$$

이 식을 만족시키는 실수 y가 존재해야 하므로

$$k-4\le0 \quad \therefore\ k\le4$$

따라서 k의 최댓값은 4이고, 이때

$$y=\frac{1}{2}$$

㉮에 대입하면

$4x^2-8x+4=0 \quad \therefore\ x=1$

$\therefore$ **k의 최댓값 4, $x=1$, $y=\frac{1}{2}$**

12-1. (1) $x^2(x-1)-(x-1)=0$

$\therefore\ (x-1)(x^2-1)=0$

$\therefore\ (x+1)(x-1)^2=0$

$\therefore$ **$x=-1, 1$(중근)**

(2) $(x^2)^2-10x^2+24=0$

$\therefore\ (x^2-4)(x^2-6)=0$

$\therefore\ x^2=4$ 또는 $x^2=6$

$\therefore$ **$x=\pm2, \pm\sqrt{6}$**

(3) $(2x^2)^2+4x^2+1-4x^2=0$

$\therefore\ (2x^2+1)^2-(2x)^2=0$

$\therefore\ (2x^2+2x+1)(2x^2-2x+1)=0$

$\therefore\ 2x^2+2x+1=0$

또는 $2x^2-2x+1=0$

$\therefore$ **$x=\frac{-1\pm i}{2}, \frac{1\pm i}{2}$**

(4) $f(x)=x^3-(a^2+ab+b^2)x-ab(a+b)$ 로 놓으면

$f(-a)=0, f(-b)=0$

$\therefore\ f(x)=(x+a)(x+b)(x-a-b)$

따라서 $f(x)=0$의 해는

$x=-a, -b, a+b$

12-2. $x+a$로 나누어떨어지므로 나머지 정리에 의하여

$(a^2-2a-1)(a^2-2a-3)-15=0$

$a^2-2a=t$로 놓으면

$(t-1)(t-3)-15=0$

$\therefore\ (t+2)(t-6)=0$

$t+2=0$일 때 $\quad a^2-2a+2=0$

$\therefore\ a=1\pm i$

$t-6=0$일 때 $\quad a^2-2a-6=0$

$\therefore\ a=1\pm\sqrt{7}$

a는 실수이므로 **$a=1\pm\sqrt{7}$**

12-3. x^4-ax^2+b

$=(x-\alpha)(x+\alpha)(x-\beta)(x+\beta)$

$=(x^2-\alpha^2)(x^2-\beta^2)$

$=x^4-(\alpha^2+\beta^2)x^2+\alpha^2\beta^2$

$\therefore\ a=\alpha^2+\beta^2,\ b=\alpha^2\beta^2$

$\therefore\ x^2-ax+b=x^2-(\alpha^2+\beta^2)x+\alpha^2\beta^2$

$=(x-\alpha^2)(x-\beta^2)$

따라서 $x^2-ax+b=0$의 해는

$x=\alpha^2, \beta^2$ 답 ⑤

12-4. 문제의 조건으로부터

x^4+ax^3+b

$=(x-\alpha_1)(x-\alpha_2)(x-\alpha_3)(x-\alpha_4)$

양변에 $x=1$을 대입하면

$1+a+b=(1-\alpha_1)(1-\alpha_2)(1-\alpha_3)(1-\alpha_4)$

문제의 조건에서 $\quad 1+a+b=2$

$\therefore\ a+b=1$ 답 ④

12-5. $x=1$이 주어진 방정식의 근이므로 대입하면

$1+(a+1)+(a^2-7a-7)+2(2a+1)=0$

$\therefore\ a^2-2a-3=0 \quad \therefore\ a=-1, 3$

(i) $a=-1$일 때 $\quad x^3+x-2=0$

$\therefore\ (x-1)(x^2+x+2)=0$

그런데 $x^2+x+2=0$은 허근을 가지므로 조건을 만족시키지 않는다.

(ii) $a=3$일 때 $\quad x^3+4x^2-19x+14=0$

$\therefore\ (x-1)(x-2)(x+7)=0$

$\therefore\ x=1, 2, -7$

(i), (ii)에서 **$a=3,\ \alpha=-7,\ \beta=2$**

12-6. $x^2-1=0$의 해는 $x=\pm1$이고, 이 값이 $x^4+mx^3+nx^2+4=0$의 해이므로 $x=1, -1$을 각각 대입하면

$1+m+n+4=0,$

$1-m+n+4=0$

연립하여 풀면 **$m=0,\ n=-5$**

이때, $x^4+mx^3+nx^2+4=0$은

$x^4-5x^2+4=0$

$\therefore\ (x^2-1)(x^2-4)=0$

$\therefore$ **$x=\pm1, \pm2$**

12-7. $x^2-x-3=0$에서 근과 계수의 관계로부터

$$\alpha+\beta=1,\ \alpha\beta=-3$$

$g(x)=f(x)-x$라고 하면

$$g(\alpha)=0,\ g(\beta)=0,\ g(\alpha+\beta)=0$$

$\alpha+\beta=1$이고, $g(x)$는 최고차항의 계수가 1인 삼차식이므로

$$g(x)=(x-\alpha)(x-\beta)(x-1)$$
$$=(x^2-x-3)(x-1)$$

$$\therefore\ f(x)=x+(x^2-x-3)(x-1)$$

$$\therefore\ f(5)=5+(5^2-5-3)(5-1)=73$$

답 ③

12-8. 조건 ㈎에서

$$f(x)=g(x)\{g(x)+x^2\}+g(x)+x^2 \quad \cdots\cdots ㉮$$

이때, 나머지 $g(x)+x^2$의 차수는 $g(x)$의 차수보다 작아야 하므로 $g(x)$는 이차식이고 $g(x)+x^2$은 일차 이하의 식이다. 따라서

$$g(x)=-x^2+ax+b$$

로 놓을 수 있다.

㉮에 대입하면

$$f(x)=(-x^2+ax+b)(ax+b)+ax+b$$

$f(x)$의 최고차항의 계수가 1이므로

$$a=-1$$

$$\therefore\ f(x)=(-x^2-x+b)(-x+b)-x+b$$
$$=(x-b)(x^2+x-b-1)$$

$x=2$가 $f(x)=0$의 근이므로

$$f(2)=(2-b)(5-b)=0$$

$$\therefore\ b=2,\ 5$$

(i) $b=2$일 때

$$f(x)=(x-2)(x^2+x-3)$$

그런데 $x^2+x-3=0$의 두 근은 정수가 아니므로 조건을 만족시키지 않는다.

(ii) $b=5$일 때

$$f(x)=(x-5)(x^2+x-6)$$
$$=(x-5)(x+3)(x-2)$$

이때, $f(x)=0$의 근은

$$x=5,\ -3,\ 2$$

이므로 조건을 만족시킨다.

(i), (ii)에서 $\boldsymbol{a=-3,\ \beta=5}$

12-9. (1) $x=0$은 주어진 방정식을 만족시키지 않으므로 $x\neq0$이다.

주어진 방정식의 양변을 x^2으로 나누면

$$x^2+5x-4+\frac{5}{x}+\frac{1}{x^2}=0$$

$$\therefore\ \left(x+\frac{1}{x}\right)^2+5\left(x+\frac{1}{x}\right)-6=0$$

$$\therefore\ \boldsymbol{t^2+5t-6=0}$$

(2) $t^2+5t-6=(t+6)(t-1)=0$에서

$$t=-6 \text{ 또는 } t=1$$

$$\therefore\ x+\frac{1}{x}=-6 \text{ 또는 } x+\frac{1}{x}=1$$

$$\therefore\ x^2+6x+1=0 \text{ 또는 } x^2-x+1=0$$

$$\therefore\ \boldsymbol{x=-3\pm2\sqrt{2},\ \frac{1\pm\sqrt{3}i}{2}}$$

****Note*** 주어진 방정식을 살펴보면

$$\boldsymbol{1\times x^4+5x^3-4x^2+5x+1=0}$$

과 같이 x^2항을 중심으로 계수가 좌우 대칭이다. 이와 같은 방정식을 상반방정식이라고 한다. 인수 정리나 공통인수를 찾는 방법으로 이 방정식을 풀기는 어렵다. 위와 같이 $x+\dfrac{1}{x}=t$로 치환하여 푸는 방법을 익혀 두기 바란다.

12-10. $x^2=X$로 놓으면

$$X^2+(m+2)X+m+5=0 \quad \cdots ㉮$$

이 방정식이 서로 다른 두 양의 실근을 가질 때, 주어진 방정식은 서로 다른 네 실근을 가진다.

방정식 ㉮의 두 근을 $\alpha,\ \beta$라고 하면

$D=(m+2)^2-4(m+5)>0$에서

$(m+4)(m-4)>0$

$\therefore\ m<-4,\ m>4$ ……②

$\alpha+\beta=-(m+2)>0$에서

$m<-2$ ……③

$\alpha\beta=m+5>0$에서 $m>-5$ ……④

②, ③, ④의 공통 범위를 수직선 위에 나타내면

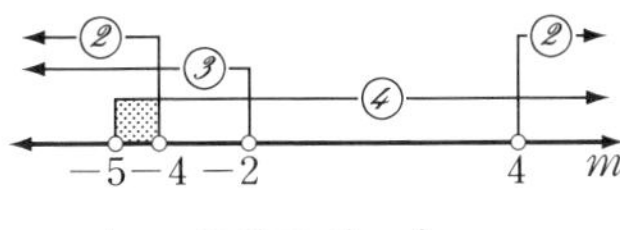

$\therefore\ \mathbf{-5<m<-4}$

12-11. 준 방정식의 좌변을 인수분해하면

$(x+2)(x^2+8x+2k+4)=0$

$f(x)=x^2+8x+2k+4$로 놓으면 $f(x)=0$은 -2가 아닌 서로 다른 두 음의 실근을 가져야 한다.

$f(x)=0$의 두 근을 α, β라고 하면

$f(-2)=4-16+2k+4\neq 0$에서

$k\neq 4$ ……①

$D/4=4^2-(2k+4)>0$에서

$k<6$ ……②

$\alpha+\beta=-8<0$

$\alpha\beta=2k+4>0$에서 $k>-2$ ……③

②, ③에서 $-2<k<6$이고 ①에서 $k\neq 4$이므로 정수 k는 $-1, 0, 1, 2, 3, 5$의 6개이다. 답 ②

12-12. α가 $x^3+1=0$의 근이므로

$\alpha^3+1=0 \quad \therefore\ \alpha^3=-1$

또, $(x+1)(x^2-x+1)=0$에서 α는 $x^2-x+1=0$의 근이고, 이 방정식의 계수가 실수이므로 $\overline{\alpha}$도 근이다.

따라서 $\overline{\alpha}^3=-1$이다.

ㄱ. α는 $x^2-x+1=0$의 근이므로

$\alpha^2-\alpha+1=0$

ㄴ. $\alpha, \overline{\alpha}$가 $x^2-x+1=0$의 근이므로 근과 계수의 관계로부터

$\alpha+\overline{\alpha}=1,\ \alpha\overline{\alpha}=1$

$\therefore\ \alpha\overline{\alpha}+\alpha+\overline{\alpha}+1=3$

ㄷ. $\alpha+\overline{\alpha}=1$에서

$\alpha-1=-\overline{\alpha},\ \overline{\alpha}-1=-\alpha$

이므로

$$\begin{aligned}(\alpha-1)^3+(\overline{\alpha}-1)^3&=(-\overline{\alpha})^3+(-\alpha)^3\\&=-\overline{\alpha}^3-\alpha^3\\&=-(-1)-(-1)\\&=2\end{aligned}$$

ㄹ. $\alpha^{10}=(\alpha^3)^3\times\alpha=(-1)^3\times\alpha=-\alpha$

같은 방법으로 하면 $\overline{\alpha}^{10}=-\overline{\alpha}$

$$\begin{aligned}\therefore\ \frac{1+\alpha^{10}}{1+\overline{\alpha}^{10}}&=\frac{1-\alpha}{1-\overline{\alpha}} && \Leftarrow \alpha+\overline{\alpha}=1\\&=\frac{\overline{\alpha}}{\alpha}=\overline{\alpha}\times\frac{1}{\alpha} && \Leftarrow \alpha\overline{\alpha}=1\\&=\frac{1}{\alpha^2}=\frac{-\alpha^3}{\alpha^2}=-\alpha=\alpha^{10}\end{aligned}$$

이상에서 옳은 것은 ㄱ, ㄷ, ㄹ이다.

답 ③

Note ㄷ. 주어진 식의 좌변을 전개하여 계산할 수도 있다.

ㄹ. 다음과 같이 계산할 수도 있다.

$$\begin{aligned}\frac{1+\alpha^{10}}{1+\overline{\alpha}^{10}}&=\frac{1-\alpha}{1-\overline{\alpha}}=\frac{(1-\alpha)(1-\alpha)}{(1-\overline{\alpha})(1-\alpha)}\\&=\frac{(\alpha^2-\alpha+1)-\alpha}{1-(\alpha+\overline{\alpha})+\alpha\overline{\alpha}}\\&=-\alpha=\alpha^{10}\end{aligned}$$

12-13. 준 방정식의 좌변을 인수분해하면

$(x+1)(x-2)(x^2+x+1)=0$

ω는 이 방정식의 허근이므로 $x^2+x+1=0$의 근이다.

$\therefore\ \omega^2+\omega+1=0$

양변에 $\omega-1$을 곱하면

$\omega^3-1=0 \quad$ 곧, $\omega^3=1$

따라서

$\omega=\omega^4=\omega^7=\cdots=\omega^{97}$,

$\omega^2=\omega^5=\omega^8=\cdots=\omega^{98}$,

$\omega^3=\omega^6=\omega^9=\cdots=\omega^{99}$

이므로

$$\frac{1}{1+\omega}+\frac{1}{1+\omega^2}+\frac{1}{1+\omega^3}+\cdots+\frac{1}{1+\omega^{99}}$$

$$=33\left(\frac{1}{1+\omega}+\frac{1}{1+\omega^2}+\frac{1}{1+\omega^3}\right)$$

$\Leftarrow \omega^2+\omega+1=0,\ \omega^3=1$

$$=33\left(\frac{\omega^3}{-\omega^2}+\frac{\omega^3}{-\omega}+\frac{1}{1+1}\right)$$

$$=33\left(-\omega-\omega^2+\frac{1}{2}\right)$$

$$=33\left(1+\frac{1}{2}\right)=\mathbf{\frac{99}{2}}$$

12-14. 준 방정식의 좌변을 인수분해하면

$$(x-1)\{x^2+(1-k)x+1\}=0$$

이므로 방정식

$$x^2+(1-k)x+1=0 \quad \cdots\cdots ①$$

이 허근 α를 가진다.

$$\therefore\ D=(1-k)^2-4<0$$

$$\therefore\ (k+1)(k-3)<0$$

$$\therefore\ -1<k<3 \quad \cdots\cdots ②$$

$\alpha=a+bi$(a, b는 실수, $b\neq0$)라고 하면 k는 실수이므로 $\overline{\alpha}=a-bi$도 방정식 ①의 근이다.

따라서 근과 계수의 관계로부터

$$\alpha+\overline{\alpha}=-(1-k),\ \alpha\overline{\alpha}=1$$

$$\therefore\ 2a=k-1,\ a^2+b^2=1$$

곧, $k=2a+1,\ a^2+b^2=1$

한편 α의 실수부분과 허수부분의 차가 1이므로 $|a-b|=1$

따라서 $(a-b)^2=1$에서

$$a^2-2ab+b^2=1$$

$a^2+b^2=1$이므로 $ab=0$

$b\neq0$이므로 $a=0$

$$\therefore\ k=2a+1=\mathbf{1}$$

이 값은 ②를 만족시킨다.

12-15. 근과 계수의 관계로부터

$$\alpha+\beta+\gamma=0$$

이므로

$$(\alpha+\beta)^3+(\beta+\gamma)^3+(\gamma+\alpha)^3$$

$$=(-\gamma)^3+(-\alpha)^3+(-\beta)^3$$

$$=-(\alpha^3+\beta^3+\gamma^3)$$

그런데

$$\alpha^3+\beta^3+\gamma^3-3\alpha\beta\gamma$$

$$=(\alpha+\beta+\gamma)(\alpha^2+\beta^2+\gamma^2-\alpha\beta-\beta\gamma-\gamma\alpha)$$

$$=0 \qquad \Leftarrow \alpha+\beta+\gamma=0$$

이므로

$$\alpha^3+\beta^3+\gamma^3=3\alpha\beta\gamma$$

근과 계수의 관계로부터

$$\alpha\beta\gamma=-\frac{85}{5}=-17$$

이므로

$$(\alpha+\beta)^3+(\beta+\gamma)^3+(\gamma+\alpha)^3$$

$$=-3\alpha\beta\gamma=-3\times(-17)=\mathbf{51}$$

12-16. $ax^3+bx^2+cx+1=0$의 세 근을 α,β,γ라고 하면 근과 계수의 관계로부터

$$\alpha+\beta+\gamma=-\frac{b}{a},\ \alpha\beta+\beta\gamma+\gamma\alpha=\frac{c}{a},$$

$$\alpha\beta\gamma=-\frac{1}{a}$$

$$\therefore\ \frac{1}{\alpha}+\frac{1}{\beta}+\frac{1}{\gamma}=\frac{\beta\gamma+\gamma\alpha+\alpha\beta}{\alpha\beta\gamma}=-c,$$

$$\frac{1}{\alpha\beta}+\frac{1}{\beta\gamma}+\frac{1}{\gamma\alpha}=\frac{\gamma+\alpha+\beta}{\alpha\beta\gamma}=b,$$

$$\frac{1}{\alpha\beta\gamma}=-a$$

삼차방정식 $f(x)=0$이 $\frac{1}{\alpha},\ \frac{1}{\beta},\ \frac{1}{\gamma}$을 세 근으로 가지므로

$$f(x)=x^3+cx^2+bx+a$$

$$\therefore\ f(1)=1+c+b+a=\boldsymbol{a+b+c+1}$$

***Note** $ax^3+bx^2+cx+1=0$에서 $x\neq0$이므로 양변을 x^3으로 나누면

$$a+\frac{b}{x}+\frac{c}{x^2}+\frac{1}{x^3}=0$$

$\frac{1}{x}=t$로 놓으면

$$a+bt+ct^2+t^3=0$$

이 방정식의 근은 $\frac{1}{\alpha},\ \frac{1}{\beta},\ \frac{1}{\gamma}$이므로

$$f(x)=x^3+cx^2+bx+a$$

12-17. 세 근을 1, α, β라고 하면 근과 계수의 관계로부터

$1+\alpha+\beta=-a$

$\therefore\ \alpha+\beta=-a-1$ ……①

$1\times\alpha+\alpha\beta+\beta\times1=b$

$\therefore\ \alpha+\beta+\alpha\beta=b$ ……②

$1\times\alpha\times\beta=-1 \quad \therefore\ \alpha\beta=-1$

문제의 조건에서 $\alpha^2+\beta^2=6$이므로

$(\alpha+\beta)^2-2\alpha\beta=6$

$\therefore\ (-a-1)^2-2\times(-1)=6$

$\therefore\ a^2+2a-3=0$

$a<0$이므로 $\boldsymbol{a=-3}$

이것을 ①에 대입하면 $\alpha+\beta=2$이므로

②에서 $\boldsymbol{b}=2+(-1)=\mathbf{1}$

12-18. 세 근을 α, 2α, β라고 하면 근과 계수의 관계로부터

$3\alpha+\beta=2$ ……①

$2\alpha^2+3\alpha\beta=-1$ ……②

$2\alpha^2\beta=-k$ ……③

①에서의 $\beta=2-3\alpha$를 ②에 대입하면

$2\alpha^2+3\alpha(2-3\alpha)=-1$

$\therefore\ 7\alpha^2-6\alpha-1=0 \quad \therefore\ \alpha=1,\ -\dfrac{1}{7}$

따라서 $\alpha=1,\ \beta=-1$ 또는

$\alpha=-\dfrac{1}{7},\ \beta=\dfrac{17}{7}$

③에 대입하면

$\alpha=1, \beta=-1$일 때 $k=2$

$\alpha=-\dfrac{1}{7}, \beta=\dfrac{17}{7}$일 때 $k=-\dfrac{34}{343}$

$k>0$이므로 $\boldsymbol{k=2}$

이때의 세 근은 **1, 2, −1**

12-19. 주어진 방정식의 세 근의 합이 8이므로 근과 계수의 관계로부터

$-(3a-2)=8 \quad \therefore\ a=-2$

이 값을 주어진 방정식에 대입하면

$x^3-8x^2+(b^2+12)x-2b^2=0$

$\therefore\ (x-2)(x^2-6x+b^2)=0$

따라서 방정식 $x^2-6x+b^2=0$이 2가 아닌 서로 다른 두 정수근을 가져야 한다.

근의 공식에 의하여

$x=3\pm\sqrt{9-b^2}$

이고, $9-b^2$이 0이 아닌 정수의 제곱이어야 하므로

$9-b^2=1, 4, 9 \quad \therefore\ b^2=8, 5, 0$

(i) $b^2=8$일 때, $x^2-6x+b^2=0$은

$x^2-6x+8=0 \quad \therefore\ x=2, 4$

이것은 조건을 만족시키지 않는다.

(ii) $b^2=5$일 때, $x^2-6x+b^2=0$은

$x^2-6x+5=0 \quad \therefore\ x=1, 5$

(iii) $b^2=0$일 때, $x^2-6x+b^2=0$은

$x^2-6x=0 \quad \therefore\ x=0, 6$

(i), (ii), (iii)에서 $b^2=0, 5$

$\therefore\ b=0,\ \pm\sqrt{5}$

$a=-2$이므로 구하는 순서쌍 (a, b)는

$\boldsymbol{(-2, 0),\ (-2, \sqrt{5}),\ (-2, -\sqrt{5})}$

13-1. 주어진 방정식에서

$(2-k)x+y=0$ ……①

$4x+(5-k)y=0$ ……②

①$\times(5-k)-$②하면

$\{(2-k)(5-k)-4\}x=0$ ……③

$(2-k)(5-k)-4=0$일 때, ③은 무수히 많은 해를 가진다.

$\therefore\ k^2-7k+6=0 \quad \therefore\ \boldsymbol{k=1, 6}$

****Note*** 원점을 지나는 두 직선이 일치하는 경우이므로

$$\frac{2-k}{4}=\frac{1}{5-k}$$

을 만족시키는 k의 값을 구해도 된다.

13-2. (1) 변끼리 빼면

$(a-b)y+a^2-b^2=0$

$\therefore\ (a-b)y=-(a+b)(a-b)$

따라서

$\boldsymbol{a\neq b}$일 때 $\boldsymbol{y=-(a+b),\ x=ab}$

$\boldsymbol{a=b}$일 때 해가 무수히 많다.

(2) (i) $x\ge2$일 때

$y=(x-2)+1,\ y=3x-7$

$\therefore\ x=3,\ y=2$

(ii) $x<2$일 때

$y=-(x-2)+1,\ y=3x-7$

$\therefore\ x=\frac{5}{2},\ y=\frac{1}{2}$

이것은 $x<2$에 적합하지 않다.

(i), (ii)에서 $\boldsymbol{x=3,\ y=2}$

(3) (i) $x\ge0,\ y\ge0$일 때

$x+y=3,\ x+y=1$ (해가 없다)

(ii) $x\ge0,\ y<0$일 때

$x+y=3,\ x-y=1$

$\therefore\ x=2,\ y=1$ (부적합)

(iii) $x<0,\ y\ge0$일 때

$-x+y=3,\ x+y=1$

$\therefore\ x=-1,\ y=2$ (적합)

(iv) $x<0,\ y<0$일 때

$-x+y=3,\ x-y=1$ (해가 없다)

(i)~(iv)에서 $\boldsymbol{x=-1,\ y=2}$

13-3. (1) $\frac{x-1}{2}=\frac{y+3}{3}=\frac{z-1}{4}=k$

로 놓으면

$x=2k+1,\ y=3k-3,\ z=4k+1$

$2x+3y-5z+19=0$에 대입하면

$2(2k+1)+3(3k-3)-5(4k+1)+19=0$

$\therefore\ -7k+7=0 \quad \therefore\ k=1$

$\therefore\ \boldsymbol{x=3,\ y=0,\ z=5}$

* ***Note*** $\frac{x-1}{2}=\frac{y+3}{3},\ \frac{y+3}{3}=\frac{z-1}{4},$

$2x+3y-5z+19=0$

을 연립하여 풀어도 된다.

(2) $x-2y=1$ ……①

$y-2z=-10$ ……②

$z-2x=10$ ……③

①+②×2하면

$x-4z=-19$ ……④

③+④×2하면

$-7z=-28 \quad \therefore\ z=4$

②, ③에 각각 대입하여 풀면

$y=-2,\ x=-3$

$\therefore\ \boldsymbol{x=-3,\ y=-2,\ z=4}$

13-4. $x=3,\ y=1,\ z=2$를 대입하여 정리하면

$3a+2b=13$ ……①

$3b-2c=4$ ……②

$2b+3c=7$ ……③

②, ③을 연립하여 풀면 $b=2,\ c=1$

$b=2$를 ①에 대입하여 풀면 $a=3$

$\therefore\ abc=6$ 답 ②

13-5. $[x]=n$(n은 정수)이라고 하면

$x=n+\alpha\ (0\le\alpha<1)$

로 놓을 수 있고,

$[x-2]=[n-2+\alpha]=n-2$

따라서 주어진 방정식은

$y=2n+3,\ y=3(n-2)+5$

연립하여 풀면 $n=4,\ y=11$

$\therefore\ [x+y]=[4+\alpha+11]=15$

답 ④

* ***Note*** n이 정수일 때

$[x+n]=[x]+n$

임을 이용하여 다음과 같이 풀 수도 있다.

$2[x]+3=3[x-2]+5$에서

$[x-2]=[x]-2$이므로

$2[x]+3=3[x]-6+5$

$\therefore\ [x]=4$

$\therefore\ y=2[x]+3=2\times4+3=11$

y는 정수이므로

$[x+y]=[x]+y=4+11=15$

13-6. (1) $x^2+y=1$ ……①

$y^2+x=1$ ……②

①−②하면 $x^2-y^2+y-x=0$

$\therefore\ (x-y)(x+y-1)=0$

$\therefore\ y=x$ 또는 $y=-x+1$

$y=x$일 때, ①에서 $x^2+x=1$

$\therefore$ $\boldsymbol{x=\dfrac{-1\pm\sqrt{5}}{2},\ y=\dfrac{-1\pm\sqrt{5}}{2}}$

(복부호동순)

$y=-x+1$일 때, ①에서

$x^2+(-x+1)=1$

$\therefore$ $x=0,\ 1$ 이때, $y=1,\ 0$

$\therefore$ $\boldsymbol{x=0,\ y=1}$ **또는** $\boldsymbol{x=1,\ y=0}$

(2) 세 식을 변끼리 곱하면

$x^2y^2z^2=3600$ $\therefore$ $xyz=\pm60$

이 식을 $yz=12,\ zx=15,\ xy=20$으로 변끼리 나누면

$\boldsymbol{x=\pm5,\ y=\pm4,\ z=\pm3}$

(복부호동순)

13-7. $(x-3)^2=y+9$에서

$x^2=6x+y$ ……①

$(y-3)^2=x+9$에서

$y^2=x+6y$ ……②

①+②하면 $x^2+y^2=7(x+y)$ …③

①−②하면 $x^2-y^2=5(x-y)$

$\therefore$ $(x+y)(x-y)=5(x-y)$

그런데 $x\neq y$이므로 $x+y=5$

③에 대입하면 $x^2+y^2=35$

$\therefore$ $(x+y)^2-2xy=35$

$\therefore$ $5^2-2xy=35$ $\therefore$ $xy=-5$

답 ②

* ***Note*** $x+y=5,\ xy=-5$이므로 $x,\ y$는 이차방정식 $t^2-5t-5=0$의 두 근이다. 곧,

$x=\dfrac{5\pm3\sqrt{5}}{2},\ y=\dfrac{5\mp3\sqrt{5}}{2}$

(복부호동순)

13-8. $x+y=a$에서 $y=a-x$

$x^2+y^2=3$에 대입하고 정리하면

$2x^2-2ax+a^2-3=0$

이 이차방정식이 중근을 가지므로

$D/4=(-a)^2-2(a^2-3)=0$

$\therefore$ $a^2=6$

$a>0$이므로 $a=\sqrt{6}$ 답 ③

* ***Note*** $a=\sqrt{6}$일 때, 주어진 연립방정식의 해는 $x=y=\dfrac{\sqrt{6}}{2}$이다.

13-9. 평상시의 속력을 v km/h, 걸리는 시간을 t시간이라고 하면 산책로의 거리는 vt km이다.

주어진 조건에 의하여

$vt=(v+2)\left(\dfrac{1}{2}t+\dfrac{1}{4}\right)$ ……①

$vt=(v-1)\left(t+\dfrac{1}{2}\right)$ ……②

$\therefore$ $(v+2)\left(\dfrac{1}{2}t+\dfrac{1}{4}\right)=(v-1)\left(t+\dfrac{1}{2}\right)$

$t+\dfrac{1}{2}\neq0$이므로 양변을 $t+\dfrac{1}{2}$로 나누면 $\dfrac{1}{2}(v+2)=v-1$ $\therefore$ $v=4$

②에 대입하면 $t=\dfrac{3}{2}$

따라서 산책로의 거리는

$vt=4\times\dfrac{3}{2}=\mathbf{6(km)}$

* ***Note*** ①÷②하여 v의 값을 구할 수도 있다. 곧,

$1=\dfrac{v+2}{2(v-1)}$ $\therefore$ $v=4$

13-10. 카드 한 장의 짧은 변과 긴 변의 길이를 각각 $x,\ y$라고 하면

$\overline{AD}=5x,\ \overline{BC}=4y$

$\overline{AD}=\overline{BC}$이므로 $5x=4y$ ……①

또, 카드 한 장의 넓이는 xy이므로

$9xy=720$ $\therefore$ $xy=80$ ……②

①, ②를 연립하여 풀면 $x>0,\ y>0$이므로 $x=8,\ y=10$

따라서 □ABCD의 둘레의 길이는

$2(\overline{AB}+\overline{AD})=2(x+y+5x)$

$=2(6x+y)=116$

답 ③

13-**11**. 구하는 수의 십의 자리 숫자를 x, 일의 자리 숫자를 y라고 하면

$x^2+y^2=10x+y+11$ ……①

$2xy=10x+y-5$ ……②

①－②하면 $x^2+y^2-2xy=16$

$\therefore (x-y)^2=4^2$

$\therefore x-y=4$ 또는 $x-y=-4$

(i) $x-y=4$일 때 $x=y+4$

②에 대입하여 정리하면

$2y^2-3y-35=0$

$\therefore (y-5)(2y+7)=0$

y는 음이 아닌 정수이므로 $y=5$

이때, $x=9$

(ii) $x-y=-4$일 때 $x=y-4$

②에 대입하여 정리하면

$2y^2-19y+45=0$

$\therefore (y-5)(2y-9)=0$

y는 음이 아닌 정수이므로 $y=5$

이때, $x=1$

(i), (ii)에서 구하는 수는 **15, 95**

13-**12**. 공통근을 α라고 하면

$3\alpha^2-a\alpha+5b=0$ ……①

$\alpha^2+a\alpha-9b=0$ ……②

①－②×3하면 $\alpha=\dfrac{8b}{a}$ ……③

이것을 ②에 대입하면 $a^2=64b$

a, b는 10보다 작은 자연수이므로

$b=1, a=8$

이 값을 ③에 대입하면 $\alpha=1$

$\therefore$ $\boldsymbol{a=8,\ b=1,\ x=1}$

13-**13**. 공통근을 α라고 하면

$a\alpha^2+b\alpha+c=0$ ……①

$b\alpha^2+c\alpha+a=0$ ……②

$c\alpha^2+a\alpha+b=0$ ……③

(1) ①＋②＋③하면

$(a+b+c)(\alpha^2+\alpha+1)=0$

α가 실수이므로 $\alpha^2+\alpha+1\neq0$

$\therefore$ $a+b+c=\mathbf{0}$

(2) $a^3+b^3+c^3-3abc$

$=(a+b+c)$

$\times(a^2+b^2+c^2-ab-bc-ca)$

$=0$ ⇦ $a+b+c=0$

$\therefore a^3+b^3+c^3=3abc$

$\therefore$ (준 식)$=\dfrac{a^3+b^3+c^3}{abc}=\dfrac{3abc}{abc}=\mathbf{3}$

(3) ①×α－②하면 $a(\alpha^3-1)=0$

$a\neq0$이므로 $\alpha^3=1$

$\therefore (\alpha-1)(\alpha^2+\alpha+1)=0$

α는 실수이므로 $\alpha=1$

이 값은 ③도 만족시키므로 구하는 공통근은 $\boldsymbol{x=1}$

13-**14**. (1) 양변에 $3xy$를 곱하면

$3y+3x=xy$ 곧, $xy-3x-3y=0$

$\therefore (x-3)(y-3)=9$

$\therefore (x-3, y-3)=(1, 9), (3, 3), (9, 1)$

$\therefore$ $\boldsymbol{(x, y)=(4, 12), (6, 6), (12, 4)}$

(2) $y(x-1)-(x^2-1)=4$

$\therefore (x-1)(y-x-1)=4$

$\therefore (x-1, y-x-1)=(1, 4), (2, 2), (4, 1)$

$\therefore$ $\boldsymbol{(x, y)=(2, 7), (3, 6), (5, 7)}$

13-**15**. 이차방정식의 근과 계수의 관계로부터

$\alpha+\beta=2ab,\ \alpha\beta=a-b$

이것을 $2\alpha\beta+\alpha+\beta=0$에 대입하면

$2(a-b)+2ab=0$

$\therefore ab+a-b=0$

$\therefore (a-1)(b+1)=-1$

a, b는 정수이므로

$(a-1, b+1)=(1, -1), (-1, 1)$

$\therefore$ $\boldsymbol{(a, b)=(2, -2), (0, 0)}$

13-**16**. $x^2-12x-19=k^2$ (k는 자연수)으로 놓으면

$(x-6)^2-k^2=55$

$\therefore (x-6+k)(x-6-k)=55$

x, k는 자연수이므로

$x-6+k>x-6-k$

$\therefore (x-6+k, x-6-k)=(-1, -55),$
$(-5, -11), (11, 5), (55, 1)$

그런데

$(x-6+k)+(x-6-k)=2x-12>-12$

이므로 이를 만족시키는 경우는

$\begin{cases} x-6+k=11 \\ x-6-k=5 \end{cases}$ 또는 $\begin{cases} x-6+k=55 \\ x-6-k=1 \end{cases}$

연립하여 풀면

$x=14, k=3$ 또는 $x=34, k=27$

$\therefore$ **$x=14, 34$**

13-17. 조건 (나)에서

$x^3+y^3+(-5)^3-3xy\times(-5)=0$

$\therefore (x+y-5)(x^2+y^2+25-xy+5x+5y)=0$

$\therefore \frac{1}{2}(x+y-5)\{(x-y)^2+(x+5)^2+(y+5)^2\}=0$

$\therefore x+y=5$ 또는 $x=y=-5$

$xy\geq0$이고 $x+y=5$를 만족시키는 정수 x, y의 순서쌍 (x, y)는 $(0, 5), (1, 4), (2, 3), (3, 2), (4, 1), (5, 0)$의 6개이다.

또, $(-5, -5)$도 조건을 만족시키므로 구하는 순서쌍 (x, y)의 개수는 **7**

13-18. 주어진 방정식에서

$(x^2y^2+4xy+4)+(x^2+y^2+1+2xy+2x+2y)=0$

$\therefore (xy+2)^2+(x+y+1)^2=0$

x, y가 실수이므로 $xy+2, x+y+1$도 실수이다.

$\therefore xy+2=0, x+y+1=0$

$\therefore xy=-2, x+y=-1$

$\therefore x^2+y^2=(x+y)^2-2xy$
$=(-1)^2-2\times(-2)=$**5**

13-19. 2점, 3점, 4점짜리 문제의 개수를 각각 x, y, z라고 하면

$x+y+z=35$ ……①

$2x+3y+4z=100$ ……②

또, $x\geq1, y\geq1, z\geq1$

(i) ①, ②에서 y를 소거하면

$x-z=5 \quad \therefore z=x-5$

그런데 $z\geq1$이므로 $x\geq6$

$x=6$일 때 $z=1, y=28$이 주어진 조건을 만족시키므로 **최솟값 6**

(ii) ①, ②에서 z를 소거하면

$2x+y=40 \quad \therefore y=40-2x$

그런데 $y\geq1$이므로 $x\leq\frac{39}{2}$

이때, x는 자연수이므로 $x\leq19$

$x=19$일 때 $y=2, z=14$가 주어진 조건을 만족시키므로 **최댓값 19**

14-1. ① $b<a$의 양변에 -1을 곱하면

$-b>-a$ 곧, $-a<-b$

② $a<0, b<0$이므로

$|a|=-a, |b|=-b$

이고, ①에서 $0<-a<-b$이므로

$|a|<|b|$

③ $ab>0$이므로 $\frac{1}{ab}>0$이다.

$b<a$의 양변에 $\frac{1}{ab}$을 곱하면

$b\times\frac{1}{ab}<a\times\frac{1}{ab} \quad \therefore \frac{1}{a}<\frac{1}{b}$

④ $b<a$의 양변에 b를 곱하면 $b<0$이므로 $b^2>ab$ 곧, $ab<b^2$

⑤ $b<a$의 양변에 a를 곱하면 $a<0$이므로 $ba>a^2$ 곧, $a^2<ab$

또, ④에서 $ab<b^2$이므로

$a^2<ab<b^2 \quad \therefore a^2<b^2$

답 ④

****Note*** ⑤ $a^2-b^2=(a+b)(a-b)$

그런데 $a-b>0, a+b<0$이므로

$a^2-b^2<0 \quad \therefore a^2<b^2$

14-2. $(x+1)a^2>x-a$에서

$$(a^2-1)x+a(a+1)>0$$

이 부등식이 모든 실수 x에 대하여 성립할 조건은

$$a^2-1=0,\ a(a+1)>0$$

$$\therefore\ a=1$$ 답 ④

14-3. $ax>-b$의 해가 $x<3$이므로

$$a<0,\ -\frac{b}{a}=3 \quad \therefore\ b=-3a$$

$(b-a)x+a+3b\leq 0$에 대입하면

$$-4ax-8a\leq 0 \quad \therefore\ -4ax\leq 8a$$

$a<0$에서 $-4a>0$이므로 양변을 $-4a$로 나누면 $\boldsymbol{x\leq -2}$

14-4. $[x]=3$에서 $3\leq x<4$ ……①

$[y]=-2$에서 $-2\leq y<-1$ ……②

$[z]=1$에서 $1\leq z<2$ ……③

①+②하면 $1\leq x+y<3$ ……④

④−③하면 $-1<x+y-z<2$

$$\therefore\ \boldsymbol{[x+y-z]=-1,\ 0,\ 1}$$

14-5. $ax-by=1$에서 $by=ax-1$

$b\neq 0$이므로 $y=\frac{1}{b}(ax-1)$

이것을 $0<x+y\leq 1$에 대입하면

$$0<x+\frac{1}{b}(ax-1)\leq 1$$

각 변에 $b(>0)$를 곱하고 정리하면

$$1<(a+b)x\leq 1+b$$

각 변을 $a+b(>0)$로 나누면

$$\boldsymbol{\frac{1}{a+b}<x\leq\frac{1+b}{a+b}}$$

****Note*** $0<x+y\leq 1$의 각 변에 $b(>0)$를 곱하면 $0<bx+by\leq b$

이 부등식에 $by=ax-1$을 대입하여 풀어도 된다.

14-6. $7x+4\geq 2x-6$에서 $5x\geq -10$

$$\therefore\ x\geq -2$$ ……①

$2x+3<x+a$에서

$$x<a-3$$ ……②

연립부등식의 해가 존재해야 하므로 $a-3>-2$, 곧 $a>1$이어야 한다.

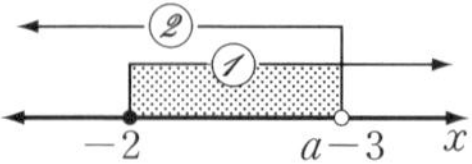

이때, ①, ②의 공통 범위는

$$-2\leq x<a-3$$

이고, 이를 만족시키는 모든 정수 x의 값의 합이 25이므로 정수 x는

$$-2,\ -1,\ 0,\ 1,\ 2,\ 3,\ 4,\ 5,\ 6,\ 7$$

$$\therefore\ 7<a-3\leq 8 \quad \therefore\ \boldsymbol{10<a\leq 11}$$

14-7. $|x+1-ax|\leq b$의 해가 존재하려면 $b\geq 0$이어야 한다.

이때, $|(1-a)x+1|\leq b$에서

$$-b\leq(1-a)x+1\leq b$$

$$\therefore\ -b-1\leq(1-a)x\leq b-1$$

(i) $a=1$일 때, $-b-1\leq 0\times x\leq b-1$이 되어 해가 $-2\leq x\leq 3$일 수 없다.

(ii) $a<1$일 때 $\frac{-b-1}{1-a}\leq x\leq\frac{b-1}{1-a}$

해가 $-2\leq x\leq 3$이려면

$$\frac{-b-1}{1-a}=-2,\ \frac{b-1}{1-a}=3$$

연립하여 풀면 $a=3,\ b=-5$

이것은 $a<1,\ b\geq 0$에 부적합하다.

(iii) $a>1$일 때 $\frac{b-1}{1-a}\leq x\leq\frac{-b-1}{1-a}$

해가 $-2\leq x\leq 3$이려면

$$\frac{b-1}{1-a}=-2,\ \frac{-b-1}{1-a}=3$$

연립하여 풀면 $a=3,\ b=5$

이것은 $a>1,\ b\geq 0$을 만족시킨다.

(i), (ii), (iii)에서 $\boldsymbol{a=3,\ b=5}$

14-8. $|ax+2|\leq 5$에서 $-5\leq ax+2\leq 5$

$$\therefore\ -7\leq ax\leq 3$$ ……①

$(a+2)x+3>2x+5$에서

$$ax>2$$ ……②

①, ②의 공통 범위는 $2<ax\leq 3$

$\therefore$ $\boldsymbol{a>0}$일 때 $\boldsymbol{\frac{2}{a}<x\le\frac{3}{a}}$,

$\boldsymbol{a<0}$일 때 $\boldsymbol{\frac{3}{a}\le x<\frac{2}{a}}$,

$\boldsymbol{a=0}$일 때 해가 없다.

14-9. 티셔츠를 x장 구입한다고 하자.

50000원 이상 구입해야 할인 쿠폰을 사용할 수 있으므로

$$6000x\ge50000$$

$$\therefore\ x\ge\frac{25}{3} \qquad \cdots\cdots ①$$

5000원 할인 쿠폰을 사용할 때 총액은

$$6000x-5000(\text{원})$$

7 % 할인 쿠폰을 사용할 때 총액은

$$6000\times x\times(1-0.07)=0.93\times6000x(\text{원})$$

7 % 할인 쿠폰을 사용하는 것이 더 유리하려면

$$6000x-5000>0.93\times6000x$$

$$\therefore\ (1-0.93)\times6000x>5000$$

$$\therefore\ x>\frac{5000}{0.07\times6000}=\frac{250}{21} \qquad \cdots ②$$

①, ②의 공통 범위는

$$x>\frac{250}{21}=11.9\times\times\times$$

따라서 티셔츠를 12장 이상 구입할 때 7 % 할인 쿠폰을 사용하는 것이 더 유리하다. 답 **12장 이상**

***Note** 할인액을 비교하여 부등식

$$6000x\times0.07>5000$$

과 ①의 공통 범위를 구해도 된다.

14-10. $\frac{\sqrt{b}}{\sqrt{a}}=-\sqrt{\frac{b}{a}}$에서

$$a<0,\ b>0 \qquad \cdots\cdots ①$$

$|a+b-1|+|b+c+2|=0$에서

$$a+b-1=0,\ b+c+2=0$$

$$\therefore\ a=-b+1,\ c=-b-2 \qquad \cdots ②$$

①, ②에서 $c<a<b$

따라서 $a-b<0$, $b-c>0$, $c-a<0$이므로

$$\max\{a-b,\ b-c,\ c-a\}=b-c$$

또, $\min\{a+b,\ b+c,\ c+a\}=c+a$

$$\therefore\ (\text{준 식})=(b-c)+(c+a)$$

$$=a+b=\mathbf{1} \qquad ⇦ ②$$

15-1. 이차부등식 $f(x)\ge0$의 해가

$$x\le2 \text{ 또는 } x\ge6$$

이므로 $f(x)<0$의 해는 $2<x<6$이다.

따라서 $f(2x-4)<0$의 해는

$$2<2x-4<6 \qquad \therefore\ \boldsymbol{3<x<5}$$

15-2. 해가 $x<1+\sqrt{2}$ 또는 $x>\alpha$이고, x^2의 계수가 1인 이차부등식은

$$(x-\alpha)\{x-(1+\sqrt{2})\}>0$$

$$\therefore\ x^2-(1+\sqrt{2}+\alpha)x+(1+\sqrt{2})\alpha>0$$

$x^2+kx+3+4\sqrt{2}>0$과 비교하면

$$k=-(1+\sqrt{2}+\alpha),$$

$$3+4\sqrt{2}=(1+\sqrt{2})\alpha$$

$$\therefore\ \alpha=5-\sqrt{2},\ k=-6$$ 답 ①

***Note** 방정식 $x^2+kx+3+4\sqrt{2}=0$의 해가 $x=1+\sqrt{2}$, α임을 이용해도 된다.

15-3. (1) $y=ax^2+bx+c$에서 $x=m$일 때 $y=am^2+bm+c$이다.

그런데 그래프에서 $m<0$이고, $x<0$일 때 $y=ax^2+bx+c<0$이므로

$$\boldsymbol{am^2+bm+c<0}$$

(2) $ax^2+(b-m)x+c-n>0$에서

$$ax^2+bx+c>mx+n$$

이 부등식의 해는 $y=ax^2+bx+c$의 그래프가 $y=mx+n$의 그래프보다 위쪽에 있는 x의 값의 범위이므로

$$\boldsymbol{\alpha<x<\beta}$$

15-4. $D/4=(-2)^2-(a+3)a$

$$=-(a-1)(a+4)$$

ㄱ. $a+3>0$이고 $D/4<0$ $\quad\therefore\ a>1$

ㄴ. $a+3<0$이고 $D/4\le0$ $\quad\therefore\ a\le-4$

ㄷ. $a+3<0$이고 $D/4=0$ $\quad\therefore\ a=-4$

이상에서 옳은 것은 ㄱ, ㄴ이다.

답 ②

15-5. 서로 다른 두 실근을 가지므로

$D/4=(a+b)^2-(2a-b^2+6b-4)>0$

a에 관하여 정리하면

$a^2+2(b-1)a+2b^2-6b+4>0$

모든 실수 a에 대하여 성립해야 하므로 a에 관한 이차방정식

$a^2+2(b-1)a+2b^2-6b+4=0$

의 판별식을 D_1이라고 하면

$D_1/4=(b-1)^2-(2b^2-6b+4)<0$

$\therefore\ b^2-4b+3>0$

$\therefore\ (b-1)(b-3)>0$

$\therefore\ \boldsymbol{b<1,\ b>3}$

15-6. $|f(x)|-f(|x|)\le 6$에서

$|x^2-3x-4|-(|x|^2-3|x|-4)\le 6$

$\therefore\ |x^2-3x-4|-x^2+3|x|-2\le 0$ ……①

$x^2-3x-4=(x+1)(x-4)$이므로

(i) $x<-1$일 때, ①은

$(x^2-3x-4)-x^2-3x-2\le 0$

$\therefore\ -6x-6\le 0\quad \therefore\ x\ge -1$

$x<-1$이므로 해가 없다.

(ii) $-1\le x<0$일 때, ①은

$-(x^2-3x-4)-x^2-3x-2\le 0$

$\therefore\ x^2-1\ge 0\quad \therefore\ x\le -1,\ x\ge 1$

$-1\le x<0$이므로 $x=-1$

(iii) $0\le x<4$일 때, ①은

$-(x^2-3x-4)-x^2+3x-2\le 0$

$\therefore\ x^2-3x-1\ge 0$

$\therefore\ x\le \dfrac{3-\sqrt{13}}{2},\ x\ge \dfrac{3+\sqrt{13}}{2}$

$0\le x<4$이므로 $\dfrac{3+\sqrt{13}}{2}\le x<4$

(iv) $x\ge 4$일 때, ①은

$(x^2-3x-4)-x^2+3x-2\le 0$

에서 $-6\le 0$이므로 항상 성립한다.

$x\ge 4$이므로 $x\ge 4$

(i)~(iv)에서 $\boldsymbol{x=-1,\ x\ge \dfrac{3+\sqrt{13}}{2}}$

15-7. $x^2-x-2\ge 0$에서

$(x+1)(x-2)\ge 0$

$\therefore\ x\le -1,\ x\ge 2$ ……①

$x^2+(1-2a^2)x-2a^2<0$에서

$(x+1)(x-2a^2)<0$

$\therefore\ -1<x<2a^2$ ……②

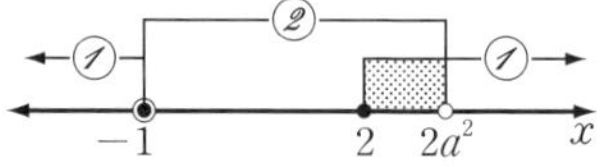

주어진 조건을 만족시키려면 $2a^2>2$

$\therefore\ (a+1)(a-1)>0$

$\therefore\ \boldsymbol{a<-1,\ a>1}$

15-8. $x^2-2x-8<0$에서

$(x+2)(x-4)<0$

$\therefore\ -2<x<4$ ……①

$x^2+(4-a)x-4a\ge 0$에서

$(x-a)(x+4)\ge 0$

$a<-4$일 때 $x\le a,\ x\ge -4$ ……②

$a=-4$일 때 x는 모든 실수 ……③

$a>-4$일 때 $x\le -4,\ x\ge a$ ……④

①, ②의 공통 범위는 $-2<x<4$이고, 이 경우 정수 x는 5개이므로 적합하지 않다.

①, ③의 공통 범위도 $-2<x<4$이므로 적합하지 않다.

①, ④를 동시에 만족시키는 정수 x가 한 개인 경우는 아래 그림에서

$\boldsymbol{2<a\le 3}$

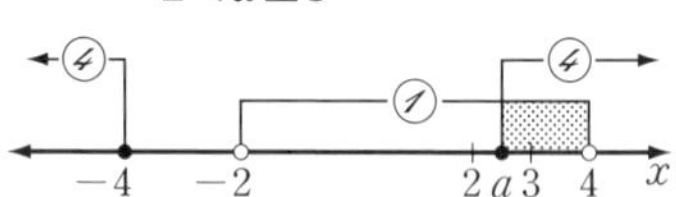

15-9. 모든 실수 x에 대하여

$-x^2+6x+3\le ax+b$

곧, $x^2+(a-6)x+b-3\ge 0$

이 성립하려면

$D_1=(a-6)^2-4(b-3)\le 0$

$\therefore\ 4b\ge a^2-12a+48$ ……①

모든 실수 x에 대하여

$$ax+b \le x^2-2x+11$$

곧, $x^2-(a+2)x-b+11 \ge 0$

이 성립하려면

$$D_2=(a+2)^2-4(-b+11) \le 0$$

$$\therefore\ 4b \le -a^2-4a+40 \quad \cdots\cdots ②$$

①, ②에서

$$a^2-12a+48 \le 4b \le -a^2-4a+40 \quad \cdots\cdots ③$$

$a^2-12a+48 \le -a^2-4a+40$이므로

$$2a^2-8a+8 \le 0 \qquad \therefore\ (a-2)^2 \le 0$$

a는 실수이므로 $\boldsymbol{a=2}$

③에 대입하면

$$28 \le 4b \le 28 \qquad \therefore\ \boldsymbol{b=7}$$

* ***Note*** $f(x)=-x^2+6x+3$,

$g(x)=x^2-2x+11$, $h(x)=ax+b$

라고 하자.

$f(x)=g(x)$에서 $2x^2-8x+8=0$

$$\therefore\ (x-2)^2=0 \qquad \therefore\ x=2$$

따라서 $y=f(x)$의 그래프와

$y=g(x)$의 그래프는 점 $(2, 11)$에서 만난다.

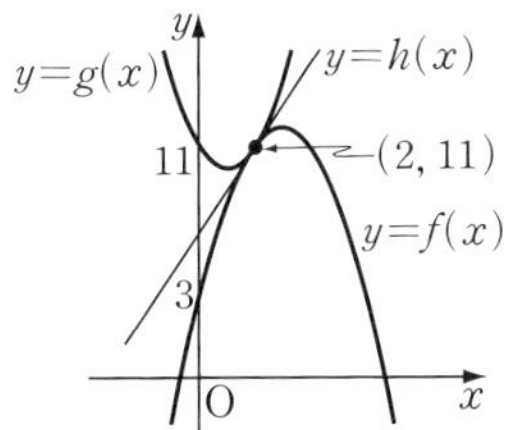

모든 실수 x에 대하여

$f(x) \le h(x) \le g(x)$가 성립하려면 위의 그림과 같이 $y=h(x)$의 그래프가 점 $(2, 11)$에서 $y=f(x)$, $y=g(x)$의 그래프에 접해야 한다. 이를 이용하여 a, b의 값을 구해도 된다.

16-1. 대각선의 교점을 I라고 하자.

△AEI와 합동인 삼각형 8개,

△ABI와 합동인 삼각형 4개,

△ABC와 합동인 삼각형 4개

따라서 구하는 삼각형의 개수는

$$8+4+4=\mathbf{16}$$

16-2.

위의 그림에서 점 O, A, C가 꼭짓점인 사각형의 나머지 꼭짓점은 D, E, G, H가 가능하므로 4개

점 O, B, C가 꼭짓점인 사각형의 나머지 꼭짓점은 D, E, G, H가 가능하므로

4개

점 O, A, F가 꼭짓점인 사각형의 나머지 꼭짓점은 D, E, G, H가 가능하므로

4개

점 O, B, F가 꼭짓점인 사각형의 나머지 꼭짓점은 E, G, H가 가능하므로

3개

따라서 구하는 사각형의 개수는

$4+4+4+3=15$ 답 ④

16-3. 실근을 가질 조건은

$$D=(-p)^2-4q \ge 0 \qquad \text{곧, } p^2 \ge 4q$$

(i) $q=0$일 때, p는 임의의 실수이므로

$p=1, 2, 3, 4$의 4가지

(ii) $q=1$일 때, $p^2 \ge 4$로부터

$p=2, 3, 4$의 3가지

(iii) $q=2$일 때, $p^2 \ge 8$로부터

$p=3, 4$의 2가지

따라서 순서쌍 (p, q)의 개수는

$4+3+2=9$ 답 ③

16-4. 10000원짜리 지폐 5장으로 지불할 수 있는 경우는

0장, 1장, 2장, 3장, 4장, 5장

의 6(=5+1)가지이다.

마찬가지로 1000원짜리 지폐 7장, 100원짜리 동전 3개로 지불할 수 있는 경우는 각각 (7+1)가지, (3+1)가지이므로 구하는 경우의 수는 0원을 지불하는 경우를 제외하여

$(5+1)(7+1)(3+1)-1=\mathbf{191}$

16-5. 만의 자리에 1이 올 때, 0의 위치에 따라 다음과 같다.

10××× 꼴의 수는 10212의 1개

1×0×× 꼴의 수는

12012, 12021의 2개

1××0× 꼴의 수는 12102의 1개

1×××0 꼴의 수는 12120의 1개

만의 자리에 2가 오는 경우도 마찬가지이므로 구하는 자연수의 개수는

$2\times(1+2+1+1)=\mathbf{10}$

16-6. 네 명을 A, B, C, D라 하고, 각자의 교과서를 a, b, c, d라고 하자.

A가 b를 선택할 때, 가능한 경우는 다음과 같다.

```
A    B    C    D
    a —— d —— c
b < c —— d —— a
    d —— a —— c
```

A가 c 또는 d를 선택할 때에도 3가지씩 있으므로 구하는 경우의 수는

$3\times3=9$ 답 ②

16-7. 노란색 카드 중에서 한 장을 뽑는 경우는 3가지

파란색 카드 중에서 뽑힌 노란색 카드의 숫자가 아닌 한 장을 뽑는 경우는

4가지

빨간색 카드 중에서 뽑힌 노란색과 파란색 카드의 숫자가 아닌 한 장을 뽑는 경우는 5가지

따라서 구하는 경우의 수는

$3\times4\times5=\mathbf{60}$

16-8. (i) 정육면체의 모서리 2개를 변으로 하는 경우

△ABC와 합동인 직각삼각형이 한 면에 4개씩 있으므로

$6\times4=24$(개)

(ii) 정육면체의 모서리를 1개만 변으로 하는 경우

선분 AB를 변으로 하는 직각삼각형은 △ABG, △ABH의 2개이고, 이와 같이 각 모서리를 변으로 하는 직각삼각형이 2개씩 있으므로

$12\times2=24$(개)

따라서 구하는 직각삼각형의 개수는

$24+24=48$ 답 ③

* ***Note*** 1° 정육면체의 모서리 3개를 변으로 하는 직각삼각형과 정육면체의 모서리를 1개도 변으로 하지 않는 직각삼각형은 없다.

2° ∠A가 직각인 직각삼각형은

△ABD, △ABE, △ABH,

△ACE, △ADE, △ADF

의 6개이고, 이와 같이 정육면체의 각 꼭짓점에 대하여 직각삼각형을 만들 수 있으므로 구하는 직각삼각형의 개수는 $6\times8=48$

16-9. (1) a, b, c를 2, 3, 4, 5, 6 중에서 정하는 경우에서 3, 4, 5, 6 중에서 정하는 경우를 제외하면 되므로

$5\times5\times5-4\times4\times4=\mathbf{61}$

(2) a, b, c 중에

2가 2개이고 5가 1개인 경우 : 3가지

2가 1개이고 5가 2개인 경우 : 3가지

2가 1개이고 5가 1개인 경우

나머지 수는 3 또는 4이므로

$2\times(3\times2\times1)=12$(가지)

따라서 구하는 경우의 수는

$3+3+12=\mathbf{18}$

16-10. 이를테면 아래 그림의 초록 선을 따라 A에서 B까지 가는 경우는 가로 방향의 길 x, y, z, w 중 구간 a에서는 y, 구간 b에서는 w, 구간 c에서는 z, …를 택한 경우이다.

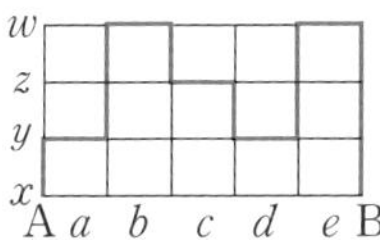

이와 같이 구간 $a\sim e$의 각각에 대하여 가로 방향의 길을 택하는 경우가 x, y, z, w의 4가지씩 있으므로 구하는 경우의 수는

$4\times4\times4\times4\times4=\mathbf{1024}$

****Note*** 아래 그림에서 A에서 B까지 가는 경우의 수를 구하는 것과 같고, 위의 그림의 초록 선을 따라 가는 경우는 아래 그림에서 화살표 방향으로 가는 경우와 같다.

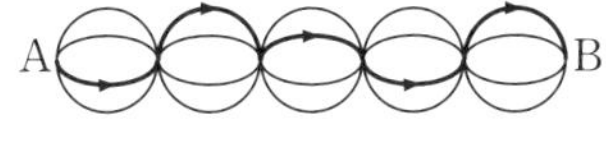

16-11.

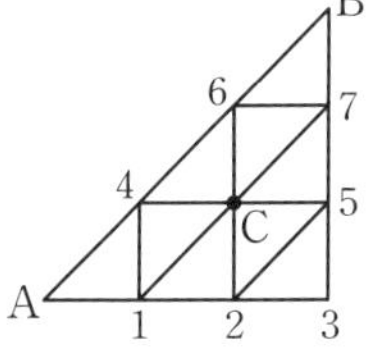

위와 같이 번호를 붙인 그림에서 생각한다.

(1) A에서 C로 가는 경우는

A12C, A1C, A14C, A4C의 4가지

C에서 B로 가는 경우는

C57B, C7B, C67B, C6B의 4가지

따라서 구하는 경우의 수는

$4\times4=\mathbf{16}$

(2) A12에서 357B, 57B의 2가지

A146이나 A46에서(일단 6에 와서) 7B, B로 가는 경우는

$2\times2=4$(가지)

따라서 구하는 경우의 수는

$2+4=\mathbf{6}$

16-12. (i) B와 F에 같은 색을 칠하는 경우

A에는 4가지, C에는 3가지, B에는 3가지, E에는 3가지 색이 가능하므로

$4\times3\times3\times3=108$(가지)

(ii) B와 F에 다른 색을 칠하는 경우

A에는 4가지, C에는 3가지, B에는 3가지, F에는 2가지, E에는 2가지 색이 가능하므로

$4\times3\times3\times2\times2=144$(가지)

(i), (ii)에서 구하는 경우의 수는

$108+144=252$ 답 ④

16-13. 세 가지 농작물을 a, b, c라고 하자. 우선 A, B, C의 세 밭에 농작물을 심는 경우는 abc 꼴과 aba 꼴의 두 가지로 나눌 수 있다.

(i) abc 꼴인 경우

A, B, C에 농작물을 심는 경우의 수는 $3\times2\times1=6$

이때, D, E에 농작물을 심는 경우의 수는 $2\times2=4$이므로

$6\times4=24$

(ii) aba 꼴인 경우

A, B, C에 농작물을 심는 경우의 수는 $3\times2=6$

이때, D에 c를 심는 경우에는 E에 2가지가 가능하고, D에 b를 심는 경우에는 E에 반드시 c를 심어야 한다.

$\therefore\ 6\times(2+1)=18$

(i), (ii)에서 구하는 경우의 수는

$24+18=\mathbf{42}$

***Note** 조건 ㈎, ㈏를 만족시키는 경우의 수는 $3\times2\times2\times2\times2=48$

이 중에서 조건 ㈐를 만족시키지 않는 경우는 두 가지 농작물만 심는 *ababa* 꼴인 경우이고, 이때 농작물을 심는 경우의 수는 $3\times2=6$

따라서 구하는 경우의 수는

$48-6=\mathbf{42}$

17-1. 짝수 번째는 ○△○△○△○에서 △표한 곳이므로 세 곳이 있다.

따라서 △표한 곳 중의 어느 두 곳에 2, 4가 들어가고, 나머지 자리에는 홀수 1, 3, 5, 7, 9의 다섯 숫자가 들어가면 되므로 구하는 개수는

${}_3P_2\times5!=\mathbf{720}$

17-2. 남자를 △, 여자를 ○로 나타내면

△○△○△○△○△○ ⟶ $5!\times5!$

○△○△○△○△○△ ⟶ $5!\times5!$

$\therefore\ 5!\times5!+5!\times5!=\mathbf{28800}$

17-3. 빈 의자를 여학생 1명으로 생각하면 여학생 4명을 일렬로 나열하는 경우의 수는 $4!$

이 각각에 대하여 양 끝과 여학생 사이의 5개의 자리 중에서 2개의 자리에 남학생 2명을 앉히는 경우의 수는 ${}_5P_2$

따라서 구하는 경우의 수는

$4!\times{}_5P_2=\mathbf{480}$

***Note** 6개의 의자에 5명이 앉는 경우의 수는 ${}_6P_5$

남학생 2명이 이웃하여 앉는 경우의 수는 빈 의자 1개와 여학생 3명, 남학생 2명의 묶음을 일렬로 나열하는 경우의 수와 같으므로 $5!\times2!$

따라서 구하는 경우의 수는

${}_6P_5-5!\times2!=\mathbf{480}$

17-4. 5명이 일렬로 앉는 경우의 수에서 어린이 2명이 아래 그림과 같이 양 끝에 이웃하게 앉는 경우의 수를 빼면 된다.

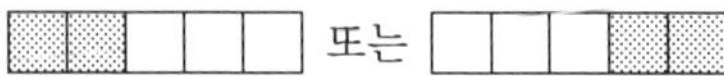

따라서 구하는 경우의 수는

$5!-(2!\times3!\times2)=96$ 답 ④

17-5. (i) 짝수의 개수

□□0의 꼴 ⟶ ${}_4P_2$

□□2의 꼴 ⟶ $3\times{}_3P_1$

□□4의 꼴 ⟶ $3\times{}_3P_1$

$\therefore\ {}_4P_2+3\times{}_3P_1+3\times{}_3P_1=\mathbf{30}$

(ii) 3의 배수의 개수

3의 배수는 각 자리의 숫자의 합이 3의 배수이므로 세 수

A(0, 1, 2), B(0, 2, 4),

C(1, 2, 3), D(2, 3, 4)

로 만들어지는 세 자리 자연수의 개수를 구하면 된다.

A, B의 경우 : $2\times2!=4$

C, D의 경우 : $3!=6$

$\therefore\ 4\times2+6\times2=\mathbf{20}$

17-6.

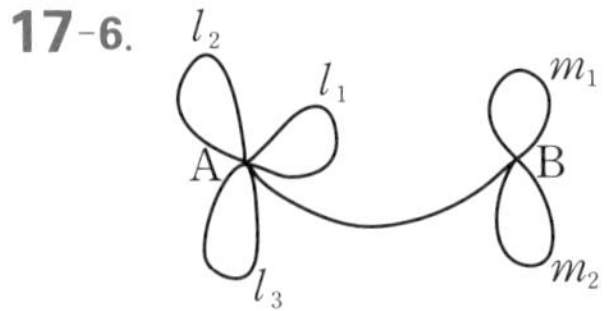

위의 그림에서 점 A에서 출발하는 경우, 우선 고리 l_1, l_2, l_3을 그려야 한다.

이 고리의 순서를 택하는 경우는 $3!$가지이고, 각 고리에 대하여 오른쪽 돌기, 왼쪽 돌기가 있다.

다음에 B로 와서 고리 m_1, m_2의 순서를 택하는 경우는 $2!$가지이고, 마찬가지로 각 고리에 대하여 오른쪽 돌기, 왼쪽 돌기가 있다.

또, 점 B에서 출발하는 경우도 있으므

로 구하는 경우의 수는

$$(3!\times 2^3)\times(2!\times 2^2)\times 2=768$$

답 ⑤

17-7. 먼저 학생 중에서 뽑힌 3명을 각 조에 한 명씩 넣고, 나머지 집단의 대표들을 차례로 나열하면 되므로

$$3!\times 3!\times 3!=\mathbf{216}$$

17-8.

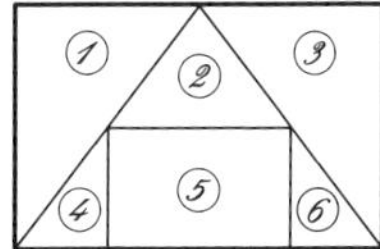

위의 그림에서 이웃한 2개 영역은
(①, ②), (①, ④), (②, ③), (②, ⑤), (③, ⑥), (④, ⑤), (⑤, ⑥)
의 7가지이다.

또, 이웃한 2개 영역에 칠할 색을 정하는 경우의 수는 5이고, 나머지 4개 영역에 칠할 색을 정하는 경우의 수는 4!이다.

따라서 구하는 경우의 수는

$$7\times 5\times 4!=\mathbf{840}$$

17-9. ${}_n\mathrm{P}_r=272$ ……①

${}_n\mathrm{C}_r=136$ ……②

②에서 $\dfrac{{}_n\mathrm{P}_r}{r!}=136$

$\therefore\ {}_n\mathrm{P}_r=136\times r!$ ……③

①, ③에서 $r!=2$ $\quad\therefore\ r=2$

①에 대입하면 ${}_n\mathrm{P}_2=272$

$\therefore\ n(n-1)=272$

$\therefore\ (n+16)(n-17)=0$

$n\ge r=2$이므로 $n=17$

$\therefore\ n+r=19$ 답 ④

17-10. 26명이 모두 악수를 한 경우의 수에서 여자끼리 악수한 경우의 수와 배우자와 악수한 경우의 수를 빼면 된다.

$\therefore\ {}_{26}\mathrm{C}_2-({}_{13}\mathrm{C}_2+13)=234$ 답 ②

****Note*** 남자끼리 악수한 경우의 수와 남자와 여자(자신의 배우자는 제외)가 악수한 경우의 수를 더하면 된다.

$\therefore\ {}_{13}\mathrm{C}_2+13\times 12=234$

17-11. P, Q, R, S, T 중 두 곳을 골라 가까운 곳에는 A를, 먼 곳에는 B를 발령한 다음, 나머지 세 지사에 남은 세 사람을 발령한다.

그런데 A, B를 발령할 두 곳을 고를 때, 거리가 같은 두 지사 P, Q를 뽑는 경우는 제외해야 하므로

$$({}_5\mathrm{C}_2-1)\times 3!=\mathbf{54}$$

17-12. (i) 5의 배수 5, 10, 15, 20, 25, 30 중에서 두 수를 뽑는 경우

${}_6\mathrm{C}_2=15$

(ii) 5로 나눈 나머지가 각각 1, 4인 수 중에서 하나씩 뽑는 경우

5로 나눈 나머지가 1인 수는 1, 6, 11, 16, 21, 26의 6개이고, 5로 나눈 나머지가 4인 수는 4, 9, 14, 19, 24, 29의 6개이므로

${}_6\mathrm{C}_1\times{}_6\mathrm{C}_1=36$

(iii) 5로 나눈 나머지가 각각 2, 3인 수 중에서 하나씩 뽑는 경우

5로 나눈 나머지가 2인 수는 2, 7, 12, 17, 22, 27의 6개이고, 5로 나눈 나머지가 3인 수는 3, 8, 13, 18, 23, 28의 6개이므로

${}_6\mathrm{C}_1\times{}_6\mathrm{C}_1=36$

(i), (ii), (iii)에서 구하는 경우의 수는

$$15+36+36=\mathbf{87}$$

17-13. (i) 숫자 3을 포함하는 경우

1, 2, 3을 제외한 3개의 숫자에서 2개를 뽑는 조합의 수는 ${}_3\mathrm{C}_2$이고, 이 각각에 대하여 백의 자리 숫자가 3, 일의 자리 숫자가 2인 경우의 수는 3!이다.

또, 백의 자리 숫자가 3이 아닌 경우의

수는 $5!-4!$이므로

$${}_3C_2\times\{3!+(5!-4!)\}=306$$

(ii) 숫자 3을 포함하지 않는 경우

1, 2, 3을 제외한 3개의 숫자에서 3개를 뽑는 조합의 수는 ${}_3C_3$이고, 이 각각에 대하여 5개의 숫자를 나열하는 경우의 수는 $5!$이므로

$${}_3C_3\times 5!=120$$

(i), (ii)에서 구하는 자연수의 개수는

$$306+120=\mathbf{426}$$

17-14. (i) 사탕 4봉지를 4명에게 1봉지씩 나누어 주는 경우

서로 다른 종류의 사탕 4봉지를 6명 중 4명에게 1봉지씩 나누어 주는 경우의 수는 ${}_6P_4$

사탕을 받지 못한 2명에게 같은 종류의 과자를 1봉지씩 주고 남은 과자 1봉지는 6명 중 1명을 택하여 주면 되므로

$${}_6P_4\times{}_6C_1=2160$$

(ii) 사탕 4봉지를 3명에게 남김없이 나누어 주는 경우

한 명에게 줄 사탕 2봉지를 택하는 경우의 수는 ${}_4C_2$

6명 중 3명에게 사탕을 나누어 주는 경우의 수는 ${}_6P_3$

나머지 3명에게는 같은 종류의 과자를 1봉지씩 나누어 주면 되므로

$${}_4C_2\times{}_6P_3=720$$

(i), (ii)에서 구하는 경우의 수는

$$2160+720=\mathbf{2880}$$

* ***Note*** 다음과 같이 세 경우로 나누어 구해도 된다.

(i) 1명에게 사탕 2봉지를 주는 경우

$${}_6C_1\times{}_4C_2\times{}_5P_2=720$$

(ii) 1명에게 과자 2봉지를 주는 경우

$${}_6C_1\times{}_5P_4=720$$

(iii) 1명에게 사탕 1봉지와 과자 1봉지를 주는 경우

$${}_6C_1\times{}_4C_1\times{}_5P_3=1440$$

(i), (ii), (iii)에서 구하는 경우의 수는

$$720+720+1440=\mathbf{2880}$$

17-15. (i) 8개의 팀에서 4개의 팀을 택하여 하나의 묶음을 만들고, 남은 4개의 팀으로 다른 하나의 묶음을 만든다.

그런데 이 경우 같은 것이 $2!$가지씩 있으므로 경우의 수는

$${}_8C_4\times{}_4C_4\times\frac{1}{2!}=35$$

(ii) 각 묶음의 4개의 팀을 2개의 팀씩 두 묶음으로 나누는 경우의 수는

$${}_4C_2\times{}_2C_2\times\frac{1}{2!}=3$$

(i), (ii)에서 $35\times3\times3=\mathbf{315}$

17-16.

가로 방향의 두 평행선과 세로 방향의 두 평행선에 의하여 하나의 평행사변형이 결정되므로 평행사변형의 개수는

$${}_6C_2\times{}_5C_2=150$$

이 중 마름모의 개수는

$$5\times4+4\times3+3\times2+2\times1=40$$

따라서 마름모가 아닌 평행사변형의 개수는 $150-40=\mathbf{110}$

17-17. 위에서 내려다본 모양이 ㈎이므로 맨 아래에는 ㈎와 같이 6개의 상자를 놓아야 한다. 이 6개의 상자를 다음과 같이 ①~⑥이라고 하자.

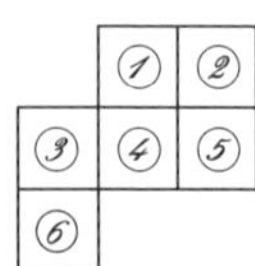

정면을 기준으로 오른쪽 옆에서 본 모양이 (나)와 같으려면

(i) 나머지 4개의 상자 중 2개는 ①, ② 중에서 한 곳을 택하여 쌓아야 하므로 경우의 수는 ${}_2C_1$

(ii) 나머지 2개의 상자는 ①~⑤ 중 (i)에서 택한 곳을 제외한 네 곳 중에서 두 곳을 택하여 각각 1개씩 쌓으면 되므로 경우의 수는 ${}_4C_2$

구하는 입체도형의 개수는 (i), (ii)에서

$${}_2C_1\times{}_4C_2=\mathbf{12}$$

18-1. 주어진 그림에서

$a_{12}=a_{14}=a_{23}=a_{32}=a_{34}=a_{45}=a_{53}=a_{54}=1$

이고, 나머지 성분은 0이다.

$$\therefore\ A=\begin{pmatrix}\mathbf{0}&\mathbf{1}&\mathbf{0}&\mathbf{1}&\mathbf{0}\\\mathbf{0}&\mathbf{0}&\mathbf{1}&\mathbf{0}&\mathbf{0}\\\mathbf{0}&\mathbf{1}&\mathbf{0}&\mathbf{1}&\mathbf{0}\\\mathbf{0}&\mathbf{0}&\mathbf{0}&\mathbf{0}&\mathbf{1}\\\mathbf{0}&\mathbf{0}&\mathbf{1}&\mathbf{1}&\mathbf{0}\end{pmatrix}$$

**Note* 행렬 A의 성분 중 1의 개수는 화살표의 개수인 8과 같다.

18-2. 주어진 행렬에서 (앞면, 뒷면)의 성분이 -200이고, 이는 갑이 을에게 200점을 준다는 의미이다. 따라서 (뒷면, 앞면)의 성분도 -200이다.

또, 두 면이 앞면일 때 갑이 을에게서 100점을 받으므로 (앞면, 앞면)의 성분은 100이다.

같은 이유로 (뒷면, 뒷면)의 성분은 300이다.

$$\therefore\ \begin{pmatrix}\mathbf{100}&\mathbf{-200}\\\mathbf{-200}&\mathbf{300}\end{pmatrix}$$

**Note* 이 행렬은 갑의 입장에서 나타낸 것이다. 을의 입장에서 나타내면 각 성분의 부호가 바뀐다.

18-3. (1) $a_{11}=(-1)^1+1^2+1=1$,

$a_{12}=(-1)^1+1^2+2=2$,

$a_{13}=(-1)^1+1^2+3=3$,

$a_{21}=(-1)^2+2^2+1=6$,

$a_{22}=(-1)^2+2^2+2=7$,

$a_{23}=(-1)^2+2^2+3=8$

$$\therefore\ \boldsymbol{A}=\begin{pmatrix}\mathbf{1}&\mathbf{2}&\mathbf{3}\\\mathbf{6}&\mathbf{7}&\mathbf{8}\end{pmatrix}$$

(2) $a_{11}=1,\ a_{12}=-a_{21}=-2$,

$a_{13}=-a_{31}=-3$,

$a_{21}=2,\ a_{22}=2,\ a_{23}=-a_{32}=-3$,

$a_{31}=3,\ a_{32}=3,\ a_{33}=3$

$$\therefore\ \boldsymbol{A}=\begin{pmatrix}\mathbf{1}&\mathbf{-2}&\mathbf{-3}\\\mathbf{2}&\mathbf{2}&\mathbf{-3}\\\mathbf{3}&\mathbf{3}&\mathbf{3}\end{pmatrix}$$

18-4. $a_{11}=2\times1-3\times1+1=0$,

$a_{12}=2\times1-3\times2+1=-3$,

$a_{13}=2\times1-3\times3+1=-6$,

$a_{21}=2\times2-3\times1+1=2$,

$a_{22}=2\times2-3\times2+1=-1$,

$a_{23}=2\times2-3\times3+1=-4$

$$\therefore\ A=\begin{pmatrix}0&-3&-6\\2&-1&-4\end{pmatrix}$$

$A=B$이므로

$$\begin{pmatrix}0&-3&-6\\2&-1&-4\end{pmatrix}=\begin{pmatrix}0&x+y&-6\\2&x-y&-4\end{pmatrix}$$

행렬이 서로 같을 조건으로부터

$x+y=-3,\ x-y=-1$

$\therefore\ \boldsymbol{x=-2,\ y=-1}$

18-5. 행렬이 서로 같을 조건으로부터

$x=2-y$ 곧, $x+y=2$ ……①

$x^3+y^3=x+y+12$ ……②

②에서

$(x+y)^3-3xy(x+y)=x+y+12$

이 식에 ①을 대입하면

$8-6xy=14\quad\therefore\ xy=-1$

$\therefore\ x^2+y^2=(x+y)^2-2xy$

$=2^2-2\times(-1)=6$ 답 ③

18-6. 행렬이 서로 같을 조건으로부터

$x+y=3$ …① $x-y=-x$ …②

$y-z=-1$ …③ $y+z=8-z$ …④

①, ②를 연립하여 풀면 $x=1$, $y=2$

$y=2$를 ③에 대입하면 $z=3$

이때, $y=2$, $z=3$은 ④를 만족시킨다.

$\therefore$ $\boldsymbol{x=1,\ y=2,\ z=3}$

* ***Note*** ①~④에서

(미지수의 개수)<(방정식의 개수)

이다. 이와 같은 연립방정식을 풀 때에는 해가 없는 경우도 있다는 것에 주의해야 한다.

19-1. $X+Y=3A$ ……①

$2Y-X=3B$ ……②

①×2−②하면 $3X=6A-3B$

$\therefore$ $X=2A-B$

$$=2\begin{pmatrix}2&3\\1&4\end{pmatrix}-\begin{pmatrix}1&4\\1&5\end{pmatrix}=\begin{pmatrix}\mathbf{3}&\mathbf{2}\\\mathbf{1}&\mathbf{3}\end{pmatrix}$$

①+②하면 $3Y=3A+3B$

$\therefore$ $Y=A+B$

$$=\begin{pmatrix}2&3\\1&4\end{pmatrix}+\begin{pmatrix}1&4\\1&5\end{pmatrix}=\begin{pmatrix}\mathbf{3}&\mathbf{7}\\\mathbf{2}&\mathbf{9}\end{pmatrix}$$

19-2. (1) $\begin{pmatrix}1&2\\-3&4\end{pmatrix}\left\{\begin{pmatrix}-4\\6\end{pmatrix}+\begin{pmatrix}3\\12\end{pmatrix}\right\}$

$$=\begin{pmatrix}1&2\\-3&4\end{pmatrix}\begin{pmatrix}-1\\18\end{pmatrix}=\begin{pmatrix}\mathbf{35}\\\mathbf{75}\end{pmatrix}$$

(2) $\begin{pmatrix}4&1\\2&3\end{pmatrix}\begin{pmatrix}2&3\\1&0\end{pmatrix}=\begin{pmatrix}\mathbf{9}&\mathbf{12}\\\mathbf{7}&\mathbf{6}\end{pmatrix}$

(3) $\begin{pmatrix}\mathbf{-13}&\mathbf{6}&\mathbf{8}\\\mathbf{-11}&\mathbf{4}&\mathbf{17}\end{pmatrix}$

(4) $\begin{pmatrix}15&8&10\\16&10&7\\26&14&17\end{pmatrix}\begin{pmatrix}1&2\\3&1\\0&3\end{pmatrix}=\begin{pmatrix}\mathbf{39}&\mathbf{68}\\\mathbf{46}&\mathbf{63}\\\mathbf{68}&\mathbf{117}\end{pmatrix}$

19-3. $A\begin{pmatrix}2a\\2b\end{pmatrix}=2A\begin{pmatrix}a\\b\end{pmatrix}=2\begin{pmatrix}1\\2\end{pmatrix}=\begin{pmatrix}2\\4\end{pmatrix}$,

$A\begin{pmatrix}3c\\3d\end{pmatrix}=3A\begin{pmatrix}c\\d\end{pmatrix}=3\begin{pmatrix}1\\-1\end{pmatrix}=\begin{pmatrix}3\\-3\end{pmatrix}$

$\therefore$ $A\begin{pmatrix}2a&3c\\2b&3d\end{pmatrix}=\begin{pmatrix}\mathbf{2}&\mathbf{3}\\\mathbf{4}&\mathbf{-3}\end{pmatrix}$

* ***Note*** A가 이차 정사각행렬일 때,

$$A\begin{pmatrix}a\\b\end{pmatrix}=\begin{pmatrix}p\\q\end{pmatrix},\ A\begin{pmatrix}c\\d\end{pmatrix}=\begin{pmatrix}r\\s\end{pmatrix}$$

$$\Longleftrightarrow A\begin{pmatrix}a&c\\b&d\end{pmatrix}=\begin{pmatrix}p&r\\q&s\end{pmatrix}$$

19-4. (1) $(A+B)^2=A^2+AB+BA+B^2$ 이므로

$A^2+B^2=(A+B)^2-(AB+BA)$

$$=\begin{pmatrix}1&2\\3&4\end{pmatrix}\begin{pmatrix}1&2\\3&4\end{pmatrix}-2\begin{pmatrix}1&1\\1&0\end{pmatrix}$$

$$=\begin{pmatrix}7&10\\15&22\end{pmatrix}-\begin{pmatrix}2&2\\2&0\end{pmatrix}$$

$$=\begin{pmatrix}\mathbf{5}&\mathbf{8}\\\mathbf{13}&\mathbf{22}\end{pmatrix}$$

(2) $(A+B)^2=A^2+AB+BA+B^2$ …①

$(A-B)^2=A^2-AB-BA+B^2$ …②

①+②하면

$(A+B)^2+(A-B)^2=2(A^2+B^2)$

$\therefore$ A^2+B^2

$$=\frac{1}{2}\{(A+B)^2+(A-B)^2\}$$

$$=\frac{1}{2}\left\{\begin{pmatrix}2&3\\1&5\end{pmatrix}+\begin{pmatrix}-4&3\\-1&-9\end{pmatrix}\right\}$$

$$=\begin{pmatrix}\mathbf{-1}&\mathbf{3}\\\mathbf{0}&\mathbf{-2}\end{pmatrix}$$

①−②하면

$(A+B)^2-(A-B)^2=2(AB+BA)$

$\therefore$ $AB+BA$

$$=\frac{1}{2}\{(A+B)^2-(A-B)^2\}$$

$$=\frac{1}{2}\left\{\begin{pmatrix}2&3\\1&5\end{pmatrix}-\begin{pmatrix}-4&3\\-1&-9\end{pmatrix}\right\}$$

$$=\begin{pmatrix}\mathbf{3}&\mathbf{0}\\\mathbf{1}&\mathbf{7}\end{pmatrix}$$

19-5. (준 식)$=[AB-BA,\ A]$

$+[BA-AB,\ A]$

$=(AB-BA)A-A(AB-BA)$
$\quad +(BA-AB)A-A(BA-AB)$
$=ABA-BAA-AAB+ABA$
$\quad +BAA-ABA-ABA+AAB$
$=\boldsymbol{O}$

19-6. $\begin{pmatrix} 3a+5b & 4a+6b \\ 13 & 16 \end{pmatrix}=\begin{pmatrix} 14 & 30 \\ c & 16 \end{pmatrix}$

$\therefore\ 3a+5b=14,\ 4a+6b=30,\ 13=c$

$\therefore\ \boldsymbol{a=33,\ b=-17,\ c=13}$

19-7. $(x \quad ax+3y)\begin{pmatrix} x \\ y \end{pmatrix}$

$=(bx-y \quad -2x+cy)\begin{pmatrix} x \\ y \end{pmatrix}$

$\therefore\ (x^2+(ax+3y)y)$
$=((bx-y)x+(-2x+cy)y)$

$\therefore\ x^2+axy+3y^2=bx^2-3xy+cy^2$

모든 실수 x, y에 대하여 성립하므로

$\boldsymbol{a=-3,\ b=1,\ c=3}$

19-8. ㄱ. $A=\begin{pmatrix} 1 & 1 \\ 0 & 0 \end{pmatrix},\ X=\begin{pmatrix} 1 & 2 \\ 0 & 0 \end{pmatrix}$

이면 $X^2-AX-XA+A^2=O$이지만

$X^2-2AX+A^2=\begin{pmatrix} 0 & -1 \\ 0 & 0 \end{pmatrix}\neq O$

ㄴ. $(X-A)^2=(X-A)(X-A)$
$=X^2-AX-XA+A^2$

이므로 문제의 조건에 의하여

$(X-A)^2=O$

ㄷ. $A=\begin{pmatrix} 1 & 1 \\ 0 & 0 \end{pmatrix},\ X=\begin{pmatrix} 1 & 2 \\ 0 & 0 \end{pmatrix}$이면

$X^2-AX-XA+A^2=O$이지만

$X\neq A$이다.

이상에서 옳은 것은 ㄴ이다. 답 ②

***Note** ㄱ. 일반적으로 $AX\neq XA$이므로 $-AX-XA\neq-2AX$

따라서 $X^2-AX-XA+A^2=O$일 때, $X^2-2AX+A^2\neq O$일 수도 있다.

19-9. ① $A^3B=AAAB=AABA$
$=ABAA=BAAA$
$=BA^3$

② $A=\begin{pmatrix} 0 & 1 \\ 0 & 0 \end{pmatrix},\ B=\begin{pmatrix} 0 & 1 \\ 0 & 0 \end{pmatrix}$이면

$AB=O,\ A\neq O$이지만 $B\neq O$

***Note** 일반적으로

「$\boldsymbol{A=O}$ 또는 $\boldsymbol{B=O}$」이면 $\boldsymbol{AB=O}$이지만, $AB=O$라고 해서 「$A=O$ 또는 $B=O$」인 것은 아니다.

③ $A=\begin{pmatrix} 0 & 1 \\ 1 & 0 \end{pmatrix}$이면 $A^2=E$이지만

$A\neq E$이고 $A\neq-E$

④ $A=\begin{pmatrix} 1 & 0 \\ 1 & 0 \end{pmatrix},\ B=\begin{pmatrix} 0 & 0 \\ 1 & 1 \end{pmatrix}$이면

$AB=O$이지만 $BA=\begin{pmatrix} 0 & 0 \\ 2 & 0 \end{pmatrix}\neq O$

***Note** 일반적으로 $AB\neq BA$이므로 $\boldsymbol{AB=O}$라고 해서 반드시 $\boldsymbol{BA=O}$인 것은 아니다.

⑤ $A^2=E$의 양변에 A를 곱하면

$A^3=A$

그런데 $A^3=E$이므로 $A=E$

답 ①, ⑤

19-10. $F=(x \quad y)\begin{pmatrix} 0 & 1 \\ 1 & 2 \end{pmatrix}\begin{pmatrix} 0 & 1 \\ 1 & 2 \end{pmatrix}\begin{pmatrix} x \\ y \end{pmatrix}$

$=(x \quad y)\begin{pmatrix} 1 & 2 \\ 2 & 5 \end{pmatrix}\begin{pmatrix} x \\ y \end{pmatrix}$

$=(x+2y \quad 2x+5y)\begin{pmatrix} x \\ y \end{pmatrix}$

$=((x+2y)x+(2x+5y)y)$

$=x^2+4xy+5y^2$

$x+y=2$에서 $y=2-x$이므로

$F=x^2+4x(2-x)+5(2-x)^2$
$=2x^2-12x+20=2(x-3)^2+2$

따라서 $x=3$일 때 F는 최소이고, 최솟값은 **2**

19-11. $A^2=AA=\begin{pmatrix} p^2+q^2 & 2pq \\ 2pq & p^2+q^2 \end{pmatrix}$

이므로 조건식은

$$\begin{pmatrix} p^2+q^2 & 2pq \\ 2pq & p^2+q^2 \end{pmatrix}-6\begin{pmatrix} p & q \\ q & p \end{pmatrix}-7\begin{pmatrix} 1 & 0 \\ 0 & 1 \end{pmatrix}=\begin{pmatrix} 0 & 0 \\ 0 & 0 \end{pmatrix}$$

$$\therefore \begin{pmatrix} p^2+q^2-6p-7 & 2pq-6q \\ 2pq-6q & p^2+q^2-6p-7 \end{pmatrix}=\begin{pmatrix} 0 & 0 \\ 0 & 0 \end{pmatrix}$$

$\therefore\ p^2+q^2-6p-7=0$ ……①

$2pq-6q=0$ ……②

②에서 $q(p-3)=0$

(i) $q=0$이면 ①에서 $p^2-6p-7=0$

$\therefore\ p=-1,\ 7$

(ii) $q\neq0$이면 $p=3$

①에 대입하면 $q^2=16$

$\therefore\ q=\pm4$

(i), (ii)에서

$(p,\ q)=(-1,\ 0),\ (7,\ 0),\ (3,\ 4),\ (3,\ -4)$

이므로 구하는 순서쌍의 개수는 4이다.

답 ④

19-12. (1) A^2-A+E

$$=\begin{pmatrix} 4 & -7 \\ 3 & -5 \end{pmatrix}-\begin{pmatrix} 5 & -7 \\ 3 & -4 \end{pmatrix}+\begin{pmatrix} 1 & 0 \\ 0 & 1 \end{pmatrix}$$

$$=\begin{pmatrix} \mathbf{0} & \mathbf{0} \\ \mathbf{0} & \mathbf{0} \end{pmatrix}$$

(2) (1)에서 $A^2-A+E=O$

양변에 $A+E$를 곱하면

$(A+E)(A^2-A+E)=O$

$\therefore\ A^3+E=O\quad \therefore\ A^3=-E$

한편 $A^2=A-E$이므로

(준 식)$=-E+(A-E)+A+3E$

$=2A+E$

$$=2\begin{pmatrix} 5 & -7 \\ 3 & -4 \end{pmatrix}+\begin{pmatrix} 1 & 0 \\ 0 & 1 \end{pmatrix}$$

$$=\begin{pmatrix} \mathbf{11} & \mathbf{-14} \\ \mathbf{6} & \mathbf{-7} \end{pmatrix}$$

***Note** 1° 케일리-해밀턴의 정리에 의하여

$A^2-(5-4)A+\{5\times(-4)-(-7)\times3\}E=O$

$\therefore\ A^2-A+E=O$

따라서 (1)의 식이 주어지지 않은 경우, 이와 같은 방법으로 식을 찾을 수 있다.

2° x^3+x^2+x+3을 x^2-x+1로 나눈 몫은 $x+2$, 나머지는 $2x+1$이므로

A^3+A^2+A+3E

$=(A^2-A+E)(A+2E)+2A+E$

$=2A+E$ ⇦ 기본 문제 19-5의 (2)

19-13. $A^5B=A^4AB=A^4BC=A^3ABC$

$=A^3BCC=A^2ABC^2$

$=A^2BCC^2=AABC^3$

$=ABCC^3=ABC^4=BCC^4$

$=BC^5$

19-14. $A^2=AA=\begin{pmatrix} 1 & 0 \\ 0 & 1 \end{pmatrix}=E$이므로

$(ABA)^4=(ABA)(ABA)(ABA)(ABA)$

$=ABA^2BA^2BA^2BA$

$=ABEBEBEBA$

$=AB^4A$

한편 $B^2=BB=\begin{pmatrix} 2^2 & 0 \\ 0 & 1 \end{pmatrix}$,

$B^3=B^2B=\begin{pmatrix} 2^3 & 0 \\ 0 & 1 \end{pmatrix}$,

$B^4=B^3B=\begin{pmatrix} 2^4 & 0 \\ 0 & 1 \end{pmatrix}$

따라서

$$(ABA)^4=\begin{pmatrix} 2 & 3 \\ -1 & -2 \end{pmatrix}\begin{pmatrix} 2^4 & 0 \\ 0 & 1 \end{pmatrix}\begin{pmatrix} 2 & 3 \\ -1 & -2 \end{pmatrix}$$

$$=\begin{pmatrix} \mathbf{61} & \mathbf{90} \\ \mathbf{-30} & \mathbf{-44} \end{pmatrix}$$

19-15. (1) $AB+E=O$에서 $AB=-E$

$A^2B^2=AABB=A(-E)B$
$=-AB=E$

$A^3B^3=AA^2B^2B=AEB$
$=AB=-E$

$A^4B^4=AA^3B^3B=A(-E)B$
$=-AB=E$

같은 방법으로 계속하면

$AB+A^2B^2+A^3B^3+\cdots$
$+A^{99}B^{99}+A^{100}B^{100}$
$=(-E)+E+(-E)+\cdots$
$+(-E)+E$
$=\boldsymbol{O}$

(2) $A+B=E$에서 $B=E-A$이므로

$AB=A(E-A)=A-A^2,$
$BA=(E-A)A=A-A^2$

곧, $AB=BA$

$\therefore\ A^2+B^2=(A+B)^2-2AB$
$=E^2-2(-E)=3E,$

$A^3+B^3=(A+B)^3-3AB(A+B)$
$=E^3-3(-E)E=4E$

$\therefore\ A^5+B^5=(A^2+B^2)(A^3+B^3)$
$-A^2B^2(A+B)$
$=(3E)(4E)-(-E)^2E$
$=11E$

또, $A^5B^5=(AB)^5=(-E)^5=-E$ 이므로

$A^5+A^5B^5+B^5=11E-E=\mathbf{10E}$

* ***Note*** (1)의 경우도 먼저 $AB=BA$임을 보인 다음, 자연수 n에 대하여 $A^nB^n=(AB)^n$임을 이용해도 된다.

유제
풀이 및 정답

유제 풀이 및 정답

1-1. A, B, C를 각각 x에 관하여 내림차순으로 정리하면

$$A=-2x^4+3x^2-x,$$
$$B=x^3-3x^2-2,$$
$$C=x^4+2x^3+4x-1$$

(1)
$$\begin{array}{rr} A= & -2x^4+\square+3x^2-x+\square \\ +)\ 2B= & \square+2x^3-6x^2+\square-4 \\ \hline A+2B= & \mathbf{-2x^4+2x^3-3x^2-x-4} \end{array}$$

(2)
$$\begin{array}{rr} C= & x^4+2x^3+\square+4x-1 \\ +)\ -2B= & \square-2x^3+6x^2+\square+4 \\ \hline C-2B= & \mathbf{x^4+6x^2+4x+3} \end{array}$$

(3)
$$\begin{array}{rr} A= & -2x^4+\square+3x^2-x+\square \\ B= & \square+x^3-3x^2+\square-2 \\ +)\ 2C= & 2x^4+4x^3+\square+8x-2 \\ \hline A+B+2C= & \mathbf{5x^3+7x-4} \end{array}$$

(4)
$$\begin{array}{rr} 2A= & -4x^4+\square+6x^2-2x+\square \\ -B= & \square-x^3+3x^2+\square+2 \\ +)\ 3C= & 3x^4+6x^3+\square+12x-3 \\ \hline 2A-B+3C= & \mathbf{-x^4+5x^3+9x^2+10x-1} \end{array}$$

1-2. (1) (준 식)$=\dfrac{2}{3}a^2\times 6ax\times\dfrac{1}{4}a^2x^6$

$=\left(\dfrac{2}{3}\times 6\times\dfrac{1}{4}\right)\times a^2\times ax\times a^2x^6$

$=a^{2+1+2}x^{1+6}=\boldsymbol{a^5x^7}$

(2) (준 식)$=8x^3\times 4y^4z^2\times\dfrac{1}{x^2y^2}$

$=(8\times 4)\times x^{3-2}y^{4-2}z^2$

$=\boldsymbol{32xy^2z^2}$

(3) (준 식)$=\dfrac{1}{8}a^3b^6\times\dfrac{1}{a^2b^6}\times\left(-\dfrac{8}{27}b^6\right)$

$=\dfrac{1}{8}\times\left(-\dfrac{8}{27}\right)\times a^{3-2}b^{6-6+6}$

$=\boldsymbol{-\dfrac{1}{27}ab^6}$

1-3. $(P+Q)\otimes P=(P+Q)P-(P+Q+P)$

$=P^2+PQ-2P-Q$

$(P-2Q)\otimes P=(P-2Q)P-(P-2Q+P)$

$=P^2-2PQ-2P+2Q$

$\therefore\ \{(P+Q)\otimes P\}-\{(P-2Q)\otimes P\}$

$=3PQ-3Q$

$=6x(-x^2+3x+2)-3(-x^2+3x+2)$

$=-6x^3+18x^2+12x+3x^2-9x-6$

$=\boldsymbol{-6x^3+21x^2+3x-6}$

1-4. (1) 다항식 $6x^3-11x^2+6x+2$를 $x-\dfrac{1}{2}$로 나누면

$$\begin{array}{r|rrrr} \frac{1}{2} & 6 & -11 & 6 & 2 \\ & & 3 & -4 & 1 \\ \hline & 6 & -8 & 2 & \boxed{3} \end{array}$$

에서 몫은 $6x^2-8x+2$이고, 나머지는 3이다.

따라서 $6x^3-11x^2+6x+2$를 $2x-1$로 나눈 몫과 나머지는

몫 : $\dfrac{1}{2}(6x^2-8x+2)$

$=\boldsymbol{3x^2-4x+1}$

나머지 : **3**

(2) 다항식 $3x^4+4x^3+7x^2+5x-2$를 $x+\dfrac{1}{3}$로 나누면

$$\begin{array}{r|rrrrr} -\frac{1}{3} & 3 & 4 & 7 & 5 & -2 \\ & & -1 & -1 & -2 & -1 \\ \hline & 3 & 3 & 6 & 3 & \boxed{-3} \end{array}$$

에서 몫은 $3x^3+3x^2+6x+3$이고, 나머지는 -3이다.

따라서 $3x^4+4x^3+7x^2+5x-2$를 $3x+1$로 나눈 몫과 나머지는

몫 : $\frac{1}{3}(3x^3+3x^2+6x+3)$

$=\boldsymbol{x^3+x^2+2x+1}$

나머지 : $\boldsymbol{-3}$

1-5.

2	1	−8	25	−30	8
		2	−12	26	−8
2	1	−6	13	−4	0
		2	−8	10	
2	1	−4	5	6	
		2	−4		
2	1	−2	1		
		2			
	1	0			

(1) 위와 같이 조립제법을 반복하면

$\boldsymbol{P=(x-2)^4+(x-2)^2+6(x-2)}$

(2) $P=(1.9-2)^4+(1.9-2)^2+6(1.9-2)$

$=(-0.1)^4+(-0.1)^2+6(-0.1)$

$=0.0001+0.01-0.6=\boldsymbol{-0.5899}$

1-6. (1) (준 식)$=a^3+(4-2+1)a^2$

$+\{4\times(-2)+(-2)\times1+1\times4\}a$

$+4\times(-2)\times1$

$=\boldsymbol{a^3+3a^2-6a-8}$

(2) (준 식)$=(3x)^2+(-y)^2+(2z)^2$

$+2\times3x\times(-y)$

$+2\times(-y)\times2z$

$+2\times2z\times3x$

$=\boldsymbol{9x^2+y^2+4z^2}$

$\boldsymbol{-6xy-4yz+12zx}$

(3) (준 식)$=a^3+3a^2b^2+3a(b^2)^2+(b^2)^3$

$=\boldsymbol{a^3+3a^2b^2+3ab^4+b^6}$

(4) (준 식)$=(x-2)(x^2+x\times2+2^2)$

$=x^3-2^3=\boldsymbol{x^3-8}$

1-7. (1) (준 식)

$=\{a+(-2b)+3\}\{a^2+(-2b)^2+3^2$

$-a\times(-2b)-(-2b)\times3-3\times a\}$

$=a^3+(-2b)^3+3^3-3a\times(-2b)\times3$

$=\boldsymbol{a^3-8b^3+18ab+27}$

(2) (준 식)$=(x^2-x\times1+1^2)(x^2+x\times1+1^2)$

$=x^4+x^2\times1^2+1^4$

$=\boldsymbol{x^4+x^2+1}$

(3) (준 식)$=\{(x^2+x)+2\}\{(x^2+x)-4\}$

$=(x^2+x)^2-2(x^2+x)-8$

$=x^4+2x^3+x^2-2x^2-2x-8$

$=\boldsymbol{x^4+2x^3-x^2-2x-8}$

(4) (준 식)$=\{(x^2-2x)-3\}\{(x^2-2x)-8\}$

$=(x^2-2x)^2-11(x^2-2x)+24$

$=x^4-4x^3+4x^2-11x^2+22x+24$

$=\boldsymbol{x^4-4x^3-7x^2+22x+24}$

1-8. (1) $\frac{y}{x}+\frac{x}{y}=\frac{x^2+y^2}{xy}$

$=\frac{(x+y)^2-2xy}{xy}$

$=\boldsymbol{\frac{a^2-2b}{b}}$

(2) $\frac{y^2}{x}+\frac{x^2}{y}=\frac{x^3+y^3}{xy}$

$=\frac{(x+y)^3-3xy(x+y)}{xy}$

$=\boldsymbol{\frac{a^3-3ab}{b}}$

1-9. $x^2y+xy^2+2(x+y)=35$에 $xy=5$를 대입하면

$5x+5y+2(x+y)=35$

$\therefore\ x+y=5$

(1) $x^2+y^2=(x+y)^2-2xy$

$=5^2-2\times5=\mathbf{15}$

(2) $x^3+y^3=(x+y)^3-3xy(x+y)$

$=5^3-3\times5\times5=\mathbf{50}$

(3) $(x-y)^2=x^2+y^2-2xy$

$=15-2\times5=\mathbf{5}$

****Note*** $(x-y)^2=(x+y)^2-4xy$

$=5^2-4\times5=\mathbf{5}$

1-10. $(a+b+c)^2$

$=a^2+b^2+c^2+2(ab+bc+ca)$

……㉮

(1) ㉮에 문제의 조건

$a+b+c=10,\ a^2+b^2+c^2=64$
를 대입하면
$10^2=64+2(ab+bc+ca)$
$\therefore\ ab+bc+ca=\mathbf{18}$

(2) ㉮에 문제의 조건
$a^2+b^2+c^2=8,\ ab+bc+ca=-4$
를 대입하면
$(a+b+c)^2=8+2\times(-4)=0$
$\therefore\ a+b+c=\mathbf{0}$

2-1. (1) (준 식)$=\boldsymbol{2a^2b^2c(2b-3ac)}$
(2) (준 식)$=2ab(2ab^2-3b+6a^2)$
$=\boldsymbol{2ab(6a^2+2ab^2-3b)}$
(3) (준 식)$=\boldsymbol{(a+b)xy(x-y)}$
(4) (준 식)$=(a-b)x^2-(a-b)xy$
$=\boldsymbol{(a-b)x(x-y)}$

2-2. (1) (준 식)$=x^2-2\times x\times 4+4^2$
$=\boldsymbol{(x-4)^2}$
(2) (준 식)$=(2x)^2+2\times 2x\times y+y^2$
$=\boldsymbol{(2x+y)^2}$
(3) (준 식)$=\left(\frac{1}{3}x\right)^2-2\times\frac{1}{3}x\times\frac{1}{2}+\left(\frac{1}{2}\right)^2$
$=\boldsymbol{\left(\frac{1}{3}x-\frac{1}{2}\right)^2}$
(4) (준 식)$=(a^2-4ab+4b^2)x$
$=\{a^2-2\times a\times 2b+(2b)^2\}x$
$=\boldsymbol{(a-2b)^2x}$
(5) (준 식)$=xy(y^2+2\times y\times x+x^2)$
$=xy(y+x)^2$
$=\boldsymbol{xy(x+y)^2}$
(6) (준 식)$=(x+y)^2-(x+y)$
$=\boldsymbol{(x+y)(x+y-1)}$

2-3. (1) (준 식)$=(x^4-y^4)(x^4+y^4)$
$=(x^2-y^2)(x^2+y^2)(x^4+y^4)$
$=\boldsymbol{(x-y)(x+y)(x^2+y^2)(x^4+y^4)}$
(2) (준 식)$=(x-y)(x+y)-(x-y)$
$=\boldsymbol{(x-y)(x+y-1)}$
(3) (준 식)$=\{x^2-2\times x\times 2y+(2y)^2\}-z^2$
$=(x-2y)^2-z^2$
$=\boldsymbol{(x-2y+z)(x-2y-z)}$
(4) (준 식)$=1-\{(2x)^2-2\times 2x\times y+y^2\}$
$=1-(2x-y)^2$
$=\boldsymbol{(1+2x-y)(1-2x+y)}$

2-4. (1) 합이 8, 곱이 15인 두 수는 3과 5이므로
(준 식)$=\boldsymbol{(x+3)(x+5)}$
(2) 합이 -5, 곱이 -24인 두 수는 3과 -8이므로
(준 식)$=\boldsymbol{(x+3)(x-8)}$
(3) 합이 $-y$, 곱이 $-12y^2$인 두 식은 $3y$와 $-4y$이므로
(준 식)$=\boldsymbol{(x+3y)(x-4y)}$
(4) 합이 $16y$, 곱이 $15y^2$인 두 식은 y와 $15y$이므로
(준 식)$=\boldsymbol{(x+y)(x+15y)}$

2-5. (1)
$x \quad 2 \rightarrow 4x$
$2x \quad -1 \rightarrow -x\ (+$
$3x$
(준 식)$=\boldsymbol{(x+2)(2x-1)}$
(2)
$x \quad -5 \rightarrow -15x$
$3x \quad -2 \rightarrow -2x\ (+$
$-17x$
(준 식)$=\boldsymbol{(x-5)(3x-2)}$
(3)
$x \quad -4y \rightarrow -8xy$
$2x \quad -3y \rightarrow -3xy\ (+$
$-11xy$
(준 식)$=\boldsymbol{(x-4y)(2x-3y)}$
(4)
$2x \quad y \rightarrow 3xy$
$3x \quad -5y \rightarrow -10xy\ (+$
$-7xy$
(준 식)$=\boldsymbol{(2x+y)(3x-5y)}$

2-6. (1) (준 식)$=x^3+2^3$
$=(x+2)(x^2-x\times 2+2^2)$
$=\boldsymbol{(x+2)(x^2-2x+4)}$

(2) (준 식)$=xy(x^3+y^3+x+y)$
$=xy\{(x+y)(x^2-xy+y^2)+(x+y)\}$
$=\boldsymbol{xy(x+y)(x^2-xy+y^2+1)}$

(3) (준 식)$=x^3-3\times x^2\times 3y+3\times x\times(3y)^2-(3y)^3$
$=\boldsymbol{(x-3y)^3}$

(4) (준 식)$=x^2+(2y)^2+(-z)^2+2\times x\times 2y+2\times 2y\times(-z)+2\times(-z)\times x$
$=\boldsymbol{(x+2y-z)^2}$

2-7. (1) (준 식)
$=(x^2+4x)^2+2(x^2+4x)-35$
$=(x^2+4x-5)(x^2+4x+7)$
$=\boldsymbol{(x-1)(x+5)(x^2+4x+7)}$

(2) (준 식)$=\{(x+1)(x-3)\}\times\{(x+2)(x-4)\}+6$
$=\{(x^2-2x)-3\}\times\{(x^2-2x)-8\}+6$
$=(x^2-2x)^2-11(x^2-2x)+30$
$=\boldsymbol{(x^2-2x-5)(x^2-2x-6)}$

2-8. (1) (준 식)$=(x^2)^2-3x^2-4$
$=(x^2-4)(x^2+1)$
$=\boldsymbol{(x+2)(x-2)(x^2+1)}$

(2) (준 식)$=x^4-4x^2+4-9x^2$
$=(x^2-2)^2-(3x)^2$
$=(x^2-2+3x)(x^2-2-3x)$
$=\boldsymbol{(x^2+3x-2)(x^2-3x-2)}$

(3) (준 식)$=x^4+4x^2+4-4x^2$
$=(x^2+2)^2-(2x)^2$
$=(x^2+2+2x)(x^2+2-2x)$
$=\boldsymbol{(x^2+2x+2)(x^2-2x+2)}$

2-9. (1) (준 식)$=(x^2-1)y+x^3-x$
$=(x^2-1)y+x(x^2-1)$
$=(x^2-1)(y+x)$
$=\boldsymbol{(x+1)(x-1)(x+y)}$

(2) (준 식)$=(y^2-x^2)z+x^2y-y^3$
$=-(x^2-y^2)z+(x^2-y^2)y$
$=(x^2-y^2)(-z+y)$
$=\boldsymbol{(x+y)(x-y)(y-z)}$

(3) (준 식)
$=(b-a)c^2+a^3-a^2b+ab^2-b^3$
$=-(a-b)c^2+a^2(a-b)+b^2(a-b)$
$=\boldsymbol{(a-b)(a^2+b^2-c^2)}$

(4) (준 식)
$=-(x+p)q^2+x^3+3px^2+3p^2x+p^3$
$=-(x+p)q^2+(x+p)^3$
$=(x+p)\{(x+p)^2-q^2\}$
$=\boldsymbol{(x+p)(x+p+q)(x+p-q)}$

****Note*** (1), (2), (3)은 두 항씩 묶어서 인수분해해도 된다. 이를테면

(1) (준 식)$=x^2(x+y)-(x+y)$
$=(x^2-1)(x+y)$
$=\boldsymbol{(x+1)(x-1)(x+y)}$

2-10. (1) (준 식)$=x^2+3x-(y^2-y-2)$
$=x^2+3x-(y+1)(y-2)$
$=\{x+(y+1)\}\{x-(y-2)\}$
$=\boldsymbol{(x+y+1)(x-y+2)}$

(2) (준 식)$=a^2-2(b-c)a+b^2-2bc+c^2$
$=a^2-2(b-c)a+(b-c)^2$
$=\boldsymbol{(a-b+c)^2}$

****Note*** 다음 인수분해 공식을 이용해도 된다.

$$\boldsymbol{a^2+b^2+c^2+2ab+2bc+2ca=(a+b+c)^2}$$

(3) (준 식)
$=a^2b-ab^2+b^2c-bc^2+c^2a-ca^2$
$=(b-c)a^2-(b^2-c^2)a+bc(b-c)$
$=(b-c)\{a^2-(b+c)a+bc\}$
$=(b-c)(a-b)(a-c)$
$=\boldsymbol{-(a-b)(b-c)(c-a)}$

2-11. $x^2+y^2+z^2+xy+yz+zx$
$=\dfrac{1}{2}\{(x+y)^2+(y+z)^2+(z+x)^2\}$

조건에서

$$x+y=2c,\ y+z=2a,\ z+x=2b$$

이므로

$$x^2+y^2+z^2+xy+yz+zx$$
$$=\frac{1}{2}\{(2c)^2+(2a)^2+(2b)^2\}$$
$$=\mathbf{2(a^2+b^2+c^2)}$$

2-12. $[x, y, z]+[y, z, x]$

$$=(x-y)(x-z)+(y-z)(y-x)$$
$$=(x-y)(x-z-y+z)$$
$$=(x-y)(x-y)=(x-y)^2$$

$[x, y, y]=(x-y)(x-y)=(x-y)^2$

$\therefore\ [x, y, z]+[y, z, x]=[x, y, y]$

2-13. (1) $x^3-y^3+3xy+1$

$$=x^3+(-y)^3+1^3-3\times x\times(-y)\times 1$$
$$=(x-y+1)\{x^2+(-y)^2+1^2 -x\times(-y)-(-y)\times 1-1\times x\}$$
$$=\mathbf{(x-y+1)(x^2+y^2+xy-x+y+1)}$$

(2) $8x^3-y^3-18xy-27$

$$=(2x)^3+(-y)^3+(-3)^3 -3\times 2x\times(-y)\times(-3)$$
$$=(2x-y-3)\{(2x)^2+(-y)^2+(-3)^2 -2x\times(-y)-(-y)\times(-3) -(-3)\times 2x\}$$
$$=\mathbf{(2x-y-3)\times(4x^2+y^2+2xy+6x-3y+9)}$$

2-14. $(a+b+c)^2=a^2+b^2+c^2+2(ab+bc+ca)$

에 문제의 조건을 대입하면

$$1^2=9+2(ab+bc+ca)$$
$$\therefore\ ab+bc+ca=-4$$

또,

$$a^3+b^3+c^3-3abc$$
$$=(a+b+c)(a^2+b^2+c^2-ab-bc-ca)$$

에 문제의 조건을 대입하면

$$1-3abc=1\times\{9-(-4)\}$$
$$\therefore\ abc=\mathbf{-4}$$

3-1. 우변을 전개하여 정리하면

$$x^2-x-6$$
$$=ax^2+(-2a+b)x+(a-b+c)$$

이 등식이 x에 관한 항등식이려면 양변의 동류항의 계수가 같아야 하므로

$$1=a,\ -1=-2a+b,\ -6=a-b+c$$

연립하여 풀면

$$\mathbf{a=1,\ b=1,\ c=-6}$$

****Note*** p. 21에서와 같이 조립제법을 이용하여 풀 수도 있다.

3-2. x^6+ax^3+b

$$=(x+1)(x-1)f(x)+x+3$$

의 양변에 $x=-1, 1$을 대입하면

$$1-a+b=2,\ 1+a+b=4$$

연립하여 풀면 $\mathbf{a=1,\ b=2}$

3-3. 조건식 $2f(x+1)-f(x)=x^2$은

$$2\{a(x+1)^2+b(x+1)+c\} -(ax^2+bx+c)=x^2$$

정리하면

$$ax^2+(4a+b)x+(2a+2b+c)=x^2$$

모든 실수 x에 대하여 성립하므로 양변의 동류항의 계수를 비교하면

$$a=1,\ 4a+b=0,\ 2a+2b+c=0$$

연립하여 풀면

$$\mathbf{a=1,\ b=-4,\ c=6}$$

3-4. 주어진 식을 x, y에 관하여 정리하면

$$(a-b)x+(a+b+2)y=0$$

모든 실수 x, y에 대하여 성립하므로

$$a-b=0,\ a+b+2=0$$
$$\therefore\ \mathbf{a=-1,\ b=-1}$$

3-5. $2x+y-3=0$에서 $y=-2x+3$을 주어진 식에 대입하면

$$4x^2+ax(-2x+3)+b(-2x+3)+c=0$$
$$\therefore\ (4-2a)x^2+(3a-2b)x+3b+c=0$$

모든 실수 x에 대하여 성립하므로

$$4-2a=0,\ 3a-2b=0,\ 3b+c=0$$

연립하여 풀면

$a=2,\ b=3,\ c=-9$

3-6. x^3+ax+b를 x^2-x+1로 나눈 몫을 $x+p$라고 하면

x^3+ax+b
$=(x^2-x+1)(x+p)+2x+3$

곧, x^3+ax+b
$=x^3+(p-1)x^2+(-p+3)x+p+3$

x에 관한 항등식이므로 양변의 동류항의 계수를 비교하면

$0=p-1,\ a=-p+3,\ b=p+3$

연립하여 풀면

$p=1,\ \boldsymbol{a=2,\ b=4}$

3-7. 나머지를 $px+q$라고 하면

x^4+ax^3+4x
$=(x^2-x+b)(x^2+x-1)+px+q$

곧, x^4+ax^3+4x
$=x^4+(b-2)x^2+(1+b+p)x-b+q$

x에 관한 항등식이므로 양변의 동류항의 계수를 비교하면

$a=0,\ 0=b-2,$
$4=1+b+p,\ 0=-b+q$

$\therefore\ \boldsymbol{a=0,\ b=2}$

또, $p=1,\ q=2$이므로 나머지는

$\boldsymbol{x+2}$

3-8. 몫을 $Q(x)$, 나머지를 ax^2+bx+c라고 하면

$x^{100}+x^{50}+x^{25}+x$
$=x(x-1)(x+1)Q(x)+ax^2+bx+c$

x에 관한 항등식이므로 $x=0,\ 1,\ -1$을 대입하면

$0=c,\ 4=a+b+c,\ 0=a-b+c$

$\therefore\ a=2,\ b=2,\ c=0$

따라서 구하는 나머지는 $\boldsymbol{2x^2+2x}$

3-9. 몫을 $Q(x)$, 나머지를 $ax+b$라 하면

$x^6+1=(x-1)^2Q(x)+ax+b$ ⋯①

$x=1$을 대입하면 $2=a+b$

$\therefore\ b=-a+2$ ⋯⋯②

이 식을 ①에 대입하면

$x^6+1=(x-1)^2Q(x)+ax-a+2$

$\therefore\ x^6-1=(x-1)^2Q(x)+a(x-1)$

$\therefore\ (x-1)(x^2+x+1)(x^3+1)$
$=(x-1)^2Q(x)+a(x-1)$

이 식이 x에 관한 항등식이므로 $(x^2+x+1)(x^3+1)=(x-1)Q(x)+a$ 도 x에 관한 항등식이다.

이 식에 $x=1$을 대입하면

$3\times2=a\quad \therefore\ a=6$

②에서 $b=-6+2=-4$

따라서 구하는 나머지는 $\boldsymbol{6x-4}$

4-1. $f(x)=x^4+ax^3+4x^2+ax+3$으로 놓자.

(1) $f(x)$가 $x-1$로 나누어떨어지므로

$f(1)=1+a+4+a+3=0$

$\therefore\ \boldsymbol{a=-4}$

(2) $f(x)$를 $x+1$로 나눈 나머지가 2이므로

$f(-1)=1-a+4-a+3=2$

$\therefore\ \boldsymbol{a=3}$

4-2. $f(x)=x^3+ax^2+bx+1$로 놓자.

$f(x)$를 $x+1,\ x-1$로 나눈 나머지가 각각 $-3,\ 3$이므로

$f(-1)=-1+a-b+1=-3$

$\therefore\ a-b=-3$

$f(1)=1+a+b+1=3$

$\therefore\ a+b=1$

연립하여 풀면 $\boldsymbol{a=-1,\ b=2}$

4-3. $f(x)=x^4-ax^2+bx+3,$
$g(x)=ax^2-bx+6$

으로 놓자.

$f(1)=0,\ g(3)=0$이므로

$1-a+b+3=0,\ 9a-3b+6=0$

연립하여 풀면 $\boldsymbol{a=-3,\ b=-7}$

4-4. $f(x)=x^4+2x^3-x^2+ax+b$로 놓자.

$f(x)$가 $x^2+x-2=(x-1)(x+2)$로 나누어떨어지므로 $f(x)$는 $x-1$과 $x+2$로 나누어떨어진다.

$\therefore f(1)=1+2-1+a+b=0,$

$f(-2)=16-16-4-2a+b=0$

연립하여 풀면 $\boldsymbol{a=-2,\ b=0}$

4-5. $f(x)$를

$x^2+3x+2=(x+1)(x+2)$

로 나눈 몫을 $Q(x)$, 나머지를 $ax+b$라고 하면

$f(x)=(x+1)(x+2)Q(x)+ax+b$

문제의 조건으로부터 $f(-1)=5$, $f(-2)=8$이므로

$-a+b=5,\ -2a+b=8$

연립하여 풀면 $a=-3,\ b=2$

따라서 구하는 나머지는 $\boldsymbol{-3x+2}$

4-6. $f(x)$를 $(x-1)(x-2)$로 나눈 나머지를 $ax+b$라고 하면

$f(x)=(x-1)(x-2)(x^2+1)+ax+b$

$f(x)$를 $x-1$, $x-2$로 나눈 나머지가 각각 1, 2이므로

$f(1)=a+b=1,\ f(2)=2a+b=2$

연립하여 풀면 $a=1,\ b=0$

$\therefore f(x)=(x-1)(x-2)(x^2+1)+x$

따라서 $xf(x)$를 $x-3$으로 나눈 나머지는

$3f(3)=3\times\{(3-1)(3-2)(3^2+1)+3\}$

$=\boldsymbol{69}$

4-7. $f(x)=(x+1)g(x)+3$

$g(x)$를 $x-1$로 나눈 몫을 $h(x)$라고 하면

$g(x)=(x-1)h(x)+5$

$\therefore f(x)=(x+1)\{(x-1)h(x)+5\}+3$

$=(x+1)(x-1)h(x)+5x+8$

따라서 $f(x)$를 $x-1$로 나눈 나머지는

$f(1)=\boldsymbol{13}$

또, $f(x)=(x^2-1)h(x)+5x+8$이므로 $f(x)$를 x^2-1로 나눈 나머지는

$\boldsymbol{5x+8}$

****Note*** $f(x)=(x+1)g(x)+3$

$\therefore f(-1)=3$

또, $g(1)=5$이므로

$f(1)=2g(1)+3=\boldsymbol{13}$

$f(x)$를 x^2-1로 나눈 몫을 $Q(x)$, 나머지를 $ax+b$라고 하면

$f(x)=(x^2-1)Q(x)+ax+b$

$=(x+1)(x-1)Q(x)+ax+b$

이때, $f(-1)=-a+b=3,$

$f(1)=a+b=13$

연립하여 풀면 $a=5,\ b=8$

따라서 $f(x)$를 x^2-1로 나눈 나머지는 $\boldsymbol{5x+8}$

4-8. $f(x)$를 $(x+1)(x^2-x+3)$으로 나눈 몫을 $Q(x)$, 나머지를 ax^2+bx+c라고 하면

$f(x)=(x+1)(x^2-x+3)Q(x)$
$+ax^2+bx+c$

여기에서 $(x+1)(x^2-x+3)Q(x)$는 x^2-x+3으로 나누어떨어지므로 $f(x)$를 x^2-x+3으로 나눈 나머지는 ax^2+bx+c를 x^2-x+3으로 나눈 나머지와 같다.

$\therefore\ ax^2+bx+c=a(x^2-x+3)+3x+1$

$\therefore\ f(x)=(x+1)(x^2-x+3)Q(x)$
$+a(x^2-x+3)+3x+1$

또, 문제의 조건에서 $f(-1)=8$이므로

$f(-1)=5a-3+1=8$

$\therefore\ a=2$

$\therefore\ ax^2+bx+c=2(x^2-x+3)+3x+1$

$=\boldsymbol{2x^2+x+7}$

4-9. (1) $f(x)=x^3+2x^2+3x+6$으로 놓으면 $f(-2)=0$이고,

$$\begin{array}{r|rrrr} -2 & 1 & 2 & 3 & 6 \\ & & -2 & 0 & -6 \\ \hline & 1 & 0 & 3 & \boxed{0} \end{array}$$

$\therefore\ f(x)=\boldsymbol{(x+2)(x^2+3)}$

(2) $f(x)=x^3-7x+6$으로 놓으면
$f(1)=0$이고,

$$\begin{array}{r|rrrr} 1 & 1 & 0 & -7 & 6 \\ & & 1 & 1 & -6 \\ \hline & 1 & 1 & -6 & \boxed{0} \end{array}$$

$\therefore\ f(x)=(x-1)(x^2+x-6)$
$=\boldsymbol{(x-1)(x-2)(x+3)}$

(3) $f(x)=x^4-2x^3-7x^2+8x+12$로 놓으면 $f(-1)=0$이고,

$$\begin{array}{r|rrrrr} -1 & 1 & -2 & -7 & 8 & 12 \\ & & -1 & 3 & 4 & -12 \\ \hline & 1 & -3 & -4 & 12 & \boxed{0} \end{array}$$

$\therefore\ f(x)=(x+1)(x^3-3x^2-4x+12)$
다시 $g(x)=x^3-3x^2-4x+12$로 놓으면 $g(2)=0$이고,

$$\begin{array}{r|rrrr} 2 & 1 & -3 & -4 & 12 \\ & & 2 & -2 & -12 \\ \hline & 1 & -1 & -6 & \boxed{0} \end{array}$$

$\therefore\ g(x)=(x-2)(x^2-x-6)$
$=(x-2)(x-3)(x+2)$

$\therefore\ f(x)=\boldsymbol{(x+1)(x+2)(x-2)(x-3)}$

* ***Note*** 다음 (4)와 같은 방법으로 풀 수도 있다.

(4) $f(x)=x^4+4x^3-4x^2-16x+15$로 놓으면 $f(1)=0,\ f(-3)=0$이고,

$$\begin{array}{r|rrrrr} 1 & 1 & 4 & -4 & -16 & 15 \\ & & 1 & 5 & 1 & -15 \\ \hline -3 & 1 & 5 & 1 & -15 & \boxed{0} \\ & & -3 & -6 & 15 & \\ \hline & 1 & 2 & -5 & \boxed{0} & \end{array}$$

$\therefore\ f(x)=\boldsymbol{(x-1)(x+3)(x^2+2x-5)}$

4-10. (1) $f(x)=3x^3+7x^2-4$로 놓으면
$f(-1)=0$이고,

$$\begin{array}{r|rrrr} -1 & 3 & 7 & 0 & -4 \\ & & -3 & -4 & 4 \\ \hline & 3 & 4 & -4 & \boxed{0} \end{array}$$

$\therefore\ f(x)=(x+1)(3x^2+4x-4)$
$=\boldsymbol{(x+1)(x+2)(3x-2)}$

(2) $f(x)=2x^3-11x^2+10x+8$로 놓으면
$f(2)=0$이고,

$$\begin{array}{r|rrrr} 2 & 2 & -11 & 10 & 8 \\ & & 4 & -14 & -8 \\ \hline & 2 & -7 & -4 & \boxed{0} \end{array}$$

$\therefore\ f(x)=(x-2)(2x^2-7x-4)$
$=\boldsymbol{(x-2)(x-4)(2x+1)}$

(3) $f(x)=3x^3+2x^2+2x-1$로 놓으면
$f\left(\frac{1}{3}\right)=0$이고,

$$\begin{array}{r|rrrr} \frac{1}{3} & 3 & 2 & 2 & -1 \\ & & 1 & 1 & 1 \\ \hline & 3 & 3 & 3 & \boxed{0} \end{array}$$

$\therefore\ f(x)=\left(x-\frac{1}{3}\right)(3x^2+3x+3)$
$=\boldsymbol{(3x-1)(x^2+x+1)}$

(4) $f(x)=2x^4+x^3+4x^2+4x+1$로 놓으면 $f\left(-\frac{1}{2}\right)=0$이고,

$$\begin{array}{r|rrrrr} -\frac{1}{2} & 2 & 1 & 4 & 4 & 1 \\ & & -1 & 0 & -2 & -1 \\ \hline & 2 & 0 & 4 & 2 & \boxed{0} \end{array}$$

$\therefore\ f(x)=\left(x+\frac{1}{2}\right)(2x^3+4x+2)$
$=\boldsymbol{(2x+1)(x^3+2x+1)}$

* ***Note*** $g(x)=x^3+2x+1$로 놓으면 $g(x)$는 삼차식이고, 삼차식이 인수분해되려면 일차식을 인수로 가져야 한다. 그러나

$g(1)=4\neq0,\ g(-1)=-2\neq0$

이므로 $g(x)$는 일차식을 인수로 가

지지 않는다. 따라서 계수가 유리수인 범위에서 더 이상 인수분해되지 않는다.

5-1. (1) $a=1$일 때

$P=|1-4|+3\times1=|-3|+3$
$=-(-3)+3=\mathbf{6}$

$a=5$일 때

$P=|5-4|+3\times5=|1|+15$
$=1+15=\mathbf{16}$

(2) $a\ge4$일 때 $a-4\ge0$이므로

$P=(a-4)+3a=\mathbf{4a-4}$

$a<4$일 때 $a-4<0$이므로

$P=-(a-4)+3a=\mathbf{2a+4}$

5-2. $a>0,\ b>0,\ c<0,\ d>0$이므로

$|a|=a,\ |b|=b,\ |c|=-c,\ |d|=d$

$|a|>|c|>|b|>|d|$에서

$a>-c>b>d$

따라서 $a-b>0,\ b+c<0,\ c+d<0,\ d-a<0$이므로

(준 식)$=(a-b)+(b+c)$
$-(c+d)+(d-a)$
$=0$ 답 ⑤

5-3. (1) $\left[\dfrac{x}{6}\right]=\dfrac{x}{6}$이면 $\dfrac{x}{6}$가 정수이므로 x는 6의 배수이다.

또, $\left[\dfrac{x}{8}\right]=\dfrac{x}{8}$이면 $\dfrac{x}{8}$가 정수이므로 x는 8의 배수이다.

곧, x는 6과 8의 최소공배수인 24의 배수이다.

x는 100보다 작은 자연수이므로

24, 48, 72, 96

(2) $[4x]$가 정수이므로 $4x=[4x]$에서 $4x$는 정수이어야 한다.

$0\le x<2$에서 $0\le4x<8$

$\therefore\ 4x=0,\ 1,\ 2,\ 3,\ 4,\ 5,\ 6,\ 7$

$\therefore\ x=0,\ \dfrac{1}{4},\ \dfrac{2}{4},\ \dfrac{3}{4},\ \dfrac{4}{4},\ \dfrac{5}{4},\ \dfrac{6}{4},\ \dfrac{7}{4}$

따라서 x의 개수는 **8**

5-4. 5로 나눈 나머지가 3인 정수는

$5k+3$ (k는 정수)

의 꼴로 나타낼 수 있다.

또, k는

$3m,\ 3m+1,\ 3m+2$ (m은 정수)

중 하나의 꼴로 나타낼 수 있다.

이것을 $5k+3$에 대입하여 정리하면

$15m+3,\ 15m+8,\ 15m+13$

이 중에서 3으로 나눈 나머지가 1인 경우는 $15m+13$이다.

따라서 $1\le15m+13\le100$인 경우는 $m=0,\ 1,\ 2,\ 3,\ 4,\ 5$일 때 13, 28, 43, 58, 73, 88의 6개이다. 답 **6**

5-5. $a=5p,\ b=5q+1,\ c=5r+2,$
$d=5s+3,\ e=5t+4$
($p,\ q,\ r,\ s,\ t$는 정수)

라고 하자.

(1) $d+e=(5s+3)+(5t+4)$
$=5(s+t+1)+2$

이므로 5로 나눈 나머지는 **2**이다.

(2) $a+b+c+d+e$
$=5p+(5q+1)+(5r+2)$
$+(5s+3)+(5t+4)$
$=5(p+q+r+s+t+2)$

이므로 5로 나눈 나머지는 **0**이다.

(3) $3b+2c=3(5q+1)+2(5r+2)$
$=5(3q+2r+1)+2$

이므로 5로 나눈 나머지는 **2**이다.

(4) $cd=(5r+2)(5s+3)$
$=5(5rs+3r+2s+1)+1$

이므로 5로 나눈 나머지는 **1**이다.

(5) $bcde=(5q+1)(5r+2)(5s+3)(5t+4)$
$=(25qr+10q+5r+2)$
$\times(25st+20s+15t+12)$
$=\{5(5qr+2q+r)+2\}$
$\times\{5(5st+4s+3t+2)+2\}$

여기에서 $5qr+2q+r$, $5st+4s+3t+2$는 정수이고, 이것을 각각 X, Y로 놓으면

$$(\text{준 식})=(5X+2)(5Y+2)=5(5XY+2X+2Y)+4$$

이므로 $bcde$를 5로 나눈 나머지는 **4** 이다.

5-6. (1) (준 식)

$$=\frac{(3\sqrt{2}-2\sqrt{3})^2}{(3\sqrt{2}+2\sqrt{3})(3\sqrt{2}-2\sqrt{3})}$$

$$=\frac{18-12\sqrt{6}+12}{18-12}=\frac{30-12\sqrt{6}}{6}$$

$$=\mathbf{5-2\sqrt{6}}$$

(2) (준 식)

$$=\frac{4\{(1-\sqrt{2})-\sqrt{3}\}}{\{(1-\sqrt{2})+\sqrt{3}\}\{(1-\sqrt{2})-\sqrt{3}\}}$$

$$=\frac{4(1-\sqrt{2}-\sqrt{3})}{(1-\sqrt{2})^2-(\sqrt{3})^2}$$

$$=\frac{4(1-\sqrt{2}-\sqrt{3})}{-2\sqrt{2}}$$

$$=-(1-\sqrt{2}-\sqrt{3})\sqrt{2}$$

$$=\mathbf{\sqrt{6}-\sqrt{2}+2}$$

(3) $1+\dfrac{2}{\sqrt{3}+1}=1+\dfrac{2(\sqrt{3}-1)}{(\sqrt{3}+1)(\sqrt{3}-1)}$

$$=1+(\sqrt{3}-1)=\sqrt{3}$$

이므로

$$(\text{준 식})=\frac{4}{1+\dfrac{3}{\sqrt{3}}}=\frac{4}{1+\sqrt{3}}$$

$$=\frac{4(\sqrt{3}-1)}{(\sqrt{3}+1)(\sqrt{3}-1)}$$

$$=\mathbf{2(\sqrt{3}-1)}$$

5-7. $x+y=(2-\sqrt{3})+(2+\sqrt{3})=4$

$$xy=(2-\sqrt{3})(2+\sqrt{3})=2^2-(\sqrt{3})^2=1$$

(1) $x^2+y^2=(x+y)^2-2xy$

$$=4^2-2=\mathbf{14}$$

(2) $3x^2-5xy+3y^2=3(x+y)^2-11xy$

$$=3\times4^2-11=\mathbf{37}$$

(3) $x^3+y^3=(x+y)^3-3xy(x+y)$

$$=4^3-3\times4=\mathbf{52}$$

(4) (준 식)$=(x+y)^3-2xy(x+y)$

$$=4^3-2\times4=\mathbf{56}$$

(5) (준 식)$=\dfrac{x^3+y^3}{x^2y^2}$

$$=\frac{(x+y)^3-3xy(x+y)}{(xy)^2}$$

$$=\frac{4^3-3\times4}{1^2}=\mathbf{52}$$

5-8. $2<\sqrt{5}<3$이므로 $3<\sqrt{5}+1<4$

$\therefore a=3,\ b=(\sqrt{5}+1)-3=\sqrt{5}-2$

$$\therefore a-\frac{1}{b}=3-\frac{1}{\sqrt{5}-2}$$

$$=3-\frac{\sqrt{5}+2}{(\sqrt{5}-2)(\sqrt{5}+2)}$$

$$=3-(\sqrt{5}+2)=\mathbf{1-\sqrt{5}}$$

5-9. $1<\sqrt{3}<2$이므로 $a=\sqrt{3}-1$

$1<\sqrt{2}<2$이므로 $b=\sqrt{2}-1$

$$\therefore \left(a-\frac{1}{a}\right)\left(b+\frac{1}{b}\right)$$

$$=\left(\sqrt{3}-1-\frac{1}{\sqrt{3}-1}\right)\times\left(\sqrt{2}-1+\frac{1}{\sqrt{2}-1}\right)$$

$$=\left(\sqrt{3}-1-\frac{\sqrt{3}+1}{2}\right)\times(\sqrt{2}-1+\sqrt{2}+1)$$

$$=\frac{\sqrt{3}-3}{2}\times2\sqrt{2}=\mathbf{\sqrt{6}-3\sqrt{2}}$$

5-10. (1) $x=\dfrac{\sqrt{2}-1}{\sqrt{2}+1}$

$$=\frac{(\sqrt{2}-1)^2}{(\sqrt{2}+1)(\sqrt{2}-1)}$$

$$=3-2\sqrt{2}$$

에서 $x-3=-2\sqrt{2}$

양변을 제곱하면 $x^2-6x+9=8$

$$\therefore x^2-6x+1=0$$

그런데 x^3-4x^2+7x-5를 x^2-6x+1로 나누면 몫이 $x+2$, 나머

지가 $18x-7$이므로

x^3-4x^2+7x-5
$=(x^2-6x+1)(x+2)+18x-7$
$=18x-7=18(3-2\sqrt{2})-7$
$=\mathbf{47-36\sqrt{2}}$

(2) x^3-x^2-2x-2를 x^2-2x-1로 나누면 몫이 $x+1$, 나머지가 $x-1$이므로

x^3-x^2-2x-2
$=(x^2-2x-1)(x+1)+x-1$

그런데 $x^2-2x-1=0$에서 $x=1\pm\sqrt{2}$이므로

(준 식)$=x-1=(1\pm\sqrt{2})-1$
$=\pm\sqrt{2}$

5-11. (1) $\sqrt{7-4\sqrt{3}}=\sqrt{7-2\sqrt{12}}$
$=\sqrt{4-2\sqrt{12}+3}$
$=\sqrt{2^2-2\times2\sqrt{3}+(\sqrt{3})^2}$
$=\sqrt{(2-\sqrt{3})^2}=\mathbf{2-\sqrt{3}}$

(2) $\sqrt{9+\sqrt{80}}=\sqrt{9+2\sqrt{20}}=\sqrt{5+2\sqrt{20}+4}$
$=\sqrt{(\sqrt{5})^2+2\times2\sqrt{5}+2^2}$
$=\sqrt{(\sqrt{5}+2)^2}=\sqrt{5}+2$
$=\mathbf{2+\sqrt{5}}$

(3) $\sqrt{12-3\sqrt{12}}=\sqrt{12-\sqrt{3^2\times2^2\times3}}$
$=\sqrt{12-2\sqrt{27}}$
$=\sqrt{9-2\sqrt{27}+3}$
$=\sqrt{3^2-2\times3\sqrt{3}+(\sqrt{3})^2}$
$=\sqrt{(3-\sqrt{3})^2}=\mathbf{3-\sqrt{3}}$

5-12. (1) $\sqrt{2+\sqrt{3}}=\sqrt{\dfrac{4+2\sqrt{3}}{2}}=\dfrac{\sqrt{4+2\sqrt{3}}}{\sqrt{2}}$
$=\dfrac{\sqrt{(\sqrt{3})^2+2\sqrt{3}+1^2}}{\sqrt{2}}$
$=\dfrac{\sqrt{(\sqrt{3}+1)^2}}{\sqrt{2}}$
$=\dfrac{\sqrt{3}+1}{\sqrt{2}}=\mathbf{\dfrac{\sqrt{6}+\sqrt{2}}{2}}$

(2) $\sqrt{4-\sqrt{15}}=\sqrt{\dfrac{8-2\sqrt{15}}{2}}=\dfrac{\sqrt{8-2\sqrt{15}}}{\sqrt{2}}$
$=\dfrac{\sqrt{(\sqrt{5})^2-2\sqrt{5}\sqrt{3}+(\sqrt{3})^2}}{\sqrt{2}}$
$=\dfrac{\sqrt{(\sqrt{5}-\sqrt{3})^2}}{\sqrt{2}}$
$=\dfrac{\sqrt{5}-\sqrt{3}}{\sqrt{2}}=\mathbf{\dfrac{\sqrt{10}-\sqrt{6}}{2}}$

5-13. 주어진 식을 $\sqrt{3}$에 관하여 정리하면

$(x^2-2x-3)+(y^2+2y-3)\sqrt{3}=0$

x, y는 유리수이므로 x^2-2x-3, y^2+2y-3도 유리수이다.

$\therefore\ x^2-2x-3=0,\ y^2+2y-3=0$
$\therefore\ (x-3)(x+1)=0,\ (y-1)(y+3)=0$
$\therefore\ x=3$ 또는 -1, $y=1$ 또는 -3

따라서 $x+y$의 최댓값은 $3+1=\mathbf{4}$

5-14. 주어진 식을 전개하면

$xy+x\sqrt{2}+y\sqrt{2}+2=4+3\sqrt{2}$
$\therefore\ (xy-2)+(x+y-3)\sqrt{2}=0$

x, y는 유리수이므로 $xy-2$, $x+y-3$도 유리수이다.

$\therefore\ xy-2=0,\ x+y-3=0$

곧, $xy=2,\ x+y=3$

$\therefore\ x^3+y^3=(x+y)^3-3xy(x+y)$
$=3^3-3\times2\times3=\mathbf{9}$

5-15. $f(x)$가 $x-2+\sqrt{2}$로 나누어떨어지므로

$f(2-\sqrt{2})=(2-\sqrt{2})^2+a(2-\sqrt{2})+b$
$=0$

전개하여 정리하면

$(6+2a+b)+(-4-a)\sqrt{2}=0$

a, b는 유리수이므로 $6+2a+b$, $-4-a$도 유리수이다.

$\therefore\ 6+2a+b=0,\ -4-a=0$
$\therefore\ a=-4,\ b=2$
$\therefore\ f(x)=x^2-4x+2$

따라서 $f(x)$를 $x+1$로 나눈 나머지는

$f(-1)=\mathbf{7}$

5-16. $f(x)=x^3+ax^2+bx+c$로 놓으면

$f(x)$를 $x+1$로 나눈 나머지가 4이므로

$f(-1)=-1+a-b+c=4$

곧, $a-b+c-5=0$ ……①

$f(x)$를 $x-1-\sqrt{2}$로 나누면 나누어떨어지므로

$f(1+\sqrt{2})=(1+\sqrt{2})^3+a(1+\sqrt{2})^2+b(1+\sqrt{2})+c=0$

전개하여 정리하면

$(3a+b+c+7)+(2a+b+5)\sqrt{2}=0$

a, b, c는 유리수이므로 $3a+b+c+7$, $2a+b+5$도 유리수이다.

$\therefore\ 3a+b+c+7=0$ ……②

$2a+b+5=0$ ……③

③에서 $b=-2a-5$ ……④

①에 대입하여 정리하면

$c=-3a$ ……⑤

④, ⑤를 ②에 대입하면

$3a+(-2a-5)+(-3a)+7=0$

$\therefore\ a=1$

④, ⑤에서 $b=-7,\ c=-3$

$\therefore\ f(x)=x^3+x^2-7x-3$

따라서 $f(x)$를 $x+2$로 나눈 나머지는

$f(-2)=\mathbf{7}$

6-1. (1) $\sqrt{2}\times\sqrt{-8}=\sqrt{2}\times\sqrt{8}i=\sqrt{16}i=\mathbf{4i}$

(2) $\sqrt{-2}\times\sqrt{8}=\sqrt{2}i\times\sqrt{8}=\sqrt{16}i=\mathbf{4i}$

(3) $\sqrt{-2}\times\sqrt{-8}=\sqrt{2}i\times\sqrt{8}i=\sqrt{16}i^2=4\times(-1)=\mathbf{-4}$

(4) $\dfrac{\sqrt{-27}}{\sqrt{3}}=\dfrac{\sqrt{27}i}{\sqrt{3}}=\sqrt{\dfrac{27}{3}}i=\sqrt{9}i=\mathbf{3i}$

(5) $\dfrac{\sqrt{27}}{\sqrt{-3}}=\dfrac{\sqrt{27}}{\sqrt{3}i}=\sqrt{\dfrac{27}{3}}\times\dfrac{i}{i^2}=\sqrt{9}\times\dfrac{i}{-1}=\mathbf{-3i}$

(6) $\dfrac{\sqrt{-27}}{\sqrt{-3}}=\dfrac{\sqrt{27}i}{\sqrt{3}i}=\sqrt{\dfrac{27}{3}}=\sqrt{9}=\mathbf{3}$

6-2. (1) (준 식)$=(3-2\sqrt{2}i)(3+\sqrt{2}i)$

$=9+3\sqrt{2}i-6\sqrt{2}i-4i^2$

$=\mathbf{13-3\sqrt{2}i}$

(2) $(2+i)^2=4+2\times2\times i+i^2=\mathbf{3+4i}$

(3) $1+\sqrt{-1}=1+i$이고,

$(1+i)^2=1+2i+i^2=2i$

$\therefore\ (1+\sqrt{-1})^7=(1+i)^7=\{(1+i)^2\}^3(1+i)=(2i)^3(1+i)=-8i(1+i)=-8i-8i^2=\mathbf{8-8i}$

(4) $\dfrac{1}{i^9}=\dfrac{1}{(i^2)^4i}=\dfrac{1}{i}=\dfrac{i}{i^2}=\mathbf{-i}$

(5) $\dfrac{2-\sqrt{-1}}{2+\sqrt{-1}}=\dfrac{2-i}{2+i}=\dfrac{(2-i)^2}{(2+i)(2-i)}=\dfrac{4-4i+i^2}{4-i^2}=\dfrac{3-4i}{5}=\mathbf{\dfrac{3}{5}-\dfrac{4}{5}i}$

(6) (준 식)

$=\dfrac{(2+3i)(3+2i)+(2-3i)(3-2i)}{(3-2i)(3+2i)}$

$=\dfrac{6+13i+6i^2+6-13i+6i^2}{9-4i^2}$

$=\mathbf{0}$

(7) $\dfrac{1-i}{1+i}=\dfrac{(1-i)^2}{(1+i)(1-i)}=\dfrac{1-2i+i^2}{1-i^2}=\dfrac{-2i}{2}=-i$

$\therefore$ (준 식)$=(-i)^{100}=i^{100}=(i^2)^{50}=(-1)^{50}=\mathbf{1}$

****Note*** i의 거듭제곱을 구해 보면 다음과 같이 $i, -1, -i, 1$의 네 값이 반복하여 나타남을 알 수 있다.

$i^1=i^5=i^9=i^{13}=\cdots=i$

$i^2=i^6=i^{10}=i^{14}=\cdots=-1$

$i^3=i^7=i^{11}=i^{15}=\cdots=-i$

$i^4=i^8=i^{12}=i^{16}=\cdots=1$

6-3. (1) 주어진 식을 전개하면

$x+yi+3xi+3yi^2=11+13i$

$\therefore\ (x-3y)+(3x+y)i=11+13i$

여기에서 x, y는 실수이므로

$x-3y,\ 3x+y$도 실수이다.

$\therefore\ x-3y=11,\ 3x+y=13$

$\therefore\ \boldsymbol{x=5,\ y=-2}$

(2) 주어진 식의 좌변을 통분하면

$$\frac{x(2-3i)+y(2+3i)}{(2+3i)(2-3i)}=\frac{8}{13}$$

$$\therefore\ \frac{2x+2y}{13}+\frac{-3x+3y}{13}i=\frac{8}{13}$$

여기에서 x, y는 실수이므로

$\dfrac{2x+2y}{13},\ \dfrac{-3x+3y}{13}$도 실수이다.

$$\therefore\ \frac{2x+2y}{13}=\frac{8}{13},\ \frac{-3x+3y}{13}=0$$

$\therefore\ \boldsymbol{x=2,\ y=2}$

6-4. 주어진 식을 정리하면

$(x^2+y^2-12)+(x+y-4)i=0$

여기에서 x, y는 실수이므로

$x^2+y^2-12,\ x+y-4$도 실수이다.

$\therefore\ x^2+y^2-12=0,\ x+y-4=0$

$\therefore\ x^2+y^2=12,\ x+y=4$

이 값을 $(x+y)^2=x^2+2xy+y^2$에 대입하고 정리하면 $xy=2$

$\therefore\ x^3+y^3=(x+y)^3-3xy(x+y)$

$=4^3-3\times2\times4=\mathbf{40}$

6-5. $x=\dfrac{3+i}{1+i}=\dfrac{(3+i)(1-i)}{(1+i)(1-i)}$

$=\dfrac{3-2i-i^2}{1-i^2}=2-i$

$\therefore\ x-2=-i$

양변을 제곱하면 $x^2-4x+4=-1$

$\therefore\ x^2-4x+5=0$ ……⑦

그런데 x^3-2x^2을 x^2-4x+5로 나누면 몫이 $x+2$, 나머지가 $3x-10$이므로

$x^3-2x^2=(x^2-4x+5)(x+2)$

$+3x-10$ ⇦ ⑦

$=3x-10=3(2-i)-10$

$=\boldsymbol{-4-3i}$

****Note*** ⑦에서 $x^2=4x-5$

$\therefore\ x^3-2x^2=x(4x-5)-2(4x-5)$

$=4x^2-13x+10$

$=4(4x-5)-13x+10$

$=3x-10=3(2-i)-10$

$=\boldsymbol{-4-3i}$

6-6. $a+b=(1+2i)+(1-2i)=2$

$ab=(1+2i)(1-2i)=1-4i^2=5$

(1) (준 식)$=3(a+b)^2-4ab$

$=3\times2^2-4\times5=\mathbf{-8}$

(2) (준 식)$=(a+b)^3-2ab(a+b)$

$=2^3-2\times5\times2=\mathbf{-12}$

6-7. $\alpha=a+bi,\ \beta=c+di$

(a, b, c, d는 실수)로 놓자.

(1) $\overline{\alpha}=a-bi$이므로

$\overline{(\overline{\alpha})}=\overline{a-bi}=a+bi$ $\quad\therefore\ \overline{(\overline{\alpha})}=\alpha$

(2) $\dfrac{\alpha}{\beta}=\dfrac{a+bi}{c+di}=\dfrac{(a+bi)(c-di)}{(c+di)(c-di)}$

$=\dfrac{ac+bd}{c^2+d^2}+\dfrac{bc-ad}{c^2+d^2}i$

이므로

$$\overline{\left(\frac{\alpha}{\beta}\right)}=\frac{ac+bd}{c^2+d^2}+\frac{ad-bc}{c^2+d^2}i$$

또,

$\dfrac{\overline{\alpha}}{\overline{\beta}}=\dfrac{a-bi}{c-di}=\dfrac{(a-bi)(c+di)}{(c-di)(c+di)}$

$=\dfrac{ac+bd}{c^2+d^2}+\dfrac{ad-bc}{c^2+d^2}i$

$$\therefore\ \overline{\left(\frac{\alpha}{\beta}\right)}=\frac{\overline{\alpha}}{\overline{\beta}}$$

6-8. $\alpha\overline{\alpha}+2\alpha\overline{\beta}+2\overline{\alpha}\beta+4\beta\overline{\beta}$

$=\alpha(\overline{\alpha}+2\overline{\beta})+2\beta(\overline{\alpha}+2\overline{\beta})$

$=(\alpha+2\beta)(\overline{\alpha}+2\overline{\beta})$

$=(\alpha+2\beta)(\overline{\alpha+2\beta})$

$\alpha=i-1,\ \beta=1+i$이므로

$\alpha+2\beta=(i-1)+2(1+i)=1+3i$

$\therefore$ (준 식)$=(1+3i)(1-3i)=1-9i^2$

$=\mathbf{10}$

7-1. $a^2(x-1)=x-3a+2$에서

$a^2x-a^2=x-3a+2$

$\therefore\ (a^2-1)x=a^2-3a+2$

$\therefore\ (a-1)(a+1)x=(a-1)(a-2)$

해가 수 전체이려면

$(a-1)(a+1)=0$이고 $(a-1)(a-2)=0$

$\therefore\ \boldsymbol{a=1}$

7-2. $a^2x+1=a(x+1)$에서

$a^2x+1=ax+a$

$\therefore\ (a^2-a)x=a-1$

$\therefore\ a(a-1)x=a-1$

해가 없으려면

$a(a-1)=0$이고 $a-1\neq0$

$\therefore\ \boldsymbol{a=0}$

7-3. (1) $|x-2|=3$에서

(i) $x\geq2$일 때 $x-2=3$

$\therefore\ x=5$ ($x\geq2$에 적합)

(ii) $x<2$일 때 $-x+2=3$

$\therefore\ x=-1$ ($x<2$에 적합)

(i), (ii)에서 $\boldsymbol{x=-1,\ 5}$

***Note** $|x-2|=3$에서 $x-2=\pm3$

$\therefore\ \boldsymbol{x=5,\ -1}$

(2) $|x-4|+|x-3|=2$에서

(i) $x<3$일 때 $-x+4-x+3=2$

$\therefore\ x=\dfrac{5}{2}$ ($x<3$에 적합)

(ii) $3\leq x<4$일 때

$-x+4+x-3=2$이므로

$0\times x=1$이 되어 해가 없다.

(iii) $x\geq4$일 때 $x-4+x-3=2$

$\therefore\ x=\dfrac{9}{2}$ ($x\geq4$에 적합)

(i), (ii), (iii)에서 $\boldsymbol{x=\dfrac{5}{2},\ \dfrac{9}{2}}$

(3) $|x-3|-|4-x|=0$에서

$|x-3|=|4-x|$

$\therefore\ x-3=\pm(4-x)$

(i) $x-3=4-x$일 때

$2x=7$ $\therefore\ x=\dfrac{7}{2}$

(ii) $x-3=-(4-x)$일 때

$0\times x=-1$이 되어 해가 없다.

(i), (ii)에서 $\boldsymbol{x=\dfrac{7}{2}}$

7-4. 분침이 1분 동안 회전하는 각도는 6°이고, 시침이 1분 동안 회전하는 각도는 $0.5^\circ=\left(\dfrac{1}{2}\right)^\circ$이다.

(1) x분 후에 시침과 분침이 일직선이 되면 그동안 분침은 시침보다 90° 더 회전했으므로

$6x=\dfrac{1}{2}x+90$ $\therefore\ x=\dfrac{180}{11}$

(2) 4시 y분에 시침과 분침이 직각을 이룬다고 하자.

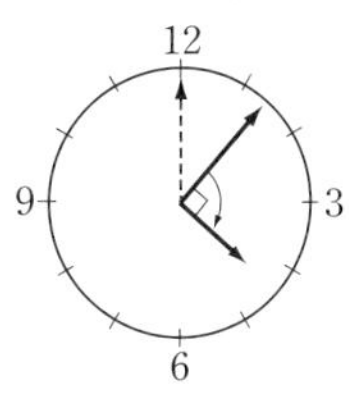

y분 동안 시침이 움직인 각도는 $\left(\dfrac{1}{2}y\right)^\circ$이고, 분침이 움직인 각도는 $(6y)^\circ$이다.

또, 시침이 12시 방향과 이루는 각은 $\left(120+\dfrac{1}{2}y\right)^\circ$이므로 분침은 12시 방향과

$\left(120+\dfrac{1}{2}y\right)^\circ-90^\circ$

의 각을 이룬다.

$\therefore\ 6y=120+\dfrac{1}{2}y-90$ $\therefore\ y=\dfrac{60}{11}$

답 (1) $\boldsymbol{\dfrac{180}{11}}$**분** (2) **4시** $\boldsymbol{\dfrac{60}{11}}$**분**

7-5. (1) $x^2-(a-b)x+ab=2b^2$에서

$x^2-(a-b)x+b(a-2b)=0$

좌변을 인수분해하면

$(x-b)\{x-(a-2b)\}=0$

$\therefore\ \boldsymbol{x=b,\ a-2b}$

(2) $x^2-2|x|-3=0$에서

(i) $x\geq 0$일 때 $x^2-2x-3=0$

$\therefore\ (x+1)(x-3)=0$

$\therefore\ x=-1,\ 3$

$x\geq 0$이므로 $x=3$

(ii) $x<0$일 때 $x^2+2x-3=0$

$\therefore\ (x+3)(x-1)=0$

$\therefore\ x=-3,\ 1$

$x<0$이므로 $x=-3$

(i), (ii)에서 $\boldsymbol{x=-3,\ 3}$

****Note*** $x^2=|x|^2$이므로 주어진 식은

$|x|^2-2|x|-3=0$

$\therefore\ (|x|-3)(|x|+1)=0$

이때, $|x|+1\neq 0$이므로

$|x|-3=0$에서 $\boldsymbol{x=\pm 3}$

7-6. (1) 근의 공식에 대입하면

$x=(\sqrt{3}+1)\pm\sqrt{(\sqrt{3}+1)^2-(3+2\sqrt{3})}$

$=(\sqrt{3}+1)\pm\sqrt{1}$

$\therefore\ \boldsymbol{x=2+\sqrt{3},\ \sqrt{3}}$

****Note*** 인수분해를 이용하여 풀면

$x^2-2(\sqrt{3}+1)x+\sqrt{3}(\sqrt{3}+2)=0$

$\therefore\ (x-\sqrt{3})\{x-(2+\sqrt{3})\}=0$

$\therefore\ \boldsymbol{x=\sqrt{3},\ 2+\sqrt{3}}$

(2) 양변에 i를 곱하고 간단히 하면

$x^2+2(i-2)x+2-4i=0$

근의 공식에 대입하면

$x=-(i-2)\pm\sqrt{(i-2)^2-(2-4i)}$

$=-(i-2)\pm\sqrt{1}$

$\therefore\ \boldsymbol{x=3-i,\ 1-i}$

7-7. $2+3i$가 방정식 $x^2+px+q=0$의 해이므로

$(2+3i)^2+p(2+3i)+q=0$

전개하여 정리하면

$(2p+q-5)+(3p+12)i=0$

$p,\ q$는 실수이므로

$2p+q-5=0,\ 3p+12=0$

$\therefore\ \boldsymbol{p=-4,\ q=13}$

7-8. $1-\sqrt{2}$가 방정식 $x^2+px+q=0$의 해이므로

$(1-\sqrt{2})^2+p(1-\sqrt{2})+q=0$

전개하여 정리하면

$(p+q+3)+(-p-2)\sqrt{2}=0$

$p,\ q$는 유리수이므로

$p+q+3=0,\ -p-2=0$

$\therefore\ \boldsymbol{p=-2,\ q=-1}$

7-9. $2+\sqrt{3}$이 방정식 $px^2+qx+r=0$의 해이므로

$p(2+\sqrt{3})^2+q(2+\sqrt{3})+r=0$

전개하여 정리하면

$(7p+2q+r)+(4p+q)\sqrt{3}=0$

$p,\ q,\ r$은 유리수이므로

$7p+2q+r=0,\ 4p+q=0$ $\cdots$⑦

한편 px^2+qx+r의 x에 $2-\sqrt{3}$을 대입하여 정리하면

px^2+qx+r

$=p(2-\sqrt{3})^2+q(2-\sqrt{3})+r$

$=(7p+2q+r)-(4p+q)\sqrt{3}$

$=0$ ⇦ ⑦

따라서 $2-\sqrt{3}$도 $px^2+qx+r=0$의 해이다.

7-10. ω가 방정식 $x^2+x+1=0$의 근이므로 $\omega^2+\omega+1=0$

양변에 $\omega-1$을 곱하면

$(\omega-1)(\omega^2+\omega+1)=0$

$\therefore\ \omega^3-1=0$ $\quad\therefore\ \omega^3=1$

(1) $\omega^{20}+\omega^7=(\omega^3)^6\omega^2+(\omega^3)^2\omega$

$=\omega^2+\omega=\boldsymbol{-1}$

(2) $1+\omega+\omega^2+\omega^3+\cdots+\omega^{18}$

$=(1+\omega+\omega^2)+\omega^3(1+\omega+\omega^2)$

$+\cdots+\omega^{15}(1+\omega+\omega^2)+\omega^{18}$

$=\omega^{18}=(\omega^3)^6=\boldsymbol{1}$

(3) $\omega^3=1$이므로

$\omega^{100}=(\omega^3)^{33}\omega=\omega,$

$\omega^{101}=(\omega^3)^{33}\omega^2=\omega^2$

또, $\omega^2+\omega+1=0$에서

$1+\omega=-\omega^2,\ 1+\omega^2=-\omega$

$\therefore$ (준 식)$=\dfrac{\omega^2}{1+\omega}+\dfrac{\omega}{1+\omega^2}$

$=\dfrac{\omega^2}{-\omega^2}+\dfrac{\omega}{-\omega}$

$=(-1)+(-1)=\mathbf{-2}$

(4) $(2+\sqrt{3}\omega)(2+\sqrt{3}\omega^2)$

$=4+2\sqrt{3}(\omega+\omega^2)+3\omega^3$

$=4+2\sqrt{3}\times(-1)+3\times1$

$=7-2\sqrt{3}$

이므로

$(2+\sqrt{3})(2+\sqrt{3}\omega)(2+\sqrt{3}\omega^2)$

$=(2+\sqrt{3})(7-2\sqrt{3})=\mathbf{8+3\sqrt{3}}$

7-11. ω가 방정식 $x^2-x+1=0$의 근이므로 $\omega^2-\omega+1=0$

양변에 $\omega+1$을 곱하면

$(\omega+1)(\omega^2-\omega+1)=0$

$\therefore\ \omega^3+1=0 \quad \therefore\ \omega^3=-1$

$\therefore\ \omega(2\omega-1)(2+\omega^2)$

$=2\omega^4-\omega^3+4\omega^2-2\omega$

$=2\omega^3\times\omega-\omega^3+4\omega^2-2\omega$

$=-2\omega+1+4\omega^2-2\omega$

$=4(\omega^2-\omega)+1$

$=4\times(-1)+1=\mathbf{-3}$

***Note** $\omega(2\omega-1)(2+\omega^2)$

$=(2\omega-1)(2\omega+\omega^3)$

$=(2\omega-1)(2\omega-1)$

$=4(\omega^2-\omega)+1$

$=4\times(-1)+1=\mathbf{-3}$

7-12. $\triangle$ABC는 $\overline{AB}=\overline{AC}$인 이등변삼각형이고 $\angle A=36^\circ$이므로

$\angle B=\angle C=72^\circ$

선분 CD는 $\angle C$의 이등분선이므로

$\angle BCD=\angle ACD=36^\circ$

$\therefore\ \angle CDB=72^\circ$

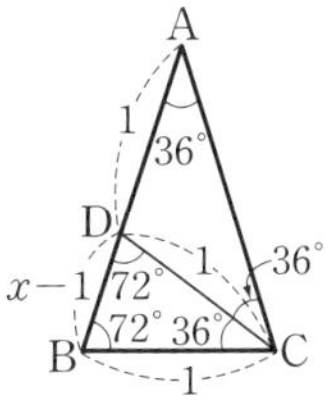

$\overline{CD}=1$이라고 하면 $\triangle$CDB와 $\triangle$DCA는 각각 이등변삼각형이므로

$\overline{BC}=\overline{DC}=\overline{DA}=1$

$\overline{AB}=x$라고 하면 $\overline{BD}=x-1$이고,

$\triangle CDB \backsim \triangle ABC$ (AA 닮음)

이므로

$\overline{CD}:\overline{AB}=\overline{BD}:\overline{CB}$

$\therefore\ 1:x=(x-1):1 \quad \therefore\ x(x-1)=1$

$\therefore\ x^2-x-1=0 \quad \therefore\ x=\dfrac{1\pm\sqrt{5}}{2}$

$x>1$이므로 $x=\dfrac{1+\sqrt{5}}{2}$

$\therefore\ \overline{AD}:\overline{AB}=1:\dfrac{1+\sqrt{5}}{2}$

$=\mathbf{2:(1+\sqrt{5})}$

7-13. 처음 직사각형의 짧은 변의 길이를 x cm라고 하면 긴 변의 길이는 $2x$ cm이고, 새로운 직사각형의 두 변의 길이는 각각 $(x+10)$ cm, $(2x-5)$ cm이다.

변의 길이는 양수이므로

$x>0,\ x+10>0,\ 2x-5>0$

$\therefore\ x>\dfrac{5}{2}$ ……㉮

새로 만들어지는 직사각형의 넓이는 처음 직사각형의 넓이의 1.5배이므로

$(x+10)(2x-5)=1.5\times(x\times2x)$

$\therefore\ x^2-15x+50=0$

$\therefore\ (x-5)(x-10)=0$

$\therefore\ x=5,\ 10$

이 값은 ㉮을 만족시키므로 구하는 길이는 **5 cm 또는 10 cm**

8-1. $ax^2+4x-2=0$은 이차방정식이므로

$a\neq0$ ……㉮

$D/4=2^2-a\times(-2)=2(a+2)$

(1) $D/4>0$으로부터 $2(a+2)>0$

$\therefore\ a>-2$ ……②

①, ②로부터 $\boldsymbol{-2<a<0,\ a>0}$

(2) $D/4=0$으로부터 $2(a+2)=0$

$\therefore\ \boldsymbol{a=-2}$

(3) $D/4<0$으로부터 $2(a+2)<0$

$\therefore\ \boldsymbol{a<-2}$

8-2. $D=(b^2+c^2-a^2)^2-4b^2c^2$

$=(b^2+c^2-a^2+2bc)$

$\times(b^2+c^2-a^2-2bc)$

$=\{(b+c)^2-a^2\}\{(b-c)^2-a^2\}$

$=(b+c+a)(b+c-a)$

$\times(b-c+a)(b-c-a)$

여기에서 a, b, c는 삼각형의 세 변의 길이이므로

$b+c+a>0,\ b+c-a>0,$

$b-c+a>0,\ b-c-a<0$

$\therefore\ D<0$

따라서 서로 다른 두 허근을 가진다.

8-3. 주어진 식을 x에 관하여 정리하면

$x^2+2(k-a)x+k^2-4k+2b=0$

중근을 가지기 위한 조건은

$D/4=(k-a)^2-(k^2-4k+2b)=0$

$\therefore\ 2(2-a)k+(a^2-2b)=0$

k의 값에 관계없이 성립하려면

$2-a=0,\ a^2-2b=0$

$\therefore\ \boldsymbol{a=2,\ b=2}$

8-4. 서로 같은 두 근을 가지기 위한 조건은 $D=(a-2\sqrt{3})^2-4(b+2\sqrt{3})=0$

$\therefore\ (a^2-4b+12)+(-4a-8)\sqrt{3}=0$

a, b는 유리수이므로

$a^2-4b+12=0,\ -4a-8=0$

$\therefore\ \boldsymbol{a=-2,\ b=4}$

8-5. 주어진 식을 x에 관하여 정리하면

$2x^2-4(a+2)x+5a^2-4a+20=0$

……①

실근을 가지므로

$D/4=4(a+2)^2-2(5a^2-4a+20)\ge0$

$\therefore\ (a-2)^2\le0$

a가 실수이므로 $\boldsymbol{a=2}$

$a=2$일 때, ①은 $2x^2-16x+32=0$

$\therefore\ 2(x-4)^2=0 \qquad \therefore\ \boldsymbol{x=4}$

* ***Note*** 1° 주어진 식을 $A^2+B^2=0$의 꼴로 정리하여 실수 조건을 이용해도 된다. 곧,

$2\{x^2-2(a+2)x+(a+2)^2\}$

$-2(a+2)^2+5a^2-4a+20=0$

$\therefore\ 2\{x-(a+2)\}^2+3(a-2)^2=0$

a, x가 실수이므로

$x-(a+2)=0,\ a-2=0$

$\therefore\ \boldsymbol{a=2,\ x=4}$

2° 주어진 식을 $A^2+B^2+C^2=0$의 꼴로 정리하여 실수 조건을 이용해도 된다. 곧,

$(x-2a)^2+(x-4)^2+(a-2)^2=0$

a, x가 실수이므로

$x-2a=0,\ x-4=0,\ a-2=0$

$\therefore\ \boldsymbol{a=2,\ x=4}$

8-6. 주어진 식이 완전제곱식이므로

$D/4=(k-1)^2-(2k^2-6k+4)=0$

$\therefore\ k^2-4k+3=0 \qquad \therefore\ \boldsymbol{k=1,\ 3}$

8-7. 주어진 식을 x에 관하여 정리하면

$(c-a)x^2-2bx+a+c$

이차식이므로 $c-a\ne0 \qquad \therefore\ a\ne c$

또, 완전제곱식이므로

$D/4=(-b)^2-(c-a)(a+c)=0$

$\therefore\ c^2=a^2+b^2$

따라서 빗변의 길이가 $\boldsymbol{c}$인 직각삼각형

9-1. $2x^2+4x+3=0$에서 근과 계수의 관계로부터

$\alpha+\beta=-2,\ \alpha\beta=\dfrac{3}{2}$

(1) $\alpha^2\beta+\alpha\beta^2=\alpha\beta(\alpha+\beta)$

$=\dfrac{3}{2}\times(-2)=\boldsymbol{-3}$

(2) $(\alpha^2-1)(\beta^2-1)=\alpha^2\beta^2-\alpha^2-\beta^2+1$
$=(\alpha\beta)^2-(\alpha^2+\beta^2)+1$

이때,

$\alpha^2+\beta^2=(\alpha+\beta)^2-2\alpha\beta$
$=(-2)^2-2\times\frac{3}{2}=1$ …①

$\therefore$ (준 식)$=\left(\frac{3}{2}\right)^2-1+1=\mathbf{\frac{9}{4}}$

(3) $(2\alpha+\beta)(2\beta+\alpha)$
$=4\alpha\beta+2\alpha^2+2\beta^2+\alpha\beta$
$=5\alpha\beta+2(\alpha^2+\beta^2)$ ⇦ ①
$=5\times\frac{3}{2}+2\times1=\mathbf{\frac{19}{2}}$

(4) $\left(\alpha+\frac{1}{\beta}\right)\left(\beta+\frac{1}{\alpha}\right)=\alpha\beta+1+1+\frac{1}{\alpha\beta}$
$=\frac{3}{2}+2+\frac{2}{3}=\mathbf{\frac{25}{6}}$

(5) $\frac{\beta}{\alpha+1}+\frac{\alpha}{\beta+1}=\frac{\beta(\beta+1)+\alpha(\alpha+1)}{(\alpha+1)(\beta+1)}$
$=\frac{(\alpha^2+\beta^2)+(\alpha+\beta)}{\alpha\beta+(\alpha+\beta)+1}$ ⇦ ①
$=\frac{1-2}{\frac{3}{2}-2+1}=\mathbf{-2}$

(6) $\frac{\alpha^2}{\beta}-\frac{\beta^2}{\alpha}=\frac{\alpha^3-\beta^3}{\alpha\beta}$
$=\frac{(\alpha-\beta)(\alpha^2+\alpha\beta+\beta^2)}{\alpha\beta}$

이때, ①에서 $\alpha^2+\beta^2=1$이므로

$(\alpha-\beta)^2=\alpha^2-2\alpha\beta+\beta^2$
$=1-2\times\frac{3}{2}=-2$

$\therefore\ \alpha-\beta=\pm\sqrt{2}i$

$\therefore$ (준 식)$=\frac{\pm\sqrt{2}i\left(1+\frac{3}{2}\right)}{\frac{3}{2}}=\mathbf{\pm\frac{5\sqrt{2}}{3}i}$

(복부호동순)

9-2. 다른 한 근을 α라고 하면 근과 계수의 관계로부터

$1+\sqrt{2}+\alpha=m$ ……①
$(1+\sqrt{2})\alpha=1$ ……②

②에서 $\alpha=\frac{1}{1+\sqrt{2}}=\sqrt{2}-1$

①에 대입하면 $m=2\sqrt{2}$

답 $\mathbf{m=2\sqrt{2}}$, 다른 한 근 : $\mathbf{\sqrt{2}-1}$

9-3. 한 근을 α라고 하면 다른 한 근은 2α이므로 근과 계수의 관계로부터

$\alpha+2\alpha=-\frac{3}{2}$ ……①
$\alpha\times2\alpha=\frac{m}{2}$ ……②

①에서 $\alpha=-\frac{1}{2}$

②에 대입하면 $\mathbf{m=1}$

9-4. 작은 근을 α라고 하면 큰 근은 $\alpha+2$이므로 근과 계수의 관계로부터

$\alpha+(\alpha+2)=-2$ ……①
$\alpha(\alpha+2)=m$ ……②

①에서 $\alpha=-2$

②에 대입하면 $\mathbf{m=0}$

9-5. $x^2-ax+b=0$의 두 근이 α, β이므로

$\alpha+\beta=a,\ \alpha\beta=b$ ……①

또, $x^2-(2a+1)x+2=0$의 두 근이 $\alpha+\beta, \alpha\beta$이므로

$\left.\begin{array}{l}(\alpha+\beta)+\alpha\beta=2a+1\\(\alpha+\beta)\alpha\beta=2\end{array}\right\}$ ……②

①을 ②에 대입하면

$a+b=2a+1,\ ab=2$

$\therefore\ a-b=-1,\ ab=2$

$\therefore\ a^3-b^3=(a-b)^3+3ab(a-b)$
$=(-1)^3+3\times2\times(-1)$
$=\mathbf{-7}$

9-6. $x^2-mx+n=0$이 실근을 가질 조건은 $D=(-m)^2-4n\geq0$

$\therefore\ m^2\geq4n$ ……①

$x^2-mx+n=0$의 두 근이 α, β이므로

$\alpha+\beta=m,\ \alpha\beta=n$ ……②

또, $x^2-3mx+4(n-1)=0$의 두 근이 α^2, β^2이므로

$\alpha^2+\beta^2=3m$ ……③

$\alpha^2\beta^2=4(n-1)$ ……④

②를 ③, ④에 대입하면

$m^2-2n=3m$ ……⑤

$n^2=4(n-1)$ ……⑥

⑥에서 $(n-2)^2=0$ $\therefore n=2$

⑤에 대입하면 $m=-1, 4$

⑦을 만족시키는 것은 $\boldsymbol{m=4,\ n=2}$

9-7. 주어진 식을 x에 관하여 정리하고 0으로 놓으면

$$x^2-(5y-1)x+4y^2+2y-2=0$$

이 식을 x에 관한 이차방정식으로 보고 근의 공식에 대입하면

$$x=\frac{(5y-1)\pm\sqrt{(5y-1)^2-4(4y^2+2y-2)}}{2}$$

$$=\frac{5y-1\pm\sqrt{9(y-1)^2}}{2}$$

$$=\frac{5y-1\pm3(y-1)}{2}$$

$\therefore x=4y-2$ 또는 $x=y+1$

$\therefore$ (준 식)$=\{x-(4y-2)\}\{x-(y+1)\}$

$=\boldsymbol{(x-4y+2)(x-y-1)}$

***Note** 다음과 같이 인수분해할 수도 있다.

(준 식)$=x^2-(5y-1)x+4y^2+2y-2$

$=x^2-(5y-1)x+2(2y-1)(y+1)$

$=\{x-2(2y-1)\}\{x-(y+1)\}$

$=\boldsymbol{(x-4y+2)(x-y-1)}$

9-8. 주어진 식을 x에 관하여 정리하고 0으로 놓으면

$$x^2+(y-1)x-2y^2+ky-2=0$$

이 식을 x에 관한 이차방정식으로 보고 근의 공식에 대입하면

$$x=\frac{-(y-1)\pm\sqrt{D_1}}{2}$$

단, $D_1=(y-1)^2-4(-2y^2+ky-2)$

$=9y^2-2(2k+1)y+9$

$\therefore$ (준 식)$=\left\{x-\dfrac{-(y-1)+\sqrt{D_1}}{2}\right\}\times\left\{x-\dfrac{-(y-1)-\sqrt{D_1}}{2}\right\}$

두 일차식의 곱이 되기 위해서는 D_1이 완전제곱식이어야 하므로 $D_1=0$의 판별식을 D라고 하면

$$D/4=(2k+1)^2-9\times9=0$$

$\therefore 2k+1=\pm9$ $\therefore \boldsymbol{k=4,\ -5}$

9-9. 두 수의 분모를 각각 유리화하면

$$\frac{\sqrt{3}+\sqrt{2}}{\sqrt{3}-\sqrt{2}}=\frac{(\sqrt{3}+\sqrt{2})^2}{(\sqrt{3}-\sqrt{2})(\sqrt{3}+\sqrt{2})}=5+2\sqrt{6},$$

$$\frac{\sqrt{3}-\sqrt{2}}{\sqrt{3}+\sqrt{2}}=\frac{(\sqrt{3}-\sqrt{2})^2}{(\sqrt{3}+\sqrt{2})(\sqrt{3}-\sqrt{2})}=5-2\sqrt{6}$$

따라서 구하는 이차방정식은

$$x^2-\{(5+2\sqrt{6})+(5-2\sqrt{6})\}x+(5+2\sqrt{6})(5-2\sqrt{6})=0$$

$\therefore \boldsymbol{x^2-10x+1=0}$

9-10. 계수가 유리수이고, 한 근이 $-1+\sqrt{2}$이므로 다른 한 근은 $-1-\sqrt{2}$이다.

따라서 구하는 이차방정식은

$$x^2-\{(-1+\sqrt{2})+(-1-\sqrt{2})\}x+(-1+\sqrt{2})(-1-\sqrt{2})=0$$

$\therefore \boldsymbol{x^2+2x-1=0}$

9-11. 계수가 실수이고, 한 근이 $3-i$이므로 다른 한 근은 $3+i$이다.

따라서 구하는 이차방정식은

$$x^2-\{(3-i)+(3+i)\}x+(3-i)(3+i)=0$$

$\therefore \boldsymbol{x^2-6x+10=0}$

9-12. $x^2-2x+4=0$에서 근과 계수의 관계로부터

$$\alpha+\beta=2,\ \alpha\beta=4$$

(1) 구하는 이차방정식은

$x^2-(3\alpha+3\beta)x+3\alpha\times3\beta=0$

그런데

$3\alpha+3\beta=3(\alpha+\beta)=6,$

$3\alpha\times3\beta=9\alpha\beta=36$

$\therefore\ \boldsymbol{x^2-6x+36=0}$

(2) $(2\alpha+1)+(2\beta+1)=2(\alpha+\beta)+2=6$

$(2\alpha+1)(2\beta+1)$

$=4\alpha\beta+2(\alpha+\beta)+1=21$

$\therefore\ \boldsymbol{x^2-6x+21=0}$

(3) $\alpha^2+\beta^2=(\alpha+\beta)^2-2\alpha\beta=-4$

$\alpha^2\beta^2=(\alpha\beta)^2=16$

$\therefore\ \boldsymbol{x^2+4x+16=0}$

(4) $(\alpha^2+1)+(\beta^2+1)$

$=(\alpha+\beta)^2-2\alpha\beta+2=-2$

$(\alpha^2+1)(\beta^2+1)$

$=(\alpha\beta)^2+(\alpha+\beta)^2-2\alpha\beta+1=13$

$\therefore\ \boldsymbol{x^2+2x+13=0}$

(5) $\alpha^3+\beta^3=(\alpha+\beta)^3-3\alpha\beta(\alpha+\beta)$

$=-16$

$\alpha^3\beta^3=(\alpha\beta)^3=4^3=64$

$\therefore\ \boldsymbol{x^2+16x+64=0}$

(6) $(\alpha+\beta)+\alpha\beta=6,\ (\alpha+\beta)\alpha\beta=8$

$\therefore\ \boldsymbol{x^2-6x+8=0}$

(7) $\dfrac{1}{\alpha}+\dfrac{1}{\beta}=\dfrac{\alpha+\beta}{\alpha\beta}=\dfrac{1}{2}$

$\dfrac{1}{\alpha}\times\dfrac{1}{\beta}=\dfrac{1}{\alpha\beta}=\dfrac{1}{4}$

$\therefore\ \boldsymbol{x^2-\dfrac{1}{2}x+\dfrac{1}{4}=0}$

(8) $\left(\alpha+\dfrac{1}{\beta}\right)+\left(\beta+\dfrac{1}{\alpha}\right)$

$=(\alpha+\beta)+\dfrac{\alpha+\beta}{\alpha\beta}=\dfrac{5}{2}$

$\left(\alpha+\dfrac{1}{\beta}\right)\left(\beta+\dfrac{1}{\alpha}\right)$

$=\alpha\beta+\dfrac{1}{\alpha\beta}+2=\dfrac{25}{4}$

$\therefore\ \boldsymbol{x^2-\dfrac{5}{2}x+\dfrac{25}{4}=0}$

(9) $\dfrac{\beta}{\alpha}+\dfrac{\alpha}{\beta}=\dfrac{(\alpha+\beta)^2-2\alpha\beta}{\alpha\beta}=-1$

$\dfrac{\beta}{\alpha}\times\dfrac{\alpha}{\beta}=1$

$\therefore\ \boldsymbol{x^2+x+1=0}$

* ***Note*** 문제에서 계수에 대한 특별한 조건이 주어지지 않으면 보통 모든 계수가 정수인 이차방정식으로 나타낸다.

이를테면 (7), (8)은 각각

$4x^2-2x+1=0,$

$4x^2-10x+25=0$

으로 답할 수 있다.

9-13. 근과 계수의 관계로부터

$\alpha+\beta=m+1$ ……①

$\alpha\beta=m+3$ ……②

②−①하여 m을 소거하면

$\alpha\beta-\alpha-\beta=2$

$\therefore\ (\alpha-1)(\beta-1)=3$

$\alpha,\ \beta$가 양의 정수이고, $\alpha-1\ge0,$ $\beta-1\ge0$이므로

$\begin{cases}\alpha-1=1\\ \beta-1=3\end{cases}$ 또는 $\begin{cases}\alpha-1=3\\ \beta-1=1\end{cases}$

$\therefore\ \alpha=2,\ \beta=4$ 또는 $\alpha=4,\ \beta=2$

$\therefore\ \alpha^2+\beta^2=\mathbf{20}$

9-14. 근의 공식에 대입하면

$x=\dfrac{-(-m)\pm\sqrt{(-m)^2-4(m^2-1)}}{2}$

$=\dfrac{m\pm\sqrt{-3m^2+4}}{2}$ ……①

x가 정수이려면 $-3m^2+4\ge0$이어야 한다. 곧, $3m^2-4\le0$

m은 정수이므로 $m^2=0,\ 1$

$\therefore\ m=-1,\ 0,\ 1$

이 값을 ①에 대입하면

$m=-1$일 때 $x=-1,\ 0$ (적합),

$m=0$일 때 $x=-1,\ 1$ (적합),

$m=1$일 때 $x=0,\ 1$ (적합)

$\therefore\ \boldsymbol{m=-1,\ 0,\ 1}$

9-15. $x^2-2ax+a+2=0$의 두 근을 $\alpha,\ \beta$

라고 하자.

(1) α, β가 모두 양수일 조건은

$D \geq 0,\ \alpha+\beta>0,\ \alpha\beta>0$

이므로

$D/4=(-a)^2-(a+2)\geq 0$

$\therefore\ (a+1)(a-2)\geq 0$

$\therefore\ a\leq -1,\ a\geq 2$ …①

$\alpha+\beta=2a>0 \quad \therefore\ a>0$ …②

$\alpha\beta=a+2>0 \quad \therefore\ a>-2$ …③

①, ②, ③의 공통 범위를 수직선 위에 나타내면

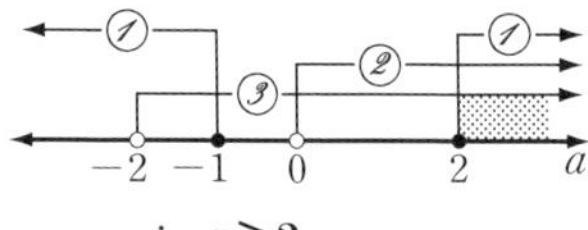

$\therefore\ \boldsymbol{a\geq 2}$

(2) α, β가 모두 음수일 조건은

$D \geq 0,\ \alpha+\beta<0,\ \alpha\beta>0$

이므로

$D/4=(-a)^2-(a+2)\geq 0$

$\therefore\ (a+1)(a-2)\geq 0$

$\therefore\ a\leq -1,\ a\geq 2$ …④

$\alpha+\beta=2a<0 \quad \therefore\ a<0$ …⑤

$\alpha\beta=a+2>0 \quad \therefore\ a>-2$ …⑥

④, ⑤, ⑥의 공통 범위를 수직선 위에 나타내면

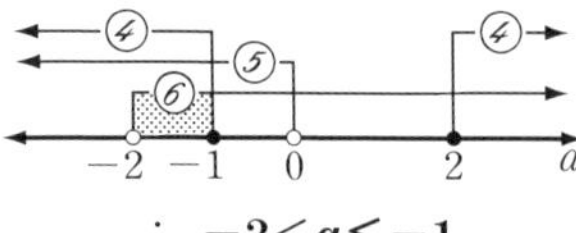

$\therefore\ \boldsymbol{-2<a\leq -1}$

(3) α, β가 서로 다른 부호일 조건은 $\alpha\beta<0$이므로

$\alpha\beta=a+2<0 \quad \therefore\ \boldsymbol{a<-2}$

9-16. 서로 다른 두 실근을 α, β라고 하자.

음의 실근의 절댓값이 양의 실근보다 크므로

$\alpha+\beta=-(a^2-1)<0$

$\therefore\ (a+1)(a-1)>0$

$\therefore\ a<-1,\ a>1$ ……①

두 근의 부호가 서로 다르므로

$\alpha\beta=a^2-4<0$

$\therefore\ (a+2)(a-2)<0$

$\therefore\ -2<a<2$ ……②

①, ②의 공통 범위를 수직선 위에 나타내면

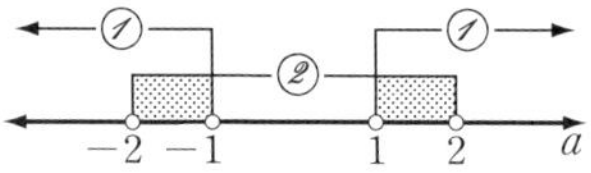

$\therefore\ \boldsymbol{-2<a<-1,\ 1<a<2}$

10-1. $y=x^2+(2k-1)x+k^2$에서

$D_1=(2k-1)^2-4k^2=-4k+1$

$y=-x^2+2(k+1)x-k-3$에서

$D_2/4=(k+1)^2+(-k-3)$

$=(k+2)(k-1)$

(1) $D_1\geq 0$이고 $D_2/4\geq 0$이면 된다.

$D_1\geq 0$에서 $\quad k\leq \dfrac{1}{4}$ ……①

$D_2/4\geq 0$에서

$k\leq -2,\ k\geq 1$ ……②

①, ②의 공통 범위를 수직선 위에 나타내면

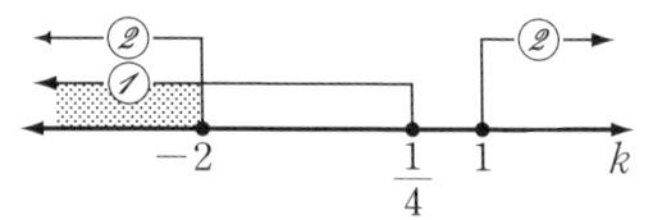

$\therefore\ \boldsymbol{k\leq -2}$

(2) (i) $D_1=0$이고 $D_2/4<0$일 때

$k=\dfrac{1}{4}$이고 $-2<k<1$에서

$k=\dfrac{1}{4}$

(ii) $D_2/4=0$이고 $D_1<0$일 때

$k=-2,\ 1$이고 $k>\dfrac{1}{4}$에서 $\quad k=1$

(i), (ii)에서 $\quad \boldsymbol{k=\dfrac{1}{4},\ 1}$

10-2. (1) 포물선 $y=f(x)$가 x축과 두 점 $(-4,\ 0),\ (1,\ 0)$에서 만나므로 축의 방

정식을 $x=p$로 놓으면

$$p=\frac{-4+1}{2}=-\frac{3}{2}$$

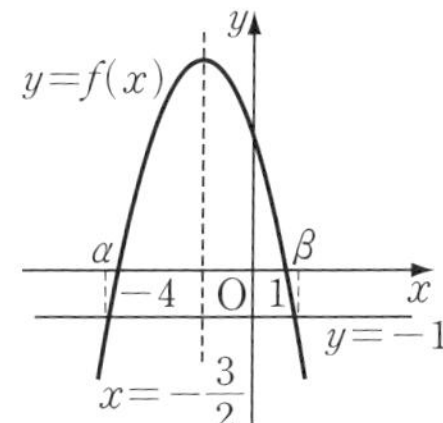

방정식 $f(x)=-1$의 두 근을 α, β라고 하면

$$\frac{\alpha+\beta}{2}=-\frac{3}{2} \quad \therefore \ \alpha+\beta=\mathbf{-3}$$

(2) $3x=t$로 놓으면 주어진 방정식은

$$f(t)=0$$

$f(t)=0$의 두 근이 $t=-4$, 1이므로

$$3x=-4,\ 1 \quad \therefore \ x=-\frac{4}{3},\ \frac{1}{3}$$

따라서 두 근의 곱은 $\boldsymbol{-\frac{4}{9}}$

10-3. $mx-2=2x^2-3x$

곧, $2x^2-(m+3)x+2=0$에서

$$D=(m+3)^2-4\times2\times2$$
$$=(m+7)(m-1)$$

(1) 직선이 포물선에 접하려면

$$D=0 \quad \therefore \ \boldsymbol{m=-7,\ 1}$$

(2) 직선이 포물선과 서로 다른 두 점에서 만나려면

$$D>0 \quad \therefore \ \boldsymbol{m<-7,\ m>1}$$

(3) 직선이 포물선과 만나지 않으려면

$$D<0 \quad \therefore \ \boldsymbol{-7<m<1}$$

10-4. 직선 $y=4x+1$에 평행한 직선의 방정식을 $y=4x+k$ ……①

이라고 하자.

포물선 $y=2x^2$에 접하므로

$$2x^2=4x+k,\ \text{곧}\ 2x^2-4x-k=0$$

에서

$$D/4=(-2)^2-2\times(-k)=0$$

$$\therefore \ k=-2$$

①에 대입하면 $\boldsymbol{y=4x-2}$

10-5. 접선의 방정식을 $y=mx+n$이라고 하면 점 $(1,\ 0)$을 지나므로

$$0=m+n \quad \therefore \ n=-m$$

따라서 접선의 방정식은

$$y=mx-m$$

포물선 $y=-x^2+1$에 접하므로

$$-x^2+1=mx-m$$

곧, $x^2+mx-m-1=0$

에서 $D=m^2-4(-m-1)=0$

$$\therefore \ (m+2)^2=0 \quad \therefore \ m=-2$$

$$\therefore \ \boldsymbol{y=-2x+2}$$

10-6. $y=2x^2$ …① $y=x^2+1$ …②

공통접선의 방정식을

$$y=mx+n \qquad ……③$$

이라고 하자.

①, ③에서 y를 소거하면

$$2x^2-mx-n=0$$

③이 ①에 접할 조건은

$$D_1=(-m)^2-4\times2\times(-n)=0$$

$$\therefore \ m^2+8n=0 \qquad ……④$$

같은 방법으로 하면 ③이 ②에 접할 조건은 $x^2-mx+1-n=0$에서

$$D_2=(-m)^2-4(1-n)=0$$

$$\therefore \ m^2+4n-4=0 \qquad ……⑤$$

④−⑤하면 $4n+4=0 \quad \therefore \ n=-1$

이 값을 ④에 대입하면

$$m^2-8=0 \quad \therefore \ m=\pm2\sqrt{2}$$

이 값을 ③에 대입하면

$$\boldsymbol{y=2\sqrt{2}x-1,\ y=-2\sqrt{2}x-1}$$

10-7. $y=x^2+ax+b$ ……①

$y=2x-1$ ……②

$y=-4x+2$ ……③

②가 ①에 접할 조건은

$x^2+(a-2)x+b+1=0$에서

$$D_1=(a-2)^2-4(b+1)=0$$

$\therefore\ a^2-4a-4b=0$ ……④

③이 ①에 접할 조건은

$x^2+(a+4)x+b-2=0$에서

$D_2=(a+4)^2-4(b-2)=0$

$\therefore\ a^2+8a-4b+24=0$ ……⑤

⑤−④하면 $12a+24=0$ $\therefore$ $\boldsymbol{a=-2}$

④에 대입하면 $\boldsymbol{b=3}$

10-8. $|x^2-4|=a$ ……①

①의 양변을 y로 놓으면

$y=|x^2-4|$ …② $y=a$ …③

①이 서로 다른 네 실근을 가질 때, ②와 ③의 그래프가 서로 다른 네 점에서 만난다.

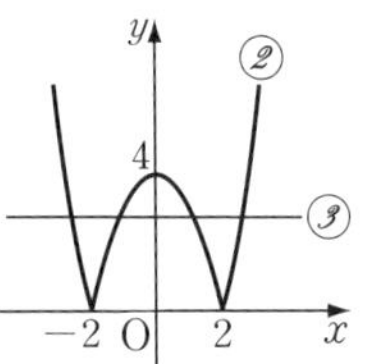

③을 위아래로 이동시켜 보면 ②, ③이 서로 다른 네 점에서 만나는 a의 값의 범위는

$\boldsymbol{0<a<4}$

***Note** 절댓값 기호가 있는 식의 그래프는 절댓값의 정의와 성질을 이용하여 절댓값 기호를 없앤 다음 그리면 된다.

이에 대해서는 기본 공통수학2의 p.202에서 자세히 공부한다.

10-9. $|x^2-a^2|=4$ ……①

①의 양변을 y로 놓으면

$y=|x^2-a^2|$ …② $y=4$ …③

①이 서로 다른 두 실근을 가질 때, ②와 ③의 그래프가 서로 다른 두 점에서 만난다.

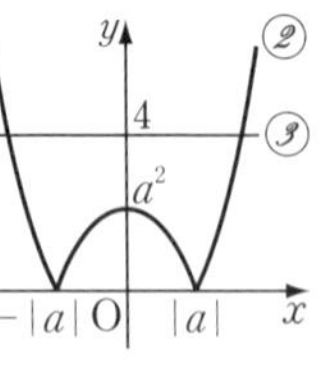

②의 a^2의 위치를 이동시켜 보면 ②, ③이 서로 다른 두 점에서 만나는 a의 값의 범위는

$a^2<4$ $\therefore\ (a+2)(a-2)<0$

$\therefore$ $\boldsymbol{-2<a<2}$

10-10. $f(x)=x^2-2(m-3)x+11-5m$ 으로 놓으면 (1), (2)의 조건에 맞는 $y=f(x)$의 그래프는 각각 아래와 같다.

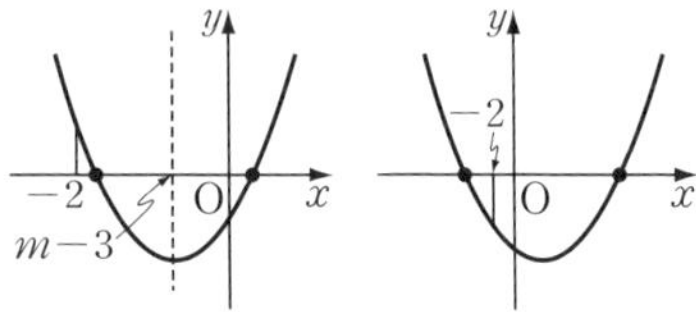

(1) $f(x)=0$의 두 근이 모두 -2보다 크려면 위의 왼쪽 그림에서

(i) $f(-2)=4-2(m-3)\times(-2)+11-5m>0$

$\therefore\ m<3$ ……①

(ii) 축 : $x=m-3>-2$

$\therefore\ m>1$ ……②

(iii) $D/4=(m-3)^2-(11-5m)\ge0$

$\therefore\ m\le-1,\ m\ge2$ ……③

①, ②, ③의 공통 범위를 수직선 위에 나타내면

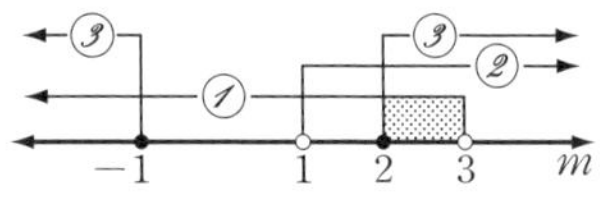

$\therefore$ $\boldsymbol{2\le m<3}$

(2) -2가 $f(x)=0$의 두 근 사이에 있으려면 위의 오른쪽 그림에서

$f(-2)=4-2(m-3)\times(-2)+11-5m<0$

$\therefore$ $\boldsymbol{m>3}$

10-11. $f(x)=2x^2+4mx-2m-1$로 놓으면 (1), (2)의 조건에 맞는 $y=f(x)$의 그래프는 각각 아래와 같다.

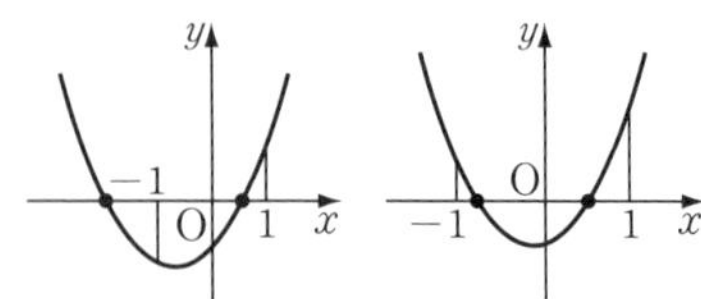

(1) 위의 왼쪽 그림에서

$f(-1)=2-4m-2m-1<0$

$\therefore\ m>\dfrac{1}{6}$ ……①

$f(1)=2+4m-2m-1>0$

$\therefore\ m>-\dfrac{1}{2}$ ……②

①, ②의 공통 범위는 $\boldsymbol{m>\dfrac{1}{6}}$

(2) 위의 오른쪽 그림에서

(i) $f(-1)=2-4m-2m-1>0$

$\therefore\ m<\dfrac{1}{6}$ ……③

$f(1)=2+4m-2m-1>0$

$\therefore\ m>-\dfrac{1}{2}$ ……④

(ii) 축 : $x=-m$이므로

$-1<-m<1$

$\therefore\ -1<m<1$ ……⑤

(iii) $D/4=(2m)^2-2(-2m-1)$

$=(2m+1)^2+1$

이므로 모든 실수 m에 대하여 $D/4>0$이다.

③, ④, ⑤의 공통 범위를 수직선 위에 나타내면

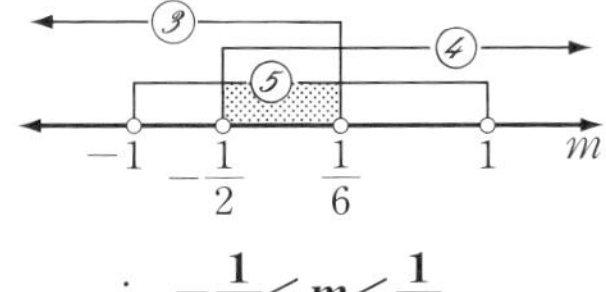

$\therefore\ \boldsymbol{-\dfrac{1}{2}<m<\dfrac{1}{6}}$

11-1. 문제의 조건으로부터

$y=(x-2)^2+3=x^2-4x+7$

$\therefore\ \boldsymbol{p=-4,\ q=7}$

11-2. $x=-1$일 때 최댓값 2를 가지므로 구하는 이차함수는

$f(x)=a(x+1)^2+2\ (a<0)$ …①

의 꼴이다.

$f(1)=-2$이므로 $x=1$을 ①에 대입하면

$-2=a\times4+2\quad \therefore\ a=-1$

①에 대입하면

$\boldsymbol{f(x)=-(x+1)^2+2}$

11-3. 이차함수 $y=x^2-2px+q$의 그래프가 점 $(2, 4)$를 지나므로

$4=4-4p+q\quad \therefore\ q=4p$ …①

또, $y=x^2-2px+q$의 최솟값이 3이므로 $y=(x-p)^2+q-p^2$에서

$q-p^2=3$ ……②

①을 ②에 대입하면

$4p-p^2=3\quad \therefore\ p=1, 3$

①에 대입하면 $q=4, 12$

$\therefore$ $\boldsymbol{p=1,\ q=4}$ **또는** $\boldsymbol{p=3,\ q=12}$

11-4. (1) (준 식)

$=-(x^2-2x)-(y^2-4y)+3$

$=-(x-1)^2-(y-2)^2+8$

x, y는 실수이므로

$-(x-1)^2\le0,\ -(y-2)^2\le0$

따라서 $x-1=0, y-2=0$, 곧

$x=1, y=2$일 때 최댓값 **8**

(2) (준 식)$=-(x^2-4x)-y^2-z^2+5$

$=-(x-2)^2-y^2-z^2+9$

x, y, z는 실수이므로

$-(x-2)^2\le0,\ -y^2\le0,\ -z^2\le0$

따라서 $x-2=0, y=0, z=0$, 곧

$x=2, y=0, z=0$일 때 최댓값 **9**

11-5. (1) $y=x^2-4x+3=(x-2)^2-1$

꼭짓점 : $(2, -1)$

양 끝 점 : $(1, 0)$, $(5, 8)$

오른쪽 그래프의 실선 부분에서

최댓값 없다,

최솟값 $\boldsymbol{-1}$

(2) $y=-2x^2+6x+5$

$=-2\left(x-\dfrac{3}{2}\right)^2+\dfrac{19}{2}$

꼭짓점 : $\left(\frac{3}{2}, \frac{19}{2}\right)$

양 끝 점 : $(-1, -3)$, $(1, 9)$

오른쪽 그래프의 실선 부분에서

최댓값 **9**,

최솟값 **−3**

11-6. (1) $y=x^2-2x+3=(x-1)^2+2$

곧, 꼭짓점이 점 $(1, 2)$인 포물선이다.

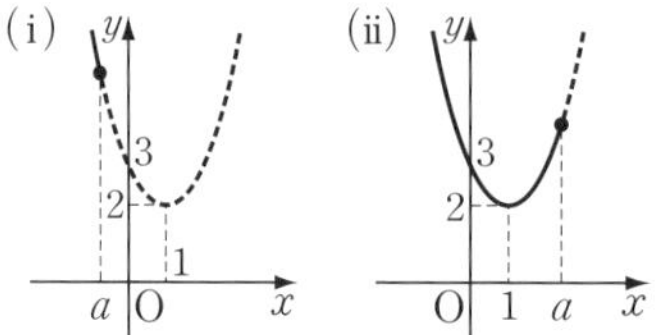

(i) $\boldsymbol{a<1}$일 때

최솟값은 $x=a$일 때 $\boldsymbol{a^2-2a+3}$

(ii) $\boldsymbol{a\ge 1}$일 때

최솟값은 $x=1$일 때 **2**

(2) $y=-x^2+ax=-\left(x-\frac{a}{2}\right)^2+\frac{a^2}{4}$

곧, 꼭짓점이 점 $\left(\frac{a}{2}, \frac{a^2}{4}\right)$인 포물선이다.

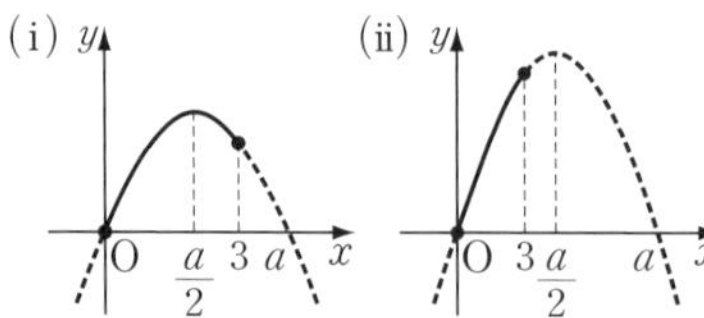

(i) $0<\frac{a}{2}\le 3$, 곧 $0<a\le 6$일 때

최댓값은 $x=\frac{a}{2}$일 때 $\frac{a^2}{4}$이므로

$$\frac{a^2}{4}=1 \qquad \therefore a^2=4$$

$0<a\le 6$이므로 $a=2$

(ii) $\frac{a}{2}>3$, 곧 $a>6$일 때

최댓값은 $x=3$일 때 $-9+3a$이므로

$$-9+3a=1 \qquad \therefore a=\frac{10}{3}$$

이것은 $a>6$에 부적합하다.

(i), (ii)에서 $\boldsymbol{a=2}$

11-7. $x+y=3$에서 $y=3-x$ ……①

$2x^2+y^2=t$로 놓고 여기에 ①을 대입하면

$$t=2x^2+(3-x)^2=3x^2-6x+9$$
$$=3(x-1)^2+6 \qquad \cdots\cdots ②$$

그런데 $x\ge 0$, $y\ge 0$이므로 ①에서

$$3-x\ge 0 \qquad \therefore 0\le x\le 3$$

이 범위에서 ②의 그래프를 그리면 오른쪽 그림에서 실선 부분이다.

따라서

$x=3$일 때 최댓값 **18**,

$x=1$일 때 최솟값 **6**

11-8. 두 정사각형의 한 변의 길이를 각각 x cm, y cm라고 하자.

정사각형의 둘레의 길이가 각각 $4x$ cm, $4y$ cm이므로 문제의 조건에서

$$4x+4y=80 \qquad \therefore y=20-x \quad \cdots ①$$

$x>0$, $y>0$이므로 $0<x<20$ …②

두 정사각형의 넓이의 합을 S cm²라고 하면

$$S=x^2+y^2=x^2+(20-x)^2 \Leftarrow ①$$
$$=2x^2-40x+400$$
$$=2(x-10)^2+200$$

따라서 S는 ②의 범위에서 $x=10$일 때 최소이고, 최솟값은 **200 cm²**

11-9. (i) 준 식을 y에 관하여 정리하면

$$y^2+6y+2x^2-4x+3=0$$

이것을 y에 관한 이차방정식으로 볼 때, y가 실수이므로

$D/4=3^2-(2x^2-4x+3)\ge 0$

$\therefore\ x^2-2x-3\le 0$

$\therefore\ \boldsymbol{-1\le x\le 3}$

(ii) 준 식을 x에 관하여 정리하면

$2x^2-4x+y^2+6y+3=0$

이것을 x에 관한 이차방정식으로 볼 때, x가 실수이므로

$D/4=(-2)^2-2(y^2+6y+3)\ge 0$

$\therefore\ y^2+6y+1\le 0$ ……㉠

$\therefore\ \boldsymbol{-3-2\sqrt{2}\le y\le -3+2\sqrt{2}}$

**Note* ㉠과 같이 좌변이 유리수의 범위에서 인수분해가 되지 않는 이차부등식의 해는 근의 공식을 이용하여 구한다. 이에 대해서는 p. 216에서 자세히 공부한다.

11-10. $x-2y=k$로 놓으면 $x=2y+k$

이것을 주어진 식에 대입하고 y에 관하여 정리하면

$5y^2+4ky+k^2-5=0$

y는 실수이므로

$D/4=(2k)^2-5(k^2-5)\ge 0$

$\therefore\ k^2-25\le 0$ $\therefore\ -5\le k\le 5$

따라서 **최댓값 5, 최솟값 -5**

11-11. $x+y=k$로 놓으면 $x=-y+k$

이것을 주어진 식에 대입하고 y에 관하여 정리하면

$5y^2-4ky+k^2-2=0$

y는 실수이므로

$D/4=(-2k)^2-5(k^2-2)\ge 0$

$\therefore\ k^2-10\le 0$ $\therefore\ -\sqrt{10}\le k\le \sqrt{10}$

따라서 **최댓값 $\sqrt{10}$, 최솟값 $-\sqrt{10}$**

11-12. (1) $\dfrac{1-2x}{2+x^2}=k$로 놓고 양변에 $2+x^2$을 곱한 다음, x에 관하여 정리하면

$kx^2+2x+2k-1=0$ ……㉠

(i) $k\ne 0$일 때, x는 실수이므로

$D/4=1^2-k(2k-1)\ge 0$

$\therefore\ 2k^2-k-1\le 0$

$\therefore\ -\dfrac{1}{2}\le k\le 1\ (k\ne 0)$

(ii) $k=0$일 때, ㉠은 $2x-1=0$

$\therefore\ x=\dfrac{1}{2}$ (실수)

(i), (ii)에서 $-\dfrac{1}{2}\le k\le 1$

$\therefore$ **최댓값 1, 최솟값 $-\dfrac{1}{2}$**

(2) $\dfrac{x^2-2x-2}{x^2+2x+2}=k$로 놓고 양변에 x^2+2x+2를 곱한 다음, x에 관하여 정리하면

$(k-1)x^2+2(k+1)x+2(k+1)=0$ ……㉠

(i) $k\ne 1$일 때, x는 실수이므로

$D/4=(k+1)^2-2(k-1)(k+1)\ge 0$

$\therefore\ k^2-2k-3\le 0$

$\therefore\ -1\le k\le 3\ (k\ne 1)$

(ii) $k=1$일 때, ㉠은 $4x+4=0$

$\therefore\ x=-1$ (실수)

(i), (ii)에서 $-1\le k\le 3$

$\therefore$ **최댓값 3, 최솟값 -1**

12-1. (1) $x^3=-8$에서 $x^3+2^3=0$

$\therefore\ (x+2)(x^2-2x+4)=0$

$\therefore\ \boldsymbol{x=-2,\ 1\pm\sqrt{3}i}$

(2) $x^3+6x^2+12x+8=0$에서

$x^3+3x^2\times 2+3x\times 2^2+2^3=0$

$\therefore\ (x+2)^3=0$

$\therefore$ **$x=-2$(삼중근)**

(3) $f(x)=x^3-13x-12$로 놓으면 $f(-1)=0$이고,

-1	1	0	-13	-12
		-1	1	12
	1	-1	-12	0

$\therefore\ f(x)=(x+1)(x^2-x-12)$

$=(x+1)(x+3)(x-4)$

따라서 주어진 방정식은

$$(x+1)(x+3)(x-4)=0$$

$$\therefore\ \boldsymbol{x=-1,\ -3,\ 4}$$

(4) $f(x)=3x^3-7x^2+11x-3$으로 놓으면

$f\left(\frac{1}{3}\right)=0$이고,

$\frac{1}{3}$	3	−7	11	−3
		1	−2	3
	3	−6	9	0

$$\therefore\ f(x)=\left(x-\frac{1}{3}\right)(3x^2-6x+9)$$

$$=(3x-1)(x^2-2x+3)$$

따라서 주어진 방정식은

$$(3x-1)(x^2-2x+3)=0$$

$$\therefore\ \boldsymbol{x=\frac{1}{3},\ 1\pm\sqrt{2}i}$$

12-2. (1) $x^4-3x^2-4=0$에서 $x^2=X$로 놓으면

$$X^2-3X-4=0$$

$$\therefore\ (X-4)(X+1)=0$$

$$\therefore\ X=4 \text{ 또는 } X=-1$$

곧, $x^2=4$ 또는 $x^2=-1$

$$\therefore\ \boldsymbol{x=\pm 2,\ \pm i}$$

(2) $x^4-6x^2+1=0$에서

$$x^4-2x^2+1-4x^2=0$$

$$\therefore\ (x^2-1)^2-(2x)^2=0$$

$$\therefore\ (x^2-1+2x)(x^2-1-2x)=0$$

$$\therefore\ x^2+2x-1=0$$

또는 $x^2-2x-1=0$

$$\therefore\ \boldsymbol{x=-1\pm\sqrt{2},\ 1\pm\sqrt{2}}$$

(3) $(x^2+3x-3)(x^2+3x+4)=8$에서

$x^2+3x=X$로 놓으면

$$(X-3)(X+4)=8$$

$$\therefore\ (X-4)(X+5)=0$$

$$\therefore\ X=4 \text{ 또는 } X=-5$$

$$\therefore\ x^2+3x=4 \text{ 또는 } x^2+3x=-5$$

$x^2+3x=4$에서 $x^2+3x-4=0$

$$\therefore\ \boldsymbol{x=-4,\ 1}$$

$x^2+3x=-5$에서 $x^2+3x+5=0$

$$\therefore\ \boldsymbol{x=\frac{-3\pm\sqrt{11}i}{2}}$$

(4) $f(x)=2x^4+x^3+3x^2+2x-2$

로 놓으면

$$f(-1)=0,\quad f\left(\frac{1}{2}\right)=0$$

이므로 $f(x)$는 $(x+1)(2x-1)$로 나누어떨어진다.

이때의 몫은 x^2+2이므로

$$f(x)=(x+1)(2x-1)(x^2+2)$$

따라서 주어진 방정식은

$$(x+1)(2x-1)(x^2+2)=0$$

$$\therefore\ \boldsymbol{x=-1,\ \frac{1}{2},\ \pm\sqrt{2}i}$$

12-3. $2+\sqrt{3}$이 $x^3+px+q=0$의 근이므로 대입하면

$$(2+\sqrt{3})^3+p(2+\sqrt{3})+q=0$$

전개하여 $\sqrt{3}$에 관하여 정리하면

$$(2p+q+26)+(p+15)\sqrt{3}=0$$

$p,\ q$는 유리수이므로

$$2p+q+26=0,\ p+15=0$$

$$\therefore\ \boldsymbol{p=-15,\ q=4}$$

12-4. $2+i$가 $x^3+ax^2+bx+5=0$의 근이므로 대입하면

$$(2+i)^3+a(2+i)^2+b(2+i)+5=0$$

전개하여 i에 관하여 정리하면

$$(3a+2b+7)+(4a+b+11)i=0$$

$a,\ b$는 실수이므로

$$3a+2b+7=0,\ 4a+b+11=0$$

$$\therefore\ \boldsymbol{a=-3,\ b=1}$$

12-5. $x^3+(a+1)x^2+(a+1)x+1=0$ ……㉮

$x=-1$이 ㉮을 만족시키므로 ㉮의 좌변은 $x+1$로 나누어떨어진다. 이때의 몫은 x^2+ax+1이므로

$$(x+1)(x^2+ax+1)=0$$

따라서 ㉮의 근이 모두 실수이려면 이

차방정식 $x^2+ax+1=0$이 실근을 가져야 한다. $\therefore D=a^2-4\geq 0$

$$\therefore \boldsymbol{a\leq -2,\ a\geq 2}$$

12-6. $x^3+x^2+ax-a-2=0$ ······①

$x=1$이 ①을 만족시키므로 ①의 좌변은 $x-1$로 나누어떨어진다. 이때의 몫은 $x^2+2x+a+2$이므로

$$(x-1)(x^2+2x+a+2)=0$$

(1) $x^2+2x+a+2=0$ ······②

①의 실근이 1뿐이기 위해서는 ②가 허근을 가지거나 $x=1$을 중근으로 가져야 한다.

(i) 허근일 때

$D/4=1-(a+2)<0 \quad \therefore a>-1$

(ii) $x=1$이 중근일 때

$1+2+a+2=0$이고

$D/4=1-(a+2)=0$

이어야 하지만, 이 두 식을 동시에 만족시키는 a의 값은 없다.

(i), (ii)에서 $\boldsymbol{a>-1}$

(2) ①이 중근을 가지기 위해서는 ②가 중근을 가지거나 $x=1$을 근으로 가져야 한다.

(i) 중근일 때

$D/4=1-(a+2)=0 \quad \therefore a=-1$

(ii) $x=1$을 근으로 가질 때

$1+2+a+2=0 \quad \therefore a=-5$

(i), (ii)에서 $\boldsymbol{a=-5,\ -1}$

12-7. ω는 $x^3+1=0$의 허근이므로

$$\omega^3=-1$$

또, $(x+1)(x^2-x+1)=0$에서 ω는 $x^2-x+1=0$의 근이므로

$$\omega^2-\omega+1=0$$

이차방정식 $x^2-x+1=0$의 계수가 실수이므로 $\overline{\omega}$도 이 방정식의 근이다.

$$\therefore \overline{\omega}^3=-1,\ \overline{\omega}^2-\overline{\omega}+1=0$$

한편 이차방정식의 근과 계수의 관계로부터

$$\omega+\overline{\omega}=1,\ \omega\overline{\omega}=1$$

$$\begin{aligned}\therefore\ & \omega+\overline{\omega}^2+\omega^3+\overline{\omega}^4+\omega^5+\cdots+\overline{\omega}^{20}\\ &=(\omega+\omega^3+\omega^5+\omega^7+\cdots+\omega^{19})\\ &\qquad+(\overline{\omega}^2+\overline{\omega}^4+\overline{\omega}^6+\overline{\omega}^8+\cdots+\overline{\omega}^{20})\\ &=(\omega-1-\omega^2+\omega-\cdots+\omega)\\ &\qquad+(\overline{\omega}^2-\overline{\omega}+1+\overline{\omega}^2-\cdots+\overline{\omega}^2)\\ &=\omega+\overline{\omega}^2=\omega+(\overline{\omega}-1)\\ &=(\omega+\overline{\omega})-1=\mathbf{0}\end{aligned}$$

*__Note__ $\omega\overline{\omega}=1$에서 $\overline{\omega}=\dfrac{1}{\omega}$이고,

$\omega^3=-1$이므로

$$\overline{\omega}^2=\frac{1}{\omega^2}=\frac{\omega}{\omega^3}=-\omega$$

$$\begin{aligned}\therefore\ & (\omega+\overline{\omega}^2+\omega^3+\overline{\omega}^4+\omega^5+\overline{\omega}^6)\\ &\qquad+\cdots+(\omega^{19}+\overline{\omega}^{20})\\ &=(\omega-\omega-1+\omega^2-\omega^2+1)\\ &\qquad+\cdots+(\omega-\omega)\\ &=\mathbf{0}\end{aligned}$$

12-8. 근과 계수의 관계로부터

$$\alpha+\beta+\gamma=0,$$
$$\alpha\beta+\beta\gamma+\gamma\alpha=3,$$
$$\alpha\beta\gamma=-2$$

(1) $\alpha+\beta+\gamma=0$에서

$\alpha+\beta=-\gamma,\ \beta+\gamma=-\alpha,\ \gamma+\alpha=-\beta$

이므로

$$\begin{aligned}&(\alpha+\beta)(\beta+\gamma)(\gamma+\alpha)\\ &=(-\gamma)\times(-\alpha)\times(-\beta)\\ &=-\alpha\beta\gamma=-(-2)=\mathbf{2}\end{aligned}$$

(2) $(\alpha+\beta+\gamma)^2=\alpha^2+\beta^2+\gamma^2+2(\alpha\beta+\beta\gamma+\gamma\alpha)$

이므로

$$\begin{aligned}\alpha^2+\beta^2+\gamma^2&=(\alpha+\beta+\gamma)^2-2(\alpha\beta+\beta\gamma+\gamma\alpha)\\ &=0^2-2\times 3=\mathbf{-6}\end{aligned}$$

(3) $$\begin{aligned}(1-\alpha)(1-\beta)(1-\gamma)&=1-(\alpha+\beta+\gamma)\\ &\quad+(\alpha\beta+\beta\gamma+\gamma\alpha)-\alpha\beta\gamma\\ &=1-0+3-(-2)=\mathbf{6}\end{aligned}$$

*Note x^3+3x+2

$=(x-\alpha)(x-\beta)(x-\gamma)$

이므로 양변에 $x=1$을 대입하면

$1+3+2=(1-\alpha)(1-\beta)(1-\gamma)$

$\therefore (1-\alpha)(1-\beta)(1-\gamma)=\mathbf{6}$

(4) $\alpha^3+\beta^3+\gamma^3-3\alpha\beta\gamma=(\alpha+\beta+\gamma)$

$\times(\alpha^2+\beta^2+\gamma^2-\alpha\beta-\beta\gamma-\gamma\alpha)$

이고, $\alpha+\beta+\gamma=0$이므로

$\alpha^3+\beta^3+\gamma^3=3\alpha\beta\gamma$

$=3\times(-2)=\mathbf{-6}$

13-1. $(a-1)x+3y+1=0$ ……①

$2x+(a-2)y-1=0$ ……②

②×$(a-1)$−①×2하면

$(a^2-3a-4)y-a-1=0$

$\therefore (a+1)(a-4)y=a+1$

$(a+1)(a-4)\neq0$일 때 $y=\dfrac{1}{a-4}$

$a+1=0$일 때

$0\times y=0$에서 해가 무수히 많다.(부정)

$a-4=0$일 때

$0\times y=5$에서 해가 없다.(불능)

답 (1) $\boldsymbol{a=-1}$ (2) $\boldsymbol{a=4}$

*Note (1) $\dfrac{a-1}{2}=\dfrac{3}{a-2}=\dfrac{1}{-1}$에서

$\boldsymbol{a=-1}$

(2) $\dfrac{a-1}{2}=\dfrac{3}{a-2}\neq\dfrac{1}{-1}$에서 $\boldsymbol{a=4}$

13-2. (1) $x+y+z=4$ ……①

$x-y-2z=3$ ……②

$x+2y-3z=-1$ ……③

①−②하면 $2y+3z=1$ ……④

①−③하면 $-y+4z=5$ ……⑤

④+⑤×2하면 $11z=11$ $\therefore z=1$

$z=1$을 ⑤에 대입하면 $y=-1$

$y=-1,\ z=1$을 ①에 대입하면 $x=4$

답 $\boldsymbol{x=4,\ y=-1,\ z=1}$

(2) $x+y=8$ ……①

$y+z=4$ ……②

$z+x=6$ ……③

①+②+③하면 $2(x+y+z)=18$

$\therefore x+y+z=9$ ……④

④−①하면 $z=1$

④−②하면 $x=5$

④−③하면 $y=3$

답 $\boldsymbol{x=5,\ y=3,\ z=1}$

(3) $2x+y+z=16$ ……①

$x+2y+z=9$ ……②

$x+y+2z=3$ ……③

①+②+③하면 $4(x+y+z)=28$

$\therefore x+y+z=7$ ……④

①−④하면 $x=9$

②−④하면 $y=2$

③−④하면 $z=-4$

답 $\boldsymbol{x=9,\ y=2,\ z=-4}$

13-3. 필요한 알코올 용액의 농도를 $a\%$라고 하면

$100\times\dfrac{90}{100}=(100+300)\times\dfrac{a}{100}$ …①

한편 다시 추가한 알코올 용액을 x g이라고 하면

$100\times\dfrac{90}{100}+x\times\dfrac{90}{100}$

$=(100+450+x)\times\dfrac{a}{100}$ …②

①에서 $90=4a$ $\therefore a=\dfrac{45}{2}$

이것을 ②에 대입하면 $x=\mathbf{50(g)}$

13-4. 그릇 A, B에 담긴 소금물의 농도를 각각 $a\%,\ b\%$라고 하면

$20\times\dfrac{a}{100}+80\times\dfrac{b}{100}=(20+80)\times\dfrac{13}{100}$

$\therefore a+4b=65$ ……①

한편 A, B에서 같은 양 k g을 퍼내어 섞었다고 하면

$k\times\dfrac{a}{100}+k\times\dfrac{b}{100}=2k\times\dfrac{10}{100}$

$\therefore a+b=20$ ……②

①−②하면 $3b=45$ ∴ $b=15$

②에서 $a=5$

그러므로 A에서 80 g, B에서 20 g을 퍼내어 섞은 소금물의 농도를 x %라고 하면

$$80\times\frac{5}{100}+20\times\frac{15}{100}=100\times\frac{x}{100}$$

∴ $x=\mathbf{7}$(%)

13-5. 물통의 부피를 1이라 하고, A, B 두 개의 파이프에서 매시간 나오는 물의 양을 각각 a, b라고 하면

$\frac{8}{3}(a+b)=1$ ……①

$2a+4b=1$ ……②

①에서 $8a+8b=3$ ……③

②, ③을 연립하여 풀면

$a=\frac{1}{4},\ b=\frac{1}{8}$

따라서 A, B를 각각 한 개만 사용할 때, 걸리는 시간은

A : 4시간, B : 8시간

13-6. 전체 일의 양을 1이라 하고, A, B, C가 1분 동안 일하는 양을 각각 a, b, c 라고 하면

$15(a+b)=1$ ∴ $a+b=\frac{1}{15}$ …①

$20(b+c)=1$ ∴ $b+c=\frac{1}{20}$ …②

$12(c+a)=1$ ∴ $c+a=\frac{1}{12}$ …③

(①+②+③)×$\frac{1}{2}$하면

$a+b+c=\frac{1}{10}$ ……④

이 일을 A, B, C가 4분 동안 한 후에 B와 C가 x분 동안 하여 끝냈다고 하면

$4(a+b+c)+x(b+c)=1$

②, ④를 대입하면

$4\times\frac{1}{10}+x\times\frac{1}{20}=1$ ∴ $x=12$

따라서 총 걸린 시간은

$4+x=\mathbf{16}$(분)

13-7. (1) $2x+y=9$ ……①

$x^2-y^2=0$ ……②

①에서 $y=9-2x$ ……③

③을 ②에 대입하면

$x^2-(9-2x)^2=0$

정리하면 $x^2-12x+27=0$

∴ $(x-3)(x-9)=0$

∴ $x=3, 9$ 이때, $y=3, -9$

답 $\boldsymbol{x=3,\ y=3}$ **또는** $\boldsymbol{x=9,\ y=-9}$

(2) $x^2+4xy+y^2=10$ ……①

$x-y=2$ ……②

②에서 $y=x-2$ ……③

③을 ①에 대입하면

$x^2+4x(x-2)+(x-2)^2=10$

정리하면 $x^2-2x-1=0$

∴ $x=1\pm\sqrt{2}$ 이때, $y=-1\pm\sqrt{2}$

답 $\boldsymbol{x=1\pm\sqrt{2},\ y=-1\pm\sqrt{2}}$ (복부호동순)

(3) $x+y=4$ ……①

$xy=-27$ ……②

①에서 $y=4-x$ ……③

③을 ②에 대입하면 $x(4-x)=-27$

정리하면 $x^2-4x-27=0$

∴ $x=2\pm\sqrt{31}$ 이때, $y=2\mp\sqrt{31}$

답 $\boldsymbol{x=2\pm\sqrt{31},\ y=2\mp\sqrt{31}}$ (복부호동순)

13-8. (1) $y^2-3xy=0$ ……①

$3x^2+5y^2=48$ ……②

①에서 $y(y-3x)=0$

∴ $y=0$ 또는 $y=3x$

$y=0$일 때, ②에서 $3x^2=48$

∴ $x^2=16$ ∴ $x=\pm4$

$y=3x$일 때, ②에서 $48x^2=48$

∴ $x^2=1$ ∴ $x=\pm1$

이때, $y=\pm3$

답 $\boldsymbol{x=\pm4,\ y=0}$ 또는

$\boldsymbol{x=\pm1,\ y=\pm3}$ (복부호동순)

(2) $3xy+x-2y=5$ ……①

$xy-x-2y=3$ ……②

①$-$②$\times3$하면 $4x+4y=-4$

$\therefore\ y=-x-1$ ……③

③을 ②에 대입하여 정리하면

$x^2=-1\quad\therefore\ x=\pm i$

이때, $y=-1\mp i$

답 $\boldsymbol{x=\pm i,\ y=-1\mp i}$ (복부호동순)

(3) $x^2-3xy-2y^2=8$ ……①

$xy+3y^2=1$ ……②

①$-$②$\times8$하면 $x^2-11xy-26y^2=0$

$\therefore\ (x+2y)(x-13y)=0$

$\therefore\ x=-2y$ 또는 $x=13y$

$x=-2y$일 때, ②에서 $y^2=1$

$\therefore\ y=\pm1$ 이때, $x=\mp2$

$x=13y$일 때, ②에서 $16y^2=1$

$\therefore\ y^2=\dfrac{1}{16}\quad\therefore\ y=\pm\dfrac{1}{4}$

이때, $x=\pm\dfrac{13}{4}$

답 $\boldsymbol{x=\pm2,\ y=\mp1}$ 또는

$\boldsymbol{x=\pm\dfrac{13}{4},\ y=\pm\dfrac{1}{4}}$ (복부호동순)

13-9. (1) $x^2+y^2=5$ ……①

$xy=2$ ……②

$x+y=u,\ xy=v$로 놓으면

①은 $u^2-2v=5$ ……③

②는 $v=2$ ……④

④를 ③에 대입하면

$u^2=9\quad\therefore\ u=\pm3$

$\therefore\ \begin{cases}u=3\\v=2\end{cases},\ \begin{cases}u=-3\\v=2\end{cases}$

곧, $\begin{cases}x+y=3\\xy=2\end{cases},\ \begin{cases}x+y=-3\\xy=2\end{cases}$

답 $\boldsymbol{\begin{cases}x=1\\y=2\end{cases},\ \begin{cases}x=2\\y=1\end{cases},\ \begin{cases}x=-1\\y=-2\end{cases},\ \begin{cases}x=-2\\y=-1\end{cases}}$

(2) $x^2+y^2+x+y=2$ ……①

$x^2+xy+y^2=1$ ……②

$x+y=u,\ xy=v$로 놓으면

①은 $u^2+u-2v=2$ ……③

②는 $u^2-v=1$ ……④

④에서 $v=u^2-1$ ……⑤

⑤를 ③에 대입하면

$u^2+u-2(u^2-1)=2$

$\therefore\ u^2-u=0\quad\therefore\ u=0,\ 1$

$\therefore\ \begin{cases}u=0\\v=-1\end{cases},\ \begin{cases}u=1\\v=0\end{cases}$

곧, $\begin{cases}x+y=0\\xy=-1\end{cases},\ \begin{cases}x+y=1\\xy=0\end{cases}$

답 $\boldsymbol{\begin{cases}x=1\\y=-1\end{cases},\ \begin{cases}x=-1\\y=1\end{cases},\ \begin{cases}x=1\\y=0\end{cases},\ \begin{cases}x=0\\y=1\end{cases}}$

****Note*** ②$-$①하면

$xy-x-y+1=0$

$\therefore\ (x-1)(y-1)=0$

$\therefore\ x=1$ 또는 $y=1$

$x=1$일 때 $y=0$ 또는 $y=-1$

$y=1$일 때 $x=0$ 또는 $x=-1$

13-10. (1) 공통근을 α라고 하면

$\alpha^2-(m-3)\alpha+5m=0$ ……①

$\alpha^2+(m+2)\alpha-5m=0$ ……②

①$+$②하면 $2\alpha^2+5\alpha=0$

$\therefore\ \alpha=0,\ -\dfrac{5}{2}$

이 값을 ①에 대입하면 $\boldsymbol{m=0,\ \dfrac{1}{6}}$

(2) 공통근을 α라고 하면

$\alpha^3-\alpha+m=0$ ……①

$\alpha^2-\alpha-m=0$ ……②

①+②하면 $a^3+a^2-2a=0$

$\therefore\ a(a-1)(a+2)=0$

$\therefore\ a=0,\ 1,\ -2$

이 값을 ②에 대입하면 $\boldsymbol{m=0,\ 6}$

13-11. (1) $xy-3x-3y+4=0$에서

$(x-3)(y-3)=5$

$x\ge1,\ y\ge1$이므로

$x-3\ge-2,\ y-3\ge-2$

$\therefore\ (x-3,\ y-3)=(1,\ 5),\ (5,\ 1)$

$\therefore\ \boldsymbol{(x,\ y)=(4,\ 8),\ (8,\ 4)}$

(2) $4x+3y=36$에서

$3y=36-4x=4(9-x)$

y는 4의 배수이므로 $y=4k$(k는 자연수)로 놓으면 $3\times4k=4(9-x)$에서

$3k=9-x \quad \therefore\ x=9-3k$

k와 x가 모두 자연수이므로

$k=1$일 때 $x=6,\ y=4$

$k=2$일 때 $x=3,\ y=8$

$\therefore\ \boldsymbol{(x,\ y)=(3,\ 8),\ (6,\ 4)}$

13-12. (1) $x^2-6xy+10y^2-2y+1=0$ 에서

$(x^2-6xy+9y^2)+(y^2-2y+1)=0$

$\therefore\ (x-3y)^2+(y-1)^2=0$

$x,\ y$가 실수이므로 $x-3y,\ y-1$도 실수이다.

$\therefore\ x-3y=0,\ y-1=0$

$\therefore\ \boldsymbol{x=3,\ y=1}$

(2) $(x^2+1)(y^2+9)=12xy$에서

$x^2y^2+9x^2+y^2+9-12xy=0$

$\therefore\ (x^2y^2-6xy+9)+(9x^2-6xy+y^2)=0$

$\therefore\ (xy-3)^2+(3x-y)^2=0$

$x,\ y$가 실수이므로 $xy-3,\ 3x-y$도 실수이다.

$\therefore\ xy-3=0,\ 3x-y=0$

$3x-y=0$에서 $y=3x$이고, 이것을 $xy-3=0$에 대입하면

$3x^2-3=0 \quad \therefore\ x^2=1$

$\therefore\ x=\pm1$ 이때, $y=\pm3$

답 $\boldsymbol{x=\pm1,\ y=\pm3}$ (복부호동순)

13-13.

$\overline{\mathrm{AB}}=x,\ \overline{\mathrm{BC}}=y$라고 하면

$\triangle$ABD에서 $\overline{\mathrm{BD}}^2=x^2+2^2$ ……①

$\triangle$BCD에서 $\overline{\mathrm{BD}}^2=y^2+6^2$ ……②

①, ②에서 $x^2+4=y^2+36$

$\therefore\ (x-y)(x+y)=32$

$x,\ y$가 자연수이므로 $x+y$도 자연수이고 $x-y<x+y$이다.

따라서

$(x-y,\ x+y)=(1,\ 32),\ (2,\ 16),\ (4,\ 8)$

$\therefore\ (x,\ y)=\left(\dfrac{33}{2},\ \dfrac{31}{2}\right),\ (9,\ 7),\ (6,\ 2)$

이 중 $x,\ y$가 자연수이고, □ABCD의 둘레의 길이 $x+y+6+2$가 최대인 경우는 $x=9,\ y=7$일 때이다.

이때, 최댓값은 $9+7+6+2=\mathbf{24}$

14-1. (1) $ax-2>x+1$에서

$(a-1)x>3$이므로

$\boldsymbol{a>1}$**일 때** $\boldsymbol{x>\dfrac{3}{a-1}}$,

$\boldsymbol{a<1}$**일 때** $\boldsymbol{x<\dfrac{3}{a-1}}$,

$\boldsymbol{a=1}$**일 때 해가 없다.**

(2) $ax+1<2x+a$에서

$(a-2)x<a-1$이므로

$\boldsymbol{a>2}$**일 때** $\boldsymbol{x<\dfrac{a-1}{a-2}}$,

$\boldsymbol{a<2}$**일 때** $\boldsymbol{x>\dfrac{a-1}{a-2}}$,

$\boldsymbol{a=2}$**일 때** $\boldsymbol{x}$**는 모든 실수**

14-2. (i)

$$\begin{array}{rl} & -2<\ a\ <0 \\ +) & -2<\ b\ <4 \\ \hline & -4<a+b<4 \end{array}$$

(ii) $\quad -4< \quad 2a \quad <0$

$-)\ -6< \quad 3b \quad <12$

$-16<2a-3b<6$

답 차례로 **-4, 4, -16, 6**

14-3. (1) $5x>1-3x$에서 $\quad 8x>1$

$\therefore\ x>\dfrac{1}{8} \quad \cdots\cdots ①$

$2-x>2x+1$에서 $\quad -3x>-1$

$\therefore\ x<\dfrac{1}{3} \quad \cdots\cdots ②$

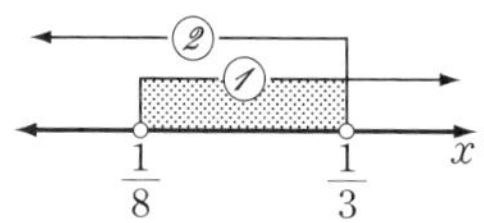

①, ②의 공통 범위는 $\boldsymbol{\dfrac{1}{8}<x<\dfrac{1}{3}}$

(2) $3(x-2)+1<-1$에서 $\quad 3x<4$

$\therefore\ x<\dfrac{4}{3} \quad \cdots\cdots ①$

$\dfrac{x}{6}+\dfrac{1}{2}\geq\dfrac{2}{3}x-\dfrac{1}{6}$의 양변에 6을 곱하면

$x+3\geq 4x-1 \quad \therefore\ -3x\geq -4$

$\therefore\ x\leq\dfrac{4}{3} \quad \cdots\cdots ②$

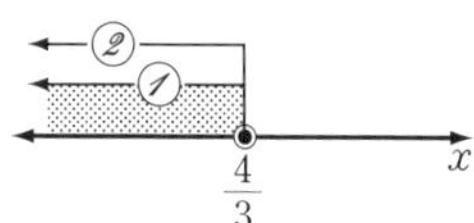

①, ②의 공통 범위는 $\boldsymbol{x<\dfrac{4}{3}}$

(3) $0.7x+2\geq 0.3-x$에서

$1.7x\geq -1.7 \quad \therefore\ x\geq -1 \cdots\cdots ①$

$0.8x+3.9\leq 3-0.1(4x+3)$에서

$1.2x\leq -1.2 \quad \therefore\ x\leq -1 \cdots\cdots ②$

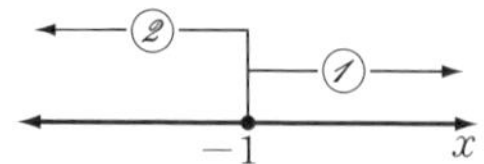

①, ②의 공통 범위는 $\boldsymbol{x=-1}$

14-4. (1) $\begin{cases} 4-(6-x)<2x-1 & \cdots\cdots ① \\ 2x-1\leq 7-2x & \cdots\cdots ② \end{cases}$

①에서 $\quad -x<1 \quad \therefore\ x>-1$

②에서 $\quad 4x\leq 8 \quad \therefore\ x\leq 2$

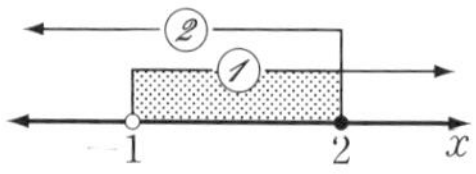

①, ②의 해의 공통 범위는

$\boldsymbol{-1<x\leq 2}$

(2) $\begin{cases} 2x+3<3-2x & \cdots\cdots ① \\ 3-2x<5-2x & \cdots\cdots ② \end{cases}$

①에서 $\quad 4x<0 \quad \therefore\ x<0$

②에서 $\quad 0\times x<2 \quad \therefore\ x$는 모든 실수

①, ②의 해의 공통 범위는 $\boldsymbol{x<0}$

14-5. $\begin{cases} a+2(3x-1)<5x+3 & \cdots\cdots ① \\ 5x+3<7-2(a-2x) & \cdots\cdots ② \end{cases}$

①에서 $\quad a+6x-2<5x+3$

$\therefore\ x<5-a$

②에서 $\quad 5x+3<7-2a+4x$

$\therefore\ x<4-2a$

이때, $a>0$이므로

$(5-a)-(4-2a)=1+a>0$

곧, $5-a>4-2a$

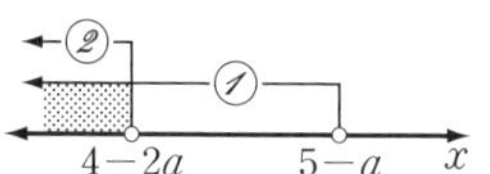

따라서 ①, ②의 해의 공통 범위는 $x<4-2a$이므로

$4-2a=-2 \quad \therefore\ \boldsymbol{a=3}$

14-6. (1) $|x-1|<2x-5$에서

$x\geq 1$일 때

$x-1<2x-5 \quad \therefore\ x>4 \cdots\cdots ①$

$x<1$일 때

$-(x-1)<2x-5 \quad \therefore\ x>2$

그런데 $x<1$이므로

해가 없다. $\cdots\cdots ②$

① 또는 ②이므로 $\quad \boldsymbol{x>4}$

(2) $3<|x+1|<7$에서

$x\geq -1$일 때

$3<x+1<7 \quad \therefore\ 2<x<6$ …①

$x<-1$일 때

$3<-(x+1)<7$

$\therefore\ -8<x<-4$ ……②

① 또는 ②이므로

$\boldsymbol{-8<x<-4,\ 2<x<6}$

Note $3<|x+1|<7$에서

$3<x+1<7$ 또는 $-7<x+1<-3$

$\therefore\ \boldsymbol{2<x<6,\ -8<x<-4}$

(3) $|x+1|+|3-x|>6$에서

$x<-1$일 때 $-(x+1)+(3-x)>6$

$\therefore\ x<-2$ ……①

$-1\le x<3$일 때

$(x+1)+(3-x)>6 \quad \therefore\ 0\times x>2$

$\therefore$ 해가 없다. ……②

$x\ge 3$일 때 $(x+1)-(3-x)>6$

$\therefore\ x>4$ ……③

① 또는 ② 또는 ③이므로

$\boldsymbol{x<-2,\ x>4}$

14-7. 어린이 수를 x, 사탕의 개수를 y라고 하면 문제의 조건으로부터

$y=3x+8$ ……①

$5(x-1)<y<5x$ ……②

①을 ②에 대입하면

$5(x-1)<3x+8<5x$

곧, $\begin{cases} 5(x-1)<3x+8 & \cdots\cdots③ \\ 3x+8<5x & \cdots\cdots④ \end{cases}$

③에서 $2x<13 \quad \therefore\ x<6.5$

④에서 $-2x<-8 \quad \therefore\ x>4$

③, ④의 해의 공통 범위는

$4<x<6.5$

x는 자연수이므로 $x=5, 6$

①에 대입하면 $y=23, 26$

$\therefore\ (x, y)=\boldsymbol{(5, 23), (6, 26)}$

Note 연립부등식 ②를 다음과 같이 놓을 수도 있다.

$5(x-1)+1\le y<5(x-1)+5$

14-8. (1) $(8\vee 3)\wedge(4\vee 6)=8\wedge 6=\boldsymbol{6}$

(2) $x\ge y$일 때, $x\wedge(x\vee y)=x\wedge x=x$

$x<y$일 때, $x\wedge(x\vee y)=x\wedge y=x$

$\therefore$ (준 식)$=\boldsymbol{x}$

14-9. $a\ge b$일 때

$\mathrm{M}\{a, b\}=\dfrac{1}{2}\{a+b+(a-b)\}=a,$

$\mathrm{m}\{a, b\}=\dfrac{1}{2}\{a+b-(a-b)\}=b$

$a<b$일 때

$\mathrm{M}\{a, b\}=\dfrac{1}{2}\{a+b-(a-b)\}=b,$

$\mathrm{m}\{a, b\}=\dfrac{1}{2}\{a+b+(a-b)\}=a$

(i) $a\ge b$일 때

(준 식)$=\mathrm{M}\{b, a\}+\mathrm{m}\{a, a\}$

$=a+a=2a$

(ii) $a<b$일 때

(준 식)$=\mathrm{M}\{a, a\}+\mathrm{m}\{b, a\}$

$=a+a=2a$

(i), (ii)에서 (준 식)$=\boldsymbol{2a}$

Note $\mathrm{M}\{a, b\}=\max\{a, b\},$

$\mathrm{m}\{a, b\}=\min\{a, b\}$

를 뜻하고 있다.

14-10. 세 자연수를 $a, b, c\,(a<b<c)$라고 하면

$\dfrac{1}{a}+\dfrac{1}{b}+\dfrac{1}{c}=1$ ……①

$\dfrac{1}{a}>\dfrac{1}{b}>\dfrac{1}{c}>0$이므로

$\dfrac{1}{a}<\dfrac{1}{a}+\dfrac{1}{b}+\dfrac{1}{c}<\dfrac{3}{a}$

①에 의하여 $\dfrac{1}{a}<1<\dfrac{3}{a}$

$\therefore\ 1<a<3 \quad \therefore\ a=2$

$a=2$일 때, ①에서

$\dfrac{1}{b}+\dfrac{1}{c}=\dfrac{1}{2}$ ……②

$\dfrac{1}{b}<\dfrac{1}{b}+\dfrac{1}{c}=\dfrac{1}{2}<\dfrac{2}{b}$에서

$2<b<4 \quad \therefore\ b=3$

이때, ②에서 $c=6$

따라서 세 자연수는 **2, 3, 6**

15-1. $x^2+2x+a\le 0$에서 $D/4=1-a$

(i) $D/4>0$, 곧 $a<1$일 때

$x^2+2x+a=0$에서 $x=-1\pm\sqrt{1-a}$

따라서 주어진 부등식의 해는

$-1-\sqrt{1-a}\le x\le -1+\sqrt{1-a}$

(ii) $D/4=0$, 곧 $a=1$일 때

$x^2+2x+a=x^2+2x+1=(x+1)^2$

그런데 $(x+1)^2\ge 0$이므로 주어진 부등식의 해는 $x=-1$

(iii) $D/4<0$, 곧 $a>1$일 때

$x^2+2x+a=(x+1)^2+a-1$

그런데 $(x+1)^2\ge 0$, $a-1>0$이므로 주어진 부등식의 해는 없다.

답 $\boldsymbol{a<1}$**일 때**

$\boldsymbol{-1-\sqrt{1-a}\le x\le -1+\sqrt{1-a}}$,

$\boldsymbol{a=1}$**일 때** $\boldsymbol{x=-1}$,

$\boldsymbol{a>1}$**일 때 해가 없다.**

15-2. $ax^2+x+b\ge 0$

$\Longleftrightarrow -2\le x\le 3$

$\Longleftrightarrow (x+2)(x-3)\le 0$

$\Longleftrightarrow x^2-x-6\le 0$

$\Longleftrightarrow ax^2-ax-6a\ge 0\ (a<0)$

$\therefore\ 1=-a,\ b=-6a$

$\therefore\ \boldsymbol{a=-1,\ b=6}$

15-3. $ax^2+(a+b)x-a^2<0$

$\Longleftrightarrow x<2-\sqrt{3}$ 또는 $x>2+\sqrt{3}$

$\Longleftrightarrow \{x-(2-\sqrt{3})\}\{x-(2+\sqrt{3})\}>0$

$\Longleftrightarrow x^2-4x+1>0$

$\Longleftrightarrow ax^2-4ax+a<0\ (a<0)$

$\therefore\ a+b=-4a,\ -a^2=a$

$-a^2=a$에서 $a(a+1)=0$

$a<0$이므로 $\boldsymbol{a=-1,\ b=5}$

15-4. $ax^2+bx+c>0$

$\Longleftrightarrow 2<x<4$

$\Longleftrightarrow (x-2)(x-4)<0$

$\Longleftrightarrow x^2-6x+8<0$

$\Longleftrightarrow ax^2-6ax+8a>0\ (a<0)$

$\therefore\ b=-6a,\ c=8a$

$\therefore\ cx^2-4bx+16a>0$

$\Longleftrightarrow 8ax^2+24ax+16a>0$

$\Longleftrightarrow x^2+3x+2<0 \quad \Leftarrow a<0$

$\Longleftrightarrow (x+1)(x+2)<0$

$\Longleftrightarrow \boldsymbol{-2<x<-1}$

15-5. (1) $([x]+2)([x]-1)=0$

$\therefore\ [x]=-2,\ 1$

$[x]=-2$에서 $-2\le x<-1$

$[x]=1$에서 $1\le x<2$

$\therefore\ \boldsymbol{-2\le x<-1,\ 1\le x<2}$

(2) $([x]+3)([x]+1)\le 0$

$\therefore\ -3\le [x]\le -1$

$[x]$는 정수이므로

$[x]=-3,\ -2,\ -1$

$[x]=-3$에서 $-3\le x<-2$

$[x]=-2$에서 $-2\le x<-1$

$[x]=-1$에서 $-1\le x<0$

$\therefore\ \boldsymbol{-3\le x<0}$

15-6. (1) $(\{x\}-1)(\{x\}-2)=0$

$\therefore\ \{x\}=1,\ 2$

$\{x\}=1$일 때

$1-\frac{1}{2}\le x<1+\frac{1}{2}$ 곧, $\frac{1}{2}\le x<\frac{3}{2}$

$\{x\}=2$일 때

$2-\frac{1}{2}\le x<2+\frac{1}{2}$ 곧, $\frac{3}{2}\le x<\frac{5}{2}$

$\therefore\ \boldsymbol{\frac{1}{2}\le x<\frac{5}{2}}$

(2) $(2\{x\}-1)(\{x\}-4)<0$

$\therefore\ \frac{1}{2}<\{x\}<4$

$\{x\}$는 정수이므로 $\{x\}=1,\ 2,\ 3$

$\{x\}=1$일 때 $\frac{1}{2}\le x<\frac{3}{2}$

$\{x\}=2$일 때 $\frac{3}{2}\le x<\frac{5}{2}$

$\{x\}=3$일 때 $\frac{5}{2}\le x<\frac{7}{2}$

$\therefore$ $\mathbf{\frac{1}{2}\le x<\frac{7}{2}}$

15-7. $y=x^2+6x+8=(x+3)^2-1$

이므로 그래프의 꼭짓점의 좌표는 $(-3, -1)$이다.

또, x절편은

$x^2+6x+8=0$

에서

$x=-4, -2$

이고, y절편은

$y=8$

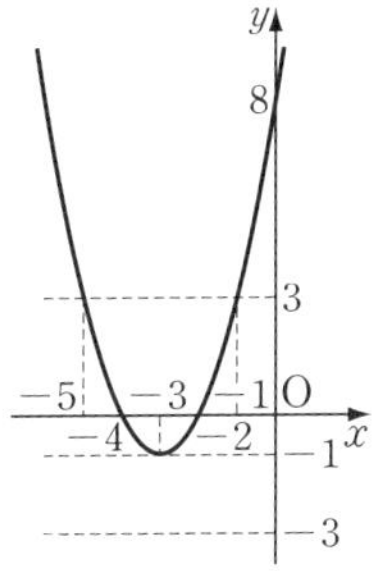

따라서 그래프는 위와 같다.

(1) 그래프가 x축의 위쪽에 있는 x의 값의 범위이므로 $\mathbf{x<-4,\ x>-2}$

(2) $x^2+6x+8=3$에서 $x=-1, -5$

그래프에서 y좌표가 3보다 작거나 같은 부분이므로 $\mathbf{-5\le x\le -1}$

(3) 그래프에서 y좌표가 -1보다 작거나 같은 부분이므로 $\mathbf{x=-3}$

(4) 그래프에서 y좌표가 -3보다 큰 부분이므로 $\boldsymbol{x}$**는 모든 실수**

15-8. 모든 실수 x에 대하여

$x^2-6x+p^2>0$이기 위한 조건은

$D/4=(-3)^2-p^2<0$

$\therefore$ $(p+3)(p-3)>0$

$\therefore$ $\mathbf{p<-3,\ p>3}$

15-9. $y=(m+6)x^2-2mx+1$로 놓으면

(i) $m=-6$일 때, $y=12x+1$이므로 모든 실수 x에 대하여 $y>0$이 성립하는 것은 아니다.

(ii) $m\ne-6$일 때, 모든 실수 x에 대하여 $y>0$이려면

$m+6>0$ ……①

$D/4=(-m)^2-(m+6)<0$ ……②

①에서 $m>-6$ ……③

②에서 $(m+2)(m-3)<0$

$\therefore$ $-2<m<3$ ……④

③, ④의 공통 범위는 $-2<m<3$

(i), (ii)에서 $\mathbf{-2<m<3}$

15-10. 포물선 $y=-x^2+x+4$가 직선 $y=x$보다 위쪽에 있으려면

$-x^2+x+4>x$

이어야 한다. 곧,

$x^2-4<0$ $\therefore$ $(x+2)(x-2)<0$

$\therefore$ $\mathbf{-2<x<2}$

15-11. $x^2-2ax+1>2x+a$

곧, $x^2-2(a+1)x+1-a>0$

이 모든 실수 x에 대하여 성립해야 하므로 $D/4=(a+1)^2-(1-a)<0$

$\therefore$ $a(a+3)<0$ $\therefore$ $\mathbf{-3<a<0}$

15-12. (1) $x-1>2x-3$에서

$x<2$ ……①

$x^2\le x+2$에서 $(x+1)(x-2)\le0$

$\therefore$ $-1\le x\le2$ ……②

①, ②의 공통 범위는 $\mathbf{-1\le x<2}$

(2) $x^2-2x>8$에서 $(x+2)(x-4)>0$

$\therefore$ $x<-2,\ x>4$ ……①

$x^2-3x\le18$에서 $(x+3)(x-6)\le0$

$\therefore$ $-3\le x\le6$ ……②

①, ②의 공통 범위는

$\mathbf{-3\le x<-2,\ 4<x\le6}$

(3) $x^2-16<0$에서 $(x+4)(x-4)<0$

$\therefore$ $-4<x<4$ ……①

$x^2-4x-12<0$에서

$(x+2)(x-6)<0$

$\therefore$ $-2<x<6$ ……②

①, ②의 공통 범위는 $\mathbf{-2<x<4}$

15-13. (1) $x^2+|x|-2<0$에서

$x\ge0$일 때 $x^2+x-2<0$

$\therefore\ (x+2)(x-1)<0$

$\therefore\ -2<x<1$

$x\ge0$이므로 $0\le x<1$ ……①

$x<0$일 때 $x^2-x-2<0$

$\therefore\ (x+1)(x-2)<0$

$\therefore\ -1<x<2$

$x<0$이므로 $-1<x<0$ ……②

① 또는 ②이므로 $\boldsymbol{-1<x<1}$

*__*Note*__ $x^2=|x|^2$을 이용하면

$x^2+|x|-2<0$

$\iff |x|^2+|x|-2<0$

$\iff (|x|+2)(|x|-1)<0$

$\iff |x|-1<0$

$\iff |x|<1$

$\iff \boldsymbol{-1<x<1}$

(2) $x^2-3x<|3x-5|$에서

$x\ge\dfrac{5}{3}$일 때 $x^2-3x<3x-5$

$\therefore\ (x-1)(x-5)<0$

$\therefore\ 1<x<5$

$x\ge\dfrac{5}{3}$이므로 $\dfrac{5}{3}\le x<5$ ……①

$x<\dfrac{5}{3}$일 때 $x^2-3x<-3x+5$

$\therefore\ (x+\sqrt{5})(x-\sqrt{5})<0$

$\therefore\ -\sqrt{5}<x<\sqrt{5}$

$x<\dfrac{5}{3}$이므로 $-\sqrt{5}<x<\dfrac{5}{3}$…②

① 또는 ②이므로 $\boldsymbol{-\sqrt{5}<x<5}$

(3) $|x^2-4x|<5$에서 $-5<x^2-4x<5$

$-5<x^2-4x$에서 $x^2-4x+5>0$

$\therefore\ (x-2)^2+1>0$

$\therefore$ x는 모든 실수 ……①

$x^2-4x<5$에서 $x^2-4x-5<0$

$\therefore\ (x+1)(x-5)<0$

$\therefore\ -1<x<5$ ……②

①, ②의 공통 범위는 $\boldsymbol{-1<x<5}$

(4) $|3-x^2|\ge2x$에서

(i) $3-x^2\ge0$일 때, 곧

$-\sqrt{3}\le x\le\sqrt{3}$일 때

$3-x^2\ge2x$ $\therefore\ x^2+2x-3\le0$

$\therefore\ (x+3)(x-1)\le0$

$\therefore\ -3\le x\le1$

$-\sqrt{3}\le x\le\sqrt{3}$이므로

$-\sqrt{3}\le x\le1$ ……①

(ii) $3-x^2<0$일 때, 곧

$x<-\sqrt{3},\ x>\sqrt{3}$일 때

$-3+x^2\ge2x$ $\therefore\ x^2-2x-3\ge0$

$\therefore\ (x+1)(x-3)\ge0$

$\therefore\ x\le-1,\ x\ge3$

$x<-\sqrt{3},\ x>\sqrt{3}$이므로

$x<-\sqrt{3},\ x\ge3$ ……②

① 또는 ②이므로 $\boldsymbol{x\le1,\ x\ge3}$

15-14. (1) $f(x)g(x)>0$

$\iff$ ($f(x)>0$이고 $g(x)>0$)

또는 ($f(x)<0$이고 $g(x)<0$)

곧, $\begin{cases} x^2-3x>0 \\ x^2+x-2>0 \end{cases}$ ……①

또는 $\begin{cases} x^2-3x<0 \\ x^2+x-2<0 \end{cases}$ ……②

①에서 $x<0,\ x>3$과 $x<-2,\ x>1$의 공통 범위를 구하면

$x<-2,\ x>3$ ……③

②에서 $0<x<3$과 $-2<x<1$의 공통 범위를 구하면

$0<x<1$ ……④

③ 또는 ④이므로

$\boldsymbol{x<-2,\ 0<x<1,\ x>3}$

(2) $f(x)\le0<g(|x|) \iff \begin{cases} f(x)\le0 \\ g(|x|)>0 \end{cases}$

곧, $\begin{cases} x^2-3x\le0 \\ |x|^2+|x|-2>0 \end{cases}$

$x^2-3x\le0$에서 $0\le x\le3$ ……⑤

$|x|^2+|x|-2>0$에서

$(|x|+2)(|x|-1)>0$

$|x|+2>0$이므로

$|x|-1>0 \quad \therefore |x|>1$

$\therefore x<-1,\ x>1$ ……⑥

⑤, ⑥의 공통 범위는 $\mathbf{1<x\le 3}$

15-15. $x^2-4x+3>0$에서

$(x-1)(x-3)>0$

$\therefore x<1$ 또는 $x>3$ ……①

$x^2-ax-5x+5a>0$에서

$(x-a)(x-5)>0$ ……②

$a>5$이면 ②의 해가 $x<5,\ x>a$가 되어 주어진 조건을 만족시키지 않는다.

$a=5$이면 ②는 $(x-5)^2>0$이 되어 해가 $x\ne 5$인 모든 실수이므로 주어진 조건을 만족시키지 않는다.

$a<5$일 때, ②의 해는

$x<a$ 또는 $x>5$ ……③

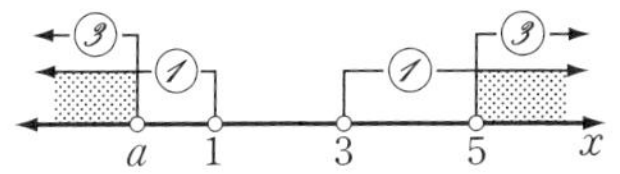

①, ③의 공통 범위가 $x<0$ 또는 $x>b$이려면 위의 그림에서

$\mathbf{a=0,\ b=5}$

15-16. $x^2-6x+8<0$에서

$(x-2)(x-4)<0 \quad \therefore 2<x<4$

$x^2-9ax+8a^2<0$에서

$(x-a)(x-8a)<0$

$a>0$이므로 $a<x<8a$

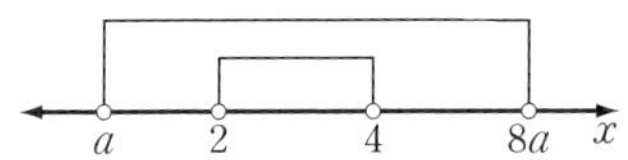

따라서 위의 그림에서

$a\le 2$이고 $4\le 8a$

$\therefore \mathbf{\dfrac{1}{2}\le a\le 2}$

15-17. $f(x)<0$에서 $0<x<\dfrac{a}{3}$ …①

$g(x)<0$에서 $1<x<2$ ……②

$h(x)<0$에서 $0<x<\dfrac{a^2}{9}$ ……③

(1)

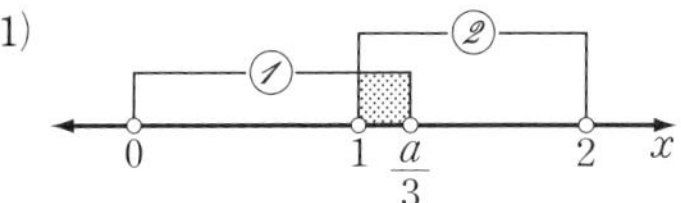

연립부등식의 해가 있으려면

$1<\dfrac{a}{3} \quad \therefore \mathbf{a>3}$

(2)

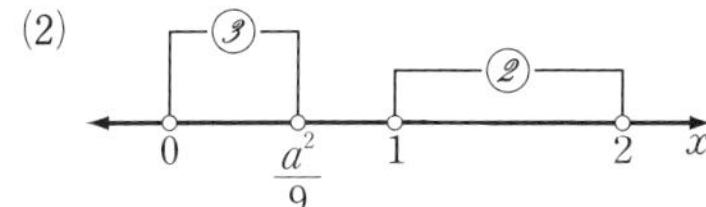

연립부등식의 해가 없으려면

$\dfrac{a^2}{9}\le 1 \quad \therefore a^2\le 9 \quad \therefore -3\le a\le 3$

그런데 $a>0$이므로 $\mathbf{0<a\le 3}$

(3)

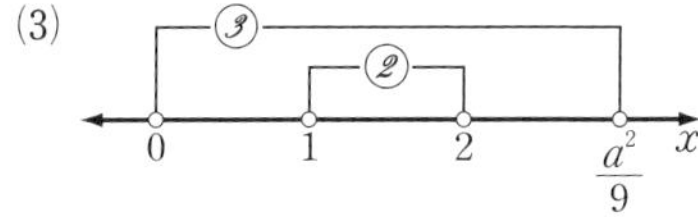

$g(x)<0$의 해가 $h(x)<0$의 해에 포함되어야 하므로

$2\le \dfrac{a^2}{9} \quad \therefore a^2-18\ge 0$

$\therefore a\le -3\sqrt{2},\ a\ge 3\sqrt{2}$

그런데 $a>0$이므로 $\mathbf{a\ge 3\sqrt{2}}$

15-18. $x^2-4x+3<0$에서

$(x-1)(x-3)<0$

$\therefore 1<x<3$ ……①

$x^2-6x+8<0$에서

$(x-2)(x-4)<0$

$\therefore 2<x<4$ ……②

①, ②의 공통 범위는 $2<x<3$

$f(x)=2x^2-9x+a$로 놓고, $f(x)=0$의 두 근을 α, β $(\alpha<\beta)$라고 하면

$\alpha\le 2,\ \beta\ge 3$

이어야 한다.

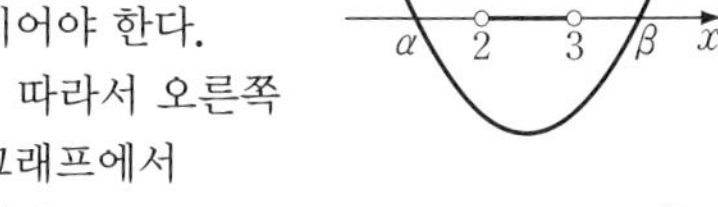

따라서 오른쪽 그래프에서

$f(2)=-10+a\le 0 \quad \therefore a\le 10$ …③

$f(3)=-9+a\le0$ $\quad\therefore\ a\le9$ ……④

③, ④의 공통 범위는 $\boldsymbol{a\le9}$

15-19. $x^2-1\le0$에서 $-1\le x\le1$

$f(x)=x^2+2ax+1-b$로 놓고,

$f(x)=0$의 두 근을 α, $\beta(\alpha<\beta)$라 하면

$\alpha<-1$, $\beta=0$

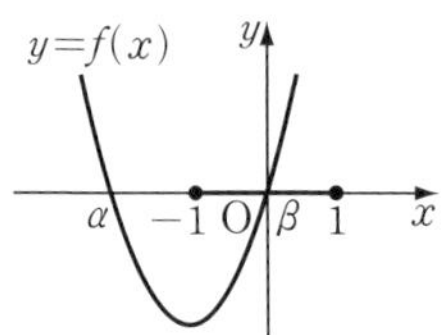

$f(0)=0$에서 $1-b=0$ $\quad\therefore\ \boldsymbol{b=1}$

$f(-1)<0$에서

$(-1)^2+2a\times(-1)<0$

$\therefore\ \boldsymbol{a>\frac{1}{2}}$

15-20. 길지 않은 변의 길이를 x cm라고 하면 이웃한 변의 길이는 $(14-x)$ cm이므로 $0<x\le14-x$

$\therefore\ 0<x\le7$ ……①

이때, 명함의 넓이는 $x(14-x)$ cm^2이므로

$x(14-x)\ge48$

$\therefore\ x^2-14x+48\le0$

$\therefore\ (x-6)(x-8)\le0$

$\therefore\ 6\le x\le8$ ……②

①, ②의 공통 범위는 $6\le x\le7$

답 **6 cm** 이상 **7 cm** 이하

15-21. 문제의 조건에서

$0<x<6$ ……①

세로, 가로의 길이가 각각 $(2+x)$ cm, $(6-x)$ cm인 직사각형의 대각선의 길이는 $\sqrt{(2+x)^2+(6-x)^2}$ cm이므로

$(2+x)^2+(6-x)^2\le(\sqrt{34})^2$

$\therefore\ x^2-4x+3\le0$

$\therefore\ (x-1)(x-3)\le0$

$\therefore\ 1\le x\le3$ ……②

①, ②의 공통 범위는 $\boldsymbol{1\le x\le3}$

15-22.

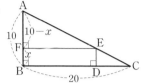

$\overline{\text{BF}}=x$라고 하면 $0<x<10$이고

$\overline{\text{AF}}=10-x$

또, $\triangle\text{AFE}\backsim\triangle\text{ABC}$이므로

$(10-x):\overline{\text{FE}}=10:20$

$\therefore\ \overline{\text{FE}}=2(10-x)$

$\therefore\ \square\text{BDEF}=\overline{\text{FE}}\times\overline{\text{FB}}=2(10-x)x$

문제의 조건에서 $2(10-x)x\le32$

$\therefore\ (x-2)(x-8)\ge0$

$\therefore\ x\le2,\ x\ge8$

$0<x<10$이므로

$0<x\le2,\ 8\le x<10$

$\therefore\ \boldsymbol{0<\overline{\text{BF}}\le2,\ 8\le\overline{\text{BF}}<10}$

16-1. 주사위의 눈의 수의 합으로 가능한 모든 경우를 표로 나타내면 다음과 같다.

A \ B	1	2	3	4	5	6
1	2	3	4	5	6	7
2	3	4	5	6	7	8
3	4	5	6	7	8	9
4	5	6	7	8	9	10
5	6	7	8	9	10	11
6	7	8	9	10	11	12

(1) **6**

(2) 눈의 수의 합이 4인 경우는 3가지이고, 6인 경우는 5가지이다.

따라서 $3+5=\boldsymbol{8}$

(3) 눈의 수의 합이 5의 배수인 경우는 5, 10일 때이고, 각각의 경우는 4가지, 3가지이다.

따라서 $4+3=\boldsymbol{7}$

(4) 눈의 수의 합이 10 이상인 경우는 10, 11, 12일 때이고, 각각의 경우는 3가지, 2가지, 1가지이다.

따라서 $3+2+1=\mathbf{6}$

16-2. $108=2^2\times3^3$에서

약수의 개수는

$(2+1)(3+1)=\mathbf{12}$

약수의 총합은

$(1+2^1+2^2)(1+3^1+3^2+3^3)=7\times40$
$=\mathbf{280}$

16-3. $15=15\times1=5\times3$이므로 각 경우에 가장 작은 수는

$2^{14},\ 2^4\times3^2$

이고, 이 두 수 중에서 작은 수는

$2^4\times3^2=\mathbf{144}$

16-4. A에서 D까지 가는 경우는

A → B → D의 경우 : $2\times3=6$(가지)
A → C → D의 경우 : $3\times2=6$(가지)
A → B → C → D의 경우
$2\times2\times2=8$(가지)
A → C → B → D의 경우
$3\times2\times3=18$(가지)

따라서 $6+6+8+18=\mathbf{38}$(가지)

16-5. 갑이 C를 통과하고 을이 D를 통과하는 경우의 수는

$(3\times2)\times(2\times3)=36$

갑이 D를 통과하고 을이 C를 통과하는 경우의 수는

$(2\times3)\times(3\times2)=36$

따라서 $36+36=\mathbf{72}$

16-6. (1) 꼭짓점 A에서 꼭짓점 B를 지나 꼭짓점 G까지 최단 거리로 가는 경우는

A—B—C—G, A—B—F—G

의 2가지이다.

또, 꼭짓점 D, 꼭짓점 E를 지나는 경우도 다음과 같이 각각 2가지이다.

A—D—C—G, A—D—H—G,
A—E—F—G, A—E—H—G

따라서 구하는 경우의 수는

$2\times3=\mathbf{6}$

(2) 꼭짓점 A에서 꼭짓점 B를 지나 꼭짓점 G까지 가는 경우는

A—B—C—G
A—B—C—D—H—G
A—B—C—D—H—E—F—G
A—B—F—G
A—B—F—E—H—G
A—B—F—E—H—D—C—G

의 6가지이다.

같은 방법으로

A—D—⋯—G,
A—E—⋯—G

의 경우도 각각 6가지이다.

따라서 구하는 경우의 수는

$6\times3=\mathbf{18}$

16-7. A에 5가지, B에 4가지, C에 3가지, D에 3가지, E에 3가지 색으로 칠할 수 있으므로

$5\times4\times3\times3\times3=\mathbf{540}$

17-1. (1) $120=6\times5\times4$이므로

${}_6P_r=6\times5\times4\quad\therefore\ \boldsymbol{r=3}$

(2) 주어진 식의 양변을 $5!(=120)$로 나누면 ${}_4P_r=24$

그런데 $24=4\times3\times2=4\times3\times2\times1$이므로 $\boldsymbol{r=3,\ 4}$

17-2. (1) 주어진 식에서 $n(n-1)=8n$

$n\ge2$이므로 $n-1=8\quad\therefore\ \boldsymbol{n=9}$

(2) 주어진 식에서

$n(n-1)(n-2)(n-3)=20n(n-1)$

$n\ge4$이므로 양변을 $n(n-1)$로 나누면

$(n-2)(n-3)=20$

$\therefore\ (n+2)(n-7)=0$

$n\geq 4$이므로 $\boldsymbol{n=7}$

(3) 주어진 식에서

$$n(n-1)+4n=28$$

$$\therefore\ (n+7)(n-4)=0$$

$n\geq 2$이므로 $\boldsymbol{n=4}$

17-3. $_{n-1}\mathrm{P}_{r-1}=\dfrac{(n-1)!}{\{(n-1)-(r-1)\}!}=\dfrac{(n-1)!}{(n-r)!}$

이므로 $_{n}\mathrm{P}_{r}=6\times{}_{n-1}\mathrm{P}_{r-1}$에서

$$\frac{n!}{(n-r)!}=6\times\frac{(n-1)!}{(n-r)!}$$

$$\therefore\ n!=6\times(n-1)!$$

$n!=n\times(n-1)!$이므로 $\boldsymbol{n=6}$

이 값을 $3\times{}_{n-1}\mathrm{P}_{r}={}_{n}\mathrm{P}_{r}$에 대입하면

$$3\times{}_{5}\mathrm{P}_{r}={}_{6}\mathrm{P}_{r}$$

$$\therefore\ 3\times\frac{5!}{(5-r)!}=\frac{6!}{(6-r)!}$$

$(6-r)!=(6-r)\times(5-r)!$이므로

$$3\times\frac{5!}{(5-r)!}=\frac{6\times 5!}{(6-r)\times(5-r)!}$$

$\therefore\ 6-r=2\qquad\therefore\ \boldsymbol{r=4}$

17-4. (우변)$=\dfrac{n!}{(n-l)!}\times\dfrac{(n-l)!}{\{(n-l)-(r-l)\}!}=\dfrac{n!}{(n-r)!}={}_{n}\mathrm{P}_{r}=$(좌변)

17-5. 9개에서 9개를 택하는 순열의 수이므로 $_{9}\mathrm{P}_{9}=9!=\mathbf{362880}$

17-6. 다섯 팀을 일렬로 세우는 순열의 수이므로 $_{5}\mathrm{P}_{5}=5!=\mathbf{120}$

17-7. 24명에서 3명을 택하는 순열의 수이므로

$$_{24}\mathrm{P}_{3}=24\times 23\times 22=\mathbf{12144}$$

17-8. 10개에서 2개를 택하는 순열의 수이므로 $_{10}\mathrm{P}_{2}=\mathbf{90}$(가지)

17-9. (1) n권에서 n권을 택하는 순열의 수이므로 $_{n}\mathrm{P}_{n}=\boldsymbol{n!}$

(2) n권에서 5권을 택하는 순열의 수이므로 $\boldsymbol{_{n}\mathrm{P}_{5}}$

(3) n권에서 2권을 택하는 순열의 수는 $_{n}\mathrm{P}_{2}$이므로

$_{n}\mathrm{P}_{2}=42$ 곧, $n(n-1)=42$

$\therefore\ (n+6)(n-7)=0$

$n\geq 5$이므로 $\boldsymbol{n=7}$

17-10. (1) 수성펜 3자루를 한 묶음으로 보면 모두 6자루를 일렬로 나열하는 경우이므로 6!가지이고, 이 각각에 대하여 수성펜 3자루를 일렬로 나열하는 경우는 3!가지이다.

$\therefore\ 6!\times 3!=720\times 6=\mathbf{4320}$

(2) 유성펜, 수성펜을 각각 한 묶음으로 보면 모두 5자루를 일렬로 나열하는 경우이므로 5!가지이고, 이 각각에 대하여 유성펜 2자루, 수성펜 3자루를 일렬로 나열하는 경우는 (2!×3!)가지이다.

$\therefore\ 5!\times 2!\times 3!=120\times 2\times 6=\mathbf{1440}$

(3) 유성펜 2자루, 중성펜 3자루를 일렬로 나열하는 경우는 5!가지이고, 이 각각에 대하여 양 끝과 유성펜, 중성펜 사이의 6개의 자리에 수성펜 3자루를 일렬로 나열하는 경우는 $_{6}\mathrm{P}_{3}$가지이다.

$\therefore\ 5!\times{}_{6}\mathrm{P}_{3}=120\times 120=\mathbf{14400}$

17-11. a를 처음에, f를 마지막에 고정하고, 나머지 b, c, d, e의 4개에서 2개를 택하는 순열의 수와 같으므로

$$_{4}\mathrm{P}_{2}=\mathbf{12}$$

17-12. (1) 일의 자리 숫자를 5로 고정하고, 나머지 1, 2, 3, 4의 순열의 수를 생각하면 되므로 $_{4}\mathrm{P}_{4}=\mathbf{24}$(개)

(2) 양 끝에 홀수가 들어가는 순열의 수는

$_3P_2$이고, 이 각각에 대하여 가운데에 세 개의 숫자가 들어가는 순열의 수는 $3!$이므로

$$_3P_2\times 3!=6\times 6=\mathbf{36}(\text{개})$$

17-13. 부○모 ○○

부모 사이에 한 명의 아이가 서는 순열의 수는 $_3P_1$

부모가 자리를 서로 바꾸는 순열의 수는 $2!$

부○모 를 한 명으로 보면 이때의 순열의 수는 $3!$

$$\therefore\ _3P_1\times 2!\times 3!=3\times 2\times 6=\mathbf{36}$$

17-14. 전체 순열의 수는 $6!$이고, 양 끝에 모두 남학생이 서는 경우의 순열의 수는 $4!\times 2!$이므로

$$6!-4!\times 2!=720-24\times 2=\mathbf{672}$$

17-15. (1) 짝수는 다음 두 가지의 꼴이다.

(i) □□□2 꼴의 수

이것은 3개의 □에 1, 3, 4를 나열한 경우이므로 $3!$개

(ii) □□□4 꼴의 수

이것은 3개의 □에 1, 2, 3을 나열한 경우이므로 $3!$개

$$\therefore\ 3!+3!=6+6=\mathbf{12}(\text{개})$$

* ***Note*** 1, 2, 3, 4 중에서 홀수는 2개, 짝수는 2개이다. 곧, 홀수의 개수와 짝수의 개수가 같으므로 이를 나열하여 만든 네 자리 자연수 중에서 홀수의 개수와 짝수의 개수는 같다.

이를 이용하면 $\dfrac{4!}{2}=\mathbf{12}(\text{개})$

(2) 2300보다 작은 자연수는 다음 두 가지의 꼴이다.

(i) 1□□□ 꼴의 수

이것은 3개의 □에 2, 3, 4를 나열한 경우이므로 $3!$개

(ii) 21□□ 꼴의 수

이것은 2개의 □에 3, 4를 나열한 경우이므로 $2!$개

$$\therefore\ 3!+2!=6+2=\mathbf{8}(\text{개})$$

17-16. (1) 주어진 식에서

$$\frac{_nP_2}{2!}=6+15 \qquad \therefore\ \frac{n(n-1)}{2\times 1}=21$$

$$\therefore\ n^2-n-42=0$$

$$\therefore\ (n+6)(n-7)=0$$

$n\ge 2$이므로 $\boldsymbol{n=7}$

(2) 주어진 식에서 $\dfrac{_{n+2}P_4}{4!}=11\times\dfrac{_nP_2}{2!}$

$$\therefore\ \frac{(n+2)(n+1)n(n-1)}{4\times 3\times 2\times 1}=11\times\frac{n(n-1)}{2\times 1}$$

$n\ge 2$이므로 양변을 $n(n-1)$로 나누고 정리하면

$$(n+2)(n+1)=12\times 11$$

$$\therefore\ (n-10)(n+13)=0$$

$n\ge 2$이므로 $\boldsymbol{n=10}$

(3) 주어진 식에서 $_nP_2+4\times\dfrac{_nP_2}{2!}=60$

$$\therefore\ 3n(n-1)=60$$

$$\therefore\ (n+4)(n-5)=0$$

$n\ge 2$이므로 $\boldsymbol{n=5}$

(4) $_{10}C_{n+5}={}_{10}C_{2n+2}$에서

$n+5=2n+2$일 때 $n=3$

$n+5=10-(2n+2)$일 때 $n=1$

n은 $n\le 4$인 자연수이므로

$$\boldsymbol{n=1,\ 3}$$

* ***Note*** $0\le n+5\le 10$에서

$-5\le n\le 5$ ……①

$0\le 2n+2\le 10$에서

$-1\le n\le 4$ ……②

①, ②에서 $-1\le n\le 4$

따라서 n은 $n\le 4$인 자연수이다.

17-17. (우변)

$$=n\times\frac{(n-1)!}{(r-1)!\{(n-1)-(r-1)\}!}$$

$=\dfrac{n!}{(r-1)!(n-r)!}=r\times\dfrac{n!}{r!(n-r)!}$
$=r\times{}_nC_r=$(좌변)

17-18. (1) 특정한 2명은 미리 뽑아 놓고, 나머지 8명 중에서 3명을 뽑는 경우를 생각하면 되므로 ${}_8C_3=\mathbf{56}$

(2) 특정한 2명을 제외하고, 나머지 8명 중에서 5명을 뽑는 경우를 생각하면 되므로 ${}_8C_5={}_8C_3=\mathbf{56}$

17-19. 두 동아리 회원 12명 중에서 3명을 뽑는 경우의 수는 ${}_{12}C_3$이다.

이 중에서 3명이 모두 댄스 동아리 회원인 경우의 수는 ${}_7C_3$이고, 3명이 모두 힙합 동아리 회원인 경우의 수는 ${}_5C_3$이므로

$${}_{12}C_3-({}_7C_3+{}_5C_3)=\mathbf{175}$$

17-20. 적어도 여자 1명이 포함되는 경우의 수는 10명 중에서 2명을 뽑는 경우의 수에서 남자만 2명을 뽑는 경우의 수를 뺀 것과 같다.

따라서 남자를 x명이라고 하면

$${}_{10}C_2-{}_xC_2=30$$

$$\therefore\ \frac{10\times9}{2}-\frac{x(x-1)}{2}=30$$

$$\therefore\ (x-6)(x+5)=0$$

$x\geq2$이므로 $x=\mathbf{6}$(명)

17-21. 홀수 4개, 짝수 3개 중에서 2개의 홀수와 2개의 짝수를 뽑는 경우의 수는

$${}_4C_2\times{}_3C_2=18$$

이들 4개의 숫자를 일렬로 나열하는 경우의 수는 $4!$

$$\therefore\ 18\times4!=\mathbf{432}$$

17-22. 모자 6개, 가방 4개 중에서 3개의 모자와 2개의 가방을 뽑는 경우의 수는

$${}_6C_3\times{}_4C_2=120$$

이들 5개를 일렬로 나열하는 경우의 수는 $5!$

$$\therefore\ 120\times5!=\mathbf{14400}$$

17-23. 김씨와 박씨를 미리 뽑아 놓을 때, 나머지 6명 중에서 2명을 뽑는 경우는 ${}_6C_2$가지이다.

또, 이들 4명 중에서 김씨와 박씨가 이웃하게 일렬로 서는 경우(이때, 김씨와 박씨를 한 사람으로 보되, 두 사람의 순서를 바꾸는 경우도 생각한다)는 $(3!\times2!)$가지이다.

$$\therefore\ {}_6C_2\times3!\times2!=\mathbf{180}\text{(가지)}$$

17-24. (1) 천의 자리에는 0을 제외한 9개의 숫자가 올 수 있고, 일의 자리에는 0 또는 5의 2개의 숫자가 올 수 있으므로 $9\times10\times10\times2=\mathbf{1800}$

(2) $a>b>c>d$인 경우는 ${}_{10}C_4=210$
$a>b=c>d$인 경우는 ${}_{10}C_3=120$

따라서 조건을 만족시키는 자연수의 개수는

$$210+120=\mathbf{330}$$

17-25. 한 직선 위에 있는 세 점은 삼각형을 만들 수 없으므로 이 경우를 제외한다.

(1) ${}_7C_3-{}_4C_3=\mathbf{31}$

(2) ${}_{10}C_3-5\times{}_4C_3=\mathbf{100}$

17-26. (1) 두 개의 꼭짓점을 연결하면 하나의 선분이 생긴다. 이 중에서 볼록십각형의 10개의 변을 제외하면 되므로

$${}_{10}C_2-10=\mathbf{35}$$

(2) 교점의 개수가 가장 많을 때는 어느 세 개의 대각선도 한 점에서 만나지 않을 때이다. 이때, 네 개의 꼭짓점으로 만들어지는 사각형의 두 대각선이 교점 한 개를 결정하므로

$${}_{10}C_4=\mathbf{210}$$

(3) 세 개의 꼭짓점을 연결하면 하나의 삼각형이 생긴다. 이 중에서

(i) 한 변만 일치하는 경우

각 변에 대하여 6개씩 있으므로

$10\times6=60$

(ii) 두 변이 일치하는 경우

각 꼭짓점에 대하여 한 개씩 있으므로 10

$\therefore\ {}_{10}C_3-(60+10)=\mathbf{50}$

17-27. (1) ${}_{10}C_4\times{}_6C_6=\mathbf{210}$

(2) 5명씩 두 조이므로

$${}_{10}C_5\times{}_5C_5\times\frac{1}{2!}=\mathbf{126}$$

(3) 3명인 조가 두 조이므로

$${}_{10}C_3\times{}_7C_3\times{}_4C_4\times\frac{1}{2!}=\mathbf{2100}$$

17-28. (1) ${}_{12}C_3\times{}_9C_4\times{}_5C_5=\mathbf{27720}$

(2) 3송이 묶음이 2개이므로

$${}_{12}C_3\times{}_9C_3\times{}_6C_6\times\frac{1}{2!}=\mathbf{9240}$$

(3) 4송이 묶음이 3개이므로

$${}_{12}C_4\times{}_8C_4\times{}_4C_4\times\frac{1}{3!}=\mathbf{5775}$$

(4) 4송이씩 세 묶음으로 나누고, 다시 세 사람에게 나누어 주므로

$${}_{12}C_4\times{}_8C_4\times{}_4C_4\times\frac{1}{3!}\times3!=\mathbf{34650}$$

17-29. (1) 8명을 2명씩 네 조로 나누는 경우의 수는

$${}_8C_2\times{}_6C_2\times{}_4C_2\times{}_2C_2\times\frac{1}{4!}=105$$

또, 네 조가 4개의 호텔에 투숙하는 경우의 수는 $4!$

$\therefore\ 105\times4!=\mathbf{2520}$

*__Note__ 2명씩 네 조가 호텔에 순서대로 투숙한다고 하면 네 조가 구별이 되므로 다음과 같이 구해도 된다.

$${}_8C_2\times{}_6C_2\times{}_4C_2\times{}_2C_2=\mathbf{2520}$$

(2) 특정 여행객 2명을 같은 조로 묶고, 나머지 6명을 2명씩 세 조로 나누는 경우의 수는

$${}_6C_2\times{}_4C_2\times{}_2C_2\times\frac{1}{3!}=15$$

또, 네 조가 4개의 호텔에 투숙하는 경우의 수는 $4!$

$\therefore\ 15\times4!=\mathbf{360}$

17-30. 6명을 2명씩 세 조로 나누는 경우의 수는

$${}_6C_2\times{}_4C_2\times{}_2C_2\times\frac{1}{3!}=15$$

세 조에서 심판을 보는 조를 정하는 경우의 수는 ${}_3C_1=3$

$\therefore\ 15\times3=\mathbf{45}$

17-31. 남자 7명을 2명, 5명의 두 조로 나누면 되므로

$${}_7C_2\times{}_5C_5=\mathbf{21}$$

*__Note__ 남자 7명 중에서 여자 3명과 같은 조에 넣을 2명을 택하면 되므로

${}_7C_2=\mathbf{21}$

18-1. (1) $a_{11}=a_{22}=1,\ a_{12}=a_{21}=0$ $\quad\therefore\ \begin{pmatrix}\mathbf{1}&\mathbf{0}\\\mathbf{0}&\mathbf{1}\end{pmatrix}$

(2) $a_{11}=1+1-1=1,\ a_{12}=1+2-1=2,$
$a_{13}=1+3-1=3,\ a_{21}=2+1-1=2,$
$a_{22}=2+2-1=3,\ a_{23}=2+3-1=4$

$\therefore\ \begin{pmatrix}\mathbf{1}&\mathbf{2}&\mathbf{3}\\\mathbf{2}&\mathbf{3}&\mathbf{4}\end{pmatrix}$

(3) $a_{11}=(-1)^{1+1}=1,$
$a_{12}=(-1)^{1+2}=-1,$
$a_{21}=(-1)^{2+1}=-1,$
$a_{22}=(-1)^{2+2}=1$

$\therefore\ \begin{pmatrix}\mathbf{1}&\mathbf{-1}\\\mathbf{-1}&\mathbf{1}\end{pmatrix}$

18-2. 행렬이 서로 같을 조건으로부터

$x+2y+5=2x-y+7,$
$2x-y+3=3x-2y+3$

연립하여 풀면 $\boldsymbol{x=1,\ y=1}$

18-3. 행렬이 서로 같을 조건으로부터

$2x+y+z=16$ ······①
$x+2y+z=9$ ······②

$x+y+2z=3 \qquad \cdots\cdots③$

①+②+③하면 $4(x+y+z)=28$

$\therefore\ x+y+z=7 \qquad \cdots\cdots④$

①−④하면 $\boldsymbol{x=9}$

②−④하면 $\boldsymbol{y=2}$

③−④하면 $\boldsymbol{z=-4}$

18-4. 행렬이 서로 같을 조건으로부터

$3a-2b=-1,\ b+c=5,$

$5a-1=4,\ c-3d=6$

연립하여 풀면

$\boldsymbol{a=1,\ b=2,\ c=3,\ d=-1}$

18-5. 행렬이 서로 같을 조건으로부터

$-2c=a,\ c+d=8,$

$c-d=6,\ d=-b$

연립하여 풀면

$\boldsymbol{a=-14,\ b=-1,\ c=7,\ d=1}$

19-1. 주어진 식에서

$$X=\begin{pmatrix}6 & -2\\2 & 0\end{pmatrix}-\begin{pmatrix}4 & -1\\2 & 0\end{pmatrix}-\begin{pmatrix}2 & 4\\-3 & 1\end{pmatrix}$$

$$=\begin{pmatrix}\boldsymbol{0} & \boldsymbol{-5}\\\boldsymbol{3} & \boldsymbol{-1}\end{pmatrix}$$

19-2. (1) $X=-A=-\begin{pmatrix}1 & 2 & 3\\-1 & 0 & 2\end{pmatrix}$

$$=\begin{pmatrix}\boldsymbol{-1} & \boldsymbol{-2} & \boldsymbol{-3}\\\boldsymbol{1} & \boldsymbol{0} & \boldsymbol{-2}\end{pmatrix}$$

(2) $X=B-A$

$$=\begin{pmatrix}-1 & 5 & -2\\2 & 2 & -1\end{pmatrix}-\begin{pmatrix}1 & 2 & 3\\-1 & 0 & 2\end{pmatrix}$$

$$=\begin{pmatrix}\boldsymbol{-2} & \boldsymbol{3} & \boldsymbol{-5}\\\boldsymbol{3} & \boldsymbol{2} & \boldsymbol{-3}\end{pmatrix}$$

(3) $3X-B=2A+4X-3B$

$\therefore\ X=-2A+2B$

$$=-2\begin{pmatrix}1 & 2 & 3\\-1 & 0 & 2\end{pmatrix}+2\begin{pmatrix}-1 & 5 & -2\\2 & 2 & -1\end{pmatrix}$$

$$=\begin{pmatrix}-2 & -4 & -6\\2 & 0 & -4\end{pmatrix}+\begin{pmatrix}-2 & 10 & -4\\4 & 4 & -2\end{pmatrix}$$

$$=\begin{pmatrix}\boldsymbol{-4} & \boldsymbol{6} & \boldsymbol{-10}\\\boldsymbol{6} & \boldsymbol{4} & \boldsymbol{-6}\end{pmatrix}$$

19-3. 주어진 식의 양변을 정리하면

$$\begin{pmatrix}a+8 & -3+2c\\5 & b+4\end{pmatrix}=\begin{pmatrix}10 & -5\\5d & 5\end{pmatrix}$$

$\therefore\ a+8=10,\ -3+2c=-5,$

$5=5d,\ b+4=5$

$\therefore\ \boldsymbol{a=2,\ b=1,\ c=-1,\ d=1}$

19-4. 주어진 식의 좌변을 정리하면

$$\begin{pmatrix}x-2y\\2x+3y\\3x+y\end{pmatrix}=\begin{pmatrix}a\\1\\2\end{pmatrix}$$

$\therefore\ x-2y=a \qquad \cdots\cdots①$

$2x+3y=1 \qquad \cdots\cdots②$

$3x+y=2 \qquad \cdots\cdots③$

②, ③에서 $x=\dfrac{5}{7},\ y=-\dfrac{1}{7}$

이 값을 ①에 대입하면 $\boldsymbol{a=1}$

19-5. $x\begin{pmatrix}1 & 1\\0 & 1\end{pmatrix}+y\begin{pmatrix}2 & 1\\-1 & 3\end{pmatrix}=\begin{pmatrix}0 & 1\\1 & -1\end{pmatrix}$

$$\therefore\ \begin{pmatrix}x+2y & x+y\\-y & x+3y\end{pmatrix}=\begin{pmatrix}0 & 1\\1 & -1\end{pmatrix}$$

따라서

$x+2y=0 \ \cdots①$ $\qquad x+y=1 \ \cdots②$

$-y=1 \ \cdots③$ $\qquad x+3y=-1 \ \cdots④$

①, ③에서 $x=2,\ y=-1$

이 값은 ②, ④를 만족시킨다.

$\therefore\ \boldsymbol{x=2,\ y=-1}$

19-6. $\begin{pmatrix}7\\4\end{pmatrix}=x\begin{pmatrix}1\\2\end{pmatrix}+y\begin{pmatrix}3\\1\end{pmatrix}$

$$\therefore\ \begin{pmatrix}7\\4\end{pmatrix}=\begin{pmatrix}x+3y\\2x+y\end{pmatrix}$$

$\therefore\ x+3y=7,\ 2x+y=4$

연립하여 풀면 $x=1,\ y=2$

$$\therefore \begin{pmatrix} 7 \\ 4 \end{pmatrix}=\boldsymbol{P+2Q}$$

19-7. (1) $AB=\begin{pmatrix} 2-2x & 4-2y \\ 3-x & 6-y \end{pmatrix}$,

$$BA=\begin{pmatrix} 8 & -4 \\ 2x+3y & -2x-y \end{pmatrix}$$

이므로 $AB=BA$에서

$2-2x=8$ ······①

$4-2y=-4$ ······②

$3-x=2x+3y$ ······③

$6-y=-2x-y$ ······④

①에서 $x=-3$, ②에서 $y=4$이고, 이 값은 ③, ④를 만족시킨다.

$\therefore$ $\boldsymbol{x=-3,\ y=4}$

(2) $(B+C)(B-C)=B^2-C^2$

$\iff BC=CB$

한편

$$BC=\begin{pmatrix} 10 & 11 \\ 4x+3y & 3x+4y \end{pmatrix},$$

$$CB=\begin{pmatrix} 4+3x & 8+3y \\ 3+4x & 6+4y \end{pmatrix}$$

이므로 $BC=CB$에서

$10=4+3x$ ······①

$11=8+3y$ ······②

$4x+3y=3+4x$ ······③

$3x+4y=6+4y$ ······④

①에서 $x=2$, ②에서 $y=1$이고, 이 값은 ③, ④를 만족시킨다.

$\therefore$ $\boldsymbol{x=2,\ y=1}$

19-8. $(A+B)(A-B)=A^2-B^2$

$\iff AB=BA$

한편

$$AB=\begin{pmatrix} 3x^2+1 & x^2+y^2 \\ 3+2x & 1+2xy^2 \end{pmatrix},$$

$$BA=\begin{pmatrix} 3x^2+1 & 3+2x \\ x^2+y^2 & 1+2xy^2 \end{pmatrix}$$

이므로 $AB=BA$에서

$$x^2+y^2=3+2x$$

$$\therefore (x-1)^2+y^2=4$$

이때, 정수 x에 대하여 $x-1$도 정수이므로

$(x-1,\ y)=(0,\ 2),\ (0,\ -2),\ (2,\ 0),\ (-2,\ 0)$

$\therefore$ $(x,\ y)=(1,\ 2),\ (1,\ -2),\ (3,\ 0),\ (-1,\ 0)$

따라서 구하는 순서쌍의 개수는 **4**

19-9. (1) $A^2=AA=\begin{pmatrix} 5 & 5 \\ 5 & 10 \end{pmatrix}$

$\therefore$ $A^2-5A+5E$

$$=\begin{pmatrix} 5 & 5 \\ 5 & 10 \end{pmatrix}-5\begin{pmatrix} 2 & 1 \\ 1 & 3 \end{pmatrix}+5\begin{pmatrix} 1 & 0 \\ 0 & 1 \end{pmatrix}$$

$$=\begin{pmatrix} 0 & 0 \\ 0 & 0 \end{pmatrix}=O$$

곧, $A^2-5A+5E=O$

(2) (1)에서 $A^2=5A-5E$

$\therefore$ $A^3=A^2A=(5A-5E)A$

$=5A^2-5A=5(5A-5E)-5A$

$=20A-25E$

$$=20\begin{pmatrix} 2 & 1 \\ 1 & 3 \end{pmatrix}-25\begin{pmatrix} 1 & 0 \\ 0 & 1 \end{pmatrix}$$

$$=\boldsymbol{\begin{pmatrix} 15 & 20 \\ 20 & 35 \end{pmatrix}}$$

19-10. (1) $A^2=AA=\begin{pmatrix} 4 & 0 \\ -1 & 9 \end{pmatrix}$

이므로 조건식은

$$\begin{pmatrix} 4 & 0 \\ -1 & 9 \end{pmatrix}+p\begin{pmatrix} 2 & 0 \\ 1 & -3 \end{pmatrix}+q\begin{pmatrix} 1 & 0 \\ 0 & 1 \end{pmatrix}=O$$

$$\therefore \begin{pmatrix} 4+2p+q & 0 \\ -1+p & 9-3p+q \end{pmatrix}=\begin{pmatrix} 0 & 0 \\ 0 & 0 \end{pmatrix}$$

$\therefore$ $4+2p+q=0,\ -1+p=0,\ 9-3p+q=0$

연립하여 풀면 $\boldsymbol{p=1,\ q=-6}$

(2) $x^4-5x^2+8x-18$을 x^2+x-6으로

나누면 몫이 x^2-x+2, 나머지가 -6 이므로

$x^4-5x^2+8x-18$
$=(x^2+x-6)(x^2-x+2)-6$

$\therefore\ A^4-5A^2+8A-18E$
$=(A^2+A-6E)(A^2-A+2E)-6E$

(1)에서 $A^2+A-6E=O$이므로

$A^4-5A^2+8A-18E=\boldsymbol{-6E}$

19-11. $A^2=AA=\begin{pmatrix} -1 & 0 \\ 0 & -1 \end{pmatrix}=-E$

$\therefore\ A^4=(A^2)^2=(-E)^2=E^2=E$

$\therefore\ A^{103}=(A^4)^{25}A^2A=E^{25}(-E)A$
$=-EA=-A=\begin{pmatrix} \mathbf{0} & \mathbf{1} \\ \mathbf{-1} & \mathbf{0} \end{pmatrix}$

19-12. $A^2=AA=\begin{pmatrix} 1 & -2 \\ 0 & 1 \end{pmatrix}$,

$A^3=A^2A=\begin{pmatrix} 1 & -3 \\ 0 & 1 \end{pmatrix}$

$\therefore\ A^5=A^2A^3=\begin{pmatrix} \mathbf{1} & \mathbf{-5} \\ \mathbf{0} & \mathbf{1} \end{pmatrix}$

19-13. $A^2=AA=\begin{pmatrix} 2 & -2 \\ -2 & 2 \end{pmatrix}=2A$,

$A^3=A^2A=(2A)A=2A^2$
$=2(2A)=2^2A, \cdots$

따라서 $A^n=2^{n-1}A$로 추정된다.

$\therefore\ A^{64}=\boldsymbol{2^{63}A}$

***Note** 다음을 차례로 계산해도 된다.

$A^4=A^2A^2,\ A^8=A^4A^4,$
$A^{16}=A^8A^8,\ A^{32}=A^{16}A^{16},$
$A^{64}=A^{32}A^{32}$

19-14. $A^2=AA=\begin{pmatrix} 4 & 0 \\ 0 & 4 \end{pmatrix}$,

$A^3=A^2A=\begin{pmatrix} 8 & 0 \\ 0 & 8 \end{pmatrix}, \cdots$

따라서 $A^n=\begin{pmatrix} 2^n & 0 \\ 0 & 2^n \end{pmatrix}$으로 추정된다.

$\therefore\ 2^n=64 \quad \therefore\ \boldsymbol{n=6}$

***Note** $A=\begin{pmatrix} 2 & 0 \\ 0 & 2 \end{pmatrix}=2\begin{pmatrix} 1 & 0 \\ 0 & 1 \end{pmatrix}=2E$ 이므로

$A^n=(2E)^n=2^nE^n=2^nE=\begin{pmatrix} 2^n & 0 \\ 0 & 2^n \end{pmatrix}$

19-15. (1) $A+B=O$ ……①

$AB=E$ ……②

①의 양변의 왼쪽에 A를 곱하면

$A^2+AB=O$

이 식에 ②를 대입하면

$A^2+E=O \quad \therefore\ A^2=-E$

$\therefore\ A^4=(A^2)^2=(-E)^2=E^2=E$

①에서 $B=-A$이므로

$B^4=(-A)^4=A^4=E$

$\therefore\ A^4+B^4=E+E=\boldsymbol{2E}$

(2) $A^2+A=E$ ……①

$AB=2E$ ……②

①의 양변의 오른쪽에 B를 곱하면

$A^2B+AB=B$

이 식에 ②를 대입하면

$A(2E)+2E=B$

$\therefore\ B=2(A+E)$

$\therefore\ B^2=4(A+E)^2$
$=4(A^2+A+A+E)$ ⇦①
$=4(E+A+E)$
$=\boldsymbol{4A+8E}$

찾 아 보 기

그리스 문자

대문자	소문자	명 칭	대문자	소문자	명 칭
A	α	alpha	N	ν	nu
B	β	beta	Ξ	ξ	xi
Γ	γ	gamma	O	o	omicron
Δ	δ	delta	Π	π	pi
E	ϵ, ε	epsilon	P	ρ	rho
Z	ζ	zeta	Σ	σ, ς	sigma
H	η	eta	T	τ	tau
Θ	θ, ϑ	theta	Υ	υ	upsilon
I	ι	iota	Φ	ϕ, φ	phi
K	κ	kappa	X	χ	chi
Λ	λ	lambda	Ψ	ψ	psi
M	μ	mu	Ω	ω	omega

기본 수학의 정석

공통수학1

1966년 초판 발행
총개정 제13판 발행

지 은 이 홍 성 대 (洪性大)

도 운 이 남 진 영
박 재 희
박 지 영

발 행 인 홍 상 욱

발 행 소 **성지출판(주)**

06743 서울특별시 서초구 강남대로 202
등록 1997.6.2. 제22-1152호
전화 02-574-6700(영업부), 6400(편집부)
Fax 02-574-1400, 1358

인쇄 : 동화피앤피 · 제본 : 광성문화사

• 파본은 구입하신 곳에서 교환해 드립니다.

ISBN 979-11-5620-041-3 53410

수학의 정석 시리즈

홍성대 지음

개정 교육과정에 따른

수학의 정석 시리즈 안내

기본 수학의 정석 공통수학1
기본 수학의 정석 공통수학2
기본 수학의 정석 대수
기본 수학의 정석 미적분I
기본 수학의 정석 확률과 통계
기본 수학의 정석 미적분II
기본 수학의 정석 기하

실력 수학의 정석 공통수학1
실력 수학의 정석 공통수학2
실력 수학의 정석 대수
실력 수학의 정석 미적분I
실력 수학의 정석 확률과 통계
실력 수학의 정석 미적분II
실력 수학의 정석 기하